民族文字出版专项资金资助项目
青藏高原农牧区温室大棚果蔬栽培技术指导丛书

བཟའ་བྱའི་ཀ་མོའི་འདེབས་འཛུགས་ལག་རྩལ།

食用菌栽培技术

（汉藏对照）

《食用菌栽培技术》编委会　编
《བཟའ་བྱའི་ཀ་མོའི་འདེབས་འཛུགས་ལག་རྩལ》རྩོམ་སྒྲིག་ཡུ་ཡོན་ལྷན་ཁང་གིས་བསྒྲིགས།

扎西才让　译
བཀྲ་ཤིས་ཚེ་རིང་གིས་བསྒྱུར།

青海人民出版社

图书在版编目（CIP）数据

食用菌栽培技术 ：汉藏对照 / 《食用菌栽培技术》编委会编 ；扎西才让译. -- 西宁：青海人民出版社，2021.6（2023.8 重印）
（青藏高原农牧区温室大棚果蔬栽培技术指导丛书 / 胡小朋主编）
ISBN 978-7-225-06177-1

Ⅰ. ①食… Ⅱ. ①食… ②扎… Ⅲ. ①食用菌－蔬菜园艺－汉、藏 Ⅳ. ①S646

中国版本图书馆CIP数据核字(2021)第111931号

青藏高原农牧区温室大棚果蔬栽培技术指导丛书
胡小朋　主编
食用菌栽培技术（汉藏对照）
《食用菌栽培技术》编委会　编
扎西才让　译

出 版 人　樊原成
出版发行　青海人民出版社有限责任公司
西宁市五四西路 71 号　邮政编码：810023　电话:（0971）6143426（总编室）
发行热线　（0971）6143516/6137730
网　　址　http://www.qhrmcbs.com
印　　刷　青海新华民族印务有限公司
经　　销　新华书店
开　　本　890mm × 1240mm　1/32
印　　张　11.75
字　　数　350 千
版　　次　2021 年 8 月第 1 版　2023 年 8 月第 3 次印刷
书　　号　ISBN 978-7-225-06177-1
定　　价　48.00 元

《食用菌栽培技术》编委会

主　　编：胡小朋

副 主 编：张迎春　白成芳

编写人员：李秀娟　尕　桑　张　宪

《བཟའ་བྱའི་ཤ་མོའི་འདེབས་འཛུགས་ལག་རྩལ》

རྩོམ་སྒྲིག་ཞུ་ཡོན་ལྷན་ཁང་།

གཙོ་སྒྲིག་པ། ཏའུ་ཞའོ་ཕུན།

གཙོ་སྒྲིག་གཞོན་པ། ཀྲང་དབྱིན་ཁྲུན། པའེ་ཁྲིང་རྒང་།

རྩོམ་འབྲི་མི་སྣ། ལི་ཞིའུ་ཙོན། སྐལ་བཟང་། ཀྲང་ཞན།

目 录
MU LU

དཀར་ཆག

第一章　食用菌品种及栽培设施

第一节　食用菌品种

一、常规菌类

食用菌的常规菌类包括双孢蘑菇、金针菇、秀珍菇等。双孢蘑菇、金针菇、秀珍菇等是栽培面积较大的世界性食用菌品种，也是青藏高原地区食用菌设施栽培的主要品种。

金针菇：又称冬菇、毛柄金钱菌，是我国最早进行人工栽培的食用菌之一，有1500多年的栽培历史。味道鲜美，爽滑脆嫩，营养极其丰富。据测定，每100克干金针菇中含有蛋白质13.49%，几乎超过了所有食用菌。此外，金针菇含有的原黄素还具有抗癌、降血脂、保肝等食疗功能，被国际上誉为“超级保健食品”，备受人们青睐。

秀珍菇：又称环柄侧耳、白环柄侧耳，是近几年国际市场上新开发的一种营养价值极高的珍稀食用菌。秀珍菇肉质脆嫩，纤维含量少，口感极佳，不仅营养丰富，而且味道鲜美，深受消费者青睐。据测定，它的还原糖、木质素、果胶、纤维素及矿物质元素含量较高；蛋白质含量接近于肉类，比一般蔬菜高36倍，秀珍菇含有17种以上的氨基酸。

秀珍菇具有很强的腐生能力，可以在麦草、棉籽壳、秸秆等上生长，极易进行人工栽培。

二、珍稀菌类

珍稀菌类包括白灵菇、杏鲍菇、真姬菇、滑菇、鸡腿菇、香菇、大球盖菇、杨树菇、灰树花等。

真姬菇：又名玉蕈、蟹味菇。其味鲜，肉厚，口感甚佳，还具有独特的蟹香味。真姬菇的蛋白质中氨基酸种类齐全，包括 8 种人体必需氨基酸，含有数种多糖体，具有一定的药用价值，其子实体的有机溶剂提取物有清除人体自由基的作用。

滑菇：俗称滑子菇、珍珠菇，是典型的低温菇类。由于其出菇要求温度较低，适宜在我国北方的较寒冷地区栽培。滑菇为木腐菌，是目前国内主要人工栽培食用菌品种之一。滑菇子实体丛生，菌盖表面有一层极黏滑的胶质，表面黄褐色，中部红褐色，无鳞片，其味鲜美，营养丰富，并含有钙、磷、铁、钠及维生素 B_1、维生素 B_2。子实体含丰富的多糖，能提高机体的免疫力。人工栽培滑菇以木屑、秸秆、棉籽壳、麦麸等富含木质素、纤维素、半纤维素、蛋白质的农副产品为人工栽培的培养料。滑菇是低温型食用菌，菌丝生长最适温度为 20 ～ 25℃，出菇温度一般在 5 ～ 20℃ 之间。

鸡腿菇：别名毛头鬼伞，是我国北方春末、夏秋雨后生长的一种野生食用菌。其子实体幼小时肉质细嫩、鲜美可口，色香味俱全，但成熟时菌褶容易变黑，边缘液化，保鲜期极短。鸡腿菇营养价值高，每 100 克干菇含粗蛋白 25.4 克、脂肪 3.3 克、总糖 58.8 克。鸡腿菇还含有 20 种氨基酸（包括 8 种人体必需的氨基酸），且具有一定的药用价值。鸡腿菇性平、味甘，对治疗痔疮、降低血糖和血脂有明显疗效。

由于鸡腿菇是一种适应能力极强的土生草腐菌，栽培原料来源广泛，成本低，栽培方式多样。室内、室外均可栽培，也可生、熟料栽培，亦可畦栽、袋栽等。可以利用平菇、金针菇、白灵菇等多种食用菌的废料栽培鸡腿菇，可以取得较好的经济、社会和生态效益，具有广阔的发展前景。

香菇：又称花蕈、冬菰、厚菇、花菇等。香菇的子实体由于营养丰富，香气沁人，味道鲜美，素有“菇中之王”“蘑菇皇后”“蔬菜之冠”的美称。香菇为木腐类真菌，属低温、变温结实性菇类。孢子萌发最适宜的温度为 22 ~ 26℃ 。菌丝生长温度在 5 ~ 32℃ ，以 24 ~ 26℃ 最为适宜，低于 5℃ 、高于 32℃ 菌丝停止生长。子实体生长温度为 5 ~ 25℃ ，以 15℃左右为出菇适宜温度。常食香菇能起到降压、降胆固醇、降血脂的作用，又可预防动脉硬化、肝硬化等疾病，还能增强人体的免疫功能。大量实践证明，香菇防治癌症的范围广泛，已用于临床治疗。香菇含有的多种维生素、矿物质，对促进人体新陈代谢，提高机体适应力有很大作用。

大球盖菇：又名皱环球盖菇、酒红色球盖菇。其鲜菇色泽艳丽，肉质滑嫩柄爽脆、营养丰富，具有鲜嫩味美的适口性。干菇具有香味浓郁等优势，极受消费者喜爱。大球盖菇富含蛋白质、矿物质、维生素、氨基酸等，且有较高的药用价值，有预防冠心病、帮助消化等功效。因此，大球盖菇是一种营养价值很高的食药用菌类。

杨树菇：又名柱状田头菇，是典型的木腐真菌。杨树菇属中温型菌类，菌丝体生长适宜温度为 25 ~ 27℃ ，子实体生长适宜温度为 18 ~ 22℃ 。杨树菇子实体内含有 18 种氨基酸、多种维生素及矿物质元素等，并具有一定的药用价值。杨树菇营养丰富、味道鲜美，盖肥柄脆，气味香浓，口感极佳，在市场上深受消费者的喜爱，是目前具有开发潜力和生产前景的食用菌之一。

灰树花：又名贝叶多孔菌、栗子蘑等。其营养价值相当高，是食用菌中的高档品种。灰树花子实体形似盛开的莲花，扇形菌盖重重叠叠，鲜嫩的子实体香味浓郁，味道鲜美，口感佳。

第二节　食用菌栽培常用名词

食用菌：指可供食用的一些真菌。如双孢蘑菇、香菇、鸡腿菇、草菇、平菇、金针菇等。

栽培：人工培育食用菌子实体的过程。

培养料：各种农作物秸秆、棉籽壳、畜禽粪及其他辅料按一定比例配成的用于栽培各种食用菌的混合体。

生料栽培：根据配方将原辅材料按比例组合并加水充分拌匀后，可直接进行播种栽培食用菌的培养料。可用于菌丝生长快的菇种，如平菇、鸡腿菇等。生料栽培食用菌的成本最低、生产程序简单。

熟料栽培：栽培时将原辅材料按比例组合并加水充分拌匀，先进行装袋再进行灭菌处理，然后再播种的培养料。在食用菌生产中，食用菌品种因为菌丝萌发速度慢、菌丝相对较弱、容易感染杂菌等，难以适应生料的生长环境。因此，一般采用熟料栽培的食用菌品种较多，如金针菇、猴头菇、香菇、白灵菇、杏鲍菇、灰树花等均属该类。熟料栽培的生产程序相对复杂，成本较高，而且发菌的成功率较生料栽培相对要高。

发酵料栽培：是介于生料和熟料之间的一种培养料处理方式。将原辅材料按比例组合并加水充分拌匀后，建堆发酵，经过一定的时间和发酵温度的作用，使基料内部组分发生某些化学变化，其营养亦得到有效转换，利于播种后的菌种菌丝萌发和定植。该种处理培养料叫作发酵料。发酵处理的时间因季节而定，一般需要3～10天，但个别品种需要20天左右，甚至更长。发酵培养料的最大特点是在发酵过程中，料内分生出部分有益微生物，培养料营养得以转化，可以被食用菌菌丝快速吸收利用。但在发酵过程中为避免营养流失，应严格控制发酵时间。

堆料：将栽培食用菌的培养料，按一定规格、时间堆制发酵的过程。

发酵：培养料在室外堆制自然发酵的过程。培养料在微生物的作用下，引起料自身有机质的分解腐熟，同时产生热量的过程。

翻堆：培养料在发酵期间，为了调节水分、温度和通气，达到均匀发酵的目的而进行的有规律翻动交换位置的过程。

进料：培养料发酵结束后，转运进栽培棚的过程。

播种：将培养好的食用菌菌种以各种不同方式和规格种植到配制好的培养料中的过程。

覆土：将经过处理的土壤覆盖在蘑菇菌丝已经定植生长的培养料表面的作业过程。覆土在食用菌生产中能起到保温、保湿，促进子实体发生，固定子实体的作用。

覆土消毒：采用化学药物或其他方法杀灭食用菌覆土材料中各种病原菌和害虫的方法。

菌丝体：食用菌的很多菌丝聚集在一起形成集体，菌丝色泽呈白色或者灰白色，是食用菌的营养体。

子实体：菌丝体在培养料中生长到一定时期，经过覆土，再给予适宜的温度、湿度、光照、通气等环境条件，便会长出子实体，子实体就是我们常说的食用部分——蘑菇。

第三节　食用菌栽培设施

一、节能日光温室

节能日光温室是青藏高原地区进行蔬菜及食用菌生产的主要设施之一，其建造成本较低，保温保湿性能好。节能日光温室布局一般采取坐北朝南，南偏东 5 度，由东向西排列，每栋温室前后遮阴面相隔 8 米。节能日光温室建造可分为砖体结构和土夯墙体结构，砖体结构一般墙体为 1.2 米的 2 ～ 4 双墙体，墙体中间为保温层，保温层内填放炉渣或其他保温材料；土夯墙体结构为用木板框钉 1.5 米宽的框架，墙根部分宽 1.5 米，顶宽 1.2 米，用地下潮湿土壤填充，夯实成的墙体。土夯墙体结构是西北地区特有的节能日光温室种类，保温保湿性能好。棚外径长 35 ～ 60 米、宽 8 ～ 9 米、高 3 ～ 3.5 米，单头设门，上覆薄膜，薄膜上加盖遮阳网或麦草帘、麦草等农作物秸秆进行遮光，温室一头设一间约 12 平方米的工具间，可放置喷雾器等食用菌栽培所用器具。节能日光温室是青藏高原地区食用菌栽培的主要设施之一。

二、塑料大棚（弓棚）

塑料大棚是近年来青藏高原地区种植双孢蘑菇等食用菌的主要设施之一,其特点为结构简单,投入资金少,用钢架及墙体连接搭置。塑料大棚分为固定和移动两种类型，固定型大棚两端用土夯墙或砖墙固定；移动型大棚的建造原材料全部采用钢骨架和连接扣，可以随意安装和移动，每年进行移动式栽培，避免了食用菌连作造成病原菌侵染对产量的不良影响。塑料大棚的建造可以根据地形设计棚长，一般塑料大棚的棚长 25 ～ 45 米、宽 10 ～ 13 米、高 3 ～ 3.5 米，两头设门或一头设门，棚顶设计成拱形，上覆薄膜，薄膜上加盖遮阳网或草帘进行遮光。

三、地下或半地下菇棚

主要由人防设施中的防空洞、地下室改造而成。这种菇棚受自然气候因素影响较小，冬暖夏凉；缺点是湿度大，通风差，供氧不足，排水不良，进出料不便，易发生病虫害，管理较烦琐。如能增加通风设施会取得更好的效果。

四、常规菇房

用砖体建造，也可用闲置民房、库房、厂房等改造。一般坐北朝南，菇房一般长 10 ~ 15 米、宽 6 ~ 8 米、高 4 ~ 5 米。菇房内置 3 ~ 4 层床架，菇房设有一定数量的门窗，以利于通风换气和管理。

五、栽培生产季节

青藏高原地区具有高海拔、无污染、夏季气候冷凉等特点，自然生态气候资源得天独厚。春、夏、秋季具有丰富的温、光、热资源，十分适宜优质食用菌的栽培，也为不同种类食用菌生产提供了适宜的生长环境。根据食用菌生长发育对温度的要求及青藏高原地区各市、州、县的不同地理气候情况，大部分地区食用菌生产季节应在每年 3 ~ 6 月，出菇期在 5 月下旬至 11 月初。在高海拔自然生态气候条件下，很多食用菌品种都能在春、夏、秋三季正常生产，而中、高温型食用菌品种则不适宜在青藏高原地区自然条件下生产（如草菇、姬松茸、灵芝等）。因此，与内地绝大部分省区食用菌生产形成了反季节。

第二章　食用菌栽培技术

第一节　平　菇

一、概述

平菇别名侧耳，由于各地栽培的平菇品种不同，因此有不同名称，如秀珍菇、凤尾菇等。平菇是一种味道鲜美、营养丰富的食用菌。经常食用平菇，对降低血压、减少胆固醇有明显作用，对贫血、植物性神经紊乱、肝炎等有一定疗效。并对提高人体免疫功能，增进人体健康、延年益寿有一定功效。

平菇根据子实体分化类型可以分为低温型、高温型和中温型。低温型平菇其子实体分化最高温度不超过 20℃，最适温度 8 ~ 16℃；中温型（广温型）平菇其子实体分化最高温度不超过 25℃，最适出菇温度 10 ~ 22℃，在春、夏、秋季均可出菇；高温型平菇其子实体分化温度高达 30℃，最适温度 15 ~ 28℃。因此，应根据品种来确定出菇季节，或者根据上市季节来确定栽培品种。

二、平菇栽培技术

（一）栽培场地

栽培平菇的场地可选择塑料大棚、节能日光温室、闲置的旧房、库房、人防地道等。良好的栽培设施要求要有良好的通风口，保证发菌出菇时期对氧气的需求，但低温季节要控制通风，有一定的保温或加温设施，使菇棚达到平菇适宜的出菇温度。要有足够的散射光，以满足子实体形成所需的光照。如果在人防地道栽培生产需安装照明和通风设施，以满足平菇生育期对光线的需求。

（二）培养料的配制

1. 主料培养料

根据各省区的经验，用于栽培平菇的培养料有以下几种：

棉籽壳：棉籽壳是栽培平菇的最理想原料，因为棉籽壳营养丰富，蛋白质、脂肪含量高，通气性好，菌丝体在棉籽壳培养料中生长快，生物转化率高。

农作物秸秆：青藏高原地区有丰富的农作物秸秆资源，如小麦、青稞、玉米芯、豆类秸秆等。农作物秸秆含有粗纤维、粗蛋白、粗脂肪、粗灰分，以及钙、磷等，栽培食用菌应选用新鲜、干燥、洁净、无霉烂的秸秆，使用之前在太阳下暴晒 2 ～ 3 天，然后粉碎成 2 ～ 3 厘米长小段备用。

木屑：以阔叶树木屑为最好，陈旧木屑比新鲜木屑栽培平菇效果好。木屑颗粒不可过细，如果木屑颗粒太细时可适当加入一定量的棉籽壳，以改善培养料的透气性。使用木屑进行栽培时，需要加入麸皮、玉米粉等辅料，添加量应在 20% 左右。

2. 辅料培养料

作为平菇的培养料还必须加入一定量的辅助材料，以补充营养。常用的有以下几种：麸皮、玉米粉、菜籽饼（麻渣）、石灰、石膏、碳酸钙、硫酸镁、过磷酸钙等。

3. 培养料配方

棉籽壳培养料：

（1）棉籽壳 89%、麸皮 10%、石膏 1%。

（2）棉籽壳 84%、麸皮 10%、玉米粉 5%、石灰 1%，与水拌和均匀，使料的含水量达 65% 左右。

（3）棉籽壳 99%、石灰 1%，与水拌和均匀，使料的含水量达到 65% 左右。

木屑培养料：

（1）木屑 78%、麦麸或米糠 20%、蔗糖 1%、石膏粉 1%，与水拌和均匀，使料的含水量达 65% 左右。

（2）木屑 60%、棉籽壳 30%、麸皮 9%、石灰 1%，与水拌和均匀，使料的含水量达到 65% 左右。

玉米芯、玉米秸秆培养料：

（1）玉米秸秆 90%（粉碎 2 ~ 3 厘米小段）、麸皮 10%，与水拌和均匀，使料的含水量达 65% 左右。

（2）玉米芯 78%（粉碎成黄豆粒大小的小块，用 1% 石灰水浸泡 24 小时，捞出滤去多余水分）、棉籽壳 20%、石膏粉 1%、石灰 1%，加水适量。

无论配制哪种培养料，在拌料时都应当注意：最好在干净的水泥地坪上进行拌料，不能在泥土地上及不清洁的场地进行拌料；拌料时不能用脏水，采用自来水、井水或洁净的河水均可，料与水一定要拌匀；拌好的料应立即进行堆料发酵或装袋灭菌，不能隔夜。

三、袋栽平菇的方法

（一）生料袋栽培平菇的方法

用生料袋栽培平菇既省工，又便于管理，能充分利用菇房空间，减少病虫害，易于栽培成功。它不仅适用于节能日光温室栽培、室内栽培，而且也适于在塑料大棚、人防工事等地方栽培。

1. 塑料袋的规格要求

选用厚 0.03 ~ 0.04 厘米、宽 24 ~ 30 厘米、长 40 ~ 50 厘米的塑料筒膜。

2. 培养料堆制

先将棉籽壳与麸皮充分混合，然后将生石灰、复合肥溶在水中均匀地洒在培养料上，边洒水边搅拌均匀，堆成宽、高均为1.5米的垄形垛，用木棍插孔透气，上面遮盖保温、保湿材料。堆料后，料堆在微生物作用下料温逐渐升高，经2 ~ 3天料温可达65℃以上。待料温达到65℃后，每隔3 ~ 4天进行1次翻堆。翻堆时将中间的料向外翻、外边的料向内翻。翻堆3次后，待料温降至30℃左右时，即可装袋播种。

由于青藏高原地区气候冷凉、昼夜温差大、堆料发酵质量差、物质分解不完全而影响食用菌的产量。如在堆料时加入一定比例的微生物发酵剂，能使发酵料迅速增温，高温持续时间长，发酵分解能力增强，促进和催化物质分解完全，可以大大提高养分的利用率和增加产量。

3. 装袋接菌

先将塑料袋的一端扎紧，也可扎放一个长3.5厘米，沾有0.3%多菌灵或高锰酸钾药液的玉米芯做塞子，撒入一些菌种，再装入培养料，边装边压实；装至一半时，再撒一层菌种，然后继续装料；快装满（离袋口6.5厘米）时，再撒一些菌种，整平压实，使菌种与料紧密接触；最后用绳扎紧袋口。接种量一般为料的10% ~ 15%。关键是靠近袋口多撒一些菌种，使平菇菌优先生长，杂菌就难以滋长。

4. 发菌培养

装料完毕，将料袋放在适温、通风、避光处发菌培养。菌袋温度控制在22 ~ 28℃为宜，不管天冷天热，袋堆都要放温度计，每天检查几次。将扎好口的袋子一层层排好堆积在一起，堆积的层数应根据播种时的气温而定，气温在10℃左右，可堆3 ~ 4层高；18 ~ 20℃，堆2层为宜；20℃以上时，可将袋子排成花堆或平放于地面上，以防袋内培养料温度过高而烧死菌丝。等15天左右，进行倒袋，倒袋时把菌丝生长好的料袋放在一起，差的放在一起，被污染的挑出。污染轻的将袋口打开，用0.3%的多菌灵涂抹，并放在阴凉处晾几天，污染重的挖深坑埋掉。这样易出菇整齐，便于管理。发菌时，室内空气相对湿度要保持在 65% 左右。保持通风干燥及一定的弱光线，弱光有利于菌丝生长。同时要预防鼠害，防止老鼠咬破料袋，引发杂菌污染。

发菌至中后期，随着菌丝生长量增大袋内供氧量不足，会影响菌丝正常生长。当袋两头菌丝各长进料内 2 ~ 3 厘米时，可在菌丝生长袋上端 1 ~ 2 厘米处用大头针（或缝衣针）周身刺 8 ~ 10 个孔，让新鲜空气进入袋内，以通气补氧，促进菌丝健壮生长。一般经 30 天左右，菌丝即可长好。当菌丝布满培养料后，经 5 ~ 10 天，当料面见有小菇蕾出现时，这时要及时解开袋口，去掉塞子，外翻袋口，用剪刀剪去袋两头的薄膜，暴露料面，露出菌蕾堆，以促使菇蕾迅速生长。

（二）熟料袋栽平菇的方法

用熟料袋栽平菇有利于控制杂菌和害虫的为害，成功率高；能充分利用空间，占地面积小、生产周期缩短，便于移动管理，可以充分利用场地，有利于控制温度、保持湿度，出菇整齐，菇形好，产量稳定。

1. 培养料堆积发酵方法

按以上平菇培养料配方要求，准确称料，将料充分混合（易溶于水的料应先加入水中溶解），然后加水拌匀。加水量以 100 千克干料中加入 150 千克水为宜，不同培养料加水量也略有不同，玉米芯、绒长的棉籽壳可适当多加一些水，绒短的棉籽壳应少加些水。拌好的培养料堆闷 2 ~ 5 小时，让其吃透水后进行堆积发酵。在水泥地面上铺一层麦秆，约 10 厘米厚，把培养料放在麦秆上，料少时堆成 1 米高的圆形堆，料多时堆成高 1 ~ 1.5 米、宽 1.5 米的条形堆，每隔 30 厘米左右，用木棍扎通气眼到料底，然后在料堆上覆盖草垫或塑料薄膜。当料堆中心温度升到 60℃左右时维持 18 小时进行翻堆，翻堆时由内到外，再外到内，继续堆积发酵，使料堆中心温度再次升高到 60℃左右，维持 24 小时，再翻堆一次。经过两次翻堆，培养料开始变色，散发出发酵香味，无霉味和臭味并有大量的白色放线菌菌丝生长，发酵即结束。然后用酸碱度试纸检查培养料的 pH 值，并调节 pH 值为 8 左右，待料温降到 30℃左右时进行装袋。生产实践证明，用发酵料栽培平菇菌丝生长快、杂菌少、产量高。

2. 装袋

选用厚 0.03 ~ 0.04 厘米、宽 24 ~ 30 厘米、长 40 ~ 50 厘米的低压聚乙烯筒膜。人工装袋时，应一手提袋，一手装料，边装边压。装至离袋口 8 厘米左右时，将料面压实，清理袋口料物，排气后紧贴料面用绳子缠 3 ~ 4 圈，扎紧扎牢，防止进水、进气。

装袋时应注意：装袋前要把料充分拌一次。料的湿度以用手紧握指缝间见水渗出而不往下滴为适中，培养料太干太湿均不利于菌丝生长。装袋时要做到边装料、边拌料，以免上部料干，下部料湿；拌好的料应尽量在当天装完，以免放置时间过长，培养料发酵变酸；装袋时压料要用力均匀，轻拿轻放，保护好袋子，防止塑料袋破损；要注意料袋的松紧适度，一般以手按有弹性、手压有轻度凹陷、手拖挺直为度。压得紧透气性不好，影响菌丝生长；压得松则菌丝生长散而无力，在翻垛时易断裂损伤，影响出菇；装好的料袋要求密实、挺直、不松软，袋的粗细、长短要一致，便于堆垛发菌和出菇；最后将装好的料袋逐袋检查，发现破口或有微孔的料袋应立即用透明胶布封贴，然后进行常压灭菌。

（三）消毒与灭菌技术

1. 菇房消毒与灭菌

菇房在使用前要进行消毒，特别是旧菇房，更要彻底消毒，减少杂菌污染造成病害发生而影响产量。其消毒方法如下：

（1）甲醛加高锰酸钾熏蒸：具体做法是先将菇房密封好，按每立方米体积加10毫升甲醛与2.5克高锰酸钾的比例计量，任其甲醛挥发，关好门窗闷一夜或更长时间，能够达到良好的熏蒸灭菌目的。

（2）硫黄熏蒸：具体做法是在密封好的菇房按每立方米15 ~ 20克计量，将硫黄放置在离地面较高的瓷或金属容器中，点燃硫黄产生二氧化硫，二氧化硫的密度比空气大，很容易下沉，所以一定要注意将装硫黄的容器放在离地面较高的位置。为提高灭菌效果，在熏蒸前，应先向菇房内及菇棚墙壁上喷少量水雾，有助于增加二氧化硫，生成亚硫酸，从而提高熏蒸灭菌效果。

硫黄点燃后，对人体呼吸道黏膜、眼结膜有刺激性，应注意防护。

（3）石炭酸溶液喷雾：将石炭酸配成5%的溶液对菇房进行喷雾消毒，能起到降尘除菌、空气消毒的作用；也可用3% ~ 5%的苯酚水溶液对器械浸泡消毒。

2. 培养料的灭菌

灭菌是对装袋栽培的料包进行高压或常压灭菌的过程。灭菌的目的是将培养料中的微生物杀死。灭菌是否彻底是生产食用菌的关键。不管是钢板灶、砖灶、节能蒸汽灶，都要求升温快、保温好，不漏气、不漏水。灶的大小以能放2500 ~ 3000袋料包为宜，过大则升温慢，时间太长；过小则装袋少，燃料消耗大。

料袋灭菌分高压灭菌和常压灭菌两种方式。高压灭菌设备投资大，一次灭菌量少，多用于菌种制作。制作栽培袋一般采用常压灭菌。常压灭菌在常压蒸汽灭菌灶内进行。由于常压灭菌过程中培养料养分不易被破坏，且投资少、制作过程简单。现将常压灭菌的主要操作程序介绍如下：

（1）向灶内装袋：将装好的料袋在常压灶内采用一袋一袋上下对正的直叠式摆放。这样不仅孔隙大，有利于气流畅通、蒸汽易穿透，而且灭菌后的菌袋成为四面体，有利于接种和后期管理。蒸仓内四个角自上而下留下15平方厘米的通气道，排与排之间也要留下空隙，保障蒸汽畅通，确保灭菌彻底；防止形成死角，影响灭菌效果。

（2）将袋装完后，封闭灶门，立即大火猛烧，使温度在4～6小时内达到100℃，并开始计时。灭菌时稳火控温，使温度一直保持在100℃不掉温，维持24小时；灭菌最后2小时旺火猛烧，达到彻底灭菌的目的。勤看火及时加煤，勤加水防止干锅，勤看温度防止掉温。烧火应掌握“攻头、促尾、保中间”的原则。

（3）达到灭菌时间后，停止加热，利用余热再闷一段时间，当料温稳降至40℃时，即可出锅。

3. 常压灭菌锅的简要介绍

常压灭菌锅有多种形式，一般常压灭菌灶均由灭菌锅和蒸汽发生系统两部分组成，原理相同而建造形式多样。现在把经常使用的一种类型介绍给大家，它以煤、柴等作能源，其结构主要包括产生蒸汽的炉灶和灭菌室两大部分。这种灭菌锅是不完全密闭的，灭菌时蒸汽不断从灭菌锅内外泄，锅内压力和自然大气压相近，故称之为常压，其锅内灭菌温度在100～105℃之间。主要技术要求如下：

（1）灶体大小依生产规模确定，视需要配置1～2口铁锅或装过汽油等的油桶。

（2）设置蒸仓，蒸仓内要有层架，以便分层装入需要灭菌的菌包，有利于热蒸汽流通，确保灭菌彻底。

（3）灶体中部预先放置一个插温度表的铁管。

（4）设有加水装置及观察或测试灶内锅中内存水量的装置。

具体建造方法如下：

常见的常压灭菌灶为方形，用砖和水泥砌成。使用1～2口铁锅，直径100～120厘米大锅位于灭菌仓内，直径80厘米的铁锅设在灭菌仓外靠近烟筒部位，用一根钢管使两锅相连，使外置锅内热水可以自动流入蒸仓的灭菌锅，补充损失的水分。先砌普通的炉台，在大铁锅上面用砖砌一长、宽各 120 ～ 170 厘米，高 150 ～ 160 厘米的灭菌室。蒸仓里加设三层木板架，层间距 45 ～ 50 厘米。灶仓砌墙范围比锅的直径宽 20 ～ 30 厘米，灶仓内墙用水泥精心抹平，灶顶可用水泥板盖顶。进口的门高度为 120 ～ 150 厘米,宽约 80 厘米，采用双层密闭材料封口，以减少蒸汽溢出，提高灭菌效果。

4. 接种

接种要在无菌条件下按照一定的方法和程序严格操作，为接种创造一个相对无菌的环境以防止杂菌感染、杂菌进入料袋内，确保接种成功。

接种过程：

（1）环境消毒：接种前一周将接种室或接种箱打扫干净，撒上石灰或波尔多液。使用前 3 ～ 4 天将接种室、接种箱密闭，用 0.5 ～ 1 千克硫黄（或 1 千克甲醛）熏蒸消毒 12 ～ 24 小时。料袋入室前，用消毒液喷洒室内外。

（2）菌种的选择和消毒处理：选择菌丝洁白、粗壮、浓密、交织成块的优质菌种，用消毒液清洗菌种瓶外壁并立即移入接种室，在无菌条件下，敲破瓶壁，取出菌种，将菌种掰成胡豆粒大小的块，不宜太大也不宜太碎。

（3）在料袋温度降至 28 ～ 30℃时，解开料袋一端的绳子，拉直料袋，并把菌种均匀撒在料袋口，一定要将料袋口的培养料完全覆盖，然后收拢料袋，套上塑料圈，盖上纸，用橡皮圈把纸和料袋一齐扎在塑料圈上。接种时要注意做好接种时的灭菌；接种时动作要快速、准确；接种及操作人员必须做好个人清洁卫生，将手和头发洗干净，剪去指甲，手和手臂要用 75% 酒精消毒。

5. 堆垛发菌

菇棚消毒后，把接过种的料袋搬运到菇棚内，在畦床上进行堆垛发菌。堆垛发菌方法可参考生料袋栽平菇的堆垛发菌方法。

三、出菇期生产管理

由于平菇是变温结实的菇类，因此无论是熟料栽培或是生料栽培，平菇在出菇期均应注意温差刺激、温度调节、通风、换气及适当的光照等必要的条件。

（一）温差刺激出菇

平菇是变温结实，加大温差刺激有利于出菇。利用早晚气温低时加大通风量，降低温度，拉大昼夜温差至 6 ~ 10℃，以刺激出菇。低温季节，白天注意增温保湿，夜间加强通风降温；气温高于 20℃以上时，可采用加强通风和进行喷水降温的方法，以拉大温差，刺激出菇。从原基形成到子实体成熟需 5 ~ 8 天的时间，温度低生长成熟时间长，温度高生长快。

（二）湿度调节

出菇场地要经常喷水，使空气相对湿度保持在 85% ~ 90%。在料面出现菇蕾后，要特别注意喷水。用喷雾的方法增湿，切勿向菇蕾上直接喷水，只有当菇蕾分化出菌盖和菌柄时，方可少喷、细喷、勤喷雾状水，补足需水量，以利于子实体生长。在采收一、二茬菇后，菌袋内水分低于 60% 时，应给予补水，采用直接向袋内注水或用水浸泡，浸泡时用铁丝在菌袋上扎 3 ~ 4 个孔，可使水容易浸入菌袋。出菇管理的湿度始终是控制在 90%，保证子实体形成过程中不干燥、不失水，生长新鲜的平菇。

（三）通风换气

低温季节一天通风 1 次，每次 30 分钟，一般中午喷水后进行；气温高时，一天通风 2 ~ 3 次，每次 20 ~ 30 分钟，通风换气多在早、晚进行，切忌高湿不透气。通风换气必须缓慢进行，避免让风直接吹到菇体上，以免菇体失水，边缘卷曲而向外翻。

（四）增强光照

散射光可诱导提早出菇，多出菇；黑暗则不易出菇；如果光照不足，容易造成出菇少，菌柄长，菌盖小，色泽淡，易畸形。一般以保持菇棚内有“三分阳七分阴”的光照强度为宜。但不能有直射光，以免将菇体晒死。

五、平菇的采收与加工

（一）平菇的采收方法

无论采用哪一种方法栽培平菇，当平菇的菌盖基本展开，子实体菌盖长至 5 ～ 8 厘米，颜色由深灰色变为淡灰色或灰白色，在没有弹射孢子前采收，就是平菇的最适收获期。这时采收的平菇菇体肥厚，产量高，味道美，也是营养最好时期，如果采收过迟，菌盖卷曲，边缘干燥，重量减轻，质量下降，营养相对差些。尤其是孢子四处飞扬，易引起采收人员孢子过敏，有的孢子落在菌丝块表面，形成黏液而腐烂，也不利于下茬菇生长。因此，要在未弹孢子前适时采收，采收时还需注意，先打开菇棚门通风，然后在菇棚内喷雾水，防止没有及时采收弹射的孢子乱飞。并戴上口罩，减少孢子对人体的为害。

采收方法：用左手按住培养料，右手握住菌柄，轻轻旋转扭下，也可用刀子在菌柄基部紧贴斜面处割下。采收时，不论大小一次采收完。采收后，轻拿轻放，平菇鲜菇易碎，可用纸箱整齐层层叠放。在一般情况下，播种一次可采收 3 ～ 4 茬菇。

当采过第三茬菇后，基本采收期已过，经过补水管理还可以继续出菇，但出菇少，菇体小且不整齐，经济效益较低。如果时间处在春、夏、秋季，气温在 10℃以上时，这时不要将菌棒扔掉，可以将菌棒进行覆土出菇，采取覆土出菇，有利于增加产量。覆土出菇的方法：在菇棚内开沟整畦，挖宽 1 米、深 20 ～ 30 厘米、长度不限的沟畦，畦与畦间留50厘米的人行道。将出过二茬菇的菇筒两头料面清理干净，脱去塑料袋，截成两段，竖直排放在沟畦内，然后用处理过的土壤填充菌棒间的缝隙，菌棒表面覆1～2厘米厚的土。覆土后，在沟畦内灌大水一次，以浸透菌棒为准，如果覆土时气温是由高向低处走可随灌水补充营养，如尿素、磷酸二氢钾，用量为0.1%，不宜过多，否则气温变高会导致污染。在适宜出菇的气温条件下，7天左右菌床上就有菇蕾出现，按出菇要求进行管理，可继续采菇2～3茬。覆土后长出的平菇养分足、质量好，菇形正，可增产30%～50%，这是其他栽培方法不可比的。

（二）平菇的加工方法

1. 盐渍

将选好的原料菇进行漂洗后放入盐水中，用旺火煮沸3～5分钟，捞出，沥干，冷却，然后根据收购商所定标准进行分级。100千克鲜菇加26千克食盐，一层盐，一层平菇，顶部用竹子或木板做盖压实，全部浸入水中。经一系列倒缸过程，观测盐水浓度达到盐渍标准后20天，即可以按一定标准装桶发货。

2. 保鲜

食用菌保鲜方法很多，如控温、抽气、辐射、化学等保鲜方法，可根据实际情况酌情使用。常规的保鲜方法一般采用控温保鲜方法。食用菌采收后即用聚乙烯包装袋进行包装，每袋装量为5～10千克，封口后放入0～3℃的冷库内，可保鲜10～15天。

六、平菇常见病虫害的防治方法

食用菌栽培中的病虫害防治原则是预防为主，防治结合。平菇栽培也同样如此。

（一）病害的防治

1. 病害预防性防治

（1）对菇棚、发菌场地及栽培场地要求远离污染区，并进行药物消毒，降低杂菌基数，减少污染机会。

（2）在培养料中可加入 0.1% 的多菌灵或克霉灵，能杀死培养料中的杂菌，减少污染机会。

（3）将培养料含水量控制在 60% ~ 65% 之间。含水量大，不利于菌丝生长。

2. 出菇期病害

平菇在出菇 2 ~ 3 茬后，由于营养消耗较大，使菌丝抗性差，易产生系列杂菌性病害的发生。

防治方法：可将菌袋料面去掉 2 厘米，留出新鲜菌丝；在补水时加些石灰水，提高菌袋 pH 值，抑制杂菌发生。

（二）虫害的防治

1. 栽培原料虫害

在采用生料和发酵料栽培时，栽培原料进行发酵时虫子已在料面产卵，这样装袋后在袋内化成蛹，吃菌丝，会导致栽培失败。

防治方法：在发酵快结束时，用高效低毒的杀虫剂进行喷洒杀虫，防治要彻底，可以一边喷药，一边翻堆，然后闷堆 1 ~ 2 小时。当装袋后发现虫蛹，可向袋内虫蛹周围注射杀虫剂进行药物杀虫，但需控制药量和注射范围，防止药物残留。

2. 出菇期虫害

出菇期发生虫害时，将正在生长的平菇采掉，然后用磷化铝熏蒸杀虫，效果比较好。也可用其他药物来喷料面及菇棚来杀虫。另外，还可以配合采用在黄板上刷胶来诱粘虫体，因虫子具有驱光性，当虫飞到黄板上时就将其粘住，以此来达到杀虫的目的，既不污染平菇子实体又不污染环境。

第二节　双孢蘑菇

一、概述

双孢蘑菇又称世界菇，是全世界栽培最广泛、销售量最大的食用菌。我国生产的双孢蘑菇，80%左右都用来制作罐头，主要出口欧美。我国是蘑菇出口第一大国。在国内鲜菇市场，双孢蘑菇也是极受欢迎的主要消费品种，随着人们的消费水平逐步提高，双孢蘑菇销售前景十分可观。

双孢蘑菇含有丰富的蛋白质、多糖、维生素、核苷酸和不饱和脂肪酸，不仅营养丰富、肉质肥厚、味道鲜美，而且热能低，具有很高的保健作用，日益受到各国人民的喜爱。据报道，双孢蘑菇含蛋白质3%～4%，脂肪0.2%～0.3%，碳水化合物2.4%～3.8%，其蛋白质含量几乎是芦笋、菠菜、马铃薯等蔬菜的2倍，与牛奶等值，而且可消化率达70%～90%，享有“植物肉”之称。随着食用菌种植业结构的进一步调整，设施农业的进一步加大，双孢蘑菇栽培将成为农牧民增收、农业增效的重要途径。

二、双孢蘑菇栽培技术

双孢蘑菇栽培工艺流程如下：原料准备—堆制发酵—铺料播种—覆土—出菇—采收。

（一）双孢蘑菇培养料的备料

制备优质的、有选择性的蘑菇培养料，是双孢蘑菇栽培、高产丰收、获得理想经济效益的关键。

进行大面积的双孢蘑菇栽培需要大量的培养料，草料和粪料等原材料的需求量也随之增大。这些都必须提早进行收集、干燥、运贮、堆藏备用。

青藏高原地区双孢蘑菇培养料的原材料十分丰富，有小麦秸秆、青稞秸秆、燕麦秸秆、玉米秸秆、豆类秸秆等；粪肥材料有牛粪、马粪、羊粪、猪粪、鸡粪等。

除了麦草或农作物秸秆，牛、马、羊、鸡粪等原材料之外，栽培还需要一些辅助材料。这些作为添加剂的辅助材料，主要是为了增加培养料中的氮素含量和磷素含量。常用的添加剂有油菜籽饼（麻渣）、尿素、硫酸铵及氮磷钾复合肥、过磷酸钙、石膏粉、石灰粉等。

（二）双孢蘑菇培养料的配制

1. 麦草 50%、牛粪 35%、麻渣 10%、过磷酸钙 1%、碳酸钙 2%、石灰 2%。

2. 麦草 60%、家畜粪 35%、过磷酸钙 1%、石膏 1%、石灰 2%。

3. 麦草 86%、麸皮 10%、过磷酸钙 2%、石灰 2%。

以上 3 种培养料配方是根据家畜粪的用量来设计的。配方中的主要原料为麦草，还可用 20% ~ 30% 的食用菌下脚料来代替草料，以棉籽壳下脚料为最好。

（三）培养料的发酵方法

1. 堆料场地选择

堆料场地应选择地势较高，离菇房和水源较近的地方。

2. 料堆堆放方向

料堆一般为南北走向，可使日照均匀，有利发酵；为减轻劳动强度，牛粪、麻渣及其他辅料在第一次建堆时同时加入。建堆时，先将麦草浸水泡透，牛粪、麻渣晒干打碎。建堆时，先在堆底撒石灰粉，在正面铺一层 2 ~ 2.3 米宽、25 厘米厚的草，长度视栽培面积多少而定，再铺一层粪，然后依次按照一层草（厚 20 厘米），一层粪（厚 3 ~ 5 厘米），浇一次水，这样一层层往上堆，堆至 8 ~ 10 层，堆高约 1.5 米，底宽 2 ~ 2.3 米，长度根据料的多少定，料堆四周垂直，堆顶部呈拱形，料堆上面覆膜，建堆后以堆周围有水渗出为宜，第二天应再及时补水。

为使粪草发酵均匀，每隔几天要进行翻堆，待堆温升至约70℃时，维持1 ~ 3天进行翻堆，翻堆时含水量调至能挤出6 ~ 7滴水为宜。待料温再次升到70℃时，1 ~ 3天后进行第二次翻堆，含水量调至能挤出4 ~ 5滴水。第三次翻堆时再次加入石灰粉调整pH值，含水量调至能挤出2 ~ 3滴水。如此翻堆4 ~ 5次，直至培养料呈深红咖啡色，软而有弹性，有香味和白色粉末物，由氨臭味变成一种料香味，pH值7.5 ~ 8，含水量以手握紧指缝中有水溢出，至多能挤出1 ~ 2滴水时即可以准备播种了。每次翻堆间隔时间依次为8天、8天、7天、5天、3天，整个堆料时间约30天。翻堆时要求将上层料翻到下面，下层料翻到中间，中间的料翻到周围，将粪草充分抖松，并且补足水分。最后一次翻堆时每层用0.2%的敌敌畏乳油和1%的甲醛混合液均匀喷雾。料堆放宽，以减少边料，翻堆后2 ~ 3天即可进棚，进棚前一天料堆四周需再用敌敌畏乳油与甲醛混合液喷湿，然后覆盖薄膜，密闭一昼夜。

堆料过程中必须先湿后干，第一次翻堆后凡遇大雨，需用薄膜覆盖，雨后及时揭掉，以利通气。

三、培养料料堆的检查与评定

主要从培养料的外表、气味、触觉和颜色等几方面对培养料质量进行粗略的估计。

闻：发酵适宜的优质培养料，没有刺鼻的氨味和粪臭味。

捏：发酵良好，含水量适当的优质培养料，用手抓一把料握在手中，质感很好，培养料质地松软，没有黏滑的感觉，用力一捏，不会有水流出，但在手掌留有潮湿的印子，培养料会成团，但一抖动就会松散开来；相反，如果培养料握在手中，感到黏滑，捏紧后有水流出，并会黏成一团，不易散开，这说明培养料发酵不良，含水量偏高。

拉：腐熟的培养料，麦秸的原型尚存，但是纤维的强度已经很小了，这时取出一把麦秸，轻轻一拉就断了，堆中的麦秸，虽然几经翻堆，有的已经成小段，但并不是烂成碎段，如果麦秸强度还很大，说明分解腐熟的程度不够。

看：从料堆的体积来看，已经明显地缩小了，只有初期建堆时料堆体积的 60% 左右。培养料的颜色应呈黄褐色至棕褐色，如果呈现黑色或蓝黑色的培养料，一般都是发酵不良的培养料，料中有金黄色麦草，常是分解不足的现象。

进棚：根据大棚的面积确定菇床，床宽 0.8 ~ 1.2 米，床与床之间留有 40 厘米的人行道。向床面及人行道浇透水一次。然后密闭门窗，每立方米用 15 ~ 20 克的硫黄，分 6 ~ 8 堆点燃，或每立方米用高锰酸钾 2.5 克与甲醛溶液 10 毫升进行熏蒸消毒，密闭 24 ~ 48 小时后通风 24 小时。

料进棚前，用草帘将整个栽培棚盖好，向床面及人行道撒上少许生石灰。向四周墙壁、顶棚、床面、人行道喷施敌敌畏乳油 500 倍液。

铺料的厚度为 22 ~ 27 厘米（以边计），中间高于边缘 2 ~ 3 厘米，铺好料后，将人行道清理干净，把所有工具放入室内。杀菌方法是每 100 平方米用 40% 甲醛 1000 毫升、高锰酸钾 300 克，分 2 ~ 3 个点消毒，关闭门窗 24 小时后通风直至无甲醛味。

四、双孢蘑菇的播种期及播种方法

青藏高原地区春菇播种期在 4 ~ 5 月初，气温较低，播种量按每平方米料面播种 500 毫升菌瓶的菌种 2 ~ 3 瓶；夏菇播种期为 6 ~ 7 月初，播种量按每平方米料面播种 500 毫升菌瓶的菌种 1 ~ 2 瓶；秋菇播种期为 8 ~ 9 月初，播种量按每平方米料面播种 500 毫升菌瓶的菌种 1 ~ 2 瓶。播种的方法是先将菌种瓶及用具用3%的高锰酸钾100倍液洗净、擦干，打碎菌种瓶，用手轻轻掰成花生粒大小，不可过小或过大，先取菌种的一半，均匀撒于料面上，然后用手轻轻摇动料面，使菌种落于料面下2 ~ 3厘米处。将剩余的菌种均匀地撒在料面上，然后用木板轻轻压平。最后用报纸覆盖料面，保持报纸湿润状态。关闭门窗，保温保湿促进菌种萌发，使菌种萌发定植。播种时料的湿度以用手挤料，手缝中有水但不滴下为宜。播种后，3天内关闭门窗减少通风，使菌种块萌发定植。这阶段，若遇高温，则应开窗散热，否则会因闷热造成菌种块不萌发。

3天后菌种萌发正常即可通风，7天后可逐步加大放风量，正常情况下7 ~ 10天菌丝可铺满培养料表面。这时将所有通风口全部打开，造成干燥环境，迫使菌丝向培养料中生长。当气温高于25℃时采用早晚通风，低时采用中午通风。菌丝生长的最适温度在22 ~ 25℃之间，相对湿度为60% ~ 75%之间。经过20天左右菌丝长到料的2/3时开始覆土。

发菌期间在注意通风的同时，检查培养料的湿度，如果培养料偏干，可适当喷1%的石灰水，料面温度保持在25℃左右为好；如发现有毛霉或石膏霉等杂菌出现时，可用磷肥面覆盖或喷食用醋，以防扩大传染。并注意防虫，可用磷化铝熏棚；对菌蝇、菌蚊，可用布条沾敌敌畏乳油挂于棚内见光处防治；对鼠类可以用鼠夹或鼠饵诱杀。

五、覆土方法

所覆土壤以泥炭土最好，如果没有，可以取农田30厘米以下的土壤，土壤中最好掺入一些麦糠（麦衣子），麦糠必须用1%石灰水提前泡3天。农田土需先打碎大土块、过筛，土粒的粗细最好与黄豆粒大小相同。用1%的石灰水调湿，以手握团，落地就散为标准。在覆土前2 ~ 3天将菇床揭去报纸，如果料面过干可用pH

值为7.5的石灰水喷湿，要少喷勤喷，整个过程需2 ~ 3天。喷水时开门窗，喷水半小时后关门窗，喷湿后用铁耙子将料面整平，利于菌丝的爬土。覆土的厚度为2.5 ~ 4厘米，覆土过薄容易出薄皮菇，易开伞；过厚则出菇太迟，容易出大菇、地雷菇。土的湿度以手握土结成块，手上有水印为适。

覆土后一周内不需喷水，加强通风换气量，以促进菌丝的爬土，温度控制在22 ~ 25℃之间，湿度控制在60% ~ 75%之间，如果过干，可向人行道内浇少量水。

覆土时把握好水分，一般不需再喷水，只在大棚两端通风处少量喷水保湿，直至出菇。

六、双孢蘑菇的出菇管理

当覆土15天左右，拨开土层看到土层中菌丝由原来绒毛状变成粗线状的菌索时，开始喷结菇水，早晚各一次。喷水工具一定使用质量较好的喷雾器，不能用洒水壶洒水。喷水时开门窗，喷水后关门窗，要少喷勤喷，整个过程需2 ~ 3天。可将整个土层打透。一般每平方米喷水量为0.5 ~ 1千克。

当菇蕾长到黄豆粒大小时，喷出菇水，此时应多喷水，通风量加大，用喷雾器喷水时也一定要将气打足，喷头向上，不要把小菇喷死。水量以手攥土成团并且能产生裂缝为宜。

床面菇蕾多时，若空气干燥，可喷维持水，也可向墙上或过道喷水，以保持棚内湿度。

刚出菇时，菇棚温度在15℃左右，应少喷水；晴天下午喷温水，喷水时大通风，1小时后将风口关小，晚上气温低时完全关闭风口。

7月底至8月中下旬约20天的时间是青藏高原地区夏季高温期，应注意防暑降温，有条件的地区可以在温棚表面的草帘上洒水降温或在菇棚的走道上及墙面上洒水降温。没有条件的地区在高温期间应尽量少喷水，保持料面较干水平。以免造成高温死菇而遭受不必要的损失。

七、双孢蘑菇的采收、保鲜与加工

（一）采收

蘑菇长到达到收购规格时就应该及时采摘，一般的采收适期为菌盖在 2 厘米以上，菌幕尚未破裂之前，都属采收适期。

在采收期间，应每天及时采收，必要时可每日分清晨和下午采收两次，具体采摘方法是采菇时要采大留小，但并非一次性全部采收完，前期多采用旋菇法采摘，后期采用拔菇法采摘。采收后要及时清除菇根、死菇和菇碎片，补土，使菇床平整清洁。

每茬菇采收完毕以后，应停止喷水 5 ～ 7 天，待菌丝恢复生长以后，继续喷水及实施其他各项管理工作。出菇采收阶段要注意菇棚的通风换气，处理好温度、湿度、空气三者之间的关系。

通常采收第四茬菇以后，每茬双孢蘑菇的产量已经明显地不如前几茬了。由于养分的消耗，每茬子实体的数量和质量也开始下降，采收的方法也逐步由旋菇改为拔菇，即采摘时，要把菇“根”下部连接的老化菌索一齐拔掉，因为这些老化的根状菌索已经没有再生能力了。

刚采摘下来的蘑菇，要轻轻放在铺有干净纱布或铺有纸的篮子里或泡沫箱中，以免菇体变红，之后用锋利的小刀整齐地切掉菇脚。

新鲜的蘑菇，质地非常脆嫩，在采摘、切根、搬运时都要注意轻拿轻放，禁止乱丢乱放，因为粗暴的操作会使产品的档次大幅度下降而减少收入。

（二）保鲜与加工

1. 保鲜

刚采收的鲜菇脆嫩，含有 90% 的水分，仍具有较强的呼吸作用，容易后熟，不耐贮藏。放置时间稍长极易变色，为防止变色，可采取一些简单措施延长保鲜时间。

（1）用盐水处理进行保鲜，具体做法是将刚采收的鲜菇放入 0.6% 的盐水中浸泡 10 分钟，捞出沥干水分装入塑料袋中，置于 10 ～ 15℃的阴面房间中，经 4 ～ 6 小时，袋内蘑菇仍保持亮白色，可保持 3 ～ 4 天。

（2）聚乙烯包装后低温保鲜（见平菇低温保鲜方法）。

2. 加工

双孢蘑菇加工的主要方式是盐渍和制罐头两种。

（1）盐渍

盐渍菇是我国蘑菇出口的主要商品之一，其加工方法是将新鲜蘑菇放入 0.02% 的焦亚酸钠溶液中清洗，捞出后放入 0.05% 的焦亚硫酸钠溶液中浸泡 10 分钟，使菇体漂白，然后放入流水中漂洗 3 ～ 4 次。为防止菇体开伞，放入 5% ～ 7% 的盐水锅（不锈钢或铝锅）中煮，煮 7 ～ 10 分钟，煮熟后捞出放入凉水中冷却，不时翻动菇体，使冷却均匀。冷却后按菇面直径进行分级：1.5 厘米以下为一级，1.5 ～ 2.5 厘米为二级，2.5 ～ 3.5 为三级，3.5 厘米以上为四级。经过分级的菇分别在 15% ～ 16% 的盐水中浸泡，为避免浓度过高而使菇体变黑。经 3 ～ 5 天后捞出再倒入饱和盐水中浸泡 5 ～ 7 天，在上面放重物将菇全部压在盐水中，防止和空气接触而变色，浸泡 5 ～ 7 天后，菇体吸收更多的盐，使盐水浓度降低，如低于 36% 应再一次倒缸，将其捞出重新浸入饱和盐水中，直至盐水保持饱和，进行装罐销售。

（2）制罐头

双孢蘑菇罐头分整菇、片菇、碎菇三种，出口是以整菇为主，片菇为辅，碎菇在国内市场销售。

双孢蘑菇罐头加工工艺：采收—切根—漂洗—预煮冷却—分级—装罐—排气—真空封口—高压灭菌—产品检验—粘贴商标—装箱—销售。

八、双孢蘑菇追肥方法

（一）常用追肥液

1. 将菇根、碎菇煮沸后用水稀释，结合喷水施入（1 千克煎汁 +20 千克水）。

2. 出菇后期，覆土层 pH 值下降，用生石灰 1 千克 + 水 100 千克搅拌后取其澄清液喷洒。

3. 味精 40 克 + 糖 1 千克 + 水 100 千克，在幼菇期喷施，增产效果明显。

4. 用新鲜黄豆 0.5 ～ 1 千克浸泡后磨成浆，滤渣取汁兑水 50 千克喷施，可增产 10% ～ 15%。

5. 在蘑菇产量急剧下降时，清理床面，剔除老根和死菇，将新鲜畜禽粪捣碎，用清水浸湿堆闷 15 小时，再加入粪量 3 ～ 5 倍的肥土和少量草木灰拌匀后撒于床面。

6. 糖 500 克 + 味精 50 克 + 维生素 B_1 100 毫克 + 水 50 千克，按每平方米 0.5 ～ 1 千克分四次补上，可增产 15% ～ 20%。

7. 尿素 100 ～ 150 克 + 水 50 千克。

8. 碳酸铵 1 千克 + 水 100 千克，采完一茬即喷 1 次，每平方米用 0.5 千克。

（二）追肥方法

1. 双孢蘑菇追肥应少施勤施，切忌浓度过大，用量过多。

2. 各种追肥液必须现配现用，追肥后随即喷水，以免营养液存积在蘑菇上而引发病害。

3. 多种追肥液可以交叉使用，遇到高温和病虫害发生时不要追肥。

4. 适宜的追肥时间在出 2 ～ 3 茬菇后，采菇后至下茬菇蕾在黄豆粒大小之前。

九、双孢蘑菇主要病虫害及防治方法

双孢蘑菇在生长过程中，由于受到病菌侵染或不良环境因素（温度、湿度、有害化学物质等）的作用，致使代谢混乱，在生理和形态上出现了不正常的变化，从而降低了蘑菇的产量和质量，这种现象称为蘑菇病害。

1. 软腐病

症状：发病时，菇床出现白色棉毛状（也称蛛网状）菌丝，并迅速蔓延，若不及时控制，可扩展至整个菇床，在湿度较大的情况下，可把子实体全部“吞没”，而只看到一团白色的菌丝。后期，白色蛛网状菌丝变粉红色。在蘑菇的整个发育时期都会受到这种病菌的侵染，被侵染的子实体并不发生畸形，而是逐渐变为褐色直至腐烂。

发生特点：在覆土或菇体表面可以看到菌落，能在短期内产生孢子，这些孢子借助气流、不合理的喷水、溅起的水滴进行传播。在覆土过湿及低温高湿情况下易发此病。这种病在菇房经常是零星发生。

防治措施：①做好覆土消毒。②局部发生时应减少床面喷水，加强菇房通风，降低土表和空气湿度。发病菇床部位喷 2% ~ 5% 甲醛液或 500 倍甲基托布津液或撒石灰粉。

2. 褶霉病（菌盖斑点病）

症状：主要为害蘑菇菌褶，使菌褶黏合在一起，不能正常开伞，菇变畸形，菌褶色泽呈斑纹杂色。病菇的另一症状是菌盖上有深褐色斑点，似褐斑病，但不容易腐烂，有时菌盖会发硬。

发生特点：病菌孢子主要通过覆土或空气传播，菇房湿度高会加快发病。

防治措施：发病后及时将病菇摘除销毁，并加强菇房通风，降低空气湿度，防止蔓延。发病部位喷 50% 多菌灵可湿性粉剂 500 ~ 1000 倍液或 70% 甲基托布津可湿性粉剂 500 ~ 1000 倍液。

3. 细菌性斑点病（褐斑病）

症状：发病局限于蘑菇菌盖上，初期在菌盖上出现 1 ～ 2 处小的黄色变色点，而后逐渐变成暗褐色凹陷的斑点。当斑点变干后，菌盖开裂，形成不对称子实体，菌柄上偶尔也发生纵向的凹斑。菌肉变色部分一般很浅，很少超过表皮下 3 毫米。有时蘑菇采收后才出现病斑，特别是蘑菇在高温条件下，水分在菇盖表面凝结时，更易发生此病。

发生特点：该病在高温高湿条件下几小时就能感染菇体，并产生病斑。菇蝇、线虫和工作人员也可作为传播源。

防治措施：①不要使菇面积水，防止土面过湿。②发病时在菇床及周围环境喷施 600 倍漂白粉液。

4. 白色石膏霉

症状：这种霉菌常发生在培养料及覆土层表面，初为斑块状浓密的白色菌丝，像撒上了一层石膏粉一样，成熟后变粉红色。有石膏霉生长的地方，蘑菇菌丝生长受到抑制。当杂菌干枯减少后，蘑菇菌丝仍可生长，但活力已经减弱。

发生特点：这种霉菌可大量产生孢子，借气流传播，常常反复感染。当培养料发酵不良、湿度过大、培养料 pH 值在 8.2 以上时，发生严重。

防治措施：①提高培养料腐熟度，提高堆温，增加过磷酸钙和石膏的用量，降低培养料 pH 值，防止过碱。②局部发生后喷克霉灵溶液。③发生严重时，把子实体采收后，在床面喷代森锰锌 500 倍液或 50% 多菌灵可湿性粉剂 500 ～ 1000 倍液。

5. 棉絮状杂菌

症状：棉絮状杂菌大多发生在菇床上，初期棉絮状杂菌菌丝从培养料内经土缝向土面生长，并很快长出土面，菌丝白色，短而细，一蓬蓬，像烂棉花。经过一段时间后，白色菌丝会变粉状，最后变为橘红色，这是它产生的孢子。从白色菌丝出现到橘红色孢子的产生，需要 7 ～ 10 天。长有棉絮状杂菌的床面，蘑菇菌丝生长衰弱，菇小菇稀，严重的可不出菇，明显影响蘑菇产量和质量。

发生特点：棉絮状杂菌多发生在覆土之后，在 10 ～ 25℃下均可发生，大量菌丝往往在土层表面迅速蔓延。棉絮状杂菌随蘑菇菌丝生长强弱而变化，当蘑菇菌丝本身较健壮，棉絮状杂菌不出现；当蘑菇菌丝生长较弱，条件又适合棉絮状杂菌生长时，棉絮状杂菌就会大量发生。棉絮状杂菌主要来源培养料的粪块，在条件适宜的情况下萌发成棉絮状菌丝。

防治措施：棉絮状杂菌发生后，喷用 50% 多菌灵可湿性粉剂 500 ～ 1000 倍液或 70% 甲基托布津可湿性粉剂 500 ～ 1000 倍液，有明显的治疗效果。连年发生棉絮状杂菌较重的菇房，用 50% 多菌灵可湿性粉剂 500 ～ 1000 倍液拌料，亦有明显的防治作用。

6. 鬼伞

症状：鬼伞多发生在蘑菇覆土之前，覆土之后则很少。鬼伞子实体出现在料堆周围或床面上，发生很快，从子实体形成到溶解成黑色黏液团，只需 24 ～ 48 小时。鬼伞与蘑菇争夺培养料，从而影响蘑菇产量。

发生特点：鬼伞是培养料腐熟不好的主要症状。堆肥在室外发酵时若长过鬼伞又不及时处理，便会导致在床面发生。鬼伞子实体在溶解之前，可产生大量孢子，并四处传播。堆温较低，料堆过湿，氨气较多的培养料，最适宜鬼伞生长。

防治措施：①堆制好培养料，提高堆温，降低氨气含量，防止培养料过湿，以便抑制鬼伞生长。若堆料周围长有鬼伞，应注意将产生鬼伞的料翻入中间料温高的部位，以便杀死鬼伞孢子。②菇床上发生鬼伞之后，适当降低室内湿度，提早覆土，可抑制鬼伞子实体生长。③床面发生的鬼伞，应及时摘除销毁，以免成熟后孢子四处传播。

7. 绿霉

症状：感染绿霉的区域，蘑菇菌丝及子实体生长不良，造成产量降低。

发生特点：绿霉孢子可通过未腐熟的培养料带入菇房，也可通过气流传播。孢子容易在酸性，没有萌发的菌种块、死菇及潮湿的材料上形成菌落。

防治措施：①及时拣掉没有萌发的菌种块和死菇。②一旦发生绿霉，及时将绿霉及周围一层培养料拣掉，喷洒50%多菌灵可湿性粉剂500 ~ 1000倍液或70%甲基托布津可湿性粉剂500 ~ 1000倍液，或撒一层石灰粉。

8. 菌丝徒长

在外界条件有利于蘑菇菌丝营养生长，而不利于生殖生长时，菌丝体生长旺盛，有的甚至冒出土层，密集成块，但迟迟不产生子实体，生产上称为“菌被”或“菌皮”。

防治措施：①合理管理，当覆土表层发现有“菌皮”时，最好是重新补一层土。喷水时适当加大菇房通风量。②当小菇蕾未形成，而菌丝一直徒长时，可用钉耙在表面来回轻轻地耙，破坏徒长菌丝，或喷大量的水，促使菌丝及时形成子实体。

9. 死菇

菇房中经常发生小菇萎缩、变黄，最后死亡的现象，有时成批死亡。其原因如下：

（1）夏季温度过高，当小菇蕾形成后，菇房温度超过23℃，或春季产菇期间气温回升快，连续几天温度超过23℃，在超过子实体生长温度后，小菇蕾非但不能积累养分继续生长，反而将其中的养分向菌丝输送，造成死亡。

（2）菇房通气不良，氧气不足，二氧化碳含量过高，加上室温高，新陈代谢过程中产生的热量不能很快散发，大量幼小子实体就会被闷死。

（3）若覆土后出菇前菌丝生长过快，出菇部位过高，在土表形成过密的子实体，由于营养供应不上，也会产生部分小菇死亡的现象。

（4）在第一、二茬菇出菇较密，采菇时操作不慎，往往会损伤周围的小菇，导致其死亡。

（5）施用过量的农药也是导致大量死菇的原因之一。

防治措施：①根据季节气温变化特点，科学合理地安排播种时间，尽量避免高温时出菇。如遇到夏季高温期，菇床上尽量减少喷水次数，降低菇棚湿度。有条件的地区可以在菇棚覆盖的草帘上喷水降温，待高温期过后再调水出菇。②春菇后期加强菇房保温措施，防止高温袭击。③土层调水阶段，防止菌丝长出土面，压低出菇部位，以免出菇过密。④防治病虫杂菌时，避免用药过量造成药害。

10. 硬开伞

浅粉红色的菌褶。硬开伞的主要原因是气温骤降或昼夜温差过大（10℃以上），造成料温和气温温差较大，菌柄和菌盖生长不平衡而造成的。

防治措施：主要是加强秋菇后期保温措施，减少菇房温度空气湿度，促进菇体均衡生长。

第三节　白灵菇

一、概述

白灵菇具有很高的食用价值。菌肉肥厚、质地脆嫩、柔润可口、味道鲜美，是侧耳属中最具有烹饪价值的一种食用菌，深受中高档宾馆、酒店的欢迎。白灵菇蛋白质含量占干重的20%，含有17种氨基酸及多种维生素和矿物质。赖氨酸和精氨酸被称为增智氨基酸，而白灵菇中这两种氨基酸的含量比金针菇高10倍以上。白灵菇具有一定的药用价值，含有丰富的维生素D，可防治小儿佝偻病和软骨病，丰富的矿物质及营养物质可有效地增强人体免疫力等功效。

白灵菇属低温型食用菌，由于其具有很高的营养价值、药用价值，产品在国内外供不应求。而其栽培原料广泛、栽培技术简单、生长发育周期短、产量高、品质好，有较好的耐储藏、耐运输的特性，保鲜性能及货架期长。其菌丝生长的最适温度是24 ~ 26℃，出菇适宜温度10 ~ 20℃，十分适宜在青海省高原自然生态条件下栽培。因此，是极具规模化生产开发的食用菌品种。

二、白灵菇栽培技术

（一）栽培材料

1. 主要材料为阔叶树木屑、棉籽壳、麦草、玉米芯等。

2. 辅助材料为玉米粒、麸皮、蔗糖、葡萄糖、磷酸二氢钾、石膏粉或碳酸钙、过磷酸钙、酵母粉（或酵母片）。

（二）栽培季节

在青藏高原地区主要以春季至夏初较为理想。根据气候可安排在11月装袋、接种、发菌，翌年3月中下旬至6月出菇。栽培场所要求能保温、保湿、通风透光、水源方便、周围环境清洁。

（三）栽培方法

与其他平菇类似，可采用袋栽、瓶栽或覆土栽培等方法。

（四）白灵菇生产实用配方

1. 棉籽皮74%、玉米芯10%、麸皮10%、玉米面3%、石灰1%、石膏1%、过磷酸钙1%。

2. 棉籽壳99%、石灰1%。

3. 棉籽壳78%、麸皮20%、糖1%、石膏粉1%，另加0.5%磷酸二氢钾，含水量 65%，pH 值自然。

4. 杂木屑 78%，麸皮 20%，红糖或蔗糖 1%，石膏粉 1%，酵母片、过磷酸钙少量，料水比 1∶1.4。

5. 棉籽壳 100 千克、玉米粉 5 千克、麸皮 5 千克、石灰 3 千克、石膏 2 千克。

三、白灵菇栽培管理方法

（一）培养料的堆制发酵

堆制发酵的用料最好在 300 千克以上，堆高 1.2 ～ 1.5 米、宽 1.2 ～ 1.5 米，长度不限。堆太小不易升温，发酵不透；堆太大中间缺氧，而且不便翻堆。发酵料拌水 60% ～ 65%，并加石灰 2%，使 pH 值为 8 ～ 8.5。建好堆后打孔通气，孔距为 30 厘米，堆上方打 1 排，侧面打 2 ～ 3 排。发酵时间视室温而定，温度高时时间可短一些，以 7 ～ 10 天为宜；温度低时可适当增加天数，并加盖塑料薄膜。发酵过程中要注意翻堆，每隔 2 天翻 1 次，发酵透的料应呈棕褐色，无酸臭味。

（二）装袋灭菌

发酵好的料需重新测水分和 pH 值，并将含水量调至 55% ～ 60%，pH 值调至 8 ～ 8.5。塑料袋选用长 17 厘米、宽 33 厘米规格的折角聚乙烯袋，装 0.75 ～ 1 千克湿料。手工装料时，边装边用手压紧；机器装料时，可根据机器动力情况掌握紧实度。将装好的料在高压下灭菌 2 ～ 3 小时，或在常压下灭菌 14 ～ 16 小时，注意灭菌要彻底。

（三）接种

方法同平菇。

（四）发菌管理

接种后在 20 ～ 25℃条件下遮光培养，一般经 30 ～ 35 天长满菌袋。白灵菇发菌管理技术十分重要，白灵菇的菌丝生长需要相当长的后熟阶段才能达到菌丝的生理成熟。也就是说，白灵菇菌袋在发满菌丝后，必须要经过一个菌丝后熟期才能出菇。根据菌株特性不同，该阶段一般需 30 ~ 60 天不等，个别菌株甚至高达 80 天。

四、出菇管理和采收

菌丝长满菌袋 10 天左右即进入出菇阶段。当袋（瓶）内料面或侧面出现菇蕾（原基）时，把达到生理成熟的栽培袋（罐）移到经消毒处理、清洁明亮、地面喷过水的菇房或塑料棚。采用立体栽培或覆土栽培。立体栽培可充分利用菇房空间，出菇干净，菇形圆整，商品价值高；覆土栽培有利于水分管理，菇形肥大，产量较高。

（一）立体栽培

菌袋一般卧放，码 5 ~ 7 层，温度高时少码几层，温度低时多码几层，最下面一层用砖头或树枝垫高一些，可避免菇体长出时接触泥土。菇蕾稍微大些时，把袋（瓶）口棉塞拔掉，把袋口塑料下翻，露出原基和料面，袋侧有菇蕾处可将袋壁剪开，使之暴露在新鲜空气中。注意通风，二氧化碳不得大于 0.1%。菇房湿度保持在 80% ~ 90%，随时喷水以利于地面保湿，菇房温度控制在 15 ~ 20℃。开袋（瓶）后 10 ~ 12 天，菌盖完全开展时就及时采收。采收过早产量低，过迟则品质下降。一般只采收一次，生物学效率为 50% ~ 65%。

（二）覆土栽培

覆土栽培的白灵菇菇形正、产量高。①在菇房内建菇畦，一般南北方向，宽 120 厘米，深 10 厘米，畦间留 60 厘米走道。②把发好菌的菌袋整个剪去，也可只剪去菌袋两头的塑料膜，菌袋周边用刀片划 3 ~ 5 个切口。③将菌袋间隔 3 厘米立排于畦内，用经过消毒处理的土覆盖在菌袋上，厚约 2 厘米，以刚好盖住凸起的原基为宜。④覆土后用清水轻喷以保持覆土湿润，水吃透为宜，尽量不使水渗入菌袋。⑤在棚内始终保持缓慢微弱的通风，使菇房内空气新鲜，光照强度控制在 200 ～ 1500 勒克斯，正常保温保湿。

（三）采收

当白灵菇菌盖由内逐渐平展后，即可采收。用小刀割下或旋转拔下子实体，并削去残留在菇根上的培养料或泥土，装入塑料筐或分装成小袋出售或加工。要适时进行采收，采收过早影响产量，采收过晚则影响商品价值。

（四）白灵菇病虫害防治

食用菌病虫害防治以防为主，防治结合。在青藏高原地区白灵菇生产栽培过程中，病害极少发生；病虫害以菌蚊、菌蝇为主要防治对象，防治方法为以防为主，切断病害传播途径，并防止其幼虫为害菌丝及子实体。必要时使用化学药剂进行防除。

（五）加工和销售

白灵菇鲜食时，口感、味道都好，以鲜销为宜。由于质地致密，含水量低，个体大，耐冷藏运输。白灵菇不易变色，也适合切片烘干，烘烤温度以 45 ～ 70℃为宜。

第四节　金针菇

一、概述

金针菇因菌柄细长如针、颜色金黄而得名，又称毛柄金钱菌、冬菇、朴菇、构菌等。

金针菇柄脆盖滑，味道鲜美，营养丰富，每 100 克干菇含粗蛋白 31.23 克、粗脂肪 5.78 克、可溶性非氮化合物 52.07 克、粗纤维 3.34 克、灰分 7.58 克。含有 18 种氨基酸，每 100 克干菇中含氨基酸 20.9 克。其中，人体必需的氨基酸占氨基酸总量的 44.5%，高于一般菇类。尤其是赖氨酸和精氨酸含量特别丰富。赖氨酸、精氨酸能促进记忆，开发智力，特别有利于儿童的健康成长和智力发育，因此金针菇又有“增智菇”“智力菇”之称。

金针菇性寒、味咸，能利肝脏，益肠胃，增智慧，抗癌。金针菇因氨基酸含量高而著称，尤其是精氨酸和赖氨酸含量高，前者可预防肝炎和胃溃疡，后者能使儿童身高增长、体重增加和记忆力提高。金针菇含有的朴菇素是一种高分子量碱性蛋白，对肿瘤具有明显的抑制作用。金针菇还具有降血压、抗癌作用。金针菇柄中的大量植物性纤维可吸附胆酸，降低胆固醇，促使肠胃蠕动，强化消化系统功能，是一种理想的保健食品。

金针菇具有栽培周期短、原料广、易管理、效益高等特点。随着人民生活水平的提高，对金针菇需求量越来越大，发展金针菇生产，对增加农民收入、提高人民健康水平具有积极的意义。

根据子实体的色泽，金针菇可分为三种类型。

（一）金黄色品系

菌盖金黄色，菌柄上部金黄色，基部茶褐色且背部有褐色绒毛。株丛粗稀，出菇温度范围较宽，出菇早，产量高，抗逆性强。菇体色泽对光敏感，鲜菇质地脆嫩，口感好，但色泽欠佳。

（二）乳黄色品系

菌盖乳黄色，菌柄上部乳黄色，基部微黄，褐色绒毛少，株丛细密，出菇温度范围较窄，抗逆性一般，鲜菇质地脆嫩，口感好，色泽居中。

（三）白色品系

菌盖、菌柄均为白色，菌柄基部稍有白色绒毛，株丛较密，出菇温度较低。菇体色泽对光线不敏感，产量中等，主要集中在第一茬菇，鲜菇质地鲜嫩柔软，色泽佳，为金针菇之上品。

目前，生产上常用的品种很多，如金针菇 913，金白 1 号、8 号、

10号，日本白金，上海F3、F4等。

二、金针菇栽培技术

（一）栽培季节确定和菌种制备

1. 栽培季节的确定

自然条件下栽培金针菇，栽培季节确定的依据是金针菇的出菇适温（8～14℃），各地应根据当地的气候特点合理安排出菇期，人工控温条件下可周年生产金针菇。

2. 菌种制备

有条件时可从母种—原种—栽培种过程进行制种，按生产规模备足菌种量；无条件时可向生产厂家订购栽培种。不管哪种方式，菌种必须符合菌龄适宜，菌丝粗壮、洁白，有细粉状菌丝，纯正，无杂菌和害虫等条件。

（二）培养料配制

1. 参考配方

（1）玉米芯75%、麸皮或米糠23%、糖1%、石膏粉1%。

（2）棉籽壳88%、米糠或麸皮10%、糖1%、石膏粉1%。

（3）棉籽壳78%、米糠或麸皮20%、糖1%、石膏粉1%。

（4）棉籽壳40%、玉米芯37%、麸皮或米糠20%、糖1%、石膏粉1%、石灰1%。

（5）木屑（阔叶树）77%、麸皮或米糠20%、糖1%、石膏粉1%、石灰1%。

2. 拌料

按配方将所有原料充分拌匀，调水使含水量达62%～65%。拌好的培养料应当天装袋灭菌，否则培养料发热发酸导致pH值降低，影响菌丝生长。

（三）栽培方法

1. 工艺流程

原料配制—调水调酸—搅拌均匀—及时装袋（瓶）—灭菌接种—发菌管理—搔菌催蕾—调控抑蕾—出菇管理—采收包装—后期管理。

2. 塑料袋墙式栽培

（1）装袋。栽培袋为长 17 厘米、宽 50 厘米的聚乙烯筒袋，在袋中间装料约 20 厘米长，每袋约装干料 400 克，袋口两端各留筒膜 15 厘米，待以后出菇用。料装好后用纤维绳扎紧及时灭菌。

（2）灭菌。装袋后应立即装锅灭菌，高压 0.15 兆帕（1.5 千克 / 平方厘米）灭菌 1.5 ～ 2 小时，常压（100℃）灭菌 10 ～ 12 小时。灭菌时料袋应直立排入，袋间留出适当的间隙，以便湿热蒸汽的流通与穿透。同时灭菌后减压要慢，防止挤压使料袋变形，如料袋变形，容易造成培养料与袋壁分离而引起袋壁出菇，影响出菇的整齐度与商品性。

（3）接种。料袋灭菌后，待料温降至 30℃时，即可接种。接种的关键是严格无菌操作，接种技术要正确熟练，动作要轻、快、准，以减少操作过程中杂菌污染的机会。

（4）发菌。将接种后的菌袋移入培养室的床架上进行发菌培养。发菌期要创造适宜的条件，以保证菌丝健壮生长。

金针菇菌丝生长的最适温度为 23℃，温度过高或过低都会降低其生长速度，在发菌过程中，由于菌丝呼吸作用产生热量，料温比气温高 2 ～ 4℃，所以气温控制在 19 ～ 21℃为宜。温度偏高时，菌丝生长弱，而且容易感染杂菌；温度过低时，菌丝生长慢，且易在未发满菌丝时就出菇。在发菌期间，为使菌丝受温一致、发菌均匀，每隔 7 ～ 10 天，将床架上下层及里外放置的菌袋调换一次位置。发菌期间温度超过 24℃以上时，要及时通风降温。发菌期间空气相对湿度要低些，不需要喷水，湿度保持在 60% ～ 65% 即可，湿度过大，杂菌污染的概率就会增加。发菌最好在黑暗中进行，这样菌丝生长速度快且不易老化，出菇整齐。发菌期间要加强通风，及时排出菌丝生长过程中产生的二氧化碳，保持空气新鲜，促使菌丝健壮生长。

（5）码袋搔菌。菌丝即将满袋时，及时搬入栽培室进行搔菌。先将菌袋码成高5～10层的菌墙，长度不限。菌墙码好后，拉开扎绳，将袋两头筒膜翻转至略高于料面，及时搔菌。

（6）催蕾抑蕾。在菌墙两端各放两根木棒，木棒间应略宽于料袋，分别在两端两根木棒顶端之间的位置上拴一根横棒，再用两根细铁丝拴在横棒两侧并拉紧，最后将报纸或薄膜盖在铁丝上并喷水保湿。报纸可起到遮光保湿的作用，同时可有效防止报纸压住袋口而影响出菇。保持空气湿润，2～3天后培养基表面就会长出一层新菌丝，随后每天揭开报纸或地膜2～3次，加强通风换气，几天后培养基表面就会出现琥珀色水珠，即菌原基，这是出菇前兆。催蕾最适温度为12～13℃，最适湿度为80%～85%。再过2～3天，菌原基继续分化成丛生小菌蕾（1～2厘米长），这时就要进行抑菌，促使菌蕾整齐一致地向上生长。抑制的方法可采取低温和吹风措施，温度保持在4～5℃，用小电动机吹风2～3天，如无条件，现蕾后在夜晚揭开袋口报纸或地膜，打开门窗，让冷风吹2～3晚，也可达到促使菌蕾整齐生长、菌柄增粗的效果。

（7）适时拉袋。抑蕾结束后，当新形成的菇蕾长至4～5厘米高时，可拉直袋口。注意不可拉袋过早，否则易造成菌袋中间菇蕾缺氧而不能充分发育，导致产量下降。拉高袋的目的是增加袋内二氧化碳浓度和空气相对湿度。根据栽培室的通风状况和栽培规模的大小，拉直袋口可一次完成，也可两次完成。

（8）出菇管理。经抑制后，再盖上报纸，就可转入正常的出菇管理，每天喷水1～2次，维持室温在8～13℃，空气相对湿度为80%～85%。每天喷水前，揭开报纸或地膜通风片刻，然后再盖报纸或盖膜喷水。这样连续管理 6 ~ 7 天，就可培养出优质的金针菇。当菌柄长度达 13 ~ 18 厘米、盖菌直径达 0.8 ~ 1 厘米时就可以采收了。

（9）采后管理。金针菇采收后要进行灌水和补充营养，两者可以结合进行，一般用 0.5% 糖水、0.1% 尿素溶液灌袋，浸泡 5 ~ 6 小时，然后进行搔菌、催蕾、抑制和常规管理，如此反复，可采收 2 ~ 3 茬菇。

3. 瓶栽

（1）装瓶、灭菌、接种。750 毫升的菌种瓶、化工瓶（广口瓶）以及 500 毫升的罐头瓶都可用来栽培金针菇，以口径 5 厘米左右的无色透明化工瓶栽培最为理想。培养料装瓶时，下部要松一些，以利于发菌，上部要装得紧一些，可用捣木捣实，以免水分过快蒸发。培养料通常装至瓶肩以下，压平后，在中间打接种孔。瓶口用双层牛皮纸、聚乙烯薄膜、聚丙烯薄膜或农用尼龙编织袋封盖。如用牛皮纸做封口材料，培养料要适当增加水量，否则，由于水分蒸发而不利于出菇。特别是在保温培养的情况下，菌丝虽然可以在基质内生长，但因表面干燥而不长菌丝，后期很容易被霉菌污染。有条件时，可用泡沫塑料或纤维做成的专用微孔瓶盖封口，只要把瓶盖拧紧即可。

装瓶后，用高压或常压蒸汽灭菌，冷却后接种。每瓶接入蚕豆块大小的菌种一块，一瓶原种可接种 80 ~ 100 瓶。

（2）菌丝培养。将菌种瓶放在 22 ~ 26℃的温室内培养，因瓶内温度往往比室温高 2 ~ 3℃，因此，室温保持在 18 ~ 20℃即可。为便于调节室温，在床温上选有代表性的菌种瓶 3 ~ 5 个，每瓶插入一支温度计，供检查温度用。

在适温下，接种后 2 ~ 3 天，菌丝开始生长，8 ~ 10 天可长到瓶肩以下，同时底部菌丝也开始发育，此后，瓶内菌丝上下一起长，一般只要 20 ~ 25 天即可长满。为促使室内菌丝发育速度均衡，以利于出菇管理，在培养过程中，要经常转瓶和移位。菌丝培养期间，室内应保持干燥，相对湿度应控制在65%以下，从而有效地降低污染率。

（3）搔菌、催蕾。所谓搔菌，就是将完成接种任务的老种块去掉，并松动培养基表面已经开始老化的菌丝。如不进行搔菌处理，原基大都集中在老种块上发生，原基数量少，发生时间也不够整齐。搔菌后，培养基上面的菌丝接触到空气，很快恢复生长，能在整个培养基表面很整齐地形成大批的原基。

要注意掌握好搔菌的时机，一般在菌丝长满培养料的80%时，即快要满瓶时进行。搔菌的工具是一根用8号铁丝锻成的扁平小铲，最好多准备几根，轮流烧灼使用，以免带入杂菌。搔菌后，要用小铲将表面松动的培养基压平，否则松动的培养基很容易干燥，并且很容易造成污染。

搔菌后，一般不要再盖瓶盖，在瓶口放一张用水喷湿的报纸即可。为了促进原基的形成，室温应降至10～12℃，相对湿度应提高到80%～85%，而且室内要黑暗。在低温处理10～14天后，培养基表面菌丝变成褐色，并出现许多小水珠，接着就会形成大量原基。搔菌之后，若不进行低温处理，室温继续保持在18℃左右，菌丝很快老化，不但推迟出菇时间，而且很难获得好的收成。搔菌后，瓶内含水量对出菇影响很大，如空气湿度过低，瓶内培养基逐渐干燥，就会在表面出现很浓的气生菌丝，出菇不均匀；若空气湿度过高，原基下部会出现大量暗褐色液滴，引起病害。

（4）抑蕾。当原基继续发育成丛生小菌蕾时，就要进行抑蕾，促使菌蕾整齐一致地向上生长。原基应放在3～5℃的低温环境下进行抑蕾，相对湿度控制在80%～85%，并经常通风。因为金针菇的子实体在10～12℃时生长最快，但菇柄长，质量差。若能满足上述条件，则可形成菌柄挺立、脆嫩、色白的子实体，而且出菇也比较整齐。经过 5 ~ 7 天的培养，即可进入出菇管理。

（5）出菇管理。当菌柄长到 2 ~ 3 厘米高，并开始长出瓶口时，菌盖已开始分化，要及时移到出菇室进行低温培养。室温控制在 5 ~ 8℃，相对湿度以 75% ~ 80% 为宜，这样，子实体才能正常生长，并提高菇的品质。菌柄长出瓶口 2 ~ 3 厘米时，要在瓶口套上一个用蜡纸或塑料做成的套筒（用其他质地较韧的纸亦可）。套筒不要做成齐筒形，上大下小，开角 15 度，下面可以预先留 4 个小孔，以便空气自然地从下部流入，加套筒的目的是让子实体在避光、低湿、缺氧的条件下形成色白、脆嫩、柄长、盖小的子实体。套筒的时间不能太早，否则，只有瓶子中间的菇能长长，而周围的菇都长不长，或只能形成不太粗的针状畸形菇，不长菌盖。旧法生产不用套筒，瓶内很早就出现菌盖，产量一般不高。另一种方法是开始可用短一些的套筒，高 7 ~ 8 厘米，2 ~ 3 天后，根据子实体的生长情况，再换上另一个高一些的套筒，高 10 ~ 12 厘米，这样可以使菇柄继续向上生长。在出菇期间，除菇房经常保持潮湿外，在套筒上可喷少量清水，但绝不能往瓶内喷水。

（6）采收和再生菇管理。当菌柄长到 13 ~ 14 厘米高时，去掉套筒，将整丛菇从培养基上取下来。一般来说，从接种到采收需 50 ~ 60 天。以木屑培养基为例，一个 750 毫升的瓶子，可长 50 ~ 150 个子实体，鲜重 100 ~ 140 克。瓶栽金针菇一般可采收两茬，如果湿度不够，第二茬菇蕾便很难生长。第一茬菇采收 10 ~ 15 天后，若没有菇蕾长出，可在培养基表面喷少量清水，切勿过多，一旦有菇蕾发生，便要停止喷水。第二茬菇数量要少一些，质量也比前一茬差，每瓶可采鲜菇 60 ~ 80 克。

第五节　鸡腿菇

一、概述

鸡腿菇是一种适应能力极强的土生菌、草腐菌、粪生菌。子实体群生。菇蕾期菌盖呈圆柱形，连同菌柄状似火鸡腿，鸡腿菇由此得名。

鸡腿菇的适应能力虽然很强，但在栽培鸡腿菇时，一定要给它提供适宜的生长发育条件，这才是实现优质高产的关键。

二、鸡腿菇栽培技术

（一）栽培季节

鸡腿菇属中温型菇类，为草腐土生菌。菌丝生长温度范围 10 ～ 35℃ ，最适温度 20 ～ 30℃ ；子实体发育温度 8 ～ 30℃ ，最适温度 16 ～ 22℃ 。温度极大地影响了鸡腿菇的生物转化率。青藏高原地区栽培鸡腿菇可以选择春季栽培，一般在 3 ～ 4 月制作菌种或订购菌种，5 月下旬或 7 月上旬至 9 月为出菇期。

（二）栽培工艺流程

1. 发酵料栽培工艺流程

原辅料准备—原料处理—堆制发酵—拌料装袋—灭菌—冷却—接种—发菌管理—脱袋—覆土—出菇期管理—采收加工。

2. 生料栽培工艺流程

生料袋栽和畦（床）栽备料—堆料发酵—装袋或畦床铺料—接种或播种—发菌管理—覆土—出菇管理—采收加工。

3. 熟料栽培工艺流程

熟料栽培原料准备—拌料—装袋—灭菌—接种—发菌管理—覆

土—出菇管理—采收加工。

发酵料栽培技术简单，成功率高，易于推广，是实际生产中常用的方法；熟料栽培方法获得的鸡腿菇优质高产，但需要一定的技术和设备条件，投资也较大。如在高温季节，发菌最好采用熟料栽培技术路线，这样可大大提高发菌的成功率。

（三）栽培原料

栽培鸡腿菇的原料很广，许多农林副产品都含有丰富的木质素、纤维素、半纤维素，都可用来栽培鸡腿菇。常用的主料有棉籽皮、玉米芯、麦秸、豆秸、牛粪等，辅料有麦麸、玉米面、尿素、石灰粉、石膏、磷肥等。

无论采用哪种原料，都要求必须新鲜、干燥、无霉变。因为陈旧、潮湿、已霉变的原料很容易造成菌包污染，导致栽培失败。

（四）培养料配方

1. 食用菌废料（栽培平菇、金针菇、香菇等的废料均可）45%、棉籽壳 38%、麦皮 15%、尿素 0.5%、石灰 1.5%。

2. 食用菌废料（栽培平菇、金针菇、香菇等的废料均可）50%、棉籽壳 38%、玉米粉 10%、尿素 0.5%、石灰 1.5%。

3. 棉籽壳 90%、玉米粉 8%、尿素 0.5%、石灰 1.5%。

4. 玉米芯（粉碎或压碎）60%、棉籽皮 23%、麸皮 12%、石灰 3%、石膏 1%、磷肥（过磷酸钙）1%，料水比为 1∶1.4。

5. 食用菌废料（栽培平菇、金针菇、香菇等的废料均可）40%、棉籽皮 20%、玉米芯 20%、麸皮 15%、石灰 3%、石膏 1%、磷肥 1%，料水比为 1∶1.4。

（五）堆料发酵

由于鸡腿菇属腐生性真菌，因而栽培料应进行发酵处理，以利于菌丝体吸收利用。

按照培养料配方将原材料称重，按料水比 1∶1.3 的比例加入清水将料充分拌匀，建高 1 米、宽 1 米、长不限的料堆。当气温低于 10℃ 时，可以适当将料堆加宽加高，并加盖覆盖物进行保温，在料堆上每隔 0.5 米扎一个通气孔。当料温达到 60℃ 时，保持该温度 1 ~ 2 天即可以进行翻堆，连续翻 2 ~ 4 次。翻堆时，可以将料内外相调，上下相调，以保证培养料全部经过发酵。翻堆时还应该根据气候及料内的失水情况及时补充水分，经 8 ~ 13 天料即可完成发酵过程。

发酵完成后，将料摊开晾一下，再用 pH 试纸测定培养料的 pH 值，并将其调至 8.5，翻料时待料温下降至 30℃以下时，即可以铺床播种或装袋接种了。

（六）栽培方法

鸡腿菇栽培方法较多，主要有畦式直播栽培、袋式熟料栽培、袋式生料栽培等。

1. 畦式直播栽培

挖深 0.2 米、宽 1 ~ 1.5 米的菌畦，先灌水渗透后向畦面撒石灰粉，再铺一层培养料，使料厚约 10 厘米，然后在料面均匀撒一层菌种，再铺一层培养料使料面稍压实，将剩余的菌种均匀撒在料面上，轻轻拍动料面使菌种渗到料内 2 ~ 3 厘米处，整平料面，再用木板轻轻压实，使料总厚度达到 20 厘米。播种完毕覆上约 2 毫米厚的土，并喷水至覆土湿透为止。覆土上盖一层报纸保湿。当料内菌丝长至覆土表面时，再继续覆土 2 厘米厚，并喷水至覆土湿润，将报纸重新盖上继续保湿发菌。20 ~ 35 天即可以完成发菌过程。

2. 袋式发菌栽培

袋式发菌栽培的装袋、接种等程序与平菇相同。袋式发菌具有发菌时容易控制发菌环境的温度、湿度等条件，以及发菌成功率提高等优势，易于集约化生产。由于鸡腿菇菌丝有不覆土不出菇的生理特点，菌丝抗逆性较强，不易老化，菌丝可以长时间保持活力。因此，只要具备一定的条件，就可以大量装袋生产，先发菌，等到合适的季节再安排出菇。这就是鸡腿菇易于集约、商品化生产的得天独厚的优势。

料袋菌发满后，经 5 ~ 7 天的后熟期即可以进行栽培。具体方法为在菇棚内挖与畦式栽培相同规格的畦式沟，将菌袋脱去塑料袋，横放在畦内，料袋与料袋之间间隔 5 厘米，将处理后的土壤覆在料袋上，厚度约 3 厘米，用清水喷至覆土达到最大的持水量，盖上报纸进行保湿。在温度等条件适宜时，7 ~ 10 天即可见覆土层长出菌丝。之后再覆 2 厘米厚的土，喷水湿透土层，继续盖报纸保湿。当再见到覆土层菌丝时，可以揭去报纸。加大通风和空气湿度及光照，一周内即可见到鸡腿菇的菇蕾。

三、出菇管理技术

鸡腿菇出菇管理的具体操作要点：

1. 去掉覆盖的塑料薄膜，适当加强通风，保持空气新鲜。

2. 适当增加光照，以刺激菌丝由营养生长转入生殖生长，但是应避免强光直射。

3. 温度控制在 12 ~ 22℃ 之间。

4. 提高空气湿度和保持覆土的适宜湿度，使空气湿度达到 85% ~ 90%；覆土的湿度以手握成团、落地即散为宜。

在适宜的条件下，覆土后 12 ~ 15 天，鸡腿菇便会破土而出。出菇后同样应注意温度、通风、空气湿度、覆土湿度、光照等条件的调节，以便获得优质、高产的鸡腿菇产品。

四、采收与加工方法

鸡腿菇长到八成熟时就应采摘。一般鸡腿菇高达 8 ~ 12 厘米，菌盖直径 2 ~ 3 厘米，菌盖与菌环分离前是最佳的采收时期。因为这时的菇体形态美、质量高。如不及时采收，菌盖与菌环分离，而且菇体成熟时，菌盖边缘会由白色变为浅粉红色，并开伞产生大量的黑色孢子，菌褶也很快自溶成黑色的墨汁状，仅留下菌柄，这时便完全失去了商品价值。

采菇时，应随时将菇根、死菇、菌索等清除掉，对缺土的部位及时补土。头茬菇采完后，结合浇水对菇床补充2%石灰水溶液和1%复合肥溶液，其他管理同头茬菇。7 ~ 12天后又可出第二茬菇。共可出4 ~ 5茬菇，但产量主要集中在前三茬，一般前三茬菇占总产的70% ~ 80%，而且菇的质量也最好。

五、鸡腿菇病虫害防治

为害鸡腿菇的病害主要有绿霉、白色石膏霉、鬼伞等；虫害主要有螨类、跳虫、菇蚊、菇蝇等。

（一）病害

1. 白色石膏霉

该病是由培养料偏酸而引发的一种病害。一般在下种10 ~ 15天内发生，初期在覆盖表面形成大小不一的白斑块，状如石灰粉。老熟时斑块变粉红色，并可见到黄色粉状孢子团。挖开培养料有浓重的恶臭味，鸡腿菇菌丝死亡、腐烂。

防治方法：

（1）培养料发酵时添加5%石灰粉，调节pH值为8.5。

（2）局部用50%多菌灵可湿性粉剂500 ~ 1000倍液或5%的苯酚喷洒。

（3）加强通风，降低畦面的空气湿度。

2. 鬼伞

鬼伞孢子是混在麦草等原料进入菇床的，5 ~ 10天床面便出现大量的鬼伞与鸡腿菇争夺营养。其子实体腐解后流出墨汁样孢子液。

防治方法：

发现鬼伞应及时在未开伞前清除，并深埋。

（二）虫害

1. 螨类

螨的种类较多，主要为害菌丝和子实体。虫口密度大时，鸡腿菇无法形成子实体。螨类来源于麦草、禽畜粪便，一般生活在阴暗潮湿的环境，繁殖较快。

防治方法：

（1）在使用栽培场地前要认真清理杂物，并用敌敌畏乳油喷杀一遍。

（2）培养发酵温度达到55℃时，料堆表面用2000倍的克螨特喷杀。

（3）在菇场定期喷洒1000倍的敌敌畏乳油。

2. 菇蝇

菇蝇不但为害鸡腿菇子实体，而且是传播杂菌的祸首。被为害的培养料呈糠状，有恶臭味，并见蛆虫爬动，菌丝被吃掉。

防治方法：

（1）用1500倍除虫菊酯或3000倍2.5%氯氰菊酯喷杀。

（2）保持场地通风、清洁。

鸡腿菇病虫害的防治与大田农作物及蔬菜作物的防治原则一样，应贯彻“预防为主，综合防治”的方针。即从菌种、原料、环境等方面进行严格的控制和管理，合理安排发菌和出菇季节，其中特别强调栽培技术措施的作用，创造良好的有利于鸡腿菇生长发育的生态条件，预防病虫为害，这样可得到事半功倍的效果。除采用生态防治方法外，还要综合地使用物理、生物及化学农药等防治方法。

第六节　杏鲍菇

一、概述

杏鲍菇又称刺芹侧耳、刺芹菇，是一种大型肉质伞菌，是近年来引入我国栽培的一种珍稀优质食用菌。由于杏鲍菇菌肉肥厚，菌柄粗壮，质地脆嫩，品质优良、味道鲜美，具有特殊的杏仁香味和鲍鱼味，是侧耳属食用菌中风味最好的种类，被称为“平菇之王”。杏鲍菇子实体中富含18种氨基酸、多种矿质元素、微量元素及对人体有益的营养成分和药用成分，因寡糖含量丰富使其具有整肠美容的效果，并有预防脂肪肝的作用。杏鲍菇的菌肉与其他菇类相比韧性较高，在烹饪加工后其原有形态不会改变，加之其较高的耐储藏、耐运输的特性，使其保鲜性能及货架寿命大大延长，也是在国内外市场畅销的原因之一。此外，杏鲍菇加工成干制品后仍不失其特有的杏仁香味，口感鲜脆，这无疑给自身价值又增加了竞争的优势。成为一种极受消费者欢迎的高档食用菌。

杏鲍菇属于中低温型食用菌，菌丝最适温度为23 ~ 25℃，出菇最适温度为12 ~ 18℃，适合在青藏高原地区自然生态条件下栽培生产。

二、杏鲍菇栽培技术

（一）栽培季节

杏鲍菇属中温偏低的菇类，一年可生产两季，在春季、秋季出菇，即2 ~ 3月或7 ~ 8月生产菌袋，4 ~ 5月或8 ~ 10月出菇。

（二）杏鲍菇的栽培场地

凡是能栽培平菇、香菇的场地，均可用来栽培杏鲍菇。场地要求的一般条件是要能保温、保湿、避光，通风良好，离水源较近。如节能日光温室、塑料大棚、废旧厂房、人防设施等均可。

（三）原料配方及配制

适宜杏鲍菇生长的原料很多。如：木屑、棉籽壳、麦秸、豆秸、玉米芯等均可作栽培原料。

1. 杂木屑 73%、麸皮 25%、石灰 1%、石膏 1%，使料的含水量达到 60% ~ 65%。

2. 棉籽壳 88%、麸皮 10%、石灰 1%、石膏 1%，使料的含水量达到 60% ~ 65%。将配料混合拌匀制成培养料。

3. 木屑 34%，玉米芯 20%，豆秸 20%，麸皮 20%，玉米面 3%，糖、碳酸钙、石膏各 1%，使料的含水量达到 60% ~ 65%。

4. 棉籽壳 40%、木屑 30%、麸皮 15%、玉米粉 8%、糖 1%、过磷酸钙 2%、轻质碳酸钙 1%、石膏 1%、石灰 1%、尿素 0.5%。

（四）菌袋制作技术

采用长 17 厘米、宽 33 厘米的低压聚乙烯塑料袋，每袋料干重 500 克、湿重 1000 克，装料松紧适度，封口后放入灭菌锅内灭菌。先用猛火使锅内温度升至 100℃开始计时，8 ~ 12 小时后闷 4 ~ 5 小时，然后将料袋取出。料袋冷却到常温时放入已消毒的接种箱（室）内接种，接种量为 5% ~ 10%。将接种后的菌袋尽快送往已消毒的培养室培养，密闭培养室使菌袋在黑暗条件下发菌，既满足了菌丝的生理要求，同时也是防止害虫进入的有效措施之一。发菌期间，每隔一周左右用杀菌剂将培养室喷洒一次，以预防杂菌的污染。培养室的室温应控制在 20 ~ 25℃之间。30 ~ 40 天菌丝可长满袋，然后移至出菇房出菇。培养室要求黑暗、通气、不潮湿。

三、杏鲍菇出菇管理

菌丝长满袋后，即将菌袋搬入菇房或温室大棚，出菇场所要认真消毒灭菌，将菌袋直立排放，也可墙式堆叠。出菇前要进行催蕾处理，加强通风拉大温湿差，刺激原基形成，待菌丝扭结形成原基并已出现小菇蕾时开袋，解开袋口，将袋膜向外翻卷下折至料面2厘米为宜。出菇期菇棚温度应控制在13 ~ 18℃，光照强度控制在500勒克斯，空气相对湿度保持在85% ~ 90%，切勿将水喷到菇体上，否则子实体会变黄影响品质。尽量加大通风以保证菇棚内空气新鲜，使子实体处于比较适宜的生长环境中。

杏鲍菇栽培方法较多，青藏高原地区目前主要采用码垛两头出菇、覆土栽培出菇两种类型。

（一）码垛两头出菇

菌袋码垛一般可以码到6 ~ 10层，生产中为了节省空间和场地，尽量码高。可以采取菌垛两头各打一立柱，上面绑住一横杆压住整个菌垛的方式，以保证不倒垛。码垛出菇菇体含水量低，菇体寿命长，商品价值高。

（二）覆土栽培

出菇将菌袋脱去后摆放在畦内，充分利用覆土层的吸水保水及畦内稳定的地温等有利条件，出菇产量高，菇体粗壮肥大。不足的是菇体上容易带土，不易清除，在一定程度上影响了菇体的商品性。

四、杏鲍菇的采收及加工

一般在现蕾15天左右可采收，在基部隆起但不松软，菌盖即将平展并中间下凹，边缘稍有向下内卷，孢子尚未弹射时为采收期。此时的杏鲍菇大约有八成熟。采收的杏鲍菇应立即用刀切除基部所带的培养料和杂物，码放整齐以防菌盖破碎，并及时送往冷库进行保鲜、加工处理。采收标准根据销售市场需要而定；外销菇要求菌盖直径4 ~ 6厘米，柄长6 ~ 8厘米。头茬菇采收15天左右，又可采第二茬菇。杏鲍菇耐贮存、耐运输，产品可鲜销，也可干制或制罐头。

采收后及时将料面清理干净，清洁菇棚，并喷洒菊酯类杀虫药，预防病虫害的发生和传播。之后，将菇棚密闭遮光，使菌袋休养生息。等料面再次出现原基时重复出菇管理过程。杏鲍菇一般一个生长周期可以收 1 ~ 3 茬菇，生物转化率可以达到 65% ~ 80%。

第七节 草 菇

一、概述

草菇是热带、亚热带地区一种高温草腐型食用菌，是我国南方夏季栽培的主要食用菌种类。草菇在世界上享有“中国蘑菇”之称。草菇由于带有兰花般的浓郁芳香味，故又名“兰花菇”。

草菇的鲜菇味美细嫩、营养丰富，炒菜煲汤均宜，干片味香宜人。营养价值方面，虽然黄豆的蛋白质含量高达 39.1%，但其蛋白质的利用率却只有 43%，而草菇的蛋白质利用率高达 75%，这主要是因为黄豆中的必需氨基酸含量只有 0.46%。如果将黄豆与草菇搭配食用，就可使黄豆的蛋白质利用率提高到 79% ~ 80%。药用价值方面，草菇中具有抗癌活性的多糖成分是 β -D- 葡聚糖。草菇中含有的含氮浸出物、嘌呤碱、特异性蛋白等都具有抗癌作用。经常食用草菇，可以提高机体的免疫能力，预防多种疾病的发生。

中国是草菇栽培的发源地和主产国，草菇栽培资源广泛，操作方便，周期短，水稻产区均可栽培。我国年产量（含台湾地区）约占全世界年总产量的 80%。草菇在其他亚洲国家也有许多年的栽培历史，如新加坡、泰国、韩国等。近些年来，在欧美一些国家和地区也开始栽培草菇。

二、草菇栽培技术

草菇因其菌丝生长速度快，子实体产生周期短，决定了其栽培方式较粗放。目前，具有推广价值的栽培法主要有室外稻草堆式栽培、室内稻草床架式栽培、室内混合料（稻草与棉籽壳各半）床式栽培、室内全棉籽壳床式栽培。其中，稻草室内床栽比室外堆栽生物学转化率高 2 倍；混合料室内床栽比纯稻草室内床栽生物学转化率高约 2 倍；棉籽壳室内床栽生物学转化率最高，达到 38%。

（一）栽培季节

草菇出菇温度在 28 ～ 30℃最佳，23℃以下不能形成子实体。据此，长江中下游地区在 5 月下旬至 9 月均可栽培，青藏高原地区在 6 月下旬至 10 月均可在温室栽培。

自然条件下栽培草菇，对季节要求很高。在热带地区除了酷暑天外都可栽培，而在亚热带和温带地区，只有夏秋季适宜栽培。

（二）栽培品种

生产上使用的草菇品种很多。依个体大小，可分为大型种、中型种和小型种；按其菇体颜色可分为黑色草菇和白色草菇两大类。黑菇的主要特征是未开伞的子实体包被为鼠灰色或深灰色，呈卵圆形，出菇较慢，产量较低；白菇的主要特征是未开伞的子实体包被为浅灰色或偏白色，呈椭圆形，出菇快，产量高。

优良草菇菌种应具备产量高、品质好（包被厚、韧，不易开伞，圆菇率高，味道好）、生命力强（对不良环境抵抗力强）等特性。在我国生产中较为广泛使用的草菇菌株有 V23（鼠灰色，大型种，高温型品种）、V34（灰白色，中型偏大，高温型品种）、V844（菇型圆整，均匀，白色，中型品种，中温型）、GV34（灰黑色，中型品种，低温型）、屏优 1 号等。

（三）培养料配方

草菇的培养料种类很多，主料使用废棉、棉籽壳、稻草、麦秸栽培的产量最高，甘蔗渣次之。此外，还有高粱秆、玉米秆、花生茎、麻渣等，都可以栽培草菇，但产量较低，质量也不好，因此不宜单独使用，必要时可以与稻草搭配使用。栽培时，要选用新鲜、无霉变、未雨淋，并经晒干的原料。如选择稻草时，要选择金黄色、无霉变的干稻草；选择废棉和棉籽壳时，要选晒干的、未受雨淋、未发霉、新鲜的棉籽壳。

栽培草菇除了棉籽壳、废棉、稻草、麦秸等主料外，还需要一定量的辅料，如牛粪、马粪、鸡粪、米糠或麸皮、火烧土，以及过磷酸钙、磷酸二氢钾、磷酸氢二钾、石灰等，以增加培养料的养分。

常用的培养料配方：

（1）棉籽壳培养料：棉籽壳 97%、生石灰 3%。

（2）废棉培养料：棉纺厂废棉 90%、生石灰 3%、过磷酸钙 2%、麸皮 5%。

（3）稻草培养料：干稻草 82%、干牛粪粉 15%、生石灰 3%。

（4）麦秆培养料：干麦秆 82%、干牛粪粉 15%、生石灰 3%。

（5）稻草棉籽壳混合培养料：稻草（铡成 7 厘米长）49%、棉籽壳 49%、生石灰 2%。

（6）稻草麦秆混合培养料：稻草 30%、麦秆 62%、麸皮 5%、生石灰 3%。

（7）玉米秸秆培养料：玉米秸秆（切成 3 ～ 4 厘米长的段）97%、生石灰 3%。

（四）栽培管理

草菇的室内栽培有床式栽培和砖块式栽培两类，以棉籽壳或稻草为原料，用砖块式栽培草菇比床式栽培的产量要高，可能是因为砖块式栽培改善了栽培原料的通气状况，并增加了出菇面积。

1. 床式栽培

（1）铺床。经发酵的培养料温度降至 38℃以下时，将培养料抖松、拌匀，没有氨味时进行铺床。使菌床料面上形成中心高、周边低的龟背形，中心料厚 20 厘米，周边料厚 15 厘米，料面撒上预先用浓度 2% 的石灰水浸泡过的麸皮和石灰粉，并喷足水，使含水量达到 75% 左右，pH 值为 9 ～ 10。

（2）播种及播种后管理。每平方米用菌种 500 克，采用穴播法播入菌种的 50%，剩下的菌种撒播到菌床培养料的表面，并用木板压实，使菌种与培养料紧贴。播种后盖上塑料薄膜，以利菌丝健康生长，每天揭膜通风 1 ～ 2 次，以控制料内温度。当菌丝长满培养料时，掀掉料面覆盖的塑料薄膜。

2. 砖块式栽培

（1）播种。自制数个长、宽各为 40 厘米，高为 15 厘米的正方形木框。将木框置于平地上，在木框上放一张长、宽各约 1.5 米的薄膜，中间每隔 15 厘米打一个 1 厘米直径的洞，以利于通水透气。向框内装入发酵好的培养料。从菌种瓶挖出菌种，把菌种放在清洁的盆子里，将菌种块轻轻弄碎。采用层播办法播种，即铺 1 层料、播 1 层种，共 3 层料 2 层菌种，上面的一层菌种稍多些，剩余约 1/5 菌种撒在料的表面上，用木板轻轻拍平、压实，使菌种与培养料紧贴，面上盖好薄膜，提起木框，即成“菌砖”。

（2）播种后管理。播种后料内温度逐渐上升，一般 3 ～ 4 天可以达到最高温度，通过淋水降温、揭膜通风降温、料层打洞降温等措施，控制料内最高温度在 42℃以下。当菌丝布满菌砖，即拿掉料面覆盖的塑料薄膜。

3. 出菇期管理

播种后 9 天左右，菌丝开始扭结形成白色小菇蕾。草菇菌丝开始扭结时，要及时增加料面湿度，喷好“出菇水”，喷水时尽量不要直接喷到菇体上；同时增加光照，促使草菇子实体的形成；保持栽培场所温度 28 ～ 32℃，并不断喷雾，保持室内空气湿度在 85% ～ 90%。当大量小白点菌蕾形成后，暂停喷水，以保湿为主，空气相对湿度维持在 90% 以上；当子实体有纽扣大小时，逐渐增加喷水量。中午气温较高时通风换气，每天通风时间控制在 10 ~ 15 分钟，防止风直接吹入床面。如菇棚内温度低时应及时加温。

4. 采收

播种后第 10 天开始少量采收，采收要及时，以提高合格菇的产量。菇形呈荔枝形或蛋形时最适合采摘。采摘时用手按住草料，以免损伤其他小菇或拉断菌丝，采收后及时清理床面或死菇，保持菇棚内温度 30 ~ 32℃，湿度 85% ~ 90%。第一茬菇采收后停止喷水 3 天，第 4 天再喷水 1 次，为第二茬菇提供充足的水分。

第八节　羊肚菌

一、概述

羊肚菌又叫羊肚菜、羊肚蘑。羊肚菌以其菇盖表面生有许多不平的小凹坑，外观形态酷似羊肚（胃）而得名，是一类珍稀名贵的野生食（药）用真菌，具有很高的营养和药用价值。我国早在《食疗本草》中记载："甘寒无毒，益肠胃、化痰理气。"中医以羊肚菌子实体入药，其性平，味甘寒，无毒，具有益肠胃、消化助食、化痰理气、补肾、壮阳、补脑、提神之能。研究发现，羊肚菌有降血脂、调节免疫、抗疲劳、抗放射、抗肿瘤作用，并能减轻癌症患者放化疗引起的毒副作用。具有增强人体免疫力的作用，可以预防疾病，而且对高血压、心脏病、糖尿病等疾病具有一定的疗效，还具有美容和抗衰老的作用。

对粗柄羊肚菌子实体的营养成分分析测定结果：粗脂肪的含量为 3.82%，由 4 种脂肪酸组成。其中：亚油酸占 56%，油酸占 28.41%，硬脂酸占 2.02%，软脂酸占 13.54%。不饱和脂肪酸含量占优势，是羊肚菌具有药用价值的重要原因之一。

羊肚菌除含有丰富的多糖、蛋白质和脂肪酸外，还含有钙、锌等多种矿物质和微量元素，以及维生素 B_1、维生素 B_2 等多种维生素。Bouillant 从羊肚菌中分离到几种抗菌、抗病毒的活性成分，Tomita 从子实体里提纯分离到了血小板集落抑制因子。

二、羊肚菌的应用价值

（一）羊肚菌的食用价值

羊肚菌子实体含有丰富的营养成分。张广伦等（1993）对新疆产粗柄羊肚菌子实体营养成分测定，含蛋白质 22.06%（是木耳的 2 倍，香菇的 1.3 倍）；含粗脂肪 3.82%（比牛肝菌略高），其中不饱和脂肪酸与饱和脂肪酸之比为 5 ∶ 3，对人体有益的亚油酸占脂肪酸总量的 56.0%；含碳水化合物 40%；含 19 种氨基酸，每 100 克干样中氨基酸总量达 19.57%，为各种食用菌之首。

（二）羊肚菌的药用价值

羊肚菌性平、味甘。有滋阴、壮阳、补肾、强精的作用。对阳痿、早泄、性功能减退、性欲冷淡有明显的治疗作用，并对肠胃炎症、脾胃虚弱、消化不良、头晕失眠、疲劳过度有良好的治疗效果。

（三）羊肚菌的保健作用

羊肚菌是一种健康食品，常吃有减肥、美容、嫩肤、保健的作用。具有补脑、提神、强身健体、消除疲劳的功能，还具有防癌、抗癌、预防感冒、增强人体免疫力的效果，是一种不含任何激素，无任何副作用的天然滋补保健品。

三、羊肚菌生态条件

（一）温度

菌丝生长温度为 3 ～ 28℃，最适温度为 18 ～ 22℃。低于 3℃，菌丝停止生长；高于 28℃，菌丝停止生长或死亡。孢子散发的适宜温度为 15 ～ 18℃，孢子萌发的适宜温度为 18 ～ 22℃，子实体在 10 ～ 22℃范围内均能生长，最适宜温度为 15 ～ 18℃，若昼夜温差大，可以促进子实体的形成，但是低于或高于生长范围温度均不利于子实体的正常发育。

（二）湿度

羊肚菌适宜在土质湿润的环境中生长，营养生长阶段的土壤含水量要求不严，含水量在 30% ～ 70% 均能生长，但以含水量在 45% ～ 55% 为宜。人工栽培羊肚菌的培养基含水量以 60% ～ 65% 为最适宜，含水量超过 70% 菌丝停止生长，含水量低于 55% 菌丝生长纤细、微弱。子实体适宜的空气相对湿度为 75% ～ 95%，但以 80% ～ 90% 为最适宜。

（三）光照

羊肚菌营养阶段不需要光照，光线过强会影响菌丝的生长，菌丝在暗处或弱光条件下生长很快。但光线对子实体的形成有一定的促进作用，特别是子实体发育阶段，子实体具有较强的向光性。因此，羊肚菌往往是朝着光线方向弯曲生长，若覆盖物过厚或树林过密、过阴，以及全天太阳直射的地方都不适宜子实体的生长，最适宜在自然树林或人工荫棚下培养。

（四）空气

羊肚菌菌丝生长阶段及子实体的形成和生长发育阶段对空气十分敏感，若二氧化碳浓度超过 0.3% 时，子实体生长无力，体型弱小、畸形，或者无菌盘甚至腐烂。但它与绿色植物在一起生长时，长势很好。因而，人工栽培时除良好的通风换气外，若与蔬菜、花草植物兼种更有利于高产。

（五）pH 值

适宜羊肚菌生长的 pH 值和其他食用菌基本相同，培养基或土壤的 pH 值在 5 ～ 8 都能适宜菌丝的生长。但最适 pH 值在 6 ～ 6.5 之间。若 pH 值低于 3 或高于 9 则菌丝停止生长或死亡。

四、营养生理

羊肚菌各菌株能在多种培养基上生长，但菌株在不同培养基上的生长速度、长势等有所不同。据文献资料，母种培养基比较好的是黄豆芽、玉米粉、麦麸、黄豆粉培养基，其次是 PDA 综合基和 PDA 增养基，而合成的葡萄糖硝酸钠、蔗糖硝酸钾等培养基较差。

五、生活史

羊肚菌的子囊果（菇体）是子囊菌的生殖组织，也是目前分类的形态依据。其圆锥形的菌盖像羊胃的表面凹凸不平，凹坑中生有许多子囊和侧丝。每个子囊含有 8 个子囊孢子，孢子弹射可达数米以外。羊肚菌的生活史见下图。

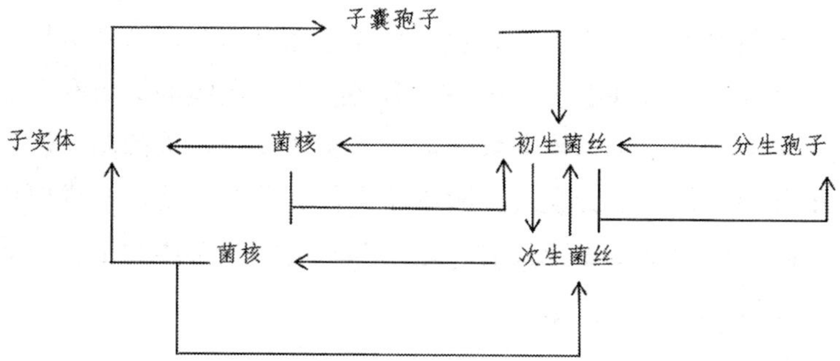

羊肚菌的生活史

羊肚菌从原基到子囊果成熟这段发育期很容易败育而导致人工栽培出菇失败，羊肚菌原基形成的最佳温度为 18℃，相对湿度为 85% ~ 90%，基质含水量为 50% ~ 60%。子囊果发育的温度范围为 10 ~ 20℃，相对湿度为 80% ~ 90%，基质含水量为 30% ~ 55%。

六、主要品种

（一）西藏羊肚菌

子囊果单生，菌盖钟状或椭圆形，长 3 ~ 4.5 厘米，宽 2 ~ 3 厘米。子实层体具脉络状隆起，切割呈穴窝状，腔穴宿存，位于柄顶端。

造孢组织橙黄色至橄榄褐色。子实层托橙黄色至褐色，外表具小疣状突起，棍棒状，中空，高 7 ~ 10 厘米，宽 1.5 ~ 2.2 厘米。子囊排列紧，孢子狭椭圆形，光滑，在子囊内相互紧靠，长 28 ~ 33 微米，宽 16 ~ 20 微米，无色透明，无明显气味。

（二）普通羊肚菌

子囊果一般较小，高 5 ~ 10 厘米。菌盖部呈圆形或宽椭圆形或近圆锥形，高 5 ~ 5.5 厘米，宽 3.5 ~ 5 厘米，由灰褐色变为浅黄褐色，棱厚，后期色较浅，凹窝不规则而深，浅乳黄褐色至暗灰色。柄较短，长 3.5 ~ 5 厘米，似有纵向排列，粗 1 ~ 3 厘米，污白色基部膨大，内部空心。子囊长 330 ~ 360 微米，宽 18 ~ 20 微米。孢子椭圆形，光滑，无色，长 16 ~ 18 微米，宽 1 ~ 9 微米。侧丝有隔及顶部稍膨大呈棒状，上部往往分枝，顶部粗达 20 微米。

七、羊肚菌栽培技术

（一）栽培季节

1. 春季栽培

3 月中下旬播种（环境温度不超过 20℃），4 月上旬放置外源营养袋（播种一周后，菌丝长满土层表面），4 月中下旬进行催菇管理（撤掉营养袋），5 月中下旬开始收获（依据当年实时温度，可酌情提前或推迟各环节实施时间）。

2. 秋季栽培

10 月中下旬播种（环境温度不超过 20℃），11 月上旬放置外源营养袋（播种一周后，菌丝长满土层表面），1 月中下旬进行催菇管理（撤掉营养袋），2 月中下旬至 3 月初开始收获（依据当年实时温度，可酌情提前或推迟各环节实施时间）。

（二）菌种制备

1. 黄豆芽玉米粉培养基

黄豆芽 300 克、玉米粉 100 克、葡萄糖 20 克、磷酸二氢钾 1 克、硫酸镁 1 克、琼脂 20 克、水 1000 毫升。

2. 麦麸黄豆粉培养基Ⅰ

麦麸 40 克、黄豆粉 10 克、磷酸二氢钾 1 克、硫酸镁 1 克、琼脂 20 克、水 1000 毫升。

3. 黄豆芽综合培养基Ⅱ

黄豆芽 500 克、玉米粉 100 克、麦麸 40 克、苹果 50 克、羊肚菌脚基土 100 克、葡萄糖 20 克、磷酸二氢钾 1 克、硫酸镁 1 克、琼脂 20 克、水 1000 毫升。

4. 麦麸培养基

麦麸 150 克、蔗糖 20 克、磷酸二氢钾 1 克、硫酸镁 0.5 克、琼脂 20 克、水 1000 毫升。

八、栽培方法及生产管理

（一）栽培方法

1. 选地及整地

通常农作物生长良好的田地均适宜于羊肚菌的生长要求，避免含沙量或黏性较高的土壤。播种前，每公顷撒施 3.33 ~ 5 千克的生石灰，以调节 pH 值和杀灭土壤中的杂菌害虫；之后，可使用旋耕机进行深耕，耕作深度 25 ~ 30 厘米；之后进行开沟操作，保持厢面宽 0.8 ~ 1.2 米，沟宽 0.2 ~ 0.3 米、深 0.2 ~ 0.25 米，以便排水和行人；整地后浇水保持土壤湿度。

2. 覆盖遮阳网

选用 4 ~ 6 针黑色遮阳网搭建遮阳区域，四周遮阳网下垂至地面，并用泥土压实，使整个大棚呈一个扁平的封闭盒子，在适当的位置预留门洞方便进出。

3. 播种

播种量以每公顷 10 ~ 13.33 千克菌种为宜。将装菌种的袋子剥去后，捏碎成直径为 1.0 ~ 1.5 厘米大小的菌种块，撒播于整理好的厢面上，之后用钉耙在厢面上抖土 10 ~ 15 厘米，确保 70% ~ 80% 的菌种被土覆盖。

4. 补料

在播种后一周左右，菌丝将长满厢面，播种 7 ~ 20 天，进行外源营养的添加，即“补料”处理。外源营养袋的用量为每亩地 1800 ~ 2000 个。在袋子一面用钉耙打孔，孔口朝下，将外源营养袋扣在已经长满菌丝的厢面上。

5. 撤袋

撤袋时间为出菇前 20 天左右。即温度达到 4 ~ 8℃，地温为 6 ~ 12℃时，移走外源营养袋。

（二）生产管理

1. 温度控制

菌丝在 10 ~ 25℃ 之间能够很好地生长，但不宜超过 25℃，否则菌丝质量下降。

2. 水分管理

播种环节，土壤含水量控制在 15% ~ 25% 之间；原基发育阶段，需要大量水刺激，土壤含水量控制在 20% ~ 30% 之间；子实体发育阶段，需要消耗大量氧气，降低土壤含水量至 18% ~ 25%。

3. 空气湿度管理

保持大棚空气湿度 70% ~ 80%，气温升至 6 ~ 10℃，增大空气湿度至 85% ~ 95%；土壤含水量控制在 20% ~ 30%，散射光照射；昼夜温差大于 10℃，进行催菇管理。

4. 采收

当羊肚菌的子囊果不再增大，菌盖脊与凹坑棱廓分明，肉质厚实，有弹性，有浓郁的羊肚菌香味时，即为成熟，方可采收。

第九节　榆黄蘑

一、概述

榆黄蘑又名金顶侧耳、玉皇蘑，属真菌界担子菌门伞菌目侧耳科侧耳属的一种木腐菌。因常见腐生于榆树枯枝上而得名，是我国北方杂木林中一种常见的食用菌（如图）。子实体成覆瓦状丛生，菌盖基部下凹呈喇叭状，边缘平展或波浪状，为鲜黄色，老熟时近白色，直径 2 ~ 13 厘米，菌肉菌褶白色，褶长短不一，柄偏生，白色，1.5 ~ 11.5 厘米，粗 0.4 ~ 2.0 厘米。孢子无色，光滑，长 6.8 ~ 9.86 微米，宽 3.4 ~ 4.1 微米，遗传特性属异宗结合。

榆黄蘑是一种广温型食用菌，菌丝生长温度为 6 ~ 32℃，适宜温度为 23 ~ 28℃，34℃时生长受抑制；子实体形成的温度范围为 16 ~ 30℃，适宜温度为 20 ~ 28℃；适宜空气相对湿度为 85% ~ 90%；适宜 pH 值为 5 ~ 7，pH 值大于 7.5 或小于 4 时菌丝生长缓慢；子实体生长需光，光线弱时子实体色淡黄，室外栽培时子实体色鲜黄。代料栽培的基质含水量 60% 为适宜。

自榆黄蘑驯化栽培成功以来，已有季节性批量栽培，以鲜菇供应市场，市场也有干品销售和批量出口。近年来，生化研究发现榆黄蘑的子实体含有较丰富的 β – 葡聚糖，其具有良好的抗肿瘤和提高人体免疫功能的作用，受到食品、医药部门的重视，正在作为保健食品进行开发以及作为别具风味的食品添加剂进行开发。

二、榆黄蘑栽培技术

（一）培养料

用于榆黄蘑的培养料除杂木屑以外，黄豆秆、玉米秆、玉米芯等粉碎后均可用于栽培。对子实体的 β－葡聚糖含量有要求时，要进行特殊培养料的试验测定才能达到栽培效果。

（二）技术要点

1. 菌种生产

榆黄蘑菌丝生长速度较快，750 毫升的菌种瓶接种后在 25℃条件下培养25天即可满瓶使用。菌袋培养30天左右，菌丝可满袋使用。

2. 培养料配方

（1）杂木屑 78%、麸皮 20%、糖和石膏各 1%。pH 值自然，含水量 60%。

（2）大豆秆粉或玉米芯粉或玉米秆粉 40%、杂木屑 35%、麸皮 16%、豆饼粉 4%、石膏 2%、石灰 3%。pH 值 6 ～ 6.5，含水量 60%。

（3）杂木屑 100 千克、麸皮 20 千克、豆饼粉 5 千克、石膏 2 千克、石灰 2 千克。pH 值 6 ～ 6.5，含水量 60%。

3. 生产季节

根据榆黄蘑的菌丝生长和子实体发生的适宜温度要求，青藏高原大部分地区 2 ～ 3 月装袋，7 ～ 8 月出菇，4 ～ 5 月装袋，8 ～ 10 月出菇。

4. 培养料栽培方式

（1）培养料熟料栽培。按配方中各原料比例称重，干拌 2 ～ 3 次后湿拌，含水量调至 60% 左右装袋、灭菌，冷却至 30℃以下接种，培养菌丝体。

（2）培养料发酵栽培。配方二、配方三可采用堆制发酵后进行床栽。按主辅材料比例拌匀，分别在建堆后的第 4 天、第 6 天、第 8 天、第 10 天和第 12 天进行 5 次翻堆，翻堆时调节水分、测试 pH 值。发酵好的培养料呈茶褐色，pH 值在 6.0 左右，具有香味。后进床铺料播种。

5. 出菇管理

出菇场的环境卫生要符合食品原料栽培场所的条件。水质要符合饮用水标准，严禁向菇体直接喷洒农药，环境用药也要遵循安全用药规则。

出菇场保持空气相对湿度 90% 左右，有较强的自然光。发现虫害时采用网纱窗门隔离或农药自然蒸发驱赶 、灯光诱杀等方法进行防治。

6. 采收与加工

当菇盖生长未平展时采收，避免菌盖反卷过熟 、色泽较淡时才采收。采收后根据产品质量要求加工，无论鲜销或制成干品，都要及时。 因榆黄蘑子实体细长，烘烤时起始温度比香菇略低，从 35℃开始，并在低温时保持较长时间。干品标准以色泽鲜黄、菇体完整、有特殊香味、含水量 13% 为宜。

第十节　黄　伞

一、概述

黄伞又名黄蘑、柳蘑、黄柳菇、多脂鳞伞，是分布广泛的好氧性木腐食用菌，可导致木材杂斑状褐色腐朽（如图）。黄伞子实体中等大小，边缘常内卷，后渐平展，淡黄色、污黄色至黄褐色，很黏，有褐色近平伏鳞片，中央较密，菌肉白色或淡黄色。菌褶黄色至锈褐色，直生或近弯生，稍密不等长。菌柄长 5 ～ 15 厘米，粗 0.5 ～ 3 厘米，圆柱形，与盖同色，有褐色反卷鳞片，黏或较黏，下部常弯曲，纤维质。菌环淡黄色，膜质，生于菌柄之上部。菌丝分解能力强，农林下脚料均可作为培养基进行栽培。目前，该品种还处于引种驯化阶段，少数地区方可形成批量生产规模。

基本生物学特性：菌丝生长温度为 12 ~ 27℃，适宜温度为 20 ~ 25℃，菌丝在 25℃生长最快，低于 5℃或高于 35℃，菌丝停止生长，色泽变褐；子实体原基形成的温度为 13 ~ 25℃，最适温度为 15 ~ 18℃；菌丝适宜生长的 pH 值为 5 ~ 8，最适 pH 值为 6 ~ 7；培养基适宜湿度为 65%，出菇适宜相对湿度为 85% ~ 90%。黄伞是绝对需光菌类，菌丝生长可不需光线，但出菇绝对需光，适宜光照强度为 300 ~ 1500 勒克斯。

二、黄伞栽培技术

（一）工艺流程

生产季节安排—安全备料—拌料装袋—灭菌—冷却—接种—菌丝培养—菌包排架—出菇管理—采收。

（二）技术要点

1. 生产季节安排

黄伞的出菇温度范围与双孢蘑菇相仿，青藏高原地区一般采取温室栽培。春季栽培可安排在 2 ~ 5 月，秋季栽培可安排在 8 ~ 11 月。

2. 配方

（1）杂木屑 75%、麸皮 20%、玉米粉 3%、碳酸钙 2%。含水量 65%，pH 值自然。

（2）杂木屑 65%、棉籽壳 15%、麸皮 15%、玉米粉 3%、碳酸钙 2%。含水量 65%，pH 值自然。

（3）杂木屑 55%、麸皮 20%、玉米芯 20%、玉米粉 3%、碳酸钙 2%。含水量 65%，pH 值自然。

3. 制袋

常压灭菌制袋采用长 17 厘米、宽 28 ~ 36 厘米规格的高密度低压聚乙烯袋，高压灭菌采用相同规格的聚丙烯袋。按配方拌料均匀，含水量适宜，装袋时上下松紧均匀，每袋湿重 1.3 ~ 1.5 千克，干料重 400 ~ 450 克。

4. 菌丝培养

在适温（20 ~ 25℃）条件下，避光和适量通气培养，通常 40 ~ 50 天菌丝可长满袋。

5. 出菇管理

菌袋长满菌丝后处于 13 ~ 18℃环境中，保持环境相对湿度 85% ~ 90%，7 天可出现原基。大量原基出现后，菇蕾长至 2 厘米左右，采用湿度与通气相结合的方法控制表面原基数量在 15 个左右，正常管理 10 天，子实体符合市场要求时即可采收。

出菇管理过程中，当大量子实体产生时，耗氧量大量增加，应注意保持空间湿度和适量通风换气。

6. 采收

当子实体菌盖长至 4 ~ 6 厘米，边缘向内卷，柄长 10 ~ 15 厘米,色泽金黄,菌褶灰白,孢子未弹射时即可采收。第一茬菇采收后,停水 7 ~ 10 天,即可进入第二茬菇的出菇管理,重复第一茬菇的水、光、气管理，再过 10 天即可采收第二茬菇，通常每季栽培可采收 3 ~ 4 茬菇，每袋鲜菇产量可达 300 ~ 350 克。

黄伞子实体可鲜销或干制，保鲜加工和烘干加工同香菇。

第十一节　银　耳

一、概述

银耳又名白木耳，是我国传统的名贵食用菌和药用菌。具有强精补肾、滋阴润肺、生津止咳、补气和血等功效。银耳多糖具有提高人体免疫功能的作用。

二、银耳栽培技术

（一）工艺流程

1. 段木栽培工艺流程

伐木备料—抽水—截段—打穴接种—发菌—出耳管理—采收加工。

2. 代料栽培工艺流程

备料—拌料装袋（瓶）—灭菌—接种—菌丝培养—出耳管理—采收加工。

（二）技术要点

1. 段木栽培技术要点

（1）菌种。选择试管种，菌丝生命力强，生长速度快，不易出现酵母状分生孢子的纯白菌丝，同生长速度快、爬壁能力强的羽毛状香灰菌丝混合后，在二级种的菌瓶中灰黑斑点相间均匀，可出耳，耳基较大，耳片开展，洁白。栽培种表面出现许多白毛团集生点，培养20余天后有许多不规则的银耳原基者，为可用菌种。

（2）段木准备。选择木质结构疏松的阔叶树，如梧桐、油桐、山乌桕、拟赤杨、枫树、法国梧桐、鹅掌楸等，于冬季（出芽前）砍伐。原木伐后含水量常在45% ~ 55%,需进行（抽水）原木干燥，待枝叶抽水到含水量40%左右，即可截成1 ~ 1.2米长的段木，并在两端截口上涂刷5%石灰水就可接种。

（3）接种。用打穴器打穴接种，随打随接，穴距3 ~ 5厘米，行距2 ~ 3厘米。注意菌种中纯白菌丛和羽毛状菌丝混合均匀，用接种器接入并用树皮盖或石蜡封口。

（4）发菌。接种后耳木堆叠成柴片式（顺码式），并用塑料薄膜覆盖，使温度保持在22℃左右，以促进菌丝萌发定植和发菌。

（5）出耳管理。本阶段要求对耳木进行全面清理，按品种和接种期及成熟度分开，以使成批出耳。这时应根据气候条件掌握好温度、湿度、通风三者关系。在 20 ～ 28℃温度下均可正常出耳，而气温高时水分蒸发量大，要求多喷水，以助散热和补充水分，但高温高湿容易使杂菌滋生，必须适当通风让耳木表面干爽。水分过多，容易产生流耳，并发生线虫等虫害，造成耳基腐烂等现象。在白毛团扭结、原基分化、耳芽产生和耳片展开阶段，应当勤喷、细喷、均匀喷，每次喷水量以不过分流失为原则。

（6）采收。耳片充分展开时，用竹片或不锈钢刀，从耳基割下，并将残留耳基去除干净，以利于再生银耳。

2. 代料栽培技术要点

（1）菌种。选择早熟且易开片的菌种进行代料栽培。作为代料栽培的菌种，通常在试管中培养 12 天即可见耳芽产生，在瓶中培养 15 天左右即有耳片产生，其他同段木栽培部分的菌种要求。

（2）拌料装袋。栽培银耳常用的塑料袋规格为长 12 厘米、宽 50 厘米，菌种含水量在 58% 左右，略偏干，料水比为 1 ∶ 1。因为银耳菌丝较耐干燥，适宜偏干环境，且偏干的培养基不利于杂菌滋生，有利于提高接种成功率。

制菌袋时，先将塑料袋一端用线扎牢，在火焰上熔封，从另一端装料，装约 45 厘米长度的培养料，稍压实后，袋口用线绳或塑料带双道扎紧。然后将料筒稍压扁，在其上等距离打 3 ～ 5 个穴，穴深 1.5 厘米，直径 1.2 厘米，贴上长 3.5 厘米、宽 3.5 厘米的专用或医用胶布，也可以灭菌后再打穴，接种后贴胶布。

（3）灭菌。用常压灶灭菌时，把料筒按“井”字形排列，100℃高温保持 6 ～ 8 小时；高压（1.47×10^5 帕，126℃）灭菌 1.5 小时，灭菌结束后，将料筒搬到冷却室，待冷却后接种。

（4）接种。同香菇代料栽培接种工序。

（5）菌袋发菌管理。接种后的菌袋放入菌丝培养，栽培前 3 天温度控制在 26 ～ 28℃，空气相对湿度 55% ～ 65%，3 天后将温度调控在24℃左右，适时通风，喷水保湿。

（6）采收加工。银耳采收必须掌握子实体的成熟度，成熟即采。采收过早，影响产量；采收太晚，容易烂耳。一般掌握在耳片完全展开、色白、半透明、柔软而有弹性时，不论朵子大小均要采收。采收时，可用刀片从料面将整朵银耳割下，清水漂洗后，单层摆放在晒席或筛子上，暴晒1～2天至干燥。在日晒过程中，可轻轻翻动几次，使其均匀干燥。在晒至半干时，要进行翻耳和修剪耳根。

第十二节　猴头菌

一、概述

猴头菌是一种兼有食用和药用价值的名贵食用菌。其味道鲜美，清香可口，素有“山珍猴头，海味燕窝”之称。猴头菌人工栽培主要以代料袋栽或瓶栽形式进行。子实体常用作罐头加工和药物加工原料。

二、猴头菌栽培技术

（一）工艺流程

1. 袋（瓶）栽工艺流程

备料—培养基配制—装袋（瓶）—灭菌—冷却接种—培养—出菇管理—采收。

2. 发酵生产工艺流程

试管培养——级种子瓶（装料100毫升/500毫升三角瓶）摇瓶培养（24～26℃，4～5天，接种量10%，往复式90转/分钟，旋转式300转/分钟）—二级种子瓶（装料1000毫升/5000毫升瓶）培养—三级种子罐（投料 25 升 /50 升罐，通气量 1∶0.4，2 ~ 3 天）培养—发酵罐（投料 100 升 /200 升罐，pH 值 4.5，残糖 0.2%）培养—过滤—猴头菌片、猴头浸膏。

（二）子实体栽培技术要点

1. 培养基配方

（1）甘蔗渣 78%、麸皮 20%、糖 1%、石膏 1%。

（2）杂木屑 78%、麸皮或米糠 20%、糖 1%、石膏 1%。

（3）棉籽壳 90%、麸皮 8%、糖 2%。

栽培猴头菌的原料除上述甘蔗渣、杂木屑和棉籽壳外，还有稻草、麦秸、玉米芯、废纸等。

2. 培养基制作与培养

猴头菌培养基制作方法，与其他食用菌培养基制作方法相似。先将各种原料混合均匀（含水量为 55% ~ 60%），然后装瓶（袋）。特别注意 pH 值一定偏酸性，因为 pH 值达 7.5 时猴头菌不能生长。装瓶时可装到瓶肩，以便子实体顺利长出。菌袋可大可小，大袋多开穴，小袋少开穴。进行灭菌时注意不让棉塞受潮。冷却至 30℃以下接种，接种时同香菇代料栽培一样注意防污染。培养室温度控制在 22℃左右，湿度 70% ~ 75%，培养 30 天左右即可转入出菇管理。

3. 出菇管理

当菌丝长满菌袋（瓶）后，拔去菌瓶棉塞。菌袋依袋子大小确定开口数量，直径 17 厘米开口 3 ~ 4 个，口径 1 厘米；直径 12 厘米开口 2 ~ 3 个，口径 1 厘米。小口径菌袋亦可平放堆叠成行，让子实体由两端长出。菌瓶可以卧放堆叠 1 米高左右，由侧向长出子实体。这样可提高菇房利用率。当菌袋（瓶）内出现芽状原基时，增大通气量，降低温度（18 ~ 20℃），提高栽培房湿度（85% ~ 90%），直到采收。

4. 采收加工

当子实体已长成刺状，并有少量白色粉状孢子产生时（通常是原基形成后 10 ~ 15 天），即可采收。采收时用小刀从子实体基部切下，不粘附培养基。采收过迟子实体纤维感增强，苦味更浓，这是孢子和老化菌丝的味道。在采收后的培养基表面稍加搔菌，但不宜破坏培养基深处的菌丝体，否则第二批子实体较难长出。采收的子实体，根据不同用途进行加工，或送往制罐加工厂进行加工，或切片干制，或整个烘干，烘干温度掌握在 35 ~ 60℃。

（三）液体发酵的技术要点

液体发酵是以获得猴头菌丝体为目的所采取的生产方式，全过程应严格遵守无菌操作。

1. 培养基配方

（1）斜面试管培养基。麸皮 100 克、葡萄糖 20 克，煮沸 30 分钟，去渣后加蛋白胨 4 克、磷酸二氢钾 2 克、七水硫酸镁 1.5 克、维生素 B_1 10 毫克、琼脂 20 克、水 1000 毫升，pH 值自然。

（2）种子瓶培养基。基本同上，只是不加琼脂。

（3）种子罐培养基。葡萄糖 20 克、豆饼粉或玉米粉 100 克、蛋白胨或酵母浸膏 10 克、磷酸二氢钾 15 克、七水硫酸镁 75 克、水 10 升，pH 值自然。

（4）发酵罐培养基。将种子罐培养基中的葡萄糖换为 2% 的蔗糖即可，其他不变。

2. 发酵条件

按照猴头菌丝最适生长温度（24℃左右）控制培养条件，种子瓶培养 4 ~ 5 天，种子罐培养 3 天，各级菌种接种量均按 10%（容积 / 容积）左右逐级扩大。

3. 发酵终止标准

一般发酵结束时，液体为棕黄色，菌丝球每毫升 150 个以上，静止后澄清透明，菌丝开始自溶，pH 值为 5 左右，残糖量为 0.2% 左右。

第十三节　大球盖菇

一、概述

大球盖菇又称皱环球盖菇、酒红色球盖菇，隶属球盖菇科球盖菇属。大球盖菇是一种草腐生菌。大球盖菇朵大、色美、味鲜、嫩滑爽脆、口感好，富含多种人体必需氨基酸及维生素，有预防冠心病、助消化、解疲劳等功效，是国际菌类交易市场中十大菇种之一。

大球盖菇的栽培较为粗放，可在果园、林木 、农作物中套种，成为结构合理、经济效益显著的立体栽培模式，是一项短、平、快的脱贫致富的农业种植项目。

二、大球盖菇栽培技术

（一）工艺流程

菇场选择与构筑—整畦消毒—备料—培养料处理（染料）—铺料播种—发菌—覆土—出菇管理—采收加工。

（二）技术要点

1. 大球盖菇栽培季节多在保护地种植，分为春天和秋天两季栽培。大球盖菇属中温型，子实体形成的温度 8 ~ 28℃，最适温度 16 ~ 24℃。中低海拔地区，在 9 月中旬至翌年 3 月均可播种；大部分高海拔地区在 9 月至翌年 6 月均可播种，以秋初播种温度最适宜。

2. 菌种制作

二级种和三级种用麦粒、谷粒或木屑、棉籽壳为原料均可，具体制作按常规操作。

3. 培养料及其处理

稻草、麦秸、玉米秸、野草、木屑、棉籽壳等任选一种或数种混合，不需添加其他辅料即可栽培。稻草最好选用晚稻草，因其质地坚硬。各种材料需无霉烂，色泽、气味正常。备用的秸秆在收获前不使用农药，且晒干后切碎使用。

将备好的培养料在播种前用清水或1%石灰水浸泡，使原料浸透吸足水分，然后沥干，使含水量在70% ~ 75%，培养料的pH值为5.5 ~ 7.5为宜，即可用于栽培。

4. 菇场构筑

菇场应选择避风遮阳的“三阳七阴”或“四阳六阴”的环境，场内排水良好，土质肥沃疏松，富含腐殖质。棚内或无棚有遮阴的野外均可栽培。常采用畦栽，畦宽1.5米，长度不限，畦面龟背形或平整，四周开挖排水沟。铺料前畦面需喷药杀虫杀菌，并撒生石灰消毒。

5. 铺料、播种和覆土

首先将浸泡沥干水的栽培料铺在畦面上,底层料厚8 ~ 10厘米，压实，均匀穴播菌种，穴距长20厘米、宽20厘米；然后上铺一层15 ~ 20厘米厚的栽培料，压实，均匀穴播或撒播。播种规格同前，每1.5平方米畦面撒播500克颗粒菌种播种。其上层铺1 ~ 2厘米栽培料，以不见菌种为宜。最后覆盖草帘或旧麻袋保温保湿。用料量为20 ~ 25千克/平方米，播种后，2 ~ 3天菌丝萌发，3 ~ 4天开始吃料。覆土时间依不同栽培模式和环境有所不同。

在青藏高原地区，大球盖菇的栽培模式大致有三种：一是果园立体栽培模式，以果树园为多。此模式不需搭棚，利用果树自然遮阳,其覆土时间一般在播种后25 ~ 35天。二是阳畦栽培模式，该模式主要是利用冬闲田或落叶树林地或山坡荒地。栽培时采用简易温棚的形式遮阳。此模式由于缺少林木或其他遮阳环境，场地光照充足，水分散失较快。为避免畦床中栽培料偏干，影响菌丝生长，一般播种后 10 ～ 15 内天覆土。三是塑料大棚栽培模式，此模式可参照蔬菜塑料大棚搭建或利用蔬菜大棚与蔬菜套种。此法一般在菌丝长满料层 2/3 时，大约在播种后 1 个月内覆土。

覆土材料选用腐殖质含量高的疏松土壤，土层厚 2 ～ 4 厘米，覆土材料需预先杀虫灭菌，并调节土壤含水量至 20% 左右。

6. 播种后的管理

播种后的菌丝生长阶段力求料温保持在 22 ～ 28℃，料含水量为 70% ～ 75%，空气相对湿度 85% ～ 90%。播种后 20 天内一般不直接向料中喷水，只保持畦面覆盖物湿润，防雨淋。20 天后根据料中干湿度可适当喷水。喷水时，四周多喷、中间少喷，以轻喷、勤喷为标准。料温过高时，掀开覆盖物并可向畦床扎洞通风换气；料温过低时，覆盖草帘保温。

7. 出菇管理

覆土后保持土层湿润，15 ～ 20 天菌丝爬上土层。这时调节空气相对湿度在 85% 左右，并加强通风换气，再经 2 ～ 5 天后即有白色小菇蕾出现（通常在播种后 50 ～ 60 天出现）。这时主要工作是加强水分管理和通风换气，保持空气相对湿度为 95%。从菇蕾出现到成熟需 5 ～ 10 天。菇蕾出现后喷水，应细喷、轻喷，以免造成畸形菇。大球盖菇朵重 30 ～ 50 克，在菇盖内卷、无孢子弹出时采收。正常情况下可采收 3 ～ 4 茬菇，以第二茬菇产量最高。鲜菇产量 6 ～ 10 千克 / 平方米。采收时紧按基部扭转拔起，勿伤周围小菇。采后去除菇蒂泥土，即可上市销售或保鲜或盐渍加工或干制加工。

第十四节　黑木耳

一、概述

黑木耳口味鲜美，营养丰富，是高蛋白、低脂肪的保健食品。黑木耳不仅具有独特的口味，营养价值高，而且也兼有药用价值。黑木耳含有大量的纤维素酶，长期食用，能消除胃肠中的杂物，具有清肺润肺的功效，也是中医治疗寒湿性腰腿疼痛、手足抽筋麻木、痔疮出血、痢疾及产后虚弱等病症的常用配方药物。据研究，黑木耳还有一定的抗肿瘤作用。

黑木耳人工栽培始于我国，据记载已有上千年的历史。黑木耳是温带特有的食用菌，也是世界上分布较普遍的一种木腐菌，在我国种植遍及20多个省市、自治区。

二、黑木耳栽培技术

（一）塑料袋栽培黑木耳

1. 选择优良菌种

菌种的优劣是栽培黑木耳成败的关键。应选择适合锯木屑、玉米芯等原料栽培的高产、优质、抗杂性强、菌丝生长快、耳芽分化比较集中、子实体生长快、具有早熟特性的优良菌株。如沪耳1号、3号、4号菌株是上海市农业科学院食用菌研究所培育的较适合袋料栽培的品种。同样的栽培条件，用优良菌株产量一般可提高约30%。要选择菌丝洁白健壮、无杂菌的菌种栽培，菌龄以30 ~ 45天为宜。

2. 安排好栽培季节

黑木耳是一种中温型菌类，在高温、高湿的环境中袋栽黑木耳，容易滋生霉菌，浸染培养料，造成污染和流耳的发生。因此，袋栽木耳应错开高温季节，减少霉菌侵染。

青藏高原低海拔地区。一年一般安排两季，春季在2月下旬至3月中旬约30天内生产栽培种，3月中旬至4月底约40天内生产菌袋发菌，4月底至6月底的约60天内出耳。秋季在6月上旬至6月底的约30天内生产栽培种，7月上旬至8月中旬约40天内生产菌袋发菌，8月中旬至10月中旬的约60天内出耳。

青藏高原高海拔地区。由于气温较低，一年安排一季为宜，4月中旬至5月中旬生产栽培种，5月中旬至6月下旬生产菌袋发菌，7月上旬至9月上旬出耳。但在设施条件下，可周年生产。

3. 培养料配制

（1）培养料配方。各地可根据当地的主要原料，在下列配方中选择。

① 阔叶树木屑78%、麦麸20%、石膏粉1%、糖1%。

② 针叶树木屑72%、麦麸20%、石膏粉5%、糖1%、过磷酸钙1%、尿素1%。

③ 阔叶树木屑89%、麦麸10%、石膏粉1%。

④ 稻草66%、阔叶树木屑15%、麦麸13%、过磷酸钙1%、石膏粉1%。另加含1%糖、1%尿素和2%硫酸镁干料。

⑤ 稻草66%、麦麸32%、过磷酸钙1%、石膏粉1%。

⑥ 玉米芯60%、阔叶树木屑29%、麦麸10%、石膏粉1%。

⑦ 玉米芯（粉碎）49%、阔叶树木屑49%、石膏粉1%、糖1%。

⑧ 玉米芯（粉碎）99%、石膏粉1%，维生素B_2（核黄素）100片（每片5毫克）。

（2）培养料准备。培养料应选择新鲜、无霉变的原料。用针叶树木屑作为培养料，应先将其晒干，用1.5%石灰水浸泡12小时，捞出后用清水冲洗，滤干备用。用玉米芯作为培养料，应先在日光下暴晒1 ~ 2天，然后用粉碎机将玉米芯粉碎成黄豆粒或玉米粒大小的颗粒，不要太细，否则将影响培养料的通气性，造成发菌不良。用稻草作为培养料，可将稻草铡成约3厘米长的小段。

（3）培养料拌料。按配方比例称取各种原料，将用量大的原料放在水泥地上混合均匀，然后将糖和化学物质溶于水中，再加入称好的主料，一起翻拌均匀。培养料含水量以60% ~ 65%为宜，培养料含水量太大时，菌种不易成活，而且子实体瘦小片薄，产量不高。

4. 装袋

塑料袋应选用耐高温的聚丙烯塑料袋，其在高压灭菌时不易受损。如采用土蒸灶灭菌，可用聚乙烯袋。袋大小以长17厘米、宽35厘米为宜。料袋过大时，料内的营养物质不能完全转化，会造成浪费。

拌好的培养料应及时装袋，当天装完，当天灭菌。装袋时先将塑料袋底的两角向内塞，这样使袋底平稳。装入的培养料为袋高的3/5，然后用手压实培养料，并使上下松紧一致，每袋可装干料约0.3千克。装料后，用锥尖木棒在料中从上往下扎一孔径为2厘米左右的通气孔，袋口外面套上直径3.5厘米、高3厘米的硬质塑料环，并将袋口外翻，形成像瓶口一样的袋口，袋口内塞上棉塞，外面再包扎上牛皮纸。

5. 灭菌

若用土蒸灶灭菌，温度达到100℃时，保持6 ~ 8小时；用高压锅灭菌时，在1.5千克/平方厘米的压力下保持1.5 ~ 2小时，防止冲袋。

6. 接种

将灭菌后的料袋转入接种室，并熏蒸消毒，待料袋冷却到30℃时，开始接种。每袋接入一匙栽培种，菌种要分散在培养料的表面，一般每瓶栽培种可接25袋左右，然后用原棉塞和牛皮纸封好袋口。接种时，动作越快越好，以防杂菌污染。

7. 发菌管理

（1）温度管理。接种后的料袋一般放在培养室内发菌。应将料袋放在培养架上或在地上码成 3 ～ 4 层。根据木耳菌丝生长对温度的要求，应分别在三个不同温度阶段培养菌丝体：前期，保持在 20 ～ 22℃，使刚刚接种的菌丝慢慢恢复生长，这样菌丝粗壮，抗杂性强；中期，即接种 15 天后，木耳菌丝生长已占优势，这时可将温度升高到 25℃左右，加快发菌的速度；后期，即菌丝吃料快到袋底部时，把温度降到 18 ～ 22℃，使菌丝在较低的温度下茁壮生长，使营养分解充分。经过三个不同阶段的培养，菌袋出耳早，抗杂性强，产量高。

在发菌过程中，菌丝不断释放热量，这些热量贮存在袋内，会使袋内温度逐渐增高，一般袋内培养料的温度往往高于室温 2 ～ 3℃，所以培养室的温度不应超过 25℃，当堆内温度偏高时，可通过翻堆、降低层数、拉开袋与袋之间的距离等方法，使热量散出，将温度控制在 20 ～ 25℃；若温度偏低，则应加高层数，并添加覆盖物，促使温度上升。

（2）空气湿度管理。培养室的空气相对湿度保持在 60% 左右为宜。遇干旱少雨时，空气湿度太低，培养料水分损失多，培养料易干燥，对菌丝生长不利，应向地面、空间喷水，喷水时不要将水喷到料袋上，以防引起杂菌污染。如遇雨天湿度过大时，可在培养室的地面撒石灰粉，以降低空气相对湿度。

（3）光照管理。在菌丝培养阶段，培养室要保持黑暗或弱光，这样有利于菌丝生长，防止出现菌丝体还未吃透培养料就出耳的现象。

（4）污染处理。在发菌过程中，要及时检查和处理污染料袋。料袋在接种后 20 天内，每天要检查一次。发现有轻度污染时，可挑出来另放，并在污染处用注射器注入 0.2% 的多菌灵溶液，浸透污染斑，然后封贴胶布，控制杂菌的蔓延。污染严重的应及时将整袋拿出培养室，深埋或烧毁。在菌丝培养20天以后，发现有轻度的杂菌污染，这时袋内也已经有许多黑木耳菌丝体时，可将其拿出培养室，单独培养，单独出耳，也会有一定的产量。检查料袋时要轻拿轻放，尽量减少搬动次数，否则会增加污染率。

8. 出耳管理

接种后大约经40天的培养，菌丝即可吃透培养料，这时可将菌袋搬入栽培室或在室外的荫棚、林下进行出耳管理。

（1）室内出耳管理。可采用架式和挂式两种出耳栽培方式。首先要对栽培室进行消毒，然后及时将长满菌丝的菌袋转入栽培室。架式栽培时，床架以单架为好，四周不靠墙，便于管理，床架宽约50厘米，每层间距45厘米，一般为4 ~ 6层，两架之间留一走道。先将菌袋用0.1%高锰酸钾溶液清洗消毒，去掉封纸、棉塞以及颈圈，立放在床架上。或用绳子扎住袋口，用经消毒的刀片在菌袋四周均匀地割6个条形孔，以满足黑木耳对氧气、水分的需求，促进耳芽形成。条形孔宽0.2厘米、长5厘米。开条形孔可使耳芽有规律地分布，出耳密度适宜，耳片分化快，喷水时袋内不会积水，可防止出耳期间的污染和流耳发生，还可增加出耳潮次，提高产量和质量。开孔后，将预先准备好的S形铁丝钩在扎袋口的绳子上，挂在架上，袋与袋相互错开，间距10 ~ 15厘米为宜，使每个菌袋都能得到充足的光照、水分和空气，又能充分利用空间，便于管理。

菌袋放好或挂好后，每天要向室内空间 、墙壁、地面喷水，不要将水直接喷在菌袋上，避免开口积水损伤菌丝。要求空气相对湿度保持在80% ~ 85%，室温保持在15 ~ 22℃，有昼夜温差，每天通风一次，使耳房内空气新鲜。这样经过5 ~ 10天，就会产生耳芽原基，并逐渐长大，此时每天喷水两次，空气相对湿度保持在

90% ~ 95%，温度掌握在 22℃左右，要加强通风换气。同时，还要增加光照，使耳片色泽变黑，提高品质，一般光照强度以 2500 勒克斯以上为宜，出耳期间要经常倒换和转动菌袋的位置，使每个菌袋都能得到适宜的光照。约 15 天后，耳片平展，子实体成熟，即可采收。

（2）室外出耳管理。室外可进行环割和挂袋两种出耳栽培方式。出耳场地应选择遮阴较好的林间或简易荫棚。简易荫棚出耳的也应搭多层床架悬挂或立放。在林间栽培时，便于挂袋管理，注意保持空气相对湿度在 90% 左右，如果白天温度达到 25℃左右，约经 15 天就可以采到质好、色深的黑木耳。采收一次后，要停止喷水 6 ~ 7 天，让菌丝恢复生长，然后再喷水管理。一般可采收 3 ~ 4 次。 室外栽培的黑木耳比室内的色深、耳大、肉厚、品质好、产量高。

（二）采收

1. 采收时期

当耳片充分展开 、边缘内卷、颜色由黑变褐、耳根收缩、耳片肥厚并富有弹性，子实体腹面开始出现白色孢子粉时，应及时采收，采耳最好选在晴天的早晨，若遇上连阴天，可以全天采，遇到下雨天，要趁雨停时采收。 阴雨天采耳要尽量避免流耳的发生。

2. 采收方法

采收前一天停止喷水；采收时，菌袋或耳木上的耳片多数已成熟，可一次采完。如果耳片生长不齐、幼耳较多时，应采大留小，用小刀沿子实体边缘插入耳根切下。耳根要与耳片一起摘下来，如果不摘尽，容易发生烂根流耳，使杂菌滋生，要勤摘、细拣，保持木耳完整无损。

（三）分级

将黑木耳干制品质量划分为三级，如下表。

黑木耳的分级

分级项目	一级	二级	三级
耳片色泽	耳面黑褐色，有光亮感，背面暗黑色	耳面黑褐色，背面暗灰色	多为黑褐色至浅棕色
耳片大小	耳片完整，不能通过2厘米的筛眼	耳片基本完整，不能通过2厘米的筛眼	耳片小或成碎片，不能通过0.4厘米的筛眼
耳片厚度	1毫米以上	0.7毫米以上	0.75毫米以上
杂质	不超过0.3%	不超过0.5%	不超过1%
拳耳	不允许	不允许	不超过1%
流耳	不允许	不允许	不超过0.5%

除以上主要指标外，各等级均不允许有虫蛀耳和霉烂耳，而且含水量不得超过14%，化学指标均为粗蛋白质不低于7%，总糖不低于22%，纤维素3%～6%，灰分3%～6%，脂肪不低于0.4%。

第三章　食用菌病虫害及其综合防治

在食用菌的制种与栽培过程中，由于原料、用具、场地的灭菌消毒不严，常常引起多种病虫害的发生，影响菇类的品质和产量，有时甚至绝收。由于许多种杂菌和食用菌一样都同属于真菌，采用药剂防治的效果往往不大，必须采用科学种菇、加强管理和药剂保护等综合措施，真正做到“预防为主，综合防治”，发病初期就应及时处理，以避免严重损失。这样既有利于降低生产成本、提高食用菌产量，又能减少污染。

第一节　食用菌病害

一、真菌性病害

引起食用菌病害的真菌，大部分属于半知菌亚门，如疣孢霉、褐斑病菌等，这些病原真菌，一般生活在土壤中或其他有机物质上，若被带入菌场、菇房，便可为害食用菌。常见的有以下几种：

（一）褐腐病

褐腐病又称白腐病或湿泡病、疣孢霉病等，主要为害蘑菇、草菇、平菇，金针菇也会发生。该病主要侵染子实体。受害菇类发生畸形，菌柄膨大成泡状，严重时甚至不能形成子实体，而成为棉絮状白色菌团，后期流出褐色液体，散发出一股恶臭气味。

褐腐病的病原是毛霉菌、枝霉、疣孢霉，在分类上属半知菌纲丛梗孢科，能产生孢子和厚垣孢子。

褐腐病菌通过孢子传播，在培养料含水量过大、菇房湿度过高、空气不流通的情况下会迅速蔓延，但在低温（10℃以下）条件下则极少发生，在高温（50 ~ 60℃）条件下经1小时即全部死亡。

防治方法：

（1）消灭覆土病菌可采取巴斯德灭菌法，即在60 ~ 62℃温度下持续处理1小时灭菌消毒。也可用50%多菌灵可湿性粉剂500 ~ 1000倍液或70%甲基托布津可湿性粉剂600倍液覆土喷雾，以杀灭病菌孢子。

（2）发病初期，应及时停止菇房喷水，加强菇房通风，降低菇房内二氧化碳浓度和空气相对湿度。将温度降至15℃以下，病区用70%甲基托布津可湿性粉剂800倍液喷雾，也可喷用1% ~ 2%甲醛溶液喷雾灭菌。

（3）发病严重时期，清除病害，更换新土，对病区和所有工具用4%福尔马林溶液进行彻底消毒。

（二）褐斑病

褐斑病又称干泡病，主要为害蘑菇，对平菇、风尾菇等亦有为害。该病主要侵害子实体的表皮，菌盖上出现星星点点的褐色斑点和小球，而且菌盖表面上长一层灰白色霉层。后期感染菌柄，使菌柄基部加粗变褐，菌盖逐渐缩小，常有疣状附属物，病菇常干裂，菇形歪斜畸形，但菇体不腐烂，不分泌褐色液体，也无臭味。

褐斑病的病原是真菌轮枝孢霉，属半知菌类，它的最大特点是孢子梗呈轮状分枝，故属轮枝霉属。分生孢子为单细胞，无色，卵圆至椭圆形。

褐斑病菌的孢子主要通过溅水传播，也能通过菇蝇、菌螨以及堆料或覆土带入菇房，干固的孢子可以随气流传播，特别是高温高湿有利此类病害发生，要注意结菇前期的覆土不宜过湿，以防此病发生。

防治方法：

（1）培养料要进行高温堆制和后发酵 1 ~ 2 次，以杀死病菌；同时注意蘑菇的覆土料不能带菌。

（2）生产工具用 4% 福尔马林消毒。

（3）发病后要及时清除病菇或在发病区域用 50% 多菌灵可湿性粉剂 500 ~ 1000 倍液或者 70% 甲基托布津可湿性粉剂 500 ~ 800 倍液喷雾。

（4）要严防菌螨和菇蝇的发生。

（三）软腐病

软腐病又叫树枝状轮枝孢霉病，主要为害蘑菇等。发病时一般在覆土表层及周围开始出现白色病原菌丝，后变成淡红色，蘑菇从覆土到发育阶段最易遭到这种病菌的侵染，感染后的子实体逐渐变褐直至腐烂，但不发生畸形。

软腐病的病原是树枝状轮枝孢霉菌。它的分生孢子梗细长，分枝似轮枝状；分生孢子着生在单生或簇生的造孢细胞上，无色；菌丝棉毛状，白色。病原菌萌发的孢子在菇体或表面上生长成菌落，并在短期发生较多的孢子。这些孢子靠气流、水传播，甚至污染的覆土也能导致发病。覆土过于潮湿或在低温高湿环境下易发病，但为害面积较小。

防治方法：

（1）覆土表面局部发病时，可用 2.5% 的甲醛溶液喷雾，加强菇房通风，减少床面喷水次数，降低表土和空气湿度。

（2）发病严重时，患病部分撒石灰粉或用 50% 多菌灵可湿性粉剂 600 ~ 800 倍液喷雾防治。

（四）猝倒病

主要为害蘑菇的菌柄，侵染菌柄髓部，使菇体逐步萎缩，变成褐色，早期病菇无异样，只是菌盖部分色泽逐渐变暗，菇体停止生长，而后僵化。病原菌是镰孢菌（镰刀霉菌），该病菌属半知菌纲丛梗孢目，孢子有大小之分，小孢子为单细胞，无隔；大孢子为多细胞，细胞有间隔（1 ~ 7 个），稍弯曲，类似镰刀形，此病主要通过土壤和周围环境传播。

防治方法：用 50% 多菌灵可湿性粉剂 500 ~ 1000 倍液或 70% 甲基托布津可湿性粉剂 500 ~ 800 倍液对土壤和环境进行灭菌消毒，发病后可用铜铵溶液喷雾，效果较好。铜铵溶液的配比是用 1 份硫酸铜加 11 份硫酸铵，再兑 300 倍水即可。

（五）红银耳病

红银耳病主要为害银耳。该病一般发生在出耳阶段，采收第一茬子实体以后，耳片上产生一层粉末状的杂菌，耳片停止生长，逐步成为不透明的僵耳。即使处理了病耳，下一茬新生的耳片仍然会出现白色粉末状的杂菌，严重的会影响耳的产量和质量。

产生该病的原因是耳棚通风条件差，闷湿容易引起白粉病。

防治方法：根据木耳栽培者的实践经验，在出耳前期阶段，要培养粗壮的菌丝；出耳以后，必须加强耳室的通风换气，迅速降温降湿，以减少病菌的为害。

（六）小菌核病

小菌核病主要为害草菇。此杂菌不仅与草菇争营养，甚至能分泌一种毒素抑制草菇的菌丝生长，为害严重时不能形成子实体。

病原为罗氏白绢小菌核菌，气温在 30 ~ 35℃时最易产生菌核。开始时菌丝白色有片泽，为棉毛状及羽毛状，病菌菌丝比草菇菌丝粗壮，为浅灰白色、透明，由中骨向四周呈辐射状生长，在菌丝上产生大量的菌核，菌核初期乳白色，之后体积增大逐渐变成米黄色，最后缩小变成茶褐色，形态类似油菜籽，这类病菌平时生活在土壤中及土表有机物质上，在草菇栽培中主要通过稻草传播。

防治方法：堆草前用1%石灰水（pH = 10）浸泡24小时。浸泡的稻草要全部浸入石灰水中，在水中无氧的情况下杀死病菌。床面局部发病时，也可用1%石灰水处理病患部位，以防蔓延。

二、腐生性病害

食用菌栽培料中常受木霉（绿色）、青霉（灰绿色）、曲霉（黑色或黄色）、链孢霉（橘黄色）、根霉和毛霉（小黑点）等多种杂菌污染，为害蘑菇、草菇和香菇等多种食用菌，尤其平菇、凤尾菇等的生料栽培。另外，香菇、黑木耳利用袋料栽培的更易污染。

（一）绿霉菌

绿霉菌又叫绿色木霉或康氏木霉。主要为害蘑菇、平菇、香菇、黑木耳 、银耳等。该霉菌在自然界分布广泛，在土壤中、肥料中、木材上以及各种有机物上都能发生，而且对温度和pH值的适应范围广。这种杂菌一旦浸染到试管或菌种瓶（袋），以及播种后尚未萌发幼稚丝的菌种块上都会发生绿色的菌落，如不及时处理，很快会浸染到蘑菇或平菇菌丝以及子实体，使其生长不良，严重时子实体还会死亡。木屑或棉籽壳混合料栽培的香菇，在菌丝愈合阶段，如气温不适或管理不当，压块后很快受到绿霉侵染。侵染处香菇菌丝受到抑制，不易愈合，菌膜不能形成，严重影响香菇的产量。采用塑料袋栽香菇、黑木耳和银耳时，脱袋或划开塑料袋后进入培养阶段，如遇上高温高湿的环境或管理不当，栽培袋、菌袋或破口处极易感染绿霉，处理不及时会给栽培者带来严重损失，甚至绝收。

绿霉菌的分生孢子靠空气飘浮扩散，并通过消毒不彻底的生产工具或培养料进入菇房，一旦沉降到有机物质上，孢子遇上带酸性的栽培块等潮湿的材料，就会很快萌发出菌丝而形成菌落。

防治方法：

（1）菇房、用具以及培养料必须彻底消毒灭菌。对菇房、用具处理，可用5%甲醛水溶液（即1份甲醛兑7份水）或5%石灰酸（苯酸）水溶液进行喷雾灭菌。对培养料的处理可用料重0.2%的多菌灵溶液拌料，或将培养料放在2%～3%的石灰水中浸泡一天，以杀死杂菌，并严格掌握适宜的含水量，切忌含水量过高。

（2）在栽培过程中发生绿霉菌，应及时通风降温，并将菇房温度控制在25℃以下。

（3）如栽培块、袋（瓶）表面发生绿霉，用石灰清水（pH=10）涂擦患处，可抑制绿霉生长。假如绿霉侵入料内，可挖去霉变部分，并及时补种。

（4）在蘑菇培养料上发生绿霉时，要及时将绿霉及周围的培养料拣掉，再喷洒一次微量的石灰清液。

（二）青霉菌

此病为害多种食用菌，常发生在产生结块而未完全腐熟的培养料上或没有经过彻底消毒的床架上。感染初期为白色的绒毛状小点，很快变成绿色、青色、蓝色等粉末状菌落，若不及时采取措施，很快就会蔓延到菇的基部。这种杂菌对灵芝的影响很大，斜面培养基、瓶栽培养基、菌柄生长点以及菌盖等部分都可能被侵害。

青霉菌存在于各种有机物质、肥料和土壤中，它的孢子在空气中飘浮传播。培养基灭菌不彻底，接种过程未在无菌条件下进行是造成菌种污染的重要原因；栽培床面受污染是与菌种发菌能力弱及菇房高温、高湿有关。

防治方法：对各种原辅材料要进行严格消毒，并保持干燥，培养室要注意多通风，温度、空气相对湿度要低。如局部发生，可用5%左右的石灰清液冲洗。

（三）脉孢霉

脉孢霉又称链孢霉。脉孢霉常见的有粗糙脉孢霉和间型脉孢霉等，脉孢霉的菌丝生长疏松，孢子表面带有脉纹，分生孢子常成串悬挂在气生菌丝上，呈橘黄色。脉孢霉生长快，传播力极强，对食用菌种生长和瓶或袋栽培的威胁很大，也是最易污染的霉菌之一。

此病病原是丛梗孢属的一种，由于无性生殖产生大量的分生孢子随空气流动而传播，腐生在各种有机物质上，蔓延扩大污染环境而构成危害。

在高温、高湿的梅雨季节进行制种或瓶栽、袋栽生产时如果遇上湿度大，尤其是在菌种瓶的棉塞受潮或瓶、袋装料灭菌不严的情况下，很容易发生脉孢霉的感染。

防治方法：制种生产和瓶、袋栽培阶段要避免在闷热、潮湿的环境中进行，同时要做好瓶、袋等生产工具的消毒和环境卫生工作。严防瓶塞受潮，培养室要干燥，室内外和菌种瓶棉塞以及栽培瓶、袋的周围可撒些石灰粉进行预防，要加强通风换气，要经常观察检查。如发现脉孢霉不要随意触动污染物，应及时将它灭菌后再进行清理、烧毁，并用50%多菌灵可湿性粉剂500倍液对周围环境喷洒，以防扩大污染。

（四）毛霉菌

毛霉菌又叫长毛菌。主要为害蘑菇、平菇、草菇、灵芝等食用菌，多数发生于培养料表层或潮湿的环境，其菌丝和假根长入培养料内，争夺养分和水分，分泌毒素，为害食用菌菌丝生长。毛霉菌是一种腐生或弱性寄生菌，菌丝粗壮、灰白色、软、稀疏，很快生成灰黑色孢子囊，成熟后，孢子囊破裂而散发孢子。该杂菌孢子在空气中飘浮传播。

防治方法：与其他霉菌相同，但要切实抓好培养料及接种工具等的消毒灭菌，同时培养室要严防高温高湿。

（五）根霉

根霉菌也是腐生性真菌，主要为害蘑菇、草菇等食用菌。生活习性与毛霉菌相似，但它的菌丝并不发达，不长长毛，只长较短的孢囊梗，在每一孢囊梗顶端形成球形的孢子囊，最初为白色，后变为灰白色到黑色。用显微镜可以看到它的假根。

防治方法与其他霉菌相同。

（六）曲霉

曲霉能为害多种食用菌，常发生在培养料上，抑制食用菌的菌丝生长，尤其在制种消毒不严时，很容易感染此类杂菌。它的菌丝长入培养基后，很快长出较长的孢子柄，成串的分生孢子放射排列在顶囊细胞外面的小梗上，其产孢组织在显微镜下观察类似杨梅。

引起食用菌污染的曲霉种类很多，常见的主要有黑曲霉、黄曲霉、白曲霉、土曲霉，防治方法同其他霉菌。

（七）鬼伞

鬼伞主要为害蘑菇、草菇及平菇。在蘑菇、草菇及平菇的栽培过程中，特别是栽种草菇时，在料堆或床面上，常长出鬼伞子实体，鬼伞子实体生长特别快，从长成子实体到溶解成黑色黏液团，只需要24 ~ 28小时，鬼伞主要是与菇体争夺营养，影响菇的产量和品质。

菇床发生的鬼伞有墨汁鬼伞、毛头鬼伞、粪鬼伞等，大多为灰黑色，菌伞薄，有花纹或条纹。高温、高湿及氨气味大的料上最有利于鬼伞生长，室内栽培平菇的床面上也能长出鬼伞。鬼伞孢子靠空气流动散发，吸附在潮湿的材料上蔓延扩大。

防治方法：

（1）堆培养料时料温要高，湿度不宜过大；降低氨气含量。

（2）堆料场发生鬼伞时，必须提高料温并及时翻堆，或通过后发酵处理将鬼伞孢子杀死。

（3）菇床发生鬼伞，应摘除并深埋土中，及时降低室温（降至

18℃以下），采取提早覆土，以抑制鬼伞的发生。

（八）假块菌

假块菌又称胡桃肉状菌，国外称牛脑髓菌，主要为害蘑菇，一般出现在覆土前。覆土前，料面出现奶油色棉絮状菌丝体，培养料变成暗褐色潮湿状，含有漂白粉气味，使蘑菇的菌丝生长受抑制。如覆土后发生此菌，会生出浓密的白色菌丝（与蘑菇菌丝相似），继而形成大小类似胡桃肉状的子囊果。子囊果破裂后生出大量子囊孢子，初期为白色，成熟后变成淡黄褐色，表面有明显的皱褶，好似牛脑或胡桃肉的形状，假块与蘑菇争夺养料，使蘑菇不易形成子实体或形成为数极少的子实体，严重污染的还会造成大面积不出菇。

假块菌平时生活在土壤中，因覆土消毒不严而带进菇房。在高温、高湿、通气条件差或培养料呈酸性的情况下，比较容易发生，并能迅速蔓延。

防治方法：

（1）加强菌种检验，如发现菌种有漂白粉气味或发生短而浓密的菌丝，必须剔除。

（2）新老菇房要严格消毒灭菌，堆料场地要干净，培养料堆可用50%多菌灵可湿性粉剂500 ~ 800倍液喷洒。

（3）栽培管理应注意要用石灰水将培养料的pH值调至8 ~ 9；防止培养料过湿过厚；覆土要取底层土或没有污染的新土。

（4）如发生杂菌，应立即停止向菇房喷水，让覆土表层干燥后，拣去污染物，再将室温降至16℃以下，抑制假块菌的蔓延。

三、病毒性病害

病毒是生物界中个体最微小、结构最简单的生物。它没有像细胞那样的结构，只有核酸和蛋白质；它也没有独立的代谢系统。因此，它只能寄生在其他生物和活细胞内生存繁殖。引起食用菌的病毒病，首先是在蘑菇上发现的，后来在香菇、平菇上也发现了。

食用菌感染病毒的症状很多，蘑菇感染病毒的症状表现为全部或局部床面上菌丝退化、生长不良，菌丝逐渐腐烂，形成一个无菇区。即使出了菇也因发育不良，子实体变小，出菇少或菇体畸形，如菇柄弯曲、特长，菌盖特小或盖厚、柄短等。染病的蘑菇其菇体发褐，呈干枯状，严重时菌柄流水腐烂，整个菇体逐渐皱缩，最后枯萎死亡。平菇感染病毒的症状为菌柄肿胀呈球形或烧瓶形，不形成或只形成很小的畸形菌盖；菌柄表面凹凸不平有瘤状突起，菌盖及菌柄上出现明显的水渍状条纹或条斑。香菇感染病毒的症状出现在菌丝体生长阶段，菌种瓶或菌种袋中出现“秃斑”。在子实体生长阶段，一是出现畸形子实体，二是子实体早开伞，菇肉薄，产量低。

菇床上感染病毒的主要原因：一是菌种本身带有病毒；二是带有病毒的粗孢子沉降在菇床上萌发而引起的。

防治方法：对食用菌病毒主要采取预防措施。

（1）要引种、选育抗病毒的优良菌株，确保菌株不带病毒。

（2）注意培养料和覆土的消毒，以杜绝病毒传播感染。菇房及生产工具用 0.5% ~ 1% 的苏打水（碳酸钠）或 2% ~ 4% 的五氯酚钠溶液喷洒或抹洗后在太阳下晒干，即可杀灭病毒。播种后，床面最好用一层旧报纸覆盖，防止带有病毒的孢子掉落菇床。

（3）防止菌蛆及线虫，因菌蛆和线虫可能传播病毒。如果当地严重感染病毒病，还可采取暂时改种其他菌株的办法，因为病毒对宿主的寄生有高度的专一性。

四、细菌性病害

细菌是单细胞裂殖微生物，分布广，繁殖速度快，一般每隔 20 ~ 30 分钟即可分裂一次，它的特点是没有菌丝，菌落似糨糊一样黏滑，有的还产生臭气，在培养基上，形态一般为圆形稍隆起，表面光滑或有皱纹，边缘整齐或有波浪，颜色变为白色或黄色。细菌性病害对食用菌制种威胁极大，污染斜面菌种的细菌多数属芽孢杆菌类。目前常见的细菌性病害有以下几种：

（一）细菌斑点病

细菌性斑点病又叫褐斑病，主要为害蘑菇、平菇、金针菇等。受病菌污染后，菌盖及菌柄上出现红褐色稍下陷的小斑点，病斑主要在表皮层，即使接触菌肉也是较浅的，但病害严重时，菌盖上有上百个病斑。细菌斑点病的病原为托氏假草孢杆菌，它借助空气飘浮或通过覆土以及菇蝇、绒虫和工作人员传播。特别是在高湿、高温条件下很快就能感染菇体，并立即产生病斑。

防治方法：主要是控制菇房的温度和湿度，注意菇房的通风换气，尤其是在喷水时要掌握喷水量。菌盖不应有积水，同时适当降低土层湿度，菇房用次氯酸钙（漂白粉）500 倍液喷雾，或喷 100 毫克 / 千克左右的链霉素或土霉素，可预防细菌斑点病的发生。

（二）腐烂病

腐烂病为害蘑菇和平菇。主要在菌盖和菌柄上发生，并产生水清积腐病状，严重时多数病菇腐烂，菇体变黏滑，并散发出恶臭。腐烂病的病原菌是荧光假单胞杆菌。主要由工作人员或昆虫传播，当细菌渗出物干后，随空气的流动而扩散。

防治方法：可参考细菌性斑点病的防治方法。

（三）烂耳

烂耳主要为害银耳、黑木耳。此病一般在出耳后发生，当耳片或耳根感染细菌后，很快产生自溶腐烂。造成烂耳的原因主要是子实体过熟或雨水过多，造成细菌或红酵母菌感染；气候闷热，湿度大；耳场或耳棚通风条件差；培养料或耳木潮湿，菌丝失去活力，病虫杂菌侵染。此外，用农药过量或 pH 值不稳定也会烂耳。

防治方法：定时观察，注意及时采收，工具严格消毒灭菌；改善耳场、耳棚的环境卫生，加强通风，增强光照，降低温湿度，以防烂耳。若发现不结耳或严重烂耳，可喷洒稀食盐液或 1% 石灰酸、3% 来苏尔等。

五、生理性病害

不适宜的生活环境和不当的栽培管理措施或遗传变异，都能引起食用菌生长发育和生理性障碍，产生各种异常现象，甚至死亡。

（一）菌丝徒长

香菇、蘑菇、平菇都可能发生菌丝徒长现象。尤其是蘑菇覆土以后，颈毛菌丝旺长，细土表面产生"冒菌丝"，菌丝徒长，严重时浓密成团，结成菌块（菌皮），而推迟出菇，降低产量。平菇由于管理没有跟上，菌丝徒长，表层形成粗状菌束网，迟迟不出菇。在香菇栽培块的愈合阶段，如管理不当，表面也会结成白色的老皮（菌皮），既不转色，也不能形成子实体。

菌丝徒长的原因：

（1）管理不当，菇房通风少；平菇、香菇覆盖的塑料膜由于长时间不透气，二氧化碳浓度大；蘑菇细土或香菇栽培块表面湿度大；平菇料层干燥等。这些条件都适于长菌丝，而不利于形成子实体。

（2）母种分离时，气生菌丝挑得过多，使得原种和栽培种产生结菌块现象。

防治方法：在蘑菇进入细土调水，平菇菌丝长满料层或香菇栽培块菌丝愈合后期，必须加强菇房通风或经常掀动塑料薄膜以增加透气，减少细土表面和栽培块表面湿度，相应降低菇房的湿度，以抑制菌丝的生长，促进子实体的形成。如蘑菇土面或平菇床面、香菇栽培块的表面发现结成菌块和菌束网状可用刀划破菌块，菌束网喷一次水，并进行大通风，促使降温，造成温差刺激，仍可形成子实体。

（二）菌丝生长缓慢或不生长

草菇、猴头菌等在发菌阶段常会出现菌丝生长缓慢或不生长的现象。

产生的原因：

（1）培养料含水量过多或过少，尤其水含量过多时影响大。

（2）pH 值不适，如栽培草菇的培养料酸度过高时菌丝生长不良，相反，猴头菌的培养基中性或偏酸性时菌丝生长不良或不生长。

（3）料温、气温过低或过高，特别是料温过高会引起菌丝生长缓慢或烧死菌丝的现象。

（4）有毒化合物质的影响或农药使用不当。

防治方法：在整个栽培过程中，创造适宜的环境条件，如水分、温度、pH 值等，并合理使用农药。

（三）子实体畸形生长

蘑菇、平菇、香菇、灵芝等常发生子实体畸形，其症状为原基呈球形、半球形或子实体形状不规则，如菌盖小、菌柄大、歪斜、锯齿状，甚至发生多次分叉 、丛生，不形成菌盖。有些则形如花菜，或菌柄粗且弯曲、菌盖凹凸不平、菌盖边缘反卷成波浪形等。

引起上述畸形生长的原因：一是机械性损伤，如蘑菇覆土的土粒大小不匀，覆土质量不好；二是菇房床面空气不流通，二氧化碳浓度过高，或菇床里的光照不足；三是可能因为病毒的为害或药物的影响，或理化诱变剂的作用以及遗传变异等。

防治方法：针对发生原因，采取相应措施，如加强菇房通风、透光，降低菇房内二氧化碳浓度，增加新鲜空气；注意蘑菇覆土质量和合理使用农药，恰当选用诱变剂；选用食用菌优良品种等。

（四）幼菇萎缩

幼菇萎缩的主要症状为幼菇及菇丛生长瘦弱，子实体颜色黄白或淡黄褐色，菇体逐渐萎缩枯死。

产生幼菇萎缩的原因：蘑菇、平菇、香菇、金针菇及黑木耳等食用菌，在菇蕾或耳芽形成初期，如果管理措施跟不上，就会导致菇体自身营养不足，不能正常发育而萎缩。如水分管理不当，培养料含水量和空气湿度过低，引起严重失水；通风条件差和空气不足而造成幼菇萎缩死亡等。

防治方法：控制好培养料的含水量，菇房管理方面要注意通风换气和及时喷水管理，并保持菇房适宜的温湿度。

（五）子实体早开伞

菌菇最易发生早开伞，或出现柄细长、薄皮早开伞的子实体。

产生的原因：

（1）菌种不纯或感染病害或因温度急剧下降造成10℃的大温差，同时，室内湿度偏低而发生硬开伞。

（2）蘑菇旺产期，出菇过密，温度偏高（10℃以上），室内二氧化碳浓度过大，出现柄细长、薄皮早开伞的子实体。以上子实体的开伞，严重影响了蘑菇的产量、质量，使商品价值降低。

防治方法：蘑菇出菇期间，要注意气候预测预报。既要做好低温来临前的保温工作，减少温差，也要注意做好室内控温，不使菇房气温高于18℃以上；注意菇房内的通风换气和增加空气相对湿度；在蘑菇旺产期要防止出菇过密，并严格控制喷水。

（六）死菇

蘑菇栽培期间常发生死菇。一般在无病虫害的情况下，从幼小的菌蕾到大小不等的子实体都可能发生死菇。其过程为子实体变黄、僵缩，停止生长直至死亡。

产生死菇的原因：菌丝吊得太高，出菇过密，营养跟不上；气候突变，温湿度不合适；室内通风不畅以及使用药剂失调等。

防治方法：要确保培养料厚度，而且培养料堆制必须充分腐熟；在管理上既要调节好菇房温湿度，又要准备预防气温突变的措施；加强通风，保持室内空气新鲜；使用药剂要适量，方法要得当。

第二节　食用菌虫害

目前，人工栽培蘑菇、香菇、平菇、草菇和黑木耳等食用菌，常发生各种虫害，尤以螨害最为突出，现简单介绍几种主要害虫及其防治方法。

一、菇床上的害虫及其防治

（一）菇蚊

菇蚊主要为害蘑菇、平菇、草菇。成虫是一种赤色的小蚊，常栖息在杂菌或腐烂的物质上，从滋生地飞进菇房。幼虫也叫菌蛆，虫体很小，幼龄菌蛆体呈白色，后逐渐变成橘黄色到橘红色，长 2 ~ 3 毫米。菌蛆活动在培养料中，吃菌丝。大量发生时，严重威胁菌丝体生长。成虫钻进菇体为害菌盖和菌柄，造成床面不出菇或长出瘦弱的菇。

防治方法：

（1）培养料采取后发酵处理，杀死虫卵。

（2）如在出菇前出现菇蚊，可使用 50% 敌敌畏乳油 800 ~ 1000 倍液或 0.15% 马拉硫磷溶液喷雾。

（3）出菇后发生，可用 20% 除虫菊酯乳油 1000 倍液喷雾。

（二）菇蝇

菇蝇主要为害蘑菇、平菇。成虫为黄褐色的小蝇，幼虫为菌蛆，灰白或黄白色，头部稍尖，尾部钝，体型很大，体长1厘米左右，爬行比较快。其中，粪蝇对蘑菇为害最大，虫卵一般产在培养料层菌丝索上，幼虫大量发生时对蘑菇为害极大，主要以食用菌菌丝和子实体为食，蝇害严重的菇体被蛀成许多孔洞，失去商品价值。

防治方法：与防治菇蚊相同。另外，还可以在堆肥内拌用除虫菊酯或三嗪农药剂，有一定的预防效果。

（三）菇蚋

菇蚋又称瘿蚊，为害蘑菇、平菇。成虫是一种微小的蝇子，幼虫（蛆）为橙色和白色，菇蚋繁殖比较快，幼虫出生一周后即能繁殖15～20条小虫子。虫子本身对蘑菇没有多大影响，主要会将病菌带入菇房或侵染蘑菇致病，而蛆附在菇体上影响菇的商品价值，菇蚋虫体小，很容易传播。

防治方法：

（1）培养料采取后发酵处理。

（2）搞好场地环境卫生，做好工具消毒工作。

（3）已感染的菇房必须采取隔离措施。

（四）菌螨

菌螨又叫菌虱。主要为害蘑菇、香菇、草菇、金针菇、银耳、黑木耳等，为害食用菌的菌螨有蒲螨、粉螨、根螨、跃线螨。蒲螨体型很小，一般肉眼不易看见，多数栖息在料面或土粒上，体色为淡褐色，聚集成团；粉螨体型较大，色白发亮，爬行较快，不成团，数量多，呈粉末状。粉螨和蒲螨繁殖均很快，常聚集在菌种周围，以食用菌菌丝为食，受害菌丝不能萌发或发菌后出现退化现象。若菇床上感染菌螨，菌丝无法蔓延生长，严重时菌丝被吃光，造成严重减产，甚至绝收。在金针菇原种瓶里也可发现螨害。银耳、黑木耳遭受螨害后，影响耳根的发育生长，甚至发生烂耳和畸形。

这些菌螨平时生活在堆放厩肥、废渣或米糠、麸皮、豆饼等物的场所，或鸡窝、猪舍等场所中，老菇房的床架、墙缝、工具缝隙等中也有，如缺乏预防措施或消毒不严，就会通过多种途径进入菇房，检查菇房内是否有菌螨，可在出菇前用一张干净的塑料薄膜覆盖在床面上，用灯或其他方法加热升温，使料面温度达25℃左右，如果料内有菌螨，就会很快爬到塑料薄膜上，取出检查可见到菌螨在爬行；检查菌种瓶或棉花塞上是否有菌螨，可用塑料薄膜包住棉花塞，将菌种瓶放在太阳下晒1小时左右，菌螨会爬到瓶肩处或塑料薄膜上。

防治方法：

（1）加强菌种检查，切不可出售、购买有螨害的菌种。

（2）菇房、耳场、制作室、培养室都要远离鸡窝、猪舍、谷场和饲料仓库、厩肥堆料场所等。

（3）培养料进行高温和发酵处理，进料前用杀螨剂拌料或喷洒。但要注意大多数杀螨剂对金针菇有害，一般不宜使用。

（4）耳面、耳棒、袋料等发生菌螨，用0.5%敌敌畏乳油喷洒。

（5）采用糖醋液诱杀，在5千克糖醋液中加入50 ~ 60毫克敌敌畏乳油，取一块纱布放在药液中浸湿后覆盖在床面上，待菌螨从料层内爬上药布后将其放在药液中加热杀死。依照上法反复几次，即可诱杀大量菌螨，每隔12天进行一次，可收到很好的效果。但银耳一般不宜用农药防治，因银耳菌丝对农药敏感，易产生药害。

二、菇床上的有害动物及其防治

（一）蛞蝓

蛞蝓又叫水蜒蚰，为害多种食用菌。蛞蝓为软体动物，白天潜伏在阴暗潮湿的角落，夜间出来活动，如果菇房阴湿，通风不良，就会遭受蛞蝓的为害，蛞蝓专咬食子实体，影响菇类的产量、质量，降低商品价值。

防治方法：要加强菇房的通风降湿，搞好环境卫生；在夜间进行人工捕捉，或在蛞蝓常出入活动的场所喷洒高锰酸钾和食盐稀溶液驱杀。

（二）蜗牛

蜗牛是一种软体动物，它主要为害露地栽培的食用菌。蜗牛为害子实体的情况与蛞蝓相似，受害子实体的菌盖或菌柄上出现凹陷斑纹。

防治方法：

（1）人工捕捉。

（2）堆草诱杀。在菇床四周堆放青草，引诱前来取食，然后捕杀。

（3）菇床下料前喷1%的硫酸铜溶液。

三、食用菌干制品贮藏中的害虫及防治

加工烘干的食用菌干制品，在贮藏运输过程中常发生多种害虫，主要有麦蛾、印度谷蛾、粉斑螟蛾、长角谷盗、烟甲虫和脊胸露尾虫等，此外还有螨害。这些害虫，也为害贮存的粮食、药材、豆类等。因此，与上述物品混放是食用菌干制品发生虫害的一个因素。其次，食用菌干制品本身的含水量偏高，也有利于害虫的发生和为害。

防治方法：

（1）贮藏食用菌干制品的仓库内外一定要清洁卫生，要清除杂物及废料，并用敌敌畏乳油进行彻底杀虫。

（2）食用菌干制品的含水量要控制在12% ~ 13%才能入库贮藏。要加强定期抽样检查，如发现含水量超过规定的指标，必须及时进行烘晒。

（3）食用菌干制品应用密封包装，最好放在3 ~ 5℃的低温库贮藏。

（4）发现虫害，可将干制品放在55 ~ 60℃的烘干机或烘房中烘杀虫害，或用磷化铝片剂进行密封熏蒸。

第三节　食用菌病虫害的综合防治方法

食用菌生长发育的环境条件，也适合多种病虫和杂菌的滋生。同时，由于食用菌的特有栽培方式，对病虫杂菌等不适用药物防治，因此，在食用菌生产上采取“预防为主，综合防治”的措施，就有其特殊意义。

一、环境卫生的治理

良好的环境卫生，能减少病虫害的蔓延和发生。对菇房、栽菇场地、接种室、培养室、贮藏室以及生产用具等，除了做好日常的卫生清洁工作以外，还应定期采用福尔马林和高锰酸钾等药物进行熏蒸灭菌消毒。食用菌栽培场地应远离养鸡场、畜舍和饲料堆，并将废弃物和污染物及时烧毁或深埋，以防污染环境，传播害虫。如有可能，通过菇场的道路和生产地面应清理填土使其平整，以便保持环境卫生。

二、加强灭菌消毒

（一）培养料、覆土的灭菌消毒

1. 在堆制培养料前，要清除场地杂物，并用水冲洗干净，然后用杀虫、杀菌剂消毒，并在培养料里加些甲醛或多菌灵等药物。

2. 选用无病虫、杂菌污染的土作覆土，如发现覆土材料已被污染，可采用巴斯德灭菌法（60 ~ 70℃）处理30 ~ 50分钟，或用甲基溴熏蒸。覆土前工作人员都要注意清洁卫生，以减少病菌污染机会。

（二）收菇后的清理消毒工作

每一茬菇收获之后，要对菇床上的菇根、病根等残余物进行一次彻底清理，以保下茬菇的正常生长。菇采收结束后，在拆料之前应进行一次熏蒸。据有关资料介绍，大多数真菌的菌丝和孢子约在65℃被杀死，而昆虫、线虫和菌螨约在55℃被杀死。如果室内升温至65～70℃，维持1小时，即可达到彻底消毒灭菌的效果。拆除培养料以后，将废弃的料运到远处，其菇房内的床架、地面、墙壁、用具等物要进行洗刷消毒，暴晒后保存。若平菇、香菇、黑木耳、银耳采取室外棚栽，不仅用具要消毒，而且栽培场地不可连续使用，以避免病虫和杂菌的侵染。

三、合理使用农药

为害食用菌的病菌或杂菌大多数属真菌，在采用药剂防治时对食用菌本身也有影响，而且还有一个农药残毒问题。因此，在采用药剂防治时要特别慎重。目前，常用50%多菌灵可湿性粉剂500～1000倍液拌料，可起到抑制霉菌生长的作用，也有用65%代森锰锌600倍液等来防治各种真菌性病害或杂菌。防治细菌性病害一般采用漂白粉（次氯酸钙），局部发生时可用农用链霉素或土霉素喷雾防治。对虫害和螨害，比较好的防治方法是在培养料中加入适量的杀虫剂，如二嗪农、速灭松等高效低毒杀虫剂，或用10毫克/千克浓度的灭幼脲（一种脱皮激素）处理，不用毒性大的磷化铝等药剂。

为安全起见，农药应在处理培养料及菇房消毒时使用，出菇期最好不用农药。菇房在播种前可用甲醛加敌敌畏乳油或硫黄粉加敌敌畏乳油封闭熏蒸24小时，既可消灭杂菌，又可杀虫、杀螨。熏蒸时每立方米甲醛的用量为8～10毫升，硫黄粉10～12克，敌敌畏乳油1～2毫升。据文献介绍，南京粮食研究所提出在菇房墙壁、地面和菇床周围，或在出菇前的床面撒些除虫菊酯粉剂有较好的防治效果。

四、加强环境条件的控制

目前，在蘑菇高产地区，培养料普遍采用后发酵（即两次发酵）

处理，可有效地杀死培养料中的病菌和害虫，尤其病害防治方面，如能掌握适时播种，调节好温度、湿度及通风等条件，完全可能预防病害的发生和杂菌的污染。根据各地多年实践经验，凡是高温高湿、通风不良的环境，病害发生都较严重。特别是细菌性病害的发生与高湿高温有密切的关系。非传染性的各种生理性病害，多数是由于二氧化碳浓度过高、通风光照条件较差所引起的。因此，采用全面、全过程、多周期的综合防治是很有必要的。

第四章　食用菌的贮藏保鲜和加工技术

随着食用菌栽培的不断扩大，其产量也在不断提高，如果没有合适的贮藏保鲜方法，会致使其大量腐烂变质，造成巨大的经济损失。所以，食用菌的贮藏保鲜技术是当前重要的研究课题。

第一节　食用菌的贮藏保鲜方式

食用菌的保鲜方法有很多，需根据品种、采前管理、贮存环境等，采用适当的保鲜贮藏方式，达到保鲜贮藏的最佳效果。

一、低温

低温贮藏是食用菌常用的一种贮藏保鲜方式，适用于草菇和双孢蘑菇等。低温环境可以抑制酶活性，降低机体的正常代谢活动，弱化呼吸作用，微生物的活动受到抑制。在寒冷的季节和地区，可利用天然低温进行保鲜；而在温暖的季节和地区，则需要人工冷藏。人工冷藏主要包括以下几种方式：

（一）冰藏

建造冰窖来进行食用菌低温贮藏。

（二）机械冷藏

机械冷藏就是通过机械制冷，降低冷库内的温度，从而达到保鲜的目的。食用菌的冷库贮藏技术主要有以下几种：

1. 烘烤

鲜菇采收后，摊放于太阳下晒或置于烘房，在 30 ~ 35℃下烘烤（一般至三成干即可），以增加菇体的塑性，改善菇体贮藏后的外观形状。

2. 预冷

预冷是常规冷藏操作中的一道必要工序。刚收水的菇体，其温度要比冷库高，在进库前需先去除这部分热量，以减轻制冷系统的负荷。目前，国内食用菌的冷藏主要通过减少进库的数量，来维持冷库的温度，从而省去了预冷这一工序。

3. 调节冷库的温度和湿度

（1）温度。食用菌不同，其适宜冷藏的温度也不同，一般是在 0 ~ 15℃范围内（双孢蘑菇为 0 ~ 5℃，草菇为 10 ~ 15℃）。在这一温度下贮存 72 小时，菇体会略微变小，但质地仍会较硬，不开伞，且没有异味。

（2）湿度。在库房地面洒水或开启冷藏的增湿设备，来维持冷库较高的相对湿度（一般为 80% 左右），以保持新鲜菇体的膨胀状态，使其不萎蔫。

4. 通风

冷库常用鼓风机或风扇等通风设施进行通风，以使空气均匀分布。

5. 空气洗涤

采收后，菇体仍是一个有生命的机体，会通过呼吸作用释放二氧化碳，可用氢氧化钠溶液吸收。

6. 保持货架低温

将鲜菇用穿孔塑料周转盒盛载后放于货架之上，利用鼓风制冷技术，使鲜菇一直处于经过冷库冷却的低温高湿空气中，从而在贮存到销售整个过程中都保持特定的低温状态。

二、气调

在氧气浓度较低和二氧化碳浓度较高的条件下，菇体新陈代谢和微生物的活动均会受到抑制，二氧化碳还能延缓子实体开伞和降低酚氧化酶活性，以达到保鲜目的。草菇和蘑菇常采用这种贮藏方式。气调贮藏主要有以下两种方法：

（一）气调冷库

1. 普通气调

可通过开（关）通风机和二氧化碳洗涤器，分别控制空气中的氧气量和二氧化碳量。采用这种方法所需的费用较低，但耗时较长，冷库气密性要求也较高。

2. 再循环式机械气调

将冷库内的空气引入燃烧装置中进行燃烧，使氧气变成二氧化碳。当二氧化碳浓度达到要求时，开启氧气洗涤器，氧气浓度达到要求后停止燃烧，其余可参照普通气调贮藏。

3. 充氮式机械气调

在氮气发生器中，用某些燃料（如酒精）和空气混合燃烧后，再将空气净化，剩下的主要是氮气，还有少量的氧气以及燃烧生成的二氧化碳，从而产生低氧气浓度和高二氧化碳浓度的环境条件。这种方式对冷库气密性要求较低，但所需费用较高。

（二）薄膜封闭气调

薄膜封闭容器可放于普通机械冷库内，与气调贮藏库相比，使用方便，成本低，还可在运输中使用。主要有以下几种方法：

1. 垛封法

将鲜菇成垛放置于通气的塑料框内，注意四周要留出一定的空隙，然后用聚乙烯或聚氯乙烯薄膜密封垛的四周，利用菇体自身的呼吸作用就可降低氧气浓度，增加二氧化碳浓度，从而达到贮藏目的。为防止二氧化碳中毒，可在垛底撒放适量的消石灰来吸收过量的二氧化碳。

2. 袋封法

将鲜菇装在聚乙烯塑料薄膜袋内，扎紧袋口，再经过挤压或抽气，排出袋内的空气，然后置于货架上，若同时配合冷藏，保鲜效果会更好。或者采用定期气调或打开袋口放气，换气后再封闭的方法。较薄的塑料薄膜袋，本身具有一定的透气性，采用这种袋来装鲜菇，可达到自然气调，目前国内常采用这种方式来贮藏食用菌。

3. 硅窗自动气调

硅橡胶具有高透气性，既可以维持袋内高二氧化碳、低氧气环境，抑制呼吸作用，还不会引起二氧化碳中毒。只是硅橡胶的价格较高，还难以大规模使用。

三、化学调控

食用菌的呼吸作用可通过一些无毒无害的化学药剂来进行抑制，从而延缓子实体开伞，延迟衰老，防止腐败微生物的侵染，达到延长保藏时间的目的。常用的化学贮藏主要有以下几种处理方法：

（一）盐水处理

将鲜菇浸泡在 0.6% 盐水内，10 分钟后装袋，在 10 ~ 25℃的条件下维持 4 ~ 6 小时，蘑菇会逐渐变成亮白色，可保持 3 ~ 5 天。

（二）稀酸处理

将菇体放于 0.05% 稀盐酸中浸泡，使其 pH 值降到 6 以下，酶活性会受到抑制，同时还会抑制腐败微生物的生长，从而达到保鲜目的。

（三）激动素处理

将鲜菇置于 0.01% 的 6– 糠氨基嘌呤中浸泡 10 ~ 15 分钟，沥干后装袋，可保鲜。

（四）比久处理

将鲜菇放入 0.001% ~ 0.1% 比久水溶液中浸泡 10 分钟，然后沥干装袋，在适宜的温度下，蘑菇可保鲜 8 天。

（五）焦亚硫酸钠处理

先将菇体用 0.01% 焦亚硫酸钠水溶液漂洗 3 ~ 5 分钟，再放于 0.1% ~ 0.5% 焦亚硫酸钠水溶液中浸泡，30 分钟后捞出装袋，在 10 ~ 15℃的温度下，可保持菇体洁白，保鲜效果也很好。

四、辐射

鲜菇通过钴 60（或铯 137）的 γ 射线，或经加速的、能量低于 10 兆电子伏特的电子束处理后，机体内的水分子和生物化学活性物质会处于电离或激发状态，从而抑制核酸合成，钝化酶分子，造成胶体状态变化，进而延缓子实体开伞和其生理代谢，并抑制褐变，增加持水力，同时还能杀死腐败微生物和病原菌。

与化学贮藏相比，没有化学残留；与低温贮藏相比，可以节约能源。辐射贮藏的保鲜效果和照射剂量、温度有关。所以，采用适当的剂量，同时结合冷藏，会使效果更好。辐射贮藏还可连续作业，容易实现自动化生产。

适用于草菇和双孢蘑菇。其中，草菇用 γ 射线 10 万伦琴处理后，在 13 ~ 14℃下，可贮存 4 天；双孢蘑菇用 γ 射线 5 万 ~ 7 万伦琴处理后，在常温下可贮存 6 天（对照组为 1 ~ 2 天），低温下可保鲜 30 天。

五、负离子

空气中的负离子能够抑制菇体的正常新陈代谢，还可起到净化空气的作用。负离子发生器不仅可以产生负离子，还能产生臭氧，臭氧具有很强的氧化力，既可杀菌，还可抑制机体活性。负离子遇到空气中的正离子，会相互结合并消失，不会残留有害物质。负离子是一种良好的保鲜方式，操作简便，成本也较低。

将鲜菇装袋后，每天用浓度为 1×10^5 个 / 立方米的负离子处理 1 ~ 2 次，每次 20 ~ 30 分钟，能较好地延长鲜菇的货架期。

六、食用菌保鲜案例

（一）金针菇保鲜技术

金针菇采收后，若不进行妥善处理，会发生后熟和褐变。但新鲜金针菇经过加工后，风味和营养价值会有所下降，还会降低其商品价值。所以，对新鲜金针菇进行短期贮藏保鲜是非常必要的。其保鲜的原理是防止失水、抑制呼吸和防止褐变。常采取的技术主要有冷藏、真空保鲜两种。

1. 冷藏

当金针菇柄长 10 厘米、菌盖不开伞、菇鲜度好的时候进行采收最好。采收前一天，停止喷水并采下菇丛，去除杂物、畸形菇和病体菇。然后按照等级要求对金针菇子实体进行分级，并用厚 0.004 ~ 0.008 厘米、长 23 厘米、宽 35 厘米的聚乙烯塑料袋进行装袋，每袋装 200 ~ 300 克。在光线较暗 、湿度较大、温度为 4 ~ 5℃的环境中，可贮藏 5 天左右，品质基本不变。

2. 真空

采收、分级、装袋与冷藏技术相同。装袋后，在真空封口机中抽至真空，以减少袋内的氧气。在温度为 1 ~ 5℃的环境中，可贮藏 15 天左右，品质基本不变。

（二）杏鲍菇保鲜技术

杏鲍菇常采用的保鲜技术为真空保鲜。在菌盖还未展开，孢子还未扩散之前进行采收，然后将菌柄基部用不锈钢刀削好。按质量标准进行分级，然后选用 0.004 ~ 0.008 厘米厚的聚乙烯塑料袋，每袋装 5 千克左右。之后在真空封口机中抽至真空，以减少袋内氧气。在温度为 1 ~ 5℃的环境中，可贮藏 15 天左右，品质基本不变。

第二节　食用菌的加工技术

食用菌中含有蛋白质、维生素等多种营养物质以及大量的水，非常有利于微生物的滋生繁衍，从而造成腐烂变质，极不适于长期贮藏。另外，在包装、运输过程中，新鲜的食用菌也容易造成破损而使产品的商品价值降低。所以，这就需要对其进行加工处理。以延长贮藏保存时间，减少菌体变质损耗，从而可以进行远距离运输。不但可以保证菇农的经济利益，还能满足市场需要。

食用菌加工保藏就是利用物理的、化学的和生物学的方法抑制各种腐败性微生物的活动，把食用菌产品制成耐贮藏的制品，以达到长期保存的目的。食用菌的常规加工技术主要有干制、盐渍、糖藏、冻藏以及罐藏。

一、干制

食用菌的干制技术也称烘干、脱水加工等，是食用菌加工保存的一种常用方法，它是在自然条件或人工控制条件下，保证产品质量的同时，利用外源热，促使新鲜食用菌子实体中水分蒸发的工艺过程。经过干制的食用菌称为干制品，干制品不易腐败变质，可长期保藏。

有的食用菌经干制后可增加风味，改善色泽，从而提高商品价值，比如香菇、黑木耳、竹荪 、灵芝和银耳等。但也不是所有的食用菌都适合进行干制处理，比如双孢蘑菇干制后，鲜味和风味均会降低；平菇和猴头菌等比较适合鲜吃。

为了提高干制品的质量，不同的食用菌采用不同的处理方法，并在干制之前去除菇体基部的泥土、杂物和蒂头，还要将其中的畸形菇和病虫菇体剔除，然后按鲜菇标准分成不同等级，再根据不同等级分别进行干制处理。

（一）干制方法

干制主要有自然干制、人工干制和冷冻干制。

1. 自然干制

自然干制主要是利用风吹日晒等自然条件来干燥原料。常用的自然干制的方式是晒干，包括晾干。晒干过程一般为 2 ~ 3 天，后熟作用强的菇类一定要在采收当天作灭活处理(一般采用蒸煮方式)后再晒。

将处理后的原料，均匀摊在晒筛上暴晒至干。摊晒时，注意不能摊得过厚，还要经常翻动，翻动时要小心操作，以免造成破损。经过晒干后，不仅利于保存，还可以提高菌类品质和营养价值。

自然干制缓慢，所需的时间较长，还常受天气的影响。在晒干过程中，如果出现阴雨天气，不仅会延长干燥时间，还容易降低产品质量，严重时还会引起大量腐烂。并且在保藏过程中，容易返潮、生虫发霉，不利于长期保存。

2. 人工干制

人工干制不受气候条件的影响，与自然干制相比，不仅干燥快、省工、省时，而且人工干制品的色泽好 、香味浓、外形饱满、商品价值很高。烘烤过程中，还可以杀死霉菌孢子和害虫，对商品的长期保存更加有利。

人工干制的常用方式是烘干，即在烘房中用炭火或电热等对鲜菇进行干燥。烘干主要分为以下几个步骤。

（1）准备。多数食用菌在采收后，都要去除杂物、蒂头、畸形菇和病体菇，再进行分级，然后便可以进行烘烤了。

但有些食用菌，比如草菇、金针菇、蘑菇等，在干制后，其风味会有所降低，这就需要在脱水前做进一步处理草菇在烘烤前，一般要用锋利的不锈钢刀或竹片纵剖成两片，然后切口向上平摊在烤筛上烘烤；蘑菇要切成 2 ~ 3 毫米薄片，摆在烤筛上烘烤，勿重叠；金针菇要先洗净，然后在蒸笼中蒸 10 分钟 左右，再扎成小捆，整捆摊在烤筛上烘烤。

（2）装筛。按菇的厚薄、大小和干湿分放在烤筛上，开始时要稍微薄些，烘烤后期可适当加厚。

（3）预热。烘房使用前，要先进行预热，一般温度在 40 ~ 45℃即可，这样可缩短烘烤时间。

（4）升温。烘烤初始阶段，温度一般为 35℃左右，以后每小时升高 1 ~ 2℃，最后使温度达到 60 ~ 70℃。当温度升至 60 ~ 65℃时，水分已散发 70% 左右，这时将温度降至 50 ~ 55℃，继续烘烤 2 ~ 3 小时。

（5）调筛。在烘烤过程中，将最下部的第一层、第二层烘筛与中部的烘筛互换位置，这样可使成品干燥程度一致。在干制升温过程中，如果温度过高，会使菌盖变黑、菌褶弯曲。原料烘烤至八成干时，停止加热，在烘房温度降到 35℃左右后，再进行加热，这样可减少干燥时间。

（二）包装

对干制完成的产品进行再分级，然后放入塑料袋 、复合薄膜袋或白铁皮桶中密封，防止返潮。

（三）贮藏

用于贮藏干制品的仓库应该保持清洁、干爽、低温，同时还要采取一些防虫、防鼠的措施，比如在塑料袋中放入一小瓶二硫化碳以防虫蛀。贮藏过程中还要定期检查干制品的保存情况，为了防止吸湿霉变，可在塑料袋中加入一小瓶用棉花作塞的无水氯化钙。

二、盐渍

盐渍加工时，一般选用不锈钢制品，或用竹、木以及塑料制品作工具，如果使用铁、铜、锡等金属制品，很容易引起加工产品变色而降低商品质量。所选用的食盐必须是高质量的精制盐，以免食盐中含有的一些杂质使产品质地变粗变硬，甚至在菇体表面留下斑痕，严重影响产品的风味和外观。

盐渍加工后的产品含盐量一般为25%，产生的压力远大于一般微生物的细胞渗透压，从而抑制微生物的生长繁殖，使微生物细胞内的水分外渗，甚至使微生物处于休眠或死亡状态。

盐渍的加工工艺如下：

（一）采收

在菇蕾期采收最为适宜，选择好的原料菇，当天采收，当天加工。如果采收不及时，将会影响盐渍菇的质量。

（二）漂洗

盐渍同干制一样，必须对原料分级整理，用质量浓度为6克/升的盐水洗去菇体表面的尘埃、泥沙等杂质，注意保证菇体完整、无破损。接着用0.05摩尔/升柠檬液（pH值为4.5）漂洗，既能起到护色作用，又能抑制食用菌表面附着的微生物的生长发育。

（三）杀青

杀青指在稀盐水中煮沸、杀死菇体细胞的过程。在铝锅或不锈钢锅内，将稀盐水加热煮沸，将整理和洗涤好的食用菌原料放入锅内煮制，边煮边轻轻搅动，及时将锅中的菇沫滤去，一般煮5～7分钟即可。

杀青可抑制酶活性，防止子实体开伞褐变，还能使细胞膜结构遭到破坏，增加细胞的透气性，从而有利于菇体内水分的排出和盐水进入菇体。

（四）冷却

将杀青后的菇体从锅中小心捞出，立即放入清洁的冷水中进行冷却，冷却时一定要待菇心凉透才可进行盐渍，否则盐渍后很容易发黑、发霉、腐烂。冷却 30 分钟后捞出，滤水 5 ~ 10 分钟。

（五）盐渍

在缸内配制浓度为 15 ~ 16 波美度的饱和盐水，配制时，食盐要用开水搅拌溶解，直到盐不能溶解为止，冷却后取其上清液用纱布过滤，使盐水达到清澈透明即可。

将冷却滤水后的菇体按每 100 千克加 40 ~ 60 千克食盐（精盐）的比例逐层盐渍。先在缸（或桶）底铺一层菇，再铺一层盐，盐的厚度以看不见菇体为准，依次一层菇一层盐。装满缸后，向缸内灌入煮沸后冷却的饱和盐水以提高盐渍效果。表面放上竹帘，再压上干净石块等重物，使菇浸没在盐水内。注意菇体不能露出盐水面，否则菇体易发黑变质。盐渍 3 天后，将菇体捞出，放入 23 波美度的盐水缸中继续盐渍。此期间每天倒缸 1 次，并经常用波美比重计测盐水浓度，使盐水浓度保持在 23 波美度左右。若测得盐水浓度偏低，可加入饱和盐水进行调整或倒缸。盐渍 7 天后，缸内盐水浓度稳定在 23 波美度不再下降时出缸。

（六）装桶

将盐渍好的菇体捞出并沥尽盐水，然后用塑料桶分装，向桶内注满 20 波美度的盐水，并用 0.2% 柠檬酸将盐水 pH 值调至 3 ~ 3.5，再精盐封口，排出桶内空气，盖紧内外盖即为成品。

三、糖藏

糖液浓度较高时，具有很强的渗透性，从而抑制微生物的生命活动，甚至造成其细胞原生质脱水而收缩，使其处于假死状态，同时氧气在高浓度糖液中的溶解度很小，具有一定的抗氧化作用。因此，利用糖藏可以达到贮藏的目的。

糖藏的加工工艺流程如下：

（一）切分

分级后，根据加工的不同需要，将原料切成薄片或条块，这样可在糖煮时，使糖分较易渗入。

（二）硬化

如果食用菌的肉质较软，可用石灰、氯化钙、亚硫酸氢钙等溶液浸渍原料一定的时间，使组织硬化耐煮。需要注意的是，硬化剂的用量要适宜，若是用量过大，会导致原料对糖的吸收能力下降，从而使产品的质地变粗。

（三）漂洗预煮

硬化处理后的食用菌，需要进行多次漂洗，以除去表面残留的硬化剂。漂洗之后，再对原料进行预煮，这样可使原料变软、变透明，糖制时易于糖分的渗入。

（四）煮制

煮制时，采用容量较小的不锈钢双层锅或真空浓缩锅，不能使用铁、铜等金属锅，既能避免变色或金属污染，又能防止组织软烂和失水干缩等不良现象的发生。其煮制方法主要有三种。

1. 一煮

用浓度为 45% ~ 60% 糖液加热熬煮原料。初始阶段，食用菌会排出一些汁液稀释糖液浓度，这时就需要向锅内加入浓糖液或砂糖。煮制 1 ~ 1.5 小时，糖液浓度达到 75% 左右时即可出锅，然后滤干制品上的糖液，再经干燥即为成品。

2. 多煮

多次煮成法适用于组织柔软、易烂且含水量较高的原料。将浓度为 30% ~ 40% 的糖液煮沸，然后放入处理过的原料，煮制 2 ~ 3 分钟后，与糖液一同倒入容器中，冷放浸渍一昼夜，使糖分渗到原料中。然后将糖液浓度增高 10% ~ 20% 后煮沸，2 ~ 3 分钟后倒入容器中，浸渍 8 ~ 24 小时，此操作一般进行 2 ~ 4 次。最后将糖液浓度增高到 50% 左右煮沸，将浸渍的原料倒入其中，煮制过程中，需向锅中加糖 2 ~ 3 次。当原料变得透明发亮，糖液浓度达 65% 以上时即可出锅，然后滤干表面的糖液，干燥后即为成品。

3. 速煮

将处理过的原料装入提篮内，然后放在糖液中煮，煮沸 4 ~ 8 分钟后，立即提出，浸入 15℃的糖液中冷却 5 ~ 8 分钟，再提高糖液浓度，煮沸 4 ~ 8 分钟，再提出放到 15℃糖液中冷却，如此反复 4 ~ 6 次即可。

（五）烘干

煮制干燥后，制品应保持其完整性和饱满状态，质地紧密而不粗糙、不结晶，糖分含量在 72% 左右，水分在 18% ~ 20% 以下。烘干时，将温度保持在 50 ~ 60℃，如果温度过高，容易造成糖分结块和焦化。

（六）整理

干燥过程中，制品常会收缩而导致变形，严重时会破碎。所以干燥后，需对制品进行加工整理，使其外观保持整齐一致，这样可便于包装。包装时应注意防潮、防霉。

四、冻藏

食用菌冻藏技术就是将鲜菇放在低温的环境中，使菇体内的水分迅速结成冰晶，然后放入低温冷库中保藏。

纯水的冰点为 0℃，而菇体组织所含的水分中含有无机盐、糖、酸、蛋白质等，所以其冰点要略微低一些。当环境温度达到冰点时，菇体组织中水分开始由液体转变成固体，形成的冰晶多且体积小，不会造成细胞组织损伤，不仅可以保持其原有的形态、品质和风味，还可抑制微生物的活动，从而达到较长期的贮藏。

蘑菇冻藏的生产工艺如下：

（1）挑选菌盖完整、色泽正常的菇体作为加工原料。

（2）采收后，先放在 0.03% 焦亚硫酸钠溶液内漂洗，清除泥沙及杂质，然后放入 0.06% 焦亚硫酸钠溶液内浸泡 2 ~ 3 分钟进行护色。

（3）将蘑菇放入 100℃的 0.15% ~ 0.3% 柠檬酸液中预煮 1.5 ~ 2.5 分钟，然后放入 3 ~ 5℃流动的冷却水中进行冷却。

（4）去除不符合质量标准的菇体，将合格的菇体进行修整、冲洗，以备用。

（5）将菇体表面的水分滤干，并单个排放于冻结盘中，然后放入螺旋冻结机中，在 –40 ~ –37℃的温度下冻结 30 ~ 45 分钟。

（6）取出已冻结的蘑菇，在低温房内逐个拣出放入小竹篓中，每篓装约 2 千克，然后放入 2 ~ 5℃的清水中浸泡，2 ~ 3 秒后提起竹篓并倒出蘑菇。菇体表面会迅速形成一层透明的薄冰，可使菇体与外界隔离，防止蘑菇干缩、变色，从而达到延长贮藏的目的。

（7）将结有冰衣的蘑菇用无菌塑料袋装。

（8）将装好袋的产品放入冷库内贮藏。冷库温度维持在 –18℃左右，相对湿度保持在 95% ~ 100%，可贮藏 12 ~ 18 个月。

五、罐藏

食用菌罐藏就是将新鲜食用菌经过一系列处理后，装入特制的容器中，经过排气密封，隔绝外界空气和微生物，再经过加热，来杀死罐内微生物或使其失去活力，并破坏食用菌酶的活性，抑制其氧化作用，使罐内食品能够较长时间的保藏。罐藏工艺主要包括原料处理、装罐、注液、排气、密封、杀菌和冷却等几个环节。

（一）原料处理

（1）严格挑选原料菇，去除过熟、变色、畸形、霉烂、病虫害等不合格的原料，按大小、成熟度、色泽等分级标准来分级并及时加工处理。

（2）在质量浓度为 0.3 克 / 升的焦亚硫酸钠溶液中浸泡菇体 2 ~ 3 分钟，然后再将菇体放入质量浓度为 1 克 / 升的焦亚硫酸钠溶液中漂白，之后再用清水洗净。

（3）将 2% 的食盐水烧开，然后将菇体放入其中煮熟（注意不能煮烂），既可抑制酶的活性，减少酶引起的化学变化，又能排除菇体组织内滞留的气体，使组织收缩、软化，减少脆性，既便于切片和装罐，又可减少铁皮罐的腐蚀。

（4）将煮熟的菇体立即放入清洁的流水中冷却。

（5）对冷却后的原料进行分级，一般采用滚筒式分级机或机械振荡式分级机。

（二）装罐

生产上常用的罐藏容器主要是马口铁罐，一般采用手工或封罐机装罐。

空罐使用前要进行严格检查，将不合格的空罐剔除。装罐前，用 80℃热水对空罐进行清洗消毒。装罐时，要保证每罐的质量均匀一致，由于成罐后内容物质量减少，一般在装罐时增加规定量的 10% ～ 15%。

装罐时，还要注意在内容物表面与罐盖之间留有一定的顶隙。顶隙过小，加热杀菌时，会因为食物膨胀而使罐内压力大增，造成罐头底盖向外突出，严重时可能出现裂缝；顶隙过大，则在杀菌冷却后，罐内压力大减，导致罐身内陷。另外，如果顶隙过大，罐内会存留较多的空气，容易引起食品氧化变色。

（三）注液

原料装好后，注入 0.12% 的柠檬酸或含盐量为 1% ～ 2% 的盐液，可增加产品的风味，还能填充食用菌之间的空隙，既排除了空气，又可加快灭菌、冷却期间热的传递。

（四）排气

空气中氧气会加速铁罐表面铁皮的腐蚀，所以要进行排气处理，以除去罐内的空气。排气主要有两种方法：一种是原料装罐注液后，先进行加热排气，再封盖；二是用真空泵抽气后，再封盖。

采用真空泵抽气时，抽气和封罐必须密切配合，可用真空封罐机进行，即将真空泵装在封罐机上。

（五）密封

排气后，必须立即密封，以防外界空气及腐败性细菌污染而引起败坏。以前常用手工焊合封盖，现在除螺旋式和旋转式玻璃罐头可用手工进行外，其他必须使用双滚压缝线封罐机来完成。这一过程必须严格控制，才能保证容器的密封。

（六）灭菌

灭菌的目的是使罐头内容物不受微生物的侵染。采用高温短时间灭菌，有利于保持产品的质量。对于含酸较多的产品，可采用高压蒸汽灭菌，也可用常压灭菌法。大部分食用菌罐头，由于含酸较低，所以一般需用 115 ~ 121℃的杀菌温度和较长的杀菌时间才能彻底杀菌。

（七）冷却

杀菌完毕后，罐头必须迅速放入冷水中冷却，否则会使产品色泽、风味发生变化，组织结构遭到破坏。玻璃罐不能直接投入冷水中冷却，水温要逐渐降低，以免引起玻璃罐破裂；马口铁罐可以直接放入冷水中，待罐温冷却到 38 ~ 40℃时取出，利用罐内的余热使罐外附着的水分蒸发。

对于生产出的罐头，应及时抽样检验，一般先进行保温（55℃下保温 5 天），再进行酸败菌培养检验以及耐热芽孢数的检验，以指导生产，确保质量，然后打印标记并包装贮藏。贮藏期间，要严格控制贮藏的温度（10 ~ 15℃）和空气相对湿度（15% ~ 70%）。

第五章　食用菌产品的市场营销

食用菌自古就被视为“山珍”，有着广阔的国内外销售市场。只要实时把握市场规律，制订行之有效的营销策略，就能创造出可观的经济效益和社会效益。“得市场者得发展，小蘑菇也有大市场”，开创出自己的食用菌产品品牌，形成特色食用菌产业也是至关重要的。

第一节　食用菌产品的市场分析

一、食用菌产品有着广阔的国内外销售市场

（一）食用菌产品畅销于国内外市场

随着我国国民经济的快速发展，居民的收入水平越来越高，对食品的需求日益提高。人们对绿色食品，如低糖、低脂肪、高蛋白的食品消费需求日益旺盛，此类食品的营业额一直保持较强的增长势头。食用菌是营养丰富、味道鲜美、强身健体的理想食品，同时它还具有较高的药用价值，是人们公认的高营养保健食品。食用菌生产既可变废为宝，又可综合开发利用，具有十分显著的经济效益和社会效益。随着人民生活水平的不断提高和商品经济的进一步发展，食用菌产品不仅行销于国内各大市场，而且还畅销于国际市场。

（二）我国食用菌行业发展态势明显

我国食用菌行业发展态势明显，主要体现在连锁经营、品牌培育、技术创新、管理科学化为代表的现代食品企业，现代食用菌业逐步替代了传统食用菌业。随意性生产、单店作坊式、人为经验生产型的食用菌业正快步向产业化、集团化、连锁化和现代化迈进，现代科学技术、科学的经营管理、现代营养理念在食用菌行业的应用已经越来越广泛。

（三）食用菌产业已经到了发展的黄金时期

从国家政策和社会大环境来看，食用菌已经到了发展的黄金时期。由于规模化食用菌栽培是劳动密集型产业，在解决劳动就业方面有着非常重要的作用，而目前解决劳动就业问题是各级政府为民谋利的主要体现和政策取向。

（四）食用菌行业能带动相关产业发展

食用菌行业还能带动种植业的发展，是解决“三农”问题、增加农民收入的一个重要行业，在我国工业化、城镇化和农业现代化方面发挥着重要的作用，所以国家在税收政策、产业政策等方面给予了大力扶持。

（五）我国是世界上最大的食用菌消费市场

我国的城市化步伐加快，大量的农村人口逐步城市化，原有城市人口的消费能力逐步增强，由于人口众多和我国经济的持续高速发展，在“民以食为天”“绿色健康饮食”的文化背景下，我国已经成为世界上最大的食用菌生产、消费市场。

二、我国食用菌产销现状及发展动态

分析我国食用菌产业现状及特征，探索破解制约食用菌产业发展瓶颈，提出科学合理的创新发展构想，对于做大做强食用菌产业、提高产业科技含量、挖掘产业发展潜力、提高产业经济效益、促进产业持续健康发展具有积极意义。

（一）当前食用菌产业生产方式及优劣势

1. 生产经营分散，产业集约化程度不高

据湖北省随州市香菇生产基地的调查，户均种植段木香菇 4000 棒、代料香菇 30000 袋；双孢蘑菇生产大多也以小规模为主，在新洲区的生产者中，户均种植规模为 280 平方米，基本上都属于作坊式的农户生产。这种分散化的生产方式给产品质量控制、市场风险防御、产业稳定发展等带来较大困难，农户效益也难以得到有效保障，产业集约效益无法实现。

2. 生产方式较粗放，资源消耗和环境污染现象较严重

当前食用菌栽培过程中，林木与农作物秸秆等原料的利用效率低，现有森林资源的材耗严重，食用菌栽培后产生的废弃物再分解与再利用效率低，没有完全实现食用菌产业的“清洁生产”，提高食用菌的生物转化率，减少环境污染仍需重视。加强对现有森林资源的保护，以“造用结合，动态平衡”为原则，以真正实现造林与用林挂钩，保护森林生态，为木腐食用菌的可持续发展提供充足的原料和良好的生态环境。

3. 食用菌市场流通体系不够健全

虽然基本形成了以批发市场、集贸市场为载体，以农民经纪人、运销商贩、中介组织、加工企业为主体，以产品集散、现货交易为食用菌产品的基本流通模式，以原产品和初加工产品为营销客体的流通格局。但是，食用菌市场流通规则尚未建立和完善，市场主体行为混乱无序，加之缺乏准确、快速覆盖全国的市场信息网络以及相关的市场预警系统，隐藏了较大的市场风险。

4. 食用菌加工水平较低，产品附加值不高

目前，我国食用菌初加工产品比重高于 85%，主要是采用鲜销（如平菇、草菇、金针菇、白灵菇、杏鲍菇等）、干制（如香菇、木耳、银耳、猴头菌等）、盐渍（如双孢蘑菇、草菇、鸡腿菇等）、速

冻等方式。我国食用菌的深加工产品极少，特别是许多具有重要保健作用的食用菌加工产品的开发更是严重滞后，加工增值占食用菌总产值的概率不足10%，而日韩等发达国家一般占30% ~ 40%。

5. 生产成本加速上升，利润空间被压缩

随着物价和人工成本的上涨，近几年食用菌生产成本迅速上升。木屑颗粒、优质麦麸、玉米芯、棉籽壳等价格大幅度上涨。加上国内流通性过剩（过多的货币投放量）带来的劳动力、菌种价格的上涨、食用菌生产成本增加，菇农利润空间受到压缩，生产积极性降低。

（二）现有的生产与营销模式

1. 分散的农户生产形式

自产自销，优点是原料就地取材，设备投入资金少，成本低，部分产品就地销售，与市场对接快，中间环节少，利润空间大；部分产品由销售商贩销售。缺点是生产受季节、环境影响大，产品的产量和质量稳定性差；生产规模小、分散，产品销售易受商贩的控制而缺失销售的主动权；价格上受市场影响相对波动较大。我国食用菌产业生产出的70%以上的产品是以这种方式进入市场的，包括一些工厂化栽培和设施栽培生产的产品。

2. 龙头企业设基地带动农户的形式

其优点是组织化程度相对高一些，是以龙头企业带松散农户的合作方式，技术管理和抵御市场风险能力均增强。缺点是属于食用菌的“中小企业”，对市场的驾驭能力稍弱，在标准化生产和满足市场周年供应上欠缺实力。

3. 农民合作社形式

近几年兴起的农民合作社，是国家为了解决农民“一家一户，各自为政”而鼓励菇农自发地发展的带有地域特征的合作组织；在菇农中涌现出“经纪人”式的管理者，很多省的菇农均已尝试这种组织形式进入市场，并已积累了一定的经验。

4. 规模化生产经营

技术先进，资金投入大，厂房设计规范，生产环境可控性好，产品质量相对稳定，可满足市场的周年供应；但能源消耗大，生物转化率较低（大部分品种均是采收一茬），完全按照工厂化的运行模式进行，对管理团队要求比较高，承担的技术与设备、生产与市场等的风险比较高。近几年，我国在一线发达城市食用菌工厂化快速发展，每年都有生产能力达到日均 10 吨 ~ 20 吨的数十个食用菌工厂建成，绝大部分为初级产品，缺乏自主品牌。

（三）食用菌销售市场的发展动态

近几年，食用菌产业也面临着多方面挑战，关注发展动态，迎难而上，知己知彼，抓住机遇，勇迎挑战。

1. 出口贸易的“技术壁垒”，折射产品质量观

近几年，出口贸易的“技术壁垒”成为制约食用菌产业发展和出口的重大障碍。我国食用菌生产主要是依靠自然气候条件，由分散农户进行生产，这种生产模式在一定的时期为农民增收、食用菌发展发挥了重要的作用。但新形势下，暴露出许多弊端。如农户栽培管理不严格、技术参差不齐、不注意对环境的保护等；对食用菌栽培技术和育种的研究只注重追求产量，忽视产品质量；为获得高产，有时过多地使用增产素；为防治病虫害过多地使用杀菌剂和有毒农药，甚至为产品美观使用硫黄熏蒸；为保鲜使用甲醛等不正当方法，造成食用菌的污染，药残超标而被限制出口。对食用菌无公害栽培技术研究及相应生产标准和加工体系的建立没有引起足够的重视，这必将制约我国食用菌的进一步发展。

加强食用菌产品质量安全体系建设，提高产品市场竞争力尤为重要。食用菌产品质量是市场竞争力的重要决定因素，也是做大做强该产业的重要条件。建立完善的食用菌产业生态安全体系和产品质量安全体系，对于提升我国食用菌产业产品质量、安全水平和市

场竞争力，促进产业增收增效和可持续发展具有重要作用。

食用菌生产具有技术含量高、实践性强等特点，为适应和解决“技术壁垒”问题，应尽快建立食用菌标准化生产体系，包括原料的选择和处理、菌种生产、无公害食用菌栽培技术、食用菌加工等技术体系，使菇农尽快能够达到“生产标准化，经营国际化”的要求。

2. 外来冲击力是双刃剑，激发市场活力同台共舞

日本、韩国等国工厂化栽培的食用菌发展迅速，在于政府的大力扶持，农民在建厂时提出申请就可以获得政府40% ~ 50%的固定资产投资补贴。韩国多个部门一直对食用菌产业进行扶持补助，政府对出口再加以补贴，因此，韩国食用菌产品的国际竞争力很强。

我国的食用菌产业是在很多专家特别是老一辈人的艰苦努力下蓬勃发展起来的，创造了辉煌的成就。但是新的挑战已经来临了，在新的市场经济环境下，市场的变化速度越来越快，我们不仅要科研，同时更要适应市场的变化，科研需要直接面对市场并参与市场竞争。

日本、韩国设备工厂和栽培工厂已投向我国，全球化的今天，意味着国际市场竞争的必然性，而我国的工厂化产业刚刚起步，却迎来了国际竞争对手的压力，我国的菌种科研企业及自动化设备的制造企业要面对的市场是全球性的，竞争也是全球性的。

针对目前国内、国际市场急需优质高产食用菌品种，首先应广泛收集食用菌野生种质资源，利用分子生物学技术对所收集的野生资源与表现优良的栽培品种进行遗传差异分析，为合理选用亲本提供依据；然后以孢子或单核原生质体杂交技术为研究方法，最终培育出优质、高产、抗病虫害、抗逆性强、耐储运 、具有自主知识产权的新品种。

3. 国内消费是主力，国外市场要开拓

食用菌是一种绿色食品，适合现代人对膳食结构调整的需求，国内外市场前景一致看好。近20年来，国内食用菌市场的需求直线上升，尤其是长三角、珠三角、环渤海湾等发达地区销量更大。仅上海地区而言，20世纪90年代初，食用菌日消费量不足20吨，现在上海市日均消费各种食用菌在200吨左右。这不仅大大丰富了市民的菜篮子，满足了人们对食品安全、卫生、健康的需求，也极大地推动了我国食用菌产业的加速发展，使我国成为世界上食用菌总产量最高的国家，年生产量占世界总产量的65%。目前，我国已是全球最大的食用菌生产国。近年来，在技术上引进快，改进也快。同时，中国食用菌产业潜力巨大，如果每个中国人每天吃3个蘑菇的话，这个市场将庞大到无法估量。

欧美食用菌市场经过多年的普及推广、探索引导，消费者已从过去单一青睐白色菇类（如双孢蘑菇、平菇等），发展为对深色菌菇（如香菇、木耳、灵芝等）也普遍接受，表现为销量逐年上升，品种逐渐丰富。2013年，我国食用菌出口量占世界食用菌贸易量的48%，占亚洲总出口量的80%。我国已经成为名副其实的食用菌出口大国。

第二节　国内外食用菌市场的营销策划

一、注意发展适销对路的名、特、优新品种

了解市场需求，优化品种结构，一定要选择适销对路的品种。在菌株选择中，菇农要根据当地资源、气候等条件，搞好适应性试验示范，因地制宜地发展具有区域特色的品种，特别是要注意发展适销对路的名、特、优新品种。

二、抓好规范化栽培和标准化生产的示范基地建设

加大食用菌新型栽培技术推广资金的支持力度，重点用于对配套技术的试验、示范和推广应用，以及对菇农的科技培训工作，促使良种良法配套，进一步提高配套技术的入户率和到位率。要建立符合市场需要的新技术研究和扩繁体系。各食用菌科研机构和各级菌种厂站、食用菌推广部门，应围绕食用菌优良品种选育、病虫害防治、产品保鲜、加工、储运等方面开展研究推广，及时将科研成果转化为生产力，尽快提高食用菌种植户的科技素质，抓好规范化栽培和标准化生产的示范基地建设，强化新技术、新品种的集成创新。

三、提升食用菌产品质量

食用菌的产品质量是市场竞争力的重要决定因素，也是做大做强食用菌产业的一个重要条件。建立完善的食用菌产业生态安全体系和产品质量安全体系，对于提升我国食用菌产业产品质量、安全水平和市场竞争力，以及促进食用菌产业增收增效和可持续发展具有非常重要的作用。

（一）促进标准体系的不断完善

可根据绿色产品的质量标准和生产技术操作规程，制定食用菌产品的相关生产程序；根据各地方特殊情况，发布地方性的生产和质量标准，尤其是在主要原辅材料和生产环境的标准上，要加大质量标准的制定与实施力度。

（二）开展法规宣传，使食用菌产品质量安全观念深入人心

通过开展“农业下乡”、“科技下乡”、春季农业技术培训、农业法制宣传月等，采取办培训班、制作电视专题片、电台热线、举办现场咨询会等，广泛深入开展《中华人民共和国农产品质量安全法》等法律法规的宣传，努力使食用菌产品质量安全法律法规进村入企，家喻户晓。

（三）实行全流程标准化生产

保障食用菌产品质量安全，标准化生产是关键，在提高人们认识的同时，狠抓优质食用菌产品生产基地建设，加大产品标准化生产技术推广力度，以现代农业展示中心为依托，在各地大力兴办食用菌标准化生产技术示范区，推动食用菌标准化生产。

（四）开展投入品专项整治

强化食用菌生产投入品监管，是实现食用菌产品质量安全的保障。农药、菌种、肥料等农业投入品的使用，直接关系到食用菌产品质量安全，应当根据食用菌生产的季节特点，将常年监管与专项整治有机结合起来，组织从业人员进行法律法规和技术培训，提高经营者的安全责任意识，积极开展农资打假和市场整治，严厉查处生产、销售和使用高毒农药行为，对农资经销实行许可证制度，引导经营户实行进货检查验收制度，并建立购销台账。

四、加强食用菌产品加工企业的管理

食用菌产品加工企业规模偏小和精深加工水平低，以及加工转化率不高是当前影响食用菌产品竞争力的重要因素，因此要采取一些有效措施进行改善。

（一）加强食用菌工作的领导和管理

食用菌产业在全国新一轮农业结构调整中被作为一个重点来抓，已列为我国高效生态农业、创汇农业和特色农业的一个重要组成部分。今后应在政策扶持、资金投入、信息引导、技术普及等方面给予支持，以加快食用菌产业的发展。另外，要加强食用菌行业管理，杜绝劣质菌种的生产和销售，为农民提供优质高产食用菌菌种。要加大资源整合，通过资产重组和结构调整，以市场前景好、科技含量高、辐射带动力强的食用菌产品加工企业为主体，将散、小、弱的企业整合为大型企业（集团），实行跨行业、跨地区、跨所有制经营，不断增强企业抗风险和参与国际竞争的能力。

（二）支持企业科技研发工作，加大资金支持力度

各级政府要将食用菌产品精深加工纳入农业强省富民战略规划中，加大对食用菌产品精深加工企业的扶持力度。加强对食用菌保鲜技术和深加工技术研究。为延长食用菌鲜食品的货架寿命，应加强对食用菌保鲜技术研究，研究出保鲜效果好而且无毒的化学制剂、生物制剂和物理方法。另外，食用菌含有丰富的氨基酸、多糖和生物活性因子。因此，要重视食用菌系列保健食品的研究和开发，开发食、药兼用系列新药品。

（三）利用新型科技成果和工业化装备来武装龙头企业

要按照“公司＋基地＋农户”的农业产业化经营模式，围绕食用菌优势农业产业，整合力量，突出重点，搞好企业与基地对接，不断壮大龙头企业。要利用新型科技成果和工业化装备来武装龙头企业，逐步改变食用菌产品精深加工环节的技术和工艺薄弱的现状，不断提高食用菌产品加工转化率。

五、完善食用菌产品大市场流通体系

推进食用菌产品市场体系建设，促进食用菌产品的合理高效流通，完善食用菌产品市场体系，是推动我国食用菌产业化经营、做大做强现代菌业的重要环节。应采取政府、集体、农户相结合，多渠道、多形式地建设市场。要积极培育和完善食用菌产品物流主体，加强食用菌产品物流基础设施建设，支持食用菌重点批发市场建设和升级改造，落实食用菌批发市场用地等扶持政策，搭建食用菌产品物流信息平台，发展食用菌产品大市场大流通。

（一）建设食用菌产品批发市场体系

在食用菌主要产区和集散地，分层次抓好一批地方性、区域性的食用菌批发市场建设，打造具有较强辐射功能的专业性批发市场，改造升级传统批发市场，重点培育一批综合性产品交易市场，优化农产品批发市场网络布局。农业部早在2007年曾投资兴建了4家

食用菌批发市场：吉林蛟河黄松甸食用菌批发市场、黑龙江省绥阳黑木耳山野菜批发市场、河北平泉中国北方食用菌交易市场、福建省古田食用菌批发市场。各地也结合产业发展需求建立了一些批发市场。例如，南阳西峡双龙镇食用菌交易市场、湖北随州草店镇食用菌交易市场等，为食用菌产品的营销发挥了重要作用。

（二）加快食用菌产品的流通开放

加大农产品流通项目招商引资，着重引进跨国物流公司、世界知名食用菌产品加工企业和国内大型食用菌产品经营企业，促进生产要素快速集聚，投资建设食用菌产品物流园区，或直接从事食用菌产品流通，改善产品交易和信息服务系统，提高产品流通能力，以进一步提升我国食用菌产业的国际竞争力。

（三）加快食用菌产品流通队伍建设

引导多种经济组织和专业大户参与食用菌产品流通，大力发展食用菌产品购销大户、经纪人队伍，发展代理批发商和经纪人事务所，鼓励一部分农民从生产环节脱离出来，专职从事食用菌产品贩销，带动食用菌销售。

（四）发展食用菌产品现代流通业务

鼓励创新食用菌产品的交易方式，积极推行食用菌产品“衔接基地、连锁配送、全程控制”模式，加快发展产品连锁经营、直销配送、电子商务、拍卖交易等现代流通业务，引导和鼓励连锁经营企业直接从原产地采购，与食用菌产品生产基地建立长期的产销联盟，以农产品流通发展带动食用菌产业的专业化、产业化和规模化，提升产业竞争力。

（五）健全食用菌产品流通信息服务体系

依托食用菌产品批发市场交易平台和商务网络平台，发布世界各国和我国重要食用菌产品生产与供应信息、科技成果信息，食用菌产品主产区的气象信息、主要经销商信息、主要食用菌产品产量信息、价格信息以及预测走向等，强化信息引导生产功能和沟通产销衔接功能，实现菇农增产增收。

ལེའུ་དང་པོ། བཟའ་བྱའི་ཤ་མོའི་རིགས་དང་འདེབས་འཛུགས་སྲིག་ཆས།

ཚན་པ་དང་པོ། བཟའ་བྱའི་ཤ་མོའི་རིགས།

གཅིག རྒྱུན་ལྡན་གྱི་ཤ་མོའི་རིགས།

རྒྱུན་ལྡན་གྱི་བཟའ་བྱའི་ཤ་མོའི་རིགས་ལ་སོན་གཉིས་ཤ་མོ་དང་། གསེར་ཁབ་ཤ་མོ། ལེབ་ཤྭ་སོགས་ཡོད། སོན་གཉིས་ཤ་མོ་དང་གསེར་ཁབ་ཤ་མོ། ལེབ་ཤྭ་སོགས་ནི་འདེབས་འཛུགས་རྒྱ་ཁྱོན་ཙུང་ཆེ་བའི་འཛམ་གླིང་རང་བཞིན་གྱི་བཟའ་བྱའི་ཤ་མོའི་རིགས་ཤིག་ཡིན། མཚོ་བོད་མཐོ་སྒང་ས་ཁུལ་བཟའ་བྱའི་ཤ་མོའི་སྲིག་ཆས་འདེབས་འཛུགས་བྱེད་པའི་རིགས་གཙོ་བོ་ཞིག་ཀྱང་ཡིན།

གསེར་ཁབ་ཤ་མོ། འདི་ལ་དགུན་གྱི་ཤ་མོ་དང་མའོ་པིན་ཅིན་ཆན་ཤ་མོའང་ཟེར། རང་རྒྱལ་ནས་ཆེས་ཐོག་མར་མིའི་ཐབས་ཀྱིས་འདེབས་འཛུགས་བྱས་པའི་ཤ་མོའི་གྲས་ཤིག་ཡིན་པ་དང་། ལོ་ངོ1500ལྷག་གི་འདེབས་འཛུགས་ལོ་རྒྱུས་ཡོད། བྲོ་བ་ཞིམ་ལ་འཇམ་ཞིང་མཉེན་པ་དང་། འཚོ་བཅུད་ཏ་ཙང་ཕུན་སུམ་ཚོགས་པ་ཡིན། ཚད་འཇལ་བྱས་པ་ལྟར་ན། གསེར་ཁབ་ཤ་མོ་ཁེ100རེའི་ནང་དུ་སྤྲི་དཀར་རྫས13.49%འདུས་པས། བཟའ་བྱའི་ཤ་མོའི་རིགས་ཀུན་ལས་མཐོ་བ་ཡིན། དེ་མིན་གསེར་ཁབ་ཤ་མོའི་མ་རྒྱུ་སེར་པོར་ད་དུང་འཕྲས་སྐྲན་འགོག་པ་དང་། ཁྲག་ཚིལ་གཙོག་པ། མཆིན་པ་སྲུང་བ་སོགས་ཟས་བཅོས་ཀྱི་ནུས་པ་ལྡན་པས། རྒྱལ་སྤྱིའི་ཐོག་ཏུ"རིམ་འདས་བདེ་སྲུང་བཟའ་བཅའ"ཞེས་འབོད་པ་དང་

མི་རྣམས་ཀྱིས་དགའ་བསུ་འཐོབ་བཞིན་ཡོད།

ཞིབ་ཤྭ། འདི་ལ་རྟའི་ཕིང་ཚེ་ཨེར་ཤ་མོའམ་པའི་རྟའི་ཕིང་ཚེ་ཨེར་ཤ་མོ་ཟེར། ཉེ་བའི་ལོ་ཤས་རིང་ལ་རྒྱལ་སྤྱིའི་ཚོང་རའི་སྟེང་གསར་ཐོན་བྱུང་བའི་འཚོ་བཅུད་རིན་ཐང་ཏ་ཅང་མཐོ་བའི་རྩ་ཆེའི་བཟའ་བྱའི་ཤ་མོ་ཞིག་ཡིན། ཞིབ་ཤྭའི་ཤ་རྒྱུ་མཉེན་པོ་ཡིན་པ་དང་ཚོ་སྣའི་འདུས་ཚད་ཅུང་ལ། བྲོ་བ་ཏ་ཅང་ཞིམ། ཞིབ་ཤྭའི་འཚོ་བཅུད་ཕུན་སུམ་ཚོགས་པར་མ་ཟད། བྲོ་བ་ཞིམ་པས་འཇོད་སྤྱོད་པའི་དགའ་བསུ་ཆེན་པོ་འཐོབ་བཞིན་ཡོད་ཅིང་། ཚད་འཇལ་བྱས་པ་ལྟར་ན། ཀ་ར་དང་ཤིང་རྒྱུ། ཤིང་འབྲས། ཚོ་སྣའི་རྒྱུ། གཏེར་རྒྱུའི་གཞི་རྒྱུ་བཅས་ཀྱི་འདུས་ཚད་ཅུང་མཐོ་བ་དང་། དེའི་སྤྲི་དཀར་འདུས་ཚད་ཤ་རིགས་དང་ཉེ་ཞིང་སྤྱིར་བཏང་གི་སྟོ་ཚལ་ལས་ལྷག36མཐོ་བ་དང་། ཞིབ་ཤྭར་རིགས17ཡན་གྱི་ཨན་ཙི་སོན་འདུས་ཡོད།

ཞིབ་ཤ་ལ་རྡུལ་སྐྱེས་ཀྱི་ནུས་པ་ཆེན་པོ་ལྡན་པ་དང་། གྲོ་རྩ་དང་སྲིང་བལ་གྱི་ཕྱི་ཤུན་སོགས་ལོ་ཏོག་གི་སོག་མའི་སྟེང་དུ་སྐྱེ་ཐུབ་པས་མིའི་ཐབས་ཀྱིས་འདེབས་འཛུགས་བྱེད་སླའོ།།

གཉིས། རྩ་ཆེ་དང་དཀོན་པའི་ཤ་མོའི་རིགས།

རྩ་ཆེ་དང་དཀོན་པའི་ཤ་མོའི་རིགས་ཀྱི་ཁོངས་སུ་པའེ་ལིང་ཤ་མོ་དང་། ཞིང་པའོ་ཤ་མོ། ཀྲེན་ཙི་ཤ་མོ། ཧྭ་ཀུའུ་ཤ་མོ། བྱ་སུག་ཤ་མོ། དྲི་ཞིམ་ཤ་མོ། ཏ་ཆིའུ་ཀའི་ཤ་མོ། དབྱང་ཏུའུ་ཤ་མོ། ཐལ་མདོག་མེ་ཏོག་སོགས་ཡོད།

ཀྲེན་ཙི་ཤ་མོ། འདི་ལ་ཡུས་ཐའོ་ཤ་མོའམ་སྡིག་སྲིན་དྲི་ལྡན་ཤ་མོའང་ཟེར། འདིའི་བྲོ་བ་ཞིམ་པ་དང་ཤ་མཐུག་པ། རོ་མངར་བར་མ་ཟད། ད་དུང་ཐུན་མོང་མ་ཡིན་པའི་སྡིག་སྲིན་གྱི་དྲི་ཞིམ་ལྡན། ཤ་མོ་འདིའི་སྤྲི་དཀར་རྫས་རྒྱུ་ཁྲོད་དུ་ཨན་ཙི་སོན་གྱི་རིགས་ཆ་ཚང་འདུས། དེའི་ནང་དུ་མིའི་ལུས་ཁམས་ལ་མཁོ་བའི་ཨན་ཙི་སོན་རིགས8འདུས་པ་དང་། མངར་ཆའི་རིགས་མང་པོ་འདུས། དེར་སྨན་གྱི་རིན་ཐང་ངེས་ཅན་ཞིག་ཡོད་ལ། འདིའི་སྐྱེ་ལྡན་ཞུ་རྫས་འདོན་ལེན་རྒྱུ་ཆས་མི་ལུས་ཀྱི་རང་དབང་གི་རྒྱུ་རྫས་གཙང་

སེལ་བྱེད་པར་ནུས་པ་ལྡན།

ཧྭ་ཀུའུ་ཤ་མོ། མིང་གཞན་ལ་ཧྭ་ཅིའོ་ཀུའུ་ཤ་མོའམ་མུ་ཧིག་ཤ་མོ་ཟེར། འདི་ནི་དྲོད་ཚད་དམའ་མོའི་ཁོར་ཡུག་ནང་དུ་སྐྱེས་པའི་ཤ་མོའི་དཔེ་མཚོན་ཡིན། གསར་དུ་སྐྱེ་དུས་དྲོད་ཚད་ཅུང་དམའ་དགོས་པས། རང་རྒྱལ་བྱང་ཕྱོགས་ཀྱི་ཅུང་གྲང་ངར་ཆེ་བའི་ས་ཁུལ་དུ་འདེབས་འཛུགས་བྱེད་པར་འཚམ། ཧྭ་ཀུའུ་ཤ་མོ་ནི་ཤིང་ཏུལ་ཤ་མོའི་རིགས་ཡིན་པ་དང་། འདི་ནི་མིག་སྔར་རྒྱལ་ནང་དུ་མིའི་ཐབས་ལ་བརྟེན་ནས་བཟའ་བྱའི་ཤ་མོར་འདེབས་འཛུགས་བྱེད་པའི་རིགས་ཤིག་ཡིན། ཧྭ་ཀུའི་ཕྲ་ཕུང་ཚོམ་བུར་སྐྱེ་ཞིང་། ཧྭ་ཀུའུ་ཤ་མོའི་ཕྱི་ངོས་སུ་འབྱར་བག་ཅན་གྱི་སྤྱིན་རྫས་རིམ་པ་ཞིག་ཡོད་པ་དང་། དཀྱིལ་རིམ་དམར་ནག་ཡིན། ཁྲབ་མེད་པ་དང་སྦྲ་བ་ཞིམ་པ། འཚོ་བཅུད་ཕུན་སུམ་ཚོགས་པ། ཀའི་དང་ཙིན། ལྕགས། ན་དང་འཚོ་བཅུད་B1དང་འཚོ་བཅུད་B2སོགས་འདུས་ཡོད། ཕུན་སུམ་ཚོགས་པའི་མངར་ཆ་མང་པོ་འདུས་ཡོད་པས་ལུས་ཁམས་ཀྱི་རིམས་འགོག་ནུས་པ་ཇེ་མཐོར་གཏོང་ཐུབ། མིའི་ཐབས་ལ་བརྟེན་ནས་ཧྭ་ཀུའུ་ཤ་མོ་འདེབས་འཛུགས་བྱེད་དུས། ཤིང་ཕྱེ་དང་། སོག་མ། སྤྲིང་བལ། གྲོ་ཤུན་སོགས་ཤིང་རྒྱུ་དང་ཚི་སྣའི་རྒྱུ། སྤྲི་དཀར་ཕྱེད་ཀྱི་ཞིང་ལོར་ཐོན་རྫས་ནི་མིའི་ཐབས་ལ་བརྟེན་ནས་འདེབས་འཛུགས་བྱེད་པའི་གསོ་སྐྱོང་རྒྱུ་ཆ་ཡིན། ཧྭ་ཀུའུ་ཤ་མོ་ནི་དྲོད་ཚད་དམའ་བའི་རིགས་ཀྱི་བཟའ་བྱའི་ཤ་མོའི་རིགས་ཡིན་པ་དང་། ཤ་མོའི་སྐྱེ་འཚར་གྱི་དྲོད་ཚད་འཚམ་ཤོས་ནི20~25℃ཡིན། ཤ་མོ་གསར་བྱུང་གི་འཕྲོད་འཚམ་དྲོད་ཚད་ནི་སྤྱིར་བཏང་དུ5~20℃ཡིན།

བྱ་སྲུག་ཤ་མོ། མིང་གཞན་ལ་མོ་ཐུའོ་ཀུའི་སན་ཤ་མོ་ཟེར། འདི་ནི་རང་རྒྱལ་བྱང་ཕྱོགས་ཀྱི་དཔྱིད་མཇུག་དང་དབྱར་སྟོན་གྱི་ཆར་བའི་རྗེས་སུ་སྐྱེས་པའི་རི་སྐྱེས་ཤ་མོའི་རིགས་ཤིག་ཡིན། འདིའི་ཤ་མཉེན་ཞིང་སྦྲ་བ་ཞིམ། ཁ་དོག་བཟང་ཞིང་དྲི་ཞིམ་འཐུལ་ཡང་སྨིན་དུས་ཤ་མོའི་གཉེར་མ་ནག་པོར་འགྱུར་སླ། མཐའ་མཚམས་གཤེར་འགྱུར་དང་སོ་ཉར་དུས་ཡུན་ཧ་ཅང་ཐུང་། བྱ་སྲུག་ཤ་མོའི་འཚོ་བཅུད་རིན་ཐང་མཐོ་བ་དང་། ཤ་མོ་ཁེ100རེའི་ནང་དུ་སྤྲི་དཀར་སྦྲམ་པོ་ཁེ25.4དང་། ཞག་ཚིལ་ཁེ3.3 སྤྱིའི་མངར་ཆ་ཁེ58.8བཅས་འདུས

ཡོད། བྱ་སྲུག་ཤ་མོ་ལ་ད་དུང་ཨན་ཅི་སོན་རིགས20(མི་ལུས་ལ་མཁོ་བའི་ཨན་ཅི་སོན་རིགས8འདུས)ཡོད་པ་དང་། དེ་ལ་སྨན་རྫས་ཀྱི་རིན་ཐང་ངེས་ཅན་ལྡན། བྱ་སྲུག་ཤ་མོའི་རང་བཞིན་སྙོམས་ལ་རོ་མངར་བ། གཞང་འབྲུམ་སྨན་བཅོས་དང་ཁྲག་རྟུགས། ཁྲག་ཚོལ་ཐེ་དམའ་རུ་གཏོང་བར་ཕན་ནུས་མངོན་གསལ་ལྡན།

བྱ་སྲུག་ཤ་མོ་ནི་འཕྲོད་ནུས་ཧ་ཅང་ཆེ་བའི་ས་སྐྱེས་རྩྭ་རུལ་ཤ་མོ་ཞིག་ཡིན་པས། འདེབས་འཛུགས་རྒྱུ་ཆའི་འབྱུང་ཁུངས་རྒྱ་ཆེ་ཞིང་། མ་རྩ་དམའ་བ་དང་འདེབས་འཛུགས་བྱེད་སྟངས་སྣ་མང་ཡིན། ཁང་བའི་ནང་དང་ཕྱི་རོལ་ཚང་མར་འདེབས་འཛུགས་བྱས་ཆོག བཙོས་མ་དང་རྗེན་མ་འདེབས་འཛུགས་བྱས་ཆོག་ལ། རྣང་མར་འཛུགས་པ་དང་འཁྱིག་ཁུག་ནང་དུ་ཀྱང་འདེབས་བྱས་ཀྱང་ཆོག ལེབ་ཤྭ་དང་གསེར་ཁབ་ཤ་མོ། པའི་ལིང་ཤ་མོ་སོགས་བཟའ་བྱའི་ཤ་མོ་སྣ་ཚོགས་ཀྱི་བེད་མེད་རྒྱུ་ཆ་བེད་སྤྱད་ནས་བྱ་སྲུག་ཤ་མོ་འདེབས་འཛུགས་བྱས་ཀྱང་ཆོག་པས། དཔལ་འབྱོར་དང་སྤྱི་ཚོགས། སྐྱེ་ཁམས་བཅས་ཀྱི་ཕན་འབྲས་ཅུང་ལེགས་པོ་ཐོབ་ཐུབ་པར་མ་ཟད། འཕེལ་རྒྱས་ཀྱི་མདུན་ལྗོངས་ཀྱང་རྒྱ་ཆེན་པོ་ཡོད།

དྲི་ཞིམ་ཤ་མོ། དྲི་ཞིམ་ཤ་མོའི་ཕྲ་ཕུང་ནི་འཚོ་བཅུད་ཕུན་སུམ་ཚོགས་པ་དང་དྲི་ཞིམ་འཐུལ་ཞིང་། ཐོ་བ་ཞིམ་པ། "ཤ་མོའི་ནང་གི་རྒྱལ་པོ"དང"ཤ་མོའི་རྒྱལ་མོ" "སྟོ་ཚལ་གྱི་ཅོད་པན"ཞེས་པའི་མཚན་སྙན་ཡོད། དྲི་ཞིམ་ཤ་མོ་ནི་ཤིང་རུལ་རིགས་ཀྱི་སྨར་སྲིན་ཡིན་པ་དང་། དྲོད་ཚད་དམའ་བ་དང་དྲོད་འགྱུར་རང་བཞིན་གྱི་ཤ་མོའི་རིགས་ཡིན། སྦུ་གུ་སྐྱེ་འཚར་དུས་སྐབས་ཀྱི་ཆེས་འཚམ་པའི་དྲོད་ཚད་ནི22~26℃ཡིན། སྲིན་སྐུད་སྐྱེས་པར་འཚམ་པའི་དྲོད་ཚད་ནི5~32℃ཡིན། 24~26℃འཚམ་ཤོས་ཡིན་ལ། 5℃ལས་དམའ་བ་དང32℃ལས་མཐོ་ན་སྲིན་སྐུད་སྐྱེས་མཚམས་འཇོག་པ་ཡིན། ཤ་མོའི་ཕྲ་ཕུང་སྐྱེ་འཚར་གྱི་དྲོད་ཚད་ནི5~25℃ཡིན་པ་དང་། 15℃ཡས་མས་ནི་ཤ་མོའི་སྦུ་གུ་འབུས་པར་ཆེས་འཚམ་པ་ཡིན། རྒྱུན་དུ་དྲི་ཞིམ་ཤ་མོ་ཟོས་ན་ཁྲག་ཤེད་ཐེ་དམའ་རུ་གཏོང་བ་དང་མཁྲིས་རྒྱུ་གཤེར་རྩི་ཐེ་དམའ་རུ་གཏོང་བ། ཁྲག་ཚོལ་ཐེ་དམའ་རུ་གཏོང་བ་བཅས་

ཀྱི་ནུས་པ་ཐོན་ཐུབ། འཕར་ཙ་སྲ་འགྱུར་དང་མཆིན་པ་སྲ་འགྱུར་སོགས་ཀྱི་ནད་རིགས་
སྔོན་འགོག་བྱེད་ཐུབ་པར་མ་ཟད། ད་དུང་མིའི་ལུས་ཕུང་གི་རིམས་ཐར་ནུས་པ་ཇེ་མཐོར་
གཏོང་ཐུབ། དྲི་ཞིམ་ཤ་མོའི་འབྲས་སྨན་འགོག་བཅོས་བྱེད་པའི་ཁྱབ་ཁོངས་རྒྱ་ཆེ་བས་
ནད་ཐོག་གསོ་བཅོས་བྱེད་པར་ཡང་བཀོལ་སྤྱོད་བྱེད་བཞིན་ཡོད། དྲི་ཞིམ་ཤ་མོའི་ནང་
དུ་འཚོ་བཅུད་དང་གཏེར་རྒྱུ་མང་པོ་འདུས་ཡོད་ཅིང་། མི་ལུས་ཀྱི་རྙིང་འདོར་གསར་ལེན་
ལ་སྐུལ་འདེད་དང་། ལུས་ཁམས་འཕྲོད་ཤུགས་ཇེ་མཐོར་གཏོང་བར་ནུས་པ་ཆེན་པོ་ལྡན།

ཧ་ཆིའུ་ཀཱའི་ཤ་མོ། མིང་གཞན་ལ་ཀྲོའུ་ཧོའི་ཆིའུ་ཀཱའི་ཀུའུ་ཤ་མོ་དང་ཅིའུ་ཧོང་
སིག་ཆིའུ་ཀཱའི་ཀུའུ་ཤ་མོ་ཟེར། འདིའི་ཤ་མོའི་མདོག་མཛེས་པ་དང་། ཤ་རྒྱུ་འཇམ་མཉེན་
ཆེ་ཞིང་ཡུ་བ་སླི་མོ་ཡིན་ལ། འཚོ་བཅུད་ཕུན་སུམ་ཚོགས་པ། བྲོ་བ་ཞིམ་པའི་རང་བཞིན་
ལྡན་པ་དང་། ཤ་མོ་སྐམ་པོ་ལ་དྲི་ཞིམ་འཕྲུལ་བ་སོགས་ཀྱི་ཁྱད་ཆོས་དང་དགེ་མཚན་
ལྡན་པས་འཛད་སྤྱོད་པས་དགའ་བསུ་ཆེན་པོ་འཐོབ་བཞིན་ཡོད། ཧ་ཆིའུ་ཀཱའི་ཤ་མོར་
སྤྲི་དཀར་དང་གཏེར་རྫས། འཚོ་བཅུད། ཨན་ཅི་སོན་སོགས་འདུས་ཡོད་ཅིང་། ད་དུང་
ཅུང་མཐོ་བའི་སྨན་སྤྱོད་རིན་ཐང་ཡོད་པ་དང་ཧོག་དབྱིབས་སྙིང་ནད་སྔོན་འགོག འཇུ་
བར་ཕན་པ་སོགས་ཀྱི་ཕན་ནུས་ཡོད། དེའི་ཕྱིར་ཧ་ཆིའུ་ཀཱའི་ཤ་མོ་ནི་འཚོ་བཅུད་ཀྱི་རིན་
ཐང་ཧ་ཅང་མཐོ་བའི་ཟས་སྤྱོད་ཤ་མོའི་རིགས་ཤིག་ཡིན།

དབྱང་སྔུའུ་ཤ་མོ། འདི་ལ་ཀུའུ་ཀྲོང་ཐན་ཐེའུ་ཤ་མོའང་ཟེར། དཔེ་མཚོན་རང་
བཞིན་གྱི་ཤིང་རྩལ་ཤ་མོ་ཡིན། དབྱང་སྔུའུ་ཤ་མོ་ནི་དྲོད་འབྲིང་ཅན་གྱི་ཤ་མོའི་རིགས་
ཡིན། ཤ་མོ་ཕྲ་ཕུང་སྐྱེ་འཚར་གྱི་ཆེས་འཚམ་པའི་དྲོད་ཚད25~27℃དང་། ཕྲ་ཕུང་སྐྱེ་འཚར་
གྱི་འཕྲོད་འཚམ་དྲོད་ཚད18~22℃ཡིན། དབྱང་སྔུའུ་ཤ་མོར་ཨན་ཅི་སོན་རིགས18དང་།
འཚོ་བཅུད་སྣ་མང་དང་གཏེར་རྒྱུ་གཞི་རྒྱུ་སོགས་འདུས་པར་མ་ཟད། སྨན་རྫས་ཀྱི་རིན་
ཐང་ངེས་ཅན་ལྡན་པ་ཡིན། དབྱང་སྔུའུ་ཤ་མོའི་འཚོ་བཅུད་ཕུན་སུམ་ཚོགས་པ་དང་བྲོ་
བ་ཞིམ་པོ་ཡིན་ཞིང་། ཡུ་བ་སླི་མོ་དང་དྲི་ཞིམ་འཕྲུལ་བ། བྲོ་བ་ཧ་ཅང་བཟང་བ་བཅས་
ཀྱི་ཁྱད་ཆོས་དང་དགེ་མཚན་ལྡན་པས་ཚོང་རའི་སྟེང་དུ་འཛད་སྤྱོད་པས་དགའ་བསུ་ཧ

ཅང་ཆེན་མོ་འཐོབ་བཞིན་ཡོད་ཅིང་། འདི་ནི་མིག་སྔར་གསར་སྤེལ་གྱི་ཕན་འབྲས་དང་ཐོན་སྐྱེད་ཀྱི་མདུན་ལྗོངས་ཡངས་པའི་ཤ་མོའི་གྲས་ཤིག་ཡིན།

ཏའེ་ཧྲོ་ཏྲ། མིང་གཞན་ལ་པེ་ཡེ་ཧོ་ཁྲུང་ཅུན་ཤ་མོ་དང་ལེ་ཅི་མོ་ཤ་མོ་སོགས་ཟེར། འདིའི་འཚོ་བཅུད་རིན་ཐང་ཏ་ཅང་མཐོ་བ་དང་བཟའ་བྱའི་ཤ་མོའི་ནང་གི་གནས་གོང་མཐོ་བའི་རིགས་ཤིག་ཡིན། ཏའེ་ཧྲོ་ཏྲའི་ཕྲ་ཕུང་གི་གཟུགས་ནི་མེ་ཏོག་བཞད་པའི་པད་མ་དང་འདྲ། ཆུང་གཡབ་དབྱིབས་ཀྱི་ཤ་མོ་རིམ་བརྩེགས་མང་ཞིང་མཉེན་པའི་ཕྲ་ཕུང་སྙིང་དུ་དྲི་ཞིམ་འཕྱུལ་བ་དང་བྲོ་བ་ཞིམ་པའོ།།

ཚན་པ་གཉིས་པ། བཟའ་བྱའི་ཤ་མོའི་འདེབས་འཛུགས་ཀྱི་རྒྱུན་སྤྱོད་ཐ་སྙད།

བཟའ་བྱའི་ཤ་མོ། ཟོས་ཆོག་པའི་ཤ་མོ་ལ་ཟེར། དཔེར་ན་སོན་གཉིས་ཤ་མོ་དང་། དྲི་ཞིམ་ཤ་མོ། བྱ་སྲུག་ཤ་མོ། སྤང་སྐྱེས་ཤ་མོ། ལེབ་ཤྭ། གསེར་ཁབ་ཤ་མོ་སོགས་སོ།།

འདེབས་འཛུགས། མིའི་ཐབས་ལ་བརྟེན་ནས་བཟའ་བྱའི་ཤ་མོའི་ཕྲ་ཕུང་གསོ་སྐྱོང་བྱེད་པའི་གོ་རིམ།

གསོ་སྐྱོང་རྒྱུ་ཆ། ཞིང་ལས་ལོ་ཏོག་སྔ་ཚོགས་ཀྱི་སོག་མ་དང་། ཤིང་བལ་གྱི་ཤུན་པ་དང་། སྒོ་ཕྱུགས་དང་ཁྱིམ་བྱའི་བྲུན་པ། ཟུར་སྦྱོར་རྒྱུ་ཆ་གཞན་དག་བཅས་བསྡུར་ཚད་ངེས་ཅན་ལྟར་སྡེབ་སྦྱོར་བྱས་པའི་བཟའ་བྱའི་ཤ་མོ་སྣ་ཚོགས་འདེབས་འཛུགས་བྱེད་པར་སྤྱོད་པའི་མཉམ་བསྲེས་རྒྱུ་ཆ་ཞིག་ཡིན།

རྒྱུ་ཆ་རྗེན་པའི་འདེབས་འཛུགས། འདེབས་འཛུགས་བྱེད་དུས་སྡེབ་སྦྱོར་ལ་གཞིགས་ནས་མ་བཙོས་རྒྱུ་ཆ་རྣམས་བསྡུར་ཚད་ལྟར་སྡེབ་སྒྲིག་བྱས་ཏེ་ཆུ་བླུགས་ནས་སློམས་པོར་བསྲེས་རྗེས། ཐད་ཀར་ཚྭ་འདེབས་དང་འདེབས་འཛུགས་བྱེད་པའི་ཤ་མོ་གསོ་སྐྱོང་རྒྱུ་ཆ་ཡིན། སྐྱེ་འཚར་མགྱོགས་པའི་ཤ་མོའི་ས་བོན་བཀོལ་ཆོག དཔེར་ན་ལེབ་ཤྭ་དང་བྱ

སུག་ཤ་མོ་སོགས་ཡིན། སྐྱེ་དངོས་འདེབས་འཛུགས་རྒྱུ་ཆའི་བཟའ་བྱའི་ཤ་མོའི་མ་གནས་དམའ་བ་དང་ཐོན་སྐྱེད་ལས་རིམ་སྟབས་བདེ་ཡིན།

རྒྱུ་ཆ་སྨིན་མའི་འདེབས་འཛུགས། འདེབས་འཛུགས་བྱེད་སྐབས་མ་བཙོས་རྒྱུ་ཆ་རྣམས་བསྟུར་ཚད་ལྟར་སྲེབ་སྦྲིག་བྱེད་པར་མ་ཟད་ཚ་རླུགས་ནས་སློམས་པོར་བསྲེ་དགོས། སྔོན་ལ་ཁུག་མའི་ནང་དུ་བཅུག་ནས་འབུ་སྲ་གསོད་དགོས། དེ་རྗེས་རྨོ་འདེབས་བྱེད་པའི་གསོ་སྐྱོང་རྒྱུ་ཆ་བཀོལ་སྤྱོད་བྱེད་པ་ཡིན། བཟའ་བྱའི་ཤ་མོ་ཐོན་སྐྱེད་བྱེད་སྐབས། བཟའ་བྱའི་ཤ་མོའི་རིགས་ནི་ཤ་མོ་སྐྱེས་པའི་སྦྱུར་ཚད་དལ་བ་དང་། ཤ་སྐྱུད་ལྷོས་བཅས་ཀྱི་ཞན་པ། ཤ་མོ་ཉ་ཉོག་འགོས་སླ་བ་སོགས་ཡིན་པས། རྒྱུ་ཆ་རྗེན་པའི་སྐྱེ་འཚར་ཁོར་ཡུག་ལ་འཕྲོད་དཀའ། དེའི་ཕྱིར་སྤྱིར་བཏང་དུ་རྒྱུ་ཆ་སྨིན་མས་འདེབས་འཛུགས་བྱས་པའི་བཟའ་བྱའི་ཤ་མོའི་རིགས་ཅུང་མང་བ་སྟེ། དཔེར་ན་གསེར་ཁབ་ཤ་མོ་དང་། སྤྲེལ་མགོའི་ཤ་མོ། དྲི་ཞིམ་ཤ་མོ། པའེ་ལིང་ཤ་མོ། ཞིང་པའོ་ཤ་མོ། ཧའི་ཧྲོ་ཧྭ་ཤ་མོ་སོགས་ཚང་མ་རིགས་འདིའི་ཁོངས་སུ་གཏོགས། རྒྱུ་ཆ་སྨིན་མ་འདེབས་འཛུགས་བྱེད་པའི་ཐོན་སྐྱེད་ཀྱི་གོ་རིམ་ལྷོས་བཅས་ཀྱིས་རྙོག་འཛིང་ཆེ་བ་དང་། མ་གནས་མཐོ་བར་མ་ཟད། ཤ་མོ་སྐྱེ་འཚར་གྱི་ཚད་གཞི་ནི་རྒྱུ་ཆ་རྗེན་མ་འདེབས་འཛུགས་ལས་ལྷོས་བཅས་ཀྱི་མཐོ་བ་ཡིན།

སྐྱུར་བསྙལ་རྒྱུ་ཆའི་འདེབས་འཛུགས། འདི་ནི་རྒྱུ་ཆ་རྗེན་པ་དང་རྒྱུ་ཆ་སྨིན་མ་བར་གྱི་གསོ་སྐྱོང་རྒྱུ་ཆ་ཐག་གཅོད་བྱེད་ཐབས་ཤིག་ཡིན། ཐོག་མའི་རིམ་འདེགས་རྒྱུ་ཆའི་བསྟུར་ཚད་ལྟར་སྲེབ་སྦྲིག་བྱས་ཏེ་ཚ་རླུགས་ནས་སློམས་པོར་བསྲེས་རྗེས། བསྙལ་ནས་དུས་ཚོད་ངེས་ཅན་ཞིག་དང་བསྙལ་བའི་དྲོད་ཚད་ཀྱི་ནུས་པ་བརྒྱུད་དེ། རྒྱུ་ཆ་ནང་ཁུལ་གྱི་གྲུབ་ཆ་ལ་རྫས་འགྱུར་གྱི་འགྱུར་ལྡོག་ཁ་ཤས་འབྱུང་དུ་འཇུག་དགོས། དེའི་འཚོ་བཅུད་ཀྱང་ཕན་ནུས་ལྡན་པའི་སྒོ་ནས་བརྗེ་ཐུབ་པས། ས་བོན་བཏབ་རྗེས་ཀྱི་ཤ་མོའི་ཤ་སྐྱུད་སྐྱེས་པ་དང་རྩ་སྦྱོས་རྒྱག་པར་ཕན་པ་ཡོད། གསོ་སྐྱོང་རྒྱུ་ཆ་འདིའི་རིགས་ལ་སྐྱུར་བསྙལ་རྒྱུ་རྫས་ཟེར། བསྙལ་ནས་ཐག་གཅོད་བྱེད་པའི་དུས་ཚོད་ནི་དུས་ཚིགས་ཀྱི་དབང་གིས་གཏན་འཁེལ་བྱེད་པ་ཡིན། སྤྱིར་བཏང་དུ་ཉིན3~10ཡིན་མོད། འོན་ཀྱང་རིགས་ཁ་

ཤས་ལ་ཉིན20ཡས་མས་དགོས་པ་དང་། ཐ་ན་དེ་ལས་རིང་བའང་ཡོད། སྐྱུར་བསྐལ་གསོ་སྐྱོང་རྒྱུ་ཆའི་ཁྱད་ཆོས་ཆེ་ཤོས་ནི་སྐྱུར་བསྐལ་བརྒྱུད་རིམ་ཁྲོད་ནས། རྒྱུ་ཆའི་ནང་དུ་སྐྱེ་དངོས་ཕྲ་མོ་ཁ་ཤས་སྐྱེས་ཡོད་པ་དང་། གསོ་སྐྱོང་རྒྱུ་ཆའི་འཚོ་བཅུད་ལ་འགྱུར་ལྡོག་འབྱུང་ཞིང་། བཟའ་བྱའི་ཤ་མོའི་ཤ་སྐྱུད་ཀྱིས་མགྱོགས་མྱུར་དང་སྡུད་ལེན་དང་བེད་སྤྱོད་བྱས་ཆོག འོན་ཀྱང་བསྐལ་བའི་གོ་རིམ་ཁྲོད་འཚོ་བཅུད་མི་ཤོར་བའི་ཆེད་དུ་བསྐལ་བའི་དུས་ཚོད་ལ་ཚོད་འཛིན་ནན་མོ་བྱེད་དགོས།

སྤུང་རྒྱུ། འདེབས་འཛུགས་བྱེད་པའི་བཟའ་བྱའི་གསོ་སྐྱོང་རྒྱུ་ཆའི་རྣམས་དགོས་ངེས་ཀྱི་ཚད་གཞི་དང་དུས་ཚོད་ལྟར་དུ་སྤུངས་ནས་བསྐལ་བཟོ་བྱེད་པའི་བརྒྱུད་རིམ་ཞིག་ཡིན།

བསྐལ་བ། གསོ་སྐྱོང་རྒྱུ་ཆ་རྣམས་ཁང་བའི་ཕྱི་རོལ་གྱི་སྤུངས་བཟོ་དང་རང་བྱུང་དུ་བསྐལ་བའི་གོ་རིམ་ཡིན། གསོ་སྐྱོང་རྒྱུ་ཆ་སྐྱེ་དངོས་ཕྲ་རབ་ཀྱི་ནུས་པའི་འོག་ཏུ། རྒྱུ་ཆ་རང་སྙིང་གི་སྐྱེ་ལྡན་རྫས་ཀྱི་དབྱེ་ཐྲལ་ཉུལ་བསླད་དང་མཉམ་དུ་ཚ་ཚད་འབྱུང་བའི་བརྒྱུད་རིམ་ཞིག་ཡིན།

སྤུང་གསོག གསོ་སྐྱོང་རྒྱུ་ཆ་བསྐལ་བའི་སྐབས་སུ། ཆུ་དང་དྲོད་ཚད། དབུགས་རྒྱུ་བཅས་སྙོམ་སྒྲིག་བྱེད་པ་དང་བསྐལ་བའི་དམིགས་ཡུལ་དུ་སླེབས་པའི་ཆེད་དུ་ཆོས་ཉིད་ལྡན་པའི་སྒོ་ནས་ས་གནས་བརྗེ་རེས་བྱེད་པའི་བརྒྱུད་རིམ་ཞིག་ཡིན།

རྒྱུ་ཆ་འདྲེན་པ། གསོ་སྐྱོང་རྒྱུ་ཆ་བསྐལ་རྗེས་འདེབས་འཛུགས་སྤྱིལ་བུའི་ནང་དུ་སྐྱེལ་བའི་གོ་རིམ་ཡིན།

རྩ་འདེབས་བྱེད་པ། བཟའ་བྱའི་ཤ་མོའི་རིགས་གསོ་སྐྱོང་བྱེད་པ་ནི་བྱེད་སྟངས་མི་འདྲ་བ་དང་ཚད་གཞི་མི་འདྲ་བའི་ཐོག་ནས་སྦྱོར་བཟོ་བྱས་ཟིན་པའི་གསོ་སྐྱོང་རྒྱུ་ཆའི་བརྒྱུད་རིམ་ཁྲོད་དུ་འདེབས་འཛུགས་བྱེད་དགོས།

ས་འགེབས་པ། ས་བཀབ་ན་ཤ་མོའི་ཐོན་སྐྱེད་ཁྲོད་དུ་དྲོད་སྲུང་དང་རླན་སྲུང་བྱེད་ཐུབ། ཤ་མོ་འབྱུང་བར་སྐུལ་འདེད་དང་གཏན་འཇགས་འབྱུང་བའི་ནུས་པ་ལྡན།

ས་བཀབ་ནས་དུག་སེལ་བྱེད་པ། རྫས་འགྱུར་སྨན་རྫས་སམ་ཡང་ན་བྱེད་ཐབས་

གཞན་སྲུད་དེ་བཟའ་བྱའི་ཤ་མོའི་ས་འགེབས་རྒྱུ་ཆ་ཁྲོད་ཀྱི་ནད་རྒྱུ་ཤ་མོ་དང་གནོད་འབུ་གསོད་ཐབས་ཤིག་ཡིན།

ཤ་མོའི་ཕྲ་གཟུགས། བཟའ་བྱའི་ཤ་མོའི་ཕྲ་སྲུད་མང་པོ་མཉམ་དུ་འདུས་ན་ཕུང་པོར་གྲུབ་པ་དང་། ཤ་མོའི་མདོག་དཀར་པོའམ་སྐྱ་མདོག་ཡིན་ལ། བཟའ་བྱའི་ཤ་མོའི་འཚོ་བཅུད་ཀྱང་ཡིན།

ཕྲ་ཕུང་གི་ཤ་མོ། ཤ་མོའི་ཕྲ་གཟུགས་ནི་གསོ་སྐྱོང་རྒྱུ་ཆའི་ཁྲོད་ནས་དུས་ཡུན་རིངས་ཅན་ཞིག་ཏུ་སྐྱེས་ཤིང་། ས་བཀབ་ནས་དྲོད་ཚད་དང་རླན་ཚད། འོད་འཕྲོ། དབུགས་རྒྱུ་སོགས་ཁོར་ཡུག་གི་ཆ་རྐྱེན་འོས་འཚམ་ཞིག་སྐྲུན་དགོས། ང་ཚོས་རྒྱུན་དུ་བཤད་པའི་ཕྲ་ཕུང་གི་ཤ་མོ་འབྱུང་བ་དང་། ཕྲ་ཕུང་གི་ཤ་མོ་ནི་བཟའ་བྱའི་ཤ་མོ་ཡིན་ནོ།།

ཚན་པ་གསུམ་པ། བཟའ་བྱའི་ཤ་མོའི་འདེབས་འཛུགས་སྒྲིག་ཆས།

གཅིག ནུས་གྲོན་ཉི་འོད་དྲོད་ཁང་།

ནུས་གྲོན་ཉི་འོད་དྲོད་ཁང་ནི་མཚོ་བོད་མཐོ་སྒང་ས་ཁུལ་གྱི་སྔོ་ཚལ་དང་བཟའ་བྱའི་ཤ་མོ་ཐོན་སྐྱེད་བྱེད་པའི་སྒྲིག་བཀོད་གཙོ་བོའི་གྲས་ཤིག་ཡིན། དེའི་བཟོ་སྐྲུན་གྱི་མ་གནས་ཚུང་དམའ་བ་དང་། དྲོད་སྲུང་རླན་སྲུང་གི་ནུས་པ་བཟང་ཞིང་། ནུས་གྲོན་ཉི་འོད་དྲོད་ཁང་གི་བཀོད་པ་སྤྱིར་བཏང་དུ་བྱང་ནས་ལྷོ་ལ་ཁ་ཕྱོགས་པ་ཡིན། ཤར་ཕྱོགས་ལ་ཏུའུ5ཡོད་དགོས་པ་དང་ཤར་ནས་ནུབ་ཏུ་སྒྲིག་དགོས། དྲོད་ཁང་རེ་རེའི་སྦུ་གཞུག་ཏུ་སྒྲིབ་རྡོས་ཀྱི་བར་ཐག་ལ་སྨི8ཡོད་དགོས་ཤིང་། ནུས་གྲོན་ཉི་འོད་དྲོད་ཁང་འཛུགས་སྐྲུན་ལ་སོ་ཕག་གི་བཟོ་སྐྲུན་དང་ས་གྱང་གི་བཟོ་སྐྲུན་གཉིས་སུ་དབྱེ་ཆོག སོ་ཕག་གི་བཟོ་སྐྲུན་ནི་སྤྱིར་བཏང་གི་གྱང་རྡོས་སྨི1.2~4ཡིན། རྩིག་པའི་དཀྱིལ་ནི་དྲོད་སྲུང་བང་རིམ་ཡིན་པ་དང་། དྲོད་སྲུང་བང་རིམ་དུ་ཐབ་སྙིགས་སམ་དྲོད་སྲུང་རྒྱུ་ཆ་གཞན་དག་འཛོག་དགོས། ས་རྫོའི་གྱང་གི་བཟོ་སྐྲུན་ནི་ཤིང་ལེབ་ཀྱི་སྒྲོམ་ཞེང་ལ་སྨི1.5ཡོད་པའི་སྒྲོམ་གཞི་ཡིན། རྩིག་པའི་རྒྱང་

གཞིའི་ཞེང་ལ་སྨི1.5དང་རྩེ་མོའི་ཞེང་ལ་སྨི1.2ཡོད། བརྟན་གཤེར་ཆེ་བའི་ས་ཡིས་བཅག་གནོན་བྱེད་དགོས། ས་རྫོའི་གྱང་གི་གྲུབ་ཚུལ་ནི་རང་རྒྱལ་གྱི་ནུབ་བྱང་ས་ཁུལ་ནས་དམིགས་བསལ་དུ་ཡོད་པའི་ནུས་གྲོན་ཉེ་འོད་རྡོད་ཁང་གི་རིགས་ཤིག་ཡིན། རྡོད་སྲུང་དང་ཧྲན་སྲུང་གི་གཤིས་ནུས་བཟང་བ་དང་། སྦྱིལ་བུའི་ཕྱི་རོལ་གྱི་རིང་ཚད་ལ་སྨི35~60དང་ཞེང་ཚད་ལ་སྨི8~9ཡོད། མཐོ་ཚད་ལ་སྨི3~3.5ཡོད་པ་དང་། སྲོས་འཁྱིག་སྲབ་མོའི་སྟེང་དུ་ཉེ་འགོག་དྲ་བའམ་གྲོ་རྩྭའི་ཡོལ་བ་དང་གྲོ་རྩྭ་སོགས་ལོ་ཏོག་གི་སོག་མ་བཀབ་ནས་འོད་སྒྲིབ་པ་ཡིན། རྡོད་ཁང་གི་སྒོ་གཅིག་ཏུ་སྨི་གྲུ་བཞི་ལྷམ་པ12ཙམ་ཡོད་པའི་ཡོ་ཆས་འཛོག་སའི་ཁང་བ་ཞིག་དགོས་པ་དང་། སྨུག་ཆུ་གཏོར་ཆས་སོགས་བཟའ་བྱའི་ཤ་མོ་འདེབས་འཛུགས་ཡོ་བྱད་ལག་ཆ་འཛོག་པ་ཡིན། ནུས་གྲོན་ཉེ་འོད་རྡོད་ཁང་ནི་མཚོ་བོད་མཐོ་སྒང་ས་ཁུལ་གྱི་ཤ་མོ་འདེབས་འཛུགས་སྒྲིག་བཀོད་གཙོ་བོ་ཞིག་ཡིན།

གཉིས། སྲོས་འཁྱིག་རྡོད་ཁང་ཆེན་མོ།(གཞུ་དབྱིབས་སྦྱིལ་བུ)

སྲོས་འཁྱིག་རྡོད་ཁང་ཆེན་མོ་ནི་ཉེ་བའི་ལོ་ཤས་རིང་ལ་མཚོ་བོད་མཐོ་སྒང་ས་ཁུལ་གྱིས་སོན་གཉིས་ཤ་མོ་སོགས་འདེབས་འཛུགས་བྱེད་པའི་སྒྲིག་བཀོད་གཙོ་བོའི་གྲས་ཤིག་ཡིན། དེའི་ཁྱད་ཆོས་ནི་སྒྲིག་གཞི་སྟབས་བདེ་བ་དང་། མ་དངུལ་གཏོང་གྲངས་ཉུང་བ། ལྕགས་སྒྲོམ་དང་གྱང་གིས་སྒྲིལ་བ། སྲོས་འཁྱིག་རྡོད་ཁང་ཆེན་མོ་ལ་གདན་འཛུགས་དང་སྤོ་སྒྱུལ་རིགས་གཉིས་སུ་དབྱེ་ཡོད་པ་དང་། གདན་འཛུགས་རྡོད་ཁང་ཆེན་མོའི་སྒོ་གཉིས་སུ་སས་རྟུང་བའི་གྱང་ངམ་སོ་ཕག་གྱང་གིས་གདན་འཁེལ་བྱེད་བཞིན་ཡོད། སྤོ་སྒྱུལ་རྡོད་ཁང་ཆེན་མོའི་བཟོ་སྐྲུན་རྒྱུ་ཆ་ཚང་མ་ངར་ལྕགས་ཀྱི་ཏུས་སྒྲོམ་དང་སྒྲིལ་མཐུད་བྱེད་པ་ཡིན། གང་འདོད་དུ་སྒྲིག་སྒྱུར་དང་སྤོ་སྒྱུལ་བྱས་ཆོག་པ་དང་། ལོ་རེར་སྤོ་སྒྱུལ་རྣམ་པའི་འདེབས་འཛུགས་བྱས་ན། བཟའ་བྱའི་ཤ་མོ་བསྟུད་མར་བཏབ་ན་ནད་གཞིའི་ཤ་མོ་འགོས་ནས་ཐོན་ཚད་ལ་ཤུགས་རྐྱེན་ངན་པ་ཐེབས་པར་སྔོན་འགོག་བྱེད་ཐུབ། སྲོས་འཁྱིག་རྡོད་ཁང་ཆེན་མོ་འཛུགས་སྐྲུན་བྱེད་དུས་ས་དབྱིབས་ལ་གཞིགས་ནས་སྦྱིལ་བུའི་རིང་ཚད་ཏུས་འགོད་བྱས་ཆོག ཕྱིར་བཏང་དུ་སྲོས་འཁྱིག་རྡོད་ཁང་ཆེན་མོའི་རིང་ཚད་

ལ་སྨི25~45དང་། ཞེང་ལ་སྨི10~13དང་མཐོ་ཚད་ལ་སྨི3~3.5ཡོད། སྡེ་གཉིས་སུ་སྒོ་དང་ཡང་ན་སྡེ་གཅིག་ཏུ་སྒོ་འཛུགས་པ་དང་། ཁང་སྐྱད་གཞུ་དབྱིབས་སུ་རྩུས་འགོད་བྱས་ཏེ། སྤྱོས་འཁྱིག་སྲབ་མོའི་སྟེང་དུ་ཉི་སྒྲིབ་དྲ་བ་དང་རྩྭ་ཡོལ་བཀབ་ནས་ཉི་འོད་སྒྲིབ་པའོ།།

གསུམ། ས་འོག་གམ་ཡང་ན་ས་འོག་ཕྱེད་ཀའི་ཤ་མོའི་སྤྱིལ་བུ།

གཙོ་བོར་མི་དམངས་མཁའ་ཐོན་སྒྲིག་བཀོད་ཁྲིད་ཀྱི་མཁའ་ཐོན་གབ་ལུང་དང་ས་འོག་ཁང་བ་བསྒྱུར་བཀོད་བྱས་ནས་གྲུབ་པ་ཡིན། ཤ་མོའི་སྤྱིལ་བུ་འདིའི་རིགས་ལ་རང་བྱུང་ནམ་ཟླའི་ཤུགས་རྐྱེན་ཅུང་ཆུང་བ་དང་། དགུན་དྲོ་དབྱར་བསིལ་གྱི་ཁྱད་ཆོས་ལྡན། སྐྱོན་ཆ་ནི་རླན་ཚད་ཆེ་བ་དང་། རླུང་རྒྱུ་ཞན་པ། དབྱང་དབུགས་མཁོ་འདོན་མི་འདང་བ། ཆུ་འབུད་དཀའ་བ་དང་འགྲོ་འོང་མི་བདེ་བ། ནད་འབུའི་གནོད་པ་འབྱུང་སླ་བ། དོ་དམ་ཅུང་རྙོག་འཛིང་ཆེ་བ་སོགས་ཡིན། གལ་ཏེ་རླུང་རྒྱུ་བའི་སྒྲིག་ཆས་ཁ་སྐོན་བྱེད་ཐུབ་ན་ཕན་འབྲས་བཟང་པོ་ཐོན་ཐུབ།

བཞི། རྒྱུན་ལྡན་གྱི་ཤ་མོའི་ཁང་བ།

སོ་ཕག་གིས་བཟོ་སྐྲུན་བྱེད་དུས་བེད་མེད་དུ་བསྒྱུར་བའི་མང་ཚོགས་ཀྱི་ཁང་བ་དང་། མཛོད་ཁང་། བཟོ་ཁང་སོགས་བསྒྱུར་བཀོད་བྱས་ཀྱང་ཆོག སྤྱིར་བཏང་དུ་ཁ་བྱང་ལ་ཕྱོགས་པ་དང་ཤ་མོའི་ཁང་བའི་རིང་ཚད་ལ་སྨི10~15དང་། ཞེང་ལ་སྨི6~8དང་མཐོ་ཚད་ལ་སྨི4~5ཡོད། ཤ་མོའི་ཁང་བའི་ནང་དུ་སྟེགས་བུ3~4བཞག་ཆོག ཤ་མོའི་ཁང་བར་གྲངས་འབོར་ངེས་ཅན་གྱི་སྒོ་དང་སྐྱེའུ་ཁུང་བཙུགས་ན། རླུང་རྒྱུ་བ་དང་དོ་དམ་བྱེད་རྒྱུར་ཕན་པ་ཡོད།

ལྔ། འདེབས་འཛུགས་ཐོན་སྐྱེད་དུས་ཚིགས།

མཚོ་བོད་མཐོ་སྒང་ས་ཁུལ་གྱི་ས་བབ་མཐོ་བ་དང་འབབ་བཙོག་མེད་པ། དབྱར་དུས་གནམ་གཤིས་འཁྱག་པ་སོགས་ཀྱི་ཁྱད་ཆོས་ལྡན་པས་རང་བྱུང་སྟོད་བཅུད་ཀྱི་གནམ་གཤིས་ཐོན་ཁུངས་ཐུན་མོང་མ་ཡིན་པ་ཞིག་ཡིན། དཔྱིད་ཀ་དང་དབྱར་ཁ། སྟོན་ཁ་བཅས་ལ་དྲོད་ཚད་དང་། ཉི་འོད། ཚ་བ་བཅས་ཀྱི་ཐོན་ཁུངས་ཕུན་སུམ་ཚོགས་པོ་ཡོད། སྤུས་

ཞིགས་ཀྱི་བཟའ་བྱའི་ཤ་མོ་འདེབས་འཛུགས་བྱེད་པར་ཧ་ཅང་འཚམ་པ་དང་། རིགས་མི་འདྲ་བའི་བཟའ་བྱའི་ཤ་མོ་ཐོན་སྐྱེད་བྱེད་པར་འོས་འཚམ་གྱི་སྐྱེ་འཚར་ཁོར་ཡུག་འདོན་སྤྲོད་བྱས་ཡོད། བཟའ་བྱའི་ཤ་མོའི་སྐྱེ་འཚར་གྱིས་དྲོད་ཚད་ལ་བརྟེན་པའི་བླང་བྱ་དང་མཚོ་བོད་མཐོ་སྒང་ས་ཁུལ་གྱི་གྲོང་ཁྱེར་དང་ཁུལ། རྫོང་སོ་སོའི་ས་ཁམས་གནམ་གཤིས་མི་འདྲ་བར་གཞིགས་ནས། མཚོ་བོད་མཐོ་སྒང་ས་ཁུལ་གྱི་ས་ཁུལ་མང་ཆེ་བའི་བཟའ་བྱའི་ཤ་མོའི་ཐོན་སྐྱེད་དུས་ཚིགས་ནི་ལོ་རེའི་ཟླ3~6པའི་བར་དང་། ཟླ5པའི་ཟླ་མཇུག་ནས་ཟླ11པའི་ཟླ་སྟོད་བར་ཡིན། མཚོ་བོད་མཐོ་སྒང་ས་ཁུལ་གྱི་ས་བབ་མཐོ་བའི་རང་བྱུང་སྐྱེ་ཁམས་ཀྱི་གནམ་གཤིས་ཆ་རྐྱེན་འོག་ཏུ། བཟའ་བྱའི་ཤ་མོའི་རིགས་མང་པོ་ཞིག་དཔྱིད་ཀ་དང་། དབྱར་ཁ། སྟོན་ཀ་བཅས་དུས་ཚིགས་གསུམ་དུ་རྒྱུན་གཏན་ལྟར་ཐོན་སྐྱེད་བྱེད་ཐུབ་པ་དང་། དྲོད་ཚད་འཁྱིང་བ་དང་མཐོན་པོར་འཚམ་པའི་བཟའ་བྱའི་ཤ་མོའི་རིགས་ནི་མཚོ་བོད་མཐོ་སྒང་ས་ཁུལ་གྱི་རང་བྱུང་ཆ་རྐྱེན་འོག་ཏུ་ཐོན་སྐྱེད་བྱེད་མི་འོས་པ(དཔེར་ན་རི་སྐྱེས་ཤ་མོ་དང་། བེ་ཤ ཀོ་ཤ་སོགས)ཡིན། དེར་བརྟེན། རྒྱལ་ནང་གི་ཞིང་ཆེན་དང་རང་སྐྱོང་ལྗོངས་མང་ཆེ་བའི་བཟའ་བྱའི་ཤ་མོའི་ཐོན་སྐྱེད་དུས་ཚིགས་དང་བསྡུར་ན་ལྡོག་པར་གྱུར་ཡོད།

ལེའུ་གཉིས་པ། བཟའ་བྱའི་ཤ་མོའི་འདེབས་འཛུགས་ལག་རྩལ།

ཚན་པ་དང་པོ། ལེབ་ཤྭ།

གཅིག སྤྱི་བཤད།

ལེབ་ཤྭའི་མིང་གཞན་ལ་ཚེ་ཨར་ཟེར། དེ་ཡང་ས་ཆ་སོ་སོའི་འདེབས་འཛུགས་བྱེད་པའི་ལེབ་ཤྭའི་རིགས་མི་འདྲ་བའི་དབང་གིས་མིང་ཐོགས་ཚུལ་ཡང་མི་འདྲ་སྟེ། དཔེར་ན། ཞིའུ་ཀྲིན་ཤ་མོ་དང་ཧྲིན་ཕེ་ཤ་མོ་སོགས་ཡོད། ལེབ་ཤྭ་ནི་བྲོ་བ་ཞིམ་ལ་འཚོ་བཅུད་ཕུན་སུམ་ཚོགས་པའི་ཤ་མོའི་རིགས་ཤིག་ཡིན། རྒྱུན་དུ་ལེབ་ཤྭ་ཟས་སུ་སྤྱོད་ན། ཁྲག་ཤེད་ཇེ་དམའ་རུ་གཏོང་བ་དང་མཁྲིས་རྒྱུ་གཤེར་རྩི་ཇེ་ཉུང་དུ་གཏོང་བར་མངོན་གསལ་གྱི་ཕན་ནུས་ལྡན། ཟུངས་ཁྲག་ཉམས་པ་དང་། རྩི་ཤིང་རང་བཞིན་གྱི་དབང་རྩ་འཁྲུག་པ་དང་མཆིན་ཚད་སོགས་ལ་ཕན་ནུས་ངེས་ཅན་ཞིག་ཡོད། གཞན་ད་དུང་མིའི་ལུས་ཕུང་གི་ནད་འགོག་ནུས་པ་ཇེ་མཐོར་འགྲོ་བ་དང་། མིའི་ལུས་ཕུང་བདེ་ཐང་དང་ཚེ་ཐག་ཇེ་རིང་དུ་གཏོང་བར་ཕན་ནུས་ཆེན་པོ་ལྡན།

ལེབ་ཤྭ་ནི་ཤ་མོའི་ཕྲ་ཕུང་གྲེས་འགྱུར་གྱི་རིགས་ལ་གཞིགས་ནས་དྲོད་ཚད་དམའ་བ་དང་། དྲོད་ཚད་མཐོ་བ། དྲོད་ཚད་འབྲིང་རིགས་བཅས་སུ་དབྱེ་ཆོག དྲོད་ཚད་དམའ་བའི་རིགས་ཀྱི་ཤ་མོའི་ཕྲ་ཕུང་གྲེས་འགྱུར་གྱི་དྲོད་ཚད་མཐོ་ཤོས20℃ལས་བརྒལ་མི་རུང་། ཆེས་

འཚམ་པའི་དྲོད་ཚད་ནི8~16℃ཡིན། དྲོད་ཚད་འཕྲིང་བའི(དྲོད་ཚད་མཐུན་ཁྱབ་ཆེ་བའི་རིགས)ཤ་མོའི་ཕྲ་ཕུང་གྲིས་འགྱུར་གྱི་ཆེས་མཐོའི་དྲོད་ཚད25℃ལས་བརྒལ་མི་རུང་བ་དང་། དྲོད་ཚད10~22℃ནི་ཤ་མོ་སྐྱེ་འཚར་གྱི་འཚམ་ཤོས་དྲོད་ཚད་ཡིན། དཔྱིད་ཀ་དང་། དབྱར་ཁ། སྟོན་ཀ་བཅས་ཚང་མར་ལེབ་ཤྭ་སྐྱེས་ཐུབ། དྲོད་ཚད་མཐོ་བའི་རིགས་ཀྱི་ཤ་མོའི་ཕྲ་ཕུང་གྲིས་འགྱུར་གྱི་དྲོད་ཚད30℃ལ་སླེབས་ཐུབ་པ་དང་། ཆེས་འཚམ་པའི་དྲོད་ཚད15~28℃ཡིན། དེར་བརྟེན། སོན་རིགས་ལ་གཞིགས་ནས་ཤ་མོ་རྩི་འདེབས་བྱེད་པའི་དུས་ཚོགས་གཏན་འཁེལ་བྱེད་པའམ་ཡང་ན་ཚོང་རར་འདོན་པའི་དུས་ཚོགས་ལ་གཞིགས་ནས་འདེབས་འཛུགས་ས་བོན་གཏན་འཁེལ་བྱེད་དགོས།

གཉིས། ལེབ་ཤྭའི་འདེབས་འཛུགས་ལག་རྩལ།

(གཅིག) འདེབས་འཛུགས་ཞིང་ས།

ལེབ་ཤྭ་འདེབས་སར་སྦྱོས་འཁྱིག་དྲོད་ཁང་ཆེན་མོ་དང་། ནུས་གྲོན་ཉི་འོད་དྲོད་ཁང་། སྔོད་ཁང་རྙིང་བ། མཛོད་ཁང་། ས་དོང་སོགས་འདེམ་སྤྱོད་བྱས་ཆོག འདེབས་འཛུགས་སྒྲིག་བཀོད་བཟང་པོའི་ནང་དུ་རླུང་རྒྱུག་ས་ཡོད་དགོས་པ་དང་། ཤ་མོ་སྐྱེ་སྐབས་དབྱུང་རླུང་གི་དགོས་མཁོ་ཁག་ཐེག་བྱེད་དགོས། འོན་ཀྱང་དྲོད་ཚད་དམའ་བའི་དུས་སུ་རླུང་རྒྱུག་ཚད་ཚོད་འཛིན་བྱེད་དགོས་ཤིང་། དྲོད་སྐྱུང་དང་དྲོད་འབུད་པའི་སྒྲིག་ཆས་ངེས་ཅན་ཞིག་ཡོད་ན། ཤ་མོའི་སྤྱིལ་བུས་ཤ་མོའི་སྐྱེ་འཚར་དང་འཚམ་པའི་དྲོད་ཚད་སྙོམ་སྒྲིག་གྱི་ནུས་པ་ཐོན་ཐུབ། གལ་ཏེ་ས་དོང་ནང་དུ་ཐོན་སྐྱེད་བྱེད་ན་གློག་སྒྲོན་དང་རླུང་རྒྱུ་བའི་སྒྲིག་ཆས་སྒྲིག་སྦྱོར་བྱས་ནས་ཤ་མོའི་སྐྱེ་འཕེལ་དུས་སྐབས་ཀྱི་འོད་ཐིག་གི་དགོས་མཁོ་སྐོང་དགོས།

(གཉིས) གསོ་སྐྱོང་རྒྱུ་ཆའི་སྦྱོར་བཟོ།

1. གསོ་སྐྱོང་རྒྱུ་ཆ་གཙོ་བོ།

ཞིང་ཆེན་སོ་སོའི་རྩི་འདེབས་ཉམས་མྱོང་ལྟར་ན། ལེབ་ཤྭའི་འདེབས་འཛུགས་ཀྱི་གསོ་སྐྱོང་རྒྱུ་ཆ་གཤམ་གསལ་གྱི་རིགས་འགའ་ཡོད་དེ།

སྲིང་བལ་གྱི་ཕྱི་ཤུན། སྲིང་བལ་གྱི་ཕྱི་ཤུན་ནི་ལེབ་ཤྭ་འདེབས་འཛུགས་བྱེད་པའི་

ཆེས་ལེགས་པའི་མ་བཅོས་རྒྱུ་ཆ་ཡིན། རྒྱུ་མཚན་ནི་སྲིང་བལ་གྱི་ཕྱི་ཤུན་ལ་འཚོ་བཅུད་ཕུན་སུམ་ཚོགས་པ་དང་། སྲི་དཀར་རྫས་དང་ཚིལ་འདུས་ཚད་མཐོ་བ། དབུགས་རྒྱུ་བའི་རང་བཞིན་བཟང་ལ། ཤ་མོ་ཕྲ་མོའི་ཕྱི་ཤུན་གྱི་གསོ་སྐྱོང་རྒྱུ་ཆའི་ཁྲོད་དུ་འཚར་སྐྱེ་མགྱོགས་ཤིང་། སྐྱེ་དངོས་འགྱུར་ཕྱོད་མཐོ་བའོ།།

ཞིང་ལས་སྐྱེ་དངོས་ཀྱི་སོག་མ། མཚོ་བོད་མཐོ་སྒང་ས་ཁུལ་ནས་ཕུན་སུམ་ཚོགས་པའི་ཞིང་ལས་སྐྱེ་དངོས་ཀྱི་སོག་མའི་ཐོན་ཁུངས་ཡོད་དེ། དཔེར་ན་གྲོ་དང་ནས། མ་རྨོས་ལོ་ཏོག སྲན་རིགས་ཀྱི་སོག་མ་སོགས་ཡོད། ཞིང་ལས་སྐྱེ་དངོས་ཀྱི་སོག་མ་ལ་ཚི་སྣ་རགས་པ་དང་། སྲི་དཀར་རྩིང་བ། ཚིལ་རྩིང་བ། ཐལ་རྡུལ་རྩིང་བ་བཅས་འདུས་ཡོད་པ་དང་། དེ་བཞིན་ཀལ་དང་ལིན་སོགས་འདུས་ཡོད། བཟའ་བྱའི་ཤ་མོ་འདེབས་འཛུགས་བྱེད་སྐབས་སོས་པ་དང་སྐམ་པ། གཙང་མ། རུལ་མེད་པའི་སོག་མ་འདེམ་དགོས་ཤིང་། མ་སྤྱད་སྔོན་དུ་ཉི་མའི་འོག་ཏུ་ཉིན2~3སྐམ་དགོས། དེ་ནས་ལི་སྨི2~3རིང་ཐུང་ལྟར་དུ་དུམ་བུ་བཟོས་ནས་གྲ་སྒྲིག་བྱེད་དགོས།

ཤིང་སླིགས། ལོ་མ་ཆེ་བའི་ཤིང་སྡོང་གི་ཤིང་སླིགས་ནི་ཡག་ཤོས་ཡིན་པ་དང་། ཤིང་སླིགས་རྙིང་བ་ནི་ཤིང་སླིགས་གསར་བ་ལས་ཤ་མོ་འདེབས་འཛུགས་བྱེད་པར་ཕན་འབྲས་བཟང་པོ་ཡོད་ཅིང་། ཤིང་སླིགས་ཞིབ་དྲགས་ན་མི་རུང་བ་དང་། གལ་ཏེ་ཤིང་སླིགས་ཏ་ཅང་ཞིབ་པའི་དུས་སུ་ཚད་ངེས་ཅན་གྱི་སྲིང་བལ་གྱི་ཕྱི་ཤུན་ནང་དུ་བསྲེས་ན་འོས་འཚམ་གྱིས་གསོ་སྐྱོང་རྒྱུ་ཆའི་དབུགས་རྒྱུ་རང་བཞིན་ཇེ་ལེགས་སུ་གཏོང་ཐུབ། ཤིང་སླིགས་སྤྱད་དེ་འདེབས་འཛུགས་བྱེད་སྐབས། ཕུབ་རྩྭ་དང་མ་རྨོས་ལོ་ཏོག་གི་ཕྱེ་མ་སོགས་ཟུར་སྦྱོར་བྱེད་དགོས་ཤིང་། སྡོན་ཚད20%ཡས་མས་ཡིན་དགོས།

2. གསོ་སྐྱོང་རྒྱུ་ཆ་ཕལ་བ།

ལེབ་ཤྭའི་གསོ་སྐྱོང་རྒྱུ་ཆ་ཡིན་པའི་ཆ་ནས་ངེས་པར་དུ་ཚད་ངེས་ཅན་གྱི་རམ་འདེགས་རྒྱུ་ཆ་བསྣན་ནས་འཚོ་བཅུད་ཁ་གསབ་བྱེད་དགོས། རྒྱུན་བཀོལ་གྱི་རིགས་འགའ་ཡོད་དེ། ཕུབ་རྩྭ་དང་མ་རྨོས་ལོ་ཏོག་གི་ཕྱེ་མ། ཚལ་འབྲུའི་བག་ལེབ། རྗོ་ཐལ་དང་ཐྭན་

སོན་ཀ་ལ། ཤིའུ་སོན་སྨི། ཀའོ་ཤིན་སོན་ཀལ་སོགས་ཡིན།

3. གསོ་སྐྱོང་རྒྱུ་ཆའི་སྦྱིབ་སྦྱོར།

སྤྲིང་བལ་གྱི་ཕྱེ་ཤུན་གྱི་གསོ་སྐྱོང་རྒྱུ་ཆ།

(1) སྤྲིང་བལ་གྱི་ཕྱེ་ཤུན89%དང་། ཕུབ་རྫས10% རྡོ་ཞོ1%བཅས་ཡིན།

(2) སྤྲིང་བལ་གྱི་ཕྱེ་ཤུན84%དང་། ཕུབ་རྫས10% མ་རྨོས་ལོ་ཏོག་གི་ཕྱེ་མ5% རྡོ་ཐལ1%བཅས་ཡིན། ཆུའི་ནང་དུ་བསྲེས་ནས་སྐམས་པར་བྱས་ཏེ་རྒྱུ་ཆའི་ཆུ་འདུས་ཚད65%ཡས་མས་ཡིན་དགོས།

(3) སྤྲིང་བལ་གྱི་ཕྱེ་ཤུན99%དང་། རྡོ་ཐལ1% ཆུའི་ནང་དུ་བསྲེས་ནས་སྐམས་པར་བྱས་ཏེ་རྒྱུ་ཆའི་ཆུ་འདུས་ཚད65%ཡས་མས་ཡིན་དགོས།

ཤིང་སྐེགས་ཀྱི་གསོ་སྐྱོང་རྒྱུ་ཆ།

(1) ཤིང་སྐེགས78%དང་། གྲོ་ཤུན་ནམ་འབྲས་ཤུན20% ཤིང་བུར1% ཙུ་གང་ཕྱེ་མ1%བཅས་ཡིན། ཆུའི་ནང་དུ་བསྲེས་ནས་སྐམས་པར་བྱས་ཏེ་རྒྱུ་ཆའི་ཆུ་འདུས་ཚད65%ཡས་མས་ཡིན་དགོས།

(2) ཤིང་སྐེགས60%དང་སྤྲིང་བལ་གྱི་ཕྱེ་ཤུན30% ཕུབ་རྫས9% རྡོ་ཐལ1%བཅས་ཡིན། ཆུའི་ནང་དུ་བསྲེས་ནས་སྐམས་པར་བྱས་ཏེ་རྒྱུ་ཆའི་ཆུ་འདུས་ཚད65%ཡས་མས་ཡིན་དགོས།

མ་རྨོས་ལོ་ཏོག་གི་ནང་སྙིང་དང་མ་རྨོས་ལོ་ཏོག་གི་སོག་མའི་གསོ་སྐྱོང་རྒྱུ་ཆ།

(1) མ་རྨོས་ལོ་ཏོག་གི་སོག་རྐང90%(ལི་སྨི2~3དུམ་ཚན་ཆུང་བ)དང་གྲོ་ཤུན10% ཆུའི་ནང་དུ་བསྲེས་ནས་སྐམས་པར་བྱས་ཏེ་རྒྱུ་ཆའི་ཆུ་འདུས་ཚད65%ཡས་མས་ཡིན་དགོས།

(2) མ་རྨོས་ལོ་ཏོག་གི་ནང་སྙིང78%(ཕྱི་རྩུལ་དུ་བཏང་ནས་སྲུན་སེར་རྡོག་རིལ་ཆེ་ཆུང་དུ་གྱུབ་པའི་རྡོག་ཆུང་བཟོ་བ་དང་། 1%རྡོ་ཐལ་ཆུས་ཆུ་ཚོད24ལ་སྦང་དགོས) སྤྲིང་བལ་གྱི་ཕྱེ་ཤུན20%དང་ཙུ་གང་ཕྱེ་མ1% རྡོ་ཐལ1%བཅས་ཀྱི་ནང་དུ་འོས་འཚམ་གྱི་ཆུ་བསྲེ་དགོས།

གསོ་སྐྱོང་རྒྱུ་ཆ་གང་ཞིག་སྟེབ་སྒྲུབ་བྱས་རུང་། རྒྱུ་ཆ་བསྲེས་པའི་སྐབས་སུ་ངེས་པར་དུ་མཉམ་འཛོག་བྱེད་ཡུལ་འགག་ཡོད་དེ། རབ་ཡིན་ན་ཨར་འདམ་གྱི་ངོས་གཙང་མའི་སྟེང་དུ་རྒྱུ་ཆ་བསྲེས་པ་ལས། ས་འདམ་སྟེང་དང་མི་གཙང་བའི་ཐང་སྟོང་དུ་རྒྱུ་ཆ་བསྲེ་མི་ཆོག རྒྱུ་ཆ་བསྲེས་པའི་དུས་སུ་ཆུ་རྙོག་པ་བགོལ་མི་རུང་། རང་འབབ་ཆུ་དང་ཁྲོན་ཆུ། ཡང་ན་གཙང་བོའི་ཆུ་སོགས་བགོལ་དགོས། བསྲེས་ཟིན་པའི་རྒྱུ་ཆ་རྣམས་མྱུར་དུ་བསྐལ་བའམ་ཡང་ན་ཁུག་མའི་ནང་དུ་བཞག་ནས་འབུ་སྲ་གསོད་དགོས་ཤིང་ཞག་ལུས་བྱེད་མི་རུང་།

གསུམ། སྒྲོ་ཐུག་ནང་དུ་ལེབ་ཤྭ་འདེབས་ཐབས།

(གཅིག) རྒྱུ་ཆ་རྫེན་མའི་ཁུག་མའི་ནང་དུ་ལེབ་ཤྭ་འདེབས་འཛུགས་བྱེད་ཐབས།

རྒྱུ་ཆ་རྫེན་མའི་ཁུག་མ་བགོལ་ནས་ལེབ་ཤྭའི་རིགས་འདེབས་འཛུགས་བྱས་ན་ནུས་ཤུགས་མང་པོ་འདོན་མི་དགོས་ཤིང་། ད་དུང་དོ་དམ་བྱེད་བདེ་བ་དང་། ཤ་མོ་འདེབས་འཛུགས་བར་སྟོང་བེད་སྤྱོད་གང་ལེགས་བྱས་ནས་ནད་འབུའི་གནོད་འཚེ་ཇེ་ཉུང་དུ་བཏང་སྟེ་འདེབས་འཛུགས་ལེགས་འགྲུབ་འབྱུང་སླ་བ་ཡིན། འདི་ནི་ནུས་གྲོན་ཉེ་འོད་ཁྲོད་ཁང་དུ་འདེབས་འཛུགས་དང་ཁང་བའི་ནང་དུ་འདེབས་འཛུགས་བྱེད་པར་འཚམ་པར་མ་ཟད། ད་དུང་སྤྱོས་འཁྱིག་ཁྲོད་ཁང་སོགས་སུ་འདེབས་འཛུགས་བྱེད་པར་ཡང་འཚམ་པ་ཡིན།

1. འཁྱིག་ཁུག་གི་ཚད་གཞི་དང་བླང་བྱ།

མཐུག་ཚད་ལི་སྨི0.03~0.04དང་། ཞེང་ཚད་ལི་སྨི24~30 རིང་ཚད་ལི་སྨི40~50 བཅས་ཡོད་པའི་འཁྱིག་མདོང་སྐྱི་མོ་འདེམ་དགོས།

2. གསོ་སྐྱོང་རྒྱུ་ཆ་སྤུང་བ།

སྔོན་དུ་སྲིང་བལ་གྱི་ཕྱི་ཤུན་དང་སུབ་རྩའི་ཕྱི་ཤུན་མཉམ་བསྲེས་གང་ལེགས་བྱེད་དགོས། དེ་ནས་རྗེ་ཐལ་རློན་པ་དང་འདྲེས་སྦྱོར་ལུད་རྫས་རྣམས་ཆུའི་ནང་དུ་སྙོམས་པོར་བཞུས་ཏེ་གསོ་སྐྱོང་རྒྱུ་ཆའི་སྟེང་དུ་གཏོར་བ་དང་། ཞེང་ཚད་དང་མཐོ་ཚད་ཆ་སྙོམས་སྨི1.5ཡོད་པའི་རྣང་དབྱིབས་སུ་སྤུང་དགོས། དགུག་པས་ཁུང་བུ་བརྟོལ་ནས་རླུང་རྒྱུ་རུ་འཇུག་པ་དང་། དེའི་སྟེང་དུ་དྲོད་སྲུང་དང་རླན་སྲུང་རྒྱུ་ཆ་འགེབས་དགོས། རྒྱུ་ཆ་

སྦྱངས་རྗེས་སྐྱེ་དངོས་ཕྲ་རབ་ཀྱི་ནུས་པའི་འོག་ཏུ་རྒྱུ་ཆའི་དྲོད་ཚད་རིམ་བཞིན་ཇེ་མཐོར་འགྲོ་བ་དང་། ཉིན2~3ནང་དུ་རྒྱུ་ཆའི་དྲོད་ཚད65℃ཡན་ལ་སླེབས་ཐུབ་ཅིང་། དྲོད་ཚད65℃ལ་སླེབས་རྗེས། ཉིན3~4རེའི་ནང་དུ་ཐེངས་གཅིག་ལ་གཏིང་བསློགས་ནས་ཕྱིར་སྦྱང་དགོས། སྦྱང་སྐབས་དཀྱིལ་གྱི་རྒྱུ་ཆ་ཕྱིར་སློག་པ་དང་ཕྱི་ཡི་རྒྱུ་ཆ་ནང་ལ་སློག་པ་ཡིན། ཐེངས་གསུམ་ལ་སྦྱངས་རྗེས། དྲོད་ཚད30℃ཡས་མས་སུ་སླེབ་སྐབས་འཁྱིག་ཁུག་ནང་དུ་བླུགས་ནས་འདེབས་འཛུགས་བྱས་ཆོག

མཚོ་བོད་མཐོ་སྒང་ས་ཁུལ་གྱི་གནམ་གཤིས་གྲང་ངར་ཆེ་བ་དང་། ཉིན་མཚན་གྱི་དྲོད་ཚད་ཁྱད་པར་ཆེ་བ། སྦྱང་བའི་སྦྱར་བརླལ་གྱི་སྤུས་ཚད་ཞན་པ། དངོས་པོ་དབྱེ་འབྱེད་ཆ་ཚང་མིན་པ་བཅས་ཀྱི་དབང་གིས་བཟའ་བྱའི་ཤ་མོའི་ཐོན་ཚད་ལ་ཤུགས་རྐྱེན་ཐེབས་བཞིན་ཡོད། དཔེར་ན་རྒྱུ་ཆ་སྦྱང་བའི་སྐབས་སུ་བསྟུར་ཚད་ངེས་ཅན་གྱི་སྐྱེ་དངོས་ཕྲ་རབ་ཕབས་རྫས་བླུགས་ན། སྦྱར་བརླལ་རྒྱུ་ཆའི་དྲོད་ཚད་འཕར་ཚད་མགྱོགས་ཤིང་། དྲོད་ཚད་མཐོ་བའི་རྒྱུན་མཐུད་དུས་ཡུན་རིང་བ་དང་སྦྱར་བརླལ་དབྱེ་ཐྲལ་གྱི་ནུས་པ་ཆེ་རུ་འགྲོ། སྐྱལ་འདེད་དང་འགྱུར་སྐྱལ་དངོས་པོའི་དབྱེ་ཐྲལ་ཡོངས་སུ་འབྱེད་ཐུབ་ན། འཚོ་བཅུད་བེད་སྤྱོད་བྱེད་ཚད་དང་ཐོན་ཚད་འཕར་སྣོན་ཆེས་ཆེར་གཏོང་ཐུབ་བོ། །

3. འཁྱིག་ཁུག་ནང་དུ་བཅུག་ནས་ཤ་མོ་འདེབས་པ།

དང་ཐོག་སྦྱོས་འཁྱིག་གིས་སྦུ་གུའི་ཕྱོགས་གཅིག་གི་སྣེ་མོ་དམ་པོར་བསྡམས་པ་དང་། རིང་ཚད་ལ་ལི་སྨི3.5དང0.3%ཏུའོ་ཅུན་ལིང་དམ་ཀའོ་མྤན་སོན་ཫྰ་ཡི་སྨན་ཆུ་བསྲེས་པའི་མ་རྫས་ལོ་ཏོག་གི་སྟེང་དུ་ཤ་མོའི་ས་བོན་གཏོར་བ་དང་། དེ་ནས་གསོ་སྐྱོང་རྒྱུ་ཆའི་ནང་དུ་ལྷུག་དགོས། སྟོད་ཁུག་གི་ཕྱེད་ཀ་ཙམ་ལ་སླེབས་རྗེས་སླར་ཡང་ཤ་མོའི་ས་བོན་རིམ་པ་ཞིག་གཏོར་རྗེས་སུ་མཐུད་དུ་རྒྱུ་ཆ་ལྷུག་དགོས། སྟོད་ཁུག་གི་ཁ་གང་བ་སྐབས(ཁུག་མ་དང་བར་ཐག་ལི་སྨི6.5ཡོད་པའི་སྐབས་སུ) ཡང་བསྐྱར་ཤ་མོའི་ས་བོན་རིམ་པ་ཞིག་གཏོར་ནས་མར་གནོན་དགོས་ཤིང་། རྒྱུ་ཆ་དང་ས་བོན་ཕན་ཚུན་འདྲེས་པར་བྱེད་དགོས། མཇུག་མཐར་ཐག་པས་ཁུག་མའི་ཁ་དམ་པོར་བསྡམས་པ་ཡིན། ཤ་འདེབས་བྱེད་ཚད་སྤྱིར་བཏང

དུ་རྒྱུ་ཆའི10%~15%ཡིན། གནད་འགག་ནི་ཁྱུག་མའི་གོང་རིམ་ལ་ཤ་མོའི་ས་བོན་མང་དུ་གཏོར་ནས་ཤ་མོ་སྟོན་ལ་སྐྱེས་སུ་བཙུག་ན་ཤ་མོ་སླིགས་རོ་སྣ་ཚོགས་སྐྱེ་དཀའ།

4. ཤ་མོ་སྐྱེ་གསོ།

རྒྱུ་ཆ་རྣམས་འཁྱིག་ཁྱུག་ནང་དུ་བླུགས་ཚར་རྗེས། འཁྱིག་ཁྱུག་རྣམས་དྲོད་ཚད་སྐྱོམས་པ་དང་རླུང་རྒྱུ་ཐུབ་པ། ཉི་མའི་འོད་ཟེར་འཕྲོ་ཚད་སྐྱོམས་པའི་ས་གནས་སུ་བཞག་ནས་ཤ་མོ་སྐྱེ་གསོ་བྱེད་དགོས། ཤ་མོའི་ཁྱུག་མའི་དྲོད་ཚད22~28℃ཚོད་འཛིན་བྱས་ན་ལེགས་ཤིང་། གནམ་གཤིས་དྲོད་གྲང་གང་འདྲ་ཡིན་ཙང་། འཁྱིག་ཁྱུག་ནང་དུ་དྲོད་ཚད་འཇལ་ཆས་འཛོག་དགོས་པ་དང་། ཉིན་རེར་ཞིབ་བཤེར་ཐེངས་དུ་མ་བྱེད་དགོས། ཁ་དམ་པོའི་འཁྱིག་ཁྱུག་རྣམས་རེ་རེ་བཞིན་གྲལ་བསྒྲིགས་ནས་སྤུངས་པ་དང་། སྤུང་བའི་བང་རིམ་གྱི་གྲངས་ཀ་ནི་ཚ་འདེབས་བྱེད་སྐབས་ཀྱི་དྲོད་ཚད་ལ་གཞིགས་ནས་གཏན་འཁེལ་བྱེད་དགོས། དྲོད་ཚད10℃ཡས་མས་ཡིན་ན། རིམ་པ3~4སྤུངས་ཆོག 18~20℃ཡིན་ན་རིམ་པ2སྤུངས་ན་ལེགས། 20℃ཡན་ཡིན་པའི་དུས་སུ། འཁྱིག་ཁྱུག་རྣམས་ས་ངོས་སུ་བཞག་སྟེ་ཁྱུག་མའི་ནང་གི་གསོ་སྐྱོང་གི་དྲོད་ཚད་མཐོ་དྲགས་ནས་ཤ་མོ་སྲེག་པར་སྔོན་འགོག་བྱེད་དགོས། ཉིན15ཡས་མས་འགོར་རྗེས། འཁྱིག་ཁྱུག་ཕྱིར་སློག་པ་དང་། ཁྱུག་མ་ཕྱིར་སློག་པའི་དུས་སུ་ཤ་མོ་སྐྱེས་པ་བཟང་བའི་ཁྱུག་མ་མཉམ་དུ་འཛོག་པ་དང་། སྐྱེ་འཚར་ཞན་པ་རྣམས་མཉམ་དུ་བཞག་ནས་བཙོག་པས་སྦགས་པ་རྣམས་ཀྱང་འདེམ་དགོས། འབག་བཙོག་ཐེབས་པའི་ཁྱུག་མའི་ཁ་ཕྱེ་ནས། 0.3%ཧུའོ་ཙུན་ལིང་གིས་བྱུག་དགོས་པར་མ་ཟད། གྲིབ་མའི་ནང་དུ་བཞག་ནས་ཉིན་འགའ་ལ་བསིལ་སྐམ་བྱེད་དགོས། འབག་བཙོག་ཤིན་ཏུ་ཆེ་ན་ས་དོང་བརྐོས་ནས་ས་འོག་ཏུ་སྦས་དགོས། འདི་ལྟར་བྱས་ན་ཤ་མོ་གྲལ་དག་ཅིང་དོ་དམ་བྱེད་བདེ་བ་ཡིན། ཤ་མོའི་སྦུ་གུ་འབུས་པའི་དུས་སུ་ཁང་བའི་ནང་གི་མཁའ་དབུགས་ལྟོས་བཅས་ཀྱི་རླན་ཚད65%ཡས་མས་སུ་ཚོད་འཛིན་བྱེད་དགོས། རླུང་རྒྱུག་པ་དང་སྐམ་ཤས་ཆེ་བ། འོད་ཞན་པའི་ཁོར་ཡུག་རྒྱུན་འཁྱོངས་བྱས་ན་ཤ་མོའི་སྐྱེ་འཚར་ལ་ཕན་པ་ཡོད། དུས་མཚུངས་སུ་བྱི་བའི་གནོད་འཚེ་སྔོན་འགོག་བྱེད་དགོས།

ཤ་མོར་སྨུ་གུ་འབུས་པའི་དུས་དཀྱིལ་དང་དུས་མཇུག་ཏུ་ཤ་མོའི་སྐྱེ་འཚར་ཅུང་མགྱོགས་པ་དང་། འགྲིག་ཁུག་ནང་གི་དབྱུང་འདོན་ཚད་མི་འདད་བར་གྱུར་ནས་ཤ་མོའི་རྒྱུན་ལྡན་གྱི་སྐྱེ་འཚར་ལ་ཤུགས་རྐྱེན་ཐེབས་སྲིད་པ་ཡིན། ཁུག་མའི་སྡེ་གཉིས་ཀའི་ཤ་མོའི་སྐྱེ་འཚར་གྱི་རིང་ཐུང་ལི་སྨི2~3ཡོད་པའི་ཚེ། ཤ་མོ་སྐྱེ་འཚར་གྱི་སྡེ་མོ་ནས་ལི་སྨི1~2ཡོད་པའི་སར་ཁབ་མགོས་མཐའ་འཁོར་དུ་ཁུང་བུ8~10གཏོད་པ་དང་། མཁའ་དབུགས་གསར་བ་འགྲིག་ཁུག་ནང་དུ་རྒྱུ་ཏུ་བཅུག་ནས་དབུགས་རྒྱུ་ལ་བརྟེན་ནས་དབྱུང་གསབ་བྱེད་དགོས། སྤྱིར་བཏང་དུ་ཉིན30ཙམ་འགོར་རྗེས་ཤ་མོ་སྐྱེ་ཐུབ་པ་ཡིན། ཤ་མོའི་སྟེང་དུ་གསོ་སྐྱོང་རྒྱུ་ཆ་ཡོངས་སུ་བཀང་རྗེས་ཉིན5~10འགོར་ན་རྒྱུ་ཆའི་ངོས་སུ་ཤ་མོ་ཆུང་དུ་འབྱུང་བ་དང་། སྐབས་དེར་ཁུག་མའི་ཁ་ཕྱེ་ནས་ཁ་གཙོད་བྱེད་ལེན་དགོས་ཤིང་། ཁུག་མའི་ཁ་ཕྱིར་བསློགས་ནས། རིམ་ཅེས་ཁུག་མའི་སྡེ་གཉིས་ཀྱི་སྐྱེ་སྲུབ་བྲིགས་ནས་ཤ་མོའི་སྐྱེ་འཚར་ཇེ་མགྱོགས་སུ་གཏོང་དགོས།

(གཉིས) ཞིབ་ཤ་སྦོས་འགྲིག་ནང་དུ་འདེབས་ཐབས།

སྦོས་འགྲིག་ནང་དུ་ཞིབ་ཤ་འདེབས་འཛུགས་བྱས་ན་གནོད་འབུ་ཚོད་འཛིན་བྱེད་པར་ཕན་པ་ཡོད་ཅིང་ལེགས་གྲུབ་འབྱུང་ཚད་ཤིན་ཏུ་མཐོ་བ་ཡིན། ས་འཛིན་རྒྱ་ཁྱོན་ཆུང་བ་དང་ཐོན་སྐྱེད་ཀྱི་དུས་འཁོར་ཇེ་ཐུང་དུ་གཏོང་ཐུབ། དེ་བཞིན་དུ་སྤྱི་སྒྲུལ་དོ་དམ་བྱེད་བདེ་བ་དང་། ས་ཆ་བེད་སྤྱོད་གང་ལེགས་བྱས་ཆོག དྲོད་ཚད་ཚོད་འཛིན་དང་རླན་ཚད་སྲུང་འཛིན་བྱེད་པར་ཕན་པ་མ་ཟད། ཤ་མོ་སྐྱེ་དུས་གྲལ་འགྲིག་པ་དང་དབྱིབས་བཟང་ཞིང་ཐོན་ཚད་ལེགས་པོ་ཡིན།

1. གསོ་སྐྱོང་རྒྱུ་ཆ་སྤུང་གསོག་སྦྱར་བརླལ་བྱེད་ཐབས།

གོང་སྨྲས་ཀྱི་ཞིབ་ཤ་གསོ་སྐྱོང་གི་ཐྲང་བྱ་ལྟར་རྒྱུ་ཆ་ཡང་དག་འཛལ་དགོས་ཤིང་། རྒྱུ་ཆ་མཉམ་བསྲེས་གང་ལེགས་བྱེད་པ་དང་། (ཞུ་སླ་བའི་རྒྱུ་ཆར་སྔོན་དུ་ཆུའི་ནང་དུ་བླུགས་ནས་ཞུ་འབྱེད་བྱེད་དགོས) རྗེས་སུ་ཆུའི་ནང་དུ་བསྲེས་ནས་སློམས་པོར་བསྲེ་དགོས། ཆུ་སྣོན་ཚད་སྟོང་ཁ100རྒྱུ་ཆའི་ནང་དུ་ཆུ་སྟོང་ཁ150བླུགས་ན་བཟང་། གསོ་སྐྱོང་རྒྱུ་ཆ་མི་

འདྲ་བར་ཆུའི་འདུས་ཚད་ཀྱང་མི་འདྲ་སྟེ། མ་རྫོས་པོ་ཏོག་གི་ནང་སྙིང་དང་ཁུ་ལུ་རིང་བའི་སྲིང་བལ་གྱི་ཕྱི་ཤུན་ལ་འོས་འཚམ་སྒོས་ཆུ་མང་ཙམ་སྟོན་དགོས་ཤིང་། ཁུ་ལུ་ཐུང་བའི་སྲིང་བལ་གྱི་ཕྱི་ཤུན་སྟེང་དུ་ཆུ་ཉུང་ཙམ་ལྷུག་དགོས། གསོ་སྐྱོང་རྒྱ་ཆ་བཟང་པོ་རྣམས་ཆུ་ཚོད2~5སྦུངས་ནས་བསྐལ་དགོས། ཨར་འདམ་ངོས་སུ་གྲོ་སོག་རིམ་པ་ཞིག་འདིང་བ་དང་མཐུག་ཚད་ལ་ལི་སྨི10ཙམ་ཡོད་དགོས། གསོ་སྐྱོང་རྒྱ་ཆ་གྲོ་སོག་གི་སྟེང་དུ་འཛོག་པ་དང་། རྒྱ་ཆ་ཉུང་བའི་སྐབས་སུ་མཐོ་ཚད་ལ་སྨི1སྐོར་དབྱིབས་སུ་སྦུང་བ་དང་། རྒྱ་ཆ་མང་བའི་དུས་སུ་མཐོ་ཚད་ལ་སྨི1~1.5དང་ཞེང་ལ་སྨི1.5ནར་དབྱིབས་སུ་སྦུང་དགོས། ཕན་ཚུན་གྱི་བར་ཐག་ལི་སྨི30ཡས་མས་ཡིན་ཞིང་། དབུག་པས་ཁུང་བུ་གཏོད་པ་དང་དེའི་སྟེང་དུ་རྩྭ་གདན་དང་སྤྱིས་འཁྲིག་འགེབས་དགོས། རྒྱ་ཆའི་དཀྱིལ་དབུས་ཀྱི་དྲོད་ཚད60℃ཡས་མས་སུ་འཕར་སྐབས་ཆུ་ཚོད18རིང་ལ་སྦུང་དགོས། ཕྱི་སློག་རྒྱག་དུས་ནང་རིམ་ནས་ཕྱི་ཕྱོགས་སུ་སློག་པ་དང་། དེའི་འཕྲོར་ཕྱི་ཕྱོགས་ནས་ནང་རིམ་དུ་བསློགས་རྗེས་མུ་མཐུད་དུ་སྦུངས་ནས་བསྐལ་བ་ཡིན། དྲོད་ཚད་ཡང་བསྐྱར60℃ཡས་མས་སུ་འཕར་སྐབས་ཆུ་ཚོད24རིང་ལ་སྦུང་བ་དང་། དེའི་འཕྲོར་ཡང་ཐེངས་གཅིག་ལ་སློག་དགོས། ཐེངས་གཉིས་ལ་བསློགས་རྗེས། གསོ་སྐྱོང་རྒྱ་ཆ་མདོག་འགྱུར་མགོ་བརྩམས་ནས་དྲི་བཟང་འཐུལ་ཞིང་། ཅུལ་དྲི་དང་དྲི་ངན་མེད་པར་གྱུར་ནས་དཀར་མདོག་གི་ཤ་མོ་སྐྱེས་པ་དང་བསྐལ་བ་ཡང་མཇུག་སྒྲིལ་བ་ཡིན། དེ་ནས་སྐྱུར་བུལ་གྱི་ཞབས་ལ་ཚོད་ལྟའི་ཤོག་བུ་བཀོལ་ནས་གསོ་སྐྱོང་རྒྱ་ཆ་ཡིpHཚད་ལ་ཞིབ་བཤེར་བྱེད་ཅིང་། pHཚད་སྙོམ་སྒྲིག་བྱེད་ཚད8ཡས་མས་ཡིན་པ་དང་། རྒྱ་ཆའི་དྲོད་ཚད30℃ཡས་མས་སུ་ཆག་སྐབས་ཁུག་མའི་ནང་དུ་ལྷུག་དགོས། ཐོན་སྐྱེད་ལག་ལེན་དངོས་ཀྱི་ཐོག་ནས་ར་འཕྲོད་བྱུང་བ་ལྟར་ན། བསྐལ་བའི་རྒྱ་ཆས་འདེབས་འཛུགས་བྱས་པའི་ལིབ་ཤུའི་སྐྱེ་འཚར་མགྱོགས་པ་དང་། ཤ་མོ་སྙིགས་རོ་ཉུང་བ། ཐོན་ཚད་མཐོ་བ་བཅས་ཀྱི་ཁྱད་ཆོས་ལྡན།

2. ཁུག་མར་འཇུག་པ།

མཐུག་ཚད་ལི་སྨི0.03~0.04དང་ཞེང་ཚད་ལི་སྨི24~30 རིང་ཚད་ལི་སྨི40~50བཅས་

ཀྱི་དམའ་གནོན་ཁ་སེན་མདོང་སྐྱི་བཀོལ་དགོས། མིའི་ཐབས་ཀྱིས་ཁུག་མར་འཇུག་སྐབས། ལག་པ་གཅིག་གིས་ཁུག་མར་འཛིན་པ་དང་ལག་པ་ཅིག་ཤོས་ཀྱིས་རྒྱུ་ཆའི་ནང་དུ་བཙུག་ནས་སྟུད་ཞོར་དུ་མར་གནོན་དགོས། ནང་འཇུག་བྱས་ཏེ་ཁུག་མའི་ཁར་ལི་སྨི8ཡས་མས་སུ་སླེབ་དུས། རྒྱུ་ཆའི་ངོས་མནན་ནས་ཁུག་མའི་ནང་གི་དངོས་པོ་གཙང་དག་བྱེད་པ་དང་། དབུགས་ཕུད་རྗེས་རྒྱུ་ཆའི་ངོས་ལ་དམ་པོར་འབྱར་ནས་ཨ་ལོང3~4དཀྲིས་ཏེ་དམ་པོར་བསྡམས་ཏེ། ཚུ་དང་དབུགས་སྟོན་འགོག་བྱེད་དགོས།

ཁུག་མའི་ནང་དུ་འཇུག་སྐབས་དོ་སྣང་བྱེད་དགོས་པ་འགའ་ཡོད་དེ། ཁུག་མའི་ནང་དུ་མ་བཙུག་པའི་སྔོན་ལ་རྒྱུ་ཆ་རྣམས་བསྲེས་དཀྲུག་ལེགས་པོར་བྱེད་དགོས། རྒྱུ་ཆའི་རླན་ཚད་ནི་ལག་པས་དམ་པོར་འཇུས་ཏེ་ཆུ་འཛེར་ནས་མར་མི་འབབ་ན་ཚད་གཞི་དང་མཐུན་པ་ཡིན། གསོ་སྐྱོང་རྒྱུ་ཆ་སྐམ་དྲགས་ན་ཤ་མོ་སྐྱེས་པར་ཕན་པ་མེད། ཁུག་མའི་ནང་དུ་འཇུག་སྐབས་ཕྱོགས་གཅིག་ནས་རྒྱུ་ཆ་ལྷུག་པ་དང་ཞོར་དུ་བསྲེས་དཀྲུག་བྱས་ཏེ། གོང་རིམ་གྱི་རྒྱུ་ཆ་སྐམ་པོར་མི་འགྱུར་བ་དང་། འོག་རིམ་རྒྱུ་ཆ་རླན་པར་མི་འགྱུར་བར་བྱེད་དགོས། བསྲེ་སྦྱོར་རྒྱུ་ཆ་རྣམས་ཉིན་དེར་སྒྲིག་སྦྱོར་བྱས་ཚར་དགོས། དུས་ཚོད་རིང་དྲགས་ན་གསོ་སྐྱོང་རྒྱུ་ཆ་སྐྱུར་བསྐྱལ་དུ་འགྱུར་བ་ཡིན། ཁུག་མའི་ནང་དུ་འཇུག་དུས་སུ་གནོན་ཤུགས་སྙོམས་པོ་ཡིན་དགོས། སྤྱིས་འཁྱིག་ལ་སྲུང་སྐྱོབ་ཡག་པོ་བྱས་ནས་འཁྱིག་ཁུག་ལ་སྐྱོན་མི་ཡོང་བ་བྱེད་པ་དང་། རས་ཁུག་དམ་ལྷོད་རན་པོ་ཡོང་བར་དོ་སྣང་བྱེད་དགོས། སྤྱིར་བཏང་དུ་ལག་པས་ལྟེམ་ཤུགས་ཡོད་པ་དང་། ལག་པས་མནན་ན་གོང་བུ་ཡོད་པ། ལག་པས་དྲང་མོར་འདྲུད་པའི་ཚད་གཞི་དང་མཐུན་དགོས། བཙིར་གནོན་བྱས་པ་མ་ལེགས་ན་ཤ་མོའི་སྐྱེ་འཚར་ལ་ཤུགས་རྐྱེན་ཐེབས་པ་དང་། བཙིར་གནོན་ཚད་ལས་བརྒལ་བ་ཡིན་ན་ཤ་མོ་སྐྱེས་པ་ཐར་ཐོར་དང་ཤུགས་མེད་པར་འགྱུར་བས། གས་ཆག་ཤོར་ནས་ཤ་མོ་སྐྱེས་པར་ཤུགས་རྐྱེན་ཐེབས་པ་ཡིན། རྒྱུ་ཆ་བླུགས་ཟིན་པའི་ཁུག་མ་རྣམས་ཚགས་དམ་པ་དང་། དྲང་པོར་འཛོག་པ། ལྷོད་པོ་མེད་པར་བྱེད་དགོས། འཁྱིག་ཁུག་གི་སྒོམ་ཕྲ་དང་རིང་ཐུང་གཅིག་འདྲ་ཡིན་དགོས་ཤིང་། ཤ་མོའི་སྐྱེ་འཚར་ལ་རམ་འདེགས་

དང་མཐུན་རྐྱེན་སྦྱུན་དགོས། མཇུག་མཐར་ཁུག་མའི་ནང་དུ་བཙུག་པའི་གནས་ཚུལ་ལ་ཞིབ་བཤེར་བྱས་ཏེ། གནོད་སྐྱོན་གས་ཤོར་ཅན་ཡོད་ན་དུས་ཐོག་ཏུ་ཁ་སྒྱུར་དགོས། དེའི་འཁོར་རྒྱུན་གཉེན་གྱིས་འབུ་ཕྲ་གསོད་དགོས།

(གསུམ) དུག་སེལ་དང་སྲིན་གསོད་ལག་རྩལ།

1. ཤ་མོའི་ཁང་བའི་དུག་སེལ་དང་སྲིན་གསོད།

ཤ་མོའི་ཁང་བ་བེད་སྤྱོད་མ་བྱས་པའི་སྔོན་དུ་དུག་སེལ་བྱེད་དགོས་པ་དང་། ལྷག་པར་དུ་ཤ་མོའི་ཁང་བ་རྙིང་བར་དེ་བས་ཀྱང་དུག་སེལ་གཙང་དག་བྱས་ཏེ། ཤ་མོའི་སྙིགས་རོ་ཇེ་ཉུང་དུ་གཏོང་དགོས། ནད་འབུའི་གནོད་འཚེ་བྱུང་ན་ཐོན་ཚད་ལ་ཤུགས་རྐྱེན་ཐེབས་ངེས། དུག་སེལ་བྱེད་ཐབས་གཤམ་གསལ་ལྟར།

(1) ཛྭ་ཚོན་དང་ཀའོ་མྣན་སོན་ཛྭས་བདུག་བཙོས། བྱེ་བྲག་གི་བྱེད་ཐབས་ནི་སྔོན་ལ་ཤ་མོའི་ཁང་བ་དམ་སྒྲིར་བྱེད་དགོས། སྨི་གྲུ་བཞི་ལྷམ་པ་རེའི་བོངས་ཚད་ཏའོ་ཧྲིན10ཛྭ་ཚོན་དང་ཀའོ་མྣན་སོན་ཛྭ་ཁེ2.5བསྟུར་ཚད་ལྟར་རྩིས་རྒྱག་དགོས། རང་འདོད་ལྟར་ཛྭ་ཚོན་ཡལ་བར་བྱེད་ཅིང་། སྒོ་དང་སྐེའུ་ཁུང་དམ་པོར་བརྒྱབ་ནས་ཞག་གཅིག་གམ་དེ་ལས་ཀྱང་རིང་བའི་དུས་ཚོད་ནང་དུ་བདུག་བཙོས་སྲིན་གསོད་ཀྱི་དམིགས་ཡུལ་འགྲུབ་ཐུབ།

(2) ལིའུ་ཧོང་བདུག་བཙོས། བཀོལ་སྤྱོད་བྱེད་ཐབས་ནི་དམ་སྒྲིར་བྱས་ཟིན་པའི་ཤ་མོའི་ཁང་བའི་ནང་དུ་སྨི་གྲུ་བཞི་ལྷམ་པ་རེར་ཁེ15~20ལྟར་བཟི་དགོས། ལིའུ་ཧོང་ནི་ས་ངོས་དང་ཅུང་མཐོ་བའི་དཀར་ཆས་སམ་ལྕགས་རིགས་སྣོད་ཆས་ནང་དུ་འཇོག་པ་དང་། ལིའུ་ཧོང་འབར་ནས་ཨེར་དབྱང་ཧྭ་ལིའུ་འགྱུར་དུ་འཇུག་དགོས། ཨེར་དབྱང་ཧྭ་ལིའུ་འགྱུར་རྫས་ཀྱི་འདུས་ཚད་མཁའ་དབུགས་ལས་ཆེ་བ་དང་། མར་ནུབ་སླ་བས། ལིའུ་ཧོང་བླུགས་པའི་སྣོད་ཆས་ས་ངོས་དང་ཅུང་མཐོ་བའི་གནས་སུ་བཞག་ནས་འབུ་སྲིན་གསོད་པའི་ཕན་འབྲས་ཇེ་མཐོར་གཏོང་བ་དང་། སྔོན་དུ་ཤ་མོའི་ཁང་བའི་ནང་དང་ཤ་མོའི་སྤྱིལ་བུའི་གྱང་ངོས་སུ་ཆུ་སྦྲུག་ཉུང་ཙམ་གཏོར་ན་ཨེར་དབྱང་ཧྭ་ལིའུ་ཇེ་མང་དུ་འགྲོ་བར་ཕན། ཡ་ལིའུ་སོན་ཆགས་ནས་འབུ་སྲིན་གསོད་པའི་ཕན་འབྲས་ཇེ་མཐོར་གཏོང་དགོས།

ཞིའུ་ཧོང་སྤར་རྗེས། མིའི་འཁྲིན་རྫབ་དབུགས་ལམ་གྱི་འབྱར་སྐྱི་དང་མིག་ལྤིབས་ནང་སྐྱི་ལ་ཟུག་གཟེར་རང་བཞིན་ཡོད་པས་འགོག་སྲུང་ལ་མཉམ་འཛོག་བྱེད་དགོས།

(3) རྡོ་སོལ་སྐྱུར་ལྡན་ཞུ་ཁུས་རླངས་གཏོར་བྱེད་པ། རྡོ་སོལ་སྐྱུར་བ5%ཞུ་ཁུ་ལ་བསྲེབས་ནས་ཤ་མོའི་ཁང་བར་རླངས་གཏོར་དུག་སེལ་བྱས་ན། རྫལ་སེལ་དང་མཁའ་རླུང་དུག་སེལ་གྱི་ནུས་པ་ཐོན་ཐུབ། ཡང3%~5%པིན་སྦྱིན་ཚུའི་ཞུ་ཁུ་ཡིས་ཡོ་བྱད་སྦྱངས་ནས་དུག་སེལ་བྱས་ཀྱང་ཆོག

2. གསོ་སྐྱོང་རྒྱུ་ཆ་སྟེང་གི་འབུ་སྲ་གསོད་པ།

ཤ་མོའི་འབུ་སྲ་གསོད་པ་ནི་ཁུག་མའི་ནང་དུ་བཙུག་ནས་འདེབས་འཛུགས་བྱེད་པའི་རྒྱུ་ཆའི་ཁུག་མ་ལ་མཐོ་གནོན་ནམ་ཡང་ན་རྒྱུན་གནོན་གྱིས་འབུ་སྲ་གསོད་པའི་གོ་རིམ་ཞིག་ཡིན། འབུ་སྲ་གསོད་པའི་དམིགས་ཡུལ་ནི་གསོ་སྐྱོང་རྒྱུ་ཆའི་སྟེང་གི་སྐྱེ་དངོས་ཕྲ་རབ་གསོད་རྒྱུ་དེ་ཡིན་ལ། འབུ་སྲ་གསོད་པ་ནི་བཟའ་བྱའི་ཤ་མོ་ཐོན་སྐྱེད་བྱེད་པའི་གནད་འགག་ཡིན། ལྕགས་ལེབ་ཀྱི་ཐབ་ཀ་དང་། སོ་ཕག་གི་ཐབ་ཀ ནུས་ཁུངས་གྲོན་ཆུང་དང་རླངས་པའི་ཐབ་ཀ་སོགས་གང་ཡིན་རུང་། དྲོད་འཕར་མགྱོགས་ཤིང་དྲོད་སྲུང་ལེགས་པ་དང་། དབུགས་མི་ཤོར་བ། ཆུ་མི་འཛག་པ་བཅས་བྱེད་དགོས། ཐབ་ཀའི་ཆེ་ཆུང་ནི་ཁུག་མ2500~3000འཛོག་ཐུབ་ན་བཟང་། ཆེ་དྲགས་ན་དྲོད་ཚད་འཕར་བའི་དུས་ཚོད་ཧ་ཅང་རིང་བ་དང་། ཆུང་དྲགས་ན་རྒྱུ་ཆ་མང་དུ་འཛོག་མི་ཐུབ་པ་དང་འབར་རྫས་ཟད་གྲོན་ཆེའོ། །

རྒྱུ་ཆའི་ཁུག་མའི་འབུ་སྲ་གསོད་པ་ལ་མཐོ་གནོན་གྱིས་འབུ་སྲ་གསོད་པ་དང་རྒྱུན་གནོན་གྱིས་འབུ་སྲ་གསོད་པའི་ཐབས་ལམ་གཉིས་ཡོད། མཐོ་གནོན་དུག་སེལ་སྒྲིག་ཆས་ཀྱི་མ་དངུལ་འགྲོ་གྲོན་མཐོ་བ་དང་། ཐེངས་གཅིག་ལ་འབུ་སྲ་མང་པོ་གསོད་མི་ཐུབ་ཅིང་མང་ཆེ་བ་ཤ་མོའི་ས་བོན་བཟོ་བར་སྤྱོད་བཞིན་ཡོད། འདེབས་འཛུགས་ཁུག་མ་བཟོ་བར་སྤྱིར་བཏང་དུ་རྒྱུན་གནོན་གྱིས་འབུ་སྲ་གསོད་པའི་ཐབས་ལམ་སྤྱོད་པ་ཡིན། རྒྱུན་གནོན་དུག་སེལ་ནི་རྒྱུན་གནོན་རླངས་གནོན་དུག་སེལ་ཐབ་ཀའི་ནང་དུ་སྤེལ་བཞིན་ཡོད། རྒྱུན་

གདོན་གྱིས་འབུ་སྲ་གསོད་པའི་གོ་རིམ་ཁྲིད་དུ་གསོ་སྐྱོང་རྒྱུ་ཆའི་འཚོ་བཅུད་ལ་གཏོར་བརླག་ཐེབས་དཀའ་བར་མ་ཟད། མ་དངུལ་འགྲོ་གྲོན་ཉུང་བ་དང་བཟོ་སྐྲུན་གྱི་གོ་རིམ་སླ་མོ་ཡིན། རྒྱུན་གདོན་འབུ་སྲ་གསོད་བྱེད་ཀྱི་བཀོལ་སྤྱོད་གོ་རིམ་ངོ་སྤྲོད་བྱས་ན་གཤམ་གསལ་ལྟར།

(1) ཐབ་ཚང་ནང་དུ་ཁུག་མ་འཇོག་པ། ནང་བཅུག་བྱས་ཟིན་པའི་སྤྲོས་འཁྱིག་རྣམས་རྒྱུན་གདོན་ཐབ་ཀའི་ནང་དུ་རེ་རེ་བཞིན་ཐོག་འོག་ཁ་སྤྲད་ནས་དྲང་མོར་འཇོག་པ་དང་། དེ་ལྟར་བྱས་ན་བུ་ག་ཆེ་བར་མ་ཟད། རླུང་རྒྱུག་པ་དང་རླངས་པ་བརྗོལ་སླ་ལ། འབུ་སྲ་བསད་རྗེས་ཀྱི་སྲིན་ཁུག་ཀྱང་ལངས་གཟུགས་ངོས་བཞི་མར་འགྱུར་ཐུབ། ས་བོན་གྱི་སྨྱུ་གུ་འབུས་པ་དང་དུས་མཚུག་གི་ངོ་དམ་ལའང་ཕན་པ་ཡོད། རླངས་མཛོད་ནང་གི་ཟུར་བཞི་ནས་མཐོ་ཚད་ལི་སྨི15ཡོད་པའི་དབུགས་ལམ་འཇོག་པ་དང་། ཕན་ཚུན་བར་དུ་བར་གསེང་བཞག་ནས་རླངས་པ་ཤར་བགྲོད་ཐུབ་པར་ཁག་ཐེག་བྱེད་ཅིང་། འབུ་སྲ་གསོད་ཐུབ་པར་ཁག་ཐེག་བྱེད་དགོས། ཁུག་ཀྱོག་ཆགས་པར་སྔོན་འགོག་བྱས་ཏེ་འབུ་སྲིན་གསོད་པའི་ཕན་འབྲས་ལ་ཤུགས་རྐྱེན་ཐེབས་པར་མཉམ་འཇོག་བྱེད་དགོས།

(2) ཁུག་མ་བསྡུས་ཚར་རྗེས་ཐབ་སྒོ་རྒྱག་པ་དང་། མྱུར་དུ་མེ་ཆེན་པོ་སྦར་ནས་དྲོད་ཚད་ནི་ཆུ་ཚོད4~6བར་དུ100℃ལ་སླེབས་ཐུབ་པར་བྱེད་དགོས། མེའི་སྟེང་ལ་དུས་ཐོག་ཏུ་རྫ་སོལ་སྣོན་དགོས། ཆུའང་རྒྱུན་དུ་བླུགས་ནས་སླ་ང་སྐམ་གས་སུ་འགྲོ་བར་སྔོན་འགོག་བྱེད་པ་དང་། དྲོད་ཚད་མར་ལྷུང་བར་ཡང་སྔོན་འགོག་བྱེད་དགོས། མེ་སྦར་དུས“དང་ཐོག་ཆེ་བ་དང་མཇུག་ཏུ་སྐྱོམས་པ། བར་དུ་ཚད་ལྡན”བཅས་བྱེད་པའི་རྩ་དོན་ཁོང་དུ་ཆུད་དགོས། དེ་ནས་མེ་དྲོད་ཚོད་འཛིན་ནན་མོ་བྱས་ཏེ། དྲོད་ཚད100℃ནས་མར་མི་ལྷུང་བར་རྒྱུན་འཁྱོངས་བྱས་ནས། དུས་ཚོད24ལ་རྒྱུན་འཁྱོངས་བྱེད་དགོས། འབུ་སྲ་གསོད་པའི་ཆེས་མཐའ་མཇུག་གི་དུས་ཚོད་གཉིས་ལ་མེ་ཤུགས་ཇེ་ཆེར་བཏང་ནས་འབུ་སྲ་གསོད་པའི་དམིགས་ཡུལ་འགྲུབ་པར་བྱེད་དགོས། མེ་ལ་དུས་ལྟར་བལྟས་ཏེ་རྫ་སོལ་སྣོན་དགོས་པ་དང་། ཆུ་མང་དུ་བསྣན་ཏེ་སླ་ང་སྐམ་པར་མི་འཇུག་པ། དྲོད་ཚད་ལ་མཉམ་འཇོག

བྱས་ཏེ་དྲོད་མར་འབབ་ཏུ་འཇུག་མི་རུང་། མེ་འབུད་དུས“མེ་ལྕེ་དང་མེ་མཇུག མེ་དཀྱིལ་བཅས་ཚད་མཐུན”གྱི་རྩ་དོན་ངེས་དགོས་སོ།།

(3) འབུ་ཕྲ་གསོད་པའི་དུས་ཚོད་ལ་ཐོན་རྗེས་དྲོད་ཚད་ཇེ་མཐོར་གཏོང་མཚམས་བཞག་སྟེ། དྲོད་ནུས་ལྷག་མ་བཀོལ་ནས་དུས་ཡུན་ངེས་ཅན་ཞིག་ལ་དབུགས་སུབ་ཐེབས་རྗེས། རྒྱུ་ཆའི་དྲོད་ཚད40℃ལ་སླེབ་དུས། སླ་ང་ལས་ཕྱིར་བཏོན་ཆོག

3. རྒྱུན་གནོན་དུག་སེལ་སླ་ངའི་ངོ་སྤྲོད་མདོར་བསྡུས།

རྒྱུན་གནོན་འབུ་ཕྲ་གསོད་པའི་སླ་ང་ལ་རྣམ་པ་སྣ་ཚོགས་ཡོད་དེ། སྤྱིར་བཏང་གི་རྒྱུན་གནོན་དུག་སེལ་ཐབ་ཀ་ནི་དུག་སེལ་སླ་ང་དང་རླངས་པ་འབྱུང་བྱེད་མ་ལག་གཉིས་ཀྱིས་གྲུབ་པ་དང་། རྩ་བའི་རིགས་པ་གཅིག་མཚུངས་ཡིན་ལ་བཟོ་སྐྲུན་གྱི་རྣམ་པ་སྣ་མང་ཡིན། ད་ལྟ་རྒྱུན་དུ་བཀོལ་སྤྱོད་བྱེད་པའི་རིགས་ཤིག་ཚང་མར་མཚམས་སྦྱོར་བྱས་ན། དེས་རྗོ་སོལ་དང་བུད་ཤིང་སོགས་ནུས་ཁུངས་སུ་བྱེད་པ་དང་། དེའི་གྲུབ་ཚུལ་གཙོ་བོ་ནི་རླངས་པ་འབྱུང་བའི་ཐབ་ཀ་དང་དུག་སེལ་ཁང་གཉིས་ཡིན། འབུ་ཕྲ་གསོད་པའི་སླ་ང་འདི་ནི་ཁ་དམ་པོར་སྦྱར་བ་ཞིག་མ་ཡིན་པར། དུག་སེལ་བྱེད་སྐབས་རླངས་པ་རྒྱུན་ཆད་མེད་པར་དུག་སེལ་སླ་ངའི་ནང་ནས་ཕྱིར་ཤོར་བ་དང་། ཕྱི་ཤོར་གནོན་ཤུགས་དང་རང་བྱུང་རླུང་ཁམས་ཆེན་པོའི་གནོན་ཤུགས་འདྲ་མཚུངས་ཡིན། དེ་བས་འདི་ལ་རྒྱུན་གནོན་ཟེར་བ་དང་། སླ་ངའི་ནང་གི་དུག་སེལ་དྲོད་ཚད100~105℃ཡིན་དགོས་ཤིང་། ལག་རྩལ་གཙོ་བོའི་གླང་བྱ་གཤམ་གསལ་ལྟར།

(1) ཐབ་ཚང་གི་ཆེ་ཆུང་ནི་ཐོན་སྐྱེད་ཀྱི་གཞི་ཁྱོན་ལྟར་གཏན་ཁེལ་བྱེད་དགོས།

(2) རླངས་སྐྱུལ་མཛོད་ཁང་འཛུགས་སྐབས། རླངས་སྐྱུལ་མཛོད་ཁང་ནང་དུ་བརྩེགས་རིམ་ཡོད་དགོས་ཤིང་། འབུ་ཕྲ་གསོད་དགོས་པའི་ཤ་མོའི་ཁུག་མ་རིམ་པ་དབྱེ་ནས་ བླུགས་ན་རླངས་པའི་འཁོར་རྒྱུག་ལ་ཕན་པ་ཡོད།

(3) ཐབ་ཀའི་དཀྱིལ་དུ་དྲོད་ཚད་འཇལ་ཆས་བསྐར་བའི་ལྡུགས་སྦུག་ཅིག་འཛོག་དགོས།

(4) ཆུ་སྟོན་སྐྱིག་ཆས་དང་ཐབ་ཀའི་ནང་གི་གསོག་ཆུའི་མང་ཉུང་ལ་ལྟ་ཞིབ་བྱེད་དགོས།

བཟོ་སྐྲུན་བྱེད་ཐབས་ཞིབ་ཕྲ་ནི་གཤམ་གསལ་ལྟར་ཡིན།

རྒྱུན་མཐོང་གི་རྒྱུན་གནོན་དུག་སེལ་ཐབ་ཀ་ནི་གྲུ་བཞི་ཡིན་ལ། སོ་ཕག་དང་ཨར་འདམ་གྱིས་བརྩིགས་པ་ཡིན། ལྟགས་ཀྱི་སྣ་ང1~2བཀོལ་བ་དང་། ཚངས་ཐིག་ལ་ལི་སྨི100~120ཡོད་པའི་སྣ་ང་ནི་དུག་སེལ་ཐབ་ཚང་གི་ནང་དུ་འཛུག་པ་དང་ཚངས་ཐིག་ལ་ལི་སྨི80ཡོད་པའི་སྣ་ང་ནི་དུག་སེལ་ཐབ་ཚང་གི་ཕྱི་རོལ་གྱི་ཉེ་སར་འཛུག་དགོས། ལྟགས་སྦུག་གཅིག་གིས་སྣ་ང་གཉིས་སྦྲེལ་བ་དང་། ཕྱིར་བཞག་པའི་སྣ་ངའི་ནང་གི་ཆུ་དྲོན་མོ་རང་འགུལ་གྱིས་རླངས་བཙོས་མཛོད་ཁང་གི་དུག་སེལ་སྣ་ངའི་ནང་དུ་བཞུར་ན་དེའི་ནང་དུ་ཆུ་ཁ་གསབ་བྱེད་ཐུབ། སྟོན་ལ་ཐབ་ཀ་དཀྱུས་མ་ཞིག་བརྩིགས་ནས། ལྟགས་ཁོག་ཆེན་པོའི་སྟེང་དུ་སོ་ཕག་གི་རིང་ཚད་དང་ཞེང་ཚད་སོ་སོར་ལི་སྨི120~170དང་། མཐོ་ཚད་ལ་ལི་སྨི150~160ཡོད་པའི་དུག་གསོད་ཁང་ཞིག་འཛུགས་དགོས། རླངས་བཙོས་མཛོད་ཁང་ནང་དུ་པང་ལེབ་ཀྱི་སྒྲོམ་གཞི་རིམ་པ་གསུམ་ཡོད་པ་དང་། བང་རིམ་གྱི་བར་ཐག་ལ་ལི་སྨི45~50ཡོད། ཐབ་ཀ་རྫིག་པའི་རྒྱ་ཁྱོན་ནི་སྣ་ངའི་ཚངས་ཐིག་ལས་ལི་སྨི20~30ཆེ་དགོས་པ་ཡིན། ཐབ་ཀའི་ནང་རིམ་ནི་ཨར་འདམ་པང་ལེབ་ཀྱིས་གཙང་མར་བྱུག་པ་དང་། ཐབ་ཀའི་སྟེང་ལ་ཨར་འདམ་གྱི་པང་ལེབ་འགེབས་དགོས། སྒོའི་མཐོ་ཚད་ནི་ལི་སྨི120~150དང་ཞེང་ཚད་ལ་ལི་སྨི80ཙམ་དགོས། བང་རིམ་གཉིས་ལྡན་གྱི་ཁ་ཟུམ་རྒྱུ་ཆ་སྤྱད་དེ་རླངས་པ་འཕྱུར་ཚད་ཇེ་ཉུང་དུ་བཏང་ནས། དུག་སེལ་གྱི་ཕན་ནུས་ཇེ་ཆེར་གཏོང་དགོས།

4. རྨོ་འདེབས།

རྨོ་འདེབས་བྱེད་དུས་འབུ་ཕྲ་མེད་པའི་ཆ་རྐྱེན་འོག་ཏུ་བྱེད་ཐབས་དང་གོ་རིམ་ངེས་ཅན་ལྟར་བཀོལ་སྤྱོད་ནན་མོ་བྱས་ཏེ། རྨོ་འདེབས་བྱེད་པར་ལྷོས་བཅས་ཀྱིས་འབུ་ཕྲ་མེད་པའི་ཁོར་ཡུག་ཅིག་བསྐྲུན་ནས་འབུ་ཕྲ་སྣ་ཚོགས་འགོས་པ་དང་འབུ་ཕྲ་སྣ་ཚོགས་རྒྱུ་ཆ་ཁུག་མའི་ནང་དུ་མི་འགྲོ་བ་བྱེད་དགོས་ཤིང་། རྨོ་འདེབས་ལེགས་འགྲུབ་ཡོང་བར་ཁག་

ཐེག་བྱེད་དགོས།

སྐྱོ་འདེབས་བྱེད་པའི་གོ་རིམ།

(1) ཁོར་ཡུག་དུག་སེལ་བྱེད་པ། ས་བོན་མ་བཏབ་པའི་སྔོན་གྱི་གཟའ་འཁོར་གཅིག་གི་ནང་དུ་སྐྱོ་འདེབས་ཁང་ངམ་སྐྱོ་འདེབས་སྣམ་སྟོད་གཙང་སྲ་བྱེད་དགོས། རྫ་ཐལ་དང་པའོ་ཨར་ཧོ་གཤེར་ཁུ་གཏོར་བ་ཡིན། མ་བཀོལ་སྔོན་གྱི་ཉིན3~4ནང་དུ་སྐྱོ་འདེབས་ཁང་དང་སྐྱོ་འདེབས་སྣམ་སྟོད་ཀྱི་ཁ་དམ་པོར་ཐུམ་དགོས། ཕིའུ་ཧོང་སྟོང་ཁ0.5~1(ཡང་ན་ཐུ་ཆེན་སྟོང་ཁ1)སྦྱིད་ནས་ཆུ་ཚོད12~24བདུག་བཙོས་དུག་སེལ་བྱེད་དགོས། ཁང་བའི་ནང་དུ་མ་འཇུལ་སྔོན་དུ་དུག་སེལ་གཤེར་ཁུ་སྦྱིད་དེ་ཁང་བའི་ཕྱི་ནང་དུ་གཏོར་དགོས།

(2) ཤ་མོའི་ས་བོན་གྱི་བསལ་འདེམ་དང་དུག་སེལ་བྱེད་ཐབས། ཤ་མོའི་ཕྲ་སྐྱུད་དཀར་ཞིང་སྟོམ་པ། མཐུག་པ། འདྲེས་རྫོག་གྲུབ་པའི་སྤུས་ལེགས་ཤ་མོའི་ས་བོན་འདེམ་པ་ཡིན། དུག་སེལ་གཤེར་ཁུ་སྦྱིད་ནས་ཤ་མོའི་ས་བོན་གྱི་ཕྱི་ཤུན་བཀྲུ་བ་དང་མྱུར་དུ་སྐྱོ་འདེབས་ཁང་དུ་སྤོར་དགོས། འབུ་ཕྲ་མེད་པའི་ཆ་རྐྱེན་འོག་ཏུ་དམ་བེའི་ལྡེབས་བརྟུངས་དང་། ཤ་མོའི་ས་བོན་བླུགས་ཏེ་རིལ་བུ་ཆེ་ཆུང་ལྟར་ཚད་གཞིར་འཛིན་དགོས། ཆེ་མི་ཉུང་ལ་ཆུང་དྲགས་ནའང་མི་ཉུང་ངོ་།།

(3) རྒྱུ་ཆའི་ཁུག་མའི་དྲོད་ཚད28~30℃ལྷུང་སྐབས། རས་ཁུག་སྣེ་མོའི་ཐག་པ་བཀྲོལ་ནས། ཤ་མོའི་ས་བོན་ཆ་སྙོམས་སྙོས་ཁུག་མའི་སྟེང་དུ་གཏོར་དགོས་ཤིང་། ངེས་པར་དུ་ཁུག་མའི་ནང་གི་གསོ་སྐྱོང་རྒྱུ་ཆ་ཡོངས་སུ་འགེབས་དགོས། དེ་ནས་ཁུག་མའི་ནང་དུ་བཙུག་ནས་འཁྱིག་སྒོར་དང་ཤོག་བུ་བཀབ་རྗེས། ཤོག་བུ་དང་འཁྱིག་ཁུག་མཉམ་དུ་འཁྱིག་སྒོར་གྱི་སྟེང་དུ་སྔོམ་དགོས། སྐྱོ་འདེབས་བྱེད་སྐབས་འབུ་ཕྲ་གསོད་རྒྱུར་དོ་སྣང་བྱེད་དགོས་ཏེ། སྐྱོ་འདེབས་བྱེད་སྐབས་མགྱོགས་མྱུར་དང་འགྲིག་པོ་ཡིན་དགོས། སྐྱོ་འདེབས་བྱེད་མཁན་དང་བཀོལ་སྤྱོད་བྱེད་མཁན་གྱིས་ངེས་པར་དུ་མི་སྒེར་གྱི་གཙང་སྲ་ལེགས་སྲུང་བྱེད་དགོས། ལག་པ་དང་སྐྲ་གཙང་མར་བཀྲུ་བ་དང་སེན་མོ་འབྲེག་པ། ལག་པ་དང་དཔུང་བ་ལ་ཆང་བཙུད་ཀྱིས་དུག་སེལ་བྱེད་དགོས།

5. སྤུངས་ནས་ཤ་མོ་སྐྱེ་རུ་འཇུག་པ།

ཤ་མོའི་སྤྱིལ་བུར་དུག་སེལ་བྱས་རྗེས། ས་བོན་འདེབས་པའི་ཁུག་མ་ཤ་མོའི་སྤྱིལ་བུའི་ནང་དུ་སྐྱིལ་བ་དང་། རྣང་མའི་སྟེགས་བུའི་སྟེང་དུ་སྤུངས་ནས་ཤ་མོ་སྐྱེ་རུ་འཇུག་དགོས། སྤུང་བའི་དུག་སེལ་བྱེད་ཐབས་ནི་ལེབ་ཤྭའི་སྤུང་བའི་དུག་སེལ་བྱེད་ཐབས་ལ་དཔེ་ལྟ་བྱེད་དགོས།

གསུམ། ཤ་མོ་འདོན་དུས་ཀྱི་ཐོན་སྐྱེད་དོ་དམ།

ལེབ་ཤྭ་ནི་དྲོད་ཚད་འགྱུར་བའི་ཤ་མོའི་རིགས་ཡིན། དེའི་ཕྱིར་རྒྱ་ཆ་སྨིན་མའི་འདེབས་འཛུགས་དང་ཡང་ན་རྒྱ་ཆ་རྗེན་པའི་འདེབས་འཛུགས་གང་ཡིན་རུང་། ལེབ་ཤྭའི་གསར་ཐོན་དུས་སྐབས་སུ་དྲོད་ཚད་ཀྱི་ཁྱད་པར་དང་། དྲོད་ཚད་སྙོམ་སྒྲིག རླུང་རྒྱུ་བ་དང་དབུགས་བརྗེ་བ། དེ་མིན་འོད་ཐོག་ཚད་སོགས་དགོས་ངེས་ཀྱི་ཆ་རྐྱེན་ལ་དོ་སྣང་བྱེད་དགོས།

(གཅིག) དྲོད་ཚད་ཀྱི་ཁྱད་པར་བརྒྱུད་ནས་ཤ་མོ་འབྱུང་དུ་འཇུག་པ།

ལེབ་ཤྭ་ནི་དྲོད་ཚད་འགྱུར་བ་དང་བསྟུན་ནས་སྦྲ་ཞིང་མཁྲེགས་པར་འགྱུར་བ་དང་། དྲོད་ཚད་ཀྱི་ཁྱད་པར་ཇེ་ཆེར་བཏང་ན་ཤ་མོ་སྐྱེ་བར་ཕན་པ་ཡོད། ནངས་དགོང་དུ་དྲོད་ཚད་དམའ་དུས་རླུང་རྒྱུག་ཚད་ཇེ་མཐོར་བཏང་ནས་དྲོད་ཚད་ཇེ་དམའ་རུ་གཏོང་དགོས། ཉིན་མཚན་དྲོད་ཚད་ཀྱི་ཁྱད་པར6~10℃ཡིན་དུས་ཤ་མོ་ཐོན་པར་བྱེད། དྲོད་ཚད་དམའ་བའི་དུས་ཚིགས་སུ། ཉིན་མོར་དྲོད་ཚད་དང་རླན་འཛིན་ཇེ་མཐོར་འགྲོ་བར་དོ་སྣང་བྱེད་དགོས་པ་དང་། མཚན་མོར་རླུང་རྒྱུག་ཚད་དང་དྲོད་ཚད་ཇེ་དམའ་རུ་གཏོང་དགོས། དྲོད་ཚད20℃ཡན་ལས་མཐོ་བའི་དུས་སུ། རླུང་རྒྱུ་བར་ཤུགས་སྣོན་དང་ཆུ་གཏོར་དྲོད་གཅོག་གི་བྱེད་ཐབས་སྤྱད་དེ་དྲོད་ཁྱད་ཇེ་ཆེར་གཏོང་དགོས། གདོད་རྩང་གྲུབ་པ་ནས་ཕྲ་ཕུང་གི་ཤ་མོ་སྨིན་པ་ལ་ཉིན5~8དུས་ཚོད་དགོས། དྲོད་ཚད་དམའ་ན་སྐྱེ་འཚར་གྱི་དུས་ཚོད་རིང་བ་དང་། དྲོད་ཚད་མཐོ་ན་སྐྱེ་འཚར་མགྱོགས་སོ།།

(གཉིས) རླན་ཚད་སྙོམ་སྒྲིག

ཤ་མོ་སྐྱེ་སར་རྒྱུན་དུ་ཆུ་གཏོར་ནས་མཁའ་རླུང་གི་རླན་ཚད85%~90%རྒྱུན་འཁྱོངས་བྱེད་དགོས། རྒྱུ་ཆའི་ངོས་སུ་ཐེའུ་ཐོན་རྗེས། ལྷག་པར་དུ་ཆུ་གཏོར་བར་དོ་སྣང་བྱེད་དགོས། རླངས་སྣུག་གཏོར་བའི་ཐབས་ཀྱིས་རླན་འཛིན་པར་བྱེད་ཅིང་། གང་བུ་ལ་ཐད་ཀར་ཆུ་གཏོར་མི་རུང་། གང་བུ་ཁ་འབྱེད་པའི་དུས་སུ་ད་གཟོད་ཆུ་ཙུང་ཙམ་གཏོར་བ་ཡིན། རླངས་སྣུག་གཏོར་བ་དང་ཆུ་ཁ་གསབ་བྱས་ན་ཕྲ་ཕུང་གི་ཤ་མོ་འཚར་ལོངས་ཡོང་བར་ཕན་པ་ཡོད། ཤ་མོའི་སོག་ཤུལ་དང་པོ་དང་གཉིས་པ་བསྡུས་རྗེས། ཤ་མོའི་ཁུག་མའི་ནང་གི་ཆུ60%ལས་དམའ་བའི་དུས་སུ་ཆུ་གསབ་སྟོན་བྱེད་དགོས། ཐད་ཀར་ཁུག་མའི་ནང་དུ་ཆུ་ལྷུག་པའམ་ཆུའི་ནང་དུ་སྦང་བ་ཡིན། ཆུའི་ནང་དུ་སྦང་སྐབས་ལྕགས་སྐུད་ཀྱིས་ཤ་མོ་ཁུག་མའི་སྟེང་དུ་ཁུང་བུ3~4གཏོད་ན་ཤ་མོའི་ཁུག་མ་སྦངས་སླ། ཤ་མོ་འདོན་དུས་དོ་དམ་གྱི་རླན་ཚད་ནི་ཐོག་མཐའ་བར་གསུམ་དུ90%ཡིན་པ་དང་། ཡན་ལག་གི་ཕྲ་ཕུང་ཤ་མོ་གྲུབ་པའི་གོ་རིམ་ཁྲིད་མི་སྐམ་པ་དང་། ཆུ་མི་ཤོར་བ། ཤ་མོ་གསར་བ་སྐྱེ་བར་ཁག་ཐེག་བྱེད་དགོས།

(གསུམ) རླུང་རྒྱུ་བ།

དྲོད་ཚད་དམའ་བའི་དུས་ཚོགས་སུ་ཉིན་གཅིག་ལ་རླུང་ཐེངས་རེ་རྒྱུག་དགོས་པ་དང་། ཐེངས་རེར་སྐར་མ30ཡིན་དགོས་ལ། སྤྱིར་བཏང་དུ་ཉིན་གུང་ལ་ཆུ་གཏོར་རྗེས་རླུང་རྒྱུག་ཏུ་འཇུག་དགོས། དྲོད་ཚད་མཐོ་བའི་དུས་སུ་ཉིན་གཅིག་ལ་རླུང་ཐེངས2~3ལ་རྒྱུག་དགོས། ཐེངས་རེར་སྐར་མ20~30ཡིན། རླུང་རྒྱུ་བ་དང་དབུགས་བརྗེ་བའི་ལས་ཀ་ནི་ནངས་དགོང་ལ་སྤེལ་དགོས། དྲོད་ཚད་མཐོ་ཞིང་རླན་པའི་དུས་སུ་རླུང་དབུགས་མི་རྒྱུ་བ་གཏན་ནས་བྱེད་མི་རུང་། རླུང་རྒྱུག་དུས་ངེས་པར་དུ་དལ་དགོས་ཤིང་། རླུང་ཐད་ཀར་ཤ་མོའི་སྟེང་ལ་རྒྱུག་ཏུ་མི་འཇུག་པ་དང་། ཤ་མོའི་སྟེང་གི་ཆུ་ཤོར་བར་སྔོན་འགོག་བྱེད་དགོས།

(བཞི) འོད་འཕྲོ་ཤུགས་ཇི་ཆེར་གཏོང་བ།

ཉི་མའི་འོད་ཟེར་འཕྲོས་ན་ཤ་མོ་སྔ་མོ་ནས་ཐོན་ཐུབ་པ་དང་ཤ་མོ་མང་པོ་ཐོན་ཐུབ་

ཅིང་། སྨན་ནག་གི་ནང་དུ་ཤ་མོ་འབྱུང་དཀའ་བ་ཡིན། གལ་ཏེ་འོད་ཕོག་ཚད་མ་འདང་ན། ཤ་མོ་ཉུང་བ་དང་། ཤ་མོའི་ཡུ་བ་རིང་བ། ཤ་མོ་ཆུང་ཞིང་མདོག་མི་བཟང་བ། ཡ་མ་གཟུགས་སུ་འགྱུར་སླ་བ་ཡིན། སྤྱིར་བཏང་དུ་ཤ་མོའི་སྤྲིལ་བུའི་ནང་དུ"ཉིན་ཕྱོགས་བཅུ་ཆའི་གསུམ་དང་སྲིབ་ཕྱོགས་བཅུ་ཆའི་བདུན"གྱི་འོད་འཕྲོའི་ཤུགས་ཚད་རྒྱུན་འཁྱོངས་བྱས་ན་ལེགས། འོན་ཀྱང་ཐད་ཀར་འོད་ཕོག་མི་རུང་། ཤ་མོ་ཤ་སྐམ་དུ་འགྲོ་བས་སོ།།

ལྔ། ལེབ་ཤྭ་བཞར་བསྡུ་དང་ལས་སྔོན།

(གཅིག) ལེབ་ཤྭ་བཞར་བསྡུ་ཐབས་ལམ།

བྱེད་ཐབས་གང་ཞིག་སྤྱད་ནས་ཤ་མོ་འདེབས་འཛུགས་བྱས་རུང་། ལེབ་ཤྭའི་གདུགས་མགོའི་ཕྲ་སྲིན་གཅོད་པ་ནི་རྩ་བའི་ཆ་ནས་སྤེལ་མགོ་བརྩམས་ཏེ་ཕྲ་ཕུང་ཤ་མོའི་གདུགས་མགོའི་རིང་ཚད་ལ་ལི་སྨི5~8ཡོད་པ་དང་། ཁ་དོག་ནི་ཐལ་མདོག་ནས་སྐྱ་བོར་འགྱུར་བ། མདེལ་འཕྲོའི་ཐུམ་རྡུལ་མེད་པའི་སྔོན་དུ་བཞར་བསྡུ་བྱེད་པ་ནི་ཤ་མོ་འཐུ་བའི་དུས་སྐབས་ཆེས་འཚམ་པོས་ཡིན། སྐབས་དེར་བཞར་བསྡུ་བྱས་པའི་ཤ་མོའི་ཤ་མཐུག་ཅིང་ཐོན་ཚད་མཐོ་བ་དང་། བྲོ་བ་ཞིམ་ལ་འཚོ་བཅུད་ཆེས་ལེགས་པའི་དུས་སྐབས་ཤིག་ཀྱང་ཡིན། གལ་ཏེ་བཞར་བསྡུ་བྱས་པའི་དུས་ཡུན་འཕྱི་དྲགས་ན། ཤ་མོའི་ཁ་ལེབ་འཕྲིལ་ནས་མཐའ་བསྐོར་སྐམ་ཤས་ཆེ་བ་དང་། ལྗིད་ཚད་ཇེ་ཡང་དང་། སྤུས་ཚད་ཇེ་དམའ་རུ་འགྲོ་བར་མ་ཟད། འཚོ་བཅུད་ལྷོས་བཅས་ཀྱིས་ཞན་པ་དང་། ལྷག་པར་དུ་ཐུམ་རྡུལ་གང་སར་འཕུར་ཞིང་། བཞར་བསྡུ་མི་སྣའི་ཐུམ་རྡུལ་ཚོར་ཐལ་འབྱུང་སླ་ཞིང་། ཐུམ་རྡུལ་ཁ་ཤས་ཤ་མོ་རྗོག་པོའི་ཕྱི་ངོས་སུ་ལྷུང་ཞིང་། འབྱར་ཁུ་ཆགས་ནས་རུལ་ན་ཤ་མོ་སྐྱེས་པར་ཕན་པ་མེད། དེའི་ཕྱིར་མདེའུ་མེད་པའི་ཐུམ་རྡུལ་གྱི་སྔོན་ལ་དུས་ཐོག་ཏུ་བཞར་བསྡུ་བྱེད་དགོས། བཞར་བསྡུ་བྱེད་སྐབས་ད་དུང་དོ་སྣང་བྱེད་དགོས་ཤིང་། སྔོན་དུ་ཤ་མོ་སྤྲིལ་བུའི་སྒོ་ཕྱེ་ནས་རླུང་རྒྱུག་ཏུ་འཇུག་དགོས། དེ་ནས་ཤ་མོ་ར་བའི་ནང་དུ་ཆུ་གཏོར་ནས་དུས་ཐོག་ཏུ་མདེའུ་བཞར་བསྡུ་མ་བྱས་པའི་ཐུམ་རྡུལ་གང་བྱུང་དུ་འཕུར་བར་སྔོན་འགོག་བྱེད་དགོས། ཁ་བཏུམ་བརྒྱབ་ནས་མིའི་ལུས་ཕུང་ལ་གནོད་པ་ཇེ་ཉུང་དུ་གཏོང་དགོས།

བཙ་བསྐྱ་བྱེད་ཐབས་ནི། གཡོན་ལག་གིས་གསོ་སྐྱོང་རྒྱ་ཆ་གནོན་པ་དང་། གཡས་ལག་གིས་ཞ་མོའི་ཡུ་བ་བཟུང་སྟེ་དལ་མོར་སྐོར་བ་དང་། ཡང་ན་ཞ་མོའི་ཡུ་བ་རྩ་བར་དམ་པོར་འཕྱར་ནས་འཕྲིག་དགོས། བཙ་བསྐྱ་བྱེད་སྐབས་ཆེ་ཆུང་ལ་མི་ལྟ་བར་ཡོད་ཚད་བཙ་བསྐྱ་བྱས་ཚར་དགོས། བཙ་བསྐྱ་བྱས་རྗེས་ཡར་འགྲོག་མར་ལེན་བྱེད་དུས་སེམས་ཆུང་བྱེད་དགོས། དེ་མིན་ཞ་མོ་གསར་བར་གས་ཆག་འབྱུང་སླ་བས་ཤོག་སྐམ་གྲལ་འཕྲིག་པོས་བརྩེགས་ནས་བཞག་ཆོག ཕྱིར་བཏང་གི་གནས་ཚུལ་འོག་ཏུ། རྩོ་འདེབས་བྱེད་ཐེངས་གཅིག་ལ་ཞ་མོའི་སོག་ཤུལ3~4འཐུ་ཆོག

ཞ་མོའི་སོག་ཤུལ་ཐེངས་གསུམ་པ་བཏོགས་རྗེས། གཞི་རྩའི་སྟེང་ནས་བཙ་བསྐྱའི་དུས་ཡུན་རྫོགས་ཚར་བ་ཡིན། ཆུ་གསབ་དོ་དམ་བྱས་ན་མུ་མཐུད་དུ་ཞ་མོ་སྐྱེས་ཐུབ་མོད། འོན་ཀྱང་ཞ་མོ་ཉུང་བ་དང་། ཞ་མོའི་ཕུང་པོ་ཆུང་ཞིང་། དཔལ་འབྱོར་གྱི་ཕན་འབྲས་ཉུང་དམའ། གལ་ཏེ་དུས་ཚིགས་ནི་དཔྱིད་ཀ་དང་། དབྱར་ཁ། སྟོན་ཀ་བཅས་ཡིན་ན། དྲོད་ཚད10℃ཡན་ཟིན་པའི་དུས་སུ་ཞ་མོའི་སྤྲོས་འཕྲིག་ཕྱིར་མི་གཡུག་པར། ཞ་མོའི་གཞུང་རྟའི་སྟེང་དུ་བཀབ་ན་ཐོན་ཚད་འཕར་སྣོན་ཡོང་བར་ཕན་ཐོགས་ཡོད། ས་བཀབ་ནས་ཞ་མོ་སྐྱེ་ཙ་འཇུག་པའི་བྱེད་ཐབས་ནི། ཞ་མོའི་སྤྱིལ་བུའི་ནང་དུ་ཡུར་བུ་འདྲུས་ནས་ཞིང་ས་ཁོད་སྙོམས་བཟོ་བ་དང་། ཞེང་ཚད་ལ་སྨི1ཡོད་པ་དང་གཏིང་ཚད་ལ་ལི་སྨི20~30ཡོད་པ། རིང་ཚད་ལ་ཚད་ངེས་མེད་པའི་རྣང་མ་བཟོ་དགོས། རྣང་མ་དང་རྣང་མའི་བར་ཐག་ལ་ལི་སྨི50བཞག་ནས་མིའི་བགྲོད་ལམ་བྱེད་དགོས། ཞ་མོའི་སོག་ཤུལ་གཉིས་པ་བསྡུས་རྗེས་ཞ་མོའི་མདོང་བའི་ངོས་གཉིས་གཙང་མར་བྱེད་དགོས། འཕྲིག་ཁུག་ཕུད་ནས་དུམ་བུ་གཉིས་སུ་གཙོད་པ་དང་དྲང་མོར་རྣང་ངོས་སུ་འཇོག་དགོས། དེ་ནས་ཐག་གཅོད་བྱས་ཟིན་པའི་ས་ཡིས་ཞ་མོའི་བར་གྱི་བར་གསེང་འགེབས་དགོས། ཞ་མོའི་གཞུང་རྟའི་སྟེང་དུ་མཐུག་ཚད་ལི་སྨི1~2ས་འགེབས་པ་དང་། ས་བཀབ་རྗེས་སུ་རྣང་མའི་ནང་དུ་ཆུ་ཆེན་ཐེངས་གཅིག་ལ་གཏོང་བ་ཡིན། གལ་ཏེ་ས་འགེབས་དུས་སུ་དྲོད་ཚད་ནི་མཐོ་ས་ནས་དམའ་སར་སོང་ན་ཆུ་རླུགས་པ་དང་བསྟུན་ནས་འཚོ་བཅུད་ཁ་གསབ་བྱས་ཆོག དཔེར་ན་གཅིན་རྒྱུ

དང་ལིན་སོན་ཨེར་ཆིང་ཋ་ལྷ་བུ་ཡིན། སྦྱོད་ཚད་ནི0.1%ཡིན་པས་མང་དྲགས་ན་གནོད་སྐྱོན་འབྱུང་བ་ཡིན། དེ་མིན་དྲོད་ཚད་ཇེ་མཐོར་སོང་ན་འབབ་བཙོག་བཟོ་སྲིད། ཤ་མོ་འདོན་བདེ་བའི་ཆ་རྐྱེན་ནམ་ཁོར་ཡུག་ནང་དུ། ཉིན7ཡས་མས་སུ་ཤ་མོའི་གསོ་ས་ནས་གང་བུ་ཐོན་ཏེ། ཤ་མོ་སྐྱེས་པའི་བླང་བྱ་ལྟར་དོ་དམ་བྱེད་དགོས། ཟླ་མཐུད་དུ་ཤ་མོའི་སོག་ཤུལ2~3འབྲུ་ཚོག ས་བཀབ་རྗེས་སྐྱེས་པའི་ཤ་མོའི་འཚོ་བཅུད་འདང་ལ་སྤུས་ཀ་ལེགས། ཤ་མོའི་དབྱིབས་དྲང་བ། ཐོན་ཚད་ཇེ་མཐོར་འགྲོ་ཚད30%~50%ཡིན། འདི་ནི་འདེབས་འཛུགས་བྱེད་ཐབས་གཞན་དང་བསྡུར་ཐབས་མེད་པ་ཞིག་ཡིན།

(གཉིས) ལེབ་ཤྭའི་ལས་སྟོན་བྱེད་ཐབས།

1. ཚྭ་བསྲེ་བ།

བདམས་ཟིན་པའི་རྒྱུ་ཆའི་ཤ་མོ་རྣམས་ཆུས་བཀྲུས་རྗེས་ཚྭ་ཆུའི་ནང་དུ་འཇོག་དགོས། མེ་ཆེན་གྱི་སྟེང་དུ་བཞག་ནས་རླངས་བཙོ་བྱེད་པ་དང་སྐར་མ3~5འགོར་རྗེས་ལེན་དགོས་ཤིང་། ཕྱིར་འདོན་དང་བསིལ་སྐམ་བྱས་རྗེས་ཉོ་སྒྲུབ་ཚོང་ཁང་གིས་གཏན་ཁེལ་བྱས་པའི་ཚད་གཞི་ལྟར་རིམ་པ་དབྱེ་དགོས། སྟོང་ཁེ100ཤ་མོ་གསར་བའི་ནང་དུ་ཚྭ་སྟོང་ཁེ26སྟོན་པ་དང་། ཚྭ་རིམ་པ་གཅིག་དང་ཤ་མོ་རིམ་པ་གཅིག་བསྟན་ནས་སྒྲུག་མ་དང་ཤིང་ལེབ་ཀྱིས་གནོན་དགོས་ཤིང་། ཚང་མ་ཆུའི་ནང་དུ་སྦང་དགོས། ཟླ་མ་འཁྱིལ་བའི་བརྒྱུད་རིམ་རབ་དང་རིམ་པ་བརྒྱུད་དེ། ཚྭ་ཆུའི་གར་ཚད་ནི་ཚྭ་ཆྭན་གྱི་ཚད་གཞི་ཡོན་རྗེས་ཀྱི་ཉིན20ལ་ལྷ་ཞིབ་ཚད་ལེན་བྱས་ན། ཚད་གཞི་ངེས་ཅན་ལྟར་ཟོ་བའི་ནང་བླུགས་ནས་ཚོང་ཟོག་བྱས་ཆོག

2. སོ་ཉར།

བཟའ་བྱའི་ཤ་མོ་སོ་ཉར་བྱེད་ཐབས་ཏ་ཅང་མང་སྟེ། དཔེར་ན། དྲོད་ཚད་ཚོད་འཛིན་དང་དབུགས་འདོན་པ། འཁྱིད་འཁྱོ། རྫས་འགྱུར་སོགས་སོ་ཉར་བྱེད་ཐབས་ནི་གནས་ཚུལ་དངོས་ལ་གཞིགས་ནས་བཀོལ་ཆོག རྒྱུན་ལྡན་གྱི་སོ་ཉར་བྱེད་ཐབས་ལ་སྤྱིར་བཏང་དུ་དྲོད་འཛིན་བྱེད་ཐབས་སྤྱོད་དགོས། བཟའ་བྱའི་ཤ་མོ་བཏུས་རྗེས་ཅེ་ཡེ་ཞི་ཐུམ་

སྒྲིལ་རྒྱག་དགོས། ཁུག་མའི་ནང་དུ་འཇུག་པའི་ཚད་གཞི་ནི་སྟོང་ཁེ5~10ཡིན། ཁ་སྦྱར་རྗེས་དྲོད་ཚད0~3℃གྲང་མཛོད་ནང་དུ་བཞག་ན་ཉིན10~15སོ་ཉར་བྱེད་ཐུབ།

ལྔག ལེབ་ཤྭའི་རྒྱུན་མཐོང་ནད་འབུའི་གནོད་པ་འགོག་བཅོས་བྱེད་ཐབས།

བཟའ་བྱའི་ཤ་མོ་འདེབས་འཛུགས་བྱེད་དུས་ནད་འབུའི་གནོད་འཚེ་འགོག་བཅོས་ཀྱི་རྩ་དོན་ནི་སྔོན་འགོག་གཙོ་བོ་དང་འགོག་བཅོས་ཟུང་འབྲེལ་བྱ་རྒྱུ་དེ་ཡིན། ལེབ་ཤྭའི་འདེབས་འཛུགས་ཀྱང་དེ་བཞིན་ནོ། །

(གཅིག) ནད་སྐྱོན་འགོག་བཅོས།

1. ནད་སྐྱོན་སྔོན་འགོག་རང་བཞིན་གྱི་འགོག་བཅོས།

(1) ཤ་མོའི་སྤྱིལ་བུ་དང་། ཤ་མོ་འབྱུང་ས། འདེབས་འཛུགས་ར་བ་བཅས་ནི་འབབ་བཙོག་ཁུལ་དང་རིང་དུ་གྱེས་དགོས། སྨན་རྫས་ཀྱིས་དུག་སེལ་བྱས་ཏེ་ཤ་མོའི་སླིགས་རོའི་གཞི་གྲངས་ཇེ་དམའ་རུ་གཏོང་བ་དང་། འབབ་བཙོག་བཟོ་བའི་གོ་སྐབས་ཇེ་ཉུང་དུ་གཏོང་དགོས།

(2) གསོ་སྐྱོང་རྒྱུ་ཆའི་ནང་དུ0.1%ཏའོ་ཙུན་ལིང་ངམ་ཁི་མེ་ལིང་བསྣན་ཆོག གསོ་སྐྱོང་རྒྱུ་ཆའི་ནང་གི་འབུ་ཕྲ་གསོད་ཐུབ་པ་དང་འབབ་བཙོག་བཟོ་བའི་གོ་སྐབས་ཇེ་ཉུང་དུ་གཏོང་ཐུབ།

(3) གསོ་སྐྱོང་རྒྱུ་ཆའི་ཆུ་འདུས་ཚད60%~65%ཚོད་འཛིན་བྱེད་དགོས། ཆུ་འདུས་ཚད་མཐོ་དྲགས་ན་ཤ་མོ་སྐྱེས་པར་ཕན་པ་མེད།

2. ཤ་མོ་སྐྱེ་དུས་ཀྱི་ནད་སྐྱོན།

ཤ་མོའི་སོག་ཤུལ2~3རྗེས་སུ། འཚོ་བཅུད་ཟད་གྲོན་ཅུང་ཆེ་བས། ཤ་མོའི་ནད་འགོག་ནུས་པ་ཞན་པས། རིགས་འབྲེལ་གྱི་ཕྲ་སྲིན་རང་བཞིན་གྱི་ནད་འབྱུང་སླ།

འགོག་བཅོས་བྱེད་ཐབས། ཤ་མོ་གསོ་སའི་རྒྱུ་ཆའི་ངོས་ནས་ལི་སླི2བཏོན་ནས་ཤ་མོ་གསར་བ་འབྱུང་བར་བྱེད་པ་དང་། ཆུ་ཁ་གསབ་བྱེད་སྐབས་ཇོ་ཐལ་ཆུ་བསྣན་ནས་ཤ་མོའི་ཁུག་མpHཚད་ཇེ་མཐོར་བཏང་སྟེ་ཤ་མོའི་སླིགས་རོ་འབྱུང་བར་ཚོད་འཛིན་བྱེད་དགོས།

(གཉིས) འབུ་སྐྱོན་འགོག་བཅོས།

1. འདེབས་འཛུགས་མ་རྒྱུའི་འབུ་སྐྱོན།

རྒྱུ་ཆ་རྗེན་པ་དང་བསྐྱལ་བའི་རྒྱུ་ཆ་སྤྱད་དེ་འདེབས་འཛུགས་བྱེད་སྐབས། འདེབས་འཛུགས་མ་རྒྱུ་བསྐྱལ་བའི་དུས་སུ་ཤ་མོའི་རྒྱུ་ཆའི་ངོས་སུ་སྒོ་ང་བཏང་ཡོད་པ་དང་། འདི་ལྟར་ཁུག་མར་བཙུག་ན་ཁུག་མའི་ནང་ནས་འབུ་ཕྲུམ་དུ་འགྱུར་བས་འདེབས་འཛུགས་བྱས་ཀྱང་སྐྱེ་འཚར་མི་བཟང་བར་མ་ཟད། ལོ་ཐོགས་ཀྱང་འབྱུང་དཀའོ། །

འགོག་བཅོས་བྱེད་ཐབས། བསྐྱལ་ཚར་རྗེས་དུག་ཤེད་ཆེ་བའི་འབུ་གསོད་སྨན་རྫས་གཏོར་ནས་འབུ་གསོད་དགོས། ཕྱོགས་གཞན་ཞིག་ནས་སྨན་གཏོར་བ་དང་། ཕྱོགས་གཅིག་ནས་སྤུང་སློག་བྱེད་དགོས། སྤུང་བའི་དུས་ཚོད1~2ཡིན། ཁུག་མའི་ནང་དུ་བཙུག་རྗེས་འབུ་ཕྲུམ་ཡོད་པ་ཤེས་ན། ཁུག་མའི་ནང་གི་འབུ་ཕྲུམ་གྱི་མཐའ་འཁོར་དུ་འབུ་གསོད་སྨན་རྫས་གཏོར་ཆོག་མོད། འོན་ཀྱང་སྨན་གཏོར་བའི་ཚད་གཞི་དང་སྨན་གཏོར་ཁྱབ་ཁོངས་ལ་ཚོད་འཛིན་བྱེད་དགོས། སྨན་རྫས་ལྷག་ལུས་མི་ཡོང་བར་བྱེད་དགོས།

2. ཤ་མོ་སྐྱེ་དུས་ཀྱི་འབུ་སྐྱོན།

ཤ་མོ་སྐྱེ་དུས་འབུ་སྐྱོན་བྱུང་ཚེ། སྐྱེ་འཚར་འབྱུང་བཞིན་པའི་ཤ་མོ་གཅོད་འབྲེག་བྱེད་པ་དང་། དེ་ནས་ཞིན་ཏུ་ལུའི་རླངས་པས་འབུ་བསད་ན་ཕན་འབྲས་ཅུང་བཟང་། སྨན་གཞན་པ་སྤྱད་དེ་ཤ་མོའི་སྤྱིལ་བུར་གཏོར་ནས་གནོད་འབུ་བསད་ཀྱང་ཆོག དེ་མིན་པང་ཞིབ་སྟེང་དུ་འཐོར་རྫས་གཏོར་ནས་བསྒྲུ་གསོད་བྱས་ཀྱང་ཆོག འབུ་སྒྲ་ལ་འོད་ཟེར་སེལ་ནུས་ལྡན་པ་དང་། འབུ་པང་ཞིབ་སེར་པོའི་སྟེང་དུ་འཕུར་དུས་འཐོར་བ་ཡིན། དེར་བརྟེན་ནས་འབུ་གསོད་པའི་དམིགས་ཡུལ་འགྲུབ་པར་བྱས་ན། ཤ་མོའི་སྤྲ་ཕུང་ལ་འབབ་བཙོག་མི་བཟོ་བ་དང་ཁོར་ཡུག་ལ་འབབ་བཙོག་མི་བཟོ་བ་ཡིན།

ཚན་པ་གཉིས་པ། སོན་གཉིས་ཤ་མོ།

གཅིག སྤྱི་བཤད།

སོན་གཉིས་ཤ་མོ་ལ་འཛམ་གླིང་གི་ཤ་མོ་ཡང་ཟེར། འདི་ནི་འཛམ་གླིང་ཡོངས་སུ་འདེབས་འཛུགས་རྒྱ་ཁྱོན་ཆེ་ཤོས་དང་ཕྱིར་འཚོང་མང་ཤོས་ཀྱི་ཤ་མོ་ཞིག་ཡིན། རང་རྒྱལ་གྱིས་ཐོན་སྐྱེད་བྱས་པའི་སོན་གཉིས་ཤ་མོ་ཁྲིད་ཀྱི80%ཡས་མས་ཀྱིས་ལྕུགས་ཀྲིན་བཟོ་བཞིན་ཡོད་ཅིང་། ཕྱིར་གཏོང་བྱེད་ཡུལ་གཙོ་བོ་ནི་ཡོ་རོབ་དང་ཨ་རི་སོགས་ཡིན། རང་རྒྱལ་ནི་ཤ་མོ་ཕྱིར་གཏོང་ཆེས་མང་བའི་རྒྱལ་ཁབ་ཆེན་པོ་ཞིག་ཡིན། རྒྱལ་ནང་གི་ཤ་མོའི་ཚོང་རའི་ཁྲོད་དུའང་སོན་གཉིས་ཤ་མོ་ནི་འཇད་སྤྱོད་པས་ཆེས་དགའ་བསུ་ཐོབ་པའི་རིགས་གཙོ་བོ་ཞིག་ཡིན། མི་རྣམས་ཀྱི་འཇད་སྤྱོད་ཚུ་ཚད་རིམ་བཞིན་ཇེ་མཐོར་སོང་བ་དང་བསྟུན་ནས། སོན་གཉིས་ཤ་མོ་ཕྱིར་འཚོང་གི་མདུན་ལམ་ཡང་ཧ་ཅང་ཡག་གོ།

སོན་གཉིས་ཤ་མོ་ལ་ཕུན་སུམ་ཚོགས་པའི་སྤྲི་དཀར་རྫས་དང་མངར་ཆ། འཚོ་བཅུད། ཧི་ཀམ་སོན་དང་ཚིལ་སྐྱུར་བཅས་འདུས་ཡོད། འཚོ་བཅུད་ཕུན་སུམ་ཚོགས་ཤིང་ཤ་མཐུག་པོ་ཡིན་པ། ཐྲོ་བ་ཞིམ་པོ་ཡོད་པར་མ་ཟད། ད་དུང་ཚ་ནུས་དམའ་བས། བདེ་སྲུང་གི་ནུས་པ་ཧ་ཅང་ཆེན་པོ་ལྡན་པས། ཉིན་རེ་བཞིན་རྒྱལ་ཁབ་སོ་སོའི་མི་དམངས་ཀྱིས་དགའ་བསུ་འཐོབ་བཞིན་ཡོད། གསར་འགྱུར་ལས་བསྟན་པ་ལྟར་ན། སོན་གཉིས་ཤ་མོར་སྤྲི་དཀར་རྫས3%~4%ཙུད་པ་དང་། ཚིལ0.2%~0.3% སྣུན་ཚུ་འདྲེས་འགྱུར་གྱི་རྫས2.4%~3.8%སོགས་ཀྱང་འདུས་ཡོད། དེའི་སྤྲི་དཀར་འདུས་ཚད་ནི་འདམ་རྩ་དང་པོ་ཚལ། ཞོག་ཁོག་སོགས་སྔོ་ཚལ་གྱི་ལྡབ2ཡིན། སྤྲི་དཀར་འདུས་ཚད་ནི་འོ་མ་དང་འདྲ་ལ། འདུ་ཚད70%~90%ཟིན་པས"རྩི་ཤིང་ཁྲོད་ཀྱི་ཤ"ཞེས་པའི་འབོད་སྲོལ་ཡོད། འདེབས་འཛུགས་ལས་རིགས་ཀྱི་གྲུབ་ཆ་སྟར་བས་ལེགས་སྒྲིག་དང་སྒྲིག་བཀོད་ཞིང་ལས་སྟར་བས་ཆེ་རུ་ཕྱིན་པ་དང་བསྟུན་ནས། སོན་གཉིས་ཤ་མོ་འདེབས་འཛུགས་བྱ་རྒྱུ་ནི་རོང་འགྲོག

པའི་ཡོང་འབབ་འཕར་སྐྱོན་དང་ཞིང་ལས་ཀྱི་ཕན་འབྲས་ཇེ་མཐོར་གཏོང་བའི་ཐབས་ལམ་གལ་ཆེན་ཞིག་ཏུ་གྱུར་ཡོད།

གཉིས། སོན་གཉིས་ཞ་མོའི་འདེབས་འཛུགས་ལག་རྩལ།

སོན་གཉིས་ཞ་མོ་འདེབས་འཛུགས་བཟོ་རྩལ་གྱི་བརྒྱུད་རིམ་ནི་གཤམ་གསལ་ལྟར། རྒྱུ་ཆ་གྲ་སྒྲིག་དང་སྤུངས་ནས་བསླལ་བ། རྒྱུ་ཆ་བཏིང་ནས་འདེབས་འཛུགས་བྱེད་པ། ས་འགེབས་པ། ཞ་མོ་འདེབས་པ། བཟོ་བསྟུ་བྱེད་པ་བཅས་ཡིན།

(གཅིག) སོན་གཉིས་ཞ་མོའི་གསོ་སྐྱོང་རྒྱུ་ཆའི་གྲ་སྒྲིག

 སྤུས་ལེགས་དང་གདམ་ག་ཡོད་པའི་ཞ་མོའི་གསོ་སྐྱོང་རྒྱུ་ཆ་བཟོ་རྒྱུ་ནི་སོན་གཉིས་ཞ་མོ་འདེབས་འཛུགས་དང་། ཐོན་འབབ་མཐོ་བ། བསམ་འདུན་དང་མཐུན་པའི་དཔལ་འབྱོར་ཕན་འབྲས་ཐོན་པ་བཅས་ཀྱི་གནད་འགག་ཡིན།

གཞི་ཁྱོན་ཆེ་བའི་སོན་གཉིས་ཞ་མོ་འདེབས་འཛུགས་བྱེད་པར་གསོ་སྐྱོང་རྒྱུ་ཆ་འབོར་ཆེན་དགོས་པ་དང་། རྩྭ་དང་ལུད་སོགས་མ་བཙོས་རྒྱུ་ཆའི་མཁོ་ཚད་ཀྱང་དེ་དང་བསྟུན་ནས་ཇེ་མང་དུ་འགྲོ་བ་ཡིན། འདི་དག་ཚང་མ་ངེས་པར་དུ་སྔོན་ལ་བསྡུ་ཉར་དང་། སྐམ་པ། གསོག་ཉར། གསོག་འཇོག་བཅས་བྱེད་དགོས།

མཚོ་བོད་མཐོ་སྒང་ས་ཁུལ་གྱི་སོན་གཉིས་ཞ་མོ་གསོ་སྐྱོང་རྒྱུ་ཆའི་མ་བཙོས་རྒྱུ་ཆ་ཏ་ཙང་ཕུན་སུམ་ཚོགས་པ་དང་། དེར་གྲོའི་སོག་མ་དང་། ནས་ཀྱི་སོག་མ། ཡུག་པོའི་སོག་མ། མ་རྨོས་ལོ་ཏོག་གི་སོག་མ། སྨན་རིགས་ཀྱི་སོག་མ་སོགས་ཡོད། ལུད་ཀྱི་རྒྱུ་ཆར་ལྕི་བ་དང་། རྟ་ལུད། ཏུལ་མ། ཕག་རྟུག བྱ་རྟུག་སོགས་ཡོད།

གྲོའི་རྩྭ་དང་ལོ་ཏོག་གཞན་པའི་སོག་མ་ལས་གཞན། ནོར་དང་རྟ། ལུག ཀྱིའི་རྟུག་པ་སོགས་མ་བཙོས་རྒྱུ་ཆ་ཕུད། ད་དུང་ཞོར་འདེགས་རྒྱུ་ཆ་འགའ་དགོས། སྦྱོར་རྫ་ཡིན་པའི་ཞོར་འདེགས་རྒྱུ་ཆ་འདི་དག་གཙོ་བོ་གསོ་སྐྱོང་རྒྱུ་ཆའི་ཁྲོད་ཀྱི་ཏན་རྒྱུ་འདུས་ཚད་དང་ཕིན་རྒྱུ་འདུས་ཚད་ཇེ་མང་དུ་གཏོང་བའི་ཆེད་དུ་ཡིན། རྒྱུན་བཀོལ་གྱི་སྦྱོར་རྫ་ནི་པད་ཁའི་བག་ལེབ(གསོ་སླིགས)དང་། གཅིན་རྒྱ། ཡིའུ་སོན་ཨན་དང་ཏན་ཕིན་ཐུ་འདྲེས་སྦྱོར་ལུད་

ཐུས། གའོ་ལིན་སོན་ཀལ་དང་ཙུ་གང་ཕྱེ་མ། རྗོ་ཐལ་ཕྱེ་མ་སོགས་ཡོད།

(གཉིས) སོན་གཉིས་ཤ་མོའི་གསོ་སྐྱོང་རྒྱུ་ཆའི་སྦྱོར་བཟོ།

1. གྲོ་རྩ50%དང་ལྤི་བ35% གསོ་སྣིགས10% གའོ་ལིན་སོན་ཀལ1% བྲན་སོན་ཀལ2% རྗོ་ཐལ2%བཅས་ཡིན།

2. གྲོ་རྩ60%དང་སྔོ་ཕྱུགས་ཀྱི་རྟུག་པ35% གའོ་ལིན་སོན་ཀལ1% རྗོ་ཞོ1% རྗོ་ཐལ2%བཅས་ཡིན།

3. གྲོ་རྩ86%དང་གྲོ་ཤུན10% གའོ་ལིན་སོན་ཀལ2% རྗོ་ཐལ2%བཅས་ཡིན།

གོང་གི་གསོ་སྐྱོང་རྒྱུ་ཆ་སྡེབ་སྦྱོར་གྱི་རིགས3ནི་སྔོ་ཕྱུགས་ཀྱི་བྲུན་ལུད་ཀྱི་སྤྱོད་ཚད་ལ་གཞིགས་ནས་འཆར་འགོད་བྱས་པ་ཞིག་ཡིན། སྡེབ་སྦྱོར་ཁྲོད་ཀྱི་རྒྱུ་ཆ་གཙོ་བོ་ནི་གྲོ་རྩ་ཡིན། ད་དུང20%~30%བཟབ་བྱའི་ཤ་མོའི་སྦྱོར་རྟའི་རྒྱུ་ཆ་ཡིས་རྩའི་ཚབ་བྱས་ཏེ་སྡིང་བལ་ཤུན་སྐོགས་ཀྱི་སྦྱོར་རྟའི་རྒྱུ་ཆ་བཟོས་ན་ཆེས་བཟང་བའོ།།

(གསུམ) གསོ་སྐྱོང་རྒྱུ་ཆའི་བསྒྲལ་ཐབས།

1. སྤུང་ས་འདེམ་པ།

སྤུང་གསོག་རྒྱག་ས་འདེམ་དུས་ས་བབ་མཐོན་པོ་ཡིན་པ་དང་། ཤ་མོའི་ཁང་པ་དང་ཆུ་ཁུངས་ལ་ཐག་ཉེ་བའི་ས་གནས་འདེམ་དགོས།

2. རྒྱུ་ཆ་སྤུངས་པའི་ཁ་ཕྱོགས།

རྒྱུ་ཆའི་ཕུང་པོ་ནི་སྤྱིར་བཏང་དུ་ལྷོ་བྱང་ཕྱོགས་སུ་ཁ་འཁོར་བ་དང་། ཉི་འོད་ཐོག་ཚད་སྙོམས་ན་བསྒྲལ་བར་ཕན་པ་ཡོད། ངལ་རྩོལ་གྱི་དཀའ་ཁག་ཇེ་ཡང་དུ་གཏོང་ཆེད། ལྤི་བ་དང་སོ་མ། དེ་བཞིན་ཞོར་འདེགས་རྒྱུ་ཆ་གཞན་རྣམས་ཐེངས་དང་པོར་སྤུང་སྐབས་མཉམ་དུ་བསྲེ་དགོས། སྤོང་སློག་བྱེད་སྐབས་སྔོན་ལ་གྲོ་རྩ་ཆུས་སྦངས་ནས་ལྤི་བ་དང་སོ་མ་ར་ཅ་བསྐམས་ནས་གདུབ་དགོས། སྤོང་སློག་བྱེད་སྐབས་སྔོན་ལ་རྗོ་ཐལ་ཕྱེ་མ་གཏོར་དགོས་ཤིང་། མདུན་ཕྱོགས་སུ་ཞེང་ལ་སྨི2~2.3དང་མཐུག་ཚད་ལི་སྨི25ཡོད་པའི་རྩ་འདིང་དགོས། རིང་ཚད་ནི་འདེབས་འཛུགས་རྒྱ་ཁྱོན་ལ་བལྟས་ནས་གཏན་འཁེལ་བྱེད་

དགོས། དེའི་འཁྲོར་ཡང་བསྐྱར་ལུད་རིམ་པ་གཅིག་འདིང་དགོས། དེ་ནས་རིམ་བཞིན་རྩྭ་རིམ་པ་གཅིག(མཐུག་ཚད་ལི་སྨི20)དང་བྲུན་རིམ་པ་གཅིག(མཐུག་ཚད་ལི་སྨི3~5)འགེབས་དགོས། ཆུ་ཐེངས་གཅིག་གཏོར་ནས་རིམ་པ་རེ་རེ་བཞིན་ཡར་སྤུང་བ་དང་། རིམ་པ8~10དང་མཐོ་ཚད་སྨི1.5ཙམ་ཡིན། ཞབས་ཀྱི་ཞེང་ཚད་ལ་སྨི2~2.3ཡོད་པ་དང་། རིང་ཚད་ནི་རྒྱུ་ཆའི་མང་ཉུང་ལ་གཞིགས་ནས་གཏན་འཁེལ་བྱེད་དགོས། རྒྱུ་ཆ་སྤུང་བའི་མཐའ་བཞི་དྲང་འཕྲེང་ཡིན་པ་དང་། སྤུང་བའི་རྩེ་མོ་གཞུ་དབྱིབས་ཡིན། རྒྱུ་ཆ་ཕུང་པོའི་སྟེང་དུ་སྐྱི་མོ་བཀབ་ནས་སྤུངས་རྗེས་མཐའ་འཁོར་དུ་ཆུ་སིམ་ན་བཟང་། ཉིན་གཉིས་པར་དུས་ཐོག་ཏུ་ཆུ་གསབ་དགོས།

ལུད་བསྐལ་ནས་སྐྱོམས་པོ་ཡོང་བའི་ཆེད་དུ་ཉིན་འགའ་འགོར་རྗེས་ཐེངས་རེར་སྤུང་སློག་བྱེད་དགོས། དྲོད་ཚད70℃ལ་སླེབས་ཚེ་ཉིན1~3ཐེངས་རེར་སྤུང་དགོས། སྤུང་སྐབས་ཆུ་འདུས་ཚད་ཆུ་ཐིགས6~7བཙིར་ཐུབ་དུས་ལེགས། རྒྱུ་ཆའི་དྲོད་ཚད་ཡང་བསྐྱར70℃ལ་སླེབས་པའི་སྐབས་སུ། ཉིན1~3འགོར་རྗེས་ཐེངས་གཉིས་པར་སྤུང་དགོས། ཆུ་འདུས་ཚད་ཆུ་ཐིགས4~5བཙིར་ཐུབ་དགོས། ཐེངས་གསུམ་པའི་ནང་དུ་རྫོ་ཐལ་ཕྱེ་མ་བླུགས་ནསpHཚད་ལེགས་སྒྲིག་བྱས་ཏེ་ཆུའི་འདུས་ཚད་ཆུ་ཐིགས2~3བཙིར་ཐུབ་དགོས། དེ་ལྟར་སྤུང་སློག་ཐེངས4~5བྱས་ནས་གསོ་སྐྱོང་རྒྱུ་ཆ་ནི་ཁ་ཧྭེའི་ཁ་དོག་དམར་ནག་དང་མཉེན་ལ་ལྷེམ་ཤྲུགས་ཅན་དུ་འགྱུར་ཞིང་། དྲི་ཞིམ་ལྡན་པ་དང་ཕྱེ་ཞིབ་དཀར་པོ། pHཚད7.5~8ཡིན་ལ། ཆུ་འདུས་ཚད་ལག་པས་དམ་པོར་བཙིར་ཏེ་སོར་མོའི་སྲུབས་ག་ནས་ཆུ་འཛག་པ་དང་། ཉུང་མཐར་ཡང་ཆུ་ཐིགས1~2བཙིར་ཐུབ་ན་རྫོ་འདེབས་བྱེད་པར་གྲ་སྒྲིག་བྱས་ཆོག ཐེངས་རེའི་སྤུང་སློག་གི་དུས་ཡུན་ནི་རིམ་བཞིན། ཉིན8དང་ཉིན8 ཉིན7 ཉིན5 ཉིན3བཅས་ཡིན། རྒྱུ་ཆ་སྤུང་བའི་དུས་རིམ་ནི་ཉིན30ཙམ་ཡིན། སྤུང་སློག་རྒྱག་དུས་མཐོ་རིམ་རྒྱུ་ཆ་མར་སློག་པ་དང་། འོག་རིམ་གྱི་རྒྱུ་ཆ་དཀྱིལ་དུ་སློག་པ། བར་གྱི་རྒྱུ་ཆ་མཐའ་འཁོར་དུ་སློག་པ་ཡིན། ལུད་རྩྭ་གང་ལེགས་སྤྲུག་པར་མ་ཟད། ད་དུང་ཆུ་ཁ་གསབ་བྱེད་དགོས། ཆེས་མཇུག་མཐའི་སྤུང་སློག་གི་སྐབས་སུ་རིམ་པ་རེར་ཆ་སྙོམས་ཀྱིས0.2%ཏའེ་ཏའེ་ཞེ་ཕྱིས་མ་དང1%ཀྲུ་

ཚོན་མཉམ་བསྲེས་གཞིར་ཁུ་གཏོར་དགོས། རྒྱུ་ཆ་སྦྱང་དུས་ཞེང་གི་རྒྱ་ཆེ་ན་མཐའ་མཚམས་ཀྱི་རྒྱུ་ཆ་ཇི་ཙམ་དུ་གཏོང་ཐུབ། སྦྱངས་རྗེས་ཀྱི་ཉིན2~3ནང་དུ་སྤྱིལ་བུའི་ནང་དུ་བཙུག་ཚོག་པ་དང་། སྤྱིལ་ཁང་མ་བཙུག་སྔོན་གྱི་རྒྱུ་ཆ་ཕུང་པོའི་མཐའ་འཁོར་དུ་ཏའེ་ཏའེ་ལེ་སྲིས་མ་དང་ཙྪ་ཚོན་མཉམ་བསྲེས་གཞིར་ཁུ་བཀོལ་ནས་ཆྭན་པར་བྱེད་དགོས། དེ་ནས་སྲོས་འགྲིག་སྲབ་མོ་བཀབ་ནས་ཉིན་མཚན་གཅིག་ལ་ཁ་དམ་པོར་ཟུམ་དགོས།

རྒྱུ་ཆ་སྦྱང་བའི་གོ་རིམ་ཁྲོད་དུ་ངེས་པར་དུ་སྔོན་ལ་ཆྭན་པ་དང་རྗེས་སུ་སྐམ་པོ་ཡིན་དགོས། ཐེངས་དང་པོར་སྦྱང་སློག་རྒྱག་དུས་ཆར་བ་ཆེན་པོ་བབས་ན་སྐྱི་སྲབ་སྲོས་འགྲིག་འགེབས་པ་དང་། ཆར་བ་བབས་རྗེས་དུས་ཐོག་ཏུ་བཤུས་ནས་ཆྭང་རྒྱུ་བར་བྱེད་དགོས།

གསུམ། གསོ་སྐྱོང་རྒྱུ་ཆའི་སྦྱང་སློག་ཞིབ་བཤེར་དང་ཞིབ་དཔྱད་གནད་འབེབས།

གཙོ་བོར་གསོ་སྐྱོང་རྒྱུ་ཆའི་ཕྱི་ཚུལ་དང་དྲི་མ། རེག་ཤེས། ཁ་དོག་སོགས་ཕྱོགས་འགའི་སྟེང་ནས་གསོ་སྐྱོང་རྒྱུ་ཆའི་སྤུས་ཚད་ལ་ཚོད་དཔག་རགས་ཙམ་བྱེད་དགོས།

དྲི་མ། བསྐལ་ན་འཚམ་པའི་སྤུས་ལེགས་ཀྱི་གསོ་སྐྱོང་རྒྱུ་ཆར་སྣ་ལ་གཟན་པའི་ཨན་དྲི་དང་བཤང་བའི་དྲི་ངན་མེད་པ།

སྐྱོལ་བ། བསྐལ་བ་བཟང་ཞིང་ཆུ་འདུས་ཚད་འོས་འཚམ་ཡིན་པའི་སྤུས་ལེགས་གསོ་སྐྱོང་རྒྱུ་ཆ་རྣམས་ལག་ཏུ་བཟུང་སྟེ་རྒྱུ་སྤུས་ཧ་ཅང་བཟང་ན། གསོ་སྐྱོང་རྒྱུ་ཆ་འཇམ་ཞིང་མཉེན་པ་དང་འབྱར་བའི་ཚོར་བ་མེད། ཤེད་ཀྱིས་བཙིར་བ་ཙམ་གྱིས་ཆུ་བཞུར་མི་སྲིད། ཡིན་ནའང་། ལག་མཐིལ་དུ་བརྣན་གཞིར་ཆེ་བའི་ཤུལ་བཞག་ཡོད་པས། གསོ་སྐྱོང་རྒྱུ་ཆ་རྡོག་བུར་གྲུབ་པ་ཡིན། འོན་ཀྱང་སྦྲུག་པ་ཙམ་གྱིས་ཐོར་འགྲོ། དེ་ལས་ལྡོག་སྟེ། གལ་ཏེ་གསོ་སྐྱོང་རྒྱུ་ཆ་ལག་ཏུ་བཟུང་ན། དམ་པོར་བསྡམས་རྗེས་ཆུ་བཞུར་བར་མ་ཟད། འབྱར་ནས་རྡོག་གཅིག་ཏུ་འགྱུར་བ་དང་། འཐོར་དཀའ་ན་གསོ་སྐྱོང་རྒྱུ་ཆ་བསྐལ་བ་མི་བཟང་བ་དང་། ཆུ་འདུས་ཚད་ཅུང་མཐོ་བ་མཚོན་པ་ཡིན།

འཐེན་པ། ཅུལ་སྲུངས་སུ་གྱུར་པའི་གསོ་སྐྱོང་རྒྱུ་ཆ་ཡིན་ན་གྲོ་སོག་གི་མ་དབྱིབས་ད་དུང་ཡོད། འོན་ཀྱང་ཆོ་སྣའི་འདུས་ཚད་ཧ་ཅང་དམའ། སྐབས་དེར་སོག་མ་ཞིག

བླངས་ནས་དལ་མོར་འཐེན་ན་ཆད་འགྲོ་བ་ཡིན། སྲུང་བའི་ཁྲོ་སོག་ནི་སྲུང་སློག་ཐེངས་འགའ་བྱས་ཀྱང་། ལ་ལ་ནི་དུམ་བུ་ཆུང་དུར་འགྱུར། འོན་ཀྱང་དུམ་བུ་ཤིན་ཏུ་ཆུང་དུར་གྱུར་མེད། གལ་ཏེ་ཁྲོ་སོག་གི་ཤུགས་ཚད་ད་དུང་ཏ་ཅང་ཆེ་ན། དབྱེ་འབྱེད་ཀྲུལ་སྣུངས་ཀྱི་ཚད་མི་འདང་བ་གསལ་བཤད་བྱས་ཡོད།

ལྔ་བ། སྲུང་སློག་གི་བོངས་ཚད་ལས་མངོན་གསལ་སྐོས་ཆུང་དུར་གྱུར་ནས། ཐོག་མའི་དུས་སུ་རྒྱུ་ཆ་སྲུང་བའི་བོངས་ཚད་ཀྱི60%ཡས་མས་ལས་མེད་ན། གསོ་སྐྱོང་རྒྱུ་ཆའི་ཁ་དོག་ནི་ཁམ་སེར་དང་ཁམ་ནག་ཡིན་དགོས། གལ་ཏེ་གསོ་སྐྱོང་རྒྱུ་ཆའི་མདོག་ནག་པོའམ་སྔོ་ནག་ཏུ་མངོན་ན། ཕྱིར་བཏང་དུ་སྐྱུར་བསྐལ་མི་ལེགས་པའི་གསོ་སྐྱོང་རྒྱུ་ཆ་ཡིན། རྒྱུ་ཆའི་ཁྲོད་དུ་གསེར་མདོག་གི་ཁྲོ་རྩ་ཡོད་ན། ཕྱིར་བཏང་དུ་དབྱེ་ཕྲལ་མ་འདང་བའི་སྣང་ཚུལ་ཡིན།

སྦྱིལ་འཇུག ཐྲད་ཁང་ཆེན་མོའི་རྒྱ་ཁྱོན་ལ་གཞིགས་ནས་ཤ་མོའི་འདེབས་འཛུགས་ས་གནས་གཏན་འཁེལ་བྱེད་དགོས། འདེབས་སྟེགས་ཀྱི་ཞེང་ལ་སྨི0.8~1.2ཡོད་དགོས་པ་དང་། འདེབས་སྟེགས་ཕན་ཚུན་གྱི་བར་དུ་ལི་སྨི40ཡོད་པའི་མི་བགྲོད་ལམ་བུ་ཡོད་དགོས། ཞིང་ངོས་དང་མི་འགྲོ་སའི་ལམ་བུའི་སྟེང་དུ་ཆུ་ཐེངས་གཅིག་གཏོར་བ་དང་། དེ་ནས་སྒོ་དང་སྒེའུ་ཁུང་དམ་པོར་བརྒྱབ་ནས། སྨི་གྲུ་བཞི་ལྷམ་པ་རེར་ཞིའུ་ཧོང་ཁེ15~20བཀོལ་བ་དང་། ཡང་ན་མེ་སྲུང6~8སྲེར་ནས་སྨི་གྲུ་བཞི་ལྷམ་པ་རེར་གའོ་མྔན་སོན་ཐྲ་ཁེ2.5དང་། ཐྲ་ཆོན་ཞུ་ཁྲུ་ཏའོ་ཧྲེང10བཀོལ་ནས་བདུག་བཙོས་དུག་སེལ་བྱེད་དགོས། ཁ་དམ་པོར་ཟུམ་ནས་ཆུ་ཚོད24~48འགོར་རྗེས་དུས་ཚོད24ལ་རླུང་རྒྱུག་ཏུ་འཇུག་དགོས།

རྒྱུ་ཆ་རྣམས་ཐྲད་ཁང་ནང་དུ་མ་བཅུག་པའི་སྔོན་དུ། རྩ་ཡོལ་གྱིས་ཐྲད་ཁང་ཏྲིལ་པོ་ལེགས་པོར་བཀབ་ནས་འདེབས་སྟེགས་དང་མི་འགྲོ་སའི་ལམ་བུའི་སྟེང་དུ་རྡོ་ཐལ་ཅུང་ཙམ་གཏོར་དགོས། མཐའ་འཁོར་གྱི་གྱང་ལྡེབས་དང་ཁང་སྐྱད། འདེབས་ས། མི་འགྲོ་ལམ་བུ་བཅས་ཀྱི་སྟེང་དུ་ཏའི་ཏའི་ལྷེ་སྦྲིས་མ་པའི་ཡིས500གཏོར་དགོས།

འདིང་རྒྱུའི་མཐུག་ཚད་ནི་ལི་སྨི22~27ཡིན། དཀྱིལ་ནི་མཐའ་མཚམས་དང་བསྡུར་

ན་ལི་སྨི2~3ལས་མཐོ་བ་དང་། མི་འགྲོ་སའི་ལམ་བུ་གཙང་མར་བཀྲུས་ཏེ་ཡོ་བྱད་ཚང་མ་ཁང་བའི་ནང་དུ་འཇོག་དགོས། འབུ་གསོད་ཐབས་ནི་སྨི་གྲུ་བཞི་ལྟམ་པ100རེར་ཐྲ་ཚོན་ཧྲའོ་ཧྲེང1000དང་གའོ་མེང་སོན་ཐྲ་ཁེ300བཀོལ་དགོས། དུས་ཚོད2~3ལ་དུག་སེལ་བྱེད་པ་དང་། སྒོ་དང་སྐེའུ་ཁུང་གི་སྒོ་བརྒྱབ་ནས་ཆུ་ཚོད24འགོར་རྗེས་རླུང་རྒྱུག་ཏུ་འཇུག་དགོས།

བཞི། སོན་གཉིས་ཤ་མོའི་འདེབས་ཡུན་དང་འདེབས་ཐབས།

མཚོ་བོད་མཐོ་སྒང་ས་ཁུལ་གྱི་དཔྱིད་ཀྱི་ཤ་མོའི་འདེབས་ཡུན་ནི་ཟླ4~5པའི་ཟླ་མགོར་ཡིན་པ་དང་། དྲོད་ཚད་ཅུང་དམའ་ན་རྫོ་འདེབས་ཚད་གཞི་ནི་སྨི་གྲུ་བཞི་ལྟམ་པ་རེར་རྒྱུ་ཆའི་ངོས་ལ་གཞིགས་ནས་ཧྲའོ་ཧྲེང500ཤ་མོའི་ས་བོན་གྱི་ཤེལ་དམ2~3འདེབས་པ་དང་། དབྱར་གྱི་ཤ་མོའི་འདེབས་ཡུན་ནི་ཟླ6~7པའི་ཟླ་སྟོད་བར་ཡིན། འདེབས་ཚད་ནི་སྨི་གྲུ་བཞི་ལྟམ་པ་རེའི་རྒྱུ་ཆའི་ངོས་ལྟར་ཧྲའོ་ཧྲེང500ཤ་མོའི་ས་བོན་ཤེལ་དམ1~2འདེབས་དགོས། སྟོན་ཁར་ཤ་མོ་འདེབས་པའི་དུས་ནི་ཟླ8~9པའི་ཟླ་སྟོད་བར་ཡིན་པ་དང་། རྫོ་འདེབས་ཚད་གཞི་ནི་སྨི་གྲུ་བཞི་ལྟམ་པ་རེའི་རྒྱུ་ཆའི་ངོས་ལ་གཞིགས་ནས་ཧྲའོ་ཧྲེང500ཤ་མོའི་ས་བོན་ཤེལ་དམ1~2འདེབས་དགོས། རྫོ་འདེབས་བྱེད་ཐབས་ནི་ཐོག་མར་ཤ་མོའི་ས་བོན་ཤེལ་དམ་དང་སྦྱིད་ཆས3%གའོ་སྣན་སྐྱུར་ཐྲ་པའི་ཡིས100ཡིས་གཙང་མར་བཀྲུ་བ་དང་ཕྱིས་དགོས། ཤ་མོའི་ས་བོན་གྱི་ཤེལ་དམ་བཅག་ནས་ལག་པས་བ་དན་གྱི་ཆེ་ཆུང་ཙམ་དུ་བཟོ་བ་དང་། ཆུང་བའམ་ཆེ་མི་ཉུང་ཞིང་། སྟོན་ལ་ཤ་མོའི་ས་བོན་གྱི་ཕྱེད་ཀ་ལེན་དགོས། ཆ་སྙོམས་ཀྱིས་རྒྱུ་ཆའི་ངོས་སུ་གཏོར་རྗེས། ལག་པས་རྒྱུ་ངོས་སྒྲུལ་ཙམ་བྱས་ཏེ། ཤ་མོའི་ས་བོན་ནི་རྒྱུ་ཆའི་འོག་རིམ་གྱི་ལི་སྨི2~3མཚམས་སུ་གཏོར་དགོས། ཤ་མོའི་ས་བོན་ལྷག་མ་རྣམས་ཆ་སྙོམས་ཀྱིས་རྒྱུ་ཆའི་ངོས་སུ་གཏོར་བ་དང་། དེ་ནས་ཤིང་ལེབ་ཀྱིས་དལ་མོར་གནོན་དགོས། མཇུག་མཐར་ཚགས་པར་གྱིས་རྒྱུ་ཆ་བཀབ་ནས་ཚགས་པར་ནི་བརླན་གཤེར་གྱི་རྣམ་པར་སྲུང་འཛིན་བྱེད་དགོས། སྒོ་དང་སྐེའུ་ཁུང་གི་སྒོ་བརྒྱབ་ནས་དྲོད་སྲུང་རླན་སྲུང་གིས་ཤ་མོའི་ས་བོན་སྐྱེ་བའམ་ཤ་མོའི་སྦུ་གུ་འབུས་སུ་འཇུག་དགོས། རྫོ་འདེབས་བྱེད་སྐབས་རྒྱུ་ཆའི་རླན་ཚད་ནི་ལག་པས་བཙིར་གནོན་བྱེད་པ་དང་། ལག་པའི་སྲུབས་

ནས་ཚ་ཡོད་ཀྱང་ཐིགས་པ་མི་འཛིན་ན་བཟང་། སྒོ་འདེབས་བྱས་རྗེས། ཉིན་གསུམ་གྱི་ནང་དུ་སྒོ་དང་སྒེའུ་ཁུང་བརྒྱབ་ནས་རླུང་རྒྱུག་ཚད་ཇེ་ཉུང་དུ་བཏང་སྟེ། ཤ་མོའི་ས་བོན་ལ་སྨྱུ་གུ་འབུས་ནས་རྩ་སྤྱོས་རྒྱས་སུ་འཇུག་དགོས། སྐབས་དེར། དྲོད་ཚད་མཐོན་པོ་དང་འཕྲད་ན། སྒེའུ་ཁུང་ཕྱེ་ནས་ཚ་སེལ་བྱེད་དགོས། དེ་ལྟར་མིན་ན། ཚ་བ་ཆེ་བའི་རྐྱེན་གྱིས་ཤ་མོ་སྐྱེ་འཚར་ལ་དལ་འགོར་བྱེད་པ་ཡིན།

ཉིན་གསུམ་གྱི་རྗེས་སུ་ཤ་མོའི་ས་བོན་གྱི་སྨྱུ་གུ་འབུས་ཚད་རྒྱུན་ལྡན་ཡིན་ན་རླུང་རྒྱུག་ཏུ་བཅུག་ཆོག ཉིན་བདུན་གྱི་རྗེས་སུ་རིམ་བཞིན་རླུང་རྒྱུག་ཚད་ཇེ་ཆེར་བཏང་ཆོག་ལ། རྒྱུན་ལྡན་གྱི་གནས་ཚུལ་འོག་ཏུ། ཉིན7~10ལ་ཤ་མོའི་ཕྲ་སྐུད་གསོ་སྐྱོང་རྒྱུ་ཆའི་ཕྱི་ངོས་སུ་བཀང་འགྲོ་བ་ཡིན། སྐབས་འདིར་རླུང་རྒྱུག་ས་ཚང་མ་ཕྱེ་ནས་སྐམ་ཤས་ཆེ་བའི་ཁོར་ཡུག་བཟོས་ཏེ་ཤ་མོའི་ཕྲ་སྐུད་གསོ་སྐྱོང་རྒྱུ་ཆའི་ནང་དུ་སྐྱེ་རུ་འཇུག་དགོས། དྲོད་ཚད25℃ལས་མཐོ་སྐབས་ནངས་དགོང་རླུང་རྒྱུག་དགོས་པ་དང་། དམའ་དུས་ཉིན་གུང་རླུང་རྒྱུག་དགོས། ཤ་མོའི་སྐྱེ་འཚར་གྱི་ཆེས་འཚམ་པའི་དྲོད་ཚད་ནི22~25℃ཡིན་ལ། ལྷོས་བཅས་ཀྱི་འཐེར་འཚམ་རླན་ཚད་ནི60%~75%ཡིན། ཉིན20ཡས་མས་སུ་ཤ་མོའི་ཕྲ་སྐུད་སྐྱེས་ནས་རྒྱུ་ཆའི2/3སླེབ་དུས་སུ་སྟེང་དུ་ས་འགེབས་དགོས།

ཤ་མོ་སྐྱེ་བའི་དུས་སུ་རླུང་རྒྱུག་པར་དོ་སྣང་བྱེད་པ་དང་ཆབས་ཅིག གསོ་སྐྱོང་རྒྱུ་ཆའི་རླན་ཚད་ལ་ཞིབ་བཤེར་བྱེད་དགོས། གལ་ཏེ་གསོ་སྐྱོང་རྒྱུ་ཆ་ཅུང་སྐམ་ན། འོས་འཚམ་སྣོས1%རྗེ་ཐལ་ཆུ་གཏོར་ཆོག་དང་། རྒྱུ་ཆའི་ངོས་ཀྱི་དྲོད་ཚད25℃ཡས་མས་རྒྱུན་འཁྱོངས་བྱས་ན་བཟང་། གལ་ཏེ་སྦུ་རྣམ་དང་ཙ་གང་སོགས་སྙིགས་རོའི་ཤ་མོ་འབྱུང་བའི་དུས་སུ། ཞིན་ཞུད་ངོས་འགེབས་བྱེད་པའམ་ཡང་ན་སྨྱུར་ཆུ་གཏོར་ནས་འགོ་བར་སྔོན་འགོག་བྱེད་དགོས། ད་དུང་ནད་འབུའི་སྔོན་འགོག་ལའང་དོ་སྣང་བྱེད་དགོས་ཤིང་ཞིན་ཏྭ་ཡུའི་ཡིས་སྦྱིལ་བུར་དུག་སེལ་བྱེད་དགོས། སྦྲང་ནག་དང་ཤ་མོའི་དུག་སྦྲང་ལ་ཏའི་ཏའི་ཞེ་སྦྲིས་མ་དྲོད་ཁང་ནང་གི་འོད་ཕོག་སར་བཀལ་ནས་འགོག་བཅོས་བྱེད་དགོས། བྱི་བའི་རིགས་ལ་བྱི་བ་བཙིར་ཆས་སྤྱོད་པའམ་བསྣུ་གསོད་བྱས་ཆོག

༣། ས་འགེབས་པའི་ཐབས་ཤེས།

འགེབས་བྱའི་ས་ནི་འདམ་དང་སོལ་བ་ཡིན་ན་བཟང་། གལ་ཏེ་མེད་ན། ཞིང་སའི་སྟེང་གི་ལི་སྨི30མན་གྱི་ས་རྒྱ་བླང་ཆོག་ལ། ས་རྒྱའི་ནང་དུ་གྲོ་ཤུན་བསྲེས་ན་བཟང་། གྲོ་ཤུན་ངེས་པར་དུ1%རྡོ་ཐལ་ཆུས་ཉིན3སྔོན་དུ་སྦང་དགོས། ས་རྡོག་གི་ཆེ་ཆུང་ནི་སྲན་སེར་རྡོག་བུའི་ཆེ་ཆུང་དང་གཅིག་མཚུངས་ཡིན་དགོས། 1%རྡོ་ཐལ་ཆུས་རླན་པར་བྱས་ཏེ། ལག་པས་བཙིར་ནས་སར་ཐོར་བ་ཚད་གཞིར་འཛིན་དགོས། ས་མ་བཀབ་པའི་ཉིན2~3སྔོན་དུ་ཤ་མོ་འདེབས་སའི་ཚགས་པར་གྱི་ཁ་ཕྱེ་བ་དང་། གལ་ཏེ་རྒྱུ་ཆའི་ངོས་སྐམ་དྲགས་ནpHཚད་ནི7.5རྡོ་ཐལ་ཆུས་རླན་པར་བྱས་ནས་ཐེངས་མང་པོར་ཙུང་གཏོར་བྱེད་དགོས། བརྒྱུད་རིམ་ཧྲིལ་པོར་ཉིན2~3དགོས། ཆུ་གཏོར་སྐབས་སྒོ་དང་སྐེའུ་ཁུང་ཕྱེ་དགོས་ཤིང་། ཆུ་གཏོར་ནས་དུས་ཚོད་ཕྱེད་ཀ་འགོར་རྗེས་སྒོ་དང་སྐེའུ་ཁུང་ཕྱིར་རྒྱག་དགོས། རླན་པར་བྱས་རྗེས་ལྷུགས་ཁེམ་གྱིས་ངོས་སྐེམས་པར་བྱས་ན་ཤ་མོའི་སྐྱེ་འཚར་ལ་ཕན་པ་ཡོད། ས་འགེབས་པའི་མཐུག་ཚད་ནི་ལི་སྨི2.5~4ཡིན། ས་འགེབས་ཚད་སྲབ་དྲགས་ན་ཤུན་པགས་སྲབ་མོའི་ཤ་མོ་སྐྱེས་སླ་བ་དང་། མཐུག་དྲགས་ན་ཤ་མོའི་སྐྱེ་འཚར་འཕྱི་དྲགས་པ་དང་སྐྱེ་འཚར་མི་བཟང་བའི་ཤ་མོ་འབྱུང་སླ། ས་ཞིང་གི་རླན་ཚད་ནི་ལག་པས་ས་བཟུང་སྟེ་རྡོག་བུ་གྲུབ་ན་འོས་འཚམ་ཡིན།

ས་བཀབ་རྗེས་ཀྱི་གཟའ་འཁོར་གཅིག་གི་ནང་དུ་ཆུ་གཏོར་མི་དགོས། རླུང་རྒྱུ་ཚད་དང་དབུགས་བརྗེ་ཚད་ལ་ཤུགས་སྣོན་བྱས་ནས་ཤ་མོའི་སྐྱེ་འཚར་ལ་སྐུལ་འདེད་བྱེད་དགོས། དྲོད་ཚད22~25℃ཚོད་འཛིན་བྱེད་པ་དང་། རླན་ཚད60%~75%ཚོད་འཛིན་བྱེད་དགོས། གལ་ཏེ་སྐམ་དྲགས་ན་མི་འགྲོ་སའི་ལམ་བུའི་སྟེང་དུ་ཆུ་ཙུང་ཙམ་གཏོར་ཆོག

ས་འགེབས་པའི་དུས་སུ་རླན་ཚད་ངེས་པར་དུ་ཚུལ་མཐུན་ཡིན་དགོས་ཤིང་། ཕྱིར་བཏང་དུ་ཆུ་གཏོར་མི་དགོས། སྤྲིལ་བུའི་སྣེ་གཉིས་ཀའི་རླུང་རྒྱུ་སར་ཆུ་ཙུང་དུ་ཞིག་གཏོར་བས་ཆོག

༣༽ སོན་གཉིས་པ་མོའི་སྐྱེ་དུས་ཀྱི་ངོ་དམ།

ས་བཀབ་ནས་ཉིན15ཡས་མས་འགོར་རྗེས། ས་རིམ་སློག་སྟེ་ཤ་མོའི་མྱུ་གུ་ནི་སྡོན་གྱི་ཁུ་ལུ་དབྱིབས་ནས་སྐུད་དབྱིབས་སྦོམ་པའི་སྤྲིན་ཐག་ཏུ་འགྱུར་སྐབས། ཤ་མོར་ཆུ་གཏོར་མགོ་བརྩམས་ཆོག་ཅིང་། ནངས་དགོང་གཉིས་ཀར་ཐེངས་རེར་གཏོར་དགོས། ཆུ་གཏོར་ཡོ་བྱད་ལ་ངེས་པར་དུ་ཕྲུས་ཀ་ཅུང་བཟང་བའི་ཆུ་གཏོར་ཆས་བཀོལ་དགོས་པ་ལས་ཆུ་གཏོར་དེམ་བུས་ཆུ་གཏོར་མི་རུང་། ཆུ་གཏོར་སྐབས་སྒོ་དང་སྒེའུ་ཁུང་ཕྱེ་བ་དང་། ཆུ་གཏོར་རྗེས་སྒོ་དང་སྒེའུ་ཁུང་རྒྱག་དགོས། ཆུ་གཏོར་ཚད་ནི་ཐེངས་མང་པོར་ཉུང་གཏོར་བྱེད་དགོས། བརྒྱུད་རིམ་ཧྲིལ་པོར་ཉིན2~3དགོས། ས་རིམ་ཡོངས་རློན་པ་ཡིན་དགོས་ཤིང་། སྤྱིར་བཏང་དུ་སྨི་གྲུ་བཞི་ལྷམ་པ་རེར་ཆུ་གཏོར་ཚད་སྟོང་ཁ0.5~1ཡིན།

ཤ་མོའི་གང་བུའི་རིང་ཚད་ལ་སྲུན་སེར་གྱི་འབྲུ་རྫོག་གི་ཆེ་ཆུང་ཡོད་པའི་དུས་སུ། ཆུ་མང་དུ་གཏོར་དགོས་ཤིང་རླུང་རྒྱུ་ཚད་ཀྱང་ཤུགས་ཇེ་ཆེར་གཏོང་དགོས། ཆུ་གཏོར་ཆས་ཀྱིས་ཆུ་གཏོར་སྐབས་ངེས་པར་དུ་དབུགས་འདྲེད་ངེས་ཤིག་རྒྱག་དགོས། ཆུ་སྨྲུག་གི་ཁ་ཡར་བསྐོར་ནས་ཤ་མོ་ཆུང་དུའི་སྐྱེ་འཚར་ལ་གནོད་འཚེ་བཟོ་མི་རུང་། རླན་ཚད་ནི་ལག་པས་ས་བཙིར་ནས་རྫོག་བུ་གྲུབ་པ་དང་གས་སྤུབས་བྱུང་ན་འོས་འཚམ་ཡིན།

ཤ་མོའི་གང་བུ་མང་དུས་མཁའ་དབུགས་སྐམ་ཤས་ཆེ་ན་ཆུ་གཏོར་ཆོག་ཅིང་། གྲུང་ངོས་དང་མི་བགྲོད་ལམ་བུའི་སྟེང་དུ་གཏོར་ནས་སྤྱིལ་བུ་ནང་གི་རླན་ཚད་སྲུང་འཛིན་བྱེད་དགོས།

ཤ་མོ་སྐྱེས་མ་ཐག་སྤྱིལ་བུའི་དྲོད་ཚད15℃ཡས་མས་ཡིན་ན། ཆུ་ཉུང་ཙམ་གཏོར་དགོས། གནམ་ངོ་དྭངས་པའི་ཕྱི་དྲོ་ཡིན་ན་ཆུ་དྲོན་མོ་གཏོར་དགོས་པ་དང་། ཆུ་གཏོར་སྐབས་རླུང་ཆེན་པོ་རྒྱུ་རུ་འཇུག་དགོས། ཆུ་ཐེངས་གཅིག་གི་རྗེས་སུ་རླུང་རྒྱུ་ཚད་ཇེ་ཆུང་དུ་གཏོང་བ་དང་། མཚན་མོའི་དྲོད་ཚད་དམའ་བའི་སྐབས་སུ་རླུང་སྒོ་ཡོངས་སུ་རྒྱག་དགོས།

ཟླ7པའི་ཟླ་མཇུག་ནས་ཟླ8པའི་ཟླ་དཀྱིལ་དང་ཟླ་སྨད་ཀྱི་ཉིན20ཙམ་གྱི་དུས་ཚོད་ནི་མཚོ་བོད་མཐོ་སྒང་ས་ཁུལ་གྱི་དབྱར་དུས་ཀྱི་དྲོད་ཚད་ཆེས་མཐོ་བའི་དུས་སྐབས་ཡིན་

པས། ཚ་འགོག་དང་དྲོད་ཚད་ཇེ་དམའ་རུ་གཏོང་བར་དོ་སྣང་བྱེད་དགོས་ཤིང་། ཚ་རྒྱུན་འཛོམས་པའི་ས་ཁུལ་དུ་དྲོད་ཁང་གི་ཕྱི་ངོས་ཀྱི་རྫ་ཡོལ་སྟེང་དུ་ཆུ་གཏོར་ནས་དྲོད་ཚད་ཇེ་དམའ་རུ་གཏོང་བའམ་ཡང་ན་ཤ་མོའི་དྲོད་ཁང་གི་འགྲོ་ལམ་དང་གྲུང་ངོས་སུ་ཆུ་གཏོར་ནས་དྲོད་ཚད་དམའ་རུ་གཏོང་བ་ཡིན། ཚ་རྒྱུན་མེད་པའི་ས་ཁུལ་དུ་དྲོད་ཚད་མཐོ་བའི་སྐབས་སུ་ཆུ་གཏོར་ཚད་ཇེ་ཉུང་དུ་གཏོང་དགོས།

བདུན། སོན་གཉིས་ཤ་མོའི་བཞ་བསྐྱུ་དང་སོ་ཉར། ལས་སྟོན།

(གཅིག) བཞ་བསྐྱུ།

ཤ་མོ་སྐྱེས་ནས་ཉོ་སྐྱུབ་ཀྱི་ཚད་གཞིར་སླེབས་ཚེ་དུས་ཐོག་ཏུ་འཐོག་དགོས། སྤྱིར་བཏང་དུ་བཞ་བསྐྱུའི་འོས་འཚམ་གྱི་དུས་ཡུན་ནི་ཤ་མོའི་གདུགས་མགོ་ལི་སྐྱི2ཡན་དུ་བཀབ་པ་དང་ཤ་མོའི་ཡོལ་བར་གས་ཆག་མ་བྱུང་བའི་སྔོན་ལ་བཞ་བསྐྱུའི་དུས་ཡུན་གྱི་ཁོངས་སུ་གཏོགས་སོ། །

བཞ་བསྐྱུ་དུས་སྐབས་སུ་སླེབས་ཚེ་དུས་ཐོག་ཏུ་བཞ་བསྐྱུ་བྱེད་དགོས་པ་དང་། དགོས་ངེས་ཀྱི་སྐབས་སུ་ཉིན་རེའི་ཞོགས་པ་དང་ཕྱི་དྲོའི་དུས་མཚམས་དབྱེ་ནས་ཐེངས་གཉིས་ལ་བཞ་བསྐྱུ་བྱས་ཆོག བཞ་བསྐྱུའམ་འཐོག་པའི་ཐབས་ཤེས་ཞིབ་ཕྲ་ནི། ཤ་མོ་འཐུ་བའི་སྐབས་སུ་ཆེ་བ་རྣམས་ཐོག་མར་འཐོག་ནས་ཆུང་བ་རྣམས་འཛོག་དགོས་པ་ལས། ཐེངས་གཅིག་ལ་ཚང་མ་བཞ་བསྐྱུ་བྱས་ཚར་དགོས་པ་ཞིག་མིན། དུས་མགོར་ཤ་མོ་སྐོར་འཐོག་བྱེད་པའི་ཐབས་ལ་བརྟེན་ནས་འཐོག་དགོས་པ་དང་། དུས་མཇུག་ཏུ་ཤ་མོ་ཐད་ཀར་འཐོག་པའི་ཐབས་ལ་བརྟེན་ནས་འཐོག་དགོས། བཞ་བསྐྱུ་བྱས་རྗེས་ཤ་མོའི་རྩ་བ་དང་ཤ་མོ་ཤ་རོ། ཤ་མོའི་སླིགས་རོ་སོགས་དུས་ཐོག་ཏུ་གཙང་སེལ་བྱེད་དགོས། ས་གསབ་བྱེད་པ་དང་ས་བཀབ་ནས་ཤ་མོ་འདེབས་སའི་ས་ཞིང་ཁོད་སྙོམས་བཟོ་དགོས།

ཤ་མོའི་སོག་མ་བཞ་བསྐྱུ་བྱས་ཚར་རྗེས་ཉིན5~7ལ་ཆུ་གཏོར་མཚམས་བཞག་སྟེ་ཤ་མོ་སྣར་སོས་ནས་འཚར་སྐྱེ་བྱུང་བའི་རྗེས་སུ། མུ་མཐུད་དུ་ཆུ་གཏོར་བ་དང་གཞན་པའི་དོ་དམ་བྱ་བ་སྣ་ཚོགས་ལག་བསྟར་བྱེད་དགོས། ཤ་མོ་འཐུ་བའི་དུས་རིམ་གྱི་ནང་དུ་ཤ་མོའི་

སྤྱིལ་བུར་རླུང་རྒྱུ་བར་མཉམ་འཛོག་བྱེད་དགོས་པ་དང་། དྲོད་ཚད་དང་རླན་ཚད། མཁའ་རླུང་བཅས་གསུམ་བར་གྱི་འབྲེལ་བ་ཐག་གཅོད་ཡག་པོ་བྱེད་དགོས།

སྤྱིར་བཏང་དུ་ཤ་མོའི་སོག་ཤུལ་བཞི་པ་བསྡུས་རྗེས། སོག་ཤུལ་རེ་རེའི་སོན་གཉིས་ཤ་མོའི་ཐོན་ཚད་སྟོན་མ་དང་མི་འདྲ་བར་ཇེ་ཉུང་དུ་འགྲོ་བ་ཡིན། འཚོ་བཅུད་ཟད་གྲོན་དུ་སོང་བའི་དབང་གིས་སོག་ཤུལ་རེ་རེའི་ཤ་མོའི་ཕྲ་ཕུང་གི་གྲངས་འབོར་དང་སྦུས་ཚད་ཀྱང་མར་ཆག་པ་དང་། བཟ་བསྟུའི་བྱེད་ཐབས་ཀྱང་རིམ་བཞིན་ཤ་མོ་སྐྱོར་འཛུགས་ནས་ཤ་མོ་འབབ་འཛུགས་ཏུ་སྒྱུར་དགོས། ཤ་མོ་འཛུགས་པའི་སྐབས་སུ་ཤ་མོའི"རྩ་བའི"འོག་རིམ་དུ་སྤྲེལ་བའི་ཆ་འགྱུར་སྲིན་ཐག་རྣམས་ཀྱང་མཉམ་དུ་འབབ་དགོས། རྒྱུ་མཚན་ནི་ཆགས་པའི་རྩད་པ་ཅན་གྱི་སྲིན་ཐག་འདི་དག་ལ་སླར་སོས་དང་སྐྱེ་འཚར་གྱི་ནུས་པ་ཅི་ཡང་མི་འདུག་པས་སོ།།

འཛོག་མ་ཐག་པའི་ཤ་མོ་རྣམས་སེམས་ཆུང་གིས་སེང་རས་གཙང་མ་བཏིང་བའམ་ཤོག་བུ་བཏིང་བའི་སློ་མའི་ནང་ངམ་ལྷུ་བ་ཅན་གྱི་སྣམ་ནང་དུ་དལ་མོར་འཇོག་དགོས། ཕྱིས་སུ་རྣོ་དངར་ཆེ་བའི་གྲི་ཆུང་གིས་གྲལ་འགྲིག་པོའི་སྒོ་ནས་ཤ་མོའི་རྐང་པའམ་རྩ་བ་གཅོད་དགོས།

གསར་ཐོན་ཤ་མོ་ནི་ཁ་ཅང་མཉེན་པོ་ཡིན་པས། འབྲུ་འཛོག་བྱེད་པ་དང་རྩ་བ་གཅོད་པ། སྤོར་འདྲེན་བཅས་བྱེད་སྐབས་གང་ཐུབ་ཏུ་འཛོག་པར་གཏན་འགོག་བྱེད་དགོས། རྒྱུ་མཚན་ནི་སྦྱོད་མ་རྡུབ་མོས་བགོལ་སྤྱོད་བྱས་ན་ཐོན་རྫས་ཀྱི་རིམ་པ་མཐོན་པོའི་འཕར་ཚད་དང་ཡོང་འབབ་ཇེ་དམའ་རུ་འགྲོ་བ་ཡིན།

(གཉིས) སོ་ཉར་དང་ལས་སྦྱོར།

1. སོ་ཉར།

འཛོག་མ་ཐག་པའི་ཤ་མོ་མཉེན་པོ་ཡིན་པ་དང90%ཆུ་འདུས་ཡོད་ཅིང་། སྔར་བཞིན་དབུགས་འབྱིན་རྟུབ་ཀྱི་ནུས་པ་ཤུགས་ཆེན་པོ་ལྡན་པས། རྗེས་སྨིན་འགྱུར་སླ་བ་དང་ཉར་ཚགས་བྱེད་དཀའ་བ་ཡིན། འཛོག་ཡུན་རིང་ན་མདོག་འགྱུར་སླ་བས། མདོག་འགྱུར་

བར་སྔོན་འགོག་བྱེད་ཆེད། སྐབས་བདེ་བའི་བྱེད་ཐབས་སྦྱུད་ནས་སོ་ཉར་དུས་ཚོད་ཇེ་རིང་དུ་བཏང་ཆོག

(1) ཚྭ་ཆུ་བཀོལ་ནས་སོ་ཉར་བྱེད་པ། བྱེ་བྲག་གི་བྱེད་ཐབས་ནི་འཐོག་མ་ཐག་པའི་ཤ་མོ་ཚྭ་ཆུའི་ནང་དུ་བཞག་ནས་སྐར་མ10སྦྱང་བ་དང་། ཆུའི་ནང་ནས་ཡར་བླང་སྟེ་བསྐམས་རྗེས་འཁྱིག་ཁུག་ནང་དུ་བཙུག་ནས10~15℃ཡིན་པའི་སྒྲིབ་ངོས་ཀྱི་ཁང་པའི་ནང་དུ་འཇོག་དགོས། དུས་ཚོད4~6འགོར་རྗེས། ཁུག་མའི་ནང་གི་ཤ་མོའི་ཁ་དོག་སྔར་བཞིན་དཀར་པོ་ཡིན་ན་ཉིན3~4ལ་རྒྱུན་འཁྱོངས་བྱེད་ཐུབ།

(2) ཅེ་ཡེ་ཞིམ་ཐུམ་བརྒྱབ་རྗེས་དྲོད་ཚད་དམའ་མོས་སོ་ཉར་བྱེད་པ།(ལིབ་ཤྭའི་དྲོད་ཚད་དམའ་མོས་སོ་ཉར་བྱེད་ཐབས་དང་གཅིག་མཚུངས་ཡིན)

2. ལས་སྔོན།

སོན་གཉིས་ཤ་མོ་ལས་སྔོན་བྱེད་སྐབས་གཙོ་བོ་ནི་ཚྭ་བསྲེས་རྒྱག་པ་དང་ལྡུགས་ཀྱིན་བཟོ་བ་རིགས་གཉིས་ཡིན།

(1) ཚྭ་བསྲེས་རྒྱག་པ།

ཚྭ་བསྲེས་རྒྱག་པའི་ཤ་མོ་ནི་རང་རྒྱལ་གྱི་ཤ་མོ་ཕྱིར་གཏོང་བྱེད་པའི་ཚོང་ཟོག་གཙོ་བོ་ཞིག་ཡིན། འདིའི་ལས་སྔོན་བྱེད་ཐབས་ནི་ཤ་མོ་གསར་བ0.02%ཅའོ་ཡ་སོན་ནྭ་ཞུ་ཁུའི་ནང་དུ་བཞག་ནས་གཙང་བཀྲུ་བྱེད་པ་དང་། བླངས་རྗེས0.05%ཅའོ་ཡ་སོན་ནྭ་ཕལ་བའི་ཞུ་ཁུའི་ནང་དུ་སྐར་མ10ལ་སྦྱང་དགོས། དེ་ནས་ཆུའི་ནང་དུ་ཐེངས3~4བཀྲུ་དགོས་པ་དང་། ཤ་མོའི་གདུགས་མགོ་མི་འབྱེད་པའི་ཆེད་དུ། 5%~7%ཚྭ་ཆུའི་སླ་ངའི(བཙའ་མི་ཆགས་པའི་ངར་ལྡུགས་སམ་ཏ་ཡང་སླ་ང)ནང་དུ་བཙོ་དགོས་ཤིང་། བཙོ་ཡུན་ནི་སྐར་མ7~10ཡིན། བཙོས་ཚར་རྗེས་ཆུ་འཁྱག་ནང་དུ་འཇོག་པ་དང་། མཚམས་རེར་སློག་དཀྲུག་བྱེད་དགོས། འཁྱག་བཟོ་བྱས་རྗེས་ཤ་མོའི་ངོས་ཀྱི་ཚངས་ཐིག་ལྟར་རིམ་པ་དབྱེ་དགོས་ཏེ། ལི་སྨི1.5མན་ཆད་ནི་རིམ་པ་དང་པོ་ཡིན། ལི་སྨི1.5~2.5ནི་རིམ་པ་གཉིས་པ་དང་། ལི་སྨི2.5~3.5ནི་རིམ་པ་གསུམ་པ་ཡིན། ལི་སྨི3.5ཡན་ནི་རིམ་པ་བཞི་ཡིན། རིམ་པ་ཕྱེ་བའི་

ཤ་མོ་སོ་སོ15%~16%ཚྭ་ཆུའི་ནང་དུ་སྦང་དགོས་པ་དང་། གར་ཚད་མཐོ་དྲགས་ནས་ཤ་མོའི་ཁ་དོག་ནག་པོར་འགྱུར་བར་སྔོན་འགོག་བྱེད་དགོས། ཉིན3~5འགོར་ནས་ཡར་བླངས་རྗེས་ད་གཟོད་ཚད་ལོངས་པའི་ཚྭ་ཆུའི་ནང་དུ་བླུགས་ནས་ཉིན5~7ལ་སྦང་དགོས། དེའི་ཐོག་ཏུ་ལྡིད་དངོས་བཞག་སྟེ་ཤ་མོ་ཚང་མ་ཚྭ་ཆུའི་ནང་དུ་གནོན་པ་དང་། མཁའ་དབུགས་དང་འཕྲད་ནས་མདོག་འགྱུར་བར་སྔོན་འགོག་བྱེད་དགོས། ཉིན5~7ལ་སྦངས་རྗེས། ཤ་མོས་ཚྭ་མང་པོ་སྡུད་ལེན་བྱས་ན་ཚྭ་ཆུའི་གར་ཚད་ཇེ་དམའ་རུ་གཏོང་ཐུབ་པ་དང་། གལ་ཏེ36%ལས་དམའ་ན་རྫ་མ་འགྲེལ་ནས་ཕྱིར་བླངས་ཏེ་ཡང་བསྐྱར་ཚད་ལོངས་ཚྭ་ཆུའི་ནང་དུ་སྦང་དགོས། ཚྭ་ཆུ་འདང་རག་བར་དུ་རྫ་མའི་ནང་དུ་བླུགས་ནས་འཇོག་པ་དང་དེ་འཕྲོར་ཕྱིར་འཚོང་བྱེད་དགོས།

(2) ལྷུགས་ཀྲིན་བཟོ་བ།

སོན་གཉིས་ཤ་མོའི་ལྷུགས་ཀྲིན་ལ་ཤ་མོ་རྩིལ་པོ་དང་། ཤ་མོ་ལེབ་མོ། ཤ་མོ་རྟུག་ཚག་བཅས་རིགས་གསུམ་དུ་ཕྱེ་ཡོད། ཕྱིར་གཏོང་བྱེད་ཡུལ་ནི་ཤ་མོ་རྩིལ་པོ་གཙོ་བོ་དང་ཤ་མོ་ལེབ་མོ་ཕལ་བ་ཡིན། ཤ་མོ་རྟུག་ཚག་ནི་རྒྱལ་ནང་གི་ཚོང་རར་བཙོང་གི་ཡོད།

སོན་གཉིས་ཤ་མོའི་ལྷུགས་ཀྲིན་གྱི་ལས་སྒྲོན་བཟོ་ཚུལ་ནི། བཙ་བསྡུ་དང་རྩ་བ་བཤུས་པ། བཤལ་བཀྲུ། སྔོན་བཙོས་འཁྱག་བཟོ། རིམ་དབྱེ། རླངས་གཏོང་། མཁའ་རླུང་ཕྱིར་ཕུད། མཐོ་གནོན་འབུ་སེལ། ཐོན་རྫས་ཞིབ་བཤེར། ཚོང་རྟགས་སྦྱོར་བ། ཤོག་སྒམ་དུ་འཇུག་པ། ཕྱིར་འཚོང་བཅས་ཡོད་དོ། །

བརྒྱད། སོན་གཉིས་ཤ་མོར་ལུད་འཇོག་ཐབས།

(གཅིག) རྒྱུན་བཀོལ་གཤེར་ལྤའི་ལུད་རྫས།

1. ཤ་མོའི་རྩ་བ་དང་ཤ་མོའི་རྟུག་རྟུག་བཙོས་རྗེས་ཆུ་གཏོར་བ་དང་། ཆུ་གཏོར་བ་དང་ཟྭང་འབྲེལ་བྱས་ནས་ལུད་རྫས(ལྤུ་བ་སྟོང་ཁེ1+ཆུ་སྟོང་ཁེ20)འདྲེན་དགོས།

2. ཤ་མོ་སྐྱེས་རྗེས་ས་རིམpHཚད་ཇེ་དམའ་རུ་སོང་བ་དང་བསྟུན་ནས་རྗོ་ཐལ་སྟོང་ཁེ1+ཆུ་སྟོང་ཁེ100ཡིས་དཀྲུགས་རྗེས་དྭངས་འབྱེད་གཤེར་ལྤ་བླངས་ཏེ་གཏོར་དགོས།

3. ཐོ་རྒྱ་ཁེ40+ཀ་ར་སྟོང་ཁེ1+ཆུ་སྟོང་ཁེ100བསྲེས་ནས་གསར་བྱུང་ཤ་མོའི་སྙེང་དུ་གཏོར་ན་ཐོན་འཕར་གྱི་ཕན་འབྲས་མངོན་གསལ་ཡིན།

4. སྨན་སེར་གསར་བ་སྟོང་ཁེ0.5~1ནང་དུ་སྦངས་རྗེས་འཐག་ནས་སྐྱོ་མ་བཟོ་དགོས། འཚག་སྙིགས་གཤེར་ཁུ་བླངས་ནས་ཆུ་སྟོང་ཁེ50བླུགས་ན་ཐོན་འཕར10%~15%ཡོད།

5. ཤ་མོའི་ཐོན་ཚད་དུས་ཡུན་ཐུང་ངུའི་ནང་དུ་མར་ཆག་དུས། ཤ་མོ་འདེབས་སའི་ས་ངོས་གཙང་བཤེར་བྱེད་པ་དང་། རྣས་འགྱུར་རྩ་བ་དང་ཤ་མོ་ཤི་རོ་ཕུད་ནས་སྔོ་ཕྱུགས་དང་ཁྱིམ་བྱའི་བྲུན་གསར་བ་གཏོར་དགོས། ཆུ་དྲངས་མས་ཆུ་ཚོད15ལ་སྦངས་རྗེས་ལུད་རྫས་ལྷབ3~5ས་ལུད་དང་རྫ་ཐལ་ཉུང་ཙམ་མཉམ་དུ་བསྲེས་རྗེས་ཞིང་ངོས་སུ་གཏོར་དགོས།

6. མངར་ཆ་ཁེ500+ཐོ་བཅུད་ཁེ50+འཚོ་བཅུད་B1ཧའོ་ཁེ100+ཆུ་སྟོང་ཁེ50བཅས་བསྲེས་ནས། སྨི་གྲུ་བཞི་མ་རེར་སྟོང་ཁེ0.5~1ལྷར་ཐེངས་བཞི་ལ་ཁ་གསབ་བྱས་ན་ཐོན་འཕར15%~20%ཡོད།

7. གཅིན་རྒྱ་ཁེ100~150+ཆུ་སྟོང་ཁེ50བསྲེས་ནས་གཏོར་དགོས།

8. ཐྣན་སོན་ཨན་སྟོང་ཁེ1+ཆུ་སྟོང་ཁེ100བཅས་བསྲེས་ནས། བཟ་བཅུ་ཐེངས་རེའི་རྗེས་སུ་ཐེངས་རེར་གཏོར་བ་དང་། སྨི་ངོས་གྲུ་རེར་སྟོང་ཁེ0.5བཀོལ་དགོས།

(གཉིས) ལུད་འཇོག་ཐབས།

1. སོན་གཉིས་ཤ་མོར་ལུད་རྫས་ཉུང་ཙམ་རྒྱག་དགོས་པ་དང་། གར་ཚད་ཆེ་དྲགས་པ་དང་སྤྱོད་ཚད་མང་དྲགས་པར་འཛེམ་དགོས།

2. ལུད་རྫས་སྣ་མང་སྤྱོད་དུས་ངེས་པར་དུ་སྡེབ་སྦྱོར་བྱས་ནས་སྤྱོད་དགོས། ལུད་བཞག་རྗེས་དེ་མ་ཐག་ཆུ་གཏོར་བ་དང་། འཚོ་བཅུད་གཤེར་ཁུ་ཤ་མོའི་སྙེང་དུ་བསགས་ནས་ནད་སྐྱོན་འབྱུང་བར་སྔོན་འགོག་བྱེད་དགོས།

3. གཤེར་ཁུ་ལུད་སྣ་མང་བཀོལ་དུས་སྐོལ་མར་སྤྱོད་ཆོག་པ་དང་། དྲོད་ཚད་མཐོ་བ་དང་ནད་འབུའི་གནོད་པ་འབྱུང་དུས་ལུད་རྒྱག་མི་རུང་།

4. ལུད་རྒྱག་པའི་དུས་ཚོད་འོས་འཚམ་ཞིག་ནི་ཤ་མོའི་སོག་ཤུལ2~3ཐོན་པའི་རྗེས་སུ་ཡིན། ཤ་མོ་འཐུ་བའི་རྗེས་ནས་སོག་མའི་ཤ་མོའི་གང་བུ་ནི་སྲུན་སེར་གྱི་རྣོག་རིལ་ཆེ་ཆུང་གི་སྟོན་དུ་འགྱུར།

དགུ། སོན་གཉིས་ཤ་མོའི་ནད་འབུའི་གནོད་པ་གཙོ་བོ་དང་འགོག་བཅོས་བྱེད་ཐབས།

སོན་གཉིས་ཤ་མོ་སྐྱེ་བའི་གོ་རིམ་ཁྲོད་དུ། ནད་འབུ་འགོས་པའམ་ཡང་ན་ཁོར་ཡུག་མི་ལེགས་པའི་རྐྱེན་གྱིས(དྲོད་ཚད་དང་རླན་ཚད། གནོད་ལྡན་རྫས་འགྱུར་དངོས་པོ་སོགས)ཤ་མོའི་སྐྱེ་འཚར་ལ་རྒྱུན་ལྡན་མིན་པའི་འགྱུར་ལྡོག་འབྱུང་བ་ཡིན། འདིས་ཤ་མོའི་ཐོན་ཚད་དང་སྤུས་ཚད་ཇེ་དམའ་རུ་གཏོང་བ་དང་། སྣང་ཚུལ་འདིའི་རིགས་ལ་ཤ་མོའི་ནད་ཀྱི་གནོད་པ་ཟེར།

1. འཇམ་རུལ་ནད།

ནད་རྟགས། ཤ་མོ་འདེབས་སར་མདོག་དཀར་པོའི་སྤྲིང་བལ་གྱི་སྤུ་གཟུགས་མངོན་པའི(དྲ་དབྱིབས་ཀྱང་ཟེར)ཤ་མོའི་ཕྲ་སྐྱུད་བྱུང་ནས་མྱུར་དུ་གང་སར་མཆེད་པ་དང་། གལ་ཏེ་དུས་ལྟར་ཚོད་འཛིན་མ་བྱས་ན། ཤ་མོ་འདེབས་ས་ཧྲིལ་པོར་རྒྱ་བསྐྱེད་པ་དང་། རླན་ཚད་ཅུང་ཆེ་བའི་གནས་ཚུལ་འོག་ཏུ་ཤ་མོའི་ཕྲ་ཕུང་ཡོངས་རྫོགས"མེད་པར་བཟོ"བ་ཡིན། སྐབས་དེར་སྤྲིན་སྐྲུད་དཀར་པོ་རྣོག་གཅིག་མ་གཏོགས་མི་མཐོང་། དུས་མཇུག་ཏུ་དྲ་དབྱིབས་ཀྱི་ཤ་མོའི་ཁ་དོག་དམར་སྐྱ་རུ་འགྱུར་བ་དང་། ཤ་མོ་ཡར་སྐྱེ་བའི་དུས་སྐབས་ཧྲིལ་པོར་ནད་འབུ་འདི་དག་གིས་གནོད་པ་ཐེབས་ངེས་ཡིན། འགོས་ནད་ཐེབས་པའི་ཤ་མོའི་ཕྲ་ཕུང་ནི་ཡ་མ་གཟུགས་སུ་མི་འགྱུར་བར་རིམ་བཞིན་ཁམ་མདོག་ཏུ་གྱུར་ནས་རུལ་བ་ཡིན།

ནད་བྱུང་ཁྱད་ཆོས། ས་བགාབ་པའི་ས་རྫས་ཀྱི་སྟེང་དང་ཤ་མོའི་ཕྱི་ངོས་སུ་ཤ་མོའི་འབུ་ཕྲ་མཐོང་ཐུབ། དུས་ཡུན་ཐུང་ངུའི་ནང་དུ་ཐུམ་རྩལ་འབྱུང་བ་དང་། ཐུམ་རྩལ་འདི་དག་ནི་རླུང་རྒྱུག་དང་ལུགས་མཐུན་མིན་པའི་སྒོས་ནས་ཆུ་གཏོར་བ། ཐོར་བའི་ཆུ་ཐིགས་སོགས་ལ་བརྟེན་ནས་མཆེད་པ་ཡིན། ས་བགག་པ་མཐུག་དྲགས་པ་དང་བརླན་གཤེར་ཆེ་བའི་གནས་ཚུལ་འོག་ཏུ་ནད་འདི་འབྱུང་སླ་བ་ཡིན། ནད་འདིའི་རིགས་ཤ་མོའི་ཁང་བའི་

ནང་དུ་རྒྱུན་པར་ཐར་ཐོར་དུ་འབྱུང་བ་ཡིན།

འགོག་བཅོས་བྱེད་ཐབས། ①ས་བཀབ་ནས་དུག་སེལ་ཡག་པོར་བྱེད་དགོས། ②ཆ་ཤས་སུ་འབྱུང་སྐབས་ས་ངོས་ལ་ཆུ་གཏོར་ཚད་ཇེ་ཉུང་དུ་གཏོང་དགོས། ཤ་མོའི་ཁང་བའི་ནང་དུ་རླུང་རྒྱུ་བར་ཤུགས་སྟོན་བརྒྱབ་ནས་ས་ངོས་དང་མཁའ་རླུང་གི་རླན་ཚད་ཇེ་དམའ་རུ་གཏོང་དགོས། ནད་བྱུང་ཡོད་པའི་ཤ་མོའི་ས་ཞིང་སྟེང་དུ2%~5%ཅན་ཚོན་གཤེར་ཁུ་དང་ཡང་ན500པའི་ཙ་ཅི་ཐོ་སུའུ་ཅིན་ཁུ་དང་རྫ་ཐལ་ཕྱེ་མ་གཏོར་དགོས།

2. སྲུལ་རླམ་ནད།(ཤ་མོའི་གདུགས་མགོའི་སྐྲི་ཐིག)

ནད་རྟགས། ནད་འདིའི་རིགས་ཀྱིས་ཤ་མོའི་གཉེར་མ་ལ་གནོད་པ་ཆེ། ཤ་མོའི་གཉེར་མ་འབྱར་བག་ཏུ་བཙུག་ནས་རྒྱུན་ལྡན་ལྟར་གདུགས་མགོ་ཕྱེ་མི་ཐུབ་ཅིང་། ཤ་མོ་ཡ་མ་གཟུགས་སུ་འགྱུར་བ་དང་། ཤ་མོའི་ལྤེབ་གཉེར་གྱི་ཁ་དོག་ཁྲ་ཐིག་ཏུ་མངོན། ནད་རྟགས་གཞན་ཞིག་ནི་ཤ་མོའི་སྟེང་དུ་ཁམ་ནག་གི་ཐིག་ལེ་ཡོད། སྨུག་ཐིག་གི་ནད་དང་འདྲ་མོད། འོན་ཀྱང་རུལ་སླ་བ་ཞིག་མ་ཡིན་པར་སྐབས་འགར་ཤ་མོའི་གདུགས་མགོ་སྲ་མོར་འགྱུར་སྲིད།

ནད་བྱུང་ཁྱད་ཚོས། ནད་འབུའི་ཐུམ་རྡུལ་ནི་གཙོ་བོ་ས་བཀབ་པའམ་མཁའ་དབུགས་བརྒྱུད་ནས་མཆེད་པ་དང་། ཤ་མོའི་ཁང་བའི་རླན་ཚད་མཐོ་ན་མྱུར་དུ་ནད་འབྱུང་སྲིད།

འགོག་བཅོས་བྱེད་ཐབས། ཤ་མོའི་ཁང་བར་རླུང་རྒྱུག་ཏུ་འཇུག་པ་དང་། མཁའ་རླུང་གི་རླན་ཚད་ཇེ་དམའ་རུ་བཏང་སྟེ་གང་སར་མཆེད་པར་སྔོན་འགོག་བྱེད་དགོས། ནད་འབྱུང་སར50%ཏོ་ཙུན་ལིང་བཞའ་ཚན་རང་བཞིན་གྱི་ཕྱེ་རྫས་པའི་ཡིས500~1000དང70%ཙ་ཅི་ཐོ་སུའུ་ཅིན་བཞའ་ཚན་རང་བཞིན་གྱི་ཕྱེ་རྫས་པའི་ཡིས500~1000གཤེར་ཁུ་གཏོར་དགོས།

3. ཕྲ་སྲིན་རང་བཞིན་གྱི་ཁྲ་ཐིག་ནད།(སྨུག་ཐིག་ནད)

ནད་རྟགས། ནད་འབྱུང་ས་ནི་ཤ་མོའི་གདུགས་མགོའི་སྟེང་ཡིན། དང་ཐོག་ཤ་མོའི་

གདུགས་མགོའི་སྟེང་དུ་མདོག་སེར་པོ་ཆགས་པའི་གནས1~2འབྱུང་བ་དང་། དེ་ནས་རིམ་བཞིན་ཁམ་ནག་ཞོམ་རྡིབ་ཀྱི་ཁྲ་ཐིག་ཏུ་འགྱུར། ཐིག་ལེ་སྐམ་པོར་གྱུར་རྗེས་ཤ་མོའི་ཁ་གས་པ། ཆ་འགྲིག་མིན་པའི་ཤ་མོའི་ཕྲ་ཕུང་གྲུབ་པ་དང་། ཤ་མོའི་ཡུ་བའི་སྟེང་དུ་སྐབས་འགར་གཞུང་ཕྱོགས་སུ་མཆེད་པའི་ཀོང་ཐིག་འབྱུང་བ་ཡིན། ཤ་མོའི་མདོག་འགྱུར་བའི་གནས་ནི་སྤྱིར་བཏང་དུ་ཏ་ཙང་སྲབ་པས་ཕྱི་ཤུན་འོག་གི་ཏའོ་སྨི3ལས་བརྒལ་བ་ཤིན་ཏུ་ཉུང་། སྐབས་ལ་ལར་ཤ་མོ་བསྡུས་རྗེས་ད་གཟོད་ནད་འདི་རིགས་འབྱུང་བ་དང་། ལྷག་པར་དུ་དྲོད་ཚད་མཐོ་བའི་ཁོར་ཡུག་ནང་དུ་བརྟན་གཤེར་རྣམས་གདུགས་མགོའི་རྗེག་གཟུགས་སུ་གྲུབ་པའི་སྐབས་སུ་ཤ་མོར་ནད་འདི་ལྷག་པར་འབྱུང་སྲ།

ནད་བྱུང་ཁྱད་ཆོས། ནད་འདི་དྲོད་ཚད་མཐོ་ཞིང་བརྟན་གཤེར་ཆེ་བའི་ཁོར་ཡུག་ནང་དུ་དུས་ཚོད་འགའ་འགོར་རྗེས་ཤ་མོའི་གཟུགས་ལ་འགོས་པར་མ་ཟད་ནད་ཀྱང་འབྱུང་སྲིད་པ་ཡིན། ཤ་མོའི་སྦྲང་ནག་དང་སྐྱུད་འབུ། ལས་བྱེད་མི་སྣ་བཅས་ཀྱང་ནད་འགོས་པའི་མགོ་ཁུངས་ཡིན་སྲིད།

འགོག་བཅོས་བྱེད་ཐབས། ①ཤ་མོའི་ངོས་སུ་ཆུ་འཁྱིལ་བར་མི་བྱེད་པ། ②ནད་འབྱུང་དུས་ཤ་མོ་འདེབས་ས་དང་མཐའ་འཁོར་གྱི་ཁོར་ཡུག་ཏུ་དཀར་བཟོ་ཕྱི་ཁུ་པའི་ཡིས600གཏོར་དགོས།

4. རྩ་གང་དཀར་པོའི་ནད།

ནད་རྟགས། ཤ་མོ་ཕྲ་སྲིན་འདི་རིགས་སྤྱིར་བཏང་དུ་གསོ་སྐྱོང་རྒྱུ་ཆ་དང་ས་རིམ་གྱི་ཕྱི་ངོས་སུ་འབྱུང་བ་དང་། དང་ཐོག་ཐིག་ལེ་དབྱིབས་གཟུགས་ཀྱི་ཤ་མོ་དཀར་པོ་ཡིན། རྩ་གང་ཕྱི་མ་གཏོར་བ་དང་འདྲ་བར་སྨིན་རྗེས་དམར་སྨུག་ཏུ་འགྱུར་ཞིང་། རྩ་གང་ནད་ལྡན་ཤ་མོ་སྐྱེ་སར་ཤ་མོའི་སྲིན་སྐུད་སྐྱེ་བར་ཚོད་འཛིན་ཐེབས་པ་ཡིན། ཤ་མོ་རྙིད་པ་ཇེ་ཉུང་དུ་སོང་རྗེས་ཤ་མོའི་ཕྲ་སྲིན་སྔར་བཞིན་སྐྱེ་ཐུབ་མེད། འོན་ཀྱང་གསོན་ཤུགས་ཇེ་ཞན་དུ་སོང་ཡོད།

ནད་བྱུང་ཁྱད་ཆོས། ཤ་མོའི་ཕྲ་སྲིན་འདི་རིགས་ལ་ཐུམ་རྟུལ་འཁོར་ཆེན་འབྱུང་བ་

ཡིན། ཆྭང་རྒྱུན་བརྒྱུད་ནས་མཆེད་པ་དང་རྒྱུན་དུ་ཡང་ནས་བསྐྱར་དུ་འགོས་པ་ཡིན། གསོ་སྐྱོང་རྒྱུ་ཆ་བསྐལ་བ་མ་ལེགས་པ་དང་ཆྭན་ཚད་ཆེ་བ། གསོ་སྐྱོང་རྒྱུ་ཆpHཚད8.2ཡན་ཟིན་པའི་སྐབས་སུ། ནད་འདི་འབྱུང་ཚད་ཤིན་ཏུ་མཐོ།

འགོག་བཅོས་བྱེད་ཐབས། ①གསོ་སྐྱོང་རྒྱུ་ཆའི་རྡུལ་ཚད་ཇེ་མཐོར་གཏོང་བ་དང་ཕྱུང་སློག་གི་དྲོད་ཚད་ཇེ་མཐོར་གཏོང་བ། ཡིན་སྒྱུར་ཀལ་དང་ཙུ་གང་གི་སྤྱོད་ཚད་ཇེ་མང་དུ་བཏང་ནས། གསོ་སྐྱོང་རྒྱུ་ཆpHཚད་ཇེ་དམའ་རུ་བཏང་ནས་བྱུལ་ཧོག་སྔོན་འགོག་བྱེད་དགོས། ②མཆེད་རྒྱ་ཆུང་ན་ཁེ་ནྲམ་ལིང་ཞུ་ཁུ་གཏོར་དགོས། ③ཚབས་ཆེ་བའི་སྐབས་སུ། ཤ་མོའི་ཕྲ་ཕུང་སྟུད་ལེན་བྱས་རྗེས་ཞིང་ངོས་སུ་ཧི་སེན་སྨན་ཞིན་པའི་ཡིས500གཤེར་ཁུ་གཏོར་བའམ་ཡང་ན50%ཏུའོ་ཙུན་ལིང་བཞའ་ཚན་རང་བཞིན་གྱི་སྨན་ཕྱེ་པའི་ཡིས500~1000གཏོར་དགོས།

5. སྲིང་བལ་དབྱིབས་ཀྱི་ཤ་མོའི་སླིགས་རོ།

ནད་རྟགས། སྲིང་བལ་དབྱིབས་ཀྱི་ཤ་མོའི་སླིགས་རོ་མང་ཆེ་བ་ཤ་མོ་འདེབས་སའི་ཞིང་སའི་སྟེང་དུ་འབྱུང་བ་དང་། ཐོག་མའི་དུས་སུ་སྲིང་བལ་དབྱིབས་ཀྱི་ཤ་མོའི་སླིགས་རོ་ཕྲ་སྲིན་གྱི་ཕྲ་སྐུད་ནི་གསོ་སྐྱོང་རྒྱུ་ཆའི་ནང་ནས་ས་སྦུབས་བརྒྱུད་དེ་ས་ངོས་སུ་སྐྱེས་ཤིང་། སྲིན་སྐུད་དཀར་པོ་དང་ཐུང་ཞིང་ཕྲ་བ། ཕུང་པོར་གྲུབ་ནས་སྲིང་བལ་རྡུལ་བ་དང་འདྲ། དུས་ཡུན་ངེས་ཅན་ཞིག་འགོར་རྗེས། ཤ་མོ་དཀར་པོ་ཕྱེ་མའི་དབྱིབས་སུ་འགྱུར་བ་དང་། མཇུག་མཐར་ཚ་ལུ་མའི་མདོག་ཏུ་འགྱུར་བ་ཡིན། འདི་ནི་དེ་ལས་བྱུང་བའི་ཐུམ་རྟུལ་ཡིན། སྲིན་སྐུད་དཀར་པོ་ནས་ཚ་ལུ་མའི་ཐུམ་རྟུལ་འབྱུང་བར་ཉིན7~10འགོར་བ་དང་། སྲིང་བལ་དབྱིབས་ཀྱི་ཤ་མོའི་འདེབས་འཛུགས་སྙིགས་བུའི་ངོས་སུ་སྐྱེས་ཡོད། ཤ་མོའི་སྲིན་སྐུད་སྐྱེ་འཚར་ཞན་པ་དང་ཤ་མོ་ཆུང་ཞིང་ཉུང་བ་ཡིན། ཚབས་ཆེ་བའི་དུས་སུ་ཤ་མོ་ས་ངོས་སུ་འབུས་མི་ཐུབ་པས། ཤ་མོའི་ཐོན་ཚད་དང་སྤུས་ཚད་ལ་མངོན་གསལ་ངོད་པོས་ཤུགས་རྐྱེན་ཐེབས་བཞིན་ཡོད།

བྱུང་བའི་ཁྱད་ཆོས་ནི། སྲིང་བལ་དབྱིབས་ཀྱི་ཤ་མོའི་སླིགས་རོ་ནི་ས་བཀབ་པའི་

རྗེས་སུ་འབྱུང་བ་དང་། དྲོད་ཚད10~25℃མན་ཡིན་ན་འབྱུང་བ་ཡིན། ཤ་མོའི་ཕྲ་ཕུང་འཕོར་ཆེན་ཞིག་རྒྱུན་པར་ས་རིམ་གྱི་ཕྱི་ངོས་སུ་མྱུར་དུ་མཆེད་ཅིང་། སྲིན་བལ་དབྱིབས་ཀྱི་ཤ་མོ་ནི་ཤ་མོའི་སླིགས་རོའི་སྲིན་སྐྲུད་སྐྱེས་པ་དང་བསྟུན་ནས་འགྱུར་ལྡོག་འབྱུང་བཞིན་ཡོད། ཤ་མོའི་ཕྲ་ཕུང་དེ་ཉིད་ཙུང་སྟོབས་དང་ལྡན་པ་ཡིན་ན། སྲིང་བལ་དབྱིབས་ཀྱི་ཕྲ་སྲིན་མི་མངོན་པ་དང་། ཤ་མོའི་ཕྲ་སྲིན་སྐྱེ་འཚར་ཙུང་ཞན་པ་ཡིན་ན། སྲིང་བལ་དབྱིབས་ཀྱི་སླིགས་རོའང་འཕོར་ཆེན་འབྱུང་སྲིད། སྲིང་བལ་དབྱིབས་ཀྱི་ཕྲ་སྲིན་ནི་གཙོ་བོ་གསོ་སྐྱོང་རྒྱུ་ཆའི་ལུད་རྫས་ལས་བྱུང་བ་དང་། ཆ་རྐྱེན་འོས་འཚམ་གྱི་གནས་ཚུལ་འོག་ཏུ་སྲིང་བལ་དབྱིབས་ཀྱི་སླིགས་རོའི་ཕྲ་སྐྲུད་དུ་འགྱུར་བ་ཡིན།

འགོག་བཅོས་བྱེད་ཐབས། སྲིང་བལ་དབྱིབས་ཀྱི་ཤ་མོའི་སླིགས་རོ་བྱུང་རྗེས། 50%ཏུའོ་ཙུན་ལིང་བཞའ་ཚན་རང་བཞིན་གྱི་སྨན་ཕྱེ་པའི་ཡིས500~1000དང70%ཙ་ཅི་ཐུའོ་སུའུ་ཅིན་བཞའ་ཚན་རང་བཞིན་གྱི་སྨན་ཕྱེ་པའི་ཡིས500~1000གཏོར་ན་གསོ་བཅོས་ཀྱི་ཕན་འབྲས་མངོན་གསལ་ཡོད། བསྟུད་མར་ལོ་དུ་མར་སྲིང་བལ་དབྱིབས་ཀྱི་ཤ་མོའི་སླིགས་རོ་བྱུང་བའི་ཁང་བ་ཡིན་ན། 50%ཧྲོ་ཙུན་ལིང་བཞའ་ཚན་རང་བཞིན་གྱི་སྨན་ཕྱེ་པའི་ཡིས500~1000གཤེར་སྦྱོར་རྒྱུ་ཆ་སྦྱུད་ནའང་འགོག་བཅོས་ཀྱི་ནུས་པ་མངོན་གསལ་ལྡན།

6. ཀུའེ་སན་གྱི་རིགས།

ནད་རྟགས། ཀུའེ་སན་མང་ཆེ་བ་ཤ་མོ་སྐྱེ་འཚར་མ་བྱུང་བའི་སྔོན་དུ་འབྱུང་བ་དང་། ས་བཀབ་རྗེས་འབྱུང་ཚད་ཧ་ཅང་ཉུང་། ཀུའེ་སན་གྱི་ཤ་མོའི་ཕྲ་ཕུང་ནི་རྒྱུ་ཆའི་མཐའ་འཁོར་དང་ཤ་མོ་འདེབས་ས་ནས་འབྱུང་བ་ཡིན། ནད་འབྱུང་དུས་ཡུན་ཤིན་ཏུ་མགྱོགས་པ་དང་། ཤ་མོའི་ཕྲ་ཕུང་རྗོག་རིལ་དུ་གྲུབ་པ་ནས་མདོག་ནག་པོའི་འབྲུར་ཁུ་རུ་འགྱུར་བར་ཆུ་ཚོད24~48ཙམ་ལས་མི་དགོས། ཀུའེ་སན་དང་ཤ་མོ་གཉིས་ཀྱིས་གསོ་སྐྱོང་རྒྱུ་ཆ་འཕྲོག་རྩོད་བྱེད་ཅིང་། ཤ་མོའི་ཐོན་ཚད་ལ་ཤུགས་རྐྱེན་ཐེབས་བཞིན་ཡོད།

ནད་བྱུང་ཁྱད་ཆོས། ཀུའེ་སན་ནི་གསོ་སྐྱོང་རྒྱུ་ཆ་མི་ལེགས་པའི་ནད་རྟགས་གཙོ་བོ་ཡིན། སྦྱང་བའི་ལུད་རྫས་ཁང་བའི་ཕྱི་རོལ་དུ་བསྐྱལ་བའི་དུས་སུ་ཀུའེ་སན་དུས་ཐོག

ཏུ་ཐག་གཅོད་མ་བྱས་ན་འདེབས་འཛུགས་ས་ངོས་སུ་མཆེད་པ་ཡིན། ཀུའི་སན་ཤ་མོའི་ཕྲ་ཕུང་ཞུ་འཇིབ་མ་བྱས་པའི་སྔོན་ལ། ཕོ་རྟུལ་འབོར་ཆེན་འབྱུང་བར་མ་ཟད་ཕྱོགས་གང་སར་མཆེད་པ་ཡིན། དྲོད་ཚད་ཅུང་དམའ་བ་དང་སྐྱུང་བའི་དྲོད་ཚད་ཆ་ཧྲན་དྲགས་པ། ཨན་དབུགས་ཅུང་མང་བའི་གསོ་སྐྱོང་རྒྱུ་ཆ་ནི་ཀུའི་སན་སྐྱེ་བར་ཆེས་འཚམ་པ་ཡིན།

འགོག་བཅོས་བྱེད་ཐབས། ①སྐྱུངས་བཟོ་གསོ་སྐྱོང་རྒྱུ་ཆ་ལེགས་སྦྱོར་བྱེད་པ་དང་། དྲོད་ཚད་རྗེ་མཐོར་བཏང་ནས་ཨན་ཧྲངས་འདུས་ཚད་རྗེ་དམའ་རུ་གཏོང་བར་མ་ཟད། གསོ་སྐྱོང་རྒྱུ་ཆ་ཧྲན་དྲགས་པར་སྔོན་འགོག་བྱས་ནས་ཀུའི་སན་སྐྱེ་བར་སྔོན་འགོག་བྱེད་དགོས། གལ་ཏེ་སྐྱུང་རྫས་ཀྱི་མཐའ་འཁོར་དུ་ཀུའི་སན་ཡོད་ན། ཀུའི་སན་འབྱུང་བའི་རྒྱུ་ཆ་དྲོད་ཚད་མཐོ་བའི་གནས་སུ་སློག་སྟེ་ཀུའི་སན་གྱི་ཐུམ་རྟུལ་མེད་པར་བཟོ་དགོས། ②ཤ་མོ་འདེབས་སར་ཀུའི་སན་བྱུང་རྗེས། ཁང་བའི་ནང་གི་ཧྲན་ཚད་འོས་འཚམ་གྱིས་རྗེ་དམའ་རུ་གཏོང་བ་དང་། སྤྲ་མོ་ནས་ས་ལ་འབུད་པར་སྐུལ་འདེད་བྱས་ན། ཀུའི་སན་གྱི་ཤ་མོའི་ཕྲ་ཕུང་གི་འཚར་སྐྱེ་ལ་ཚོད་འཛིན་བྱེད་ཐུབ། ③ས་ངོས་སུ་ཀུའི་སན་བྱུང་ན། དུས་ཐོག་ཏུ་མེད་པར་བཟོ་དགོས། སྨིན་རྗེས་ཐུམ་རྟུལ་གང་སར་མཆེད་པར་སྔོན་འགོག་བྱེད་དགོས།

7. ལྡང་ཧྲམ།

ནད་རྟགས། ལྡང་ཧྲམ་འགོས་ན་ཤ་མོའི་སྲིན་སྐྱུད་དང་ཤ་མོའི་ཕྲ་ཕུང་གི་འཚར་སྐྱེ་མི་ལེགས་པས་ཐོན་ཚད་རྗེ་དམའ་རུ་འགྲོ་བ་ཡིན།

ནད་བྱུང་ཁྱད་ཆོས། ལྡང་ཧྲམ་ཐུམ་རྟུལ་ནི་རུལ་བརླལ་དུ་མ་སོང་བའི་གསོ་སྐྱོང་རྒྱུ་ཆ་ཤ་མོའི་ཁང་བའི་ནང་དུ་ཁྱེར་བ་བརྒྱུད་ནས་མཆེད་པ་དང་། རླུང་རྒྱུན་བརྒྱུད་ནས་ཁྱབ་སྤེལ་བྱས་ནའང་ཆོག ཐུམ་རྟུལ་ནི་སྐྱུར་གཤིས་སུ་འབྱུང་སླ་བ་དང་། སྦུ་གུ་འབུས་མེད་པའི་ཤ་མོའི་རིགས་དང་། ཤ་མོ་ཤི་རོ། བརྙན་གཤེར་ཅན་གྱི་རྒྱུ་ཆའི་སྟེང་དུ་ཤ་མོའི་འབུ་ཕྲ་ཆགས་ཡོད།

འགོག་བཅོས་བྱེད་ཐབས། ①དུས་ཐོག་ཏུ་ཤ་མོའི་ས་བོན་ལྷག་རོ་དང་ཤ་མོ་ཤི་རོ་རྣམས་མེད་པར་བཟོ་བ། ②གལ་ཏེ་ལྡང་ཧྲམ་བྱུང་ན། དུས་ཐོག་ཏུ་ལྡང་ཧྲམ་དང་མཐའ་

འཕོར་གྱི་རིམ་པ་དང་པོའི་གསོ་སྐྱོང་རྒྱུ་ཆ་མེད་པར་བཟོ་དགོས་པ་དང་། 50%ཧྲུའོ་ཙུན་ལིང་བཞའ་ཚན་རང་བཞིན་གྱི་ཕྱེ་རྫས་པའི་ཡིས500~1000དང70%ཙ་ཅི་ཐྲུའོ་ཕྲུའུ་ཅིན་གྱི་བཞའ་ཚན་རང་བཞིན་གྱི་ཕྱེ་རྫས་པའི་ཡིས500~1000གཏོར་དགོས། ཡང་ན་རྗོ་ཐལ་ཕྱེ་མ་རིམ་པ་ཞིག་གཏོར་དགོས།

8. ཤ་མོ་སྐྱི་དྲགས་པའི་ནད།

ཕྱི་རོལ་གྱི་ཆ་རྐྱེན་ནི་ཤ་མོའི་འཚོ་བཅུད་ལ་ཕན་པ་ཡོད་ཅིང་། སྐྱི་འཕེལ་ལ་ཕན་ཐོགས་མེད་པའི་དུས་སུ་ཤ་མོ་སྐྱི་དྲགས་པའི་ནད་འབྱུང་བ་ཡིན། ཐ་ན་ས་རིམ་ལས་བྱུང་ནས་འདུས་གྲུབ་བམ་ཚགས་དམ་པོར་སྐྱེས་པ་ཡིན། འོན་ཀྱང་ཡུན་རིང་པོར་ཤ་མོའི་ཕྲ་ཕུང་མི་འབྱུང་བ་དང་། ཐོན་སྐྱེད་ཐད་ནས་འདི་ལ“སྲིན་ཁེབས”དང“སྲིན་པགས”ཟེར།

འགོག་བཅོས་བྱེད་ཐབས། ①ལུགས་མཐུན་གྱིས་དོ་དམ་བྱེད་པ། ས་ངོས་སུ་ཤ་མོའི་ཤུན་པགས་ཡོད་པ་ཤེས་སྐབས། རབ་ཡིན་ན་བསྐྱར་དུ་ས་རིམ་པ་གཅིག་འགེབས་དགོས། ཆུ་གཏོར་སྐབས་ཤ་མོའི་ཁང་བའི་རླུང་རྒྱུག་ཚད་འོས་འཚམ་གྱིས་ཇེ་ཆེར་གཏོང་དགོས། ②ཤ་མོའི་གང་བུ་གྲུབ་མེད་པ་དང་། ཤ་མོའི་སྐྱི་འཚར་ཚད་ལས་བརྒལ་བའི་དུས་སུ། སོ་ཤལ་ཡོ་ཆས་ཀྱིས་ཕྱི་ངོས་ནས་དལ་མོར་བཤལ་བ་དང་། ཤ་མོའི་སྐྱི་ཚད་བརྒལ་བར་གཏོར་བརྣག་བྱེད་པའམ་ཆུ་མང་པོ་གཏོར་ནས་ཤ་མོ་དུས་ཐོག་ཏུ་ཤ་མོའི་ཕྲ་ཕུང་གྲུབ་ཏུ་འཇུག་དགོས།

9. ཤ་མོ་ཤི་རོ།

ཤ་མོའི་ཁང་བའི་ནང་ནས་རྒྱུན་དུ་ཤ་མོ་ཇེ་ཆུང་དང་སེར་པོར་འགྱུར་བཞིན་ཡོད་ཅིང་། མཇུག་མཐར་ཤི་བའི་སྣང་ཚུལ་ཡང་འབྱུང་བཞིན་ཡོད། སྐབས་འགར་ཧྲིལ་པོ་ཤི་འགྲོ་བའང་ཡོད། དེའི་རྒྱུ་རྐྱེན་གཙོ་བོ་ནི།

(1) དབྱར་དུས་དྲོད་ཚད་མཐོ་དྲགས་པས་ཤ་མོའི་གང་བུ་གྲུབ་རྗེས། ཤ་མོའི་ཁང་བའི་དྲོད་ཚད23℃ལས་བརྒལ་བའམ་ཡང་ན་དཔྱིད་དུས་ཤ་མོ་སྐྱེ་ཡུན་ནང་དུ་གནམ་གཤིས་ཇེ་དྲོ་རུ་འགྲོ་ཚད་མགྱོགས་ཤིང་། བསྟུད་མར་ཉིན་འགའ་ལ་དྲོད་ཚད23℃ལས་

བཀལ་བ་དང་། ཤ་མོའི་ཕྲ་ཕུང་གི་འཚར་སྐྱེའི་དྲོད་ཚད་ལས་བརྒལ་རྗེས། ཤ་མོའི་གང་བུ་རྒྱུན་ལྡན་ལྟར་སྐྱེ་མི་ཐུབ་པར་མ་ཟད། དེ་ལས་ལོག་སྟེ་དེའི་ནང་གི་འཚོ་བཅུད་སྲིན་སྐྱུད་སྟེང་དུ་དྲངས་ཏེ་ཤི་འགྲོ་བ་ཡིན།

(2) ཤ་མོའི་ཁང་བར་དབུགས་རྒྱུ་ཞན་པ་དང་དབྱང་རླུང་མི་འདང་བ། དབྱང་གཉིས་ཐན་རྫས་འདུས་ཚད་མཐོ་བ། ཁང་བའི་དྲོད་ཚད་མཐོ་བ། རྙིང་ཚབ་གསར་འཇེད་ཀྱི་གོ་རིམ་ཁྲིད་དུ་བྱུང་བའི་ཚ་ཚད་མྱུར་དུ་འགྲིམ་སྤྱོལ་བྱེད་མི་ཐུབ་པས། ཤ་མོའི་ཕྲ་ཕུང་མང་པོ་ཞིག་དབུགས་སུབ་ཐེབས་ནས་ཤི་འགྲོ་བ་ཡིན།

(3) གལ་ཏེ་ས་བཀབ་རྗེས་ཤ་མོ་མ་ཐོན་པའི་སྔོན་གྱི་སྲིན་སྐྱུད་སྐྱེ་ཚད་མགྱོགས་དྲགས་པ་དང་། ཤ་མོའི་སྐྱེ་ཚད་མཐོ་དྲགས་པས་ས་ངོས་སུ་ཚགས་དམ་པའི་ཤ་མོའི་ཕྲ་ཕུང་གྲུབ་ན། འཚོ་བཅུད་མཁོ་སྤྲོད་བྱེད་མི་ཐུབ་པར་ཤ་མོ་ཤི་བའི་སྣང་ཚུལ་འབྱུང་བ་ཡིན།

(4) ཤ་མོའི་སོག་ཤུལ་དང་པོ་དང་གཉིས་པའི་ཤ་མོ་ཐོན་ཚད་སྨུག་དྲགས་ན། ཤ་མོ་འཐུ་སྐབས་གཟབ་ནན་མ་བྱས་ན། རྒྱུན་དུ་མཐའ་འཁོར་གྱི་ཤ་མོ་ཆུང་དུ་ལ་གནོད་པ་ཐེབས་ནས་ཤི་སྐྱོན་ཐེབས་པ་ཡིན།

(5) ཚད་ལས་བརྒལ་བའི་ཞིང་སྨན་བཀོལ་བའང་ཤ་མོ་ཤི་བའི་རྒྱུ་རྐྱེན་ཞིག་ཡིན།

འགོག་བཅོས་བྱེད་ཐབས། ①དུས་ཚིགས་ཀྱི་དྲོད་ཚད་འགྱུར་ལྡོག་གི་ཁྱད་ཆོས་ལ་གཞིགས་ནས། ཚན་རིག་དང་མཐུན་ཞིང་ལུགས་མཐུན་གྱི་སྒོ་ནས་འདེབས་འཛུགས་དུས་ཚོད་བཀོད་སྒྲིག་བྱས་ཏེ་དྲོད་ཚད་མཐོ་བའི་དུས་སུ་ཤ་མོ་མི་འབྱུང་བར་བྱེད་དགོས། གལ་ཏེ་དབྱར་དུས་དྲོད་ཚད་མཐོ་བའི་དུས་སྐབས་དང་འཕྲད་ན། ཤ་མོ་འདེབས་སར་ཆུ་གཏོར་གྲངས་ཇེ་ཉུང་དུ་བཏང་ནས། ཤ་མོའི་སྤྱིལ་བུའི་རླན་ཚད་ཇེ་དམའ་རུ་གཏོང་དགོས། ཆ་རྐྱེན་ཡོད་པའི་ས་ཁུལ་དུ་ཤ་མོའི་སྤྱིལ་བུའི་སྟེང་གི་རྡུ་ཡོལ་སྟེང་དུ་ཆུ་གཏོར་ཆོག དྲོད་ཚད་མཐོ་བའི་དུས་ཚིགས་བརྒལ་རྗེས་སླར་ཡང་ཤ་མོ་སྐྱེ་འཚར་འབྱུང་བར་སྐུལ་འདེད་གཏོང་དགོས། ②དཔྱིད་ཀར་ཤ་མོ་འདེབས་འཛུགས་བྱེད་པའི་དུས་མཇུག་ཏུ་ཤ་མོའི་ཁང་བའི་དྲོད་སྲུང་བྱེད་ཐབས་ལ་ཤུགས་སྣོན་བརྒྱབ་ནས་དྲོད་ཚད་མཐོ་དྲགས་པའི་གནས་ཚུལ་སྔོན་

འགོག་བྱེད་དགོས། ③ས་རིམ་ལ་ཆུ་འདྲེན་པའི་དུས་སྐབས་སུ། ཤ་མོ་སྐྱེས་ཏེ་ས་ངོས་ནས་འབུད་པར་སྔོན་འགོག་དང་སྐྱེ་འཚར་སྡུག་དྲགས་པར་སྔོན་འགོག་བྱེད་དགོས། ④ནད་འབུའི་དུག་སྲིན་འགོག་བཅོས་བྱེད་སྐབས་སྨན་སྦྱོད་ཚད་མང་དྲགས་ནས་སྨན་རྫས་ཀྱིས་གནོད་པ་མི་འབྱུང་བར་བྱེད་དགོས།

10. གདུགས་མགོ་འབྱེད་པ།

སྐྱ་མདོག་གི་ཤ་མོ་ལྤེབ་གཉེར་ཅན་འབྱུང་བ་དང་། གདུགས་མགོ་འབྱེད་པའི་རྒྱུ་རྐྱེན་གཙོ་བོ་ནི་དྲོད་ཚད་སྒྲོ་བུར་དུ་མར་ཆག་པའམ་ཉིན་མཚན་གྱི་དྲོད་ཚད་ཁྱད་པར་ཆེ་དྲགས་པས(10℃ཡན་ཆད)ཡིན། དྲོད་གྲང་བར་ཁྱད་ཅུང་ཆེ་བས་ཤ་མོའི་ཡུ་བ་དང་གདུགས་མགོའི་འཚར་སྐྱེ་དོ་མཉམ་མིན་པ་ལས་བྱུང་བ་ཡིན།

འགོག་བཅོས་བྱེད་ཐབས། གཙོ་བོར་སྔོན་གྱི་ཤ་མོ་འདེབས་འཛུགས་དུས་མཚུག་གི་དྲོད་སྲུང་བྱེད་ཐབས་ལ་ཤུགས་སྣོན་རྒྱག་དགོས། ཤ་མོའི་ཁང་བའི་དྲོད་ཚད་དང་མཁའ་དབུགས་ཀྱི་རླན་ཚད་ཇེ་དམའ་རུ་བཏང་ནས་ཤ་མོའི་སྐྱེ་འཚར་དོ་སྙོམས་ཡོང་བར་སྐུལ་འདེད་བྱེད་དགོས།

ཚན་པ་གསུམ་པ། པའི་ལིང་ཤ་མོ།

གཅིག སྤྱི་བཤད།

པའི་ལིང་ཤ་མོ་ལ་བཟའ་བྱའི་རིན་ཐང་ཆེན་པོ་ལྡན། ཤ་མོའི་ཤ་མཐུག་པ་དང་རྒྱུ་ཐུས་མཉེན་པ། བྲོ་བ་ཞིམ་པ་བཅས་ཀྱི་ཁྱད་ཆོས་ལྡན་པས་གཡོས་སྦྱོར་གྱི་རིན་ཐང་ལྡན་པའི་བཟའ་བྱའི་ཤ་མོ་ཞིག་ཡིན། ཚད་རིམ་མཐོ་བའི་མགྲོན་ཁང་དང་གསོལ་ཁང་གི་དགའ་བསུ་ཆེན་པོ་འཐོབ་བཞིན་ཡོད། པའི་ལིང་ཤ་མོ་ལ་སྤྲི་དཀར་འདུས་ཚད་ཀྱིས་སྐྱིའི་ལྗིད་ཚད་ཀྱི20%ཟིན་པ་དང་། དེའི་ནང་དུ་ཨན་ཅི་སོན་རིགས17དང་འཚོ་བཅུད་དང་གཏེར་རྒྱུ་སྣ་ཚོགས་འདུས་ཡོད། ལའི་ཨན་སོན་དང་ཅིན་ཨན་སོན་ལ་ཅིན་ཀྲི་ཨེམ་ཅི་

སོན་ཟེར། པའི་ལིང་ཞ་མོའི་ཁྲོད་ཀྱི་ཨན་ཅི་སོན་རིགས་འདི་གཉིས་ཀྱི་འདུས་ཚད་གསེར་ཁབ་ཞ་མོ་ལས་ལྡབ10ཡན་གྱི་མཐོ། པའི་ལིང་ཞ་མོ་ལ་གཞན་ད་དུང་སྨན་གྱི་རིན་ཐང་ངེས་ཅན་ཞིག་ཀྱང་ཡོད། འཚོ་བཅུདDཕུན་སུམ་ཚོགས་པ་འདུས་པས་བྱིས་པའི་སྐྲུར་ནད་དང་རུས་སྙིའི་ནད་སྔོན་འགོག་བྱེད་ཐུབ། ཕུན་སུམ་ཚོགས་པའི་གཏེར་རྫུ་དང་འཚོ་བཅུད་དངོས་རྫས་ཀྱིས་མི་ལུས་ཀྱི་རིམས་འགོག་ནུས་པ་སོགས་ཀྱི་ཕན་ནུས་ཇེ་ཆེར་གཏོང་ཐུབ།

པའི་ལིང་ཞ་མོ་ནི་དྲོད་ཚད་དམའ་བའི་རིགས་ཀྱི་ཞ་མོའི་རིགས་ཡིན། འདི་ལ་འཚོ་བཅུད་རིན་ཐང་དང་སྨན་སྦྱོར་རིན་ཐང་ཧ་ཅང་ཆེན་པོ་ལྡན་པས། ཐོན་རྫས་རྒྱལ་ཁབ་ཕྱི་ནང་དུ་མཁོ་ཚད་མང་ཡང་འདོན་སྤྲོད་འདང་ངེས་བྱེད་ཐུབ་ཀྱིན་མེད། ཡིན་ནའང་འདིའི་འདེབས་འཛུགས་རྒྱུ་ཆ་རྒྱ་ཆེ་བ་དང་འདེབས་འཛུགས་ལག་རྩལ་སྟབས་བདེ་ཞིང་། འཚར་ལོངས་ཀྱི་དུས་འཁོར་ཐུང་བ། ཐོན་ཚད་མཐོ་བ། ཕྱུས་ཀ་ལེགས་པར་མ་ཟད། ཉར་ཚགས་དང་སྐྱེལ་འདྲེན་བྱེད་ཐུབ་པའི་ཁྱད་ཆོས་ཅུང་ལེགས་པོ་ཡོད་པ་དང་། སོ་ཉར་ནུས་པ་དང་ཟོག་སྒྲོམ་དུ་འཇོག་ཡུན་རིང་བ་ཡིན། ཞ་མོའི་སྐྱེ་འཕེལ་ལ་ཆེས་འཚམ་པའི་དྲོད་ཚད་ནི24~26℃ཡིན། ཞ་མོ་སྐྱེ་འཚར་དུས་སྐབས་ཀྱི་འཕྲོད་འཚམ་དྲོད་ཚད་ནི10~20℃ཡིན་པས་མཚོ་སྔོན་ཞིང་ཆེན་གྱི་མཐོ་སྒང་རང་བྱུང་སྣོད་བཅུད་ཆ་རྐྱེན་འོག་ཏུ་འདེབས་འཛུགས་བྱ་རྒྱུར་ཧ་ཅང་འཚམ་པ་ཡིན། དེར་བརྟེན་པའི་ལིང་ཞ་མོ་ནི་གཞི་ཁྱོན་ཅན་གྱི་ཐོན་སྐྱེད་གསར་སྤེལ་བྱས་པའི་བཟའ་བྱའི་ཞ་མོའི་རིགས་ཤིག་ཡིན།

གཉིས། པའི་ལིང་ཞ་མོའི་འདེབས་འཛུགས་ལག་རྩལ།

(གཅིག) འདེབས་འཛུགས་རྒྱུ་ཆ།

1. རྒྱུ་ཆ་གཙོ་བོ་ནི་ལོ་མ་ཆེ་བའི་ཤིང་སྙིགས་དང་། སྲིང་བལ་གྱི་ཤུན་པ། གྲོ་སྦྱ། མ་རྫོས་ལོ་ཏོག་གི་ནང་སྙིང་སོགས་ཡིན།

2. རམ་འདེགས་རྒྱུ་ཆ་ནི་མ་རྫོས་ལོ་ཏོག་གི་འབྲུ་རྡོག་དང་། ཀ་ར། ཀ་ར་བུ་རམ། རྒུན་འབྲུམ་གྱི་མངར་ཆ། ལིན་སོན་ཆེང་ཨེར་ཐྭ། རྫོ་ཁན་ཕྱེ་མའམ་ཐླན་སོན་ཀ་ལ། གའོ་ལིན་སོན་ཀ་ལ་སོགས་ཡིན།

(གཉིས) འདེབས་འཛུགས་དུས་ཚིགས།

མཚོ་བོད་མཐོ་སྒང་ས་ཁུལ་དུ་གཙོ་བོར་དཔྱིད་དུས་ནས་དབྱར་སྟོད་དུ་འདེབས་འཛུགས་བྱས་ན་འོས་འཚམ་ཡིན། གནམ་གཤིས་ལ་གཞིགས་ནས་ཟླ་བཅུ་གཅིག་པར་འཁྱིག་ཁུག་ཏུ་འཛུགས་པ་དང་། རྩོ་འདེབས་བྱེད་པ། ཤ་མོ་སྐྱེ་འཚར་བཅས་བཀོད་སྒྲིག་བྱས་ཆོག ཕྱི་ལོའི་ཟླ3པའི་ཟླ་དཀྱིལ་དང་ཟླ་སྨད་ནས་ཟླ6པའི་བར་ཤ་མོ་སྐྱེ་བཞིན་ཡོད། འདེབས་འཛུགས་བྱེད་སར་ཪྫོད་སྲུང་དང་ཀླུན་སྲུང་། རླུང་རྒྱུ་བ་དང་འོད་འཕྲོ་བ། ཆུ་ཁུངས་སྟབས་བདེ། མཐའ་འཁོར་གྱི་ཁོར་ཡུག་གཙང་མ་བཅས་ཡིན་དགོས།

(གསུམ) འདེབས་འཛུགས་བྱེད་ཐབས།

ཤ་མོ་གཞན་དག་དང་འདྲ་བར། འཁྱིག་ཁུག་གི་ནང་དུ་འཛུགས་པ་དང་དམ་བེའི་ནང་དུ་འཛུགས་པ། ས་བཀབ་ནས་འདེབས་འཛུགས་བྱེད་པ་སོགས་ཀྱི་བྱེད་ཐབས་སྤྱད་ཆོག

(བཞི) པའེ་ལིང་ཤ་མོ་ཐོན་སྐྱེད་ཀྱི་ཉེར་སྤྱོད་སྡེབ་སྦྱོར།

1. སྲིང་བལ་གྱི་འབྲུ་ཤུན74%དང་། མ་རྫོས་ལོ་ཏོག་གི་ནང་སྙིང10% ཕུབ་རྩྭ10% མ་རྫོས་ལོ་ཏོག་གི་གྲོ་ཕྱེ3% རྡོ་ཐལ1% རྡོ་ཚྭ1% གའོ་ལིན་སོན་ཀལ1%བཅས་ཡིན།

2. སྲིང་བལ་གྱི་ཕྱི་ཤུན99%དང་རྡོ་ཐལ1%བཅས་ཡིན།

3. སྲིང་བལ་གྱི་ཕྱི་ཤུན78%དང་། ཕུབ་རྩྭ20% མངར་ཆ1% རྡོ་ཐལ་ཕྱེ1%བཅས་ཡིན། གཞན་ཡང་ལིན་སོན་ཆིང་ཨེར་ཙྭ0.5%སྣོན་དགོས་ཤིང་། ཆུའི་འདུས་ཚད65% དངPHཚད་རང་བྱུང་ཡིན།

4. ཤིང་སྙིགས78%དང་། ཕུབ་རྩྭ20% ག་ར་རམ་བུ་རམ1% རྡོ་ཐལ་ཕྱེ1%བཅས་ཡིན། ཕབས་རྩི་ལེབ་མོ་དང་། གའོ་ལིན་སོན་ཀལ་ཞུང་ཙམ་དང་ཆུའི་བསྡུར་ཚད་ནི1:1.4ཡིན།

5. སྲིང་བལ་གྱི་ཕྱི་ཤུན་སྟོང་ཁ100དང་། མ་རྫོས་ལོ་ཏོག་གི་ཕྱེ་མ་སྟོང་ཁ5 ཕུབ་རྩྭ་སྟོང་ཁ5 རྡོ་ཐལ་སྟོང་ཁ3 རྡོ་ཙུ་གང་སྟོང་ཁ2བཅས་ཡིན།

གསུམ། བའི་ཞིང་ཤ་མོ་འདེབས་འཛུགས་དོ་དམ་བྱེད་ཐབས།

(གཅིག) གསོ་སྐྱོང་རྒྱུ་ཆ་སྤུངས་ནས་བསྒྲལ་བ།

སྤུངས་བསྒྲལ་རྒྱུ་ཆ་ནི་རབ་ཡིན་ན་སྟོང་ཁེ300ཡན་ཟིན་དགོས། སྤུང་དུས་མཐོ་ཚད་ལ་སྨི1.2~1.5ཡོད་པ་དང་། ཞེང་ཚད་ལ་སྨི1.2~1.5ཡོད་དགོས་ཤིང་། རིང་ཚད་ལ་ཚད་བཀག་མེད། སྤུངས་པ་ཆུང་དྲགས་ན་དྲོད་ཚད་འཕར་དཀའ་ལ་བསྒྲལ་ཡང་མི་ཐུབ། སྤུངས་པ་ཆེ་དྲགས་ན་དཀྱིལ་དུ་དབྱུང་རླུང་མི་འདང་བ་དང་། ད་དུང་སྤུངས་དཀའ་བ་ཡིན། བསྒྲལ་བའི་རྒྱུ་ཆའི་ནང་དུ60%~65%ཆུ་བསྲེས་དགོས། གཞན་ད་དུང་རྡོ་ཐལ2%དང pHཚད8~8.5སྙོན་དགོས། སྤུངས་རྗེས་རླུང་རྒྱུག་སའི་ཁུང་བུ་བརྟོལ་བ་དང་། ཁུང་བུའི་བར་ཐག་ལི་སྨི30ཡིན། གོང་ཕྱོགས་སུ་སྐར་ཀ1རྒྱག་པ་དང་གཞོགས་ངོས་སུ་སྐར་ཀ2~3རྒྱག་དགོས། བསྒྲལ་བའི་དུས་ཚོད་ནི་ཁང་བའི་དྲོད་ཚད་ལ་བལྟས་ནས་གཏན་འཁེལ་བྱེད་དགོས། དྲོད་ཚད་མཐོ་བའི་སྐབས་སུ་དུས་ཚོད་ཐུང་ཐུང་ཡང་ཆོག་ཅིང་། ཉིན7~10ཡིན་ན་ཞིགས། དྲོད་ཚད་དམའ་བའི་སྐབས་སུ་འོས་འཚམ་གྱིས་ཉིན་མོའི་གྲངས་ཀ་འཕར་སྙོན་བྱས་ཆོག་པར་མ་ཟད། སྤོས་འཁྱིག་སྲབ་མོའང་རྒྱག་དགོས། བསྒྲལ་བའི་གོ་རིམ་ཁྲོད་དུ་སྤུང་བར་མཉམ་འཛོག་བྱེད་དགོས་པ་དང་། ཉིན་གཉིས་རེའི་ནང་དུ་ཐེངས་གཅིག་རེ་སློག་དགོས། སྐྱུར་བསྒྲལ་བྱས་པའི་རྒྱུ་ཆ་ཁམ་ནག་ཡིན་དགོས་པ་དང་སྐྱུར་དྲི་མེད་པ་ཡིན་དགོས།

(གཉིས) འཁྱིག་ཁུག་ནང་དུ་བཙུག་ནས་འབུ་སྲ་གསོད་པ།

བསྒྲལ་བའི་རྒྱུ་ཆ་ལ་ཡང་བསྐྱར་ཆུ་དང pHཚད་འཇལ་དགོས། ཆུ་འདུས་ཚད 55%~60%དང pHཚད8~8.5སློམ་སྒྲིག་བྱེད་དགོས། འཁྱིག་ཁུག་འདེམ་སྒྱོད་བྱེད་དུས་རིང་ཚད་ལ་ལི་སྨི17དང་ཞེང་ཚད་ལ་ལི་སྨི33ཡོད་པའི་ལྷེབ་ཟུར་ཅེ་ཡེ་ཞི་ཁུག་མ་འདེམ་དགོས། རྣན་རྫས་སྟོང་ཁེ0.75~1འཛོག་དགོས་ཤིང་། ལག་པས་རྒྱུ་ཆ་སྒྲིག་སྒྱུར་བྱེད་སྐབས། ཁུག་མའི་ནང་དུ་འཇུག་ཞོར་དང་ལག་པས་བཙིར་གནོན་བྱེད་དགོས། འཕྲུལ་འཁོར་གྱིས་རྒྱུ་ཆ་འཇུག་སྐབས། འཕྲུལ་འཁོར་གྱི་སྣུལ་ཤུགས་ཀྱི་གནས་ཚུལ་ལ་གཞིགས་ནས་དངོས་ཡོད་ཚད་ཁོང་དུ་ཆུད་དགོས། རྒྱུ་ཆ་དེ་དག་མཐོ་གནོན་སྣོམས་ཆུ་ཚོད2~3ལ་འབུ་

ཕྲ་གསོད་དགོས། ཡང་ན་རྒྱུན་གཉེན་འོག་ཏུ་ཆུ་ཚོད14~16ལ་འབུ་ཕྲ་གསོད་དགོས། འབུ་ཕྲ་གསོད་དུས་རྩ་བ་ནས་གསོད་ཡག་བྱེད་དགོས།

(གསུམ) རྫོ་འདེབས།

རྫོ་འདེབས་བྱེད་པའི་ཐབས་ཤེས་ནི་ལེབ་ཤ་དང་འདྲ་མཚུངས་ཡིན།

(བཞི) ཤ་མོ་སྐྱེ་དུས་ཀྱི་དོ་དམ།

རྫོ་འདེབས་བྱས་རྗེས་དྲོད་ཚད20~25℃ཙམ་ཡོད་པའི་ཁོར་ཡུག་ནང་དུ་འོད་འགོག་གསོ་སྐྱོང་བྱེད་དགོས། ཕྱིར་བཏང་དུ་ཉིན30~35རིང་ལ་ཤ་མོའི་འཁྱིག་ཁྲུག་གི་ཁ་གང་བ་ཡིན། པའེ་ལིང་ཤ་མོའི་ཕྲ་སྲིན་གྱི་དོ་དམ་ལག་རྩལ་ཧ་ཅང་གལ་ཆེ། པའེ་ལིང་ཤ་མོའི་ཕྲ་སྐུད་སྐྱེ་འཚར་དུས་ཡུན་ཧ་ཅང་རིང་བ་དང་སྨིན་པའི་དུས་རིམ་དུ་ད་གཟོད་ཕྲ་སྲིན་ཕྲ་སྐུད་ཀྱི་སྐྱེ་ལུགས་སྨིན་པ་ཡིན། གསལ་པོར་བཤད་ན། པའེ་ལིང་ཤ་མོའི་ཁྲུག་མར་སྲིན་སྐུད་ཁེངས་པ་དང་ངེས་པར་དུ་སྲིན་སྐུད་སྨིན་རྗེས་གཞི་ནས་ཤ་མོ་སྐྱེས་ཐུབ། ཤ་མོའི་སྟོང་རྐང་གི་ཁྱད་ཆོས་མི་འདྲ་བར་གཞིགས་ནས། དུས་རིམ་འདིར་ཕྱིར་བཏང་དུ་ཉིན30~60དགོས་པ་དང་། ཤ་མོ་ཁ་ཤས་སྨིན་རག་བར་དུ་ཐ་ན་ཉིན80དགོས་པའང་ཡོད།

བཞི། ཤ་མོའི་དོ་དམ་དང་བཟའ་བསྡུ།

ཤ་མོ་ཕྲ་སྲིན་གྱི་ཁྲུག་མའི་ནང་དུ་སྐྱེས་ནས་ཉིན10ཡས་མས་འགོར་རྗེས་ཤ་མོ་སྐྱེ་བའི་དུས་རིམ་དུ་སླེབས་པ་ཡིན། ཁྲུག་མའི(དམ་བེ)ནང་ངོས་དང་གཞོགས་ངོས་སུ་གང་བུ་འབྱུང་དུས། སྐྱེ་ལུགས་སྨིན་པའི་འདེབས་འཛུགས་ཁྲུག་མ(དམ་བེ)རྣམས་དུག་སེལ་བྱས་ཡོད་པ་དང་། དྭངས་གཙང་དཀར་ཆ་དོད་པ། ས་ངོས་སུ་ཆུ་གཏོར་བའི་ཤ་མོའི་ཁང་བ་དང་སྒོས་འཁྱིག་སྒྱིལ་བུ་བཅས་ཀྱི་ནང་དུ་སྤོ་དགོས། འབུར་གཟུགས་འདེབས་འཛུགས་དང་ས་འགེབས་འདེབས་འཛུགས་བྱེད་པ་ཡིན། འབུར་གཟུགས་འདེབས་འཛུགས་བྱས་ན་ཤ་མོའི་ཁང་བའི་བར་སྟོང་བེད་སྤྱོད་གང་ལེགས་བྱས་ནས་ཤ་མོ་གྲལ་དག་གིས་སྐྱེ་བ་དང་ཤ་མོ་ཟླུམ་གཟུགས་སུ་གྲུབ་པར་བྱེད་དགོས་ཤིང་། ཚོང་ཟོག་གི་རིན་ཐང་ཇེ་མཐོར་གཏོང་དགོས། ས་བཀབ་ནས་འདེབས་འཛུགས་བྱས་ན་ཆུའི་དོ་དམ་ལ་ཕན་པ་དང་། ཤ་

མོའི་དབྱིབས་རྒྱུགས་ཤིང་ཐོན་ཚད་ཅུང་མཐོའོ།།

(གཅིག) འབྲུར་གཟུགས་འདེབས་འཛུགས་བྱེད་པ།

ཤ་མོའི་ཁུག་མ་སྦྱིར་བཏང་དུ་ལེབ་འཛོག་བྱེད་ཅིང་རིམ་པ5~7དགོས། དྲོད་ཚད་མཐོ་བའི་དུས་སུ་རིམ་པ་ཇེ་ཉུང་དུ་གཏོང་བ་དང་། དྲོད་ཚད་དམའ་བའི་དུས་སུ་རིམ་པ་ཇེ་མང་དུ་གཏོང་དགོས། ཆེས་འོག་ཏུ་སོ་ཕག་དང་སྟོང་བོའི་ཡལ་གས་གཏིང་རིམ་ཇེ་མཐོར་བཏང་ནས། ཤ་མོ་སྐྱེ་དུས་ས་འདམ་ལ་མི་ཐུག་པར་བྱེད་དགོས། གང་བྱ་ཅུང་ཆེ་བའི་སྐབས་སུ། ཁུག་མའི(དམ་བེ)སྲིང་བལ་གྱི་ཁ་ཕྱེ་བ་དང་། ཁུག་མའི་སྦྲོས་འཁྱིག་མར་བསྐྱོགས་ནས་ཐོག་མའི་རྩང་གཞི་དང་རྒྱུ་ཆའི་ངོས་ཕྱིར་འདོན་དགོས། རླུང་རྒྱུ་བར་དོ་སྣང་བྱས་ཏེ་དབྱང་གཉིས་སྟན་རྫས0.1%ལས་བརྒལ་མི་རུང་། ཤ་མོའི་ཁང་བའི་བཞའ་ཚན80%~90%རྒྱུན་འཁྱོངས་བྱེད་ཐུབ་དགོས་ཤིང་། དུས་དང་རྣམ་པ་ཀུན་ཏུ་ས་ངོས་སུ་ཆུ་གཏོར་བ་དང་ཤ་མོ་ཁང་བའི་དྲོད་ཚད15~20℃ཚོད་འཛིན་བྱེད་དགོས། འཁྱིག་ཁུག་ཁ་ཕྱེ་རྗེས་ཀྱི་ཉིན10~12ནང་དུ། ཤ་མོའི་གདུགས་མགོ་ཡོངས་སུ་བཞད་ན་དུས་ཐོག་ཏུ་བཟ་བསྡུ་བྱེད་དགོས། བཟ་བསྡུའི་དུས་ཡུན་སྔ་དྲགས་ན་ཐོན་ཚད་དམའ་བ་དང་། འགོར་དྲགས་ན་སྤུས་ཀ་ཇེ་ཞན་དུ་འགྲོ། སྤྱིར་བཏང་དུ་ཐེངས་གཅིག་ལ་བསྡུ་བ་དང་སྐྱེ་དངོས་རིག་པའི་ལས་ཚོད50%~65%ཡིན།

(གཉིས) ས་བཀབ་ནས་འདེབས་འཛུགས་བྱེད་པ།

ས་བཀབ་ནས་འདེབས་འཛུགས་བྱས་པའི་པའི་ལེང་ཤ་མོའི་སྐྱེས་གཟུགས་དྲང་བ་དང་ཐོན་ཚད་མཐོ། ①ཤ་མོའི་ཁང་བའི་ནང་དུ་ཤ་མོའི་རྣང་མ་འཛུགས་པ་དང་། སྤྱིར་བཏང་དུ་ལྷོ་བྱང་གི་ཕྱོགས་སུ་ཁ་འཁོར་བ་ཡིན། ཞེང་ལ་ལི་སྨི120དང་གཏིང་རིམ་ལ་ལི་སྨི10ཡོད། རྣང་མའི་བར་དུ་ལི་སྨི60བཞག་ལམ་གཏོད་དགོས། ②ཤ་མོའི་འཁྱིག་ཁུག་ཚང་མ་བྲེགས་ནས་ཕྲ་སྲིན་ཁུག་མའི་སྣེ་གཉིས་ཀྱི་སྦྲོས་འཁྱིག་གི་སྐྱི་མོ་བྲེགས་ནས་ཤ་མོའི་ཁུག་མའི་མཐའ་འཁོར་དུ་གྲིས་གཏུབ་ཁ3~5གཤགས་ཀྱང་ཚོག ③ཤ་མོའི་ཁུག་མའི་བར་ཚོད་ལི་སྨི3ཡིན་པ་དང་རྣང་མའི་ནང་ཕྱོགས་སུ་འགྲེང་ནས་འཛོག་ཅིང་། དུག་སེལ་བྱས་ཟིན་

པའི་ས་ཤ་མོའི་ཁུག་མའི་སྟེང་དུ་འགེབས་པ་དང་མཐུག་ཚད་ལ་ལི་སྨི2དགོས། འབུར་ཡོད་པའི་རྩ་བའི་རྨང་གཞི་བཀབ་ན་རབ་ཡིན། ④ས་བཀབ་རྗེས་ཆུ་གཙང་མ་གཏོར་ནས་ས་རླན་པར་བྱེད་པ་དང་། ཆུ་གཏོར་དུས་ཤ་མོའི་ཁུག་མའི་ནང་ལ་སིམ་དུ་འཇུག་མི་རུང་། ⑤སྤྲིལ་བུའི་ནང་ལ་ཐོག་མཐའ་བར་གསུམ་དུ་རླུང་ཚུང་ངུ་རྒྱུ་རུ་འཇུག་པ་དང་། ཤ་མོའི་ཁང་བའི་ནང་གི་མཁའ་དབུགས་གསར་བ་དང་འོད་འཕྲོའི་ཤུགས་ཚད་ནི་ལེ་ཁི་སི200~1500བར་དུ་ཚོད་འཛིན་བྱས་ནས། དུས་རྒྱུན་དུ་དྲོད་སྲུང་ཉམ་འཛིན་བྱེད་དགོས།

(གསུམ) བཊ་བསྡུ།

པའེ་ལིང་ཤ་མོའི་གདུགས་མགོ་ནང་ཕྱོགས་ནས་རིམ་གྱིས་བཀྲུངས་རྗེས་བཊ་བསྡུ་བྱས་ཆོག གྲི་ཆུང་གིས་གཅོད་པའམ་ཤ་མོའི་ཕྲ་ཕུང་འབལ་བ་ཡིན། ཤ་མོའི་རྩ་བའི་སྟེང་གི་གསོ་སྐྱོང་རྒྱུ་ཆ་དང་ས་འདམ་བླངས་ཏེ་སྤོས་འཁྱིག་གི་སླི་བོའི་ནང་དུ་ལྷུག་པའམ་ཡང་ན་ཐུམ་ཆུང་བཟོས་ནས་འཚོང་བའམ་ལས་སྣོན་བྱེད་དགོས། དུས་དང་བསྟུན་ནས་བཊ་བསྡུ་བྱེད་དགོས་པ་དང་། བཊ་བསྡུ་དུས་ཡུན་ སྔ་དྲགས་ན་ཐོན་ཚད་ལ་གནོད་པ་དང་། བཊ་བསྡུ་དུས་ཡུན་འཕྱི་དྲགས་ན་ཚོང་ཟོག་གི་རིན་ཐང་ལ་གནོད་པ་ཡིན།

(བཞི) པའེ་ལིང་ཤ་མོའི་ནད་འབུའི་གནོད་སྐྱོན་འགོག་བཅོས།

བཟའ་བྱའི་ཤ་མོའི་ནད་དང་འབུའི་གནོད་པ་འགོག་བཅོས་བྱ་རྒྱུ་གཙོ་བོར་འཛིན་པ་དང་སྨན་བཅོས་ཟུང་འབྲེལ་བྱེད་དགོས། མཚོ་བོད་མཐོ་སྒང་ས་ཁུལ་གྱི་པའེ་ལིང་ཤ་མོ་ཐོན་སྐྱེད་དང་འདེབས་འཛུགས་བརྒྱུད་རིམ་ནང་དུ་ནད་གཞི་ཐོན་པ་ཤིན་ཏུ་ཉུང་། དུག་སྦྲང་དང་སྦྲང་ནག་ནི་འགོག་བཅོས་བྱ་ཡུལ་གཙོ་བོ་ཡིན། འགོག་བཅོས་བྱེད་ཐབས་གཙོ་བོ་ནི་སྔོན་འགོག་བྱེད་པ་དང་། ནད་སྐྱོན་འགོ་བའི་ཁྱབ་ལམ་གཅོད་དགོས་པར་མ་ཟད། ཤ་མོའི་ཕྲ་ཕུང་དང་སྲིན་སྐྲད་ཀྱི་གནོད་པར་སྔོན་འགོག་བྱེད་དགོས། དགོས་ངེས་ཀྱི་དུས་སུ་རྫས་འགྱུར་གྱི་སྨན་རྫས་བཀོལ་ནས་སྔོན་འགོག་བྱེད་དགོས།

(ལྔ) ལས་སྣོན་དང་ཕྱིར་འཚོང་།

པའེ་ལིང་ཤ་མོ་སོས་པ་ཟ་སྐབས་བྲོ་བ་ཞིམ་པོ་ཡིན་པས་གསར་བ་ཕྱིར་འཚོང་བྱས་

ན་བཟང་། སྤུས་ཀའི་ཚོགས་དམ་པས་ཆུ་འདུས་ཚད་དམའ་བ་དང་། ཕུང་གཟུགས་ཆེ་བ། འཁྱག་ཉར་སྐྱེལ་འདྲེན་ཐེག་ཐུབ་པ་བཅས་ཀྱི་ཁྱད་ཆོས་ལྡན། པའི་ལིང་ཤ་མོ་མདོག་འགྱུར་དཀའ་ལ་གཏུབ་སྐམ་བྱེད་པར་ཡང་འཚམ་པས་སྐྱོ་སྐམ་གྱི་དྲོད་ཚད་ནི45~70℃ཡིན་ན་ལེགས།

ཚན་པ་བཞི་པ། གསེར་ཁབ་ཤ་མོ།

གཅིག སྤྱི་བཤད།

གསེར་ཁབ་ཤ་མོ་ནི་ཤ་མོའི་ཡུ་བ་ཕྲ་ཞིང་རིང་བས་ཁབ་དང་ཁ་དོག་སེར་པོ་གསེར་དང་འདྲ་བ་ཡིན་པས་མིང་དེ་ལྟར་ཐོགས་པ་ཡིན། མིང་གཞན་ལ་སྤུ་ཡུ་དངུལ་སྙོར་ཤ་མོ། དགུན་ཁའི་ཤ་མོ་སོགས་ཀྱང་ཟེར།

གསེར་ཁབ་ཤ་མོའི་ཡུ་བ་ཕྲ་ཞིང་འཇམ་ལ། བྲོ་བ་ཞིམ་པ། འཚོ་བཅུད་ཕུན་སུམ་ཚོགས་ཤིང་། ཤ་མོ་ཁེ100རེའི་ནང་དུ་སྤྲི་དཀར་སྦྱོར་པོ་ཁེ31.23དང་ཚི་ལུ་སྦྱོར་པོ་ཁེ5.78ཞུ་ཐུབ་རང་བཞིན་གྱི་ཏན་མིན་འདྲེས་འགྱུར་རྫས་ཁེ52.07དང་། ཚི་སྣ་སྦྱོར་པོ་ཁེ3.34 ཐལ་ཆ་ཁེ7.58བཅས་འདུས་ཡོད། ཨན་ཙི་སོན་རིགས18འདུས་ཡོད་པ་དང་། ཤ་མོ་ཁེ100རེའི་ནང་དུ་ཨན་ཙི་སོན་ཁེ20.9འདུས་ཡོད། དེའི་ནང་དུ་མི་ལུས་ལ་ངེས་པར་མཁོ་བའི་ཨན་ཙི་སོན་གྱིས་ཨན་ཙི་སོན་སྤྱི་འབོར་གྱི44.5%ཟིན་པས་སྤྱིར་བཏང་གི་ཨན་ཙི་སོན་ལས་མཐོ་བ་ཡིན། ལྷག་པར་དུ་ལའི་ཨན་སོན་དང་ཅིན་ཨན་སོན་འདུས་ཚད་ཧ་ཅང་ཕུན་སུམ་ཚོགས་པོ་ཡོད། ལའི་ཨན་སོན་དང་ཅིན་ཨན་སོན་གྱིས་དྲན་ཤེས་ལ་སྐུལ་འདེད་དང་རིག་སྟོབས་གསར་སྤེལ་བྱེད་ཐུབ། ལྷག་པར་དུ་བྱིས་པ་བདེ་ཐང་དང་འཚར་ལོངས་འབྱུང་བར་ཕན་པ་ཡོད། དེར་བརྟེན་གསེར་ཁབ་ཤ་མོ་ལ“རིག་སྐྱེད་ཤ་མོ”དང“རིག་སྟོབས་ཤ་མོ”ཞེས་འབོད་པ་ཡིན།

གསེར་ཁབ་ཤ་མོ་ནི་རང་བཞིན་གྲང་བའི་རིགས་སུ་གཏོགས་ཤིང་། བྲོ་བ་ཚྭ་བ་དང་།

མཆིན་པར་ཕན་པ། ཕོ་རྒྱུར་ཕན་པ། གློ་རིག་འཕེལ་བ། འབྲས་སྨན་འགོག་པ་བཅས་ཀྱི་ཁྱད་ཆོས་ལྡན་པས། གསེར་ཁབ་ཤ་མོ་ནི་ཨན་ཅི་སོན་འདུས་ཚད་མཐོ་བའི་རྐྱེན་གྱིས་མིང་དུ་གྲགས་པ་ཡིན་ལ། ལྷག་པར་དུ་ཅིན་ཨན་སོན་དང་ལའི་ཨན་སོན་འདུས་ཚད་མཐོ་ལ། སྨོན་མས་མཆིན་ཚད་དང་ཕོ་བ་རལ་ཟྭགས་སྨོན་འགོག་བྱེད་ཐུབ། ཕྱི་མས་བྱིས་པའི་ལུས་གཟུགས་ཇེ་རིང་དུ་འགྲོ་བ་དང་། ཀླད་ཚད་ཇེ་མཐོར་འགྲོ་བ། དྲན་ཤེས་ཇེ་གསལ་འགྲོ་བ་བཅས་ཀྱི་ཕན་ནུས་ལྡན། གསེར་ཁབ་ཤ་མོའི་ནང་དུ་ཡོད་པའི་ཕལ་བའི་ཤ་མོའི་རྒྱུ་ནི་ཆ་རྫུལ་ཚད་མཐོ་བའི་བུལ་གཤིས་ སྤྲི་དཀར་ཞིག་ཡིན། སྨན་ནད་ལ་ཚོད་འཛིན་བྱེད་པའི་ནུས་པ་མངོན་གསལ་ལྡན། གསེར་ཁབ་ཤ་མོ་ལ་དུ་དུང་ཁྲག་ཤེད་གཙོག་པ་དང་འབྲས་སྨན་འགོག་པའི་ནུས་པ་ཡོད། གསེར་ཁབ་ཤ་མོའི་ཡུ་བའི་ནང་གི་རྩི་ཤིང་རང་བཞིན་གྱི་ཚི་སྣ་འཕོར་ཆེན་གྱིས་མཁྲིས་སྐྱུར་འཛིབ་ཐུབ་ཅིང་། མཁྲིས་རྒྱུ་གཤེར་རྩི་ཇེ་དམའ་རུ་བཏང་ནས་ཕོ་རྒྱུ་ནུར་འགུལ་བྱེད་པ་དང་། འཇུ་བྱེད་མ་ལག་གི་བྱེད་ནུས་ཇེ་དྲག་ཏུ་གཏོང་བྱེད་ཀྱི་བདེ་སྲུང་ཟས་རིགས་ཤིག་ཡིན།

གསེར་ཁབ་ཤ་མོའི་འདེབས་འཛུགས་དུས་ཡུན་ཐུང་བ་དང་། རྒྱུ་ཆ་མང་བ། དོ་དམ་བྱེད་བདེ་བ། ཕན་འབྲས་མཐོ་བ་བཅས་ཀྱི་ཁྱད་ཆོས་ལྡན། མི་དམངས་ཀྱི་འཚོ་བའི་ཚུ་ཚད་ཇེ་མཐོར་སོང་བ་དང་བསྟུན་ནས། གསེར་ཁབ་ཤ་མོའི་མཁོ་ཚད་ཇེ་ཆེར་འགྲོ་བ་དང་གསེར་ཁབ་ཤ་མོ་ཐོན་སྐྱེད་འཕེལ་རྒྱས་གཏོང་བཞིན་ཡོད་ལ། ཞིང་པའི་ཡོང་འབབ་ཇེ་མང་དུ་གཏོང་བ་དང་མི་དམངས་ཀྱི་བདེ་ཐང་གི་ཚུ་ཚད་ཇེ་མཐོར་གཏོང་བར་དགེ་མཚན་ཆེན་པོ་ལྡན་ནོ།།

ཤ་མོའི་ཕྲ་ཕུང་གི་ཁ་དོག་ལྟར་ན་གསེར་ཁབ་ཤ་མོ་ལ་དབྱེ་བ་གསུམ་ཡོད་དེ།

(གཅིག) གསེར་མདོག་གི་རིགས།

ཤ་མོའི་གདུགས་མགོ་སེར་པོ་དང་ཤ་མོའི་ཡུ་བའི་གོང་རིམ་གསེར་མདོག ཙ་བ་ཛ་མདོག་གམ་ཁམ་མདོག་ཡིན་ལ་ཕྱི་རིམ་དུ་ཁམ་མདོག་གི་ཁུ་ལུ་ཡོད། སྔོང་ཏང་སྒོམ་ཞིང་ཐར་ཐོར་ཡིན་པ་དང་། ཤ་མོ་སྐྱེ་དུས་ཀྱི་དྲོད་ཚད་ཀྱི་ཁྱབ་ཁོངས་རྒྱ་ཆེ། ཤ་མོ་སྐྱེས་

སྡེ་བ་དང་ཐོན་ཚད་མཐོ་བ། ནད་འགོག་ནུས་པ་ཆེ་བ་བཅས་ཀྱི་ཁྱད་ཆོས་ལྡན། ཤ་མོའི་ཁ་དོག་ནི་འོད་ཟེར་ལ་ཚོར་བ་རྣོ་བ་དང་ཤ་མོའི་ སྤུས་ཀ་མཉེན་པོ་ཡིན། བྲོ་བ་བཟང་། འོན་ཀྱང་ཚོས་མདངས་མི་ལེགས།

(གཉིས) ငང་སེར་གྱི་རིགས།

ཤ་མོའི་གདུགས་མགོ་ངང་སེར་དང་། ཤ་མོའི་ཡུ་བའི་སྙིང་རིམ་ཡང་ངང་སེར་ཡིན། རྩ་བར་སེར་མདོག་ཆེ་བ་དང་ཁམ་མདོག་གི་ཁྲ་ལྕུ་ཅུང་། སྡོང་རྐང་སྲ་ཞིང་སྟུག་པ། ཤ་མོ་སྐྱེ་དུས་ཀྱི་དྲོད་ཚད་ཀྱི་ཁྱབ་ཁོངས་རྒྱ་ཆུང་། ནད་འགོག་རང་བཞིན་འབྲིང་ཙམ་ཡིན་ཞིང་ཤ་མོའི་རིགས་མཉེན་པོ་ཡིན། བྲོ་བ་བཟང་། ཁ་དོག་ཅུང་ལེགས།

(གསུམ) དཀར་པོའི་རིགས།

ཤ་མོའི་གདུགས་མགོ་དང་ཤ་མོའི་ཡུ་བ་ཚང་མ་དཀར་པོ་ཡིན། ཤ་མོའི་ཡུ་བའི་རྩ་བར་སྤུ་མདོག་དཀར་པོ་ཡོད་པ་དང་། སྡོང་རྐང་ཅུང་སྟུག ཤ་མོ་སྐྱེ་བའི་དྲོད་ཚད་ཅུང་དམའ་བ། ཤ་མདོག་ནི་འོད་ལ་ཚོར་སྐྱེན་མེད་པས་ཐོན་ཚད་འབྲིང་ཙམ་ཡིན། གཙོ་བོར་ཤ་མོའི་སོག་ཤུལ་དང་པོ་འདེབས་བཞིན་ཡོད་ཅིང་། ཤ་མོ་གསར་བ་མཉེན་པོ་ཡིན་པ་དང་། ཁ་དོག་ཤིན་ཏུ་ལེགས་པས་གསེར་ཁབ་ཤ་མོ་སྤུས་ལེགས་ཡིན།

མིག་སྔར་ཐོན་སྐྱེད་ཐད་ནས་རྒྱུན་སྤྱོད་ཀྱི་རིགས་ཏ་ཅང་མང་པོ་ཡོད་དེ། དཔེར་ན་གསེར་ཁབ་ཤ་མོ913དང་། གསེར་དཀར་ཨང1པ་དང8པ། 10པ། འཇར་པན་གྱི་གསེར་དཀར། ཧྲང་ཧའི་ཡིF3དངF4སོགས་ཡོད།

གཉིས། གསེར་ཁབ་ཤ་མོའི་འདེབས་འཛུགས་ལག་རྩལ།

(གཅིག) འདེབས་འཛུགས་དུས་ཚིགས་གཏན་འཁེལ་དང་ཤ་མོའི་ས་བོན་སྒྲིག་བཟོ།

1. འདེབས་འཛུགས་དུས་ཚིགས་གཏན་འཁེལ།

རང་བྱུང་ཆ་རྐྱེན་འོག་ཏུ་གསེར་ཁབ་ཤ་མོ་འདེབས་འཛུགས་བྱེད་པ་དང་འདེབས་འཛུགས་དུས་ཚིགས་སུ་གཏན་འཁེལ་བྱེད་པའི་གཞི་འཛིན་ས་ནི་གསེར་ཁབ་ཤ་མོའི་དྲོད་ཚད་རན་པོ(8~14℃)ཡིན། ས་གནས་ས་སོའི་གནམ་གཤིས་ཀྱི་ཁྱད་ཆོས་ལ་གཞིགས་ནས་

ལུགས་མཐུན་དང་ཤ་མོ་སྐྱི་འཚར་གྱི་དུས་ཚོད་བཀོད་སྒྲིག་བྱེད་དགོས། མིའི་ཐབས་ཀྱིས་དྲོད་ཚད་ཚོད་འཛིན་བྱེད་པའི་ཆ་རྐྱེན་འོག་ཏུ་ལོ་འཁོར་ཧྲིལ་པོར་གསེར་ཁབ་ཤ་མོ་ཐོན་སྐྱེད་བྱེད་ཐུབ།

2. ཤ་མོའི་ས་བོན་སྒྲིག་བཟོ།

ཆ་རྐྱེན་འཛོམས་ཚེ་མ་སོན—གཞི་སོན—འདེབས་འཇུགས་སོན་བཅས་ཀྱི་གོ་རིམ་བརྒྱུད་ནས་ས་བོན་སྒྲིག་བཟོ་བྱས་ཆོག ཐོན་སྐྱེད་ཀྱི་གཞི་ཁྱོན་ལ་གཞིགས་ནས་ཤ་མོའི་ས་བོན་འདང་ངེས་ཤིག་གྲ་སྒྲིག་བྱེད་དགོས། ཆ་རྐྱེན་མེད་པའི་སྐབས་སུ་ཐོན་སྐྱེད་བཟོ་གྲྭ་ནས་འདེབས་འཇུགས་ས་བོན་མངག་ཉོ་བྱས་ཆོག བྱེད་སྟངས་གང་ཞིག་ཡིན་རུང་ཤ་མོའི་ས་བོན་ནི་ངེས་པར་དུ་འདེབས་འཇུགས་ལོ་ཚོད་དང་མཐུན་དགོས། ཤ་མོའི་སྤྲིན་སྐྱུད་སྦོམ་ཞིང་དཀར་ལ་ཕྲ་མའི་དབྱིབས་ཀྱི་ཕྲ་སྐྱུད་ཡོད་དགོས་པར་མ་ཟད། ལྷད་མེད་པ་དང་གནོད་འབུ་མེད་པ་སོགས་ཀྱི་ཆ་རྐྱེན་ལའང་མཐུན་དགོས།

(གཉིས) གསོ་སྐྱོང་རྒྱུ་ཆའི་སྡེབ་སྒྲིག

1. ཟུར་ལྷའི་སྡེབ་སྦྱོར།

(1) མ་རྨོས་ལོ་ཏོག་གི་ནང་སྙིང75%དང་། ཕུབ་རྫུའམ་འབྲས་ཤུན23% ཀ་ར1% དང་ཙུ་གང་ཕྱེ་མ1%བཅས་དགོས།

(2) ཞིང་བལ་གྱི་ཕྱེ་ཤུན88%དང་། འབྲས་ཤུན་དང་ཕུབ་ཤུན10% ཀ་ར1% ཙུ་གང་ཕྱེ་མ1%བཅས་དགོས།

(3) ཞིང་བལ་གྱི་ཕྱེ་ཤུན78%དང་། འབྲས་ཤུན་དང་ཕུབ་ཤུན20% ཀ་ར1% ཙུ་གང་ཕྱེ་མ1%བཅས་དགོས།

(4) ཞིང་བལ་ཕྱེ་ཤུན40%དང་། མ་རྨོས་ལོ་ཏོག་གི་ནང་སྙིང37% ཕུབ་མ་དང་འབྲས་ཤུན20% ཀ་ར1% ཙུ་གང་ཕྱེ་མ1%དང་རྡོ་ཐལ1%བཅས་དགོས།

(5) ཤིང་སྙིགས(ལོ་མ་ཆེ་བའི་ཤིང་སྡོང)77% ཕུབ་རྫུ་དང་འབྲས་ཤུན20% ཀ་ར1% ཙུ་གང་ཕྱེ་མ1%དང་རྡོ་ཐལ1%བཅས་དགོས།

2. རྒྱུ་ཆའི་སྦེབ་སྦྱོར།

སྦྱོར་སྦེབ་ལ་གཞིགས་ནས་མ་བཙོས་རྒྱུ་ཆ་ཚང་མ་སྐོམས་པོར་བསྲེས་ནས་ཆུའི་སྐོམ་ཚད62%~65%ཟིན་པར་བྱེད་དགོས། བསྲེས་ཟིན་པའི་གསོ་སྐྱོང་རྒྱུ་ཆ་རྣམས་ཉིན་དེར་འགྲིག་ཁུག་ནང་དུ་བཙུག་ནས་འབུ་ཕྲ་གསོད་དགོས། དེ་མིན་གསོ་སྐྱོང་རྒྱུ་ཆའི་ཚ་རྒྱས་སྐྱུར་འགྱུར་གྱིསpHཚད་ཇེ་དམའ་རུ་འགྲོ་བ་དང་། ཤ་མོའི་ཕྲ་སྐྱད་ཀྱི་སྐྱེ་འཚར་ལ་ཤུགས་རྐྱེན་ཐེབས་པ་ཡིན།

(གསུམ) འདེབས་འཛུགས་ཐབས་ལམ།

1. བཟོ་རྩལ་བརྒྱུད་རིམ།

རྒྱུ་ཆའི་སྦེབ་སྦྱིག—ཆུ་སྦེབ་སྐྱུར་སྦྱོར།—དཀྲུག་སྦྱོར་སྐོམས་བཟོ།—དུས་ཐོག་ཏུ་ཁུག་མ(དམ་བེ)ནང་འཇུག—འབུ་ཕྲ་གསོད་པ་དང་ཚོ་འདེབས།—ཤ་མོ་འདོན་པར་དོ་དམ།—ཤ་མོ་ཐོན་པར་སྐུལ་འདེད།—གང་བུ་ཚོད་འཛིན།—ཤ་མོ་ཐོན་པར་དོ་དམ།—བཏང་བསྡུ།—དུས་མཇུག་ཏུ་དོ་དམ།

2. སྤོས་འགྲིག་གྲུང་ངོས་སུ་སྦྱར་བའི་འདེབས་འཛུགས།

(1) སྤོས་འགྲིག་ནང་དུ་འཇུག་པ། འདེབས་འཛུགས་ཁུག་མ་ནི་རིང་ཚད་ལ་ལི་སྨི17དང་ཞེང་ཚད་ལ་ལི་སྨི50ཡོད་པའི་ཅེ་ཡེ་ཞིའི་སྣོད་ཁུག་ཡིན་དགོས། ཁུག་མའི་ནང་དུ་རིང་ཚད་ལི་སྨི20ཙམ་ལ་ནང་འཇུག་བྱེད་པ་དང་། ཁུག་མ་རེར་ཕལ་ཆེར་སྐམ་པོའི་རྒྱུ་ཆ་ཁེ400དང་། ཁུག་མའི་སྣེ་གཉིས་སུ་ལི་སྨི15རེར་འཇོག་དགོས། རྗེས་སུ་ཤ་མོ་སྐྱེ་སྐབས། རྒྱུ་ཆ་བསྒྲིགས་ཚར་རྗེས་ཀྱི་ཚི་སྣའི་ཐག་པས་བསྡམས་ནས་དུས་ཐོག་ཏུ་འབུ་ཕྲ་གསོད་དགོས།

(2) འབུ་ཕྲ་གསོད་པ། ཁུག་མའི་ནང་དུ་བཙུག་རྗེས་མྱུར་དུ་འབུ་ཕྲ་གསོད་དགོས། མཐོ་གནོན་ཀྲའོ་ཕ0.15(ལི་སྨི་གྲུ་བཞི་མ་རེར་སྟོང་ཁེ1.5)འབུ་ཕྲ་གསོད་པའི་དུས་ཚོད1.5~2ཡིན། རྒྱུན་གནོན(100℃)འབུ་ཕྲ་གསོད་པའི་དུས་ཚོད10~12ཡིན། འབུ་ཕྲ་གསོད་སྐབས་རྒྱུ་ཆའི་ཁུག་མ་དྲང་མོར་འཇོག་དགོས། ཁུག་མ་རེ་རེའི་བར་མཚམས་སུ་འོས་འཚམ་གྱི་བར་གསེང་བཞག་ནས་རློན་ཚ་རླངས་པའི་འཁོར་རྒྱུག་དང་བརྟོལ་བར་སྟབས་བདེ་བཟོ་

དགོས། དུས་མཚུངས་སུ་འབུ་ཕྲ་བསད་རྗེས་གནོན་ཤུགས་ཇེ་ཆུང་དུ་བཏང་ནས་བཙིར་གནོན་བྱས་ནས་ཁུག་མའི་དབྱིབས་གཟུགས་འགྱུར་བར་སྔོན་འགོག་བྱེད་དགོས། གསོ་སྐྱོང་རྒྱུ་ཆ་དང་ཁུག་ལྤེབས་ལོགས་སུ་གྱེས་ན་ཁུག་ལྤེབས་སུ་ཤ་མོ་ཐོན་སླ་བས་ཤ་མོའི་གྲལ་འགྲིག་རང་བཞིན་དང་ཚོང་ཟོག་རང་བཞིན་ལ་ཤུགས་རྐྱེན་ཐེབས་སྲིད་པ་ཡིན།

(3) རྩྭ་འདེབས། འགྲིག་ཁུག་ནང་དུ་བཙུག་ནས་འབུ་ཕྲ་བསད་རྗེས། རྒྱུ་ཆའི་དྲོད་ཚད30℃ཆག་སྐབས་རྩྭ་འདེབས་བྱས་ཆོག རྩྭ་འདེབས་བྱེད་པའི་གནད་འགག་ནི་སྲིན་མེད་བཀོལ་སྤྱོད་ནན་མོ་བྱེད་པ་དང་རྩྭ་འདེབས་ལག་རྩལ་ཡང་དག་པ་དང་བྱང་ཆུབ་པ་ཞིག་ཡིན་དགོས། འགུལ་སྤྱོད་ཡང་བ་དང་མགྱོགས་པ། གནད་ལ་འཕེལ་བ། བཀོལ་སྤྱོད་བྱེད་པའི་གོ་རིམ་ཁྲིད་ཕྲ་སྲིན་གྱིས་འབབ་བཙོག་བཟོ་བའི་གོ་སྐབས་ཇེ་ཉུང་དུ་གཏོང་དགོས།

(4) ཤ་མོ་ཐོན་པ། རྩྭ་འདེབས་བྱས་རྗེས། ཤ་མོའི་འགྲིག་ཁུག་ནི་གསོ་སྐྱོང་ཁང་གི་རྩྭ་འདེབས་སྟེགས་བུའི་སྟེང་དུ་སྤོས་ནས་ཤ་མོ་གསོ་སྐྱོང་བྱེད་དགོས། ཤ་མོ་སྐྱེ་བའི་དུས་སུ་འོས་འཚམ་གྱི་ཆ་རྐྱེན་བསྐྲུན་ནས་ཤ་མོ་བདེ་ཐང་དང་འཚར་ལོངས་འབྱུང་བར་ཁག་ཐེག་བྱེད་དགོས།

གསེར་ཁབ་ཤ་མོའི་ཕྲ་སྐུད་སྐྱེ་བའི་དྲོད་ཚད་ནི23℃ཡིན། དྲོད་ཚད་མཐོ་དྲགས་པའམ་དམའ་དྲགས་ན་སྐྱེ་འཚར་ཇེ་དལ་དུ་འགྲོ་བ་དང་། ཤ་མོའི་འབྱིན་རྫབ་ཀྱི་ནུས་པ་ལས་ཚ་བ་འབྱུང་བས། རྒྱུ་ཆའི་དྲོད་ཚད་ནི་མཁའ་དབུགས་ཀྱི་དྲོད་ཚད་ལས2~4℃མཐོ་བས་དྲོད་ཚད19~21℃ཚོད་འཛིན་བྱས་ན་ལེགས། དྲོད་ཚད་ཅུང་མཐོ་བའི་སྐབས་སུ། ཤ་མོའི་སྐྱེ་འཚར་ཞན་པར་མ་ཟད། ཤ་མོར་ནད་འགོས་སླ་བ་དང་། དྲོད་ཚད་དམའ་དྲགས་ན་ཕྲ་སྐུད་ཀྱི་སྐྱེ་འཚར་དལ་བ་ཡིན། ཤ་མོ་སྐྱེ་བའི་དུས་སྐབས་སུ། ཕྲ་སྐུད་ཀྱི་དྲོད་ཚད་མཉམ་པ་དང་ཤ་མོ་ཆ་སྙོམས་སྐྱེ་འཚར་ཡོང་བའི་ཆེད་དུ། ཉིན7~10རེའི་ནང་དུ། རྩྭ་འདེབས་སྟེགས་བུའི་སྟེང་གི་འགྲིག་ཁུག་གི་འཇོག་གནས་བརྗེ་སོར་བྱེད་དགོས། ཤ་མོའི་སྐྱེ་འཚར་དུས་སྐབས་སུ་དྲོད་ཚད24℃ལས་བརྒལ་ཚེ། དུས་ཐོག་ཏུ་ཧྲུང་རྒྱུག་ཏུ་བཙུག་ནས་དྲོད་ཚད་ཇེ་དམའ་རུ་གཏོང་དགོས། ཤ་མོ་སྐྱེ་འཚར་གྱི་དུས་སུ་མཁའ་དབུགས་ཀྱི་རླན་

ཚད་ཙུང་དམའ་དགོས་ཤིང་ཆུ་གཏོར་མི་ རུང་། རླན་ཚད60%~65%རྒྱུན་འཁྱོངས་བྱས་པས་ཆོག རླན་ཚད་ཆེ་དྲགས་ན་ཤ་མོ་བཙོག་པས་སྦྲགས་ཚད་ཇེ་མཐོར་འགྲོ་སྲིད་ཅིང་། ཤ་མོ་ནི་མུན་ནག་གི་ཁྲོད་དུ་སྐྱེ་འཚར་བྱུང་ན་ལེགས་པ་དང་། ཤ་མོའི་སྐྱེ་འཚར་གྱི་མྱུར་ཚད་མགྱོགས་ལ་རྣམ་འགྱུར་དུ་འགྲོ་དཀའ་བས་ཤ་མོ་གྲལ་སྙོམས་སྙོམས་ཐོན་པ་ཡིན། ཤ་མོ་སྐྱེ་བའི་དུས་སུ་རླུང་རྒྱུག་པར་ཤུགས་སྟོན་རྒྱུག་དགོས་ཤིང་། དུས་ཐོག་ཏུ་ཤ་མོ་སྐྱེ་བའི་གོ་རིམ་ཁྲོད་བྱུང་བའི་དབྱང་གཉིས་ཐུན་རྗེས་ཕྱིར་བཏོན་ནས་མཁའ་དབུགས་གསར་བ་སྲུང་འཛིན་བྱེད་དགོས་པ་དང་། ཤ་མོ་སྐྱེ་འཚར་ལེགས་པོ་ཡོང་བར་སྐུལ་འདེད་གཏོང་དགོས།

(5) འཁྱིག་ཁུག་ནང་གི་འབུ་སྲིན་སེལ་བ། ཤ་མོའི་ཕྲ་སྲིན་འཁྱིག་ཁུག་གི་ནང་དུ་གང་ལ་ཉེ་བའི་སྐབས་སུ། དུས་ཐོག་ཏུ་འདེབས་འཇུགས་ཁང་དུ་སྤྱོས་ནས་འབུ་སྲིན་སེལ་དགོས། ཐོག་མར་འཁྱིག་ཁུག་གི་མཐོ་ཚད་ལ་རིམ་པ5~10འཁྱིག་གྱང་བརྩིགས་པ་དང་། དེའི་རིང་ཚད་ལ་ཚད་བཀག་མེད། འཁྱིག་གྱང་ལེགས་པོར་བརྩིགས་རྗེས། ཐག་པ་གྲོལ་ནས་ཁུག་མའི་ནང་སྐྱི་མགོ་གཉིས་མ་རྒྱུ་ཆའི་ངོས་ལས་ཙུང་མཐོ་བར་བཟོས་ཏེ་དུས་ཐོག་ཏུ་སྲིན་སེལ་བྱེད་དགོས།

(6) གང་བུ་སྐྱེ་བར་སྐུལ་མ་བྱེད་པ། ཤ་མོའི་འཁྱིག་གྱང་གི་སྣེ་གཉིས་སུ་དབྱུག་པ་གཉིས་བཞག་ནས། ཤིང་ཆའི་བར་ཐག་ནི་རྒྱུ་ཆའི་ཁུག་མ་ལས་ཙུང་ཡངས་དགོས་པ་དང་། སོ་སོར་དབྱུག་པའི་སྣེ་གཉིས་ཀྱི་རྩེ་མོར་དབྱུག་པ་ཞིག་འཕྲེད་དུ་འདོགས་དགོས། ད་དུང་ལྕགས་སྐུད་ཕྲ་མོ་གཉིས་ཀྱིས་འཕྲེད་དབྱུག་གི་གཞོགས་གཉིས་སུ་བཏགས་ནས་དམ་པོར་བསྡམས་པ་དང་། མཇུག་མཐར་ཚགས་པར་དང་སྐྱི་སྲབ་ལྕགས་སྐུད་སྟེང་དུ་འགེབས་པར་མ་ཟད་ཆུ་གཏོར་ནས་རླན་པར་བྱེད་དགོས། ཚགས་པར་གྱིས་འོད་འགོག་རླན་སྲུང་གི་ནུས་པ་ཐོན་པ་དང་། དུས་མཚུངས་སུ་ཚགས་པར་གྱིས་ཁུག་མའི་ཁ་བཀབ་ན་ཤ་མོ་ཐོན་པར་སྟོན་འགོག་ནུས་ལྡན་བྱེད་ཐུབ། མཁའ་རླུང་བརླན་གཤེར་རྒྱུན་འཁྱོངས་བྱེད་དགོས་ཤིང་། ཉིན2~3གྱི་རྗེས་སུ་གསོ་སྐྱོང་རྨང་གཞིའི་ཕྱི་ངོས་སུ་ཤ་མོ་གསར་བ་ཞིག་སྐྱེ་བ་དང་། དེ་ནས་ཉིན་རེར་ཚགས་པར་རམ་འཁྱིག་ཤོག་ཐེངས2~3ལ་ཁ་ཕྱེ་ནས། རླུང་རྒྱུག་ཏུ་འཇུག

པ་དང་དབུགས་བརྗེ་བར་ཤུགས་སྣོན་རྒྱག་དགོས། ཉིན་འགའི་རྗེས་སུ་གསོ་སྐྱོང་རྩང་གཞིའི་ཕྱི་ངོས་སུ་སྤྲོས་ཤེལ་མདོག་གི་ཆུ་ཐིགས་འབྱུང་བ་སྟེ། དེ་ནི་ཤ་མོ་ཐོན་པའི་སྔ་ལྟས་ཡིན། གང་བུ་སྐྲུལ་བར་ཆེས་འཚམ་པའི་དྲོད་ཚད་ནི12~13℃ཡིན་པ་དང་། ཆེས་འཚམ་པའི་རླན་ཚད་ནི80%~85%ཡིན། དེ་ནས་ཉིན2~3འགོར་རྗེས། ཤ་མོའི་རྩ་བ་མུ་མཐུད་དུ་ཚོམ་སྐྱེས་ཕྲ་སྐྱུད་གང་བུ་ཆུང་ངུར(རིང་ཚད་ལི་སྨི1~2)འགྱུར་བ་དང་། སྐབས་དེར་སྐྱེ་འཚར་ཚོད་འཛིན་བྱེད་དགོས། ཚོད་འཛིན་བྱེད་ཐབས་ནི་དྲོད་ཚད་དམའ་མོ་དང་རླུང་འབུད་པའི་བྱེད་ཐབས་སྤྱོད་དགོས། དྲོད་ཚད4~5℃སྲུང་འཛིན་བྱེད་པ་དང་། སྒྲོག་སྒྲུལ་འཕྲུལ་ཆས་ཆུང་ངུས་ཉིན2~3རླུང་རྒྱག་ཏུ་འཇུག་དགོས། གལ་ཏེ་ཆ་རྐྱེན་མེད་ན། གང་བུ་ཐོན་རྗེས་མཚན་མོའི་དུས་སུ་འཁྱིག་ཁུག་སྟེང་གི་ཚགས་པར་རམ་སྤྲོས་འཁྱིག་གི་ཁ་ཕྱེ་བ་དང་། སྒོ་དང་སྒེའུ་ཁུང་ཕྱེ་བ། གྲང་རླུང་ཞག་མ་གཉིས་ནས་གསུམ་ལ་ལྷང་དུ་བཅུག་ན། ཤ་མོའི་གང་བུ་གྲལ་འགྲིག་པོར་སྐྱེས་པ་དང་། ཤ་མོའི་ཡུ་བ་སྦོམ་པོར་འགྱུར་བར་ཕན་འབྲས་ཐོན་ཐུབ།

(7) དུས་དང་བསྟུན་ནས་ཁུག་མ་འཐེན་པ། གང་བུ་ལ་སྐྲུལ་མ་བྱེད་མཚམས་མཇུག་རྫོགས་རྗེས། གསར་དུ་གྲུབ་པའི་གང་བུའི་རིང་ཚད་ལ་ལི་སྨི4~5ཡོད་པའི་སྐབས་སུ་ཁུག་མའི་ཁ་དྲང་མོར་འཐེན་ཆོག ཁུག་མ་འཐེན་པའི་དུས་ཡུན་སྔ་མི་རུང་། དེ་ལྟར་མ་བྱས་ན་ཤ་མོའི་ཁུག་མའི་ནང་དུ་དབྱུང་དབུགས་མི་འདང་བ་དང་སྐྱེ་འཕེལ་གང་ལེགས་བྱེད་མི་ཐུབ་པས་ཐོན་ཚད་མར་ཆག་པ་ཡིན། ཁུག་མ་ཡར་འཐེན་པའི་དམིགས་ཡུལ་ནི་ཁུག་མའི་ནང་གི་དབྱུང་གཉིས་ཐན་རྫས་ཀྱི་གར་ཚད་དང་མཁའ་དབུགས་ལྟོས་བཅས་ཀྱི་རླན་ཚད་ཇེ་མཐོར་གཏོང་རྒྱུ་དེ་ཡིན། འདེབས་འཛུགས་ཁང་གི་རླུང་རྒྱུག་པའི་གནས་ཚུལ་དང་འདེབས་འཛུགས་གཞི་ཁྲོན་གྱི་ཆེ་ཆུང་ལ་གཞིགས་ནས། ཁུག་མ་འཐེན་པའི་དུས་སུ་ཐེངས་གཅིག་ལ་འགྲུབ་པར་བྱེད་ཆོག་ལ་ཐེངས་གཉིས་ལ་འགྲུབ་ནའང་ཆོག

(8) ཤ་མོ་སྐྱེ་དུས་ཀྱི་དོ་དམ། ཚོད་འགོག་བྱས་རྗེས་དེའི་སྟེང་དུ་ཚགས་པར་འགེབས་དགོས། དེའི་འཁོར་ཉིན་རེར་ཆུ་ཐེངས1~2ལ་གཏོར་ཆོག ཁང་བའི་དྲོད་ཚད8~13℃རྒྱུན་

འཕྲོངས་བྱེད་པ་དང་། མཁའ་རླུང་ལྷོས་བཅས་ཀྱི་རླན་ཚད80%~85%ཡིན་དགོས། ཉིན་རེར་ཆུ་གཏོར་བའི་སྔོན་དུ། ཚགས་པར་རམ་འཁྲིག་ཤོག་གི་ཁ་ཕྱེ་ནས་རླུང་རྒྱུ་རུ་འཇུག་པ་དང་། དེ་ནས་ཚགས་པར་རམ་འཁྲིག་ཤོག་བཀབ་ནས་ཆུ་གཏོར་དགོས། འདི་ལྟར་བསྟུད་མར་དོ་དམ་ཉིན6~7བྱས་ན་སྤུས་ལེགས་ཀྱི་གསེར་ཁབ་ཤ་མོ་གསོ་སྐྱོང་བྱེད་ཐུབ། ཤ་མོའི་ཡུ་བའི་རིང་ཚད་ལི་སྨི13~18དང་། གདུགས་མགོའི་ཚངས་ཐིག་ལི་སྨི0.8~1ལ་སླེབས་ཚེ་བཙ་བསྔུ་བྱས་ཆོག

(9) བཙ་བསྔུ་བྱས་རྗེས་ཀྱི་དོ་དམ། གསེར་ཁབ་ཤ་མོ་བསྔུས་རྗེས་ཆུ་ལྷུག་པ་དང་འཚོ་བཅུད་ཁ་གསབ་བྱེད་དགོས། འདི་གཉིས་ཟུང་འབྲེལ་བྱས་ཆོག་སྟེ། སྤྱིར་བཏང་དུ0.5%མངར་ཆའི་ཆུ་དང0.1%གཙིན་རྫུའི་ཞུ་ཁུ་འཁྲིག་ཁུག་ནང་དུ་ལྷུག་དགོས། ཆུ་ཚོད5~6ལ་སྦྲང་དགོས། དེ་ནས་སྒྲིན་སེལ་དང་གང་བུ་སྐྱུལ་བ། ཚོད་འཛིན་དང་རྒྱུན་ལྡན་གྱི་དོ་དམ་སོགས་བྱེད་པ་ཡིན། འདི་ལྟར་ཡང་ནས་བསྐྱར་དུ་བྱས་ན། ཤ་མོའི་སོག་ཤུལ2~3འཐུ་ཆོག

3. དམ་བེའི་ནང་དུ་འདེབས་འཛུགས།

(1) དམ་བེའི་ནང་དུ་འཛོག་པ་དང་འབུ་སྲ་གསོད་པ། སྔོ་འདེབས་བྱེད་པ་བཅས་ཡིན། ཧའོ་ཧྲེང750ཡོད་པའི་ཤ་མོའི་ས་བོན་གྱི་དམ་བེ་དང་། ཟས་འགྱུར་བཟོ་ལས་ཀྱི་དམ་བེ། དེ་བཞིན་ཧའོ་ཧྲེང500ཡོད་པའི་ལྕགས་ཀྲིན་ཤེལ་དམ་སོགས་ཚང་མའི་ནང་དུ་གསེར་ཁབ་ཤ་མོ་འདེབས་འཛུགས་བྱས་ཆོག ཁ་ཞེང་ལ་ལི་སྨི5ཡས་མས་ཀྱི་མདོག་མེད་དྭངས་གསལ་གྱི་ཟས་འགྱུར་བཟོ་ལས་དམ་བེའི་ནང་དུ་འདེབས་འཛུགས་བྱས་ན་ཆེས་ལེགས་པ་ཡིན། གསོ་སྐྱོང་རྒྱུ་ཆ་དམ་བེའི་ནང་དུ་ལྷུག་སྐབས་འོག་རིམ་ཙུང་ལྷོད་ན་ཤ་མོ་འབྱུང་བར་ཕན་པ་དང་། སྟོད་ཕྱོགས་ཚགས་དམ་དགོས་ཤིང་དེ་མིན་ཆུ་ཡལ་ཚད་མགྱོགས་དྲགས་ནས་རླངས་པར་འགྱུར་སླ་བ་ཡིན། གསོ་སྐྱོང་རྒྱུ་ཆ་ནི་རྒྱུན་པར་དམ་བེའི་གོང་རིམ་བར་དུ་བླུགས་ནས་སྙོམས་པོར་མནན་རྗེས་དཀྱིལ་དུ་སྔོ་འདེབས་ཁུང་བུར་གཏོད་དགོས། དམ་བེའི་ཁ་རུ་དོས་གཉིས་ལྡན་གྱི་སྣང་པགས་ཤོག་བུ་དང་། ཅེ་ཡེ་ཞི་སྦྲབ་མོ། ཅེ་པིན་ཞི་སྦྲབ་མོ། ཞིང་སྤྱོད་ཉེ་ལུང་གིས་བཏུམས་པ་ཡིན། དཔེར་ན། དོས་

གཉིས་ལྡན་གྱི་སླང་པགས་ཤོག་བུས་ཁ་བཏུམས་ན། འོས་འཚམ་གྱིས་གསོ་སྐྱོང་རྒྱུ་ཆའི་ཚུ་ཐིག་མང་ལ་གཏོང་དགོས། དེ་ལྟར་མ་བྱས་ན་ཚུ་ཚད་ལྡངས་པར་གྱུར་ནས་ཤ་མོ་སྐྱེས་པར་ཕན་པ་མེད། ཁྱད་པར་དུ་དྲོད་སྲུང་གསོ་སྐྱོང་གི་གནས་ཚུལ་འོག་ཏུ། ཤ་མོའི་ཕྲ་སྐྱུད་ནི་རྨང་རྫས་ནང་དུ་སྐྱེ་ཐུབ་མོད། འོན་ཀྱང་ཕྱི་ངོས་སྐམ་ཤས་ཆེ་བས་ཕྲ་སྐྱུད་མི་སྐྱེ་བར་མ་ཟད། དུས་མཚུངས་ཏུ་ཤ་མོར་འབུ་སྲིན་གྱིས་འབབ་བཙོག་བཟོ་སླ། ཆ་རྐྱེན་འཛོམས་ཚེ། ཕྲུ་བ་ཅན་གྱི་སྤོས་འཁྱིག་གམ་ཡང་ན་ཚི་སྣུམ་བཟོས་པའི་ཆེད་སྤྱོད་ཁྲུང་བུའི་ཁ་གཅོད་བྱེད་སྤྱད་དེ་དམ་བེའི་ཁ་དམ་པོར་གཅོད་དགོས།

ཞིལ་དམ་ནང་དུ་ བླུགས་རྗེས་མཐོ་གནོན་ནམ་ཡང་ན་རྒྱུན་གནོན་ཚ་ཚད་ལྡངས་པས་འབུ་ཕྲ་གསོད་པ་དང་དྲོད་ཚད་མར་བབས་རྗེས་སྙོ་འདེབས་བྱེད་དགོས། དམ་བེ་རེར་རྒྱ་སྲིན་རྫོག་བུའི་ཆེ་ཚུང་གི་ཤ་མོའི་ས་བོན་རེ་འདེབས་པ་དང་། སྙོ་འདེབས་ས་བོན་དམ་བེ་གང་གིས་དམ་བེ80~100སྙོ་འདེབས་བྱེད་ཐུབ།

(2) ཤ་མོའི་ཕྲ་སྐྱུད་ཀྱི་གསོ་སྐྱོང་། ཤ་མོའི་ས་བོན་དམ་བེ་རྣམས་དྲོད་ཚད22~26℃དྲོད་ཁང་ནང་དུ་བཞག་ནས་གསོ་སྐྱོང་བྱེད་དགོས། དམ་བེའི་ནང་གི་དྲོད་ཚད་ནི་རྒྱུན་ལྡན་ཁང་བའི་དྲོད་ཚད་ལས2~3℃མཐོ་བས། ཁང་བའི་དྲོད་ཚད18~20℃རྒྱུན་འཁྱོངས་བྱས་པས་ཆོག ཁང་བའི་དྲོད་ཚད་སྙོམ་སྒྲིག་བྱེད་བདེ་བའི་ཆེད་དུ། སྙོ་འདེབས་སྟེགས་བུའི་སྟེང་གི་མཆོན་བྱེད་རང་བཞིན་གྱི་ཤ་མོའི་ས་བོན་གྱི་དམ་བེ3~5བདམས་པ་དང་། དམ་བེ་རེའི་ནང་དུ་དྲོད་ཚད་འཇལ་ཆས་རེ་བཞག་ནས་དྲོད་ཚད་བརྟག་དཔྱད་བྱེད་པར་མཁོ་འདོན་བྱེད་དགོས།

དྲོད་ཚད་རན་པའི་ཁོར་ཡུག་ནང་དུ། སྙོ་འདེབས་བྱས་རྗེས་ཉིན2~3ཤ་མོའི་ཕྲ་སྐྱུད་སྐྱེས་མགོ་བཙམས་པ་དང་། ཉིན8~10ནང་དུ་དམ་བེའི་སྟོད་ཕྱོགས་བར་དུ་སྐྱེ་ཐུབ། དུས་མཚུངས་སུ་མཐིལ་རིམ་གྱི་ཤ་མོའི་ཕྲ་སྐྱུད་ཀྱང་འཚར་སྐྱེ་འབྱུང་བ་དང་། དེའི་རྗེས་སུ། དམ་བེའི་ནང་གི་སྟེང་འོག་གི་ཤ་མོའི་ཕྲ་སྐྱུད་ཐམས་ཅད་མཉམ་དུ་སྐྱེས་པ་ཡིན། སྤྱིར་བཏང་དུ་ཉིན20~25ནང་དུ་སྐྱེས་ནས་གང་ཐུབ། ཤ་མོའི་སྐྱེ་འཚར་གྱི་མགྱོགས་ཚད་དོ་མཉམ་ཡོང་

བར་བྱས་ན་ཤ་མོའི་དོ་དམ་ལ་ཕན་པ་ཡོད་ཅིང་། གསོ་སྐྱོང་བྱེད་པའི་གོ་རིམ་ཁྲིད་ནས་དུས་རྒྱུན་དུ་དམ་བེ་གནས་སྲོ་བྱེད་དགོས། ཤ་མོ་གསོ་སྐྱོང་བྱེད་པའི་དུས་སྐབས་སུ་ཁང་བའི་ནང་དུ་སྐམ་ཤས་ཆེ་བ་རྒྱུན་འཁྱོངས་བྱེད་དགོས། ལྟོས་བཅས་ཀྱི་རླན་ཚད65%མན་དུ་ཚོད་འཛིན་བྱས་ཏེ་འབབ་བཙོག་བཟོ་ཚད་ཇེ་དམའ་རུ་གཏོང་དགོས།

(3) ཤ་མོའི་ཕྲ་སྲིན་འཕྲད་པ་དང་གང་བྱ་སྐུལ་བ། ཕྲ་སྲིན་འཕྲད་པ་ཞེས་པ་ནི་སྔོ་འདེབས་བྱས་རྗེས་ས་བོན་སྙིང་བའམ་སྙིགས་མ་མེད་པར་བཟོ་བར་མ་ཟད། གསོ་སྐྱོང་རྒྱང་གཞིའི་ཕྱི་ངོས་ཀྱི་སྙིང་རུལ་དུ་གྱུར་ཟིན་པའི་ཕྲ་སྲིན་འཕྲད་པ་ལ་ཟེར། གལ་ཏེ་ཕྲ་སྲིན་རྣམས་གཙང་སེལ་མ་བྱས་ན། གདོད་རྒྱང་མང་ཆེ་བ་ས་བོན་སྙིང་བའི་སྟེང་དུ་འདུས་ནས་འབྱུང་བ་དང་གདོད་རྒྱང་གི་གྲངས་ཀ་ཇེ་ཉུང་དུ་འགྲོ་བ་ཡིན། སྐྱེ་འཚར་དུས་ཚོད་ཀྱང་གྲལ་འགྲིག་པོ་འབྱུང་དཀའ། ཤ་མོའི་ཕྲ་སྲིན་འཕྲད་པའི་རྗེས་སུ། གསོ་སྐྱོང་རྒྱང་གཞིའི་སྟེང་གི་ཕྲ་སྐྱུད་རྣམས་མྱུར་དུ་སླར་གསོ་འཚར་ལོངས་འབྱུང་ཐུབ་བོ།།

ཤ་མོའི་ཕྲ་སྲིན་འཕྲད་དུས་གོ་སྐབས་དམ་འཛིན་བྱེད་དགོས་ཤིང་། སྤྱིར་བཏང་དུ་ཕྲ་སྐྱུད་སྐྱེས་ནས་གསོ་སྐྱོང་རྒྱུ་ཆའི80%བཀྲལ་བའི་སྐབས་སུའམ། དམ་བེ་གང་ལ་ཉེ་བའི་སྐབས་སུ་འཕྲད་དགོས། ཤ་མོའི་ཕྲ་སྲིན་འཕྲད་བྱེད་ཀྱི་ཡོ་བྱད་ནི་ལྕགས་སྐུད་ཨང་རྟགས8པས་རྟུང་བའི་འཕྲད་ཆས་ལེབ་མོ་ཆུང་དུ་ཡིན་དགོས། རབ་ཡིན་ན་འཕྲད་ཆས་ལེབ་མོ་ཆུང་དུ་དུ་མ་གྲ་སྒྲིག་བྱས་ཏེ། རེས་མོས་བྱས་ནས་བཀོལ་ན་བཟང་། ཤ་མོ་བྲད་པའི་རྗེས་སུ། ཁྲིམ་ཆུང་བཀོལ་ནས་ཕྱི་ངོས་ལྷོད་འགྱུར་གསོ་སྐྱོང་རྒྱང་གནོན་སློམས་པོར་བྱེད་པ་དང་། དེ་ལྟར་མ་བྱས་ན་ལྷོད་འགྱུར་གསོ་སྐྱོང་རྒྱང་སྐམ་སླ་བར་མ་ཟད་འབབ་བཙོག་བཟོ་སླ།

ཤ་མོའི་ཕྲ་སྲིན་བྲད་རྗེས། སྤྱིར་བཏང་དུ་དམ་བེའི་ཁ་གཙོད་མི་རུང་། དམ་བེའི་ཁ་རུ་ཆུས་རླན་པར་བྱས་པའི་ཚགས་པར་ཞིག་བཀབ་པས་ཆོག གདོད་རྒྱང་ཆགས་པར་སྐུལ་འདེད་གཏོང་ཆེད། ཁང་བའི་དྲོད་ཚད10~12℃ཆག་དགོས་པ་དང་། ལྟོས་བཅས་རླན་ཚད80%~85%ཇེ་མཐོ་རུ་གཏོང་དགོས་པར་མ་ཟད། ཁང་བའི་ནང་མུན་ནག་ཡིན

དགོས། དྲོད་ཚད་ཇེ་དམའ་རུ་བཏང་ནས་ཉིན10~14འགོར་བའི་རྗེས་སུ། གསོ་སྐྱོང་རྒྱུ་ཆའི་ཕྱི་ངོས་ཀྱི་ཤ་མོའི་ཕྲ་སྐུད་རྣམས་སྐྱ་མདོག་ཏུ་འགྱུར་བ་དང་ཆུ་ཐིགས་ཆུང་ངུ་མང་པོ་འབྱུང་ཞིང་། དེ་ནས་གདོད་རྨང་འཕོར་ཆེན་ཞིག་ཆགས་སྲིད། སྲིན་སེལ་བྱས་རྗེས། གལ་ཏེ་དྲོད་ཚད་དམའ་བའི་སྒོ་ནས་ཁང་བའི་དྲོད་ཚད18℃ཡས་མས་སུ་སྲུང་འཛིན་མ་བྱས་ན། ཤ་མོའི་ཕྲ་སྐུད་རྒས་འགྱུར་གྱི་དུས་ཚོད་ཇེ་རིང་ལ་འགྲོ་བ་དང་། ཤ་མོ་སྐྱེ་བའི་དུས་ཚོད་འགོར་འགྱངས་བྱེད་པར་མ་ཟད། ལོ་ལེགས་ཀྱང་ཐོབ་དཀའ། སྲིན་སེལ་བྱས་རྗེས། དམ་བེའི་ནང་གི་ཆུ་འདུས་ཚད་ཀྱིས་ཤ་མོ་ལ་ཤུགས་རྐྱེན་ཆེན་པོ་ཐེབས། དཔེར་ན་མཁའ་དབུགས་ཀྱི་རླན་ཚད་དམའ་དྲགས་ན། དམ་བེའི་ནང་གི་གསོ་སྐྱོང་རྨང་གཞི་རིམ་བཞིན་སྐམ་ཤས་ཆེ་ལ། ཕྱི་ངོས་སུ་རླུང་སྐྱིད་ཕྲ་སྐུད་སྟུག་པོ་བྱུང་ནས་ཤ་མོའི་སྐྱེ་འཚར་མི་སྙོམས་པར་འགྱུར་བ་ཡིན། གལ་ཏེ་མཁའ་དབུགས་ཀྱི་རླན་ཚད་མཐོ་དྲགས་ན། རྩ་བའི་འོག་རིམ་དུ་མདོག་ཁམ་ནག་གི་གཤེར་ཐིགས་མང་པོ་བྱུང་ནས་ནད་ཀྱི་གནོད་པ་འབྱུང་བ་ཡིན།

(4) གང་བུ་ཚོད་འཛིན་བྱེད་པ། གདོད་མའི་རྨང་གཞི་མུ་མཐུད་དུ་འཚར་སྐྱེ་བྱུང་ནས་ཤ་མོ་ཚོམ་པོར་འགྱུར་ནས་གང་བུ་ཆུང་ངུ་སྐྱེས་པའི་དུས་སུ། གང་བུར་ཚོད་འཛིན་བྱེད་དགོས་པ་དང་ཤ་མོའི་གང་བུ་གྲལ་འགྲིག་པོའི་ངང་སྐྱེ་རུ་འཇུག་དགོས། གདོད་རྨང3~5℃དྲོད་ཚད་དམའ་བའི་ཁོར་ཡུག་ནང་དུ་གང་བུར་ཚོད་འཛིན་བྱེད་དགོས། ལྡོས་བཅས་ཀྱི་རླན་ཚད་ནི80%~85%ཚོད་འཛིན་བྱེད་པར་མ་ཟད། རྒྱུན་དུ་རླུང་རྒྱུག་ཏུ་འཇུག་དགོས། རྒྱུ་མཚན་ནི་གསེར་ཁབ་ཤ་མོའི་ཕྲ་ཕུང་ནི10~12℃དྲོད་ཚད་ནང་དུ་འཚར་སྐྱེ་འབྱུང་ཚད་ཆེས་མགྱོགས་པ་ཡིན། འོན་ཀྱང་ཤ་མོའི་ཡུ་བ་རིང་ཞིང་སྲུས་ཀ་ཞན། གལ་ཏེ་གོང་གསལ་གྱི་ཆ་རྐྱེན་འཛོམས་ཚེ། ཤ་མོའི་ཡུ་བ་ཐུང་ཞིང་སླེ་མོ་ཡིན་ལ། མདོག་དཀར་བའི་ཕྲ་ཕུང་གྲུབ་པར་མ་ཟད། ཤ་མོའང་ཅུང་གྲལ་དག་ཡིན། ཉིན5~7རིང་གསོ་སྐྱོང་བྱས་པ་བརྒྱུད་ནས་ཤ་མོ་ཕྱིར་འདོན་དོ་དམ་བྱས་ཆོག

(5) ཤ་མོའི་ཕྱིར་འདོན་དོ་དམ། ཤ་མོའི་ཡུ་བ་སྐྱེས་ནས་ལི་སྨི2~3ལ་སླེབས་པ་དང་། དམ་བེའི་ཁ་ནས་ཕྱིར་འབུད་པའི་སྐབས་སུ། ཤ་མོའི་གདུགས་མགོ་ཁ་ཕྱེ་མགོ་བརྩམས་པ

ཡིན་པས་དུས་ལྟར་ཤ་མོ་ཕྱིར་འདོན་ཁང་བའི་ནང་དུ་སྤོས་ནས་དྲོད་ཚད་དམའ་མོས་གསོ་སྐྱོང་བྱེད་དགོས། ཁང་བའི་དྲོད་ཚད5~8℃ཚོད་འཛིན་བྱེད་པ་དང་། ལྟོས་བཅས་ཀྱི་རླན་ཚད་ནི75%~80%ཡིན་ན་འོས་འཚམ་ཡིན། གོང་བརྗོད་ཁོར་ཡུག་ནང་དུ་ཤ་མོའི་ཕྲ་ཕུང་ད་གཟོད་རྒྱུན་ལྡན་ལྟར་འཚར་ལོངས་འབྱུང་ཐུབ་པར་མ་ཟད། ཤ་མོའི་རྒྱུ་སྤུས་ཇེ་མཐོར་གཏོང་ཐུབ། ཤ་མོའི་ཡུ་བ་སྐྱེས་ནས་དམ་བུའི་ཁ་ནས་ཕྱིར་ལི་སྨི2~3འབུད་པའི་སྐབས་སུ། དམ་བུའི་ཁ་རུ་ཕྲ་ཚོལ་གྱི་ཤོག་བུའམ་སྤོས་འཁྱིག་སྤྱད་དེ་ཤུབས་མདོང(རྒྱུ་སྤུས་ཉུང་སྤྲ་མོའི་ཤོག་བུ་གཞན་ཡིན་ནའང་ཆོག)སྣོད་ཆས་བཟོ་བ་དང་། མདོང་དབྱིབས་ལྟར་བཟོས་ཏེ་གོང་ཆེ་བ་དང་འོག་ཆུང་བར་བྱེད་དགོས། ཟུར་འབྱེད་ཏུའུ15ཡིན་ཞིང་། འོག་ཕྱོགས་སུ་ཁུང་བུ་ཆུང་དུ4གཏོད་ན། མཁའ་དབུགས་རང་བྱུང་གིས་ཞོལ་ནས་ཡར་འབུད་པར་སྟབས་བདེ་སྐྱུན་པ་དང་། ཤུབས་མདོང་བཟོ་བའི་དམིགས་ཡུལ་ནི་ཤ་མོའི་ཕྲ་ཕུང་འོད་འགོག་དང་རླན་དམའ་བ། དབྱང་དབུགས་དཀོན་པ་བཅས་ཀྱི་ཆ་རྐྱེན་འོག་ཏུ་མདོག་དཀར་ཞིང་མཉེན་པ། ཡུ་བ་རིང་བ། གདུགས་མགོ་ཆུང་བ་བཅས་ཀྱི་དངོས་གཟུགས་གྲུབ་ཏུ་འཇུག་ཆེད་ཡིན། ཤུབས་མདོང་གི་དུས་ཚོད་སྔ་དྲགས་ན་མི་འགྲིག་ཅིང་། དེ་མིན་དམ་བུའི་དཀྱིལ་དབུས་ཀྱི་ཤ་མོ་རིང་པོར་སྐྱེ་ཐུབ་པ་ལས་མཐའ་འཁོར་གྱི་ཤ་མོ་ཚང་མ་སྐྱེ་མི་ཐུབ། ཡང་ན་སྦོམ་པོ་མིན་པའི་ཁབ་དབྱིབས་ཡ་མ་གཟུགས་ཀྱི་ཤ་མོ་དང་། ཤ་མོའི་གདུགས་མགོ་སྐྱེས་མི་ཐུབ། སྔོན་ཆད་ཀྱི་ཐོན་སྐྱེད་ལ་ཤུབས་མདོང་མི་དགོས་ཤིང་། དམ་བུའི་ནང་དུ་སྔ་མོ་ནས་ཤ་མོའི་གདུགས་མགོ་ཐོན་བཞིན་ཡོད་པས་ཐོན་ཚད་ཕྱིར་བཏང་དུ་ཉུང་དམའ། བྱེད་ཐབས་གཞན་ཞིག་ནི་ཐོག་མར་ཉུང་ཐུང་བའི་ཤུབས་མདོང་སྤྱོད་དགོས་ཤིང་། མཐོ་ཚད་ལི་སྨི7~8ཡིན་པ་དང་། ཉིན2~3རྗེས་སུ། ཤ་མོའི་ཕྲ་ཕུང་འཚར་སྐྱེའི་གནས་ཚུལ་ལ་གཞིགས་ནས་ཡང་བསྐྱར་ཉུང་རིང་བའི་ཤུབས་མདོང་གཞན་ཞིག་བརྗེ་དགོས་ཤིང་། མཐོ་ཚད་ལི་སྨི10~12ཡིན་དགོས། འདི་ལྟར་བྱས་ན་ཤ་མོའི་ཡུ་བ་མུ་མཐུད་དུ་ཡར་སྐྱེ་ཐུབ་ཅིང་། ཤ་མོ་ཕྱིར་འབུད་པའི་དུས་སྐབས་སུ། ཤ་མོའི་ཁང་བ་རྒྱུན་དུ་བརླན་གཤེར་ཆེ་དགོས་པ་ལས་གཞན། ཤུབས་མདོང་སྟེང་དུ་ཆུ་གཙང་མ་ཉུང་

ཙམ་གཏོར་ཆོག་མོད། འོན་ཀྱང་དམ་བེའི་ནང་དུ་ཆུ་གཏོར་མི་རུང་།

(6) བཛ་བསྡུ་དང་བསྐྱར་སྐྱེས་ཤ་མོ་དོ་དམ་བྱེད་པ། ཤ་མོའི་ཕྱུ་བ་སྐྱེས་ནས་ལོ་སྐྱི13~14ཡོད་པའི་དུས་སུ། ཤུབས་མདོང་མེད་པར་བཟོས་ནས་ཤ་མོ་ཕྱིལ་པོ་གསོ་སྐྱོང་སྟེགས་བུའི་སྟེང་ནས་ཕྱིར་ལེན་པ་དང་། སྤྱིར་བཏང་དུ་ཟློ་འདེབས་ནས་བཛ་བསྡུ་བར་ཉིན50~60དགོས། ཤིང་སྒྲིགས་གསོ་སྐྱོང་སྟེགས་བུར་དཔེར་བཞག་ན། ཧའོ་ཧྲེང750ཡོད་པའི་དམ་བེ་ཞིག་གི་ནང་དུ་རིང་ཚད་ལ་ཤ་མོའི་ཕྲ་ཕུང50~150སྐྱེས་པ་དང་། སོས་པའི་ལྗིད་ཚད་ནི་ཁེ100~140ཡིན། དམ་བེའི་ནང་དུ་བཏབ་པའི་ཤ་མོ་ནི་སྤྱིར་བཏང་དུ་ཐེངས་གཉིས་ལ་བཛ་བསྡུ་བྱས་ཆོག གལ་ཏེ་ཧྣན་ཚད་མི་འདང་ན་གང་བུ་གཉིས་པ་སྐྱེ་དཀའ་བ་ཡིན། ཐེངས་དང་པོའི་ཤ་མོ་བཛ་བསྡུ་བྱས་ནས་ཉིན10~15འགོར་རྗེས། གལ་ཏེ་གང་བུ་སྐྱེས་མེད་ན་གསོ་སྐྱོང་སྟེགས་བུའི་ངོས་སུ་ཆུ་དྭངས་མོ་ཁུང་ཙམ་གཏོར་ཆོག མང་དྲགས་མི་རུང་། གལ་ཏེ་གང་བུ་བྱུང་ན་ཆུ་གཏོར་མཚམས་འཇོག་དགོས། ཐེངས་གཉིས་པའི་ཤ་མོའི་གྲངས་འབོར་ཅུང་ཉུང་བ་དང་། སྤུས་ཚད་ཀྱང་སྔོན་མ་ལས་ཞན་པ་དང་། དམ་བེ་རེར་ཤ་མོ་གསར་བ་ཁེ60~80ཐོན་པ་ཡིན།

ཚན་པ་ལྔ་པ། བྱ་སྲུག་ཤ་མོ།

གཅིག སྤྱི་བཤད།

བྱ་སྲུག་ཤ་མོ་ནི་འཕྲོད་ནུས་ཧ་ཅང་ཆེ་བའི་ཡུལ་སྐྱེས་ཤ་མོ་དང་། རྩྭ་རུལ་ཤ་མོ། ལུད་སྐྱེས་ཤ་མོ་བཅས་ཡིན། ཤ་མོའི་ཕྲ་ཕུང་ཆོམ་སྐྱེས་ཡིན། གང་བུའི་དུས་ཀྱི་ཤ་མོ་ནི་ཀ་ཁྲུམ་དབྱིབས་སུ་སྣང་བ་དང་། ཤ་མོའི་ཕྱུ་བ་ནི་བྱ་སྲུག་དང་འདྲ་བས་མིང་ཡང་དེ་ལྟར་ཐོགས་པ་ཡིན།

བྱ་སྲུག་ཤ་མོའི་འཕྲོད་མཐུན་ནུས་པ་ཧ་ཅང་མཐོ་མོད། བྱ་སྲུག་ཤ་མོ་འདེབས་འཛུགས་བྱེད་སྐབས་ངེས་པར་དུ་འོས་འཚམ་གྱི་འཚར་སྐྱེ་ཁོར་ཡུག་དང་ཆ་རྐྱེན་འདོན་

སྒྲོད་བྱེད་དགོས། འདི་ནི་སྤུས་ལེགས་ཐོན་མཐོ་མངོན་འགྱུར་ཡོང་བའི་གནད་འགག་ཡིན།

གཉིས། བྱ་སྲུག་ཤ་མོའི་འདེབས་འཛུགས་དོ་དམ་ལག་རྩལ།

(གཅིག) འདེབས་འཛུགས་དུས་ཚིགས།

བྱ་སྲུག་ཤ་མོ་ནི་དྲོད་འཕྲིང་གི་ཤ་མོའི་རིགས་ཡིན་ལ། རྩྭ་ཏུལ་ཡུལ་སྐྱེས་ཤ་མོ་ཡིན། ཤ་མོའི་ཕྲ་སྐྱུད་སྐྱེ་འཚར་གྱི་འཕྲོད་འཚམ་དྲོད་ཚད10~35℃ཡིན་པ་དང་། ཆེས་འཚམ་པའི་དྲོད་ཚད20~30℃ཡིན། ཤ་མོའི་ཕྲ་ཕུང་འཚར་སྐྱེ་དྲོད་ཚད8~30℃ཡིན་པ་དང་། ཆེས་འཚམ་པའི་དྲོད་ཚད16~22℃ཡིན། དྲོད་ཚད་ཀྱིས་བྱ་སྲུག་ཤ་མོའི་སྐྱེ་དངོས་ཀྱི་འགྱུར་ཕྱོད་ལ་ཤུགས་རྐྱེན་ཆེན་པོ་ཐེབས་ཤིང་། མཚོ་བོད་མཐོ་སྒང་ས་ཁུལ་གྱིས་བྱ་སྲུག་ཤ་མོ་འདེབས་འཛུགས་བྱེད་དུས་དཔྱིད་ཀར་འདེབས་འཛུགས་བྱས་ཆོག ཕྱིར་བཏང་དུ་ཟླ3~4པའི་བར་ཤ་མོའི་ས་བོན་བཟོ་བའམ་ཡང་ན་མངག་ཉོ་བྱེད་པ་དང་། ཟླ5པའི་ཟླ་སྨད་དམ་ཡང་ན་ཟླ7པའི་ཟླ་སྟོད་ནས་ཟླ9པའི་ཟླ་སྟོད་བར་ཤ་མོ་ཕྱིར་ཐོན་པའི་དུས་སྐབས་ཡིན།

(གཉིས) འདེབས་འཛུགས་བཟོ་རྩལ་བརྒྱུད་རིམ།

1. བསླལ་རྫས་འདེབས་འཛུགས་བཟོ་རྩལ་བརྒྱུད་རིམ།

ཐོག་མའི་བྱུར་སྦྱོར་དངོས་རྫས་གྲ་སྒྲིག—མ་བཅོས་རྒྱུ་ཆ་ཐག་གཅོད།—སྙོལ་བཟོ།—བསྲེས་རྫས་ཀྱི་སྣོད་དུ་འཇུག་པ།—འབུ་ཕྲ་གསོད་པ།—གྲང་སེལ་རྒྱག་པ།—ཐོ་འདེབས།—ཤ་མོ་འདོན་པའི་དོ་དམ།—ཁུག་མ་ཕུད་པ།—ས་འགེབས་པ།—ཤ་མོ་ཕྱིར་ཐོན་དུས་ཀྱི་དོ་དམ།—བཟ་བསྡུ་ལས་སྟོན་བཅས་བྱེད་དགོས།

2. སྐྱེ་དངོས་རྒྱུ་ཆ་འདེབས་འཛུགས་བཟོ་རྩལ་བརྒྱུད་རིམ།

སྐྱེ་དངོས་རྒྱུ་ཆ་ཁུག་མར་འཛུགས་པ་དང་རྣང(སྙིགས་བུ)འཛུགས་གྲ་སྒྲིག་རྒྱུ་ཆ།—སྤུང་རྒྱུ་སྙོལ་བ།—འཁྱིག་ཁུག་ནང་ལྷུག་པའམ་ཡང་ན་རྣང་གདན་གྱི་རྒྱུ་ཆ།—ཐོ་འདེབས།—ཤ་མོ་འདོན་པའི་དོ་དམ།—ས་འགེབས་པ།—ཤ་མོའི་ཕྱིར་འདོན་དོ་དམ།—བཟ་བསྡུའི་ལས་སྟོན།

3. རྒྱུ་ཆ་བཅོས་མ་འདེབས་འཛུགས་བཟོ་རྩལ་བརྒྱུད་རིམ།

རྒྱུ་ཆ་བཙོས་མ་འདེབས་འཇུགས་རྒྱུ་ཆ་གྲ་སྒྲིག—རྒྱུ་ཆ་བསྲེས་པ།—ཁུག་མར་འཇུག་པ།—འབུ་སྲ་གསོད་པ།—རྫོ་འདེབས།—ཤ་མོ་འདོན་པའི་དོ་དམ།—ས་འགེབས་པ།—ཤ་མོ་ཕྱིར་འདོན་དོ་དམ།—བཟ་བསྡུའི་ལས་སྟོན།

སྐྱར་བསྐལ་རྒྱུ་ཆ་འདེབས་འཇུགས་ལག་རྩལ་སྐབས་བདེ་ཡིན་པ་དང་། གྲུབ་འབྲས་ཐོབ་ཚད་མཐོ་བ། ཁྱབ་གདལ་གཏོང་སླ་བས་ཐོན་སྐྱེད་ཁྲོད་ཀྱི་རྒྱུན་སྤྱོད་ཀྱི་བྱེད་ཐབས་ཤིག་ཡིན། རྒྱུ་ཆ་སྨིན་མ་འདེབས་འཇུགས་བྱེད་ཐབས་ལས་ཐོབ་པའི་བྱ་སྲུག་ནི་སྤུས་ཚད་ལེགས་ཤིང་ཐོན་ཚད་མཐོ་བ་ཡིན་མོད། འོན་ཀྱང་ལག་རྩལ་དང་སྒྲིག་ཆས་ཀྱི་ཆ་རྐྱེན་ངེས་ཅན་འདང་དགོས་པ་དང་། མ་དངུལ་ཡང་ཆེ་ཙམ་འཛུགས་དགོས། དཔེར་ན་དྲོད་ཚད་མཐོ་བའི་དུས་ཚིགས་སུ། ཤ་མོ་འདོན་དུས་རབ་ཡིན་ན་རྒྱུ་ཆ་བཙོས་མ་འདེབས་འཇུགས་ལག་རྩལ་བཀོལ་ན་བཟང་ཞིང་། འདིས་ཤ་མོའི་སྐྱེ་འཚར་ལ་སྐྱུལ་འདེད་ཀྱི་ནུས་པ་ཐོན་ཐུབ།

(གསུམ) འདེབས་འཇུགས་མ་རྒྱུ།

བྱ་སྲུག་ཤ་མོ་འདེབས་འཇུགས་བྱེད་པའི་མ་རྒྱུ་ཧ་ཅང་མང་། ཞིང་ནགས་ཞོར་ལས་ཐོན་རྫས་མང་པོ་ཞིག་ལ་ཕུན་སུམ་ཚོགས་པའི་ཤིང་རྒྱུ་དང་ཚི་སྣའི་རྒྱུ། ཚི་སྣ་ཕྱེད་མའི་རྒྱུ་བཅས་འདུས་ཡོད་པ། ཚང་མས་བྱ་སྲུག་ཤ་མོ་འདེབས་འཇུགས་བྱས་ཆོག རྒྱུན་སྤྱོད་ཀྱི་རྒྱུ་ཆ་གཙོ་བོ་ནི་སྲིང་བལ་གྱི་ཕྱི་ཤུན་དང་། མ་རྨོས་ལོ་ཏོག་གི་ནང་སྙིང་། གྲོ་སོག་དང་སྲན་མ། ཟྭི་བ་སོགས་ཡོད། ཟུར་སྤྱོར་དངོས་རྫས་ལ་ཕུབ་རྩྭ་དང་། མ་རྨོས་ལོ་ཏོག་ཕྱེ་མ། གཅིན་རྒྱུ། རྡོ་ཐལ་ཕྱེ་མ། རྡོ་ཙུ་གང་། ལིན་ལུད་སོགས་ཡོད། རྒྱུ་ཆ་གང་ཞིག་བཀོལ་རུང་ངེས་པར་དུ་གསར་བ་དང་སྐམ་པོ། རུལ་མེད་པ་བཅས་ཡིན་དགོས། རྒྱུ་མཚན་ནི་རྙིང་བ་དང་། བརླན་གཤེར་ཆེ་བ། རུལ་ཟིན་པའི་རྒྱུ་ཆས་ཤ་མོ་འབབ་བཙོག་ཅན་དུ་སྐྱུར་སླ་བས་འདེབས་འཇུགས་ལ་མི་ཕན་ནོ། །

(བཞི) གསོ་སྐྱོང་རྒྱུ་ཆའི་སྡེབ་སྦྱོར།

1. བཟའ་བྱའི་ཤ་མོའི་སྙིགས་རོ(ལིབ་ཤྭ་དང་གསེར་ཁབ་ཤ་མོ། དྲི་ཞིམ་ཤ་མོ་སོགས་འདེབས་འཇུགས་བྱས་པའི་སྙིགས་རོ)45%དང་། སྲིང་བལ་གྱི་ཤུན་པགས38% གྲོ་

ཞུན15% གཙིན་རྒྱ0.5% རྗོ་ཐལ1.5%བཅས་དགོས།

2. བཟའ་བྱའི་ཤ་མོའི་སྙིགས་རོ(ལེབ་ཤ་དང་གསེར་ཁབ་ཤ་མོ། དྲི་ཞིམ་ཤ་མོ་སོགས་འདེབས་འཛུགས་བྱས་པའི་སྙིགས་རོ)50%དང་། སྲིང་བལ་གྱི་ཞུན་པགས38% མ་རྫོས་ལོ་ཏོག་གི་ཕྱེ་མ10% གཙིན་རྒྱ0.5% རྗོ་ཐལ1.5%བཅས་དགོས།

3. སྲིང་བལ་གྱི་ཞུན་པགས90%དང་། མ་རྫོས་ལོ་ཏོག་གི་ཕྱེ་མ8% གཙིན་རྒྱ0.5% རྗོ་ཐལ1.5%བཅས་དགོས།

4. མ་རྫོས་ལོ་ཏོག་གི་ནང་སྙིང(ཕྱེ་རྟུལ)60%དང་། སྲིང་བལ་གྱི་ཕྱི་ཞུན23% ཕུབ་རྫས12% རྗོ་ཐལ3% རྗོ་ཞོ1% ལིན་ལུད(གཪོ་ལིན་སོན་ཀལ)1%བཅས་དགོས། རྒྱ་ཆ་དང་ཆུའི་བསྡུར་ཚད་ནི1:1.4ཡིན།

5. བཟའ་བྱའི་ཤ་མོའི་སྙིགས་རོ(ལེབ་ཤ་དང་གསེར་ཁབ་ཤ་མོ། དྲི་ཞིམ་ཤ་མོ་སོགས་འདེབས་འཛུགས་བྱས་པའི་སྙིགས་རོ)40% སྲིང་བལ་གྱི་ཞུན་པགས20%དང་། མ་རྫོས་ལོ་ཏོག་གི་ནང་སྙིང20% ཕུབ་རྫས15% རྗོ་ཐལ3% རྗོ་ཞོ1% ལིན་ལུད1%བཅས་དགོས། རྒྱ་ཆ་དང་ཆུའི་བསྡུར་ཚད་ནི1 : 1.4ཡིན།

(ལྔ) རྒྱ་ཆ་སྦྱངས་ནས་བསྙལ་བ།

བྱ་སུག་ཤ་མོ་ནི་རུལ་སྐྱེས་རང་བཞིན་གྱི་ཤ་མོ་ཡིན། དེའི་ཕྱིར་འདེབས་འཛུགས་རྒྱ་ཆ་སྐྱུར་བསྙལ་བྱས་ན་སྲིན་སྐྱུད་སྟུད་ལེན་དང་བེད་སྤྱོད་བྱེད་པར་ཕན་པ་ཡིན།

གསོ་སྐྱོང་རྒྱ་ཆའི་སྡེབ་སྦྱོར་ལྟར་མ་བཙོས་རྒྱ་ཆའི་ལྗིད་ཚད་འཇལ་དགོས། རྒྱ་ཆ་དང་ཆུའི་བསྡུར་ཚད1 : 1.3ལྟར་ཆུ་དྭངས་མའི་ནང་དུ་བསྲེས་ནས་སྙོམས་པོར་བསྲེས་ཏེ། མཐོ་ཚད་ལ་སྨི1དང་ཞེང་ལ་སྨི1ཡོད་པ། རིང་ཚད་ལ་ཚད་བཀག་མེད་པ་བཅས་ཀྱི་རྒྱ་ཆའི་ཕུང་པོ་སྦྱངས་བཟོ་བྱེད་དགོས། དྲོད་ཚད10℃ལས་དམའ་བའི་སྐབས་སུ། འོས་འཚམ་གྱི་སྣུ་ནས་རྒྱ་ཆ་སྦྱངས་ནས་ཁོད་ཡངས་སུ་གཏོང་བ་དང་ཇེ་མཐོར་བཏང་ཚོག རྒྱ་ཆའི་ཕུང་པོའི་སྟེང་དུ་སྨི0.5རེའི་མཚམས་སུ་དབུགས་རྒྱ་སའི་ཁུང་བུ་རེ་གཏོད་དགོས། རྒྱ་ཆའི་དྲོད་ཚད60℃ལ་སླེབ་སྐབས། གོང་བརྗོད་དྲོད་ཚད་ཉིན1~2རྒྱུན་འཁྱིངས་བྱས་ན་ཡང་བསྐྱར་

སྤུངས་བཟོ་བྱས་ཆོག བསྡུད་མར་ཐེངས2~4སློག་པ་དང་། སྤུང་གསོག་བྱེད་སྐབས་རྒྱུ་ཆ་ཕྱི་ནང་ཕན་ཚུན་སློམ་སྒྲིག་དང་གོང་འོག་ཕན་ཚུན་སློམ་སྒྲིག་བྱས་ཏེ། གསོ་སྐྱོང་རྒྱུ་ཆ་ཚང་མ་བསླལ་བར་ཁག་ཐེག་བྱེད་དགོས། སྤུང་སྐབས་གནམ་གཤིས་དང་རྒྱུ་ཆའི་ནང་གི་ཆུ་ཤོར་བའི་གནས་ཚུལ་ལ་གཞིགས་ནས་ཆུ་དུས་ཐོག་ཏུ་ཁ་གསབ་བྱེད་དགོས། ཉིན8~13རིང་ལ་བསླལ་བའི་གོ་རིམ་འགྲུབ་པའོ། །

བསླལ་ཚར་རྗེས་རྒྱུ་ཆ་བཀྲམས་ནས་ཉི་མར་བསྐམས་པ་དང་། ད་དུང pHཚོད་ཤོག་བཀོལ་ནས་གསོ་སྐྱོང་རྒྱུ་ཆའི pHཚད་འཇལ་བྱེད་དགོས་པར་མ་ཟད། དེ་ཉིད8.5ལ་སློམ་སྒྲིག་བྱས་ཏེ། རྒྱུ་ཆ་སློག་དུས་རྒྱུ་ཆའི་དྲོད་ཚད30℃མན་དུ་ཆག་སྐབས་འདེབས་འཇུགས་སྟེགས་བུའི་སྟེང་དུ་རྨོ་འདེབས་བྱེད་པའམ་ཡང་ན་སྤོས་འཁྱིག་ནང་དུ་བླུགས་ནས་རྨོ་འདེབས་བྱས་ཆོག

(དྲུག) འདེབས་འཇུགས་བྱེད་ཐབས།

བྱ་སྲུག་ཤ་མོའི་འདེབས་འཇུགས་བྱེད་ཐབས་ཅུང་མང་ལ། གཙོ་བོར་རྣང་མ་རྣམ་པའི་ཐད་ཀར་འདེབས་འཇུགས་དང་། ཁུག་མའི་རྣམ་པའི་རྒྱུ་ཆ་བཙོས་མའི་འདེབས་འཇུགས། ཁུག་མའི་རྣམ་པའི་རྒྱུ་ཆ་འདེབས་འཇུགས་སོགས་ཡོད།

1. རྣང་མ་རྣམ་པའི་ཐད་ཀར་འདེབས་འཇུགས།

གཏིང་ཚད་སྨི0.2དང་ཞེང་ཚད་ལ་སྨི1~1.5ཡོད་པའི་ཤ་མོའི་རྣང་མ་བརྐོ་དགོས། སྔོན་དུ་ཆུ་བླུད་རྗེས་རྣང་ངོས་ལ་རྗོ་ཐལ་གཏོར་བ་དང་། དེ་ནས་གསོ་སྐྱོང་རྒྱུ་ཆ་རིམ་པ་ཞིག་འདིང་དགོས། རྒྱུ་ཆའི་མཐུག་ཚད་ལ་ལི་སྨི10ཙམ་དགོས། དེའི་འཕྲོར་རྒྱུ་ཆའི་ངོས་སུ་ཤ་མོ་རིམ་པ་ཞིག་སློམས་པོར་གཏོར་བ་དང་། དེ་ནས་གསོ་སྐྱོང་རྒྱུ་ཆ་རིམ་པ་ཞིག་བཏིང་སྟེ་རྒྱུ་ཆའི་ངོས་ཅུང་ཟད་མནན་ན་བཟང་། ཤ་མོ་ལྷག་མ་ཆ་སློམས་ཀྱིས་རྒྱུ་ཆའི་སྟེང་དུ་གཏོར་དགོས། རྒྱུ་ངོས་དཔལ་མོར་རེབ་ན་ཤ་མོའི་ས་བོན་རྒྱུ་ཆའི་ནང་དུ་ལི་སྨི2~3མཚམས་སུ་སིམ་པ་དང་། རྒྱུ་ཆའི་ངོས་སློམས་པར་བྱེད་དགོས། དེ་ནས་ཤིང་ལེབ་ཀྱིས་གནོན་དགོས་ཤིང་རྒྱུ་ཆའི་ཕྱིའི་མཐུག་ཚད་ལི་སྨི20ལ་སླེབས་སུ་འཇུག་དགོས། རྨོ་འདེབས་བྱས་ཚར་རྗེས་

མཐུག་ཚད་ཧ་འོ་སྨི2ཙམ་ཡོད་པའི་ས་འགེབས་དགོས་པར་མ་ཟད། ཆུ་གཏོར་ནས་ས་རློན་པ་བྱེད་དགོས། དེའི་སྟེང་དུ་ཚགས་པར་ཞིག་བཀབ་ནས་བརླན་གཤེར་སྲུང་འཛིན་བྱེད་པ་དང་། རྒྱ་ཚའི་ནང་གི་ཤ་མོའི་ཕྲ་སྐྱུད་སྐྱེས་ནས་ས་གཡོགས་པའི་དུས་སུ། སྲ་མཐུད་དུ་ས་མཐུག་ཚད་ལི་སྨི2འགེབས་པ་དང་ཆུ་གཏོར་ནས་ས་རློན་པར་བྱེད་དགོས། ཡང་བསྐྱར་ཚགས་པར་བཀབ་ནས་སྲ་མཐུད་དུ་བརླན་གཤེར་སྲུང་འཛིན་བྱེད་དགོས། ཉིན20~35ཤ་མོ་སྐྱེ་བའི་གོ་རིམ་ཡོངས་འགྲུབ་བྱེད་ཐུབ་བོ།།

2. ཁུག་མ་རྣམ་པའི་ཤ་མོ་འདེབས་འཛུགས།

ཁུག་མ་རྣམ་པའི་ཤ་མོ་འདེབས་འཛུགས་བྱེད་སྟངས་ཀྱི་ཁུག་མར་འཇུག་པ་དང་རྫོ་འདེབས་བྱེད་པ་སོགས་ཀྱི་གོ་རིམ་ནི་ལེབ་ཤ་དང་འདྲ་མཚུངས་ཡིན། དེའི་ཤ་མོ་ཕྲ་སྐྱུད་འབྱུང་བའི་སྐབས་སུ་ཁོར་ཡུག་གི་དྲོད་ཚད་དང་རླན་ཚད་སོགས་ལ་དེའི་མཚུངས་ཀྱི་ཆ་རྐྱེན་ཡོད་ཅིང་། དེ་བཞིན་དུ་ཤ་མོ་ཐོན་ཚད་ཇེ་མཐོར་གཏོང་བ་སོགས་ཀྱི་ལེགས་ཆ་ལྡན་ཡོད་པས་ལེགས་བསྡུས་ཞིབ་གཉེར་ཅན་གྱི་ཐོན་སྐྱེད་བྱེད་སླ་བ་ཡིན། བྱ་སྲུག་ཤ་མོའི་ཕྲ་སྐྱུད་ལ་ས་འགེབས་མི་དགོས་པའི་ཤ་མོའི་སྐྱེ་ལུགས་ཀྱི་ཁྱད་ཆོས་ཡོད་པས། སྲིན་སྐྱུད་ཀྱི་ལྡོག་འགོག་རང་བཞིན་ཅུང་ཆེ་བ་དང་རྣམ་འགྱུར་དུ་འགྲོ་དཀའ་ལ། སྲིན་སྐྱུད་ཀྱིས་དུས་ཡུན་རིང་པོར་གསོན་ཤུགས་རྒྱུན་འཁྱོངས་བྱེད་ཐུབ། དེའི་ཕྱིར་ཆ་རྐྱེན་ངེས་ཅན་ཞིག་འཛོམས་ན་ཁུག་མ་འཕོར་ཆེན་དུ་བཙུག་ནས་ཐོན་སྐྱེད་བྱས་ཆོག སྔོན་ལ་ཤ་མོ་ཐོན་པ་དང་། ལོས་འཚམ་གྱི་དུས་ཚིགས་སུ་ཤ་མོ་ཕྱིར་འདོན་བཀོད་སྒྲིག་བྱེད་དགོས། འདི་ནི་བྱ་སྲུག་ཤ་མོ་ལེགས་བསྡུས་ཞིབ་གཉེར་བྱེད་སླ་བ་དང་ཚོང་ཟོག་ཅན་གྱི་ཐོན་སྐྱེད་ཐད་ནས་ལྡན་པའི་ཐུན་མོང་མ་ཡིན་པའི་དགེ་མཚན་ཡིན།

རྒྱ་ཚའི་ཁུག་མའི་ནང་གི་ཤ་མོ་ཁ་གང་རྫེས། ཉིན5~7འགོར་རྗེས་སྨིན་དུས་སུ་སླེབས་ན་འདེབས་འཛུགས་བྱས་ཆོག བྱེ་བྲག་གི་བྱེད་ཐབས་ནི། ཤ་མོའི་སྦྱིལ་བུའི་ནང་དུ་རྣང་མའི་རྣམ་པའི་འདེབས་འཛུགས་དང་ཆ་འདྲ་བའི་རྣང་དབྱིབས་ཡུར་བུ་བརྐོ་དགོས། ཤ་མོའི་ཁུག་མ་ནི་འཁྱིག་ཁུག་དང་འཕྲེད་ཞིང་རྣང་མའི་ནང་དུ་བཞག་ནས། རྒྱ་ཚའི་ཁུག་མ

དང་རྒྱ་ཚའི་ཁུག་མའི་བར་ནས་ལི་སྨི5ཡོད་པ་དང་། མཐུག་ཚད་ལི་སྨི3ཙམ་ཡིན་དགོས། ཆུ་གཙང་མ་སའི་སྟེང་དུ་གཏོར་ནས་བརླན་གཤེར་ཆེས་ཆེ་བའི་ཚད་དུ་སླེབ་དུས། ཚགས་པར་བཀབ་ནས་རླན་སྲུང་བྱེད་དགོས། དྲོད་ཚད་སོགས་ཆ་རྐྱེན་དང་འཚམ་པའི་སྐབས་སུ། ཉིན7~10ནང་དུ་ས་རིམ་ནས་ཤ་མོའི་ཕྲ་རྩུད་སྐྱེས་པ་མཐོང་ཐུབ། དེའི་རྗེས་སུ་མཐུག་ཚད་ལ་ལི་སྨི2ཡོད་པའི་ས་འགེབས་དགོས་ཤིང་། ཆུ་གཏོར་ནས་ས་རིམ་རློན་པར་བྱས་ཏེ། སྔ་མཐུད་དུ་ཚགས་པར་བཀབ་ནས་རླན་སྲུང་བྱེད་དགོས། ས་རིམ་ནས་ཤ་མོ་ཡང་བསྐྱར་མཐོང་དུས་ཚགས་པར་ཁ་ཕྱེ་ཅོག རླུང་རྒྱུ་བ་དང་མཁའ་དབུགས་ཀྱི་རླན་ཚད་དང་འོད་འཕྲོ་ཚད་ཇེ་ཆེར་བཏང་ན། གཟའ་འཁོར་གཅིག་གི་ནང་དུ་བྱ་སྲུག་ཤ་མོ་མཐོང་ཐུབ།

གསུམ། ཤ་མོ་སྐྱེ་དུས་ཀྱི་དོ་དམ་ལག་རྩལ།

བྱ་སྲུག་ཤ་མོ་སྐྱེ་དུས་དོ་དམ་གྱི་བྱེ་བྲག་བཀོལ་སྤྱོད་ཀྱི་གཙོ་གནད་ནི།

1. འོས་འཚམ་སྣོས་སྤོས་འཁྱིག་སྲབ་མོ་ཕྱེ་ནས་རླུང་རྒྱུག་པར་ཞུགས་སྟོན་རྒྱུག་དགོས་ཤིང་། མཁའ་དབུགས་དྭངས་གཙང་རྒྱུན་འཁྱོངས་བྱེད་དགོས།

2. འོད་ཟོག་ཚད་འོས་འཚམ་གྱིས་ཇེ་མཐོར་བཏང་ན། ཤ་མོའི་ཕྲ་རྩུད་ནི་འཚོ་བཅུད་སྐྱེ་འཚར་ནས་སྐྱེ་འཕེལ་སྐྱེ་འཚར་དུ་འགྱུར་མེད། འོན་ཀྱང་འོད་དྲག་པོས་ཐད་འཕྲོ་བྱེད་པར་སྔོན་འགོག་བྱེད་དགོས།

3. དྲོད་ཚད12~22℃ཚོད་འཛིན་བྱེད་དགོས།

4. མཁའ་དབུགས་ཀྱི་རླན་ཚད་དང་ས་འགེབས་པའི་རླན་ཚད་སྲུང་འཛིན་བྱས་ཏེ་མཁའ་དབུགས་ཀྱི་རླན་ཚད85%~90%ལ་སླེབས་སུ་འཇུག་དགོས། ས་གཡོགས་པའི་རླན་ཚད་ནི་ལག་པས་བཙིར་དུས་རྫོག་བུ་གྲུབ་པ་དང་སར་ལྷུང་དུས་འཐོར་བ་ཡིན་ན་ལེགས།

འོས་འཚམ་གྱི་ཆ་རྐྱེན་འོག་ཏུ། ས་བཀབ་རྗེས་ཀྱི་ཉིན12~15ནང་དུ་བྱ་སྲུག་ཤ་མོ་སྐྱེས་ནས་སའི་ཁར་འབུད་ཐུབ་པ་ཡིན། ཐུས་ཀ་དག་ཅིང་ཐོན་ཚད་མཐོ་བའི་བྱ་སྲུག་ཤ་མོའི་ཐོན་རྫས་འཐོབ་པའི་ཆེད་དུ། ཤ་མོ་སྐྱེས་རྗེས་དྲོད་ཚད་དང་། རླུང་རྒྱུག་ཚད། མཁའ་རླུང་གི་རླན་ཚད། ས་བཀབ་པའི་རླན་ཚད། འོད་འཕྲོ་ཚད་སོགས་ཀྱི་ཆ་རྐྱེན་སྙོམ་སྒྲིག་

བྱེད་པར་དོ་སྣང་བྱེད་དགོས།

བཞི། བཟ་བསྒྱུ་དང་ལས་སྟོན་བྱེད་ཐབས།

བྱ་སུག་ཤ་མོའི་སྨིན་ཚད་བཅུ་ཆའི་བརྒྱད་ལ་སླེབ་དུས་འཐོག་པའམ་བཟ་བསྒྱུ་བྱེད་དགོས། སྤྱིར་བཏང་དུ་བྱ་སུག་གི་ཤ་མོའི་མཐོ་ཚད་ལ་ལི་སྨི8~12ཡོད་པ་དང་། གདུགས་མགོའི་ཚངས་ཐིག་ལ་ལི་སྨི2~3ཡིན། གདུགས་མགོ་དང་གདུགས་གདུབ་ཁ་གྱེས་པའི་སྔོན་ནི་ཆེས་ལེགས་པའི་བཟ་བསྒྱུའི་དུས་སྐབས་ཡིན། རྒྱུ་མཚན་ནི་སྐབས་དེའི་ཤ་མོའི་གཟུགས་བྱད་མཛེས་ཤིང་སྤུས་ཀ་ལེགས་དུས་ཡིན་ཞིང་། གལ་ཏེ་དུས་ལྷར་བཟ་བསྒྱུ་མ་བྱས་ན་གདུགས་མགོ་དང་གདུགས་གདུབ་གཉིས་སོ་སོར་བཀར་ནས་ཤ་མོའི་གདུགས་མགོའི་མདོག་དཀར་པོ་ནས་དམར་སྐྱ་རུ་འགྱུར་བ་དང་། གདུགས་ཁ་ཕྱེ་ནས་ཁ་དོག་ནག་པོ་ཅན་གྱི་ཐུམ་རྡུལ་མང་པོ་འཕྲུང་བར་མ་ཟད། ཤ་མོའི་ལྤེབ་མ་རྣམས་ཀྱང་མྱུར་དུ་མདོག་ནག་པོའི་སྣག་ཁུའི་དབྱིབས་སུ་གྱུར་ནས་ཤ་མོའི་ཡུ་བ་མ་གཏོགས་མེད་པར་འགྱུར་བ་ཡིན། སྐབས་དེར་སླེབ་དུས་ཚོང་ཟོག་གི་རིན་ཐང་ཡང་དེ་བཞིན་དུ་ཡོངས་སུ་ཤོར་བ་ཡིན།

ཤ་མོ་འཐོག་པའི་སྐབས་སུ། དུས་ཐོག་ཏུ་ཤ་མོའི་རྩ་བ་དང་ཤ་མོ་ཤི་རོ། ཤ་མོའི་ཕྲ་ཐག་སོགས་མེད་པར་བཟོ་དགོས་པ་དང་། ས་དཀོན་པའི་གནས་ལ་དུས་ཐོག་ཏུ་ས་གཏོར་དགོས། ཤ་མོ་བཏུས་ཚར་རྗེས། ཆུ་གཏོང་བ་དང་ཟུང་འབྲེལ་བྱས་ཏེ་ཤ་མོའི་འདེབས་སྟེགས་སྟེང་དུ2%རྡོ་ཐལ་ཆུའི་ཞུ་ཁུ་དང1%འདྲེས་སྦྱོར་ལུད་རྫས་ཀྱི་ཞུ་ཁུ་ཁ་གསབ་བྱེད་པ་དང་། གཞན་པའི་དོ་དམ་བྱེད་ཐབས་ནི་སོག་ཤུལ་དང་པོར་འདྲ་མཚུངས་ཡིན། ཉིན7~12འགོར་རྗེས་སླར་ཡང་ཤ་མོ་སོག་ཤུལ་གཉིས་པ་ཐོན་ཐུབ། བསྡོམས་པས་ཤ་མོ་སོག་ཤུལ4~5ཐོན་ཐུབ། འོན་ཀྱང་ཐོན་ཚད་གཙོ་བོ་སྔོན་གྱི་སོག་ཤུལ་གསུམ་དུ་འདུས་ཡོད་ཅིང་། སྤྱིར་བཏང་དུ་སོག་ཤུལ་སྔོན་མ་གསུམ་པོའི་ཐོན་སྐྱེད་ཀྱིས70%~80%ཟིན་པར་མ་ཟད། ཤ་མོའི་སྤུས་ཚད་ཀྱང་ཆེས་བཟང་དུས་ཡིན།

ལྔ། བྱ་སུག་ཤ་མོའི་ནད་འབུའི་གནོད་སྐྱོན་འགོག་བཅོས།

བྱ་སུག་ཤ་མོའི་ནད་ཀྱི་གནོད་པ་གཙོ་བོ་ནི་ལྗང་ཧམ་དང་། ཙུ་གང་ཧྲམ་དཀར་

པོ། ཀུའི་སན་ཤ་མོ་སོགས་ཡིན། འབུ་སྐྱོན་ལ་གཙོ་བོ་གཡན་འབུའི་རིགས་དང་། མཆོང་འབུ། ཤ་མོའི་དུག་སྦྲང་། ཤ་མོའི་སྦྲང་ནག་སོགས་ཡོད།

(གཅིག) ནད་སྐྱོན།

1. ཙུ་གང་རྣམ་དཀར་པོ།

ནད་འདི་ནི་གསོ་སྐྱོང་རྒྱུ་ཆར་སྐྱུར་བྱུང་ནས་བསླངས་པའི་ནད་ཅིག་ཡིན། སྤྱིར་བཏང་དུ་ཉིན10~15ནང་དུ་འབྱུང་བ་ཡིན། ཐོག་མར་ཁེབས་པའི་ཕྱི་ངོས་སུ་ཆེ་ཆུང་མི་འདྲ་བའི་ཐིག་ལེ་དཀར་པོ་ཆགས་པ་དང་། དབྱིབས་ནི་རྗེ་ཐལ་ཕྱེ་མ་དང་འདྲ། རྒས་པའི་དུས་སུ་ཐིག་ལེ་དམར་སྨུག་ཏུ་འགྱུར་བར་མ་ཟད། མདོག་སེར་པོའི་ཕྱི་དབྱིབས་ཐུམ་རྟུལ་ཚོམ་བུ་མཐོང་ཐུབ། གསོ་སྐྱོང་རྒྱུ་ཆ་བཙོ་དུས་དྲི་ངན་ཐྲོ་བ་དང་། བྱ་སུག་ཤ་མོའི་སྲིན་སྐྱད་ཤི་རོ་དང་ཙུལ་བ་ཡོད།

འགོག་བཅོས་བྱེད་ཐབས།

(1) གསོ་སྐྱོང་རྒྱུ་ཆ་བསྒྲལ་བའི་སྐབས་སུ5%རྡོ་ཐལ་ཕྱེ་མ་བསྣན་ནསpHཚད་སྙོམ་སྒྲིག་བྱས་ཏེ8.5ཡིན་དགོས།

(2) ཆ་ཤས་སུ50%ཏོ་ཙུན་ལིང་བཞའ་ཚན་རང་བཞིན་གྱི་ཕྱེ་རྫས་པའི་ཡིས500~1000གཤེར་ཁུ་དང་ཡང་ན5%ཕིན་སྨན་གཏོར་དགོས།

(3) རླུང་རྒྱུ་བར་ཤུགས་བསྣན་ནས་ཁ་དབུགས་ཀྱི་རླན་ཚད་ཇེ་དམའ་རུ་གཏོང་དགོས།

2. ཀུའི་སན་རིགས་ཀྱི་ཤ་མོའི་སྐྱིགས་རོ།

ཤ་མོ་འདིའི་ཐུམ་རྟུལ་ནི་གྲོ་རྩྭ་སོགས་རྒྱུ་ཆ་བསྲེས་ཏེ་ཤ་མོའི་འདེབས་སྐྱིགས་ནང་དུ་འཛུལ་ནས། ཉིན5~10འདེབས་སྐྱིགས་ངོས་སུ་ཀུའི་སན་དང་བྱ་སུག་ཤ་མོའི་འཚོ་བཅུད་འཕྲོག་རེས་བྱེད་བཞིན་ཡོད་ཅིང་། དེའི་ཕྲ་ཕུང་ཙུལ་སུངས་སུ་གྱུར་རྗེས་སྔུག་ཚ་ལྡ་བུའི་ཁུ་བ་འབྱུང་བ་ཡིན།

འགོག་བཅོས་བྱེད་ཐབས།

ཀུའི་སན་མཐོང་མ་ཐག་ཏུ་གདུགས་མ་ཕུབ་པའི་སྔོན་དུ་གཙང་སེལ་བྱེད་དགོས་པར་མ་ཟད་ས་འོག་ཏུ་སྦས་དགོས།

(གཉིས) འབུ་སྐྱོན།

1. གཡན་འབུའི་རིགས།

གཡན་འབུར་རིགས་ཙུང་མང་ལ། གཙོ་བོར་སྲིན་སྐྱུད་དང་སྦྲ་ཕུང་ལ་གནོད་པ་ཡོད། འབུ་ཁུང་གི་སྡུག་ཚད་ཆེ་དུས། བྱ་སུག་ཤ་མོ་ནི་སྦྲ་ཕུང་དུ་གྲུབ་མི་ཐུབ། གཡན་འབུའི་རིགས་ནི་གྲོ་རྩ་དང་བྱ་རིགས་ཀྱི་རྟུག་པ་ལས་བྱུང་བ་ཡིན། སྤྱིར་བཏང་དུ་སྨུན་ནག་དང་བརླན་གཤེར་ཆེ་བའི་ཁོར་ཡུག་ནང་དུ་འབྱུང་ཚད་ཙུང་མང་།

འགོག་བཅོས་བྱེད་ཐབས།

(1) འདེབས་འཛུགས་ར་བའི་སྟེང་དུ་ཤ་མོ་སྒོ་འདེབས་མ་བྱས་པའི་སྔོན་དུ་སྒྲིགས་རོ་ཐམས་ཅད་གཙང་དག་བྱེད་དགོས། གཞན་ད་དུང་ཏའི་ཏའི་བེ་སྨན་ཟས་ཐེངས་གཅིག་ལ་གཏོར་དགོས།

(2) གསོ་སྐྱོང་རྒྱུ་ཆ་བསླལ་བའི་དྲོད་ཚད55℃ལ་སླེབས་པའི་དུས་སུ། རྒྱུ་ཆའི་ཕུང་པོའི་ཕྱི་ངོས་སུ་པའི་ཡིས2000ཁེ་མན་ཐེ་གཏོར་ནས་གསོད་དགོས།

(3) ཤ་མོ་འདེབས་འཛུགས་བྱེད་སར་དུས་བཀག་ལྟར་པའི་ཡིས1000ཏའི་ཏའི་བེ་སྨན་ཟས་གཏོར་དགོས།

2. ཤ་མོའི་སྦྲང་ནག

ཤ་མོའི་སྦྲང་ནག་གིས་བྱ་སུག་ཤ་མོའི་སྦྲ་ཕུང་ལ་གནོད་པར་མ་ཟད། ཤ་མོའི་སྒྲིགས་རོ་སྣ་ཚོགས་ཁྱབ་སྤེལ་བྱེད་པའི་ཆག་སྒོ་ཞིག་ཀྱང་ཡིན། གནོད་འཚེ་ཐེབས་པའི་གསོ་སྐྱོང་རྒྱུ་ཆ་ཕུབ་མའི་དབྱིབས་སུ་གྱུར་ནས་དྲི་ངན་བྲོ་བ་དང་། སྲིན་འབུ་གོག་བཀྲོད་དང་ཤ་མོའི་སྦྲ་སྐྱུད་ཟོས་ཡོད་པ་མཐོང་ཐུབ།

འགོག་བཅོས་བྱེད་ཐབས།

(1) པའི་ཡིས1500ཁྲུའུ་ཁྲིན་ཙུའུ་ཀྱི་དང2.5%པའི་ཡིས3000ལུའུ་ཆིན་ཙུའུ་ཀྱིས་

གཏོར་ནས་གསོད་དགོས།

(2) འདེབས་འཛུགས་ར་བའི་རླུང་རྒྱུག་ཚད་དང་གཙང་སྦྲ་རྒྱུན་འཁྱོངས་བྱེད་དགོས།

བྱ་སྲུག་ཤ་མོའི་ནད་འབུ་འགོག་བཅོས་བྱེད་སྐབས་ནི་ས་ཞིང་ཆེན་པོའི་ལོ་ཏོག་དང་སྤོ་ཚལ་ལོ་ཏོག་འགོག་བཅོས་བྱེད་རྒྱུའི་རྩ་དོན་དང་འདྲ་བར། སྔོན་འགོག་གཙོར་འཛིན་དང་ཕྱོགས་བསྡུས་འགོག་བཅོས་ཀྱི་བྱེད་ཕྱོགས་ལག་ལེན་མཐར་ཕྱིན་བྱེད་དགོས། ཤ་མོའི་ས་བོན་དང་། མ་བཅོས་རྒྱུ་ཆ། ཁོར་ཡུག་སོགས་ཀྱི་ཐད་ནས་ཚོད་འཛིན་དང་དོ་དམ་ནན་མོ་བྱེད་དགོས། ཤ་མོ་སྐྱེ་བའི་དུས་ཚིགས་བཀོད་སྒྲིག་ལུགས་མཐུན་བྱེད་དགོས་ཤིང་། དེའི་ནང་དུ་འདེབས་འཛུགས་ལག་རྩལ་བྱེད་ཐབས་ཀྱི་ནུས་པ་དམིགས་སུ་བཀར་ནས་དོ་སྣང་བྱས་ན། བྱ་སྲུག་ཤ་མོའི་སྐྱེ་འཚར་ཁོར་ཡུག་བཟང་པོ་ཞིག་སྐྲུན་པར་ཕན་པ་ཡོད་པ་དང་། ནད་འབུའི་གནོད་འཚེ་སྔོན་འགོག་བྱེད་པས། འདི་ལྟར་བྱས་ན་ངལ་བ་ཆུང་ལ་ཕན་འབྲས་ཆེན་པོ་ཐོན་ཐུབ། སྐྱེ་ཁམས་འགོག་བཅོས་བྱེད་ཐབས་སྤྱོད་པ་ལས་གཞན། ད་དུང་དངོས་ལུགས་དང་སྐྱེ་དངོས། རྫས་འགྱུར་ཞིང་སྨན་སོགས་འགོག་བཅོས་བྱེད་ཐབས་ཕྱོགས་བསྡུས་སྒོས་སྤྱོད་དགོས།

ཚན་པ་དྲུག་པ། ཞིང་པའོ་ཤ་མོ།

གཅིག སྤྱི་བཤད།

ཞིང་པའོ་ཤ་མོའི་མིང་གཞན་ལ་ཚོ་ཅིན་ཚེ་ཨེར་དང་ཚོ་ཅིན་ཤ་མོ་ཟེར་ཞིང་། དེ་ནི་ཤ་རྒྱུ་གདུགས་སྲིན་ཆེ་གྲས་ཤིག་ཡིན་པ་དང་། ཉེ་བའི་ལོ་ཤས་རིང་ལ་རང་རྒྱལ་ནས་འདེབས་འཛུགས་བྱེད་པའི་རིགས་དཀོན་ཞིང་ཕྱུས་རྒྱུད་ལེགས་པའི་བཟའ་བྱའི་ཤ་མོ་ཞིག་ཡིན། ཞིང་པའོ་ཤ་མོའི་ཤ་རྒྱགས་པ་དང་། ཤ་མོའི་ཡུ་བ་སྦོམ་པ། ཕྱུས་ཀ་འཇམ་ཞིང་མཉེན་པ་དང་། བྲོ་བ་ཞིམ་པ། དམིགས་བསལ་གྱི་ཁམ་ཚིག་གི་དྲི་ཞིམ་དང་ཉ་བསླལ་མའི་བྲོ་བ་ལྡན་ཞིང་། གཤོགས་རྣ་ཁོངས་ཀྱི་བཟའ་བྱའི་ཤ་མོའི་ནང་གི་བྲོ་བ་ཡག་ཤོས་ཀྱི་རིགས་

ཞིག་ཡིན་པས། འདི་ལ“ཞིབ་ཤྲིའི་རྒྱལ་པོ”ཞེས་འབོད་པ་ཡིན། ཞིང་པའི་ཤ་མོའི་ཕྲ་ཕུང་ཁྲོད་དུ་ཨན་ཅི་སོན་དང་། གཏེར་རྒྱུའི་གཞི་རྒྱུ་སྣ་ཚོགས། ཚད་ཤུང་གཞི་རྒྱུ་དང་དེ་བཞིན་མི་ལུས་ལ་ཕན་པ་ཡོད་པའི་འཚོ་བཅུད་གྲུབ་ཆ་དང་སྨན་སྦྱོད་གྲུབ་ཆའི་རིགས18འདུས་ཡོད། དཀོན་རྟགས་འདུས་ཚད་ཕུན་སུམ་ཚོགས་པས་མཛེས་བཟོ་བྱེད་པའི་ཕན་ནུས་ལྡན་པར་མ་ཟད། མཆིན་པ་ཚོལ་འགྱུར་སྔོན་འགོག་བྱེད་པའི་ནུས་པའང་ཡོད། ཞིང་པའི་ཤ་མོའི་ཤ་ནི་ཤ་མོའི་རིགས་གཞན་དང་བསྡུར་ན་མཉེན་ཆ་ཅུང་མཐོ། གཡོས་སྦྱོར་ལས་སྔོན་བྱུས་རྗེས་སྔར་ཡོད་ཀྱི་རྣམ་པའི་གཟུགས་དབྱིབས་ཀྱང་འགྱུར་མི་སྲིད། གཞན་ད་དུང་གསོག་ཉར་བྱེད་ཐུབ་པའི་ནུས་པ་དང་ཟོག་སྒྲོམ་གྱི་ཆོ་ཚད་ཆེས་ཆེར་རིང་བས། རྒྱལ་ཁབ་ཕྱི་ནང་གི་ཚོང་རའི་སྟེང་དུ་སྤྲིན་ཆེ་བའི་རྒྱུ་རྐྱེན་ཞིག་ཀྱང་ཡིན། དེ་མིན་ཞིང་པའི་ཤ་མོས་ལས་སྔོན་བྱུས་ནས་སྐམ་པོར་གྱུར་རྗེས་ད་དུང་དམིགས་བསལ་དུ་ཡོད་པའི་ཁམ་ཚོག་གི་དྲི་ཞིམ་མི་ཡལ་བ་དང་བྲོ་བ་ཏ་ཅང་ཞིམ་པོ་ལྡན། འདིས་དེ་ཉིད་ཀྱི་རིན་ཐང་ལ་འགྲན་རྩོད་ཀྱི་དགེ་མཚན་བསྟན་པར་གནོན་མི་ཟ་བ་དང་། འཛད་སྤྱོད་བྱེད་མཁན་གྱིས་དགའ་བསུ་ཆེན་པོ་ཐོབ་པའི་ཤ་མོའི་རིགས་སུ་གྱུར་ཡོད།

ཞིང་པའི་ཤ་མོ་ནི་དྲོད་ཚད་འབྲིང་དམའི་རིགས་ཀྱི་བཟའ་བྱའི་ཤ་མོའི་ཁོངས་སུ་གཏོགས། ཤ་མོའི་ཕྲ་སྐྲུད་ལ་ཆེས་འཚམ་པའི་དྲོད་ཚད་ནི23~25℃ཡིན་པ་དང་། ཤ་མོ་སྐྱེ་དུས་ཆེས་འཚམ་པའི་དྲོད་ཚད་ནི12~18℃ཡིན། མཚོ་བོད་མཐོ་སྒང་ས་ཁུལ་གྱི་རང་བྱུང་སྐྱེ་ཁམས་ཁོར་ཡུག་ནང་དུ་འདེབས་འཛུགས་ཐོན་སྐྱེད་བྱེད་པར་འཚམ་པ་ཡིན།

གཉིས། ཞིང་པའི་ཤ་མོ་འདེབས་འཛུགས་ལག་རྩལ།

(གཅིག) འདེབས་འཛུགས་དུས་ཚིགས།

ཞིང་པའི་ཤ་མོའི་རིགས་ནི་དྲོད་ཚད་ཅུང་དམའ་བའི་རིགས་ཡིན། ལོ་གཅིག་ལ་དུས་ཚིགས་གཉིས་སུ་ཐོན་སྐྱེད་བྱེད་ཐུབ། དཔྱིད་ཀ་དང་སྟོན་ཀར་ཤ་མོ་སྐྱེས་པ་ཡིན། དེ་ཡང་ཟླ2~3དང་ཡང་ན་ཟླ7~8ཤ་མོའི་ཁུག་མར་ཐོན་སྐྱེད་བྱེད་ཅིང་། ཟླ4~5དང་ཟླ8~10ཤ་མོ་སྐྱེ་འཚར་འབྱུང་བ་ཡིན།

(གཉིས) ཞིམ་པའོ་ཤ་མོ་འདེབས་འཛུགས་བྱེད་ས།

ཞེབ་ཤྭ་དང་དྲི་ཞིམ་ཤ་མོ་འདེབས་འཛུགས་བྱེད་ཐུབ་པའི་ར་བ་ཞིག་ཡིན་ཕྱིན་ཞིང་པའོ་ཤ་མོ་འདེབས་འཛུགས་བྱས་ཚོག འདེབས་འཛུགས་ར་བའི་སྤྱིར་བཏང་གི་ཐྣང་བྱ་དང་ཆ་རྐྱེན་ནི། དྲོད་འཛིན་པ་དང་རླན་སྲུང་བ། འོད་འགོག་པ། རླུང་རྒྱུག་ཚད་བཟང་བ། ཆུ་ཁུངས་དང་ཐག་ཉེ་བ། དཔེར་ན། ནུས་ཁུངས་གློན་ཆུང་གི་ཉེ་འོད་དྲོད་ཁང་དང་། སློས་འཁྱིག་དྲོད་ཁང་། བཟོ་ཁང་རྙིང་བ། མི་དམངས་མཁའ་ཟློན་སྒྲིག་བཀོད་སོགས་ཚང་མ་ཚོག་གོ།

(གསུམ) རྒྱུ་ཆ་སྡེབ་སྦྱོར་དང་སྦྱོར་བཟོ།

ཞིང་པའོ་ཤ་མོ་སྐྱེ་བའི་རྒྱུ་ཆ་ཤིན་ཏུ་མང་སྟེ། དཔེར་ན། ཤིང་སྙིགས་དང་སྲིང་བལ་གྱི་ཕྱི་ཤུན། གྲོ་སོག སྲན་མ་དང་མ་རྨོས་ལོ་ཏོག་གི་ནང་སྙིང་སོགས་ཚང་མ་འདེབས་འཛུགས་རྒྱུ་ཆ་བྱས་ཚོག

1. ཤིང་སྙིགས73%དང་ཕུབ་རྫ25% རྡོ་ཐལ1% རྡོ་ཚ1%བཅས་དགོས། རྒྱུ་ཆའི་ཆུའི་འདུས་ཚད60%~65%ཟིན་དགོས།

2. སྲིང་བལ་གྱི་ཕྱི་ཤུན88%དང་། ཕུབ་རྫ10% རྡོ་ཐལ1% རྡོ་ཚ1%བཅས་དགོས། རྒྱུ་ཆ་ནང་གི་ཆུའི་འདུས་ཚད60%~65%ཟིན་དགོས་ཤིང་། རྒྱུ་ཆ་བསྲེས་སྦྱོར་སྙོམ་སྒྲིག་བྱས་ཏེ་གསོ་སྐྱོང་བྱེད་དགོས།

3. ཤིང་སྙིགས34%དང་མ་རྨོས་ལོ་ཏོག་གི་ནང་སྙིང20% སྲན་སོག20% ཕུབ་རྫ20% མ་རྨོས་ལོ་ཏོག་གི་ཕྱི་རྟུལ3% མངར་ཆ་དང་ཐྣན་སོན་ཀལ། རྡོ་ཚ་བཅས་སོ་སོར1%རེ་ཡོད་དགོས་པ་དང་། རྒྱུ་ཆའི་ནང་དུ་ཆུ་འདུས་ཚད60%~65%ལ་སླེབས་དགོས།

4. སྲིང་བལ་གྱི་ཕྱི་ཤུན40%དང་ཤིང་སྙིགས30% ཕུབ་རྫ15% མ་རྨོས་ལོ་ཏོག་གི་ཕྱི་རྟུལ8% མངར་ཆ1% གའོ་ལིན་སོན་ཀལ2% ཡང་རྒྱུའི་ཐྣན་སོན་ཀལ1%དང་། རྡོ་ཚ1% རྡོ་ཐལ1% གཅིན་རྒྱུ0.5%བཅས་དགོས།

(བཞི) ཤ་མོའི་ཁུག་མ་བཟོ་བའི་ལག་རྩལ།

རིང་ཚད་ལ་ལི་སྨི17དང་ཞེང་ཚད་ལ་ལི་སྨི33ཡོད་པའི་དམའ་གནོན་ཅེ་ཡེ་ཞིའི་སྤོས་འཁྱིག་ཁུག་མ་སྦྱོད་དགོས། ཁུག་མ་རེ་རེའི་རྒྱུ་ཆ་སྐམ་པོའི་ལྗིད་ཚད་ཁེ500དང་བརྟན་གཤེར་གྱི་ལྗིད་ཚད་ཁེ1000ཡོད། རྒྱུ་ཆ་བླུགས་ནས་དམ་ལྷོད་རན་པོ་བྱས་ཏེ་ཁ་ཟུམ་རྗེས་སྨིན་སེལ་སྣ་ངའི་ནང་དུ་བཞག་ནས་སྨིན་སེལ་བྱེད་དགོས། ཐོག་མར་མེ་དྲག་པོས་སྣ་ངའི་ནང་གི་དྲོད་ཚད100℃ལ་འཕར་དུ་འཇུག་དགོས། ཆུ་ཚོད8~12རྗེས་སུ་ཆུ་ཚོད4~5ལ་དབུགས་སུབ་ཐེབས་རྗེས་རྒྱུ་ཆའི་ཁུག་མར་ལེན་དགོས། རྒྱུ་ཆའི་ཁུག་མ་གྲང་མོར་གྱུར་ནས་རྒྱུན་དྲོད་ཅན་དུ་འགྱུར་བའི་དུས་སུ་དུག་སེལ་བྱས་ཟིན་པའི་ས་བོན་སྐམ་མམ་ཁང་བའི་ནང་དུ་བཞག་ནས་སྦོ་འདེབས་བྱེད་པ་དང་། སྦོ་འདེབས་བྱེད་ཚད་ནི5%~10%ཡིན། སྦོ་འདེབས་བྱས་རྗེས་ཤ་མོའི་ཁུག་མ་མྱུར་དུ་དུག་སེལ་བྱས་ཟིན་པའི་གསོ་སྐྱོང་ཁང་དུ་བསྐྱལ་ནས་གསོ་སྐྱོང་བྱེད་དགོས། ཁ་ཟུམ་གསོ་སྐྱོང་ཁང་གིས་ཤ་མོའི་ཁུག་མ་ནི་མུན་ནག་གི་ཆ་རྐྱེན་ནམ་ཁོར་ཡུག་ནང་དུ་ཤ་མོ་སྐྱེ་བར་སྐྱུལ་མ་བྱེད་པས། ཤ་མོའི་ཕྲ་སྐྱུད་ཀྱི་ལུས་ཁམས་ཀྱི་དགོས་མཁོ་སྐོང་ཐུབ་པར་མ་ཟད། དུས་མཚུངས་སུ་གནོད་འབུ་སྔོན་འགོག་བྱེད་པའི་ཐབས་ལམ་ནུས་ལྡན་ཞིག་ཀྱང་ཡིན། ཤ་མོ་སྐྱེ་བའི་དུས་སྐབས་སུ། གཟའ་འཁོར་རེ་འཁོར་རྗེས་སུ་འབུ་སྲིན་གསོད་བྱེད་ཀྱི་སྨན་རྫས་ཤ་མོ་གསོ་སྐྱོང་ཁང་ནང་དུ་ཐེངས་གཅིག་ལ་གཏོར་ནས་སྡིགས་རོས་འབབ་བཙོག་བཟོ་བར་སྔོན་འགོག་བྱེད་དགོས། གསོ་སྐྱོང་ཁང་གི་དྲོད་ཚད20~25℃ཚོད་འཛིན་བྱེད་དགོས། ཉིན30~40བར་ནས་ཤ་མོ་འཁྱིག་ཁུག་ནང་དུ་གང་བ་དང་། དེའི་འཕྲོར་ཤ་མོ་སྐྱེ་སྐྱུལ་ཁང་བའི་ནང་དུ་སྤོས་ནས་ཤ་མོ་སྐྱེ་བར་བྱེད་དགོས། གསོ་སྐྱོང་ཁང་ནི་ཕྱིར་བཏང་དུ་མུན་ནག་དང་དབུགས་རྒྱུ་བ། བརྟན་གཤེར་མེད་པ་བཅས་ཡིན་དགོས།

གསུམ། ཞིང་པའོ་ཤ་མོ་སྐྱེ་དུས་ཀྱི་དོ་དམ།

ཤ་མོའི་ཕྲ་སྐྱུད་ཁུག་མའི་ནང་དུ་བཀང་རྗེས། ཤ་མོའི་སྐྱེ་ཁུག་ཤ་མོའི་ཁང་བའམ་དྲོད་ཁང་ནང་དུ་སྤོས་ནས་ཤ་མོའི་འབུ་སྲིན་ལ་ནན་ཏན་གྱིས་དུག་སེལ་བྱེད་དགོས། ཤ་

མོའི་ཁུག་མ་དྲང་མོར་འཇོག་པའམ་རྩིག་རིམ་བརྩེགས་ཀྱང་ཆོག ཉ་མོ་མ་སྐྱེས་གོང་རོལ་དུ་གང་བུ་སྐྱུལ་འདེད་ཐག་གཅོད་བྱེད་དགོས། རླུང་རྒྱུ་བར་ཤུགས་སྟོན་བརྒྱབ་ནས་དྲོད་གཤེར་ཇི་དམའ་རུ་གཏོང་བ་དང་། ཉ་མོའི་ཕྲ་སྐྱད་གཙུས་སྒྲིམ་བྱས་ཏེ་གདོད་ཛད་གྲུབ་པ་དང་། ཁུག་མའི་སྐྱི་མོ་ཕྱི་ལ་བསྒྲོགས་ནས་ལི་སྨི2བཅག་ན་འོས་འཚམ་ཡིན། ཉ་མོ་སྐྱེ་དུས་ཀྱི་ཉ་མོའི་དྲོད་ཁང་གི་དྲོད་ཚད13~18℃ཚོད་འཛིན་བྱེད་དགོས། འོད་འཕྲོའི་དྲག་ཚད་ལེ་ཁེ་སི500རུ་ཚོད་འཛིན་བྱེད་པ་དང་། མཁའ་རླུང་གི་ཤྲོས་བཅས་རླན་ཚད85%~90%རྒྱུན་འཁྱོངས་བྱེད་དགོས། ཆུ་ཉ་མོའི་སྟེང་དུ་གཏོར་མི་རུང་། དེ་མིན་སེར་པོར་གྱུར་ནས་རྒྱུ་སྐྱུས་ལ་ཤུགས་རྐྱེན་ཐེབས་པ་ཡིན། གང་ཐུབ་ཀྱིས་རླུང་རྒྱུག་ཚད་ཇི་ཆེར་བཏང་ནས་ཉ་མོའི་སྦྱིལ་བུའི་ནང་དུ་མཁའ་དབུགས་གསར་བ་ཡོང་བར་ཁག་ཐེག་བྱེད་དགོས།

ཞིང་པའོ་ཉ་མོ་འདེབས་སྐབས་ཅུང་མང་ཞིང་། མཚོ་བོད་མཐོ་སྒང་ས་ཁུལ་གྱིས་མིག་སྔར་གཙོ་བོར་གྲུ་ལྷོག་སྡེ་གཉིས་ནས་ཉ་མོ་སྐྱེས་པ་དང་ས་འགེབས་ནས་ཉ་མོ་སྐྱེས་པའི་འདེབས་འཛུགས་བྱེད་སྐབས་རིགས་གཉིས་སྤྱོད་བཞིན་ཡོད།

(གཅིག) གྲུ་ལྷོག་སྡེ་གཉིས་ནས་ཉ་མོ་སྐྱེས་པ།

ཉ་མོའི་ཁུག་མའི་ནང་དུ་ཕྱིར་བཏང་གི་རྩིག་རིམ6~10ཡོད། ཐོན་སྐྱེད་བྱེད་པའི་དུས་སྐབས་སུ་བར་སྟོང་དང་ས་གནས་གྲོན་ཆུང་བྱེད་ཆེད། གང་ཐུབ་ཅི་ཐུབ་ཀྱིས་བང་རིམ་ཇི་མཐོར་གཏོང་དགོས། གྲུ་ལྷོག་སྡེ་གཉིས་ལ་ཀ་བ་རེ་རེ་བཙུགས་ཆོག་པ་དང་། དེའི་སྟེང་དུ་འཕྲེད་སྟོང་ཞིག་བསྒམས་ནས་ཉ་མོའི་གྲུ་ལྷོག་ཧྲིལ་པོར་མནན་ཏེ། གྲུ་ལྷོག་མི་འགྱེལ་བ་ཁག་ཐེག་བྱེད་དགོས། གྲུ་ལྷོག་སྟེང་གི་ཉ་མོའི་ཆུ་འདུས་ཚད་དམའ་བ་དང་། ཉ་མོའི་ཚེ་ཐག་རིང་བར་མ་ཟད། ཚོང་ཟོག་གི་རིན་ཐང་མཐོ་བ་ཡིན།

(གཉིས) ས་བཀབ་ནས་འདེབས་འཛུགས་བྱེད་པ།

ཉ་མོ་བཏོན་ནས་ཉ་མོའི་ཁུག་མ་ཕུད་རྗེས་རྣང་མའི་ནང་དུ་འཇོག་པ་དང་། ས་རིམ་བཀབ་པའི་རྒྱུ་འཛིན་ཆུ་སྲུང་དང་རྣང་མའི་ནང་གི་ས་དྲོད་གཏན་འཇགས་སོགས་ཕན་ཡོད་ཀྱི་ཆ་རྐྱེན་བེད་སྤྱོད་གང་ལེགས་བྱས་ན། ཉ་མོའི་ཐོན་ཚད་མཐོ་བ་དང་ཉ་

རྒྱུགས་པའི་དགེ་མཚན་ལྡན། མི་འདང་ས་ནི་ཤ་མོའི་སྟེང་དུ་ས་འཁྱེར་སླ་བ་དང་གཙང་སེལ་བྱེད་དཀའ་བས་ཚད་ངེས་ཅན་ཞིག་གི་སྟེང་ནས་ཤ་མོའི་ཚོང་རྫས་རང་བཞིན་ལ་ཤུགས་རྐྱེན་ཐེབས་པ་ཡིན།

བཞི། ཞིང་པའོ་ཤ་མོ་བཟ་བསྡུ་དང་ལས་སྣོན་བྱེད་པ།

སྤྱིར་བཏང་དུ་གང་བུ་བྱུང་ནས་ཉིན15ཡས་མས་འགོར་རྗེས་བཟ་བསྡུ་བྱས་ཆོག ཟ་བ་འབུར་ཡོད་ཀྱང་མཉེན་མོ་མིན་པ་དང་། ཤ་མོའི་ཁེབས་གཙོད་སྐྱོམས་ཤིང་དཀྱིལ་གཤོང་བ། མཐའ་ངོས་ཅུང་མར་ལ་འཁྱིལ་ཡོད། སྐབས་དེའི་ཞིང་པའོ་ཤ་མོར་ཕལ་ཆེར་བཅུ་ཆའི་བརྒྱད་སླེབ་ཡོད། བཟ་བསྡུ་བྱས་པའི་ཞིང་པའོ་ཤ་མོ་ནི་གྲི་ཡིས་ཟ་བ་ལས་བྱུང་བའི་གསོ་སྐྱོང་རྒྱུ་ཆ་དང་དངོས་རྫས་རྣམས་གཙོད་དགོས་ཤིང་། གྲལ་འཁྲིག་པོས་ཤ་མོའི་གདུགས་མགོར་ཆག་གྲུམ་མི་ཡོང་བ་བྱེད་དགོས་པར་མ་ཟད། དུས་ཐོག་ཏུ་གྲང་མཛོད་ཁང་བའི་ནང་དུ་བསྐྱལ་ནས་སོ་ཉར་དང་ལས་སྣོན་བྱེད་དགོས། སྲུད་ལེན་གྱི་ཚད་གཞི་ནི་ཕྱིར་འཚོང་ཚོང་རའི་དགོས་མཁོར་གཞིགས་ནས་གཏན་འཁེལ་བྱེད་པ་དང་། ཕྱིར་འཚོང་ཤ་མོའི་གདུགས་མགོའི་ཚངས་ཐིག་ལི་སྨི4~6དང་། ཡུ་བའི་རིང་ཚད་ལ་སྨི6~8ཡོད། ཤ་མོ་བཟ་བསྡུ་བྱས་ནས་ཉིན15ཙམ་སོང་རྗེས་ཤ་མོའོ་སོག་ཤུལ་གཉིས་པ་འཐུ་བ་ཡིན། ཞིང་པའོ་ཤ་མོ་ཉར་ཚགས་དང་སྐྱེལ་འདྲེན་བྱེད་ཐུབ་པ་དང་། ཐོན་རྫས་སོས་འཚོང་བྱས་ཆོག་ལ། ལྷགས་ཀྲིན་སྐམ་བཟོ་བྱས་ཀྱང་ཆོག

བཟ་བསྡུ་བྱས་རྗེས་དུས་ཐོག་ཏུ་རྒྱུ་ཆ་གཙང་དག་བྱས་ནས་ཤ་མོའི་སྤྱིལ་བུ་གཙང་དག་བྱེད་དགོས། ཅུའུ་ཀྲིའི་མེ་ཏོག་རིགས་ཀྱི་འབུ་གསོད་སྨན་རྫས་གཏོར་ནས་ནད་འབུའི་གནོད་པ་འབྱུང་བ་དང་མཆེད་པར་སྔོན་འགོག་བྱེད་དགོས། ཤ་མོའི་སྤྱིལ་བུ་ཁ་དམ་པོར་བཀབ་ནས་ཤ་མོའི་ཁུག་མར་ངལ་གསོ་དང་འཚོ་གནས་བྱེད་དུ་འཇུག་དགོས། རྒྱུ་ཆའི་ངོས་སུ་སླར་ཡང་གདོད་རྐང་འབྱུང་དུས། ཡང་བསྐྱར་ཤ་མོ་དོ་དམ་གྱི་བརྒྱུད་རིམ་བསྐྱར་དུ་འབྱུང་བ་ཡིན། སྤྱིར་བཏང་དུ་ཞིང་པའོ་ཤ་མོའི་སྐྱེ་འཚར་གྱི་དུས་འཁོར་གཅིག་གི་ནང་དུ་ཤ་མོ་ཐེངས1~3བསྡུ་ཐུབ་པ་དང་། སྐྱེ་དངོས་སྒྱུར་ཚད65%~80%ལ་སླེབས་ཐུབ་པོ།།

ཚན་པ་བདུན་པ། སྤང་སྐྱེས་ཞ་མོ།

གཅིག སྤྱི་བཤད།

སྤང་སྐྱེས་ཞ་མོ་ནི་ཚ་ཁུལ་དང་ཚ་རྒྱུད་བར་མའི་ས་ཁུལ་གྱི་དྲོད་ཚད་མཐོ་བའི་རྩྭ་ཏུལ་ཅན་གྱི་བཟའ་བྱའི་ཞ་མོ་ཞིག་ཡིན་ཞིང་། རང་རྒྱལ་ལྷོ་ཕྱོགས་ཀྱི་དབྱར་དུས་སུ་འདེབས་འཛུགས་བྱེད་པའི་ཞ་མོའི་རིགས་གཙོ་བོ་ཞིག་ཡིན། སྤང་སྐྱེས་ཞ་མོ་ལ་འཛམ་གླིང་ཐོག་ཏུ"ཀྲུང་གོའི་ཞ་མོ"ཞེས་འབོད་སྲོལ་ཡོད། སྤང་སྐྱེས་ཞ་མོ་ལ་སྣ་མའི་མེ་ཏོག་ལྟ་བུའི་དྲི་བསུང་འཕྱུལ་བས། འདི་ལ"སྣ་མའི་ཞ་མོ"ཞེས་ཀྱང་ཟེར།

སྤང་སྐྱེས་ཞ་མོ་གསར་བའི་བྲོ་བ་ཞིམ་ལ་འཚོ་བཅུད་ཕུན་སུམ་ཚོགས་པོ་ཡོད་པ་དང་། ཚལ་རྗེ་བ་དང་ཁུ་བ་བཟོ་བར་འཚམ་ལ་བྲོ་བ་ཞིམ་པོ་ཡིན། འཚོ་བཅུད་རིན་ཐང་ཐད་ནས་སྐྲན་སེར་གྱི་སྤྲི་དཀར་འདུས་ཚད39.1%ཟིན་ཡོད། འོན་ཀྱང་འདིའི་སྤྲི་དཀར་གྱི་སྤྱོད་ཚད་ནི43%ལས་མེད། སྤང་སྐྱེས་ཞ་མོའི་སྤྲི་དཀར་བེད་སྤྱོད་བྱེད་ཚད75%ཟིན་པ་དང་། གཙོ་བོར་སྐྲན་སེར་ནང་དུ་དགོས་ངེས་ཀྱི་ཨན་ཅི་སོན་འདུས་ཚད0.46%ལས་མེད། གལ་ཏེ་སྐྲན་སེར་དང་སྤང་སྐྱེས་ཞ་མོ་སྙེབ་སྦྱོར་བྱས་ན་སྐྲན་སེར་གྱི་སྤྲི་དཀར་ཟས་སྤྱོད་ཚད79%~80%ཇེ་མཐོར་གཏོང་ཐུབ། སྨན་སྤྱོད་རིན་ཐང་གི་ཐད་ནས། སྤང་སྐྱེས་ཞ་མོའི་ནང་དུ་འབྲས་སྐྲན་འགོག་པའི་གྲུང་གཤིས་ལྡན་པའི་རྫས་མང་གྲུབ་ཆ་ནི β –D–གྲུན་འབྲུམ་འདུས་རྫས་ཡིན། སྤང་སྐྱེས་ཞ་མོའི་ནང་དུ་ཏན་ལྡན་སྤངས་ཐོན་དངོས་རྫས་དང་། ཕུ་རོན་བུལ་དང་དམིགས་བསལ་རང་བཞིན་གྱི་སྤྲི་དཀར་སོགས་ལྡན་པས། ཚང་མར་འབྲས་སྐྲན་འགོག་པའི་ནུས་པ་ལྡན། རྒྱུན་དུ་སྤང་སྐྱེས་ཞ་མོ་ཟོས་ན་ལུས་ཕུང་གི་ནད་འགོག་ནུས་པ་ཇེ་མཐོར་བཏང་ནས་ནད་རིགས་མང་པོ་འབྱུང་བར་སྔོན་འགོག་བྱེད་ཐུབ།

ཀྲུང་གོ་ནི་སྤང་སྐྱེས་ཞ་མོ་འདེབས་འཛུགས་ཀྱི་འབྱུང་ཁུངས་དང་ཐོན་སྐྱེད་ས་ཁུལ་གཙོ་བོ་ཡིན། སྤང་སྐྱེས་ཞ་མོ་འདེབས་འཛུགས་ཐོན་ཁུངས་རྒྱ་ཆེ་བ་དང་བཀོལ་སྤྱོད་སྟབས

བདེ་ལ། དུས་འཁོར་ཐུང་བ་བཅས་ཀྱི་ཁྱད་ཆོས་ལྡན་པས་ཆུ་འབྲས་ཐོན་ཁུལ་ཚང་མར་འདེབས་འཛུགས་བྱས་ཆོག རང་རྒྱལ་གྱི་ལོ་རེའི་ཐོན་ཚད(ཐའི་ཝན་ས་ཁུལ་ཚུད)ཀྱིས་ད་ལམ་འཛམ་གླིང་ཡོངས་ཀྱི་ལོ་རེའི་ཐོན་ཚད་བསྡོམས་གྲངས་ཀྱི80%ཟིན་ཡོད། སྤང་སྐྱེས་ཤ་མོ་ནི་ཨེ་ཤེ་ཡའི་རྒྱལ་ཁབ་གཞན་དུ་འང་ལོ་ངོ་མང་པོར་འདེབས་འཛུགས་བྱས་པའི་ལོ་རྒྱུས་ཡོད་པ་དཔེར་ན། སིང་ག་ཕོར་དང་ཐེ་ལན། ཏན་གོ་སོགས་ཡོད། ཉེ་བའི་ལོ་འགའི་རིང་ལ། ཡོ་རོབ་དང་ཨ་མེ་རི་ཁ་གླིང་གི་རྒྱལ་ཁབ་དང་ས་ཁུལ་ཁ་ཤས་ཀྱིས་ཀྱང་སྤང་སྐྱེས་ཤ་མོ་འདེབས་འཛུགས་བྱེད་མགོ་བརྩམས།

གཉིས། སྤང་སྐྱེས་ཤ་མོ་འདེབས་འཛུགས་ལག་རྩལ།

སྤང་སྐྱེས་ཤ་མོ་སྐྱེ་འཕེལ་གྱི་མྱུར་ཚད་མགྱོགས་ཤིང་། ཤ་མོའི་ཕྲ་ཕུང་འགྱུར་བའི་དུས་འཁོར་ཐུང་བས་འདེབས་འཛུགས་བྱེད་སྐབས་ནི་སྡེབ་བཀྲམ་གྱི་རྣམ་པ་སྤྱོད་དགོས་པར་ཐག་གཅོད་བྱས་ཡོད། མིག་སྔར་ཁྱབ་གདལ་གྱི་རིན་ཐང་ལྡན་པའི་འདེབས་འཛུགས་བྱེད་ཐབས་ལ་གཙོ་བོར་ཕྱི་རོལ་གྱི་འབྲས་སོག་ལྷ་བུའི་འདེབས་འཛུགས་དང་། ཁང་བའི་ནང་གི་འབྲས་སོག་སྡེགས་བུའི་སྒྲོམ་བུའི་རྣམ་པའི་འདེབས་འཛུགས། ཁང་བའི་ནང་གི་མཉམ་བསྲེས་རྒྱུ་ཆའི(འབྲས་སོག་དང་སྲིང་བལ་གྱི་ཕྱི་ཤུན་ཕྱེད་ཀ)སྡེགས་བུ་རྣམ་པའི་འདེབས་འཛུགས། ཁང་བའི་ནང་གི་སྲིང་བལ་གྱི་ཕྱི་ཤུན་རྣམ་པའི་འདེབས་འཛུགས་བཅས་ཡོད། ཁང་བའི་ནང་གི་མཉམ་བསྲེས་རྒྱུ་ཆའི་སྡེགས་བུ་རྣམ་པའི་འདེབས་འཛུགས་ནི་ཕྱི་རོལ་གྱི་འབྲས་སོག་ལྷ་བུའི་འདེབས་འཛུགས་སྐྱེ་དངོས་སྒྱུར་ཚད་ལས་ལྡབ2ཀྱིས་མཐོ་བ་དང་། ཁང་བའི་ནང་གི་འབྲས་སོགས་རྒྱུ་ཆའི་སྡེགས་བུ་རྣམ་པའི་འདེབས་འཛུགས་ནི་མཉམ་བསྲེས་རྒྱུ་ཆའི་སྡེགས་བུའི་འདེབས་འཛུགས་སྐྱེ་དངོས་རིག་པ་སྒྱུར་ཚད་ལས་ལྡབ2ཙམ་གྱིས་མཐོ་བ་ཡིན། སྲིང་བལ་གྱི་ཕྱི་ཤུན་གྱི་འདེབས་སྡེགས་ཀྱི་སྐྱེ་དངོས་རིག་པའི་འགྱུར་ཚད་ཙུང་མཐོ་ཞིང38%ཟིན་པ་ཡིན།

(གཅིག) འདེབས་འཛུགས་དུས་ཚིགས།

སྤང་སྐྱེས་ཤ་མོ་སྐྱེ་བར་འཚམ་པའི་དྲོད་ཚད་ནི28~30℃ཡིན་པ་དང་། 23℃མན་ཆད་

ཡིན་ན་ཤ་མོའི་ཁྲ་ཕུང་གྲུབ་མི་ཐུབ། དེ་བས། འབྲི་ཆུའི་དབུས་རྒྱུད་དང་སྨད་རྒྱུད་ས་ཁུལ་དུ་ཟླ5པའི་ཟླ་སྨད་ནས་ཟླ9པའི་བར་འདེབས་འཛུགས་བྱས་ཆོག་པ་དང་། མཚོ་བོད་མཐོ་སྒང་ས་ཁུལ་ནས་ཟླ6པའི་ཟླ་སྨད་ནས་ཟླ10པའི་བར་རྟོད་ཁང་ནང་དུ་འདེབས་འཛུགས་བྱས་ཆོག

རང་བྱུང་ཆ་རྐྱེན་འོག་ཏུ་སྤང་སྐྱེས་ཤ་མོ་འདེབས་པར་དུས་ཚིགས་ཀྱི་ཐླང་བྱ་ཏ་ཅང་མཐོ། ཚ་བ་ཆེ་བའི་ས་ཁུལ་དུ་ཚ་གདུག་ཆེ་བའི་གནམ་གཤིས་མ་གཏོགས་འདེབས་འཛུགས་བྱས་ཆོག ཚ་ཁུལ་ཕལ་བ་དང་རྟོད་རྒྱུད་ས་ཁུལ་དུ་དབྱར་དུས་དང་སྟོན་དུས་ཁོ་ནར་འདེབས་འཛུགས་བྱེད་པར་འཚམ་པ་ཡིན།

(གཉིས) འདེབས་འཛུགས་ཀྱི་རིགས།

ཐོན་སྐྱེད་ཐད་ནས་སྤྱོད་པའི་སྤང་སྐྱེས་ཤ་མོའི་རིགས་ཏ་ཅང་མང་ཞིང་། དངོས་པོའི་བྱེ་བྲག་གི་ཆེ་ཆུང་ལྟར་དུ་དབྱེ་ན་རིགས་ཆེ་བ་དང་། རིགས་འབྲིང་བ། རིགས་ཆུང་བ་བཅས་སུ་དབྱེ་ཆོག ཤ་མོའི་ཁ་དོག་ལྟར་ན། སྤང་སྐྱེས་ཤ་མོ་ནག་པོ་དང་སྤང་སྐྱེས་ཤ་མོ་དཀར་པོ་རིགས་གཉིས་སུ་དབྱེ་ཡོད། ཤ་མོ་ནག་པོའི་ཁྱད་ཆོས་གཙོ་བོ་ནི་གདུགས་མ་ཕྱེ་བའི་ཁྲ་ཕུང་ཁུག་མ་ནི་བྱི་བའི་ཐལ་མདོག་ཡིན། སྙིང་དབྱིབས་ཟླུམ་པོ་ཡིན་པ་དང་། ཤ་མོའི་སྐྱེ་འཚར་ཚུང་དལ་བ་དང་ཐོན་ཚད་ཚུང་དམའ་མོ་ཡིན། ཤ་མོ་དཀར་པོའི་ཁྱད་ཆོས་གཙོ་བོ་ནི་གདུགས་མ་ཕྱེ་བའི་ཁྲ་ཕུང་ཁུག་མ་སྐྱ་མདོག་དང་དཀར་པོ་ཡིན་ཞིང་། འཇོང་དབྱིབས་སུ་གྲུབ་པ་དང་། ཤ་མོའི་སྐྱེ་འཚར་མགྱོགས་པ་དང་ཐོན་ཚད་མཐོ་བའོ།།

སྤུས་ལེགས་ཀྱི་སྤུང་སྐྱེས་ཤ་མོ་ལ་ཐོན་ཚད་མཐོ་བ་དང་སྤུས་ཀ་དག་པ།(ཤུན་ཁེབས་མཐུག་པ། ངར་བ། གདུགས་མགོའི་ཁ་ཕྱེ་དཀའ་བ་དང་། ཤ་མོའི་སྙོར་གྲུབ་ཚད་གྲངས་མཐོ་བ། བྲོ་བ་བཟང་བ) གསོན་ཤུགས་ཆེ་བ།(ཁོར་ཡུག་མི་ལེགས་པའི་འགོག་ཤུགས་ཆེ་བ)སོགས་ཀྱི་ཁྱད་ཆོས་ལྡན། རང་རྒྱལ་གྱི་ཐོན་སྐྱེད་ཁྲོད་དུ་ཚུང་ཁྱབ་ཆེར་སྤྱོད་པའི་སྤང་སྐྱེས་ཤ་མོའི་སྤོང་རྐང་ལV23(སྐྱ་མདོག རིགས་ཆེ་གྲས། ཐྲོད་ཚད་མཐོ་བའི་རིགས) V34(སྐྱ་མདོག འབྲིང་རིགས་ཚུང་ཆེ་བ། ཐྲོད་ཚད་མཐོ་བའི་རིགས) V844(ཤ་མོ་སྙོར་མོ། ཆ་སྙོམས། དཀར་པོ། རིགས་འབྲིང་བ། ཐྲོད་འབྲིང་རིགས) GV34(སྐྱ་ནག་དང་འབྲིང་

གྲུས། ཇོད་ཚད་དམའ་བའི་རིགས)ཕིན་ཡུག་ཨང་དང་པོ་སོགས་ཡོད།

(གསུམ) གསོ་སྐྱོང་རྒྱུ་ཆའི་སྡེབ་སྦྱོར།

སྤྲང་སྐྱེས་ཤ་མོ་གསོ་སྐྱོང་བྱེད་པའི་རྒྱུ་ཆ་ཧ་ཅང་མང་པོ་ཡོད་ཅིང་། རྒྱུ་ཆ་གཙོ་བོ་ནི་སྙིང་བལ་སྙིགས་རོ་དང་། སྙིང་བལ་གྱི་ཤུན་པ། འབྲས་སྦ། ཕུབ་སྦ་བཅས་ཀྱིས་འདེབས་འཛུགས་བྱས་པའི་ཐོན་ཚད་ཆེས་མཐོ་བ་དང་། བུ་རམ་ཤུར་ཤིང་གི་སྙིགས་རོ་དང་ཁྲི་ཤོད་སྡོང་རྐང་དང་། མ་རྒྱས་ལོ་ཏོག་གི་སྡོང་པོ། བ་དམ་གྱི་སྡོང་པོ། སོ་མ་ར་ཙའི་སྙིགས་རོ་སོགས་ཚང་མས་སྤྲང་སྐྱེས་ཤ་མོ་རྩ་འདེབས་བྱས་ཆོག འོན་ཀྱང་ཐོན་ཚད་ཅུང་དམའ་ལ་ཕྲུས་ཀའང་མི་ལེགས་པས་གཅིག་པུ་བཀོལ་སྤྱོད་བྱེད་མི་རུང་། དགོས་ངེས་ཀྱི་དུས་སུ་འབྲས་སོག་དང་བསྡེབས་ནས་བཀོལ་ཆོག འདེབས་འཛུགས་བྱེད་སྐབས་གསར་བ་དང་རུལ་མེད་པ། ཆར་བའི་ནང་དུ་མ་སྦྲང་བ། སྐམ་པོ་ཡིན་པ་བཅས་ཀྱི་རྒྱུ་ཆ་འདེམ་དགོས། དཔེར་ན་འབྲས་སོག་འདེམ་སྐབས་གསེར་མདོག་དང་རུལ་འགྱུར་མེད་པའི་འབྲས་སོག་སྐམ་པོ་འདེམ་དགོས། སྙིང་བལ་སྙིགས་རོ་དང་སྙིང་བལ་གྱི་ཕྱི་ཤུན་འདེམ་སྐབས། སྐམ་པོ་དང་ཆར་བས་སྦྲང་མེད་པ། རུལ་མེད་པ། སྙིང་བལ་གྱི་ཕྱི་ཤུན་གསར་བ་བཅས་འདེམ་དགོས།

སྤྲང་སྐྱེས་ཤ་མོ་འདེབས་འཛུགས་བྱེད་པར་སྙིང་བལ་གྱི་ཕྱི་ཤུན་དང་། བེད་མེད་སྙིང་བལ། འབྲས་སྦ། ཕུབ་སྦ་སོགས་རྒྱུ་ཆ་གཙོ་བོར་འཛིན་པ་ལས་གཞན། ད་དུང་ཚད་ངེས་ཅན་གྱི་རམ་འདེགས་རྒྱུ་ཆ་དགོས་ཤིང་། དཔེར་ན་ལྤི་བ་དང་བྱ་རྟུག འབྲས་ཤུན་ནམ་ཕུབ་སྦ། མེས་བསྲེགས་པའི་ས། དེ་བཞིན་ཀའོ་ལིན་སོན་ཀལ་དང་། ཡིན་སྐྱུར་ཆིང་གཉིས་ཙྣ། ཡིན་སྐྱུར་ཆིང་ཙྣ་གཉིས། རྫ་ཐལ་སོགས་ཡོད་ཅིང་། གསོ་སྐྱོང་གི་འཚོ་བཅུད་ཇེ་མང་དུ་གཏོང་དགོས།

རྒྱུན་བཀོལ་གྱི་གསོ་སྐྱོང་རྒྱུ་ཆ་ལ།

(1) སྙིང་འབྲུའི་ཕྱི་ཤུན་གསོ་སྐྱོང་རྒྱུ་ཆ། སྙིང་འབྲུའི་ཕྱི་ཤུན97%དང་། རྫ་ཐལ་སྐམ་པོ3%ཡིན།

(2) བེད་མེད་སྙིང་བལ་གྱི་གསོ་སྐྱོང་རྒྱུ་ཆ། སྙིང་བལ་འཁེལ་འཐག་བཟོ་གྲྭའི་མགོ་

མེད་སྲིང་བལ90%དང་། རྡོ་ཐལ3% ཀའོ་ལིན་སོན་ཀལ2% ཕུབ་རྩ5%བཅས་དགོས།

(3) འབྲས་རྩའི་གསོ་སྐྱོང་རྒྱུ་ཆ། འབྲས་རྩ་སྐམ་པོ82%དང་། ལྤི་བ་སྐམ་པོ15% རྡོ་ཐལ3%བཅས་དགོས།

(4) གྲོ་སོག་གི་གསོ་སྐྱོང་རྒྱུ་ཆ། གྲོ་སོག་སྐམ་པོ82%དང་ལྤི་བ་སྐམ་པོ15% རྡོ་ཚ3%བཅས་དགོས།

(5) འབྲས་རྩ་སྲིང་བལ་གྱི་ཕྱི་ཤུན་མཉམ་བསྲེས་ཀྱི་གསོ་སྐྱོང་རྒྱུ་ཆ། འབྲས་རྩ(རིང་ཚད་ལི་སྨི7ཙན་དུ་གཏུབ་པ)49%དང་། སྲིང་བལ་གྱི་ཕྱི་ཤུན49% རྡོ་ཐལ2%བཅས་དགོས།

(6) འབྲས་རྩ་དང་གྲོ་སོག་བསྲེས་ནས་གསོ་སྐྱོང་བྱེད་པའི་རྒྱུ་ཆ། འབྲས་སོག30%དང་། གྲོ་སོག62% འབྲས་ཤུན5% རྡོ་ཚ3%བཅས་དགོས།

(7) མ་རྨོས་ལོ་ཏོག་གི་སོག་མའི་གསོ་སྐྱོང་རྒྱུ་ཆ། མ་རྨོས་ལོ་ཏོག་གི་སོག་མ(རིང་ཚད་ལི་སྨི3~4དུམ་བུ)97%དང་རྡོ་ཐལ3%བཅས་དགོས།

(བཞི) འདེབས་འཛུགས་དོ་དམ།

སྲང་སྐྱེས་ཤ་མོ་ལ་ཁང་བའི་ནང་དུ་སྟེགས་བུའི་འདེབས་འཛུགས་དང་སོ་ཕག་རྣམ་པའི་འདེབས་འཛུགས་རིགས་གཉིས་ཡོད། སྲིང་བལ་གྱི་ཕྱི་ཤུན་ནམ་འབྲས་སོག་རྒྱུ་ཆ་བེད་སྤྱོད་བྱེད་པ་དང་། སོ་ཕག་རྣམ་པའི་འདེབས་འཛུགས་བྱེད་སྟངས་ནི་སྟེགས་བུའི་རྣམ་པའི་འདེབས་འཛུགས་བྱེད་པ་ལས་ཐོན་ཚད་མཐོ། སོ་ཕག་རྣམ་པའི་འདེབས་འཛུགས་བྱས་ན་འདེབས་འཛུགས་རྒྱུ་ཆའི་དབུགས་རྒྱུ་གནས་ཚུལ་ཇེ་ལེགས་སུ་བཏང་ནས་ཤ་མོ་ཐོན་ཚད་ཇེ་མཐོར་གཏོང་བ་ཡིན།

1. སྟེགས་བུ་རྣམ་པའི་འདེབས་འཛུགས།

(1) འདེབས་སྟེགས་སྒྲུབ་པ། བསྐོལ་བའི་གསོ་སྐྱོང་རྒྱུ་ཆའི་དྲོད་ཚད38℃མན་དུ་ཆག་སྐབས། གསོ་སྐྱོང་རྒྱུ་ཆ་སྙོམས་པར་བསྲེས་པ་དང་། ཨན་དྲི་མེད་དུས་འདེབས་སྟེགས་སྒྲུབ་དགོས། ཤ་མོའི་འདེབས་འཛུགས་སྟེགས་བུ་སྒྲུབ་དུས་དཀྱིལ་སྙིང་མཐོ་བ་དང་མཐའ་འཁོར་དམའ་བའི་རུས་སྦལ་གྱི་རྒྱབ་དབྱིབས་ཅན་ཆགས་པར་བྱེད་དགོས་ཤིང་། དཀྱིལ་སྙིང་

གི་མཐུག་ཚད་ལ་ལི་སྨི20དང་མཐའ་འཁོར་གྱི་མཐུག་ཚད་ལི་སྨི15ཡིན། རྒྱུ་ཚའི་ངོས་སུ་སྟོན་ལ་གར་ཚད2%རྫོ་ཐལ་ཆུའི་ནང་དུ་སྦངས་སྦྱོང་བའི་ཕུབ་རྩྭ་དང་རྫོ་ཐལ་ཕྱེ་མ་གཏོར་ནས་ཆུའི་འདུས་ཚད75%ཡས་མས་སུ་སླེབས་སུ་འཇུག་དགོས། pHཚད་ནི9~10ཡིན་དགོས།

(2) རྒྱོ་འདེབས་དང་རྒྱོ་འདེབས་རྗེས་ཀྱི་དོ་དམ། སྨི་གྲུ་བཞི་ལྷམ་པ་རེར་ཤ་མོའི་ས་བོན་ཁེ500དགོས་ཤིང་། ཁྱུང་བུའི་རྒྱོ་འདེབས་བྱེད་ཐབས་སྤྱད་དེ་ཤ་མོའི་ས་བོན་གྱི50%རྒྱོ་འདེབས་བྱེད་པ་ཡིན། ལྷག་ལུས་ཀྱི་ཤ་མོའི་ས་བོན་རྣམས་ཤ་མོའི་གསོ་སྐྱོང་རྒྱུ་ཚའི་ཕྱི་ངོས་སུ་གཏོར་བ་དང་། ཤིང་ལེབ་ཀྱིས་མནན་ནས་ཤ་མོའི་ས་བོན་དང་གསོ་སྐྱོང་རྒྱུ་ཚ་དམ་པོར་སྦྱོར་དགོས། ས་བོན་བཏབ་རྗེས་དེའི་སྟེང་དུ་སྤོས་འཁྱིག་སྲབ་མོ་བཀབ་ན་ཤ་མོའི་སྲིན་སྐུད་བདེ་ཐང་དང་འཚར་ལོངས་ཡོང་བར་ཕན་པ་ཡོད། ཉིན་རེར་འཁྱིག་ཤོག་ཕྱེ་སྟེ་རླུང་རྒྱུག་ཐེངས1~2བྱས་ནས་རྒྱུ་ཚའི་ནང་གི་དྲོད་ཚད་ཚོད་འཛིན་བྱེད་དགོས། ཤ་མོའི་ཕྲ་སྐུད་གསོ་སྐྱོང་རྒྱུ་ཚའི་ནང་དུ་ཁེངས་དུས། རྒྱུ་ངོས་སུ་ཁེབས་པའི་སྤོས་འཁྱིག་སྲབ་སྐྱི་མེད་པར་བཟོ་དགོས།

2. སོ་ཕག་རྣམ་པའི་འདེབས་འཛུགས།

(1) རྒྱོ་འདེབས། རང་གིས་བཟོས་པའི་རིང་ཚད་དང་ཞེང་ཚད་སོ་སོར་ལི་སྨི40དང་། མཐོ་ཚད་ལ་ལི་སྨི15ཡོད་པའི་གྲུ་བཞི་ཁ་གང་མའི་དབྱིབས་ཀྱི་ཤིང་སྒྲོམ་བཟོ་དགོས་ཤིང་། ཤིང་སྒྲོམ་ཐང་དུ་ལེབ་འཇོག་བྱེད་པ་དང་། ཤིང་སྒྲོམ་སྟེང་དུ་རིང་ཚད་དང་ཞེང་ལ་སྨི1.5ཙམ་ཡོད་པའི་སྲབ་སྐྱི་འགེབས་དགོས་ཤིང་། བར་དུ་ལི་སྨི15རེའི་མཚམས་སུ་ལི་སྨི1ཚངས་ཐིག་ཏུ་ཁྱུང་བུ་རེ་གཏོད་ནས་ཆུ་དང་དབུགས་རྒྱུ་བར་ཕན་པར་བྱེད་དགོས། ཤིང་སྒྲོམ་ནང་དུ་བསྒལ་ཟིན་པའི་གསོ་སྐྱོང་རྒྱུ་ཚ་བཟང་པོ་འཇོག་པ་དང་། ཤ་མོའི་ས་བོན་ཤེལ་དམ་ནང་ནས་ཤ་མོའི་ས་བོན་བཏོན་ཏེ། ཤ་མོའི་ས་བོན་ནི་གཙང་དག་གི་གཞོང་པའི་ནང་དུ་བཞག་ནས། ཤ་མོའི་ས་བོན་དལ་མོས་ཇེ་ཞིབ་ཏུ་གཏོང་དགོས། ས་བོན་འདེབས་དུས་རིམ་བརྩེགས་ཀྱི་ཐབས་ལ་བརྟེན་ནས་རྒྱོ་འདེབས་བྱེད་དགོས། བྱེ་བྲག་གི་བྱེད་ཐབས་ནི་རིམ་པ1བཏིངས་རྗེས་རིམ་པ1འདེབས་པ་དང་། ཁྱོན་བསྡོམས་རྒྱུ་ཚ་རིམ་པ3དང་ཤ་མོའི་

ས་བོན་རིམ་པ2ཡིན། གོང་རིམ་དུ་ཤ་མོའི་ས་བོན་ཙུང་མང་ཙམ་གཏོར་བ་དང་། ལྷག་མའི་ཤ་མོའི་ས་བོན1/5ཙམ་རྒྱུ་ཆའི་ཕྱི་ངོས་སུ་ཤིང་ལེབ་ཀྱིས་དལ་གྱིས་རྡེབ་པའམ་གནོན་དགོས། ཤ་མོའི་ས་བོན་དང་གསོ་སྐྱོང་རྒྱུ་ཆ་དམ་པོར་སྦྱོར་དགོས་ཤིང་། དེའི་ངོས་སུ་སྦྱིས་འཁྲིག་སྲབ་མོ་འགེབས་པ་དང་ཤིང་སྒྲོམ་ཡར་བཏེགས་ནས"ཤ་མོའི་སོ་ཕག"བཟོ་བའོ།།

(2) སོན་བཏབ་བྱས་རྗེས་ཀྱི་དོ་དམ། ས་བོན་བཏབ་རྗེས་རྒྱུ་ཆའི་ནང་གི་དྲོད་ཚད་རིམ་བཞིན་ཇེ་མཐོར་འགྲོ་བ་དང་། སྤྱིར་བཏང་དུ་ཉིན3~4ནང་ནས་དྲོད་ཚད་མཐོ་ཤོས་ལ་སླེབས་ཐུབ་པ་ཡིན། ཆར་བབས་ནས་དྲོད་ཚད་ཇེ་དམའ་རུ་འགྲོ་བ་དང་། སྒྲི་མོ་བརྫོལ་ནས་རླུང་རྒྱུག་པས་དྲོད་ཚད་ཇེ་དམའ་རུ་འགྲོ་བ། རྒྱུ་ཆའི་བང་རིམ་བརྫོལ་ནས་དྲོད་ཚད་ཇེ་དམའ་རུ་འགྲོ་བ་སོགས་ཀྱི་བྱེད་ཐབས་སྤྱད་ཆོག ཚོད་འཛིན་རྒྱུ་ཆའི་ནང་གི་དྲོད་ཚད་མཐོ་ཤོས་ནི42℃མན་ཡིན། ཤ་མོའི་ཕྲ་ཕུང་སོ་ཕག་གི་སྟེང་དུ་ཁེངས་དུས། རྒྱུ་ངོས་སུ་ཁེབས་པའི་སྦྱིས་འཁྲིག་སྲབ་སྒྲི་ཕྱེ་དགོས།

3. ཤ་མོ་སྐྱེ་དུས་ཀྱི་དོ་དམ།

རྫོ་འདེབས་བྱས་རྗེས་ཀྱི་ཉིན9ཡས་མས་སུ་ཤ་མོའི་ཕྲ་སྐྱུད་གཅུས་སྒྲིམ་བྱས་ཏེ་མདོག་དཀར་པོའི་ཟེའུ་འབྲུ་གྲུབ་པ་ཡིན། སྤང་སྐྱེས་ཤ་མོའི་ཕྲ་སྐྱུད་གཅུས་དུས། དུས་ལྟར་རྒྱུ་ཆའི་རླན་ཚད་ཇེ་མཐོར་བཏང་སྟེ"ཤ་མོ་སྐྱེ་བའི་ཆུ"གཏོར་དགོས། ཆུ་གཏོར་སྐབས་ཤ་མོའི་སྟེང་དུ་ཐད་ཀར་གཏོར་མི་རུང་། དུས་མཚུངས་སུ་འོད་ཕོག་ཚད་ཇེ་མང་དུ་བཏང་ནས་སྤང་སྐྱེས་ཤ་མོ་དཀར་པོའི་ཕྲ་ཕུང་གྲུབ་པ་དང་། འདེབས་འཛུགས་བྱེད་སའི་དྲོད་ཚད28~32℃ཡིན་པར་མ་ཟད། སྒོ་མཐུད་དུ་རླངས་སྨུག་གཏོར་ནས་ཁང་བའི་ནང་གི་མཁའ་རླུང་གི་རླན་ཚད85%~90%རྒྱུན་འཁྱོངས་བྱེད་དགོས། ཤ་མོའི་གང་བུ་ཆུང་ངུ་མང་པོ་ཞིག་གྲུབ་རྗེས་ཆུ་གཏོར་མཚམས་འཇོག་དགོས་ཤིང་། རླན་སྲུང་གཙོ་བོར་བྱེད་པ་དང་། མཁའ་དབུགས་ལྡོས་བཅས་ཀྱི་རླན་ཚད90%ཡན་རྒྱུན་འཁྱོངས་བྱེད་དགོས། ཕྲ་ཕུང་སྒྲོག་གུའི་ཆེ་ཆུང་ཡོད་དུས་ཆུ་གཏོར་ཚད་རིམ་བཞིན་ཇེ་མང་དུ་གཏོང་དགོས། ཉིན་གུང་གི་སྐབས་སུ་དྲོད་ཚད་ཅུང་མཐོ་བའི་དུས་སུ་རླུང་རྒྱུ་རུ་འཇུག་པ་དང་། ཉིན་རེར་རླུང་རྒྱུ་བའི་དུས་ཚོད་སྐར་མ10~15ནང་

ཚོད་འཛིན་བྱས་ཏེ། རླུང་ཐད་ཀར་འདེབས་སྐེགས་སྐྱེང་དུ་མི་རྒྱུ་བར་བྱེད་དགོས། དཔེར་ན་ཤ་མོ་སྐྱིལ་སྦུའི་ནང་གི་དྲོད་ཚད་དམའ་ན་དུས་ཐོག་ཏུ་དྲོད་ཚད་ཇེ་མཐོར་གཏོང་དགོས།

4. བཟ་བསྐྱུ།

རྨོ་འདེབས་བྱས་རྗེས་ཀྱི་ཉིན10ནས་བཟུང་བཟ་བསྐྱུ་ཞུང་ཙམ་བྱེད་པ་དང་། དུས་ཐོག་ཏུ་བཟ་བསྐྱུ་བྱས་ཏེ་ཚད་ལྡན་ཤ་མོའི་ཐོན་ཚད་ཇེ་མཐོར་གཏོང་དགོས། ཤ་མོའི་དབྱིབས་ནི་ཤིང་ཏོག་ལི་ཀྲིའི་དབྱིབས་སམ་སྒོང་གཟུགས་ཡིན་དུས་བཟ་བསྐྱུའི་དུས་ཚོད་ཆེས་འཚམ་པ་ཡིན། འཐོག་དུས་ལག་པས་རྩའི་རྒྱུ་ཆ་མནན་པ་དང་། ཤ་མོ་གཞན་དག་ལ་གནོད་སྐྱོན་མི་ཐེབས་པའམ་ཡང་ན་ཤ་མོའི་ཕྲ་སྐྱུད་འཐེན་ནས་ཆད་དུ་འཇུག་པ་ཡིན། བཟ་བསྐྱུ་བྱས་རྗེས་དུས་ཐོག་ཏུ་འདེབས་སྐེགས་ངོས་སམ་ཡང་ན་ཤ་མོ་ཤི་རོ་གཙང་སེལ་བྱེད་དགོས། ཤ་མོ་སྐྱིལ་སྦུའི་ནང་གི་དྲོད་ཚད30~32℃རྒྱུན་འཁྱོངས་དང་རླན་ཚད85%~90%ཡིན་དགོས། ཤ་མོའི་སོག་ཤུལ་དང་པོ་བཟ་བསྐྱུ་བྱས་རྗེས་ཉིན3ལ་ཆུ་གཏོར་མཚམས་འཇོག་དགོས། ཉིན4པར་སླར་ཡང་ཆུ་ཐེངས1གཏོར་ནས་ཤ་མོའི་སོག་ཤུལ་ཐེངས2པར་ཆུ་འདང་ངེས་ཤིག་འདོན་སྤྲོད་བྱེད་དགོས།

ཨཆད་པ་བརྒྱད་པ། ཕོ་ཤུལ་ཤ་མོ།

གཅིག སྤྱི་བཤད།

ཕོ་ཤུལ་ཤ་མོའི་གདུགས་མགོའི་ངོས་སུ་བདེ་སྐོམས་མིན་པའི་ཀོང་བུ་ཆུང་དུ་མང་པོ་སྐྱེས་ཡོད། ཕྱི་ཚུལ་གྱི་རྣམ་པ་ནི་ལུག་གི་གློད་པ་དང་འདྲ་བས་མིང་ཡང་དེ་ལྟར་ཐོགས་པ་ཡིན། དེ་ནི་རྩ་ཆེ་ཞིང་རིན་ཐང་ལྡན་པའི་རི་སྐྱེས་ཟས་རིགས(སྨན)ཤ་མོ་ཞིག་ཡིན། འཚོ་བཅུད་དང་སྨན་སྤྱོད་རིན་ཐང་ཆེན་པོ་ལྡན། རང་རྒྱལ་གྱིས་སྔ་མོ་ནས《ཟས་བཅོས་སྔོ་སྨན》ནང་དུ“གྲང་མངར་འཚམ་ལ་དུག་མེད་ཅིང་། ཕོ་རྒྱུ་དང་ལུད་པ་དབུགས་གསོ”ཞེས་གྲུང་ལུགས་གསོ་རིག་ནང་དུ་ཕོ་ཤུལ་ཤ་མོའི་ཕྲ་ཕུང་ནི་སྨན་དུ་བསྟེན་བཞིན་ཡོད་ཅིང་།

དེའི་རང་བཞིན་སྙོམས་པོ་དང་། བྲོ་བ་མངར་ཞིང་གྲང་བ། དུག་མེད་པ། ཕོ་བ་གསོ་བ། ཟས་འཇུ་བ། ཁ་ལུད་དང་དབུགས་བཅོས་པ། མཁལ་མ་གསོ་བ། ཀླད་པ་གསོ་བ། བློ་སྙིང་བཅས་ཀྱི་ནུས་པ་ལྡན། ཞིབ་འཇུག་བྱས་པ་ལྟར་ན། ཕོ་སྲུལ་ཤ་མོར་ཁྲག་ཚིལ་གཅོག་པ་དང་། རིམས་ཐར་སྨོམ་སྒྲིག་བྱེད་པ། ངལ་དུབ་འགོག་པ། འགྱིད་པ་འགོག་པ། སྐྲན་ནད་འགོག་པ་བཅས་ཀྱི་ནུས་པ་ལྡན་པར་མ་ཟད། སྐྲན་ནད་བྱུང་བའི་ནད་པའི་རྫས་འགྱུར་གསོ་བཅོས་ཀྱིས་བཟོས་པའི་དུག་གི་ཞོར་སྐྱོན་ཡང་ཇེ་ཉུང་དུ་གཏོང་ཐུབ། མིའི་ལུས་ཕུང་གི་ནད་འགོག་ནུས་པ་ཇེ་དྲག་ཏུ་གཏོང་བའི་ནུས་པ་ལྡན་པས་ནད་རིགས་སྔོན་འགོག་བྱེད་ཐུབ། ཁྲག་ཤེད་མཐོ་བ་དང་སྙིང་ནད། གཅིན་པ་མངར་འགྱུར་གྱི་ནད་སོགས་ལ་ཕན་ནུས་ངེས་ཅན་ལྡན་པར་མ་ཟད། ད་དུང་ངོ་གདོང་མཛེས་བཟོ་དང་རྒས་འཕོགས་འགོག་པའི་ནུས་པའང་ཡོད།

ཡུ་བ་སྦོམ་པའི་ཕོ་སྲུལ་ཤ་མོའི་ཕྲ་ཕུང་གི་འཚོ་བཅུད་ཀྱི་གྲུབ་ཆ་ལ་དབྱེ་ཞིབ་དང་ཚད་འཇལ་གཏན་འཁེལ་བྱས་པའི་མཇུག་འབྲས་ནི། ཚིལ་རྫིང་འདུས་ཚད3.82%ཡིན། ཚིལ་སྐྱུར་རིགས4ལས་གྲུབ་པ་དང་། དེའི་ནང་དུ་ཡཱ་སྣུམ་སྐྱུར56%ཟིན་ཡོད། སྣུམ་སྐྱུར28.41%ཟིན་པ་དང་ཞག་ཚིལ་སྲ་མོའི་སྐྱུར2.02%ཟིན། ཚིལ་སྐྱུར་སྙི་མོ13.54%ཟིན་ཡོད། ཚད་མ་ལོངས་པའི་ཚིལ་སྐྱུར་འདུས་ཚད་ཅུང་མཐོ་བས། ཕོ་སྲུལ་ཤ་མོ་ལ་སྨན་སྤྱོད་རིན་ཐང་ལྡན་པའི་རྒྱུ་རྐྱེན་གཙོ་བོ་རུ་གྱུར།

ཕོ་སྲུལ་ཤ་མོ་ལ་མངར་ཆ་མང་པོ་དང་སྤྲི་དཀར། ཚིལ་སྐྱུར་བཅས་ཕུན་སུམ་ཚོགས་པོ་ཡོད་པ་ལས་གཞན་ད་དུང་ཀལ་དང་ཏི་ཚ་སོགས་གཏེར་རྒྱུ་དང་། ཚད་ཉུང་མ་རྒྱུ། འཚོ་བཅུདB1དང་། འཚོ་བཅུདB2སོགས་འཚོ་བཅུད་ཀྱི་རིགས་མང་པོ་འདུས་ཡོད། Bouillantཕོ་སྲུལ་ཤ་མོའི་ཁྲོད་ནས་སྲིན་འགོག་དང་ནད་དུག་འགོག་པའི་གྲུང་གཤིས་གྲུབ་ཆ་ཁ་ཤས་སུ་ཕྱེས་ཡོད་ཅིང་། Tomitaཕྲ་ཕུང་ཁྲོད་དུ་སྨར་རྒྱུང་གི་ཁྲག་ལེབ་ཆུང་བའི་འདུས་ཚོ་ཚོད་འགོག་རྐྱེན་ཆས་དབྱེ་ཕྱེས་ཡོད།(ནུས་པ་ཨ་སི་ཕི་ལིན་ལས་ལྡབ2~3མཐོ་བ་ཡིན)

གཉིས། ཕོ་སྒུལ་ཤ་མོའི་བཀོལ་སྤྱོད་རིན་ཐང་།

(གཅིག) ཕོ་སྒུལ་ཤ་མོའི་བཟའ་བྱའི་རིན་ཐང་།

ཕོ་སྒུལ་ཤ་མོའི་ཕྲ་ཕུང་ནང་དུ་ཕུན་སུམ་ཚོགས་པའི་འཚོ་བཅུད་ཀྱི་གྲུབ་ཆ་ཡོད་ཅིང་། གྲང་ཀོང་ལུན་སོགས(1993ལོར)ཞིན་ཅང་གི་སྤྱོམ་དཔྱིབས་ཡུ་བའི་ཕོ་སྒུལ་ཤ་མོའི་ཕྲ་ཕུང་གི་འཚོ་བཅུད་གྲུབ་ཆར་ཚད་འཇལ་བྱས་པ་ལྟར་ན། སྤྲི་དཀར་རྫས22.06%འདུས་པ་དང་། རྩིང་ཚིལ3.82%(སྐྱང་མཆིན་ཤ་མོ་ལས་ཅུང་མཐོ)དེའི་ནང་དུ་ཚད་མ་ལོངས་པའི་ཚིལ་སྐྱུར་དང་ཚད་ལོངས་ཚིལ་སྐྱུར་གྱི་བསྡུར་ཚད་ནི5:3དང་། མི་ལུས་ལ་ཕན་པའི་སྣུམ་སྐྱུར་འབྲིང་བའི་ཚིལ་སྐྱུར་སྤྱི་གྲངས་ཀྱི56.0%ཟིན། ཕྲན་འདུས་རྒྱ་འདྲེས་འགྱུར་རྫས40% ཨན་ཅི་སོན་རིགས19འདུས་ཡོད་པ་དང་ཁེ100རེའི་ནང་དུ་ཨེམ་རྨང་སྐྱུར་བསྡོམས་གྲངས19.57%ཟིན་པས། བཟའ་བྱའི་ཤ་མོ་སྣ་ཚོགས་ཁྲོད་ཀྱི་ཨང་དང་པོ་ཡིན་ནོ།།

(གཉིས) ཕོ་སྒུལ་ཤ་མོའི་སྨན་སྤྱོད་རིན་ཐང་།

ཕོ་སྒུལ་ཤ་མོའི་རང་བཞིན་སྙོམས་པ་དང་རོ་མངར་བ། གཞིར་བཅུད་གསོ་བ་དང་། མཁལ་མ་གསོ་བ། ལུས་ཟུངས་གསོ་བ་བཅས་ཀྱི་ནུས་པ་ཡོད། ཕོ་མཚན་དང་འཁྲིག་སྤྱོད་བྱེད་ནུས་ཉམས་པ་དང་འཁྲིག་སྤྱོད་ཚོར་སྣང་ཉམས་པའི་སྣང་ཚུལ་ལ་གསོ་བཅོས་ཀྱི་ནུས་པ་མངོན་གསལ་ཡོད། ཕོ་རྒྱུའི་གཉན་ཚད་དང་མཆེར་བ། ཕོ་བ་ཞན་པ། ཟས་འཇུ་དཀའ་བ། མགོ་ཡུ་འཁོར་བ་དང་གཉིད་མི་ཁུག་པ། ངལ་དུབ་དྲགས་པ་བཅས་ལ་གསོ་བཅོས་ཀྱི་ཕན་འབྲས་ལེགས་པོ་ཡོད།

(གསུམ) ཕོ་སྒུལ་ཤ་མོའི་ལུས་ཁམས་བདེ་སྲུང་གི་ནུས་པ།

ཕོ་སྒུལ་ཤ་མོ་ནི་བདེ་ཐང་གི་ཟས་རིགས་ཤིག་ཡིན་ཞིང་། རྒྱུན་དུ་ཟོས་ན་ཚེ་བྱང་དུ་འཇུག་པ་དང་། བཞིན་སྤྲས། ཤ་མདོག་འཛམ་པ། ལུས་ཁམས་བདེ་སྲུང་བཅས་ཀྱི་ནུས་པ་ཡོད། རླུང་པ་གསོ་བ་དང་། ལུས་སྟོབས་རྒྱས་པ། ངལ་དུབ་སེལ་བ་བཅས་ཀྱི་ནུས་པ་ལྡན། ན་དུང་འབྲས་སྐྲན། ཆམ་པ་འགོག་པ། ལུས་ཁམས་ཀྱི་རིམས་འགོག་ནུས་པ་ཛེ་ཆེར་གཏོང་བ་བཅས་ཀྱི་ཕན་འབྲས་ལྡན།

སྐྱལ་རྒྱ་གང་ཡང་མེད་པ་དང་ཞོར་སྐྱོན་གང་ཡང་མེད་པའི་རང་བྱུང་གི་ལུས་གསོ་བདེ་སྲུང་སྨན་རྫས་ཤིག་ཡིན།

གསུམ། ཟོ་སྦུལ་ཤ་མོའི་སྐྱེ་ཁམས་ཆ་རྐྱེན།

(གཅིག) དྲོད་ཚད།

ཤ་མོའི་ཕྲ་ཕུང་སྐྱེ་འཚར་གྱི་དྲོད་ཚད་ནི3~28℃དང་ཆེས་འཚམ་པའི་དྲོད་ཚད་ནི18~22℃ཡིན། 3℃ལས་དམའ་ན་ཕྲ་སྐུད་སྐྱེ་མཚམས་འཇོག་པ་ཡིན། 28℃ལས་མཐོ་ན་ཤ་མོའི་སྐྱེ་མཚམས་འཇོག་པའམ་ཤི་བ་ཡིན། མཚན་མེད་འཕེལ་ནུས་ཕྲ་ཕུང་སྐྱེ་འཚར་གྱི་ཆེས་འཚམ་པའི་དྲོད་ཚད་ནི15~18℃ཡིན། ཐུམ་རྡུལ་སྐྱེས་པའི་འོས་འཚམ་གྱི་དྲོད་ཚད་ནི18~22℃ཡིན་པ་དང་། ཕྲ་ཕུང་ནི10~22℃ཁྱབ་ཁོངས་ནང་ནས་སྐྱེ་ཐུབ་པ་ཡིན། ཆེས་འཚམ་པའི་དྲོད་ཚད་ནི15~18℃ཡིན། གལ་ཏེ་ཉིན་མཚན་གྱི་དྲོད་ཚད་ཁྱད་པར་ཆེ་ན། ཕྲ་ཕུང་གྲུབ་རྒྱུར་སྐྱུལ་འདེད་གཏོང་ཐུབ། འོན་ཀྱང་སྐྱེ་འཚར་ཁྱབ་ཁོངས་ཀྱི་དྲོད་ཚད་ལས་དམའ་བའམ་མཐོ་བ་ཚང་མས་ཕྲ་ཕུང་གི་རྒྱུན་ལྡན་གྱི་འཚར་སྐྱེ་ལ་ཕན་པ་མེད།

(གཉིས) རླན་ཚད།

ཟོ་སྦུལ་ཤ་མོ་ནི་ས་རླན་པའི་ཁོར་ཡུག་ཏུ་སྐྱེས་པར་འཚམ་པ་དང་། འཚོ་བཅུད་སྐྱེ་འཚར་དུས་རིམ་གྱི་ས་རྒྱུའི་བཞའ་ཚན་ལ་བླང་བྱ་ནན་པོ་མེད། ཆུ་འདུས་ཚད30%~70%ཡིན་ན་ཁོར་ཡུག་གང་རུང་དུ་སྐྱེ་ཐུབ། འོན་ཀྱང་ཆུའི་འདུས་ཚད45%~55%ཡིན་ན་བཟང་། ཟོ་སྦུལ་ཤ་མོ་འདེབས་འཛུགས་བྱེད་པའི་གསོ་སྐྱོང་རྨང་གཞིའི་རླན་ཚད60%~65%ཆེས་འཚམ་པ་ཡིན། ཆུ་འདུས་ཚད70%ལས་བརྒལ་ན་སྐྱེ་མཚམས་འཇོག་པ་དང་། ཆུ་འདུས་ཚད55%ལས་དམའ་ན་ཕྲ་ཕུང་སྐྱེ་འཚར་མི་ལེགས། ཕྲ་ཕུང་ལ་འཚམ་པའི་མཁའ་རླུང་གི་ལྟོས་བཅས་རླན་ཚད་ནི75%~95%ཡིན། འོན་ཀྱང80%~90%ནི་ཆེས་འཚམ་པ་ཡིན།

(གསུམ) འོད་འཕྲོ།

ཟོ་སྦུལ་ཤ་མོའི་འཚོ་བཅུད་དུས་རིམ་དུ་འོད་ཟེག་མི་དགོས་ཤིང་། འོད་འཕྲོ་ཚད་མཐོ་དྲགས་ན་ཤ་མོའི་ཕྲ་ཕུང་གི་སྐྱེ་འཚར་ལ་ཤུགས་རྐྱེན་ཐེབས་སྲིད་དང་། ཤ་མོའི་ཕྲ་སྐུད

ནི་སྨུན་ནག་གམ་ཡང་ན་འོད་ཞན་པའི་ཁོར་ཡུག་ནང་དུ་སྐྱེ་འཚར་ཧ་ཅང་མགྱོགས། འོན་ཀྱང་ཉི་མའི་འོད་ཟེར་གྱིས་ཕྲ་ཕུང་གྲུབ་པ་ལ་སྐུལ་འདེད་ནུས་པ་ངེས་ཅན་ཞིག་ཡོད། ལྷག་པར་དུ་ཤ་མོའི་ཕྲ་ཕུང་འཚར་ལོངས་དུས་རིམ་དུ་འོད་ཕྱོགས་རང་བཞིན་ཙུང་ཆེན་པོ་ལྡན། དེའི་ཕྱིར། ཪོ་སྲུལ་ཤ་མོ་ནི་རྒྱུན་དུ་འོད་ཀྱི་ཕྱོགས་སུ་གུག་འཁྱོག་ཏུ་སྐྱེས་ཤིང་། གལ་ཏེ་ཁེབས་དངོས་མཐུག་དྲགས་པའམ་ཤིང་སྡོང་སྟུག་དྲགས་པ་དང་། སྒྲིབ་ལ་ཕྱོགས་པ། ཉིན་གང་བོར་ཉི་མའི་འོད་ཟེར་དྲང་འཕྲོ་བྱེད་པའི་ས་གནས་ནི་ཤ་མོའི་ཕྲ་ཕུང་གི་འཚར་སྐྱེ་ལ་མི་འཚམ་པ་དང་། རང་བྱུང་ནགས་ཚལ་དང་མིའི་ཐབས་ཀྱིས་བསིལ་གཡབ་འོག་ཏུ་གསོ་སྐྱོང་བྱེད་པར་ཆེས་འཚམ་པ་ཡིན།

(བཞི) མཁའ་རླུང་།

ཪོ་སྲུལ་ཤ་མོའི་ཕྲ་སྐུད་སྐྱེ་འཚར་གྱི་དུས་རིམ་དང་ཕྲ་ཕུང་གྲུབ་པའམ་སྐྱེ་འཚར་གྱི་དུས་རིམ་དུ་མཁའ་རླུང་ལ་ཚོར་བ་རྣོན་པོ་ཡོད་ཅིང་། གལ་ཏེ་དབྱུང་གཉིས་ཐླན་རྫས་ཀྱི་གར་ཚད0.3%ལས་བརྒལ་ན། སྐྱེ་སྟོབས་ཞན་པ་དང་ཡ་མ་གཟུགས་ཡིན་པ་དང་། ཡང་ན་ཤ་མོ་མེད་པ་དང་ཐ་ན་རུལ་བར་འགྱུར། འོན་ཀྱང་དེ་དང་ལྗང་མདོག་རྩི་ཤིང་མཉམ་དུ་སྐྱེ་དུས་སྐྱེ་ཚུལ་ཧ་ཅང་བཟང་། དེར་བརྟེན། མིའི་ཐབས་ལ་བརྟེན་ནས་འདེབས་འཛུགས་བྱེད་སྐབས་རླུང་རྒྱུ་བར་བྱེད་པ་ལས་གཞན། གལ་ཏེ་སྔོ་ཚལ་དང་མེ་ཏོག་སོགས་སྐྱེ་དངོས་དང་མཉམ་འདེབས་བྱས་ན་ཐོན་འབབ་ཤིན་ཏུ་མཐོ།

(ལྔ) pHཚད།

ཪོ་སྲུལ་ཤ་མོའི་སྐྱེ་འཕེལ་ལ་འཚམ་པའིpHཚད་ནི་བཟའ་བྱའི་ཤ་མོ་གཞན་དག་དང་ཕལ་ཆེར་གཅིག་མཚུངས་ཡིན། གསོ་སྐྱོང་རྨང་གཞི་དང་ས་གཤིན་གྱིpHཚད་ནི5~8གང་ཡིན་རུང་ཤ་མོའི་ཕྲ་སྐུད་སྐྱེ་འཚར་ལ་འཚམ་པ་ཡིན། འོན་ཀྱང་ཆེས་འཚམ་ཤོས་ཀྱིpHཚད་ནི6~6.5ཡིན། གལ་ཏེpHཚད3ལས་དམའ་བའམ་ཡང་ན9ལས་མཐོ་ན་ཤ་མོའི་ཕྲ་སྐུད་སྐྱེ་མཚམས་འཇོག་པའམ་ཡང་ན་འཆི་བ་ཡིན།

བཞི། འཚོ་བཅུད་སྐྱེ་ལུགས།

ཕོ་སྦྲུལ་ཞ་མོའི་སྔོང་རྐང་སོ་སོ་གསོ་སྐྱོང་རྨང་གཞི་རྣ་ཚོགས་ཀྱི་སྟེང་ནས་སྐྱེ་ཐུབ་མོད། འོན་ཀྱང་སྔོང་རྐང་ནི་གསོ་སྐྱོང་རྨང་གཞི་མི་འདྲ་བའི་དབང་གིས་སྐྱེ་ཚད་དང་སྐྱེ་ཚུལ་སོགས་ཀྱང་མི་འདྲ་བ་ཡིན། ཚད་ལྡན་ཡིག་ཆ་ལྟར་ན། མ་རྒྱུད་སྐྱེད་སྲིང་གི་རྨང་གཞི་ཅུང་ལེགས་པ་ནི་སྨན་སེར་སྦྱུ་གུ་དང་མ་རྫོས་ལོ་ཏོག་གི་ཕྱེ་མ། ཕུབ་རྩྭ། སྨན་སེར་ཕྱེ་མ་སོགས་ཀྱི་གསོ་སྐྱོང་རྨང་གཞི་ཡིན་པ་དང་། དེའི་འཕྲོར་ཅུང་ལེགས་པ་ནིPDAཕྱོགས་བསྡུས་རྨང་གཞི་དངPDAགསོ་འཕེལ་རྨང་གཞི་ཡིན། འདྲེས་སྦྱོར་གྱི་རྒྱུན་འབྲུམ་ཞའོ་སོན་ནྭ་དང་བུ་རམ་ཞའོ་སོན་ཙྭ་སོགས་གསོ་སྐྱོང་རྨང་གཞི་ནི་ཅུང་ཞན་ནོ།།

ལྔ། སྐྱེ་འཚར་དུས་རིམ།

ཕོ་སྦྲུལ་ཞ་མོའི་སོན་སྣོད་འབྲས་བུ་ནི་སོན་སྣོད་ཞ་མོའི་སྐྱེ་འཕེལ་གྱི་ཕུང་གྲུབ་ཡིན། མིག་སྔར་རིགས་འབྱེད་རྣམ་པའི་གཞི་འཛིན་ས་ཞིག་ཀྱང་ཡིན། ཀླུམ་སླུང་དབྱིབས་ཀྱི་ཞ་མོའི་གདུགས་མགོ་ནི་ལུག་གི་ཕོ་བ་དང་འདྲ་བར་ངོས་ལ་འབར་འཕྱུར་མེད་པ་དང་། ཀོང་བུའམ་དོང་ངོས་སུ་སོན་སྣོད་དང་ཟུར་སྐྱུད་མང་པོ་སྐྱེས་ཡོད། སོན་སྤྱོད་རེ་རེའི་ནང་དུ་ཐུམ་རྡུལ8ཡོད་པ་དང་། ཐུམ་རྡུལ་མདེལ་འཕེན་ནི་སྒོ་འགག་ལ་སླེབས་ཐུབ། ཕོ་སྦྲུལ་ཞ་མོའི་སྐྱེ་འཚར་དུས་རིམ་གྱི་རི་མོ།

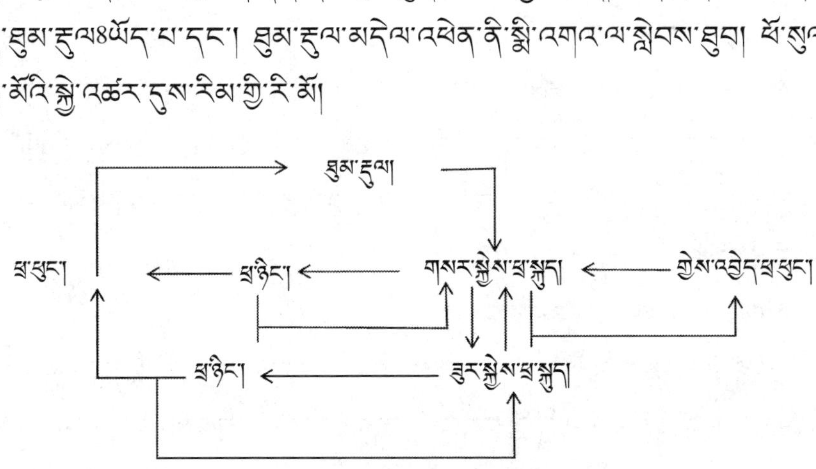

ཕོ་སྦྲུལ་ཞ་མོའི་སྐྱེ་འཚར་དུས་རིམ།

ཕོ་སྲུལ་ཤ་མོ་ནི་གདོད་རྨང་ནས་སོན་སྡོད་འབྲས་བུ་སྨིན་པའི་དུས་སྐབས་སུ་མིའི་ཐབས་ལ་བརྟེན་ནས་ཤ་མོའི་འདེབས་འཛུགས་ལེགས་འགྲུབ་འབྱུང་དཀའ་བ་དང་། ཕོ་སྲུལ་ཤ་མོའི་གདོད་རྨང་གྲུབ་པའི་ཆེས་ལེགས་པའི་དྲོད་ཚད་ནི18℃ཡིན། རློས་བཅས་ཀྱི་རླན་ཚད་ནི85%~90%དང་རྨང་རྫས་འདུས་ཚད50%~60%ཡིན། སོན་སྡོད་འབྲས་བུ་སྐྱེས་པའི་དྲོད་ཚད་ཀྱི་ཁྱབ་ཁོངས་ནི10~20℃ཡིན། རློས་བཅས་ཀྱི་རླན་ཚད་ནི80~90%ཡིན་པ་དང་། རྨང་གཞིའི་ཆུའི་འདུས་ཚད་ནི30~55%ཡིན།

དྲུག རིགས་གཙོ་བོ།

(གཅིག) བོད་ལྗོངས་ཀྱི་ཕོ་སྲུལ་ཤ་མོ།

སོན་སྡོད་འབྲས་བུ་ཁེར་སྐྱེས་ཡིན་པ་དང་། ཤ་མོའི་གདུགས་མགོ་ཁེབས་དབྱིབས་སམ་འཇོང་དབྱིབས་སུ་གྲུབ། རིང་ཚད་ལ་ལི་སྨི3~4.5དང་ཞེང་ཚད་ལ་ལི་སྨི2~3ཡོད། ཡན་ལག་གི་འབྲས་བུ་ནི་རིམ་པའི་རྩ་ལམ་དུ་འགྱུར་བ་དང་། གཏུབ་ན་ཁུང་བུའི་དབྱིབས་དང་ཡུ་བའི་རྩེ་མོར་གནས་པ་ཡིན། ཐུམ་དམར་ཞུང་གྲུབ་ལི་སེར་ནས་སྨུ་ཐུ་རའི་མདོག་ཡིན་ཞིང་། ཕྲ་ཞུང་རིམ་པ་སེར་མདོག་ནས་ཁམ་མདོག་ཏུ་མངོན་པ་དང་། ཕྱི་ཚུལ་ནི་མཛེར་དབྱིབས་དང་དབྱུག་པའི་དབྱིབས་སུ་གྲུབ། མཐོ་ཚད་ལ་ལི་སྨི7~10ཡོད་ཅིང་། ཞེང་ལ་ལི་སྨི1.5~2.2ཡོད། ཐུམ་རྟུལ་སྒྲིག་རིམ་དོག་ཅིང་འཇོང་དབྱིབས་དང་འཇམ་པ། སོན་སྡོད་ནང་དུ་ཕན་ཚུན་དམ་པོར་འབྲེལ་ནས་རིང་ཚད་ལ་ལེ་སྨི28~33ཡོད་པ་དང་། ཞེང་ལ་ལེ་སྨི16~20ཡོད། མདོག་མེད་ཞིལ་ལྷར་ཕྱི་གསལ་ནང་གསལ་ཡིན་ལ་དྲི་མ་མངོན་གསལ་མེད།

(གཉིས) ཕོ་སྲུལ་ཤ་མོ་དཀྱུས་མ།

སོན་སྡོད་འབྲས་བུ་སྤྱིར་བཏང་དུ་ཅུང་ཆུང་བ་དང་མཐོ་ཚད་ལི་སྨི5~10ཡིན། ཤ་མོའི་གདུགས་མགོའི་ཁ་ལེབ་ནི་སྒོར་དབྱིབས་དང་། འཇོང་དབྱིབས་སམ་སློང་དབྱིབས་ལ་ཉེ་བའི་དབྱིབས་སུ་མངོན། མཐོ་ཚད་ལི་སྨི5~5.5དང་ཞེང་ཚད་ལི་སྨི3.5~5ཡིན། ཁམ་མདོག་ནས་སེར་སྨུ་ཐུ་མངོན། དུས་མཇུག་ཏུ་མདོག་ཅུང་ཟེ་ཞན་དུ་འགྱུར། ཀོང་བུའི་

དབྱིབས་སུ་གྲུབ་པ་ངེས་མེད་ཅིང་ཟབ་པ་དང་སེར་སྐྱ་ནས་སྐྱ་བོ་ཡིན། ཡུ་བ་ཐུང་ལ་རིང་ཚད་ལི་སྨི3.5~5ཡོད། གཞུང་ཕྱོགས་སུ་བསྒྲིགས་ཡོད་པ་དང་འདྲ་ལ་སྦོམ་ཚད་ལ་ལི་སྨི1~3ཡོད། མདོག་དཀར་པོའི་རྩ་བ་སྦོམ་པ་དང་ནང་རིམ་ཁོག་སྟོང་ཡིན། སོན་སྙོད་ཀྱི་རིང་ཚད་ལ་ལྤེ་སྨི330~360དང་ཞེང་ཚད་ལ་ལྤེ་སྨི18~20ཡོད། ཐུམ་རྟུལ་འཛོང་དབྱིབས་དང་འཇམ་པོ། མདོག་མེད་ཡིན་པ་དང་། རིང་ཚད་ལ་ལྤེ་སྨི16~18དང་ཞེང་ཚད་ལ་ལྤེ་སྨི1~9ཡོད། གཞོགས་ངོས་སུ་བར་མཚམས་ཡོད་པ་དང་རྩེ་མོ་ཅུང་སྦོས་ཆེ་བ་ནི་དབྱུག་དབྱིབས་སུ་གྲུབ། ཡན་ལག་སྟོད་ཕྱོགས་ནས་རྒྱས་པ་དང་རྩེ་མོའི་སྦོམ་ཚད་ལ་ལྤེ་སྨི20ཡོད།

བདུན། ཕོ་སྲུལ་ཤ་མོའི་འདེབས་འཛུགས་ལག་རྩལ།

(གཅིག) འདེབས་འཛུགས་དུས་ཚོགས།

1. དཔྱིད་དུས་འདེབས་འཛུགས།

ཟླ3པའི་ཟླ་དཀྱིལ་དང་ཟླ་སྨད་དུ་སྔོ་འདེབས་བྱེད་དགོས། (ཁོར་ཡུག་གི་དྲོད་ཚད20℃ལས་བརྒལ་མི་རུང)ཟླ4པའི་ཟླ་སྟོད་དུ་ཕྱི་ཁྲུངས་འཚོ་བཅུད་ཁུག་མ(འདེབས་འཛུགས་བྱས་ནས་གཟའ་འཁོར་གཅིག་འགོར་རྗེས། ཤ་མོའི་ཕྲ་སྐྱུད་ས་རིམ་གྱི་ཕྱི་ངོས་སུ་ཁེངས་པ་ཡིན)འཛོག་པ་དང་། ཟླ4པའི་ཟླ་དཀྱིལ་དང་ཟླ་སྨད་དུ་ཤ་མོའི་སྐྱེ་འཚར་ལ་དོ་དམ(འཚོ་བཅུད་ཁུག་མ་མེད་པར་བཟོ་བ)བྱེད་དགོས། ཟླ5པའི་ཟླ་དཀྱིལ་དང་ཟླ་སྨད་དུ་བཏ་བསྡུ་བྱེད་མགོ་ཚུགས(ལོ་དེའི་དྲོད་གྲང་གི་གནས་ཚུལ་ལ་གཞིགས་ནས་དུས་རིམ་སོ་སོའི་ལག་བསྟར་དུས་ཚོད་སྔ་སྔུར་རམ་ཡང་ན་ཕྱིར་འགྱངས་བྱས་ཆོག)དགོས།

2. སྟོན་དུས་འདེབས་འཛུགས།

ཟླ10པའི་ཟླ་དཀྱིལ་དང་ཟླ་སྨད་དུ་སྔོ་འདེབས་བྱེད་དགོས། ཟླ11པའི་ཟླ་སྟོད་དུ་ཕྱི་ཁྲུངས་འཚོ་བཅུད་ཁུག་མ(འདེབས་འཛུགས་བྱས་ནས་གཟའ་འཁོར་གཅིག་འགོར་རྗེས། ཤ་མོ་ཕྲ་སྐྱུད་ས་རིམ་གྱི་ཕྱི་ངོས་སུ་ཁེངས་པ་ཡིན)འཛོག་པ་དང་། ཟླ1པོའི་ཟླ་དཀྱིལ་དང་ཟླ་སྨད་དུ་ཤ་མོའི་སྐྱེ་སྐྱུལ་དོ་དམ(འཚོ་བཅུད་ཁུག་མ་མེད་པར་བཟོ་བ)བྱེད་དགོས། ཟླ2པའི་ཟླ་དཀྱིལ་དང་ཟླ་སྨད་ནས་ཟླ3པའི་ཟླ་སྟོད་བར་བཏ་བསྡུ་བྱེད་མགོ་ཚུགས(ལོ་དེའི་དྲོད་

གྲང་གི་གནས་ཚུལ་ལ་གཞིགས་ནས་དུས་རིམ་སོ་སོའི་ལག་བསྟར་དུས་ཚོད་སྔ་སྙུར་རམ་ཡང་ན་ཕྱིར་འགྱངས་བྱས་ཆོག)དགོས།

(གཉིས) ཤ་མོའི་ས་བོན་བཟོ་གྲབས་བྱེད་པ།

1. སྨན་སེར་སྨུ་གུ་དང་མ་རྨོས་ལོ་ཏོག་ཕྱེ་མའི་གསོ་སྐྱོང་རྒྱུ་ཆ།

སྨན་སེར་སྨུ་གུ་ཁེ300དང་མ་རྨོས་ལོ་ཏོག་གི་ཕྱེ་མ་ཁེ100 རྒྱུན་འབྲུམ་མངར་ཆ་ཁེ20དང་ལིན་སྦྱར་ཨེར་ཆིང་ཐྭ་ཁེ1 ཟི་སྦྱར་རྩི་ཁེ1 ཆུང་ཀྲི་ཁེ20 ཆུ་ཏའོ་ཧྲེང1000བཅས་དགོས།

2. ཞུབ་རྩྭ་དང་སྨན་སེར་ཕྱེ་མའི་གསོ་སྐྱོང་རྒྱུ་ཆ I

ཞུབ་རྩྭ་ཁེ40དང་སྨན་སེར་ཕྱེ་མ་ཁེ10 ལིན་སོན་ཨེར་ཆིང་ཐྭ་ཁེ1དང་ལིའུ་སོན་རྩི་ཁེ1ཆུང་ཀྲི་ཁེ20དང་། ཆུ་ཏའོ་ཧྲེང1000བཅས་དགོས།

3. སྨན་སེར་སྨུ་གུའི་ཕྱོགས་བསྡུས་ཀྱི་གསོ་སྐྱོང་རྒྱུ་ཆ II

སྨན་སེར་སྨུ་གུ་ཁེ500དང་མ་རྨོས་ལོ་ཏོག་གི་ཕྱེ་མ་ཁེ100 ཞུབ་རྩྭ་ཁེ40དང་ཀུ་ཤུ་ཁེ50 ཕོ་སུལ་ཤ་མོའི་རྩ་བའི་ས་ཁེ100དང་། རྒྱུན་འབྲུམ་མངར་ཆ་ཁེ20 ལིན་སོན་ཨེར་ཆིང་ཐྭ་ཁེ1དང་ལིའུ་སོན་རྩི་ཁེ1 ཆུང་ཀྲི་ཁེ20 ཆུ་ཏའོ་ཧྲེང1000བཅས་དགོས།

4. ཞུབ་རྩྭའི་གསོ་སྐྱོང་རྒྱུ་ཆ།

ཞུབ་རྩྭ་ཁེ150དང་བུ་རམ་ཁེ20 ལིན་སོན་ཨེར་ཆིང་ཐྭ་ཁེ1དང་ལིའུ་སོན་རྩི་ཁེ0.5 ཆུང་ཀྲི་ཁེ20དང་། ཆུ་ཏའོ་ཧྲེང1000བཅས་དགོས།

བརྒྱད། འདེབས་འཛུགས་བྱེད་ཐབས་དང་ཐོན་སྐྱེད་དོ་དམ།

(གཅིག) འདེབས་འཛུགས་བྱེད་ཐབས།

1. ས་ཞིང་འདེམ་པ་དང་ས་ཞིང་ལེགས་སྒྲིག

སྔོར་བཏང་དུ་ལོ་ཏོག་སྐྱེས་པ་ལེགས་པའི་ས་ཞིང་ཚང་མ་ཕོ་སུལ་ཤ་མོ་འདེབས་འཛུགས་སྐྱེ་འཚར་བླང་བྱ་དང་འཚམ་པ་ཡིན། བྱེ་མ་འདུས་ཚད་དང་འགྱུར་གཤིས་ཆུང་མཐོ་བའི་ས་རྒྱུར་གཡོལ་དགོས། རྨོ་འདེབས་མ་བྱས་པའི་སྔོན་དུ། ཕྱི་ཆིང་རེར་རྫེ་ཐལ་སྟོང་

ཁྲི3.33~5རེ་གཏོར་ནས་pHཚད་དང་ས་རྒྱུའི་ནང་གི་ཤ་མོའི་གནོད་འབུ་གསོད་དགོས། དེའི་འཕྲོར། བསྐྱར་རྐོ་འཕྲུལ་འཁོར་གྱིས་ཟབ་རྐོ་བྱས་ཚོག་པ་དང་། རྐོ་འདེབས་ཀྱི་ཟབ་ཚད་ལི་སྨི25~30ཡིན། དེའི་རྗེས་ཡུར་འདྲུ་བཀོལ་སྤྱོད་བྱས་ཏེ། རྣང་དོས་ཞེང་སྨི0.8~1.2དང་། རྣང་ཤུར་གྱི་ཞེང་ཚད་སྨི0.2~0.3 གཏིང་ཚད་སྨི0.2~0.25རྒྱུན་འགྲོངས་བྱས་ནས། ཆུ་འབུད་བདེ་བ་དང་མིའི་བགྲོད་ལམ་བདེ་བ། ས་ཞིང་སྙོམས་རྗེས་ས་རྒྱུའི་ཀླན་ཚད་སྲུང་འཛིན་བྱེད་དགོས།

2. ཉི་སྒྲིབ་དྲ་རྒྱ་འགེབས་པ།

4~6ཉི་འོད་འགོག་པའི་དྲ་བ་ནག་པོ་བརྡམས་ནས་ཉི་སྒྲིབ་ས་ཁོངས་འཛུགས་དགོས་ཤིང་། ཕྱོགས་བཞིར་ཉི་འོད་སྒྲིབ་བྱེད་དྲ་བ་ས་ལ་འཕྱང་བ་དང་ས་འདམ་གྱིས་གནོན་པ། ཐོད་ཁང་རྩིལ་པོར་ཁ་སུམ་པ་དང་། འོས་འཚམ་ས་གནས་བརྡམས་ནས་སྒོ་ཕུག་བཞག་སྟེ་འགྲོ་འོང་བྱེད་པར་སྟབས་བདེ་སྒྲུབ་དགོས།

3. འདེབས་འཛུགས།

རྐོ་འདེབས་བྱེད་ཚད་ནི་སྤྱི་ཆིང་རེར་ཤ་མོའི་ས་བོན་སྟོང་ཁྲི10~13.33ཡིན། ཤ་མོའི་ས་བོན་འཇུག་བྱེད་ཀྱི་ཁུག་མ་བཤུས་རྗེས། དེའི་ཚངས་ཐིག་ནི་ལི་སྨི1.0~1.5ཡིན་པའི་ཤ་མོའི་ས་བོན་རྡོག་བུ་ཞིགས་སྒྲིག་བྱས་ཟིན་པའི་ས་དོས་སུ་གཏོར་བ་དང་། དེའི་རྗེས་སུ་ཤལ་ཆས་ཀྱིས་རྣང་དོས་སུ་ས་ལི་སྨི10~15བཀབ་ནས་ཤ་མོའི་ས་བོན70%~80%སྟེང་དུ་ས་ཡིས་ཁེབས་པར་ཁག་ཐིག་བྱེད་དགོས།

4. གསོ་སྐྱོང་རྒྱ་ཆའི་ཁ་སྐོན།

ས་བོན་བཏབ་རྗེས་ཀྱི་གཟའ་འཁོར་གཅིག་གི་ཡས་མས་སུ་ཤ་མོའི་ཕྲ་སྐྱད་རྣང་དོས་སུ་བཀང་བ་དང་། རྐོ་འདེབས་བྱས་ནས་ཉིན7~20འགོར་རྗེས་ཕྱི་ཁུངས་འཚོ་བཅུད་ཁ་སྐོན་བྱེད་དགོས། ཕྱི་ཁུངས་འཚོ་བཅུད་ཁུག་མའི་སྤྱོད་ཚད་ནི་མུ་རེར1800~2000ཡིན། ཁུག་མའི་ངོས་སུ་སོ་ཤལ་གྱིས་ཁུང་བུ་བརྟོལ་བ་དང་། ཁུང་བུའི་ཁ་མར་གཏད་ནས་ཕྱི་ཁུངས་ཀྱི་འཚོ་བཅུད་ཁུག་མ་ནི་སྲིན་སྐྱད་སྐྱེས་ཟིན་པའི་རྣང་དོས་སུ་གཡོགས་དགོས།

5. ཁུག་མ་ཕྱིར་འཐེན།

ཁུག་མ་ཕྱིར་འཐེན་བྱེད་པའི་དུས་ཚོད་ནི་ཤ་མོ་མ་སྐྱེས་སྔོན་གྱི་ཉིན20ཡས་མས་ཡིན། དྲོད་ཚད4~8℃ལ་སླེབས་པ་དང་ས་དྲོད6~12℃ལ་སླེབ་དུས་ཕྱི་ཁུངས་འཚོ་བཅུད་ཁུག་མ་ཕྱིར་འཐེན་བྱེད་དགོས།

(གཉིས) ཐོན་སྐྱེད་དོ་དམ།

1. དྲོད་ཚད་ཚོད་འཛིན།

ཤ་མོའི་ཕྲ་སྐུད་ནི་དྲོད་ཚད10~25℃འོག་ཏུ་སྐྱེས་ཐུབ་པ་ཡིན། འོན་ཀྱང25℃ལས་བརྒལ་མི་རུང་། དེ་མིན་སྲིན་སྐུད་ཀྱི་ཤུགས་ཚད་ཇེ་དམའ་རུ་འགྲོ་སྲིད།

2. བརླན་གཤེར་དོ་དམ།

རྐོ་འདེབས་བྱེད་པའི་དུས་སྐབས་སུ་ས་རྒྱུའི་ཆུ་འདུས་ཚད15%~25%ཚོད་འཛིན་བྱེད་དགོས། གདོད་མའི་རྒྱུ་ཆ་འཚར་སྐྱེའི་དུས་རིམ་དུ་ཆུ་མང་དུ་གཏོར་དགོས་པ་དང་། ས་རྒྱུའི་ཆུ་འདུས་ཚད20%~30%ཚོད་འཛིན་བྱེད་དགོས། ཕྲ་ཕུང་ཤ་མོ་འཚར་ལོངས་འབྱུང་བའི་དུས་རིམ་དུ་དབྱུང་རླུང་འཕོར་ཆེན་ཟད་གཏོན་བྱེད་དགོས་པ་དང་། ས་རྒྱུའི་རླན་ཚད18%~25%ཇེ་དམའ་རུ་གཏོང་དགོས།

3. མཁའ་རླུང་རླན་ཚད་དོ་དམ།

དྲོད་ཁང་ཆེན་མོའི་མཁའ་རླུང་བཞའ་ཚན70%~80%རྒྱུན་འཁྱོངས་བྱེད་དགོས། དྲོད་ཚད6~10℃འཕར་བ་དང་། མཁའ་རླུང་རླན་ཚད་ཇེ་མཐོར་བཏང་ནས85%~95%ལ་སླེབས་ཤིང་། ས་རྒྱུའི་རླན་ཚད20%~30%ཡིན། ཉིན་མཚན་གྱི་དྲོད་ཚད་ཀྱི་བར་ཁྱད10℃ལས་ཆེ་དུས། ཤ་མོར་སྐྱེ་སྐྲུལ་དོ་དམ་བྱེད་དགོས།

4. བཟ་བསྡུ།

ཕོ་སུལ་ཤ་མོའི་འབྲས་བུ་ཇེ་ཆེར་འགྲོ་རྒྱུ་མེད་ཅིང་། ཤ་མོའི་གདུགས་མགོ་དང་ཀོང་དོང་གི་འབུར་ངོས་མངོན་པར་གསལ་བ། ཤ་མཐུག་པ་དང་ལྗེམ་ཤུགས་ཡོད་ལ། དྲི་ཞིམ་འཐུལ་བའི་དུས་སུ་ཕོ་སུལ་ཤ་མོ་སྨིན་ཡོད་པའི་རྟགས་ཡིན་པས་བཟ་བསྡུ་བྱས་ཆོག

ཚན་པ་དགུ་པ། ཡོ་འབོག་སེར་པོའི་ཤ་མོ།

གཅིག སྤྱི་བཤད།

ཡོ་འབོག་སེར་པོའི་ཤ་མོའི་མིང་གཞན་ལ་ཅིན་ཧྲང་ཚེ་ཨེར་དང་ཡུ་ཧོང་ཤ་མོ་ཟེར། དེ་ནི་ཅི་ཏན་ཙི་ཙུན་ཤ་མོའི་རིགས་ཀྱི་གཞོགས་རྣ་ཚན་པའི་ཟུར་རྣའི་ཁོངས་ཀྱི་ཤིང་རུལ་རང་བཞིན་གྱི་ཤ་མོ་ཞིག་ཡིན། རྒྱུན་དུ་ཡོ་འབོག་སྡོང་པོ་རུལ་བའམ་ཡལ་ག་སྐམ་པོའི་སྟེང་དུ་སྐྱེས་པས་མིང་འདི་ལྟར་ཐོགས་པ་དང་། དེ་ནི་རང་རྒྱལ་བྱང་ཕྱོགས་ཀྱི་ནགས་ཚལ་ཁྲོད་དུ་སྐྱེས་པའི་རྒྱུན་མཐོང་རང་བཞིན་གྱི་ཤ་མོའི་རིགས་ཤིག་ཡིན། ཤ་མོའི་ཕྲ་ཕུང་ནི་ཐ་གཡམ་ལྟར་སྐྱེས་པ་དང་། ཤ་མོའི་གདུགས་མགོའི་རྩ་བའམ་འོག་རིམ་ནི་དུང་དབྱིབས་སུ་གྲུབ་ཅིང་མཐའ་ངོས་ལྐོམས་པ་དང་། ཡང་ན་ཐ་ཎྜབས་ཀྱི་དབྱིབས་སོགས་སུ་གྲུབ་ཡོད། དང་ཐོག་གསར་དུ་སྐྱེ་དུས་མདོག་སེར་པོ་ཡིན་པ་དང་། སྨིན་པ་དང་ཙུང་རྒས་པའི་དུས་སུ་དཀར་མདོག་མངོན་པ་ཡིན། ཚངས་ཐིག་ལི་སྨི2~13ཡོད་ཅིང་ཤ་མོའི་ལྤེབ་གཉེར་དཀར་མདོག་ཏུ་མངོན། ལྤེབ་གཉེར་གྱི་རིང་ཐུང་མི་གཅིག་པ་དང་། ཡུ་བ་སྐྱེས་ཤིང་དཀར་མདོག་ཡིན། རིང་ཚད་ལི་སྨི1.5~11.5དང་སྦོམ་ཚད་ལི་སྨི0.4~2.0ཡིན། ཐུམ་རྡུལ་དཀར་པོ་དང་འཇམ་གཤིས་སུ་གྲུབ། རིང་ཚད་ལ་ཕེ་སྨི6.8~9.86དང་ཞེང་ཚད་ལ་ཕེ་སྨི3.4~4.1ཡོད།

ཡོ་འབོག་སེར་པོའི་ཤ་མོ་ནི་དྲོད་ཆེ་བའི་རིགས་ཀྱི་བཟའ་བྱའི་ཤ་མོ་ཞིག་ཡིན། ཤ་མོའི་ཕྲ་སྐུད་སྐྱེ་འཚར་གྱི་དྲོད་ཚད་ནི6~32℃ཡིན་ལ། འཕྲོད་འཚམ་གྱི་དྲོད་ཚད་ནི23~28℃ཡིན། དྲོད་ཚད34℃སྐབས་སུ་སྐྱེ་འཚར་ལ་ཚོད་འཛིན་ཐེབས་པ་དང་། ཤ་མོའི་ཕྲ་ཕུང་གྲུབ་པའི་དྲོད་ཚད་ཀྱི་ཁྱབ་ཁོངས་ནི16~30℃ཡིན་ཞིང་། སྐྱེ་འཚར་ལ་འཚམ་པའི་དྲོད་ཚད་ནི20~28℃ཡིན། མཁའ་དབུགས་ལྷོས་བཅས་ཀྱི་རླན་ཚད85%~90%དང་། pHཚད5~7ཡིན། pHཚད7.5ལས་མཐོ་བའམ་ཡང་ན4ལས་ཆུང་བའི་སྐབས་སུ་ཤ་མོའི་ཕྲ་

སྐྱུད་ཀྱི་སྐྱེ་འཚར་དལ་བ་ཡིན། ཤ་མོའི་ཕྲ་ཕུང་སྐྱེ་འཚར་གྱི་དུས་སུ་འོད་འཕྲོ་དགོས་པ་དང་། འོད་མེད་དུས་ཤ་མོའི་ཕྲ་ཕུང་གི་དོག་སེར་སྐྱ་ཡིན། ཁང་བའི་ཕྱི་ནས་འདེབས་འཛུགས་བྱེད་སྐབས་ཤ་མོའི་ཕྲ་ཕུང་གི་ཁ་དོག་སེར་པོ་ཡིན། རྒྱ་ཆའི་ཚབ་ཏུ་འདེབས་འཛུགས་བྱེད་པའི་རྩང་རྒྱུའི་ཆུའི་འདུས་ཚད60%ནི་འཚམ་པ་ཡིན།

ཡ་འབོག་སེར་པོའི་ཤ་མོ་འདེབས་འཛུགས་ལེགས་འགྲུབ་བྱུང་བ་ནས་བཟུང་། དུས་ཚིགས་རང་བཞིན་གྱི་འདེབས་འཛུགས་ལ་བརྟེན་ནས་ཤ་མོ་སོས་པ་ཚོང་རར་མགོ་འདོན་བྱེད་བཞིན་ཡོད་པ་དང་། ཚོང་རའི་སྟེང་དུ་སྐམ་རྫས་ཕྱིར་འཚོང་དང་འབོར་ཚད་ཕྱིར་གཏོང་བྱེད་པའང་ཡོད། ཉེ་བའི་ལོ་འགའི་རིང་ལ་སྐྱེ་དངོས་རྫས་འགྱུར་ཞིབ་འཇུག་ལས་ཤེས་གསལ་བྱུང་བ་ལྟར་ན། ཡ་འབོག་སེར་པོའི་ཤ་མོའི་ཕྲ་ཕུང་ནང་དུ་ཙུང་ཕུན་སུམ་ཚོགས་པའི β –རྒྱུན་འབྲུམ་འདུས་རྫས་ཡོད་པས། འདིར་སྐྲན་ནད་འགོག་པ་དང་མིའི་ལུས་ཁམས་ཀྱི་རིམས་འགོག་ནུས་པ་ཇེ་མཐོར་གཏོང་བའི་ནུས་པ་ལྡན། དེ་བས་ཟས་རིགས་དང་སྨན་རྫས་སྡེ་ཁག་གིས་མཐོང་ཆེན་ཐོབ་སྟེ། ཡ་འབོག་སེར་པོའི་ཤ་མོ་ནི་ལུས་ཁམས་བདེ་སྲུང་ཟས་རིགས་སུ་བརྩིས་ནས་གསར་སྤེལ་བྱེད་བཞིན་ཡོད་པར་མ་ཟད། ཟས་རིགས་ཀྱི་སྦྱོར་ཧ་ཐུན་མོང་མ་ཡིན་པ་ཞིག་ཏུ་བརྩིས་ནས་གསར་སྤེལ་བྱེད་བཞིན་ཡོད།

གཉིས། ཡ་འབོག་སེར་པོའི་ཤ་མོའི་འདེབས་འཛུགས་ལག་རྩལ།

(གཅིག) གསོ་སྐྱོང་རྒྱུ་ཆ།

ཡ་འབོག་སེར་པོའི་ཤ་མོའི་གསོ་སྐྱོང་རྒྱུ་ཆ་ལ་ཤིང་སྙིགས་ལས་གཞན། སྲན་སེར་གྱི་གཞུང་རྐང་དང་མ་རྨོས་ལོ་ཏོག་གི་སྡོང་རྐང་། མ་རྨོས་ལོ་ཏོག་གི་ནང་སྙིང་སོགས་ཕྱེ་རྡུལ་དུ་བརླགས་རྗེས་ཚང་མ་འདེབས་འཛུགས་བྱེད་པར་བཀོལ་ཆོག ཤ་མོའི་ཕྲ་ཕུང་གི β –རྒྱུན་འབྲུམ་འདུས་རྫས་འདུས་ཚད་ལ་རེ་བ་ཡོད་དུས། དམིགས་བསལ་གྱི་གསོ་སྐྱོང་རྒྱུ་ཆའི་ཚོད་ལྟ་ཚད་འཛལ་བྱས་ན་ད་གཟོད་འདེབས་འཛུགས་པན་འབྲས་ཐོན་ཐུབ།

(གཉིས) ལག་རྩལ་གྱི་གཙོ་གནད།

1. རྩོ་འདེབས་ཐོན་སྐྱེད།

ཡོ་འབོག་སེར་པོའི་ཤ་མོའི་ཕྲ་སྐུད་ཀྱི་སྐྱེ་འཚར་དུས་ཡུན་ཉུང་མགྱོགས་ཤིང་། ཏའོ་ཧྲེན750ཤ་མོའི་ས་བོན་དམ་བེའི་ནང་དུ་རྩོ་འདེབས་བྱས་རྗེས25℃ཁོར་ཡུག་འོག་ཏུ་ཉིན25ལ་གསོ་སྐྱོང་བྱས་ན་དམ་བེའི་ཁ་གང་བ་དང་བཀོལ་སྤྱོད་བྱས་ཆོག ཤ་མོའི་འདེབས་འཛུགས་ཁུག་མར་གསོ་སྐྱོང་བྱེད་དུས་ཉིན30ཡས་མས་འགོར་རྗེས་ཤེལ་དམ་གྱི་ཁ་གང་བ་དང་བཀོལ་སྤྱོད་བྱས་ཆོག

2. གསོ་སྐྱོང་རྒྱུ་ཆའི་སྦྱིབ་སྦྱོར།

(1) ཤིང་སྙིགས78%དང་། ཕུབ་རྫ20% ཀ་ར་དང་ཙུ་གང་སོ་སོ1% pHཚད་རང་བྱུང་ཡིན་པ་དང་ཆུ་འདུས་ཚད60%ཡིན།

(2) སྲན་ཆེན་གྱི་སོག་མ་དང་ཡང་ན་མ་རྩོས་ལོ་ཏོག་གི་ནང་སྙིང་ཕྱེ་མ། ཡང་ན་མ་རྩོས་ལོ་ཏོག་གི་སོག་མ40%དང་། ཤིང་སྙིགས་སྣ་ཚོགས35%དང་། ཕུབ་རྫ16% སྲན་གོར་ཕྱེ4% རྡོ་ཞོ2% རྡོ་ཐལ3%བཅས་དགོས་ཤིང་། pHཚད6~6.5ཡིན་པ་དང་ཆུ་འདུས་ཚད60%ཡིན།

(3) ཤིང་སྙིགས་འབྲིས་མ་སྟོང་ཁེ100དང་། ཕུབ་རྫ་སྟོང་ཁེ20 སྲན་གོར་ཕྱེ་མ་སྟོང་ཁེ5 རྡོ་ཞོ་སྟོང་ཁེ2 རྡོ་ཐལ་སྟོང་ཁེ2བཅས་དགོས་ཤིང་། pHཚད6~6.5ཡིན་པ་དང་། ཆུ་འདུས་ཚད60%ཡིན།

3. ཐོན་སྐྱེད་དུས་ཚིགས།

ཡོ་འབོག་སེར་པོའི་ཤ་མོའི་ཕྲ་སྐུད་ཀྱི་འཚར་སྐྱེ་དང་ཤ་མོའི་ཕྲ་ཕུང་གི་སྐྱེ་འཚར་ལ་འོས་འཚམ་གྱི་དྲོད་ཚད་དང་བླང་བྱ་ཡོད་དེ། མཚོ་བོད་མཐོ་སྒང་ས་ཁུལ་ནས་ཟླ2~3པའི་བར་དུ་ཁུག་མའི་ནང་དུ་འཇུག་པ་དང་། ཟླ7~8པའི་བར་སྐྱེས་པ་ཡིན་ལ། ཡང་ན་ཟླ4~5པའི་བར་དུ་ཁུག་མར་འཇུག་པ་དང་། ཟླ8~10པའི་བར་སྐྱེས་པ་ཡིན།

4. གསོ་སྐྱོང་རྒྱུ་ཆའི་འདེབས་འཛུགས་བྱེད་སྟངས།

(1) གསོ་སྐྱོང་རྒྱུ་ཆ་བཙོས་མ་འདེབས་འཛུགས་བྱེད་པ། སྦྱིབ་སྦྱོར་བྱེད་དུས་རྒྱུ་ཆའི་བསྐུར་ཚད་ལྟར་ལྷིད་ཚད་འཇལ་དགོས། སྐམ་དཀྲུག་ཐེངས2~3བྱས་རྗེས་རློན་པ་བྱེད་

ཅིང་། ཆུ་འདུས་ཚད60%ཡས་མས་སུ་མར་འབབ་ཏུ་བཅུག་ནས་ཤ་མོའི་འབུ་སྦྲ་གསོད་པ་དང་། དྲོད་ཚད་མར་བབས་ནས30℃མན་དུ་སླེབ་དུས་རྨོ་འདེབས་བྱས་ཏེ་ཤ་མོའི་སྦྲ་སྐྱུད་གསོ་སྐྱོང་བྱེད་དགོས།

(2) གསོ་སྐྱོང་རྒྱུ་ཆ་བསླལ་ནས་འདེབས་འཛུགས་བྱེད་པ། སྲེབ་སྦྱོར་བྱེད་ཐབས་གཉིས་པ་དང་སྲེབ་སྦྱོར་བྱེད་ཐབས་གསུམ་པ་ནི་སྤུངས་ནས་བསླལ་རྗེས་སྟེགས་བུར་བཙུགས་ནས་འདེབས་འཛུགས་བྱས་ཆོག རྒྱུ་ཆའི་གཙོ་ཕལ་གྱི་བསྡུར་ཚད་ལྟར་ཆ་སྙོམས་བྱེད་དགོས། སྤུངས་རྗེས་ཀྱི་ཉིན4པ་དང་། ཉིན6པ། ཉིན8པ། ཉིན10པ། ཉིན12པ་བཅས་སོ་སོར་ཐེངས5ལ་བསྐྱར་སྤུང་བྱེད་པ་དང་། སྤུང་བའི་སྐབས་སུ་ཆུའི་འདུས་ཚད་སྙོམ་སྦྱོར་དངpHཚད་ལེན་བྱེད་དགོས། སླལ་བའི་གསོ་སྐྱོང་རྒྱུ་ཆ་ནི་ཁམ་མདོག་ཡིན་པ་དང་། pHཚད6.0ཡས་མས་ཡིན་པས་དྲི་ཞིམ་ལྡན། དུས་མཇུག་ཏུ་སྟེགས་བུ་བཙུགས་ནས་རྨོ་འདེབས་བྱེད་པ་ཡིན།

5. ཤ་མོ་སྐྱེ་དུས་ཀྱི་དོ་དམ།

ཤ་མོ་སྐྱེ་འཚར་ཁོར་ཡུག་དང་གཙང་སྦྲ་ནི་ཟས་རིགས་མ་བཅོས་རྒྱུ་ཆ་འདེབས་འཛུགས་བྱེད་སའི་ཆ་རྐྱེན་དང་མཐུན་དགོས། ཆུ་ནི་འཐུང་ཆུའི་ཚད་གཞི་དང་མཐུན་དགོས་པ་དང་། ཤ་མོའི་སྟེང་དུ་ཐད་ཀར་སྨན་ཆུ་གཏོར་མི་རུང་ཞིང་། སྨན་སྦྱོད་དུས་ཀྱང་བདེ་འཇགས་ཀྱི་སྨན་སྦྱོད་ཚད་གཞི་བརྩི་སྲུང་བྱེད་དགོས།

མཁའ་དབུགས་ལྟོས་བཅས་ཀྱི་ཀླན་ཚད90%ཡས་མས་རྒྱུན་འཁྱོངས་བྱེད་དགོས། འབུ་སྐྱོན་ཡོད་པ་ཤེས་ཚེ་དྲ་རྒྱའི་སེང་རས་དང་སྐེའུ་ཁུང་གི་སྒོ་ལོགས་སུ་གཅོད་པའམ་ཞིང་སྨན་གྱིས་རླངས་འགྱུར་མཐར་སྐྲོད་གཏོང་བ་ཡིན། གློག་འོད་ཀྱིས་གསོད་པ་སོགས་ཀྱི་བྱེད་ཐབས་སྤྱད་དེ་འགོག་བཅོས་བྱེད་དགོས།

6. བཟ་བསྡུ་དང་ལས་སྣོན།

ཤ་མོའི་གདུགས་མགོའི་སྐྱེ་ཚད་སྙོམས་མཐར་མ་ཆོད་སྔོན་དུ་བཟ་བསྡུ་བྱེད་དགོས། བཟ་བསྡུ་བྱས་རྗེས་ཐོན་རྫས་ཀྱི་སྤུས་ཚད་ལ་གཞིགས་ནས་ལས་སྣོན་བྱེད་དགོས་

པ་དང་། ཐིན་ཁ་རྒྱག་པའམ་ཡང་ན་སྐམ་རྫས་བཟོ་བ་གང་ཡིན་ཡང་དུས་ཐོག་ཏུ་བཟོ་དགོས། ཡོ་འབོག་སེར་པོའི་ཤ་མོའི་ཕྲ་ཕུང་ཅུང་རིང་བས། སེར་སྨྲོ་བའི་དུས་ཀྱི་ཐོག་མའི་དྲོད་ཚད་ནི་དྲི་ཞིམ་ཤ་མོ་ལས་ཅུང་དམའ་བ་དང་། སྤྱིར་བཏང་དུ35℃ནས་མགོ་ཚུགས་པ་ཡིན། དྲོད་ཚད་དམའ་བའི་སྐབས་སུ་དུས་ཡུན་རིང་ཙམ་རྒྱུན་འཁྱོངས་བྱེད་དགོས་ཤིང་། སྐམ་རྫས་ཀྱི་ཚད་གཞི་ནི་མདོག་དམར་སེར་ཡིན་པ་དང་དྲི་ཞིམ་ལྡན་པ། ཆུ་འདུས་ཚད13%ཡིན་ནོ།།

ཚན་པ་བཅུ་པ། ཉི་གདུགས་སེར་པོའི་ཤ་མོ།

གཅིག སྤྱི་བཤད།

ཉི་གདུགས་སེར་པོའི་ཤ་མོའི་མིང་གཞན་ལ་ཤ་མོ་སེར་པོ་དང་ལིའུ་མོ། ཧོང་ལིའུ་མོ། ཧོ་ཀྲི་ལིན་སན་ཤ་མོ་ཟེར། དེ་ནི་ཁྲབ་རྒྱ་ཆེ་བའི་དབྱུང་བཟང་རང་བཞིན་གྱི་ཤིང་རུལ་བཟའ་བྱའི་ཤ་མོའི་རིགས་ཡིན་པས། ཤིང་ཆའི་སྨུག་ཐིག་གི་དབྱིབས་གཟུགས་དང་ཁམ་མདོག་རུལ་སུངས་ལྟ་བུར་མཚོན། ཉི་གདུགས་སེར་པོའི་དངོས་གཟུགས་ཀྱི་ཆེ་ཆུང་འབྲིང་ཙམ་ཡིན་པ་དང་། མཐའ་མཚམས་ནང་དུ་འཁྱིལ་ཡོད་ཅིང་མདོག་སེར་སྐྱ་ཡིན། འབྱར་བག་ཏ་ཅང་ཆེ། དཀྱིལ་གཞོང་ཅུང་ཚགས་དམ་པ་དང་མདོག་དཀར་པོའམ་ཡང་ན་སེར་སྐྱ་ཡིན། ཤ་མོའི་ལྟེབ་མ་སེར་པོ་ནས་བཙའ་ཚགས་པ་ཇི་བཞིན་ཁམ་མདོག་མཚོན། དྲང་མོར་སྐྱེ་བའམ་ཡང་ན་འཁྱོག་ནས་སྐྱེས་ཤིང་། ཚགས་ཅུང་དམ་པ་དང་རིང་ཐུང་ངེས་མེད་ཡིན། ཤ་མོའི་ཡུ་བའི་རིང་ཚད་ལ་ལི་སྨི5~15དང་སྦོམ་ཚད་ལི་སྨི0.5~3ཡིན། ག་ཞྭམ་གྱི་དབྱིབས་དང་གདུགས་མགོའི་ཁ་དོག་དང་གཅིག་མཚུངས་ཡིན། ཁམ་མདོག་གི་ཁྲབ་བྱང་ལྡན་ལ། འབྱར་གཟུགས་སུ་གྲུབ་པ་དང་འོག་རིམ་རྒྱུན་དུ་གུག་ཅིང་། ཚོ་སྣའི་རྒྱུ་ཡིན། ཤ་མོའི་ཨ་ལོང་གི་མདོག་སེར་སྐྱ་ཡིན། སྐྱེ་མོའི་གཤིས་རྒྱུད་ཡིན་པ་དང་ཤ་མོའི་ཡུ་བའི་སྟེང་ནས་སྐྱེས་ཡོད། ཤ་མོའི་ཕྲ་སྐུད་ཀྱི་དབྱེ་ཕྲལ་ནུས་པ་ལེགས་པ་དང་། ཞིང་ནགས་ཀྱི་རྒྱུ་

ཆའི་ལྷག་འཕྲོ་གང་ཡིན་ཡང་ཚང་མ་གསོ་སྐྱོང་རྒྱུ་ཆར་བརྩིས་ནས་འདེབས་འཛུགས་བྱས་ཆོག མིག་སྔར་རིགས་འདི་ད་དུང་ས་བོན་ནང་འདྲེན་དང་འདུལ་གསོ་བྱེད་པའི་དུས་མཚམས་སུ་གནས་པ་དང་། ས་ཁུལ་ཉུང་ཤས་སུ་གཞི་ནས་ཐོན་སྐྱེད་ཀྱི་གཞི་ཁྱོན་ཆགས་ཡོད།

སྐྱེ་དངོས་རིག་པའི་གཞི་རྩའི་ཁྱད་ཆོས། ཤ་མོའི་ཕྲ་སྐུད་སྐྱེ་འཚར་གྱི་དྲོད་ཚད 12~27℃ཡིན། ཆེས་འཚམ་པའི་དྲོད་ཚད20~25℃དང་། ཤ་མོའི་ཕྲ་སྐུད་དྲོད་ཚད25℃ཡིན་དུས་སྐྱེ་འཚར་མགྱོགས་ཤོས་ཡིན། དྲོད་ཚད5℃ལས་དམའ་བའམ35℃ལས་མཐོ་དུས། ཤ་མོའི་ཕྲ་སྐུད་ཀྱི་སྐྱེ་མཚམས་འཇོག་པ་དང་། ཁ་དོག་སྨུག་པོར་འགྱུར་བ་ཡིན། ཤ་མོའི་ཕྲ་ཕུང་གི་གདོད་རྩང་གྲུབ་པའི་དྲོད་ཚད13~25℃དང་། ཆེས་འཚམ་པའི་དྲོད་ཚད 15~18℃ཡིན། ཤ་མོའི་ཕྲ་སྐུད་སྐྱེ་བར་འཚམ་པའིpHཚད་ནི5~8ཡིན་ཞིང་། ཆེས་འཚམ་པའིpHཚད་ནི6~7ཡིན། གསོ་སྐྱོང་རྒྱུ་ཆར་འཚམ་པའི་རླན་ཚད65%ཡིན་པ་དང་། ཤ་མོ་སྐྱེ་དུས་འཚམ་པའི་རླན་ཚད85%~90%ཡིན། ཉི་གདུགས་སེར་པོའི་ཤ་མོ་ནི་ཉི་མའི་འོད་ཟེར་མཁོ་བའི་ཤ་མོའི་རིགས་ཡིན། ཤ་མོའི་ཕྲ་སྐུད་སྐྱེ་འཚར་གྱི་དུས་སུ་འོད་ཐིག་མི་དགོས་སོད། འོན་ཀྱང་ཤ་མོ་སྐྱེ་དུས་འོད་ཕོག་ཚད་ནི་ལེ་ཁི་སི300~1500ཡིན།

གཉིས། ཉི་གདུགས་སེར་པོའི་ཤ་མོའི་འདེབས་འཛུགས་ལག་རྩལ།

(གཅིག) བཟོ་རྩལ་བརྒྱུད་རིམ།

ཐོན་སྐྱེད་དུས་ཚིགས་བཀོད་སྒྲིག—བདེ་འཇགས་སྙོམས་རྒྱུ་ཆ་གྲ་སྒྲིག་བྱེད་པ།—རྒྱུ་ཆ་བསྲེས་ནས་སྣོད་ནང་དུ་ལྷུག་པ།—དུག་སེལ་གསོད་པ།—འཕྲུག་འཇོག—ཕྱོ་འདེབས།—ཤ་མོའི་ཕྲ་སྐུད་སྐྱེད་སྲིང་།—ཤ་མོ་སྐྱེ་དུས་དོ་དམ་བྱེད་པ།—བཏོ་བསྡུ་བཅས་ཡིན།

(གཉིས) ལག་རྩལ་གྱི་གཙོ་གནད།

1. ཐོན་སྐྱེད་དུས་ཚིགས་ཀྱི་བཀོད་སྒྲིག

ཉི་གདུགས་སེར་པོའི་ཤ་མོ་ཐོན་དུས་ཀྱི་དྲོད་ཚད་ནི་སོན་གཉིས་ཤ་མོ་དང་གཅིག་མཚུངས་ཡིན་ཞིང་། མཚོ་སྔོན་ཞིང་ཆེན་གྱིས་སྤྱིར་བཏང་གི་དྲོད་ཁང་ནང་དུ་འདེབས་འཛུགས་བྱེད་བཞིན་ཡོད། དཔྱིད་དུས་ཀྱི་འདེབས་འཛུགས་བྱེད་དུས་ནི་ཟླ2~5བཀོད་སྒྲིག

བྱས་ཆོག སྔོན་དུས་སུ་འདེབས་འཇུགས་བྱེད་དུས་ཟླ8~11བཀོད་སྒྲིག་བྱས་ཆོག

2. སྡེབ་སྦྱོར།

(1) ཤིང་སྙིགས75%དང་ཕུབ་རྩྭ20% མ་རྫོས་ལོ་ཏོག་གི་ཕྱེ་མ3% ཐང་སོན་ཀ་ལ2%བཅས་ཡིན། ཆུའི་འདུས་ཚད65%དངpHཚད་རང་བྱུང་ལྟར་ཡིན།

(2) ཤིང་སྙིགས65%དང་སྤྲིང་བལ་འབྲུ་ཤུན15% ཕུབ་རྩྭ15% མ་རྫོས་ལོ་ཏོག་ཕྱེ་མ3% ཐང་སོན་ཀ་ལ2%བཅས་ཡིན། ཆུའི་འདུས་ཚད65%དངpHཚད་རང་བྱུང་ལྟར་ཡིན།

(3) ཤིང་སྙིགས55%དང་ཕུབ་རྩྭ20% མ་རྫོས་ལོ་ཏོག་གི་ནང་སྙིང20% མ་རྫོས་ལོ་ཏོག་གི་ཕྱེ་མ3% ཐང་སོན་ཀ་ལ2%བཅས་ཡིན། ཆུའི་འདུས་ཚད65%དངpHཚད་རང་བྱུང་ལྟར་ཡིན།

3. ཁུག་མ་བཟོ་བ།

རྒྱུན་གཏོན་སྤྲིན་སེལ་ཁུག་མ་བཟོ་དུས་རིང་ཚད་ལ་ལི་སྨི17དང་ཞེང་ལ་ལི་སྨི28~36ཚད་གཞི་ཡིན་པའི་གར་ཚད་མཐོ་བའི་དམའ་གནོན་ཅེ་ཡེ་ཞིའི་ཁུག་མ་སྤྱོད་པ་དང་། མཐོ་གནོན་དུག་སྤྲིན་གསོད་དུས་ཀྱང་ཚད་གཞི་གཅིག་མཚུངས་ཀྱི་ཅེ་པིན་ཞིའི་ཁུག་མ་སྤྱོད་དགོས། ཚད་གཞི་ལྟར་རྒྱུ་ཆ་རྣམས་ཆ་སྙོམས་སྒོས་སྡེབ་སྦྱོར་བྱེད་ཅིང་། ཆུ་འདུས་ཚད་འོས་འཚམ་ཡིན་དགོས། ཁུག་མའི་ནང་དུ་འཇུག་དུས་སྟེང་འོག་གཉིས་དམ་ལྷོད་ཆ་སྙོམས་ཡིན་དགོས་ཤིང་། ཁུག་མ་རྣོན་པ་རེ་རེའི་ལྗིད་ཚད་སྟོང་ཁེ1.3~1.5ཡིན། སྐམ་རྫས་ཀྱི་ལྗིད་ཚད་ཁེ400~450ཡིན།

4. ཤ་མོའི་ཕྲ་སྐུད་གསོ་སྐྱོང་།

དྲོད་ཚད་རན་པའི(20~25℃)ཁོར་ཡུག་གམ་ཆ་རྐྱེན་འོག་ཏུ། འོད་འགོག་དང་འོས་འཚམ་གྱིས་དབུགས་རྒྱུ་ས་གསོ་སྐྱོང་བྱེད་དགོས། སྤྱིར་བཏང་དུ་ཉིན40~50ནང་དུ་ཤ་མོའི་ཕྲ་སྐུད་ཀྱིས་ཁུག་མའི་ཁ་བཀང་བ་ཡིན།

5. ཤ་མོ་སྐྱེ་དུས་ཀྱི་དོ་དམ།

ཤ་མོའི་ཕྲ་སྐུད་སྐྱེས་ནས་ཁུག་མར་བཀང་ནས་དྲོད་ཚད13~18℃ཁོར་ཡུག་ཡིན་

དུས། ལྷོས་བཅས་ཀྱི་རླན་ཚད85%~90%རྒྱུན་འཁྱོངས་བྱེད་དགོས། ཉིན7ནང་དུ་གདོང་རྨང་འབྱུང་སྲིད་ཅིང་། གདོང་རྨང་འབོར་ཆེན་བྱུང་རྗེས་གང་བུ་སྐྱེས་ནས་ལི་སྨི2ཡས་མས་སུ་སླེབས་པ་དང་། རླན་ཚད་དང་དབུགས་རྒྱུ་ཟུང་འབྲེལ་གྱི་བྱེད་ཐབས་སྤྱད་དེ་ཕྱི་ངོས་ཀྱི་གདོང་རྨང་ཀྲངས་ཀ15ཡས་མས་སུ་ཚོད་འཛིན་བྱེད་དགོས། སྤྱིར་བཏང་དུ་དོ་དམ་ཉིན10ལ་བྱེད་དགོས་ཤིང་། ཤ་མོའི་ཕྲ་ཕུང་ཚོང་རའི་བླང་བྱ་དང་མཐུན་དུས་བཏ་བསྡུ་བྱས་ཆོག

ཤ་མོའི་དོ་དམ་གྱི་གོ་རིམ་ཁྲོད་དུ་ཤ་མོའི་ཕྲ་ཕུང་འབོར་ཆེན་འབྱུང་བའི་སྐབས་སུ། དབྱང་ཟད་ཚད་ཇེ་མང་དུ་འགྲོ་བས། བར་སྟོང་གི་རླན་ཚད་དང་འོས་འཚམ་སྒོས་རླུང་རྒྱུ་བར་མཉམ་འཛོག་བྱེད་དགོས།

6. བཏ་བསྡུ།

ཤ་མོའི་ཕྲ་ཕུང་གི་གདུགས་མགོའི་རིང་ཚད་ལ་ལི་སྨི4~6ཡོད་ཅིང་། མཐའ་ཉ་འཁྱིལ་བ་དང་ཡུ་བའི་རིང་ཚད་ལ་ལི་སྨི10~15ཡོད་པ། ཁ་དོག་སེར་པོ། ཤ་མོའི་ལྤེབ་མ་དཀར་པོ་ཡིན་པ། མཚན་མེད་འཕེལ་ནུས་ཕྲ་ཕུང་མ་བཏོན་པའི་དུས་སུ་བཏ་བསྡུ་བྱས་ཆོག སོག་ཤུལ་དང་པོར་བཏ་བསྡུ་བྱས་རྗེས། ཉིན7~10རྩ་གཏོར་མཚམས་འཛོག་དགོས། དུས་མཚུངས་སུ་སོག་ཤུལ་གཉིས་པའི་ཤ་མོར་དོ་དམ་བྱེད་དགོས། སོག་ཤུལ་དང་པོའི་ཤ་མོའི་ཆུ་དང་འོད། རླུང་བཅས་ཀྱི་དོ་དམ་བསྐྱར་ཟློས་བྱེད་ཅིང་། ཉིན10སོང་རྗེས་ཤ་མོའི་སོག་ཤུལ་གཉིས་པ་བསྡུས་ཆོག སྤྱིར་བཏང་དུ་དུས་ཚིགས་རེའི་འདེབས་འཛུགས་ཁྲོད་དུ་སོག་ཤུལ3~4བཏ་བསྡུ་བྱེད་ཐུབ་པ་དང་། ཤ་མོའི་ཁུག་མ་རེ་རེའི་ཐོན་ཚད་ཁེ300~350ལ་སླེབས་ཐུབ་པོ།།

ཉི་གདུགས་སེར་པོ་ཤ་མོའི་ཕྲ་ཕུང་ནི་གསར་བ་ཕྱིར་འཚོང་དང་སྐམ་བཟོ། སོ་ཉར་ལས་སྒྲོན། བསིལ་སྐམ་ལས་སྒྲོན་སོགས་བྱས་ཆོག

ཚན་པ་བཅུ་གཅིག་པ། དཀྱུས་ཀྱི་སོག་རོ།

གཅིག སྤྱི་བཤད།

དཀྱུས་ཀྱི་སོག་རོ་ལ་སོག་རོ་དཀར་པོའང་ཟེར། འདི་ནི་རང་རྒྱལ་གྱི་སྲོལ་རྒྱུན་གྱི་བཟའ་བྱའི་ཞ་མོ་དང་སྨན་སྦྱོར་ཞ་མོ་ཡིན། མཁལ་མ་གསོ་བ་དང་གློ་བར་ཕན་པ། གློ་ལུ་གཅོད་པ། ཧྲུང་ཁྲག་གསོ་བ་སོགས་ཀྱི་ཕན་ནུས་ལྡན། དཀྱུས་ཀྱི་སོག་རོ་ཧྲུགས་མང་ལ་མིའི་ལུས་ཕུང་གི་རིམས་འགོག་ནུས་པ་ཇེ་མཐོར་གཏོང་བའི་ནུས་པ་ལྡན།

གཉིས། དཀྱུས་ཀྱི་སོག་རོའི་འདེབས་འཛུགས་ལག་རྩལ།

(གཅིག) བཟོ་རྩལ་བརྒྱུད་རིམ།

1. ཞིང་དུམ་བུའི་འདེབས་འཛུགས་ཀྱི་བཟོ་རྩལ་བརྒྱུད་རིམ།

ཞིང་གཅོད་པ་དང་རྒྱུ་ཆ་གྲ་སྒྲིག་བྱེད་པ།—ཆུ་འཐེན་པ།—ཞིང་སྟོང་དུམ་བུར་གཅོད་པ།—གསང་ཕུག་བརྒྱབ་ནས་རྩ་འདེབས།—ཞ་མོའི་ཕྲ་སྐྱུད་སྐྱེས་པ།—ཞ་མོའི་སྐྱེ་འཚར་དོ་དམ།—བཏུ་བསྡུ་དང་ལས་སྣོན།

2. རྒྱུ་ཆ་ཚབ་མའི་འདེབས་འཛུགས་ཀྱི་བཟོ་རྩལ་བརྒྱུད་རིམ།

རྒྱུ་ཆ་གྲ་སྒྲིག—རྒྱུ་ཆ་བསྲེས་ནས་འཁྱིག་སྣོད་དང་དམ་བེའི་ནང་དུ་འཛུག་པ།—དུག་སྲིན་གསོད་པ།—རྩ་འདེབས།—ཞ་མོའི་ཕྲ་སྐྱུད་གསོ་སྐྱོང་།—ཞ་མོའི་ཕྲ་སྐྱུད་དོ་དམ།—བཏུ་བསྡུ་དང་ལས་སྣོན།

(གཉིས) ལག་རྩལ་གྱི་གཙོ་གནད།

1. ཞིང་དུམ་བུའི་འདེབས་འཛུགས་ལག་རྩལ་གྱི་གཙོ་གནད།

(1) ཞ་མོའི་ས་བོན། ཚོད་ལྟའི་སྒྲུབ་འབྲས་ལ་བརྟེན་ན་ཞ་མོའི་སྐྱེ་སྟོབས་ཆེ་བ་དང་། འཚར་སྐྱེའི་མྱུར་ཚད་མགྱོགས་ཤིང་། ཕབས་རྩི་དཔྱིབས་ཀྱི་གྲེས་སྐྱེ་ཐུམ་རྟུལ་སྣར་རྐྱང་ཕྲ་སྐྱུད་འཕྲུང་དཀའ་བ་དང་། འཚར་སྐྱེའི་མྱུར་ཚད་མགྱོགས་པ་དང་གོག་བཤོད་ནུས་པ་ཆེ་

བའི་བྱ་སྒྲོའི་དབྱིབས་ཀྱི་སྤོས་རྡུལ་ཕྲ་སྙུད་དང་འདྲེས་རྗེས། རིམ་པ་གཉིས་པའི་ཤ་མོའི་དམ་བེའི་ནང་དུ་ནག་ཐིག་ཅན་གྱི་ཐིག་ལེ་སྣོམས་པོར་འགྱུར། སྐབས་ཐོག་ཏུ་མོག་རོ་ཕྱིར་འདོན་པ་དང་མོག་རོའི་རྩ་བ་ཙུང་ཆེ་ཞིང་འདབ་མ་རྒྱས་པར་མ་ཟད་དཀར་མདོག་མངོན་པ་ཡིན། འདིབས་འཛུགས་ས་བོན་གྱི་ཕྱི་ངོས་སུ་སྤུ་མདོག་དཀར་པོའི་ཕྱོགས་བསྡུས་ཁྲ་ཐིག་མང་པོ་འབྱུང་། ཉིན20ལྷག་ལ་གསོ་སྐྱོང་བྱས་པའི་རྗེས་སུ། ཚད་གཞི་གཅིག་མཐུན་མ་ཡིན་པའི་དངུལ་གྱི་མོག་རོའི་གདོང་རྨང་མང་པོ་བྱུང་བ་དེ་ཉིད་ཤ་མོའི་ས་བོན་དུ་བཀོལ་ཆོག

(2) ཤིང་དུམ་གྲ་སྒྲིག ཤིང་སྡོང་གི་གྲུབ་ཆ་སོབ་སོབ་ཡིན་ཞིང་ལོ་མ་ཆེ་བའི་སྡོང་པོ་འདེམ་དགོས། དཔེར་ན་ལྕུའུ་ཐུང་དང་ཡིའུ་ཐུང་། ཧྲན་ལྕུའུ་ཅིའུ། ཉེ་ཁྲི་དབྱང་། ཧྲིང་རུའུ། ཧྲ་རན་སིའི་ལྕུའུ་ཐུང་། ཨེ་ཨོ་ཀྲང་ཆིའུ་སོགས་དགུན་ཁར(སྨུ་གུ་མ་འབུས་གོང)གཙོད་པ་དང་། ཤིང་བཅད་རྗེས་ཆུའི་འདུས་ཚད་ནི་སྤྱིར་བཏང་དུ45%~55%ཡིན་ཞིང་། ཡལ་འདབ་ཀྱི་ཆུ་འདུས་ཚད40%ཡས་མས་ཟིན་དུས། རིང་ཚད་ལ་སྨི1~1.2ཡོད་པའི་ཤིང་དུམ་བཅད་ནས་དུམ་བཟོ་བྱས་ཆོག་པར་མ་ཟད། སྨེ་གཉིས་ལ5%རྫ་ཐལ་ཆུ་བྱུགས་རྗེས་རྨོ་འདེབས་བྱས་ཆོག

(3) རྨོ་འདེབས། གསང་མིག་བརྟོལ་བྱེད་ཡོ་ཆས་ཀྱིས་གསང་མིག་བརྟོལ་བ་དང་། དེའི་འཕྲོར་རྨོ་འདེབས་བྱེད་དགོས། གསང་མིག་གི་བར་ཐག་ལ་ལི་སྨི3~5དང་ཕྲེང་བའི་བར་ཐག་ལི་སྨི2~3ཡིན། ཤ་མོའི་ས་བོན་ནང་གི་ཤ་མོ་དཀར་པོ་དང་བྱ་སྒྲོའི་དབྱིབས་ཀྱི་ཤ་མོ་མཉམ་བསྲེས་བྱེད་པར་མཉམ་འཛོག་བྱེད་དགོས་ཤིང་། རྨོ་འདེབས་ཡོ་ཆས་ཀྱིས་རྨོ་འདེབས་བྱས་རྗེས་ཤིང་སྡོང་གི་ཤུན་པགས་དང་རྫ་བྲ་ཆོལ་གྱིས་ཁ་བཀུམ་དགོས།

(4) ཤ་མོའི་ཕྲ་སྙུད་སྐྱེ་འཚར། རྨོ་འདེབས་བྱས་རྗེས་མོག་རོ་སྤུངས་ནས་བུད་ཤིང་གི་ཚུལ་དུ་བརྩེགས་པ་དང་། སྟེང་དུ་སྤོས་འཁྱིག་སྲབ་སྐྱི་འགེབས་དགོས། དྲོད་ཚད22℃ཡས་མས་སུ་སྲུང་འཛིན་བྱས་ཏེ་ཕྲ་སྙུད་འབུས་ནས་རྩ་སྤོས་རྒྱག་པ་དང་སྲིན་འབུ་སྐྱེད་པར་སྐྱུལ་འདེད་བྱེད་དགོས།

(5) མོག་རོ་སྐྱེ་འཚར་དོ་དམ། དུས་མཚམས་འདིར་ཕྱོགས་ཡོངས་ནས་གཙང་བཤེར་

བྱ་རྒྱུའི་ཟླང་བྱ་བཏོན་ཡོད་ཅིང་། ས་བོན་གྱི་རིགས་དང་རྫོ་འདེབས་དུས་རིམ་ལྟར་སྨིན་ཚད་བཀར་ནས་མོག་རོ་ཚོམ་བུར་སྐྲེས་པར་སྐྱུལ་དགོས། སྐབས་འདིར་གནམ་གཤིས་ཀྱི་ཆ་རྐྱེན་ལ་གཞིགས་ནས་དྲོད་ཚད་དང་རླན་ཚད། རླུང་རྒྱུ་གསུམ་གྱི་འབྲེལ་བ་ཁོང་དུ་ཆུད་དགོས། དྲོད་ཚད20~28℃ཁོར་ཡུག་ནང་དུ་མོག་རོ་རྒྱུན་ལྡན་ལྟར་སྐྱེ་འཚར་འབྱུང་ཐུབ། དྲོད་ཚད་མཐོ་བའི་དུས་སུ་ཆུ་རླངས་པར་འགྱུར་ཚད་ཆེ་བས་ཆུ་མང་དུ་གཏོར་ནས་ཚ་བ་སེལ་བ་དང་ཆུ་ཁ་གསབ་རོགས་འདེགས་བྱེད་དགོས། འོན་ཀྱང་དྲོད་ཚད་མཐོ་ཞིང་བཞར་ཚན་ཆེ་ན་ཤ་མོའི་ཕྲ་སྐྱུད་ཀྱི་སྙིགས་རོ་སྐྲེ་སླ་བས། ངེས་པར་དུ་རླུང་འོས་འཚམ་རྒྱུག་ཏུ་བཅུག་ནས་མོག་མོའི་ཕྱི་ངོས་སྐམ་དུ་འཇུག་དགོས། རླན་ཚད་ཆེ་དྲགས་ན་འབུ་སྐྱོན་འབྱུང་སླ་ལ། མོག་རོའི་རྩ་བ་ཏུལ་སུངས་སུ་འགྱུར་བ་སོགས་ཀྱི་སྣང་ཚུལ་འབྱུང་སྲིད། ཕྲུ་དཀར་འཁྱིལ་བ་དང་གདོད་རྨང་ཁ་གྲེས་པ། མོག་རོའི་སྨུ་གུ་འབུས་པ། མོག་རོའི་འདབ་མ་བཀྲམ་པ་བཅས་ཀྱི་དུས་རིམ་དུ། ངེས་པར་དུ་ནན་ཏན་གྱིས་ཆུ་གཏོར་དགོས་པ་དང་། ཐེངས་རེར་ཆུ་གཏོར་དུས་ཤིན་ཏུ་མང་མི་རུང་།

(6) བཙ་བསྡུ། མོག་རོའི་འདབ་མ་རྒྱས་པའི་སྐབས་སུ་སྡུག་ལེབ་དང་བཅའ་ཆགས་མེད་པའི་གྲི་ཆུང་སྤྱད་དེ་མོག་རོའི་རྩ་བ་ནས་འབྲེག་པ་དང་། དུས་མཚུངས་སུ་ལྷག་ལུས་མོག་རོ་གཙང་སེལ་བྱས་ན། དངུལ་གྱི་མོག་རོ་བསྐྱར་དུ་སྐྲེས་པར་ཕན་པ་ཡོད་དོ།།

2. རྒྱུ་ཆ་ཚབ་མའི་འདེབས་འཛུགས་ལག་རྩལ་གྱི་གཙོ་གནད།

(1) ཤ་མོའི་ས་བོན། ཐ་སྨིན་དང་འདབ་མ་རྒྱས་སླ་བའི་ཤ་མོའི་ས་བོན་བདམས་ནས་འདེབས་འཛུགས་བྱེད་དགོས། རྒྱུ་ཆ་ཚབ་མའི་འདེབས་འཛུགས་ས་བོན་ནི་སྤྱིར་བཏང་དུ་ཚོད་ལྟའི་སྒྲ་གུའི་ནང་དུ་ཉིན12ལ་གསོ་སྐྱོང་བྱས་ན་མོག་རོའི་སྨུ་གུ་འབུས་པ་མཐོང་ཐུབ། དམ་བེའི་ནང་དུ་ཉིན15ཡས་མས་ལ་གསོ་སྐྱོང་བྱས་ན་འདབ་མ་རྒྱས་ཐུབ། གཞན་པའི་ཟླང་བྱ་ནི་ཤིང་དུམ་སྟེང་དུ་གསོ་སྐྱོང་འདེབས་འཛུགས་བྱེད་པ་དང་གཅིག་མཚུངས་ཡིན།

(2) རྒྱུ་ཆ་བསྲེས་ནས་ཁུག་མར་འཇུག་པ། དངུལ་གྱི་མོག་རོ་འདེབས་འཛུགས་བྱེད་དུས་སྤྱིར་བཏང་དུ་བཀོལ་པའི་འགྲིག་ཁུག་གི་ཚད་གཞི་ནི་རིང་ཚད་ལ་ལི་སྨི12དང་ཞེང་

ཚད་ལ་ལི་སྨི50ཡོད་ཅིང་། ཤ་མོའི་ས་བོན་གྱི་ཆུའི་འདུས་ཚད58%ཡས་མས་ཡིན་པ་དང་། ཅུང་ཟད་སྐམ་པོ་ཡིན་དགོས། རྒྱུ་ཆ་དང་ཆུའི་བསྡུར་ཚད་ནི1:1ཡིན། དངུལ་གྱི་མོག་རོའི་ཕྲ་སྐྱུད་ནི་སྐམ་ཤས་ཆེ་བས་ཁོར་ཡུག་ལ་འཚམ་པ་དང་། ཅུང་སྐམ་པོའི་གསོ་སྐྱོང་རྒྱུ་ཆ་ཡིན་ན་ཤ་མོ་སྙིགས་རོ་སྣ་ཚོགས་ཀྱི་སྐྱེ་འཕེལ་ལ་མི་ཕན་པར་མ་ཟད། སྨོ་འདེབས་དང་ཐོན་འབྲས་ཇེ་མཐོར་འགྲོ་བར་ཕན་པ་ཡོད།

ཤ་མོའི་ཕྲ་སྐྱུད་ཀྱི་ཁུག་མ་བཟོ་དུས། སྔོན་ལ་འཁྲིག་མདོང་གི་སྣེ་མོ་དམ་པོར་བསྡམས་ནས་མེ་ལྕེར་བརྟེན་ནས་ཁ་སྒྱུར་བ་དང་། སྣེ་མོའི་ཕྱོགས་གཞན་པ་ནས་རྒྱུ་ཆ་ནང་དུ་ལྷུག་དགོས། རིང་ཚད་ལ་ལི་སྨི45ཙམ་ཡོད་པའི་གསོ་སྐྱོང་རྒྱུ་ཆ་ནང་འཇུག་བྱས་རྗེས། མར་མནན་ནས་ཁུག་མའི་ཁ་ཐག་པའམ་འཁྲིག་ཐག་གིས་བསྡམ་དགོས། དེ་ནས་རྒྱུ་མདོང་ཅུང་གནོན་རྟུང་བྱས་ཏེ་ལེབ་མོར་བཏང་ནས་ཁུང་བུ3~5བརྟོལ་བ་དང་། ཁུང་བུའི་ཟབ་ཚད་ལི་སྨི1.5དང་ཚངས་ཐིག་ལི་སྨི1.2ཡོད་དགོས་ཤིང་། དེའི་སྟེང་དུ་རིང་ཚད་ལ་ལི་སྨི3.5དང་ཞེང་ལ་ལི་སྨི3.5ཡོད་པའི་ཆེད་སྦྱོད་དང་སྨན་སྦྱོད་འཁྲིག་རས་སྦྱོར་དགོས། ཡང་ན་ཤ་མོར་དུག་སེལ་བྱས་རྗེས་གསང་མིག་བརྟོལ་ནའང་ཆོག་ཅིང་། སྨོ་འདེབས་བྱས་རྗེས་འཁྲིག་རས་སྦྱོར་དགོས།

(3) ཤ་མོ་དུག་སྲིན་གསོད་པ། རྒྱུན་གནོན་ཐབ་ཀ་བཀོལ་ནས་ཤ་མོའི་དུག་སྲིན་གསོད་སྐབས། རྫས་མདོང་ནི་རྒྱའི་ཡི་གེ“井”ཡིག་དབྱིབས་ལྟར་བསྒྲིགས་པ་དང་། དྲོད་ཚད་མཐོན་པོ100℃ཆུ་ཚོད6~8རྒྱུན་འཁྱོངས་བྱེད་དགོས། མཐོ་གནོན(1.47×10⁵ཕ་དང126℃)ཤ་མོའི་དུག་སྲིན་གསོད་དུས་ཚོད1.5དགོས་ཤིང་། ཤ་མོའི་དུག་སྲིན་བསད་ཚར་རྗེས། འཁྲིག་མདོང་གྲང་འབྱུག་ཁང་བའི་ནང་དུ་སྤོས་ནས་འབྱུག་འཇོག་བྱས་རྗེས་སྨོ་འདེབས་བྱེད་དགོས།

(4) སྨོ་འདེབས་བྱེད་པ། དྲི་ཞིམ་ཤ་མོའི་རྒྱུ་ཆ་ཚབ་མའི་འདེབས་འཛུགས་ལས་རིམ་དང་གཅིག་མཚུངས་ཡིན།

(5) ཤ་མོའི་ཁུག་མའི་ནང་གི་ཤ་མོའི་སྐྱེ་འཚར་དོ་དམ། སྨོ་འདེབས་བྱས་རྗེས་ཀྱི་ཤ་མོའི་ཁུག་མ་ནི་ཤ་མོའི་ཕྲ་སྐྱུད་ཀྱི་ནང་དུ་བཞག་ནས་གསོ་སྐྱོང་བྱེད་དགོས། འདེབས་

འཇུག་ས་མ་བྱས་སྔོན་གྱི་ཉིན3དྲོད་ཚད་ནི26~28℃ཚོད་འཛིན་བྱེད་པ་དང་། མཁའ་རླུང་གི་ཕྱོས་བཅས་ཀྱི་རླན་ཚད་ནི55%~65%ཡིན། ཉིན3འགོར་རྗེས་ཀྱི་དྲོད་ཚད་ནི24℃ཡས་མས་སུ་ཚོད་འཛིན་བྱས་ཏེ། དུས་དང་བསྟུན་ནས་རླུང་རྒྱུག་ཏུ་འཇུག་པ་དང་ཆུ་གཏོར་ནས་རླན་སྲུང་བྱེད་དགོས།

(6) བཙ་བསྐྱུ་དང་ལས་སྔོན། དངུལ་གྱི་མོག་རོ་བཙ་བསྐྱུ་བྱེད་དུས་ངེས་པར་དུ་ཤ་མོའི་ཕྲ་ཕུང་གི་སྨིན་ཚད་ཁོང་དུ་ཆུད་དགོས་པ་དང་། སྨིན་མ་ཐག་ཏུ་བཙ་བསྐྱུ་བྱེད་དགོས། བཙ་བསྐྱུ་བྱེད་པའི་དུས་ཡུན་སྔ་དྲགས་ན་ཐོན་ཚད་ལ་གནོད་པ་དང་། བསྐྱུ་བའི་དུས་ཡུན་འཕྱི་དྲགས་ན་མོག་རོ་ཏུལ་སླ། ཕྱིར་བཏང་དུ་མོག་རོའི་འདབ་མ་ཡོངས་སུ་བཀྲམ་པ་དང་། མདོག་དཀར་བ། མཉེན་ཞིང་ལྷེམ་ཤུགས་ལྡན་པའི་སྐབས་སུ་འབྲས་བུའི་ཆེ་ཆུང་ལ་མ་བལྟས་པར་བཙ་བསྐྱུ་བྱེད་དགོས། སྔོག་འཐུ་བྱེད་སྐབས། གྲི་ཆུང་གིས་རྒྱུ་ཆའི་ངོས་ཀྱི་དངུལ་དཀར་མོག་རོ་བཅད་ནས་ཆུས་གཙང་མར་བཀྲུས་རྗེས། བརྩེགས་གནོན་མི་བྱེད་པར་ཉི་མའི་འོད་ཟེར་འོག་ཏུ་སྐམ་དགོས། ཉིན1~2ལ་སྐམ་པ་དང་ཉི་མར་སྐམ་པའི་གོ་རིམ་ཁྲིད་དུ་དལ་གྱིས་ཐེངས་དུ་མར་སྣེང་འོག་བཟེས་ནས་སྐམ་དུ་འཇུག་དགོས། ཉི་མར་ལྷེ་ནས་སྐམ་པོར་གྱུར་དུས་མོག་རོ་གཙང་སེལ་བྱེད་དགོས།

ཚན་པ་བཅུ་གཉིས་པ། སྤྲེའུ་མགོ་ཤ་མོ།

གཅིག སྤྱི་བཤད།

སྤྲེའུ་མགོ་ཤ་མོ་ནི་ཟས་སྦྱོད་རིན་ཐང་དང་སྨན་སྦྱོད་རིན་ཐང་གཉིས་ཀ་ལྡན་པའི་བཟའ་བྱའི་ཤ་མོ་རྩ་ཆེན་ཞིག་ཡིན། ཤ་མོ་འདིའི་རིགས་ཀྱི་བྲོ་བ་ཞིམ་ལ་དྲི་ཞིམ་འཐུལ་བས། “རི་ཟས་སྤྲེའུ་མགོ མཚོ་ཟས་ཡན་ལྤོ”ཞེས་འབོད་སྲོལ་ཡོད། སྤྲེའུ་མགོ་ཤ་མོ་མིའི་ཐབས་ཀྱིས་འདེབས་འཛུགས་བྱེད་སྟངས་ནི་གཙོ་བོར་རྒྱུ་ཆ་ཚབ་མའི་སྡོས་འགྲིག་འདེབས་འཛུགས་དང་དམ་བེའི་འདེབས་འཛུགས་གཉིས་ཡོད། ཤ་མོའི་ཕྲ་ཕུང་ནི་ཕྱིར་བཏང་དུ་

ལྷགས་ཀྲིན་ལས་སྣོན་དང་སྨན་རྫས་ལས་སྣོན་རྒྱུ་ཆར་སྤྱོད་བཞིན་ཡོད་དོ།།

གཉིས། སྤྲེའུ་མགོ་ཤ་མོའི་འདེབས་འཛུགས་ལག་རྩལ།

(གཅིག) བཟོ་རྩལ་བརྒྱུད་རིམ།

1. སྣོད་འཛུགས་ཀྱི་བཟོ་རྩལ་བརྒྱུད་རིམ།

རྒྱུ་ཆ་གྲ་སྒྲིག—གསོ་སྐྱོང་རྒྱུ་ཆའི་སྦྱོར་བཟོ།—ཁུག་མ(དམ་བེ)ནང་དུ་ལྡུག་པ།—འབུ་སྲིན་གསོད་པ།—འཁྱག་བཟོ་རྫོ་འདེབས།—ཤ་མོར་དོ་དམ་དང་བཛ་བསྡུ།

2. སྐྱུར་བསྐལ་ཐོན་སྐྱེད་ཀྱི་བཟོ་རྩལ་བརྒྱུད་རིམ།

ཚོད་སྨུག་གསོ་སྐྱོང་། རིམ་པ་དང་པོའི་ས་བོན་དམ་བེ(ཧའོ་ཧྲེན100/ཧའོ་ཧྲེན500 ཟུར་གསུམ་དམ་བེ)གཡོ་འགུལ་གསོ་སྐྱོང(24~26℃དང་ཉིན4~5ཡིན། རྫོ་འདེབས་བྱེད་ཚད 10%ཡིན། བསྐྱུར་མའི་རྣམ་པ90སྐོར་བ/སྐར་མ་དང་། འཁོར་བའི་རྣམ་པ300སྐོར་བ/སྐར་མ་རེ) རིམ་པ་གཉིས་པའི་ས་བོན་དམ་བེའི་ནང་དུ(རྒྱུ་ཆ་ཧའོ་ཧྲེན1000/ཧའོ་ཧྲེན5000དམ་བེ)གསོ་སྐྱོང་བྱེད་པ། རིམ་པ་གསུམ་པའི་ས་བོན་སྣོད་ཆས(རྒྱུ་ཆ་ཧྲེན25/ཧྲེན50སྣོད་ཆས་འཇོག་པ། དབུགས་རྒྱུ་ཚད1:0.4དང་ཉིན2~3ཡིན། སྐྱུར་བསྐལ་སྣོད་གསོ་སྐྱོང་བྱེད་པ། (རྒྱུ་ཆ་ཧྲེན100/ཧྲེན200སྣོད་ཆས་འཇོག་པ། pHཚད4.5 ལྷག་རོའི་རྟགས0.2%)སོགས་ཡིན། གསོ་སྐྱོང་།—འཚག་པ།—སྤྲེལ་མགོ་ཤ་ཞིབ་དང་སྤྲེལ་མགོ་སྤོང་བའི་སྨུམ་སྨྱུགས།

(གཉིས) ཤ་མོའི་ཕྲ་ཕུང་འདེབས་འཛུགས་ལག་རྩལ་གྱི་གཙོ་གནད།

1. གསོ་སྐྱོང་རྒྱུ་ཆའི་སྡེབ་སྦྱོར།

(1) བུར་ཤིང་གི་སྙིགས་རོ78%དང་། ཕུབ་རྩྭ20% ཀ་ར1% ཙུ་གང1%བཅས་དགོས།

(2) ཤིང་སྙིགས78%དང་ཕུབ་རྩྭའམ་འབྲས་རྟགས20% ཀ་ར1% ཙུ་གང1%བཅས་དགོས།

(3) སྲིང་བལ་ཤུན་པགས90%དང་ཕུབ་རྩྭ8% ཀ་ར2%བཅས་དགོས།

སྤྲེའུ་མགོའི་ཤ་མོ་འདེབས་འཛུགས་བྱེད་པའི་རྒྱུ་ཆ་ནི་གོང་སྨྲས་ཀྱི་བུར་ཤིང་གི་སྙིགས་རོ་དང་ཤིང་སྙིགས། སྲིང་བལ་གྱི་ཕྱི་ཤུན་ལས་གཞན། ད་ཅུང་རྩྭ་དང་། གྲོ་སོག་མ་

སྦོས་ལོ་ཧྲོག་གི་སྡོང་རྐང་། ཤོག་སྙིགས་སོགས་ཡོད།

2. གསོ་སྐྱོང་རྒྱུ་ཆ་བཟོ་བ་དང་གསོ་སྐྱོང་།

སྤྲེའུ་མགོ་ཤ་མོ་གསོ་སྐྱོང་རྒྱུ་ཆའི་བཟོ་ཐབས་ནི་བཟའ་བྱའི་ཤ་མོ་གསོ་སྐྱོང་རྒྱུ་ཆ་བཟོ་ཐབས་དང་གཅིག་མཚུངས་ཡིན་ཞིང་། སྔོན་དུ་རྒྱུ་ཆ་སྣ་ཚོགས་མཉམ་བསྲེས་བྱེད་པ་དང(ཆུ་འདུས་ཚད55%~60%) དེའི་འཁྱེར་དམ་བེའི(ཁུག་མ)ནང་དུ་ལྡུག་དགོས། དེས་པར་དུ་དོ་སྣང་བྱེད་རྒྱུ་ཞིག་ལpHཚད་ནི་སྐྱུར་གཤིས་རང་བཞིན་ཡིན་དགོས་ཏེ། རྒྱུ་མཚན་ནིpHཚད7.5ཡིན་དུས་སྤྲེལ་མགོ་ཤ་མོ་སྐྱེ་མི་ཐུབ། དམ་བེའི་ནང་དུ་ལྡུག་སྐབས་སྙེད་ཙམ་བླུགས་ནས་ཤ་མོའི་ཕྲ་ཕུང་བདེ་བླག་ངང་འཚར་ལོངས་འབྱུང་བར་སྐྱུལ་དགོས། ཤ་མོའི་དམ་བེའི་ཆེ་ཆུང་གང་ཡིན་རུང་ཆོག་མོད། ཁུག་མ་ཆེ་ན་གསང་མིག་མང་དུ་བརྟོལ་བ་དང་། ཁུག་མ་ཆུང་ན་གསང་མིག་ཀྱང་ཇེ་ཉུང་དུ་བཏང་ཆོག དུག་སྲིན་གསོད་སྐབས་སྲིང་བལ་ལ་རླན་མི་ཐེབས་པར་དོ་སྣང་བྱེད་དགོས། འཁྲུག་ཚད་མར་བབས་ནས30℃སླེབ་དུས་སྦོ་འདེབས་བྱེད་དགོས་པ་དང་། སྦོ་འདེབས་བྱེད་སྐབས་དྲི་ཞིམ་ཤ་མོའི་ཚབ་རྫས་འདེབས་འཛུགས་བྱེད་པ་དང་འདྲ་བར་འབབ་བཙོག་འགོག་རྒྱུར་དོ་སྣང་བྱེད་དགོས། གསོ་སྐྱོང་ཁང་གི་དྲོད་ཚད22℃ཡས་མས་སུ་ཆོད་འཛིན་བྱེད་པ་དང་། རླན་ཚད70%~75%ཡིན། ཉིན30ཡས་མས་ལ་གསོ་སྐྱོང་བྱས་ན་ཤ་མོའི་སྐྱེ་འཚར་དོ་དམ་ལ་བསྒྱུར་ཆོག

3. ཤ་མོའི་སྐྱེ་འཚར་དོ་དམ།

ཤ་མོའི་ཕྲ་སྐུད་སྐྱེས་ནས་ཕྲ་སྐུད་ཀྱི་ཁུག་མའི(དམ་བེ)ཁ་གང་རྗེས། ཕྲ་སྐུད་དམ་བེའི་སྲིང་བལ་གྱི་ཁ་གཅོད་བྱེད་ལེན་དགོས། ཤ་མོའི་ཁུག་མའི་ཆེ་ཆུང་ལ་གཞིགས་ནས་ཁ་ཕྱེ་བའི་གྲངས་འབོར་གཏན་ཁེལ་བྱེད་དགོས། ཚངས་ཐིག་ལ་ལི་སྨི17ཡོད་ན་ཁ3~4འབྱེད་པ་དང་ཁ་ཞེང་ལ་ལི་སྨི1ཡོད། ཚངས་ཐིག་ལ་ལི་སྨི12ཡོད་ན་ཁ2~3འབྱེད་པ་དང་ཁ་ཞེང་ལ་ལི་སྨི1ཡོད། ཁ་ཞེང་ཆུང་བའི་ཤ་མོའི་ཁུག་མ་རྣམས་ཕྱུང་གསོག་བྱས་ནས་བསྒྲིགས་ཏེ་ཤ་མོའི་ཕྲ་ཕུང་སྣེ་གཉིས་ནས་སྐྱེས་སུ་འཇུག་དགོས། ཕྲ་སྐུད་དམ་བེ་འཕྲེད་འཇོག་བྱས

ནས་མཐོ་ཚད་སྨི1ཡས་མས་སུ་སྤྱངས་ཆོག་པ་དང་། ཟུར་ཕྱོགས་ནས་ཤ་མོའི་ཕྲ་ཕུང་སྐྱེས་སུ་བཙུག་ཀྱང་ཆོག འདི་ལྟར་བྱས་ན་ཤ་མོའི་ཁང་བའི་སྤྱོད་ཚད་ཇེ་མང་དུ་གཏོང་ཐུབ། ཤ་མོའི་ཁུག་མའི(དམ་པེ)ནང་དུ་སྨུག་དབྱིབས་གདོད་རྨང་འབྱུང་སྐབས། བཛ་བསྒྱུ་བྱེད་རག་བར་དུ། དབུགས་རྒྱུ་ཚད་ཇེ་ཆེར་བཏང་ནས་དྲོད་ཚད(18~20℃)དང་འདེབས་འཇུགས་ཁང་གི་རླན་ཚད(85%~90%)ཇེ་མཐོར་གཏོང་དགོས།

4. བཛ་བསྒྱུ་དང་ལས་སྟོན།

ཤ་མོའི་ཕྲ་ཕུང་སྐྱེས་ནས་ཆེར་མའི་དབྱིབས་སུ་གྲུབ་པ་དང་། ཕྱེ་མ་དབྱིབས་ཀྱི་ཐུམ་རྟལ་དཀར་པོ་ཞུང་ཤས་ཤིག་འབྱུང་སྐབས(ཕྱིར་བཏང་དུ་གདོད་རྨང་གྲུབ་རྗེས་ཀྱི་ཉིན10~15)བཛ་བསྒྱུ་བྱས་ཆོག བཛ་བསྒྱུ་བྱེད་སྐབས་ཀྱི་ཚུང་གིས་ཤ་མོའི་ཕྲ་ཕུང་གི་རྩ་བ་ནས་གཏུབ་པ་ལས་གསོ་སྐྱོང་གདོད་རྨང་འགྱུར་མི་རུང་། བཛ་བསྒྱུ་བྱས་པའི་དུས་ཡུན་འཕྱི་དྲགས་ན་ཤ་མོའི་ཕྲ་ཕུང་གི་ཚོ་སྣུའི་ཚོར་བ་ཇེ་དྲག་ཏུ་འགྲོ་བ་དང་། བྲོ་བ་སྣར་ལས་ལྷག་པར་ཁ་བར་འགྱུར་བ་ཡིན། བྲོ་བ་འདི་ནི་ཐུམ་རྟལ་དང་རྙིང་འགྱུར་ཤ་མོའི་ཕྲ་སྐྱུད་ཀྱི་བྲོ་བ་ཡིན། བཛ་བསྒྱུ་བྱས་རྗེས་ཀྱི་གསོ་སྐྱོང་རྨང་གཞིའི་ཕྱི་ངོས་སུ་སྲིན་སེལ་ཛུང་ཙམ་སྟོན་དགོས་མོད། འོན་ཀྱང་གསོ་སྐྱོང་རྨང་གཞིའི་གཏིང་རིམ་གྱི་ཤ་མོའི་ཕྲ་སྐྱུད་ལ་གཏོར་བཤིག་གཏོང་མི་རུང་། དེ་ལྟར་མ་བྱས་ན་སྐོར་ཐེངས་གཉིས་པའི་ཤ་མོའི་ཕྲ་ཕུང་སྐྱེ་དཀའ། བཛ་བསྒྱུ་བྱས་པའི་ཤ་མོའི་ཕྲ་ཕུང་རྣམས་ཀྱི་སྤྱོད་སྒོ་མི་འདྲ་བར་གཞིགས་ནས་ལས་སྟོན་བྱེད་པ་དང་། ཡང་ན་ཨུགས་ཀྱིན་ལས་སྟོན་བཟོ་གྲྭར་བསྐྱལ་ནས་ལས་སྟོན་བྱེད་པའམ་གཏུབ་ནས་སྐམ་བཟོ་བྱེད་ཅིང་། ཡང་ན་ཡོངས་རྫོགས་སྲོ་སྐམ་བྱེད་པ་དང་དྲོད་ཚད35~60℃ཚོད་འཛིན་བྱེད་དགོས།

(གསུམ) གཤེར་གཟུགས་སྐྱུར་བསྐྱལ་གྱི་ལག་རྩལ་གཙོ་གནད།

གཤེར་གཟུགས་སྐྱུར་བསྐྱལ་ནི་ཐོབ་བཟོས་སྨན་རྫས་ཏེ་སྤྲེའུ་མགོ་ཤ་མོའི་ཕྲ་སྐྱུད་དམིགས་ཡུལ་དུ་འཛིན་པའི་ཐོན་སྐྱེད་བྱེད་སྟངས་ཤིག་ཡིན། གོ་རིམ་རྟེལ་པོར་དུག་སྲིན་མེད་པའི་ཁླང་བྱ་བརྩི་སྲུང་ནན་མོ་བྱེད་དགོས།

1. གསོ་སྐྱོང་རྒྱུ་ཆའི་སྡེབ་སྦྱོར།

(1) གསེག་ངོས་ཚོད་ལྟའི་སྤྲ་གུའི་གསོ་སྐྱོང་རྫང་གཞི། ཕུབ་རྩྭ་ཁེ100དང་རྒུན་འབྲུམ་མངར་ཆ་ཁེ20 ཆུ་ཁོལ་ནང་དུ་སྐར་མ30ལྡུད་པ། སླིགས་དོར་བྱས་རྗེས་སྦྲི་དཀར་ཁེ4དང་ལིན་སོན་ཨེར་ཆེང་ཙྭ་ཁེ2 ཆེ་རྫས་ལིའུ་སོན་རྩི་ཁེ1.5 འཚོ་བཅུད་B1ཧྥའོ་ཁེ10དང་ཆུང་གྲི་ཁེ20 ཆུ་ཧྥའོ་ཧྲེང1000 pHཚད་རང་བྱུང་ཡིན།

(2) ས་བོན་དམ་བེའི་གསོ་སྐྱོང་རྫང་གཞི། ཕལ་ཆེར་གོང་དང་གཅིག་མཚུངས་ཡིན། མི་འདྲ་ས་གཅིག་ཡོད་པ་ནི་ཆུང་གྲི་སྣོན་མི་དགོས།

(3) སོན་སྣོད་ཀྱི་གསོ་སྐྱོང་རྫང་གཞི། རྒུན་འབྲུམ་མངར་ཆ་ཁེ20དང་། སྲན་གོར་ཕྱེ་མ་དང་མ་རྨོས་ལོ་ཏོག་གི་ཕྱེ་མ་ཁེ100 སྦྲི་དཀར་དང་ཡང་ན་ཕབས་རྩི་སྦྲངས་ཁན་ཁེ10 ལིན་སོན་ཨེར་ཆེང་ཙྭ་ཁེ15 ཆེ་རྫས་ལིའུ་སོན་རྩི་ཁེ75 ཆུ་ཧྲིན10 pHཚད་རང་བྱུང་ཡིན།

(4) སྐྱུར་བསྐལ་སྣོད་ཆས་ཀྱི་གསོ་སྐྱོང་རྒྱུ་ཆ། སོན་སྣོད་གསོ་སྐྱོང་རྒྱུ་ཆའི་ཁྲོད་ཀྱི་རྒུན་འབྲུམ་ཧྭགས2%བུ་རམ་ལ་བརྗེས་པས་ཆོག་པ་དང་། དེ་མིན་གཞན་དག་འགྱུར་བ་མེད།

2. བསྐལ་བའི་ཆ་རྐྱེན།

སྤྲེའུ་མགོ་ཤ་མོའི་ཕྲ་སྐྱུད་སྐྱེ་འཚར་གྱི་དྲོད་ཚད(24℃ཡས་མས)ལྟར་གསོ་སྐྱོང་གི་ཆ་རྐྱེན་ཚོད་འཛིན་བྱེད་དགོས་ཤིང་། ས་བོན་དམ་བེའི་ནང་དུ་ཉིན4~5གསོ་སྐྱོང་བྱེད་པ་དང་། ས་བོན་ལྕུགས་ཀྲིན་གྱི་ནང་དུ་ཉིན3གསོ་སྐྱོང་བྱེད་ཅིང་། རིམ་པ་སོ་སོའི་ཤ་མོའི་རྫ་འདེབས་བྱེད་ཚད་ནི10%(ཤོང་ཚད/ཤོང་ཚད)ཡས་མས་ཀྱི་ཚད་གཞིར་གཞིགས་ནས་རིམ་པ་ལྟར་རྒྱ་སྐྱེད་དགོས།

3. བསྐལ་མཚམས་འཛོག་པའི་ཚད་གཞི།

སྤྱིར་བཏང་དུ་བསྐལ་ཆར་རྗེས་ཀྱི་གཤེར་གཟུགས་ནི་མདོག་དམར་སེར་ཡིན། ཤ་མོའི་ཕྲ་སྐྱུད་ཀྱི་ཐྲུམ་རིལ་ཧྥའོ་ཧྲེང150ཡན་ཟིན་ན་ཤ་མོའི་ཕྲ་སྐྱུད་རང་ཞུ་བྱེད་པ་དང་། pHཚད5ཡས་མས་དང་། མངར་ཆ་ལྷག་རོའི་ཚད0.2%ཡས་མས་ཡིན།

ཚན་པ་བཅུ་གསུམ་པ། ཏ་ཆིའུ་ཀའི་ཞྭ་མོ།

གཅིག སྤྱི་བཤད།

ཏ་ཆིའུ་ཀའི་ཞྭ་མོའི་མིང་གཞན་ལ་ཀྲུའུ་ཧྲའི་ཞྭ་མོ་དང་ཅིའུ་ཧྲོང་སིག་ཆིའུ་ཀུའི་ཞྭ་མོ་ཟེར། དེ་ནི་ཆིའུ་ཀའི་ཞྭ་མོ་ཁོངས་གཏོགས་ཀྱི་ཞྭ་མོའི་རིགས་ཤིག་ཡིན། ཏ་ཆིའུ་ཀའི་ཞྭ་མོ་ནི་རྩྭ་རུལ་བའི་ནང་དུ་སྐྱེས་པའི་ཞྭ་མོའི་ཕྲ་ཕུང་ཡིན། དེའི་འདབ་མ་ཆེ་བ་དང་། མདོག་མཛེས་པ། བྲོ་བ་ཞིམ་པ། སྙི་འཇམ་ལྡན་པ་སོགས་ཀྱི་ཁྱད་ཆོས་ལྡན་ཞིང་། མིའི་ལུས་ལ་མཁོ་བའི་ཨན་ཅི་སོན་དང་འཚོ་བཅུད་མང་པོ་འདུས་ཡོད། སྙིང་ནད་སྔོན་འགོག་དང་ཟས་འཇུ་བ། ངལ་དུབ་སེལ་བ་སོགས་ཀྱི་ཕན་ནུས་ལྡན་པས། རྒྱལ་སྤྱིའི་ཞྭ་མོའི་ཚོང་རའི་ཁྲོད་ཀྱི་མིང་གྲགས་ཆེ་བའི་ཞྭ་མོ་བཅུའི་ཁྲོད་ཀྱི་གཅིག་ཡིན་ནོ།།

ཏ་ཆིའུ་ཀའི་ཞྭ་མོའི་འདེབས་འཛུགས་ནི་ཚུང་རགས་ལས་ཡིན། ཤིང་ཏོག་ར་བ་དང་ནགས་ཤིང་། ལོ་ཏོག་བཅས་དང་མཉམ་དུ་སྤོ་འདེབས་བྱས་ཆོག་པས། གྲུབ་ཚུལ་ལུགས་མཐུན་དང་དཔལ་འབྱོར་ཕན་འབྲས་མངོན་གསལ་ཡིན་པའི་ལངས་གཟུགས་འདེབས་འཛུགས་བྱེད་སྟངས་ཤིག་ཏུ་གྱུར་ཡོད། དེ་བས་འདི་ནི་མགྱོགས་མྱུར་དང་དབུལ་ཐར་ཕྱུག་འགྱུར་འགྱུར་བའི་ཞིང་ལས་འདེབས་འཛུགས་རྣམ་གྲངས་ཤིག་ཀྱང་ཡིན།

གཉིས། ཏ་ཆིའུ་ཀའི་ཞྭ་མོའི་འདེབས་འཛུགས་ལག་རྩལ།

(གཅིག) བཟོ་རྩལ་བརྒྱུད་རིམ།

འདེབས་འཛུགས་ར་བར་གདམ་གསེས་དང་བཟོ་བ།—རྣང་ཕྱིལ་པོར་དུག་སེལ།—རྒྱུ་ཆ་གྲ་སྒྲིག—གསོ་སྐྱོང་རྒྱུ་ཆ་ཐག་གཅོད།—འདེབས་འཛུགས།—ཞྭ་མོ་འདོན་པ།—ས་འགེབས་པ།—ཞྭ་མོའི་སྐྱེ་འཚར་དོ་དམ།—བཏ་བསྡུ་དང་ལས་སྣོན།

(གཉིས) ལག་རྩལ་གཙོ་གནད།

1. འདེབས་འཛུགས་དུས་ཚིགས་ནི་གནམ་གཤིས་ཆ་རྐྱེན་དང་བསྟུན་ནས་བཤད་

ན། ཏ་ཆེའུ་ཀའི་ཤ་མོ་མང་ཆེ་བ་གསོ་སྐྱོང་ས་གནས་སུ་འདེབས་འཛུགས་བྱེད་པ་དང་། ཕྱིར་བཏང་དུ་དབྱར་ཁ་དང་སྟོན་ཁའི་དུས་ཚིགས་སུ་འདེབས་འཛུགས་བྱེད་པ་ཡིན། ཏ་ཆེའུ་ཀའི་ཤ་མོ་ནི་དྲོད་ཚད་འབྲིང་རིམ་གྱི་རིགས་སུ་གཏོགས་པ་དང་། ཤ་མོའི་སྤྲ་ཕུང་གྲུབ་པའི་དྲོད་ཚད8~28℃དང་། ཆེས་འཚམ་པའི་དྲོད་ཚད་ནི16~24℃ཡིན། ས་བབ་དམའ་འབྲིང་ས་ཁུལ་དུ་ཟླ9པའི་ཟླ་དཀྱིལ་ནས་ཕྱི་ལོའི་ཟླ3པའི་བར་དུ་རིམ་བཞིན་ཚོ་འདེབས་བྱས་ཆོག་པ་དང་། མཚོ་བོད་མཐོ་སྒང་ནས་ཟླ9པ་ནས་ཕྱི་ལོའི་ཟླ6པའི་བར་དུ་རིམ་བཞིན་ཚོ་འདེབས་བྱེད་ཐུབ་ཅིང་། སྟོན་མགོའི་ཚོ་འདེབས་ཀྱི་དྲོད་ཚད་འཚམ་ཤོས་ཡིན་ནོ།།

2. ཤ་མོའི་ས་བོན་བཟོ་བ།

རིམ་པ་གཉིས་པའི་ས་བོན་དང་རིམ་པ་གསུམ་པའི་ས་བོན་ནི་གྲོ་རྫོག་དང་། འབྲུ་རྫོག་གམ་ཤིང་ཤུན། སྲིང་བལ་གྱི་ཕྱི་ཤུན་སོགས་རྒྱུ་ཆ་བྱས་ཆོག་ཅིང་། བྱེ་བྲག་གི་བཟོ་ལས་བྱེད་སྟངས་ནི་རྒྱུན་ལྡན་ལྟར་བཀོལ་སྤྱོད་བྱས་ཆོག

3. གསོ་སྐྱོང་རྒྱུ་ཆ་དང་དེ་ཉིད་ཐག་གཅོད།

འབྲས་སོག་དང་གྲོ་སོག མ་རྗོས་ལོ་ཏོག་གི་སོག་མ། རྩྭ་ལྷམ། ཤིང་སླིགས། སྲིང་བལ་གྱི་ཕྱི་ཤུན་སོགས་བདམས་ནས་རིགས་གཅིག་གམ་ཡང་ན་རིགས་ཁ་ཤས་མཉམ་དུ་བསྲེས་ཏེ། རམ་འདེགས་རྒྱུ་ཆ་གཞན་དག་ཁ་སྣོན་བྱེད་མི་དགོས་པར་འདེབས་འཛུགས་བྱས་ཆོག འབྲས་སོག་ནི་རབ་ཡིན་ན་འཕྱི་སྨིན་འབྲས་རྩྭ་བདམས་ན་བཟང་། རྒྱུ་མཚན་ནི་དེའི་རྒྱུ་ཕྲུས་སྲ་ཞིང་མཁྲེགས་པ་ཡིན། རྒྱུ་ཆ་རྣ་ཚོགས་ལ་རུལ་སྨུགས་མེད་པ་དང་། ཁ་དོག་དང་དྲི་མ་རྒྱུན་ལྡན་ཡིན་དགོས། དམིགས་སྤྱོད་ཀྱི་སོག་མ་བཙ་བསྲུ་མ་བྱས་པའི་སྔོན་དུ་ཞིང་སྨན་མི་སྤྱོད་པར་མ་ཟད། བསྐམས་རྗེས་གཏུབ་ནས་སྤྱོད་དགོས།

གསོ་སྐྱོང་རྒྱུ་ཆ་གྲ་སྒྲིག་བྱས་ཏེ་འདེབས་འཛུགས་མ་བྱས་པའི་སྔོན་ལ་ཚུ་དྭངས་མོའམ་ཡང་ན1%རྗོ་ཐལ་ཆུའི་ནང་དུ་སྦང་དགོས་ཤིང་། རྒྱུ་ཆ་ཆུའི་ནང་དུ་སྦངས་རྗེས་སྐམ་པོར་བཟོ་ཞིང་། ཆུ་འདུས་ཚད70%~75%དང་། གསོ་སྐྱོང་རྒྱུ་ཆའིpHཚད5.5~7.5ཡིན་དུས་འདེབས་འཛུགས་བྱས་ཆོག

4. ཤ་མོའི་འདེབས་འཇུགས་ར་བའི་འཇུགས་སྐྲུན།

ཤ་མོའི་འདེབས་འཇུགས་ར་བ་ནི་ལྷུང་འགོག་ཐུབ་པ་དང་ཉི་འོད་སྒྲིབ་ཐུབ་ཅིང་། "ཉིན་ཕྱོགས་གསུམ་དང་སྒྲིབ་ཕྱོགས་བདུན"དང་ཡང་ན"ཉིན་ཕྱོགས་བཞི་དང་སྒྲིབ་ཕྱོགས་དྲུག"གི་ཁོར་ཡུག་འདེམ་དགོས། འདེབས་འཇུགས་ར་བའི་ནང་གི་ཆུ་འབུད་བཟང་བ་དང་། ས་རྒྱུ་གཤེར་པོ་དང་སོབ་སོབ་ཡིན་པ། ཐུལ་སྐྱེ་རྒྱུ་རྫས་མང་པོ་འདུས་དགོས། སྤྱིལ་བུའི་ནང་ངམ་དྲོད་ཁང་མེད་པའི་ཕྱི་རོལ་ས་གནས་གང་ཐུང་དུ་འདེབས་འཇུགས་བྱས་ཆོག ཕྱིར་བཏང་དུ་རྣང་མའི་ནང་དུ་འདེབས་འཇུགས་བྱེད་ཅིང་། རྣང་མའི་ཞེང་ལ་སྨི1.5ཡོད་པ་དང་རིང་ཚད་ལ་ཚད་བཀག་མེད། རྣང་མའི་ཕྱི་ངོས་ནི་ཐུས་སྤལ་གྱི་རྒྱབ་དབྱིབས་སམ་ཁོད་སྙོམས་པོ་དང་། ཕྱོགས་བཞིར་ཆུ་ཀ་བཀོ་དགོས། རྒྱུ་ཆ་གཏོར་བའི་སྔོན་དུ་རྣང་ངོས་ལ་སྨན་གཏོར་ནས་འབུ་སྲ་གསོད་དགོས་པར་མ་ཟད། རྡོ་ཐལ་སྣོན་པ་གཏོར་ནས་དུག་སེལ་བྱེད་དགོས།

5. རྒྱུ་ཆ་གཏོར་བ་དང་སྦོ་འདེབས། ས་འགེབས་པ།

ཐོག་མར་ཆུའི་ནང་དུ་སྦང་བའི་འདེབས་འཇུགས་རྒྱུ་ཆ་རྣང་ངོས་སུ་གཏོར་དགོས། ཞབས་རིམ་གྱི་མཐུག་ཚད་ལི་སྨི8~10ཡིན། སྲ་མོར་གནོན་དགོས། ཤ་མོའི་ས་བོན་ཆ་སྙོམས་སྙོམས་ཁྱུང་འདེབས་བྱེད་པ་དང་། ཁྱུང་བུའི་གཏིང་ཚད་ལ་ལི་སྨི20དང་ཞེང་ལ་ལི་སྨི20དགོས། དེའི་འཁོར་ལི་སྨི15~20འདེབས་འཇུགས་རྒྱུ་ཆ་འདིང་དགོས། ཤ་མོའི་ས་བོན་ཆ་སྙོམས་སྙོམས་ཁྱུང་འདེབས་སམ་གཏོར་འདེབས་བྱེད་དགོས། འདེབས་འཇུགས་གཞི་ཁྱོན་ནི་གོང་དང་གཅིག་མཚུངས་ཡིན། སྨི་གྲུ་བཞི་མ1.5རེའི་རྣང་ངོས་སུ་ཤ་མོའི་ས་བོན་ཁེ500གཏོར་ནས་སྦོ་འདེབས་བྱེད་དགོས། དེའི་གོང་རིམ་ལ་ལི་སྨི1~2རིམ་པའི་འདེབས་འཇུགས་རྒྱུ་ཆ་གཏོར་བ་དང་། ཤ་མོའི་ས་བོན་བཀབ་ནས་མི་མཐོང་ན་ལེགས། མཐུག་མཐར་རྩྭ་ཡོལ་དང་གསོ་སྐྱེ་སྙིང་བས་དྲོད་སྲུང་རླན་སྲུང་བྱེད་དགོས། རྒྱུ་ཆ་སྤྱོད་ཚད་སྨི་གྲུ་བཞི་མ་རེར་སྟོང་ཁེ20~25ཡིན་པ་དང་། སྦོ་འདེབས་བྱས་རྗེས། ཉིན2~3ནང་དུ་ཤ་མོའི་སྲ་སྐུད་སྐྱེས་པ་དང་། ཉིན3~4འགོར་བ་ནས་བཟུང་རྒྱུ་ཆའི་ནུས་པ་ཐོན་ཞིང་སྐྱེ་འཚར་ལ་

སྐྱུལ་འདེད་བྱེད་ཐུབ། ས་འགེབས་པའི་དུས་ཚོད་ནི་འདེབས་འཛུགས་རྣམ་པ་དང་ཁོར་ཡུག་ལ་བསྟུན་ནས་མི་འདྲ་བ་ཡིན།

མཚོ་སྔོན་མཐོ་སྒང་ས་ཁུལ་དུ་ཏ་ཆིའུ་ཀའི་ཤ་མོའི་འདེབས་འཛུགས་ཀྱི་རྣམ་པ་ནི་སྤྱིར་བཏང་དུ་རིགས་གསུམ་ཡོད་ཅིང་། གཅིག་ནི་ཤིང་ཏོག་ར་བའི་ལྡངས་གཟུགས་འདེབས་འཛུགས་ཀྱི་རྣམ་པ་ཡིན་ཞིང་། སིལ་སྡོང་ར་བའི་ནང་དུ་སྤྱོད་པ་མང་། རྣམ་པ་འདི་ལ་སྲིལ་བུ་ཕུབ་མི་དགོས་ཤིང་། སིལ་སྡོང་གིས་རང་བྱུང་སྒྲོས་ཉི་འོད་སྒྲིབ་པ་བེད་སྤྱོད་པ་ཡིན། འདིའི་ས་འགེབས་པའི་དུས་ཚོད་ནི་སྤྱིར་བཏང་དུ་ས་བོན་བཏབ་རྗེས་ཀྱི་ཉིན25~35ཡིན། གཉིས་ནི་རྣང་མ་འདེབས་འཛུགས་ཀྱི་རྣམ་པ་ཡིན་ཞིང་། རྣམ་པ་འདི་ནི་གཙོ་བོར་དགུན་ཁར་ཁོམ་ལྷག་ཏུ་ལུས་པའི་ཞིང་སའམ་ལོ་མ་ལྷུང་བའི་ནགས་ཁྲོད་དང་རི་ལྡེབས་ས་རྐོད་བེད་སྤྱོད་བྱེད་དགོས། འདེབས་འཛུགས་བྱེད་སྐབས་སྐབས་བདེའི་ དྲོད་ཁང་གི་རྣམ་པས་ཉི་འོད་སྒྲིབ་པ་ཡིན། རྣམ་པ་འདིར་ནགས་ཤིང་དང་ཡང་ན་ཉི་འོད་འགོག་པའི་ཁོར་ཡུག་མེད་པའི་རྐྱེན་གྱིས། འདེབས་འཛུགས་ར་བར་འོད་འཕྲོ་བས་བརླན་གཤེར་སྐམ་ཚད་ཀྱང་ཅུང་མགྱོགས། རྣང་མའི་འདེབས་སྡིགས་སྡིང་གི་འདེབས་འཛུགས་རྒྱུ་ཆ་མི་སྐམ་པའི་ཆེད་དུ། སྤྱིར་བཏང་དུ་སྔོ་འདེབས་བྱས་རྗེས་ཀྱི་ཉིན10~15ནང་དུ་ས་འགེབས་དགོས། གསུམ་ནི་སྲོས་འཁྱིག་དྲོད་ཁང་ཆེན་མོའི་འདེབས་འཛུགས་ཀྱི་རྣམ་པ་ཡིན། འདིའི་རིགས་ནི་སྤོ་ཚལ་དང་སྲོས་འཁྱིག་དྲོད་ཁང་ཆེན་མོ་བསྐྱུན་པའམ་ཡང་ན་སྤོ་ཚལ་དྲོད་ཁང་ཆེན་མོ་དང་སྤོ་ཚལ་སྤེལ་འདེབས་ལ་དཔེ་ལྟ་བྱས་ཆོག རྣམ་པ་འདི་སྤྱིར་བཏང་དུ་ཤ་མོའི་ཕྲ་སྐྱུད་སྐྱེས་ནས་རྒྱུ་ཆའི2/3ཟིན་པའི་དུས་སམ། སྤྱིར་བཏང་དུ་ས་བོན་བཏབ་རྗེས་ཀྱི་ཟླ་བ་གཅིག་གི་ནང་དུ་ས་འགེབས་དགོས།

ས་འགེབས་པའི་རྒྱུ་ཆ་འདེམ་སྤྱོད་བྱེད་པའི་དུས་སུ། རུལ་འགྱུར་འདུས་ཚད་མཐོ་བའི་སོབ་སོབ་ཀྱི་ས་རྒྱུ་འདེམ་སྤྱོད་བྱེད་པ་དང་། ས་རིམ་གྱི་མཐུག་ཚད་ལི་སྨི2~4ཡིན་པ་དང་། ས་འགེབས་རྒྱུ་ཆའི་སྟེང་གི་འབུ་ཕྲ་སྦྲ་མོ་ནས་གསོད་དགོས་པར་མ་ཟད། ས་རྒྱུའི་ཁྲོད་ཀྱི་ཆུའི་འདུས་ཚད20%ཡས་མས་སུ་སྙོམ་སྒྲིག་བྱེད་དགོས།

6. རྨོ་འདེབས་བྱས་རྗེས་ཀྱི་དོ་དམ།

རྨོ་འདེབས་བྱས་རྗེས་ཤ་མོའི་ཕྲ་སྐུད་སྐྱེ་འཚར་གྱི་དུས་རིམ་དུ། གང་ཐུབ་ཅི་ཐུབ་ཀྱིས་དྲོད་ཚད22~28℃རྒྱུན་འཁྱོངས་བྱེད་དགོས་ཤིང་། ཆུ་འདུས་ཚད70%~75%ཡིན་པ་དང་། མཁའ་རླུང་ལྟོས་བཅས་ཀྱི་རླན་ཚད85%~90%ཡིན་དགོས། ས་བོན་བཏབ་རྗེས་ཀྱི་ཉིན20ནང་ནས་ཕྱིར་བཏང་དུ་ཐད་ཀར་རྒྱུ་ཆའི་སྟེང་དུ་ཆུ་གཏོར་མི་དགོས། རྣང་མའི་ཕྱི་ངོས་ཀྱི་འགེབས་རྫས་རླན་སྲུང་བྱེད་པ་དང་། ཆར་བས་རླན་པར་སྔོན་འགོག་བྱེད་དགོས། ཉིན20རྗེས་སུ་རྒྱུ་ཆའི་ནང་གི་བཞའ་ཚན་ལ་གཞིགས་ནས་ཆུ་འོས་འཚམ་གཏོར་ཆོག ཆུ་གཏོར་བའི་སྐབས་སུ། ཕྱོགས་བཞི་པོར་མང་དུ་གཏོར་བ་དང་། དཀྱིལ་གཞུང་ལ་ཉུང་དུ་གཏོར་བར་མ་ཟད། རྒྱུན་དུ་ཆུ་གཏོར་བ་དང་ཐེངས་རེར་གཏོར་ཚད་ཉུང་བའི་རྩ་དོན་རྒྱུན་འཁྱོངས་བྱེད་དགོས། རྒྱུ་ཆའི་དྲོད་ཚད་མཐོ་དྲགས་པའི་སྐབས་སུ། ཁེབས་དངོས་ཀྱི་ཁ་ཕྱེ་ནས་རྣང་མལ་གྱི་འོག་རིམ་ལ་རླུང་རྒྱུག་ཏུ་འཇུག་པ་དང་། དྲོད་ཚད་དམའ་དུས་རྩྭ་ཡོལ་བཀབ་ནས་དྲོད་སྲུང་བྱེད་དགོས།

7. ཤ་མོའི་སྐྱེ་འཚར་དོ་དམ།

ས་བཀབ་རྗེས་ས་རིམ་གྱི་བརླན་གཤེར་རྒྱུན་འཁྱོངས་བྱས་ཏེ། ཉིན15~20ཤ་མོའི་ཕྲ་སྐུད་རིམ་བཞིན་སའི་ཁར་ཐོན་པ་དང་། སྐབས་དེར་མཁའ་དབུགས་ལྟོས་བཅས་ཀྱི་རླན་ཚད85%ཡས་མས་སུ་སྙོམ་སྒྲིག་བྱེད་དགོས། རླུང་རྒྱུ་བ་དང་དབུགས་བརྗེ་བར་ཤུགས་བསྣན་ནས་ཉིན2~5འགོར་བའི་རྗེས་སུ་ཤ་མོའི་གང་བུ་འབྱུང་བ་ཡིན།(ཕྱིར་བཏང་དུ་འདེབས་འཛུགས་རྗེས་ཀྱི་ཉིན50~60ཐོན) སྐབས་འདིའི་བྱ་བ་གཙོ་བོ་ནི་ཆུའི་དོ་དམ་དང་རླུང་རྒྱུ་བར་ཤུགས་བསྣན་ཏེ། མཁའ་རླུང་གི་ལྟོས་བཅས་རླན་ཚད95%རྒྱུན་འཁྱོངས་བྱེད་རྒྱུ་དེ་ཡིན། གང་བུ་བྱུང་བ་ནས་སྨིན་རག་བར་དུ་ཉིན5~10དགོས། གང་བུ་བྱུང་རྗེས་ཆུ་གཏོར་ནས་ཤ་མོ་ཡ་མ་གཟུགས་སུ་མི་འགྱུར་བར་བྱེད་དགོས། ཏ་ཆེའུ་ཀའི་ཤ་མོའི་ལྷིད་ཚད་ལ་ཁེ30~50ཡོད་པ་དང་། ཤ་མོའི་གདུགས་མགོའི་ནང་རིམ་དུ་འཁྱིལ་བ་དང་ཐུམ་རྡུལ་མེད་པའི་སྐབས་སུ་བཙ་བསྡུ་བྱེད་དགོས། རྒྱུན་ལྡན་གྱི་གནས་ཚུལ་འོག་ཏུ་ཤ་མོའི་

སོག་ཤུལ་ཐེངས3~4སྟུད་ལེན་བྱས་ཆོག་ལ། ཤ་མོའི་སོག་ཤུལ་གཉིས་པའི་ཐོན་ཚད་ཆེས་མཐོན་པོ་ཡིན། ཤ་མོའི་ཐོན་ཚད་སྤྱི་གྲུ་བཞི་ལྷམ་པ་རེར་སྟོང་ཁེ6~10ཡིན་ཞིང་། བཟང་བསྡུ་བྱེད་སྐབས་རྩ་བ་དམ་པོར་བཟུང་ནས་འབལ་དགོས་པ་ལས་མཐའ་འཁོར་གྱི་ཤ་མོ་ལ་རྨས་སྐྱོན་གཏོང་མི་རུང་། བཟང་བསྡུ་བྱས་རྗེས་ཤ་མོ་སྟེང་གི་ས་འདམ་མེད་པར་བཟོས་རྗེས་ཚོང་རར་བཙོང་ཆོག་པ་དང་། ཡང་ན་སོ་ཉར་རམ་ཚ་དྲིག་ལས་སྣོན་བྱེད་པའམ་སྐམ་བཟོའི་ལས་སྣོན་བྱས་ཆོག

ཚན་པ་བཅུ་བཞི་པ། མོག་རོ་ནག་པོ།

གཅིག སྤྱི་བཤད།

མོག་རོ་ནག་པོ་ནི་བྲོ་བ་ཞིམ་ལ་འཚོ་བཅུད་ཕུན་སུམ་ཚོགས་ཤིང་། སྤྲི་དཀར་མཐོ་བ་དང་ཚིལ་ཉུང་བའི་བདེ་སྲུང་ཟས་རིགས་ཤིག་ཡིན། མོག་རོ་ནག་པོ་ལ་ཐུན་མོང་མ་ཡིན་པའི་བྲོ་བ་ལྡན་པ་དང་། འཚོ་བཅུད་རིན་ཐང་མཐོ་བར་མ་ཟད་སྨན་སྦྱོད་རིན་ཐང་ཡང་ལྡན། མོག་རོ་ནག་པོའི་ནང་དུ་ཚི་སྣའི་རྒྱུ་རྩབས་མང་པོ་འདུས་ཡོད་ལ། དུས་ཡུན་རིང་པོར་ཟས་སྤྱོད་བྱས་ན། ཕོ་བ་དང་རྒྱུ་མའི་ནང་གི་སྙིགས་རྙས་མེད་པར་བཟོ་ཐུབ་ལ། གློ་བ་གསོ་བའི་ཕན་ནུས་ལྡན། དེ་བས། ཀྲུང་ལུགས་གསོ་རིག་གི་གྲང་གྲུམ་རང་བཞིན་གྱི་ཁེད་པ་དང་ཁང་བ་ན་བ། ཁང་ལག་སྦྲིད་པ་དང་གཞང་འབྲུམ་ནས་ཁྲག་འདོན་པ། བཤལ་ནད། བཙས་གཞུག་གི་ལུས་ཟུངས་ཞན་པ་སོགས་ཀྱི་ནད་རྟགས་གསོ་བཅོས་བྱེད་པའི་རྒྱུན་སྤྱོད་སྨན་རྫས་ཡིན། ཞིབ་འཇུག་བྱས་པ་ལྟར་ན། མོག་རོ་ནག་པོ་ལ་དྲ་དུང་སྐྲན་ནད་འགོག་པའི་ནུས་པ་ངེས་ཅན་ལྡན།

མོག་རོ་ནག་པོ་མིའི་ཐབས་ལ་བརྟེན་ནས་འདེབས་འཛུགས་བྱེད་ཐབས་ནི་དང་ཐོག་རང་རྒྱལ་ནས་དར་བ་དང་། ལོ་རྒྱུས་ཡིག་ཚགས་སྟེང་གི་བཀོད་པ་ལྟར་ན་ལོ་ངོ་སྟོང་ཕྲག་གི་ལོ་རྒྱུས་ཡོད། མོག་རོ་ནག་པོ་ནི་དྲོད་ལྡན་ས་ཁུལ་ནས་དམིགས་བསལ་དུ་ཡོད་

པའི་ཤ་མོ་ཞིག་ཡིན་པར་མ་ཟད། འཛམ་གླིང་སྟེང་དུ་ཁྱབ་རྒྱ་ཅུང་ཆེ་བའི་ཤིང་ཏུལ་ཤ་མོ་ཞིག་ཀྱང་ཡིན་པ་དང་། རང་རྒྱལ་དུ་འདེབས་འཛུགས་བྱེད་ཡུལ་ཡང་ཞིང་ཆེན་དང་གྲོང་ཁྱེར། རང་སྐྱོང་ལྗོངས20ལྷག་ཙམ་ལ་ཁྱབ་ཡོད།

གཉིས། མོག་རོ་ནག་པོའི་འདེབས་འཛུགས་ལག་རྩལ།

(གཅིག) འཁྱིག་ཁུག་ནང་དུ་མོག་རོ་ནག་པོའི་འདེབས་འཛུགས།

1. ཤ་མོའི་ས་བོན་བཟང་པོ་འདེམ་པ།

ཤ་མོའི་ས་བོན་གྱི་བཟང་ངན་ནི་མོག་རོ་ནག་པོ་འདེབས་འཛུགས་བྱས་རྗེས་ལོ་ལེགས་འབྱུང་ཐུབ་མིན་གྱི་གནད་འགག་ཡིན། ཤིང་ཕྱེ་དང་མ་རྫས་ལོ་ཏོག་གི་ནང་སྙིང་སོགས་མ་བཙོས་རྒྱུ་ཆ་དང་འདེབས་འཛུགས་བྱེད་པར་འཚམ་པའི་ཐོན་ཚད་མཐོ་བ་དང་སྲུས་ཀ་དག་པ། སྙིགས་འགོག་རང་བཞིན་ཆེ་བ། ཤ་མོའི་སྐྱེ་འཕེལ་མགྱོགས་པ། སྨུ་གུ་དབྱེ་འབྱེད་ཅུང་གཅིག་བསྡུས་ཡིན་པ། ཤ་མོའི་ཕྲ་ཕུང་གི་འཚར་སྐྱེ་མགྱོགས་པ། སྣ་སྙིན་རང་བཞིན་གྱི་ཁྱད་ཆོས་ལྡན་པ་བཅས་ཀྱི་ཤ་མོའི་ས་བོན་བཟང་པོ་འདེམ་དགོས། དཔེར་ན་ཧྲུའུ་ཨེར་ཨང1པ་དང་ཨང3པ། ཨང4པ་བཅས་ནི་ཧྲང་ཧྲའི་གྲོང་ཁྱེར་ཞིང་ལས་ཚན་རིག་ཁང་གི་བཟའ་བྱའི་ཤ་མོ་ཞིབ་འཇུག་ཁང་གིས་འདེབས་འཛུགས་བྱས་པའི་ཁུག་མའི་རྒྱུ་ཆ་དང་འཚམ་པའི་རིགས་ཡིན་ཞིང་། གཅིག་མཚུངས་ཀྱི་འདེབས་འཛུགས་ཆ་རྐྱེན་ནམ་ཁོར་ཡུག་འོག་ཏུ། སྲུས་ལེགས་ཤ་མོའི་སྟོང་ཀང་གི་ཐོན་ཚད་ནི་སྤྱིར་བཏང་དུ་གཞན་ལས30%ཇེ་མཐོར་འགྲོ་ཐུབ། རབ་ཡིན་ན་ཤ་མོའི་ཕྲ་སྐྲུད་དཀར་པོ་ཡིན་པ་དང་ཤ་མོའི་སྙིགས་རོ་མེད་པའི་ཤ་མོའི་ས་བོན་བདམས་ནས་འདེབས་འཛུགས་བྱེད་དགོས་ཤིང་། ཤ་མོའི་ལོ་ཚོད་ཉིན30~45ནི་འོས་འཚམ་ཡིན།

2. འདེབས་འཛུགས་དུས་ཚིགས་བཀོད་སྒྲིག་ཡག་པོ་བྱེད་པ།

མོག་རོ་ནག་པོ་ནི་དྲོད་འཁྱིལ་རང་བཞིན་གྱི་ཤ་མོའི་རིགས་ཤིག་ཡིན། དྲོད་ཚད་མཐོ་བ་དང་བརླན་གཤེར་ཆེ་བའི་ཁོར་ཡུག་ཏུ་མོག་རོ་ནག་པོ་བཏབ་ན་ཤ་མོ་ཏུལ་སླ་བ་དང་། གསོ་སྐྱོང་རྒྱུ་ཆ་སྟངས་ནའང་འབབ་བསྩོག་བཟོ་བ་ཡིན། དེར་བརྟེན། ཁུག་མའི་

ནང་དུ་སོག་རོ་ནག་པོ་འདེབས་སྐབས་དྲོད་ཚད་མཐོ་བའི་དུས་ཚིགས་ལ་གཡོལ་ནས་ཧླམ་སྲིན་འགོས་ཚད་ཇེ་ཉུང་དུ་གཏོང་དགོས།

མཚོ་བོད་མཐོ་སྒང་ས་ཁུལ་གྱི་ཆུ་མའི་ས་ཁུལ་དུ། ལོ་གཅིག་ལ་སྤྱིར་བཏང་དུ་འདེབས་འཛུགས་དུས་ཚིགས་གཉིས་བཀོད་སྒྲིག་བྱེད་བཞིན་ཡོད་ཅིང་། དཔྱིད་དུས་སུ་ཟླ2པའི་ཟླ་སྨད་ནས་ཟླ3པའི་ཟླ་དཀྱིལ་བར་གྱི་ཉིན30ནང་དུ་འདེབས་འཛུགས་ས་བོན་ཐོན་སྐྱེད་བྱེད་པ་དང་། ཟླ3པའི་ཟླ་དཀྱིལ་ནས་ཟླ4པའི་ཟླ་མཇུག་བར་གྱི་ཉིན40ནང་ཚུན་དུ་ཤ་མོ་འཁྱིག་ཁུག་ཐོན་སྐྱེད་བྱེད་བཞིན་ཡོད། ཟླ4པའི་ཟླ་མཇུག་ནས་ཟླ6པའི་ཟླ་མཇུག་བར་གྱི་ཉིན60ནང་དུ་ཤ་མོ་ཕྱིར་འདོན་པ་ཡིན། སྟོན་དུས་ནི་ཟླ6པའི་ཟླ་སྟོད་ནས་ཟླ6པའི་ཟླ་མཇུག་བར་གྱི་ཉིན30ཙམ་གྱི་ནང་དུ་འདེབས་འཛུགས་བྱེད་པ་དང་། ཟླ7པའི་ཟླ་སྟོད་ནས་ཟླ8པའི་ཟླ་དཀྱིལ་བར་གྱི་ཉིན40ནང་དུ་ཤ་མོའི་ཁུག་མ་ཐོན་སྐྱེད་བྱེད། ཟླ8པའི་ཟླ་དཀྱིལ་ནས་ཟླ10པའི་ཟླ་དཀྱིལ་བར་གྱི་ཉིན60ནང་དུ་ཤ་མོ་ཕྱིར་འདོན་བྱེད་བཞིན་ཡོད།

མཚོ་བོད་མཐོ་སྒང་ས་ཁུལ་གྱི་རི་ཁུལ་དུ། དྲོད་ཚད་ཅུང་དམའ་བའི་རྐྱེན་གྱིས་ལོ་གཅིག་ལ་དུས་ཚིགས་གཅིག་བཀོད་སྒྲིག་བྱས་ན་ལེགས། ཟླ4བའི་ཟླ་དཀྱིལ་ནས་ཟླ5པའི་ཟླ་དཀྱིལ་བར་དུ་འདེབས་འཛུགས་ས་བོན་ཐོན་སྐྱེད་བྱེད་པ་དང་། ཟླ5པའི་ཟླ་དཀྱིལ་ནས་ཟླ6པའི་ཟླ་སྨད་བར་དུ་འཁྱིག་ཁུག་ཤ་མོ་ཐོན་སྐྱེད་བྱེད་པ། ཟླ7པའི་ཟླ་སྟོད་ནས་ཟླ9པའི་ཟླ་སྟོད་བར་ཤ་མོ་ཕྱིར་འདོན་བྱེད་པ་ཡིན། ཡིན་ནའང་། སྒྲིག་བཀོད་ཚང་བའི་ཆ་རྐྱེན་འོག་ཏུ་ལོ་འཁོར་ཧྲིལ་པོར་ཐོན་སྐྱེད་བྱེད་ཐུབ།

3. གསོ་སྐྱོང་རྒྱུ་ཆའི་སྡེབ་སྦྱོར།

(1) གསོ་སྐྱོང་རྒྱུ་ཆའི་སྡེབ་སྟངས། ས་གནས་ཁག་གིས་ས་གནས་དེ་གའི་མ་བཙོས་རྒྱུ་ཆ་གཙོ་བོར་གཞིགས་ནས་གཤམ་གྱི་སྡེབ་སྦྱོར་བྱེད་སྟངས་ཁྲིད་དུ་གདམ་ག་བྱས་ཆོག་སྟེ།

①ལོ་མ་ཆེ་བའི་ཤིང་སྡོང་གི་ཤིང་སྙིགས78%དང་། ཕུབ་རྫས20% རྡོ་ཞོ་ཕྱེ་མ1% མངར་ཆ1%བཅས་དགོས།

②ཁབ་དབྱིབས་ལོ་མའི་ཤིང་སྡོང་གི་ཤིང་སྙིགས72%དང་། ཕུབ་རྫས20% རྡོ་ཞོ་

ཕྱེ5% མངར་ཚ11% ཀའོ་ལིན་སོན་ཀལ1% གཅིན་རྒྱུ1%བཅས་དགོས།

③ལོ་མ་ཆེ་བའི་ཤིང་སྡོང་གི་ཤིང་སྙིགས89%དང་། ཕུབ་རྩྭ10% རྫོ་ཝོ་ཕྱེ་མ1% བཅས་དགོས།

④འབྲས་རྩྭ66%དང་ལོ་མ་ཆེ་བའི་ཤིང་སྡོང་གི་ཤིང་སྙིགས15% ཕུབ་རྩྭ13% ཀའོ་ལིན་སོན་ཀལ1% རྫོ་ཁན་ཕྱེ་མ1%བཅས་དགོས། གཞན་ཡང་མངར་ཚ1% གཅིན་རྒྱུ1% ལིའུ་སོན་རྨེ་སྐམ་རྫས2%བཅས་སྣོན་དགོས།

⑤འབྲས་རྩྭ66%དང་། ཕུབ་རྩྭ32% ཀའོ་ལིན་སོན་ཀལ1% ཙུ་གང་ཕྱེ་མ1%བཅས་དགོས།

⑥མ་རྨོས་ལོ་ཏོག་གི་ནང་སྙིང60%དང་། ལོ་མ་ཆེ་བའི་ཤིང་སྙིགས29% ཕུབ་རྩྭ10% རྫོ་ཝོ་ཕྱེ་མ1%བཅས་དགོས།

⑦མ་རྨོས་ལོ་ཏོག་གི་ནང་སྙིང(རྟུལ་ཕྱེ)49%དང་། ལོ་མ་ཆེ་བའི་ཤིང་སྡོང་གི་ཤིང་སྙིགས49% རྫོ་ཝོ་ཕྱེ་མ1% མངར་ཚ1%བཅས་དགོས།

⑧མ་རྨོས་ལོ་ཏོག་གི་ནང་སྙིང(རྟུལ་ཕྱེ)99%དང་། རྫོ་ཝོ་ཕྱེ་མ1% འཚོ་བཅུདB2 (ཧྲི་ཧྲོང་རྒྱ)རིལ་བུ100(རིལ་བུ་རེར་ཧྥའོ་ཁེ5)བཅས་དགོས།

(2) གསོ་སྐྱོང་རྒྱུ་ཆའི་གྲ་སྒྲིག གསོ་སྐྱོང་རྒྱུ་ཆ་ནི་གསར་བ་དང་རུལ་འགྱུར་བྱུང་མེད་པའི་རྒྱུ་ཆ་འདེམ་དགོས། ལོ་མ་ཁབ་དབྱིབས་ཅན་གྱི་ཤིང་སྙིགས་སྤྱད་དེ་གསོ་སྐྱོང་རྒྱུ་ཆ་བྱེད་པ་ཡིན་ན། ཐོག་མར་དེ་ཉིད་ཉི་མར་བསྐམས་ནས། 1.5%རྫོ་ཐལ་ཆུས་ཆུ་ཚོད12ལ་སྦང་དགོས། ཆུའི་ནང་ནས་ཕྱིར་བླངས་རྗེས་གཙང་མར་བཀྲུ་བ་ཡིན། མ་རྨོས་ལོ་ཏོག་གི་ནང་སྙིང་སྤྱད་དེ་གསོ་སྐྱོང་རྒྱུ་ཆ་བྱེད་པ་ཡིན་ན། ཐོག་མར་ཉི་འོད་འོག་ཏུ་ཉིན1~2ལ་སྐམ་དགོས་པ་དང་། དེ་ནས་ཞིབ་འཐག་འཕྲུལ་འཁོར་གྱིས་མ་རྨོས་ལོ་ཏོག་གི་ནང་སྙིང་དེ་ཉིད་སྲན་སེར་རྡོག་པ་དང་མ་རྨོས་ལོ་ཏོག་རྡོག་པའི་ཆེ་ཆུང་དུ་གཏོང་དགོས། ཤིན་ཏུ་ཕྲ་མི་རུང་། དེ་ལྟར་མིན་ཚེ་གསོ་སྐྱོང་རྒྱུ་ཆའི་དབུགས་རྒྱུ་རང་བཞིན་ལ་ཤུགས་རྐྱེན་ཐེབས་ནས་ནད་འབུ་འབྱུང་བ་ཡིན། འབྲས་སོག་གསོ་སྐྱོང་རྒྱུ་ཆ་བྱེད་ན་འབྲས་སོག་གི་

རིང་ཚད་ལ་ལི་སྨི3ཙམ་ཡོད་པའི་དུམ་བུ་ཆུང་ངུར་གཏོང་དགོས།

(3) གསོ་སྐྱོང་རྒྱུ་ཆའི་བསྲེས་སྦྱོར། སྲེབ་སྦྱོར་གྱི་བསྡུར་ཚད་ལྟར་རྒྱུ་ཆ་སྣ་ཚོགས་གྲ་སྒྲིག་བྱེད་དགོས། སྦྱོད་ཚད་ཆེ་བའི་རྒྱུ་ཆ་ཨར་འདམ་ས་ངོས་སུ་བཞག་ནས་སློམས་པོར་བསྲེས་རྗེས། མངར་ཆ་དང་རྫས་འགྱུར་དངོས་པོ་ཆུའི་ནང་དུ་བཞག་ནས་ཞུ་བ་དང་། དེའི་འཕྲོར་རྒྱ་མར་བཏགས་པའི་རྒྱུ་ཆ་གཙོ་བོ་དང་མཉམ་དུ་བསྲེས་ནས་སློམས་པོར་བྱེད་དགོས། གསོ་སྐྱོང་རྒྱུ་ཆའི་ནང་གི་ཆུའི་འདུས་ཚད60%~65%ཡིན་ན་རབ་ཡིན། གསོ་སྐྱོང་རྒྱུ་ཆའི་ནང་དུ་ཆུའི་འདུས་ཚད་མཐོ་དྲགས་ན་ཤ་མོའི་ས་བོན་གསོན་མི་ཐུབ། དེ་བཞིན་དུ་ཤ་མོའི་ཕྲ་ཕུང་ཆུང་ཞིང་སྲབ་ན་ཐོན་ཚད་མི་མཐོའོ།།

4. ཁུག་མར་འཛུག་པ།

སྦྱོས་འཁྱིག་ཁུག་མ་ནི་ངོད་ཚད་མཐོན་པོ་ཐེག་ཐུབ་པའི་ཅེ་པིན་ཞིའི་སྦྱོས་འཁྱིག་ཁུག་མ་བཀོལ་དགོས་པ་དང་། དེ་ཉིད་ཡིན་ན་མཐོ་གནོན་འབུ་ཕྲ་སེལ་སྐབས་གནོད་པ་ཐེབས་དཀའ། གལ་ཏེ་ཆླངས་བཙོས་ཐབ་ཀ་སྤྱད་ནས་འབུ་ཕྲ་བསད་ན་ཅེ་ཡེ་ཞིའི་ཁུག་མ་བཀོལ་ཆོག ཁུག་མའི་ཆེ་ཆུང་གི་རིང་ཚད་ལི་སྨི17དང་ཞེང་ཚད་ལི་སྨི35ཡིན་ན་འཚམ་པོ་ཡིན། རྒྱུ་ཆའི་ཁུག་མ་ཆེ་དྲགས་ན། རྒྱུ་ཆའི་ནང་གི་འཚོ་བཅུད་དངོས་པོ་ཡོངས་སུ་འགྱུར་མི་ཐུབ་པས། ཆུད་ཟོས་སུ་འགྲོ་སླའོ།།

བསྲེས་སྦྱོར་བྱས་ཟིན་པའི་གསོ་སྐྱོང་རྒྱུ་ཆ་རྣམས་དུས་ཐོག་ཏུ་ཁུག་མའི་ནང་དུ་བླུགས་ནས་ཉིན་དེར་འབུ་ཕྲ་གསོད་དགོས། ཁུག་མའི་ནང་དུ་འཛུག་སྐབས་སྔོན་ལ་སྦྱོས་འཁྱིག་གི་ཁུག་མའི་ཞབས་ཀྱི་ཟུར་གཉིས་ནས་ནང་འཚང་བྱེད་དགོས། དེ་ལྟར་བྱས་ན་ཁུག་མའི་ཞབས་བརྟན་པོར་ཡོང་ཐུབ། ནང་དུ་བཙུག་པའི་གསོ་སྐྱོང་རྒྱུ་ཆ་ནི་ཁུག་མའི་མཐོ་ཚད་ཀྱི3/5ཡིན། དེ་ནས་ལག་པས་གསོ་སྐྱོང་རྒྱུ་ཆ་མནན་ནས་གོང་འོག་གི་དམ་ལྷོད་གཅིག་གྱུར་བྱེད་དགོས། ཁུག་མ་རེར་ཕལ་ཆེར་སྟོང་ཁེ0.3བླུགས་ཆོག རྒྱུ་ཆ་བླུགས་རྗེས། སྟུང་རྩེ་དབྱུག་པས་རྒྱུ་ཆའི་ནང་དུ་གོང་ནས་འོག་ལ་དབུགས་རྒྱུ་ཁུང་བུ་ཞིག་བརྟོལ་བ་དང་ཚངས་ཐིག་ནི་ལི་སྨི2ཡས་མས་ཡིན་དགོས། ཁུག་མའི་ཕྱི་རིམ་དུ་ཚངས་ཐིག་ལ་ལི་སྨི3.5དང་མཐོ་

ཚད་ལ་ལི་སྨི3སྲ་འགྱུར་སྲོས་འཁྱིག་གི་ཨ་ལོང་འཛུགས་དགོས། དེའི་འཕྲོར་ཁུག་མའི་ཁ་ཕྱིར་བསྒྲིགས་ནས། དམ་བེའི་ཁ་དང་གཅིག་མཚུངས་ཡིན་པའི་ཁུག་མའི་ཁའང་སྲིང་བལ་གྱིས་གཙོད་པ་དང་། ཕྱི་ཊ་སྦྲང་ཞུགས་ཤོག་བུས་དཀྲི་དགོས།

5. འབུ་ཕྲ་གསོད་པ།

གལ་ཏེ་ས་བཅོས་ཐབ་ཀ་སྤྱད་ནས་འབུ་ཕྲ་གསོད་པ་ཡིན་ན། དྲོད་ཚད100℃ལ་སླེབས་ཚེ་ཆུ་ཚོད6~8རྒྱུན་འཁྱོངས་བྱེད་དགོས། མཐོ་གནོན་སྣ་ང་སྤྱད་ནས་འབུ་ཕྲ་གསོད་སྐབས། ལི་སྨི་གྲུ་བཞི་མ་རེར་སྟོང་ཁེ1.5ཡིན་པའི་གནོན་ཤུགས་ཁོར་ཡུག་འོག་ཏུ་ཆུ་ཚོད1.5~2རྒྱུན་འཁྱོངས་བྱེད་ཅིང་། ཁུག་མ་ལ་སྐྱོན་ཞུགས་པར་སྔོན་འགོག་བྱེད་དགོས།

6. རྨོ་འདེབས་བྱེད་པ།

འབུ་ཕྲ་བསད་ཟིན་པའི་རྒྱུ་ཆའི་ཁུག་མ་དེ་ཉིད་རྨོ་འདེབས་ཁང་བའི་ནང་དུ་སྤོར་དགོས་པར་མ་ཟད། དུ་བས་དུག་སེལ་བྱེད་དགོས། རྒྱུ་ཆའི་ཁུག་མའི་དྲོད་ཚད་མར་བབས་རྗེས་རྨོ་འདེབས་བྱེད་མགོ་ཚུགས་ཆོག ཁུག་མ་རེ་རེར་གསོ་སྐྱོང་རྒྱུ་ཆ་ཁེམ་བུ་གང་རེ་བཙུགས་ནས་འདེབས་འཛུགས་བྱེད་དགོས། ཤ་མོའི་ས་བོན་ནི་གསོ་སྐྱོང་རྒྱུ་ཆའི་ཕྱི་ངོས་སུ་གཏོར་དགོས་ལ། ཕྱིར་བཏང་དུ་དམ་བེ་རེར་འདེབས་འཛུགས་ས་བོན་ཁུག་མ25ཡས་མས་འདེབས་ཐུབ་པ་དང་། དེ་ནས་སྲིང་བལ་གྱི་ཁ་ལེབ་དང་ཀོ་བའི་ཤོག་བུས་ཁུག་མའི་ཁ་བཀུམས་ནས། རྨོ་འདེབས་བྱེད་སྐབས་འགུལ་སྟངས་ཇི་ལྟར་མགྱོགས་ན་དེ་ལྟར་བཟང་། ཤ་མོ་འབབ་བཙོག་ཐེབས་པར་སྔོན་འགོག་བྱེད་དགོས།

7. ཤ་མོའི་སྐྱེ་འཚར་དོ་དམ།

(1) དྲོད་ཚད་དོ་དམ། རྨོ་འདེབས་བྱས་རྗེས་ཀྱི་ཁུག་མ་ནི་ཕྱིར་བཏང་དུ་གསོ་སྐྱོང་ཁང་བའི་ནང་དུ་བཞག་ནས་ཤ་མོ་སྐྱེད་སྲིང་བྱེད་དགོས་ཤིང་། རྒྱུ་ཆའི་ཁུག་མ་གསོ་སྐྱོང་སྒྲོམ་བུའི་སྟེང་དུ་འཇོག་པའམ་ཡང་ན་ས་སྟེང་དུ་བང་རིམ3~4བརྩེགས་ནས་འཇོག་དགོས། མོག་རོར་ཕྲ་སྐྱུད་སྐྱེ་བའི་དྲོད་ཚད་ཀྱི་བླང་བྱ་ལྟར་ན། སོ་སོར་དྲོད་ཚད་མི་འདྲ་བའི་དུས་རིམ་གསུམ་དུ་བགོས་ནས་ཕྲ་སྐྱུད་གསོ་སྐྱོང་བྱེད་དགོས། དུས་མགོར་

དྲོད་ཚད18~22℃རྒྱུན་འཁྱོངས་བྱས་ཏེ། རྩོ་འདེབས་བྱས་མ་ཐག་པའི་ཤ་མོ་རིམ་བཞིན་སྨར་གསོ་འབྱུང་བར་སྐུལ་བ་དང་། དེ་ལྟར་བྱས་ན་ཤ་མོའི་ཕྲ་སྐྲུད་སྦོམ་ཞིང་སྙིགས་འགོག་རང་བཞིན་ཡང་བཟང་བ་ཡིན། དུས་སྐེད་ནི་རྩོ་འདེབས་བྱས་ནས་ཉིན15འགོར་རྗེས། མོག་རོའི་ཕྲ་སྐྲུད་སྐྱེ་འཚར་གྱི་གནས་བབ་ཇེ་ལེགས་སུ་སོང་ཡོད་པས། སྐབས་དེར་དྲོད་ཚད25℃ཡས་མས་སུ་ཇེ་མཐོར་བཏང་ནས་ཤ་མོ་སྐྱེ་བའི་མྱུར་ཚད་ཇེ་མགྱོགས་སུ་གཏོང་བ་ཡིན། དུས་མཇུག་ཏུ་ཕྲ་སྐྲུད་སྟེང་དུ་རྒྱུ་ཆར་འཐིམ་ནས་ཁུག་མའི་ཞབས་ལ་ཐོན་དུས། དྲོད་ཚད18~22℃ལ་འབབ་ཏུ་བཅུག་ནས་ཕྲ་སྐྲུད་དྲོད་ཚད་ཅུང་དམའ་བའི་ཁོར་ཡུག་འོག་ཏུ་སྐྱེ་སྟོབས་རྒྱས་པར་བྱས་ན་འཚོ་བཅུད་དབྱེ་འབྱེད་གང་ལེགས་བྱེད་ཐུབ། དུས་རིམ་མི་འདྲ་བ་གསུམ་གྱི་གསོ་སྐྱོང་བརྒྱུད་ནས་ཤ་མོའི་ཁུག་མ་ནང་གི་ཕྲ་སྐྲུད་ཀྱི་སྐྱེ་འཚར་མགྱོགས་པ་དང་། སྙིགས་འགོག་རང་བཞིན་བཟང་བར་མ་ཟད་ཐོན་ཚད་མཐོའོ། །

ཤ་མོའི་སྐྱེ་འཚར་གྱི་གོ་རིམ་ཁྲོད་དུ། ཤ་མོའི་ཕྲ་སྐྲུད་ཀྱིས་ཚ་བ་རྒྱུན་ཆད་མེད་པར་ཕྱིར་འདོན་བཞིན་ཡོད། ཚ་ཚད་འདི་དག་ཁུག་མའི་ནང་དུ་ཉར་ཚགས་བྱས་ན་དེའི་ནང་གི་དྲོད་ཚད་རིམ་བཞིན་ཇེ་མཐོར་འགྲོ་བ་ཡིན། ཕྱིར་བཏང་དུ་ཁུག་མའི་ནང་གི་གསོ་སྐྱོང་རྒྱུ་ཆའི་དྲོད་ཚད་ནི་རྒྱུན་ལྡན་ཁང་བའི་དྲོད་ཚད་ལས2~3℃མཐོ་བས། གསོ་སྐྱོང་ཁང་གི་དྲོད་ཚད25℃ལས་བརྒལ་མི་རུང་། དྲོད་ཚད་ཅུང་མཐོ་བའི་སྐབས་སུ། སྤུང་སློག་རྒྱག་པ་དང་བརྩེགས་གྲངས་ཇེ་དམའ་རུ་གཏོང་བ། ཁུག་མ་དང་ཁུག་མའི་བར་ཐག་ཇེ་ཆེར་གཏོང་བ་སོགས་ཀྱི་ཐབས་ལ་བརྟེན་ནས། ཚ་ཚད་ཇེ་དམའ་རུ་གཏོང་བ་དང་དྲོད་ཚད20~25℃ཚོད་འཛིན་བྱེད་དགོས། གལ་ཏེ་དྲོད་ཚད་ཅུང་དམའ་ན། བརྩེགས་གྲངས་སྣོན་དགོས་པར་མ་ཟད། ཁེབས་རྫས་བསྣན་ནས་དྲོད་ཚད་ཇེ་མཐོར་འགྲོ་བར་སྐུལ་འདེད་བྱེད་དགོས།

(2) མཁའ་དབུགས་རླན་ཚད་དོ་དམ། གསོ་སྐྱོང་ཁང་གི་མཁའ་དབུགས་ལྟོས་བཅས་ཀྱི་རླན་ཚད60%ཡས་མས་སུ་སྲུང་འཛིན་བྱས་ན་ལེགས། ཐན་པ་དང་ཆར་བ་ཉུང་དུས་མཁའ་དབུགས་ཀྱི་རླན་ཚད་ཧ་ཅང་དམའ་ལ། གསོ་སྐྱོང་རྒྱུ་ཆའི་བརླན་གཤེར་ཤོར་ཚད་མཐོ་བ་དང་གསོ་སྐྱོང་རྒྱུ་ཆ་སྐམ་ཤས་ཆེ་བས། ཤ་མོའི་ཕྲ་སྐྲུད་ཀྱི་སྐྱེ་འཚར་ལ་མི་ཕན་

པས་ས་ངོས་དང་བར་སྟོང་ལ་ཆུ་གཏོར་དགོས། ཆུ་གཏོར་སྐབས་ཆུ་རྒྱུ་ཆའི་ཁུག་མའི་སྟེང་དུ་གཏོར་མི་རུང་ཞིང་ཤ་མོ་འབབ་བཙོག་ཐེབས་པར་སྔོན་འགོག་བྱེད་དགོས། གལ་ཏེ་ཆར་ཞོད་ཆེན་པོ་བབས་ནས་བརླན་གཤེར་ཆེ་བའི་སྐབས་སུ། གསོ་སྐྱོང་ཁང་གི་ས་ངོས་སུ་རྗེ་ཐལ་ཕྱེ་མ་གཏོར་ན་མཁའ་དབུགས་ལྷོས་བཅས་ཀྱི་རླན་ཚད་ཇེ་དམའ་རུ་གཏོང་ཐུབ།

(3) འོད་འཕྲོ་དོ་དམ། ཤ་མོ་གསོ་སྐྱོང་བྱེད་པའི་དུས་རིམ་ཁྲོད་དུ། གསོ་སྐྱོང་ཁང་ནི་དུས་རྒྱུན་དུ་མུན་ནག་གམ་འོད་ཞན་པའི་ཁོར་ཡུག་རྒྱུན་འཁྱོངས་བྱེད་དགོས། དེ་ལྟར་བྱས་ན་ཤ་མོའི་ཕྲ་སྐྱུད་ཀྱི་སྐྱེ་འཚར་ལ་ཕན་ཐོགས་ཡོད་པ་དང་། ཤ་མོའི་ཕྲ་སྐྱུད་ཀྱིས་གསོ་སྐྱོང་རྒྱུ་ཆ་ཟོས་མ་ཚར་གོང་མོག་རོའི་མྱུ་གུ་འབུས་པའི་སྣང་ཚུལ་འབྱུང་བར་སྔོན་འགོག་བྱེད་ཐུབ།

(4) འབབ་བཙོག་གཙང་སེལ་བྱེད་པ། ཤ་མོ་སྐྱེ་བའི་གོ་རིམ་ཁྲོད་དུ། དུས་ཐོག་ཏུ་འབབ་བཙོག་ཐེབས་པའི་རྒྱུ་ཆའི་ཁུག་མར་ཞིབ་བཤེར་དང་ཐག་གཅོད་བྱེད་དགོས། རྒྱུ་ཆའི་ཁུག་མ་ནི་རྨོ་འདེབས་བྱས་རྗེས་ཀྱི་ཉིན20ནང་དུ་ཉིན་རེར་ཞིབ་བཤེར་ཐེངས་རེ་བྱེད་དགོས། འབབ་བཙོག་ཅུང་ཙམ་བ་ཡོད་པ་མཐོང་ཚེ་དེ་ཉིད་མྱུར་དུ་ཟུར་ཕྱོགས་སུ་བཞག་ཆོག་ཅིང་། འབབ་བཙོག་ཡོད་སར་སྨན་ཁབ་རྒྱག་ཆས་ཀྱིས0.2%ཧྥུའོ་ཙུན་ལིང་ཞུ་ཁུ་བླུགས་ནས་འབབ་བཙོག་ཁྲ་ཐིག་སྦྱང་དགོས། དེ་ནས་འཁྲིག་རས་སྦྱར་ནས་ཤ་མོའི་སྙིགས་རོ་མཆེད་པར་ཚོད་འཛིན་བྱེད་དགོས། འབབ་བཙོག་ཚབས་ཆེན་ཡིན་ན་ཁུག་མ་ཆ་ཚང་གསོ་སྐྱོང་ཁང་ནས་ཕྱིར་བླངས་ཏེ་ས་འོག་ཏུ་སྦས་པའམ་ཡང་ན་མེར་སྲེག་དགོས། ཤ་མོའི་ཕྲ་སྐྱུད་གསོ་སྐྱོང་བྱས་ནས་ཉིན20འགོར་རྗེས། ཕྲ་སྐྱུད་ལ་འབབ་བཙོག་ཅུང་བ་ཡོད་པ་ཤེས་ཚེ། གསོ་སྐྱོང་ཁང་ནས་ཕྱིར་སྤོར་ནས་ཟུར་ཕྱོགས་སུ་བཀར་ཏེ་གསོ་སྐྱོང་བྱེད་པ་དང་ཤ་མོ་འདོན་པར་དོ་དམ་བྱས་ན་ཐོན་ཚད་ཇེ་མཐོར་འགྲོ་སྲིད་པ་ཡིན། འཁྲིག་སྤྱོས་ལ་ཞིབ་བཤེར་བྱེད་སྐབས་སེམས་ཆུང་བྱེད་དགོས་པ་དང་། གང་ཐུབ་ཅི་ཐུབ་ཀྱིས་གནས་སྤོར་འགྲུལ་འཛོག་གི་ཐེངས་གྲངས་ཇེ་ཉུང་དུ་གཏོང་དགོས། དེ་ལྟར་མ་བྱས་ན་འབབ་བཙོག་གི་གཞི་ཁྱོན་ཇེ་ཆེར་འགྲོ་བའོ།།

8. མོག་རོ་ཕྱིར་འདོན་དོ་དམ།

རྨོ་འདེབས་བྱས་ནས་ཧ་ལམ་ཉིན40ལྷག་གི་གསོ་སྐྱོང་བརྒྱུད་ནས། གསོ་སྐྱོང་རྒྱུ་ཆ་

ཡོངས་སུ་ཤ་མོའི་ཕྲ་སྐུད་ཀྱི་སྟེང་དུ་འཐིམ་ཐུབ་ཅིང་། སྐབས་ཐོག་འདིར་ཤ་མོའི་ཁུག་མ་འདེབས་འཛུགས་ཁང་ངམ་ཡང་ན་ཁང་བའི་ཕྱི་རོལ་གྱི་བསིལ་ཁང་དང་ནགས་ཚལ་ནང་ནས་མོག་རོ་ཕྱིར་འདོན་དོ་དམ་བྱེད་དགོས།

(1) ཁང་བའི་ནང་གི་མོག་རོ་ཕྱིར་འདོན་དོ་དམ། སྦྲོམ་རྣམ་དང་བཀལ་རྣམ་གྱི་འདེབས་འཛུགས་བྱེད་སྟངས་གཉིས་སྤྱད་ཆོག ཐོག་མར་འདེབས་འཛུགས་ཁང་ལ་དུག་སེལ་བྱེད་དགོས་པ་དང་། དེ་ནས་དུས་ཐོག་ཏུ་ཤ་མོའི་ཕྲ་སྐུད་སྐྱེ་བའི་ཕྲ་སྐུད་ཁུག་མ་འདེབས་འཛུགས་ཁང་དུ་སྤོར་དགོས། སྦྲོམ་རྣམ་འདེབས་འཛུགས་བྱེད་སྐབས། འདེབས་འཛུགས་སྟེགས་བུ་ནི་རྒྱུང་སྦྲོམ་ཡིན་ན་བཟང་། ཕྱོགས་བཞི་པོ་ཀྱང་ངོས་ལ་མ་གཏད་ན་དོ་དམ་བྱེད་བདེ་ཞིང་། འདེབས་འཛུགས་སྟེགས་བུའི་ཞེང་ཚད་ལ་ལི་སྨི50ཙམ་དང་། རིམ་པ་རེ་རེའི་བར་ཐག་ལ་ལི་སྨི45ཡོད། སྤྱིར་བཏང་དུ་རིམ་པ4~6བར་མཚམས་སུ་འགྲོ་ལམ་ཞིག་འཛོག་དགོས། ཐོག་མར་ཤ་མོའི་ཁུག་མར0.1%ཀའོ་མིན་སོན་ཙྪ་ཞུ་ཁུ་བཀོལ་ནས་དུག་སེལ་བྱེད་དགོས། ཤོག་བུ་དང་སྲིང་བལ་གྱི་ཁ་གཅོད་བྱེད་ཕྱིར་བླངས་ནས་འདེབས་འཛུགས་སྟེགས་བུའི་སྟེང་དུ་དྲང་མོར་འཛོག་དགོས། ཡང་ན་ཐག་པས་ཁུག་མའི་ཁ་བསྡམས་པ་དང་། དུག་སེལ་བྱས་ཟིན་པའི་གྲི་ལེབ་ཀྱིས་ཤ་མོ་ཁུག་མའི་མཐའ་འཁོར་དུ་སྐྲོམས་དབྱིབས་ཁུང་བུ6གཏད་ནས་མོག་རོ་ནག་པོའི་དབྱུང་རླུང་དང་ཆུ་ཡི་དགོས་མཁོ་བསྐངས་ནས། མོག་རོའི་མྱུ་གུ་ཆགས་པར་སྐུལ་འདེད་གཏོང་དགོས། ནར་དབྱིབས་ཁུང་བུའི་ཞེང་ལ་ལི་སྨི0.2དང་རིང་ཚད་ལ་ལི་སྨི5ཡོད་དགོས། ནར་དབྱིབས་ཀྱི་ཁུང་བུ་ཕྱི་ན་མོག་རོའི་མྱུ་གུ་ཚོས་ཉིད་ལྡན་པའི་སྒོ་ནས་ཁྲབ་ཏུ་འཇུག་ཐུབ་ཅིང་། མོག་རོ་ཕྱིར་འདོན་གྱི་གར་ཚད་འོས་འཚམ་ཡིན་ཞིང་མོག་རོ་འདབ་མར་འབྱེད་ཐོར་མགྱོགས། ཆུ་གཏོར་སྐབས་ཁུག་མའི་ནང་དུ་ཆུ་གསོག་མི་སྲིད་པས། མོག་རོ་ཕྱིར་འདོན་དུས་སྐབས་ཀྱི་འབབ་བཙོག་དང་མོག་རོ་ཤེ་སྐྱོན་འབྱུང་བར་སྔོན་འགོག་བྱེད་ཐུབ། ད་དུང་མོག་རོ་ཕྱིར་འདོན་གྱི་གྲངས་ཚད་ཇེ་མང་དུ་བཏང་ན་ཐོན་ཚད་དང་སྤུས་ཚད་ཇེ་མཐོར་གཏོང་ཐུབ། ཁུང་བུ་བརྟོལ་རྗེས། དང་ཐོག་སྤྲ་མོ་ནས་གྲ་སྒྲིག་བྱས་ཡོད་པའིSདབྱིབས་ཀྱི་ལྕགས་སྐུད་ཀྱིས

ཁུག་ཁར་བཅེམ་པའི་ཐག་པའི་སྟེང་དུ་བཀལ་དགོས་པ་དང་། ཁུག་མ་དང་ཁུག་མ་ཕན་ཚུན་བར་བསྐྱོལ་ནས་བར་ཐག་ལི་སྨི10~15ཡོད་ན་འཚམ། དེ་ལྟར་བྱས་ན་ཤ་མོའི་ཁུག་མ་ཚང་མར་འོད་ཐོག་པ་དང་། ཆུ་དང་མཁའ་རླུང་སོགས་འདང་ངེས་ཤིག་ཐོབ་ཐུབ་ཅིང་། བར་སྟོང་བེད་སྤྱོད་གང་ལེགས་བྱེད་ཐུབ་པར་མ་ཟད་དོ་དམ་བྱེད་དུས་ཀྱང་སྟབས་བདེ་ཡིན།

ཤ་མོའི་ཁུག་མ་ཡག་པོར་བཞག་པའམ་བཀལ་རྗེས། ཉིན་རེར་ཁང་བའི་ནང་གི་བར་སྟོང་དང་ཀྱང་ངོས། ས་ངོས་བཅས་ཀྱི་སྟེང་དུ་ཆུ་གཏོར་དགོས། ཆུ་ཐད་ཀར་ཤ་མོའི་ཁུག་མའི་སྟེང་དུ་གཏོར་མི་རུང་བར། ཆུ་གསོག་ནས་ཤ་མོའི་ཕྲ་སྐྱུད་ལ་གནོད་པ་མི་ཡོང་བར་བྱེད་དགོས། མཁའ་དབུགས་ལྟོས་བཅས་ཀྱི་རླན་ཚད80%~85%རྒྱུན་འཁྱོངས་བྱེད་དགོས་པ་དང་། ཁང་བའི་དྲོད་ཚད15~22℃རྒྱུན་འཁྱོངས་བྱེད་དགོས། ཉིན་མཚན་གྱི་དྲོད་ཚད་ལ་ཁྱད་པར་ཡོད་ཚེ། ཉིན་རེར་རླུང་ཐེངས་རེར་རྒྱུག་ཏུ་བཙུག་ནས་མཁའ་དབུགས་གསར་བ་ཡིན་དགོས། འདི་ལྟར་ཉིན5~10འགོར་རྗེས། མོག་རོའི་མྱུ་གུའི་གདོད་རྣང་འབྱུང་བ་དང་དུས་མཚུངས་སུ་རིམ་བཞིན་ནར་སོན་པ་ཡིན་པས། ཉིན་རེར་ཆུ་ཐེངས་གཉིས་ལ་གཏོར་དགོས། མཁའ་དབུགས་ལྟོས་བཅས་ཀྱི་རླན་ཚད90%~95%རྒྱུན་འཁྱོངས་དང་དྲོད་ཚད22℃ཡས་མས་སུ་ཚོད་འཛིན་བྱེད་དགོས། རླུང་རྒྱུ་བར་ཤུགས་སྣོན་རྒྱག་དགོས་ཤིང་། དེ་བཞིན་དུ་ད་དུང་འོད་འཕྲོ་བའི་དུས་ཡུན་ཡང་ཇེ་རིང་དུ་བཏང་ནས། ཤ་མོའི་ཁ་དོག་ནག་པོར་འགྱུར་བ་དང་ཐུས་ཚད་ཇེ་མཐོར་གཏོང་དགོས། སྤྱིར་བཏང་དུ་འོད་འཕྲོའི་ཤུགས་ཚད་ནི་ཁེ་སི2500ཡན་ཡིན་ན་འོས་འཚམ་ཡིན། མོག་རོ་ཕྱིར་འདོན་དུས་སྐབས་སུ་རྒྱུན་དུ་ཤ་མོའི་ཁུག་མའི་གནས་ཡུལ་བརྗེ་བ་དང་འཕོར་འགུལ་བྱས་ཏེ་ཁུག་མ་རེ་རེར་འོས་འཚམ་གྱི་འོད་ཐོག་ཏུ་འཇུག་དགོས། ཉིན15ཙམ་སོང་རྗེས་མོག་རོ་འདབ་མའི་ཕྲུམ་ལེ་བ་དང་། ཤ་མོའི་ཕྲ་ཕུང་ཡང་སྨིན་ཟིན་པས་བཟ་བསྡུ་བྱས་ཆོག

(2) ཁང་བའི་ཕྱི་རོལ་གྱི་མོག་རོ་ཕྱིར་འདོན་དོ་དམ། ཁང་བའི་ཕྱི་རོལ་དུ་གདུབ་འཐིབ་དང་བཀལ་རྣམ་གྱི་མོག་རོ་ཕྱིར་འདོན་འདེབས་འཛུགས་བྱེད་སྟངས་གཉིས་སྤྱད་ཆོག མོག་རོ་ཕྱིར་འདོན་གྱི་ར་བ་ནི་གྲིབ་བསིལ་ཅུང་ལེགས་པའི་ནགས་གསེབ་དང་སྟབས་བདེའི་བསིལ་

ཁང་འདེམ་དགོས། སྐབས་བདེ་གྲིབ་བསིལ་གྱི་སྐྱིལ་བུ་ནང་ནས་མོག་རོ་ཕྱིར་འདོན་བྱེད་དུས་ཀྱང་འཕོར་སྒྲོམ་གྱི་སྟེང་དུ་བཀལ་ནས་འཛོག་དགོས། ནགས་གསེབ་ཏུ་འདེབས་འཛུགས་བྱེད་སྐབས་ཁུག་མ་བཀལ་ནས་དོ་དམ་བྱས་ན་སྐབས་བདེ་བ་དང་། མཁའ་དབུགས་ལྗོས་བཅས་ཀྱི་རླན་ཚད90%ཡས་མས་སུ་རྒྱུན་འཁྱོངས་བྱེད་དགོས། གལ་ཏེ་ཉིན་མོར་དྲོད་ཚད25℃ཡས་མས་སུ་སླེབས་ན། ཉིན15འགོར་རྗེས་རྒྱུ་སྤུས་བཟང་ཞིང་མདོག་ཟབ་པའི་མོག་རོ་ནག་པོ་བཟ་བསྡུ་བྱེད་ཐུབ། ཐེངས་གཅིག་ལ་བཟ་བསྡུ་བྱས་རྗེས་ཉིན6~7ལ་ཆུ་གཏོར་མཚམས་འཛོག་དགོས། ཤ་མོའི་ཕྲ་སྐྱུད་ཀྱི་འཚར་སྐྱེ་སླར་གསོ་བྱུང་བའི་རྗེས་སུ་ཆུ་གཏོར་ནས་དོ་དམ་བྱེད་དགོས། ཕྱིར་བཏང་དུ་ཐེངས3~4བཟ་བསྡུ་བྱས་ཆོག ཕྱི་རོལ་དུ་འདེབས་འཛུགས་བྱས་པའི་མོག་རོ་ནག་པོ་ནི་ཁང་བའི་ནང་གི་མོག་རོ་ནག་པོ་དང་བསྡུར་ན་མདོག་ཟབ་པ་དང་། འདབ་མ་ཆེ་བ། ཤ་མཐུག་པ། སྤུས་ཀ་ལེགས་པ། ཐོན་ཚད་མཐོ་བ་བཅས་ཀྱི་ཁྱད་ཆོས་ལྡན་ནོ།།

(གཉིས) བཟ་བསྡུ།

1. བཟ་བསྡུ་དུས་སྐབས།

མོག་རོ་འདབ་མ་གང་ལེགས་སུ་རྒྱོང་བ་དང་། མཐའ་འགྲམ་ནང་རིམ་དུ་འཁྱིལ་བ། ཁ་དོག་ནག་པོ་ནས་སྨུག་པོར་འགྱུར་བ། ཤ་མོའི་རྩ་བ་འབུམ་འདྲ་ཡིན་པ། ཤ་མོའི་འདབ་མ་མཐུག་ལ་ལྷེམ་ཤུགས་ཡོད་པ། ཤ་མོའི་ཕྲ་ཕུང་གི་གསུས་ངོས་སུ་ཐུམ་རྫུལ་གྱི་ཕྱེ་མ་དཀར་པོ་འབྱུང་བའི་དུས་སུ། དུས་ཐོག་ཏུ་བཟ་བསྡུ་བྱེད་དགོས། གལ་ཏེ་གནམ་ངོ་འཐིབས་ན་ཉིན་གང་བོར་འཐུ་བ་དང་། ཆར་པ་བབས་ན་བསྡུ་མཚམས་འཛོག་དགོས།

2. བཟ་བསྡུ་བྱེད་ཐབས།

བཟ་བསྡུ་མ་བྱས་པའི་སྔོན་གྱི་ཉིན་གཅིག་གི་སྔོན་ལ་ཆུ་གཏོར་མཚམས་འཛོག་དགོས། བཟ་བསྡུ་བྱེད་སྐབས། ཤ་མོའི་ཁུག་མའམ་ཡང་ན་མོག་རོའི་སྟེང་གི་མོག་རོ་འདབ་མ་མང་ཆེ་བ་སྨིན་ཡོད་ན་ཐེངས་གཅིག་ལ་འཐུ་ཚར་དགོས། གལ་ཏེ་མོག་རོ་ལེབ་མོ་སྐྱེ་ཚད་དོ་སྙོམས་མ་ཡིན་པ་དང་མོག་རོ་ཆུང་དུ་ཅུང་མང་བའི་དུས་སུ། ཆེ་བསྡུ་ཆུང་འཛོག་བྱེད་དགོས་ཤིང་། གྲི་ཆུང་གིས་ཕྲ་ཕུང་གི་མཐའ་མཚམས་ནས་རྩ་བ་བཏུབ་དགོས། མོག་

རོའི་རྩ་བ་དང་མོག་རོ་འདབ་མ་མཉམ་དུ་འཐུ་དགོས་ཤིང་། གལ་ཏེ་མ་བཏོག་ན་མོག་རོའི་རྩ་བ་ཏུལ་སླ་བས་སྙིགས་ལྷན་ཤ་མོ་སྐྱི་ཏུ་འཇུག་པ་ཡིན། འཐུ་དུས་སུ་ཞིབ་སྐྱུག་བྱས་ནས་མོག་རོ་ཆ་ཚང་ངམ་སྐྱོན་མེད་ཡོང་བར་བྱེད་དགོས།

(གསུམ) རིམ་དབྱེ།

མོག་རོ་ནག་པོའི་ཐོན་ཟས་ཀྱི་སྤུས་ཚད་རིམ་པ་གསུམ་དུ་དབྱེ་བ་སྟེ། རེའུ་མིག་བཞིན་ནོ། །

མོག་རོ་ནག་པོའི་རིམ་དབྱེ།

རིམ་དབྱེའི་རྣམ་གྲངས།	རིམ་པ་དང་པོ།	རིམ་པ་གཉིས་པ།	རིམ་པ་གསུམ་པ།
མོག་རོ་འདབ་མའི་ཚོན་མདོག	འདབ་ངོས་ཁམ་ནག་འོད་ལྡན་པ་དང་རྒྱབ་ངོས་ནག་པོ་ཡིན།	འདབ་ངོས་ཁམ་ནག་དང་རྒྱབ་ངོས་ཐལ་མདོག	མང་ཆེ་བ་ནི་ཁམ་ནག་དང་ཟ་མདོག
འདབ་མའི་ཆེ་ཆུང་།	འདབ་མ་ཆ་ཚང་བ་དང་ལི་སྨི2བརྒལ་བའི་ཚགས་མིག་བརྒྱུད་མི་ཐུབ་པ།	འདབ་མའི་རྩ་བའི་ཆ་ཚང་བ་དང་། ལི་སྨི2བརྒལ་བའི་ཚགས་མིག་བརྒྱུད་མི་ཐུབ་པ།	འདབ་མ་ཆུང་བ་དང་ཕྱེ་རྡུལ་དུ་གྱུར་པ། ལི་སྨི0.4བརྒལ་བའི་ཚགས་མིག་བརྒྱུད་མི་ཐུབ་པ།
འདབ་མའི་མཐུག་ཚད།	ཧའོ་སྨི1ཡན།	ཧའོ་སྨི0.7ཡན།	ཧའོ་སྨི0.75ཡན།
སྙིགས་རོ།	0.3%ལས་མི་བརྒལ་བ།	0.5%ལས་མི་བརྒལ་བ།	1%ལས་མི་བརྒལ་བ།
གཟུགས་འགྱུར་མོག་རོ།	ཡོད་མི་ཆོག	ཡོད་མི་ཆོག	0.5%ལས་མི་བརྒལ་བ།
རྣག་འབྱམས་མོག་རོ།	ཡོད་མི་ཆོག	ཡོད་མི་ཆོག	0.5%ལས་མི་བརྒལ་བ།

གོང་གསལ་དམིགས་ཚད་གཙོ་བོ་དག་ལས་གཞན། རིམ་པ་གང་ཡིན་ཡང་ནད་འབུ་ཤ་མོའི་སྟེང་དུ་འགོས་མི་ཆོག་པར་མ་ཟད། ཆུ་འདུས་ཚད་ཀྱང14%ལས་བརྒལ་མི་ཆོག ཟས་འགྱུར་གྱི་དམིགས་ཚད་ཡོངས་ནི་སྤྲི་དཀར་ཟས་སྙིང་པོ7%ལས་མི་དམའ་བ། སྤྱིའི་མངར་ཆ22%ལས་མི་དམའ་བ། ཚི་སྣུའི་རྒྱུ3%~6%དང་རྗེ་ཐལ3%~6%ཡོད་པ། ཚོལ་སྣ0.4%ལས་མི་དམའ་བ་བཅས་ཡིན་དགོས་སོ། །

ལེའུ་གསུམ་པ། བཟའ་བྱའི་ཞ་མོའི་ནད་འབྲུའི་གནོད་པ་དང་དེའི་ཕྱོགས་བསྡུས་འགོག་བཅོས།

བཟའ་བྱའི་ཞ་མོའི་ས་བོན་བཟོ་བ་དང་འདེབས་འཛུགས་ཀོ་རིམ་ཁྲོད་དུ། མ་བཅོས་རྒྱུ་ཆ་དང་ཡོ་བྱད། འདེབས་འཛུགས་ར་བར་འབྱུ་སེལ་དུག་སེལ་བྱས་པ་གཟབ་ནན་མིན་ན། རྒྱུན་དུ་ནད་འབུའི་གནོད་པ་སྣ་ཚོགས་འབྱུང་བ་དང་། གནོད་པ་ཐེབས་པའི་དབང་གིས་ཞ་མོའི་རིགས་ཀྱི་རྒྱུ་སྤུས་དང་ཐོན་ཚད་ལ་བར་ཆད་འབྱུང་བཞིན་ཡོད་པར་མ་ཟད། ཐ་ན་འབྲས་བུ་ཅི་ཡང་ལེན་རྒྱུ་མེད་པའི་གནས་ཚུལ་ཡང་འབྱུང་བཞིན་ཡོད། སླིགས་རོའི་ཞ་མོ་སྣ་ཚོགས་ཀྱང་བཟའ་བྱའི་ཞ་མོ་དང་འདྲ་བར་ཞ་མོ་ངོ་མ་ཡིན་པས། སྨན་རྫས་སྤྱད་དེ་འགོག་བཅོས་བྱས་ན་ཕན་འབྲས་ཆེན་པ་མེད་པ་དང་། ངེས་པར་དུ་ཚན་རིག་དང་མཐུན་པའི་སྒོ་ནས་ཞ་མོ་འདེབས་པ་དང་། ངོ་དམ་ལ་ཤུགས་སྣོན་རྒྱག་པ། སྨན་རྫས་སྲུང་སྐྱོང་བྱེད་པ་སོགས་ཀྱི་ཕྱོགས་བསྡུས་བྱེད་ཐབས་སྤྱད་ནས"སྔོན་འགོག་གཙོ་བོ་དང་ཕྱོགས་བསྡུས་འགོག་བཅོས"བྱེད་དགོས་པར་མ་ཟད། ནད་བྱུང་བའི་དུས་མགོར་དུས་ཐོག་ཏུ་འགོག་བཅོས་ཐག་གཅོད་བྱས་ཏེ་གྱོང་གུད་ཚབས་ཆེན་མི་འབྱུང་བར་བྱེད་དགོས། དེ་ལྟར་བྱས་ན་ཐོན་སྐྱེད་ཀྱི་མ་གནས་ཇེ་དམའ་རུ་གཏོང་བ་དང་བཟའ་བྱའི་ཞ་མོའི་ཐོན་ཚད་ཇེ་མཐོར་གཏོང་བར་ཕན་པར་མ་ཟད། འབག་བཅོག་ཀྱང་ཇེ་ཉུང་དུ་གཏོང་ཐུབ།

ཚན་པ་དང་པོ། བཟའ་བྱའི་ཤ་མོའི་ནད་སྐྱོན།

གཅིག འབྲུ་སྨྲ་ཇོ་མ་རང་བཞིན་གྱི་ནད་སྐྱོན།

བཟའ་བྱའི་ཤ་མོའི་ནད་སློང་བའི་འབྲུ་སྨྲ་ཇོ་མའི་ནད་སྐྱོན་མང་ཆེ་བ་ནི་ཕྱིད་ཤེས་སྲིན་བུའི་ཡུ་མེན་གྱི་ཁོངས་སུ་གཏོགས། དཔེར་ན་མཛེར་ཐུམ་ནྲམ་ནད་དང་སྨུག་ཐིག་སྲིན་ནད་ལྷ་བུ་ཡིན་ལ། ནད་གཞིའི་འབྲུ་སྨྲ་ཇོ་མའི་ནད་སྐྱོན་འདི་དག་ནི་ཕྱིར་བཏང་དུ་ས་རྒྱུའི་ནང་ངམ་དེ་མིན་གྱི་སྐྱེ་ལྡན་དངོས་པོའི་སྟེང་དུ་འཚོ་ཞིང་གནས་ཡོད། གལ་ཏེ་ཤ་མོའི་འདེབས་འཇུགས་ར་བ་དང་ཤ་མོའི་ཁང་བའི་ནང་དུ་ཁྱབ་ན། བཟའ་བྱའི་ཤ་མོའི་རིགས་ལ་གནོད་པ་ཡོད་དེ། རྒྱུན་མཐོང་གི་ནད་སྐྱོན་རིགས་འགའ་ཡོད་པ་གཤམ་གསལ་ལྟར་རོ།།

(གཅིག) སྨུག་པོའི་ནད།

སྨུག་པོའི་ནད་ལ་མདོག་དཀར་རུལ་ནད་དམ་ལྷུ་བའི་ནད། མཛེར་ཐུམ་ནྲམ་ནད་སོགས་ཀྱང་ཟེར། གཙོ་བོར་ཤ་མོ་དང་སྤང་སྐྱེ་ཤ་མོ། ལེབ་ཤྭ། གསེར་ཁབ་ཤ་མོ་སོགས་ཀྱི་སྟེང་དུ་འབྱུང་སྲིད། ནད་འདིས་གཙོ་བོར་ཤ་མོའི་སྨྲ་ཕུང་ལ་གནོད་པ་བྱེད་བཞིན་ཡོད་ཅིང་། གནོད་འཚེ་ཐེབས་པའི་ཤ་མོའི་རིགས་ནི་ཡ་མ་གཟུགས་སུ་འགྱུར་བ་དང་། ཤ་མོའི་ཡུ་བ་ཆེར་རྒྱས་ནས་ལྷུ་བ་ཅན་དུ་འགྱུར་ཞིང་། ཚབས་ཆེ་བའི་དུས་སུ་ཐ་ན་ཤ་མོའི་སྨྲ་ཕུང་ཆགས་མི་ཐུབ་པར་སྲིན་གོང་དཀར་པོ་ཞིག་ཏུ་གྱུར་ཏེ། དུས་མཇུག་ཏུ་གཤེར་གཟུགས་སྨུག་པོ་བཙུར་ནས་དྲི་ངན་ཞིག་འཐུལ་ཡོང་།

སྨུག་པོའི་ནད་ཀྱི་འབྱུང་ཁུངས་ནི་སྤུ་ནྲམ་སྲིན་ནད་དང་ཡལ་གའི་སྲིན་ནད། མཛེར་ཐུམ་ནྲམ་ནད་བཅས་ཡིན། དབྱེ་བའི་ཐད་ནས་ཕྱིད་ཤེས་སྲིན་རྐང་གི་སྨྲ་ཕུང་ཚན་གྱི་ཁོངས་སུ་གཏོགས་ཤིང་ཐུམ་རྟུལ་འབྱུང་ཐུབ།

སྨུག་པོའི་ནད་འབུ་ནི་ཐུམ་རྟུལ་བརྒྱུད་ནས་མཆེད་པ་དང་། གསོ་སྐྱོང་རྒྱུ་ཆའི་ནང་

ཏུ་ཚུའི་འདུས་ཚད་མཐོ་དྲགས་པ་དང་། ཤ་མོའི་ཁང་བའི་རླན་ཚད་མཐོ་དྲགས་པ། མཁའ་དབུགས་འཕོར་རྒྱུག་མི་བྱེད་པའི་གནས་ཚུལ་འོག་ནས་མྱུར་དུ་མཆེད་སོད། འོན་ཀྱང་དྲོད་ཚད་དམའ་བའི(10℃མན)ཆ་རྐྱེན་འོག་ཏུ་འབྱུང་བ་ཤིན་ཏུ་ཉུང་། དྲོད་ཚད་མཐོ་བའི(50~60℃)ཆ་རྐྱེན་འོག་ཆུ་ཚོད་གཅིག་འགོར་རྗེས་ཚང་མ་ཤི་བ་ཡིན།

འགོག་བཅོས་བྱེད་ཐབས།

(1) ས་བཀབ་ནས་ནད་སྲིན་མེད་པར་བཟོ་བ། པླ་སི་ཏེ་སྒྱེད་དེ་སྲིན་འབུ་སེལ་བའི་ཐབས་བཀོལ་ཆོག་སྟེ། 60~62℃དྲོད་ཚད་ཀྱིས་བསྐུད་མར་ཆུ་ཚོད1ལ་སྲིན་སེལ་དུག་སེལ་བྱེད་དགོས། ཡང་ན50%ཏོ་ཧྲུན་ཝིང་བཞའ་ཚན་རང་བཞིན་གྱི་ཕྱེ་རྫས་པའི་ཡིས500~1000དང70%ཙ་ཅི་ཐོ་པུའུ་ཅིན་བཞའ་ཚན་རང་བཞིན་གྱི་ཕྱེ་རྫས་པའི་ཡིས600གཤེར་ཁུ་སྦྱད་དེ་ས་བཀབ་ནས་གཏོར་བཅོས་བྱས་ན། ནད་སྲིན་གྱི་ཐུམ་རྡུལ་གསོད་ཐུབ།

(2) ནད་འབྱུང་བའི་ཐོག་མའམ་དུས་མགོར། དུས་ཐོག་ཏུ་ཤ་མོ་འདེབས་འཛུགས་ཁང་གི་ཆུ་གཏོར་མཚམས་འཇོག་དགོས། ཤ་མོའི་ཁང་བའི་རླུང་རྒྱུག་ཚད་ལ་ཤུགས་སྣོན་བརྒྱབ་ནས་ཤ་མོའི་ཁང་བའི་ནང་གི་དབྱང་གཉིས་ཐྣན་རྫས་ཀྱི་གར་ཚད་དང་མཁའ་རླུང་ལྡོས་བཅས་ཀྱི་རླན་ཚད་ཇེ་དམའ་རུ་གཏོང་དགོས། དྲོད་ཚད15℃མན་དུ་སླེབས་རྗེས། ནད་ཁུལ་དུ70%ཙ་ཅི་ཐོ་པུའུ་ཅིན་གྱི་བཞའ་ཚན་རང་བཞིན་གྱི་ཕྱེ་རྫས་པའི་ཡིས800གཤེར་ཁུ་གཏོར་བ་དང་། 1%~2%ཙ་ཆོན་ཞུ་ཁུ་གཏོར་ན་འབུ་སྲིན་གསོད་ཐུབ།

(3) ནད་བྱུང་བ་ཚབས་ཆེ་བའི་སྐབས་སུ། ནད་སྐྱོན་གཙང་སེལ་དང་ས་གསར་བརྗེ་བ། ནད་ཁུལ་དང་ལག་ཆ་ཡོད་ཚད་ལ4%ཚྭར་མ་ལིན་ཞུ་ཁུས་དུག་སེལ་བྱེད་དགོས།

(གཉིས) སྨུག་ཐིག་ནད།

སྨུག་ཐིག་ནད་ལ་ལྤྲུ་བ་སྐམ་པོའི་ནད་ཀྱང་ཟེར། གཙོ་བོར་ཤ་མོ་ལ་གནོད་པ་དང་། ལྷག་པར་དུ་ལེབ་ཤྭ་དང་བྱ་སྒྲོའི་ཤ་མོ་ལ་གནོད་པ་ཡོད། ནད་འདིས་གཙོ་བོར་ཤ་མོའི་ཕྲ་ཕུང་གི་ཕྱི་ཤུན་ལ་གནོད་འཚེ་གཏོང་བཞིན་ཡོད། ཤ་མོའི་གདུགས་མགོའི་སྟེང་དུ་སྨུག་ཐིག་དང་རིལ་ཚུང་འབྱུང་བར་མ་ཟད། ཤ་མོའི་གདུགས་མགོའི་ཕྱི་ངོས་སུ་སྐྱ་མདོག་གི་རླམ་

སྲིན་རིམ་པ་ཞིག་སྐྱེས་པ་ཡིན། དུས་མཇུག་ཏུ་ཤ་མོའི་ཡུ་བར་འགོས་ནས་ཤ་མོའི་ཡུ་བ་སྦོམ་པོར་འགྱུར་བ་དང་། ཤ་མོའི་གདུགས་མགོ་རིམ་བཞིན་ཛེ་ཆུང་དུ་འགྲོ་བ་ཡིན། ནད་ལྡན་ཤ་མོ་ཡིན་ན་ཕྱིར་བཏང་དུ་སེར་ཁ་གས་པ་དང་། ཤ་མོའི་དབྱིབས་འཁྱོག་ཅིང་ཡ་མ་གཟུགས་ཡིན། འོན་ཀྱང་ཤ་མོ་རུལ་བར་མི་འགྱུར་ཞིང་གཞེར་གཟུགས་སྨུག་པོ་ཟགས་ཐོན་མི་བྱེད་ལ་དྲི་ངན་ཡང་མེད་དོ། །

སྨུག་ཐིག་ནད་ཀྱི་འབྱུང་ཁུངས་ནི་འབུ་ཕྲ་ངོ་མའི་འཕྲེད་ཞང་ཐུམ་རྣམ་ཡིན། དེ་ནི་ཕྱེད་ཤེས་ཤ་མོའི་ཕྲ་ཕུང་གི་རིགས་ཡིན། འདིའི་ཆེས་ཆེ་བའི་ཁྱད་ཆོས་ནི་ཐུམ་རྡུལ་སྡོང་ཞང་འཕོར་དབྱིབས་ཀྱི་ཡན་ལག་ཡལ་ག་ཡིན་པས། འབུ་ཕྲ་ངོ་མའི་འཕྲེད་ཞང་ཐུམ་རྣམ་གྱི་ཁོངས་སུ་གཏོགས། གྱེས་སྐྱེས་བྱུང་བའི་ཐུམ་རྡུལ་ནི་ཕྲ་ཕུང་རྒྱུད་བ་དང་མདོག་མེད་པ། སྒོང་དབྱིབས་སམ་འཛོང་དབྱིབས་ཡིན།

སྨུག་ཐིག་ནད་སྲིན་གྱི་ཐུམ་རྡུལ་ནི་གཙོ་བོར་ཆུ་གཏོར་ནས་མཆེད་པ་ཡིན། ཤ་མོའི་སྦྲང་ནག་དང་ཤ་མོའི་གཡན་འབུ། དེ་བཞིན་ཕྱུང་གསོག་རྒྱུ་ཆ་དང་ས་འགེབས་པ་སོགས་བརྒྱུད་ནས་ཤ་མོའི་ཁང་བའི་ནང་དུ་མཆེད་པ་དང་། རྐམ་པའི་ཐུམ་རྡུལ་ནི་རླུང་རྒྱུན་དང་བསྟུན་ནས་མཆེད་ཐུབ། ལྷག་པར་དུ་དྲོད་ཚད་མཐོ་ཞིང་བརླན་གཤེར་ཆེ་བའི་ཁོར་ཡུག་ནང་དུ་ནད་འདི་རིགས་འབྱུང་སླ་བ་ཡིན། ཤ་འབྲས་གྲུབ་པའི་དུས་མགོར་ས་འགེབས་དུས་བརླན་གཤེར་ཆེ་མི་རུང་བར་ནད་འདི་འབྱུང་བར་སྔོན་འགོག་བྱེད་དགོས།

འགོག་བཅོས་བྱེད་ཐབས།

(1) གསོ་སྐྱོང་རྒྱུ་ཆ་ནི་དྲོད་ཚད་མཐོན་པོའི་ཁོར་ཡུག་ནང་དུ་ཕྱུང་བ་དང་རྗེས་སུ་བསྐོལ་ཐེངས1~2བརྒྱུད་ནས་ནད་འབུ་གསོད་པ་ཡིན། དུས་མཚུངས་སུ་ཤ་མོའི་སྟེང་དུ་ས་འགེབས་པའི་དུས་སུ་རྒྱུ་ཆའི་ནང་གི་འབུ་སྲིན་ལ་དོ་སྣང་བྱེད་དགོས།

(2) ཐོན་སྐྱེད་ཡོ་བྱད་ལ4%ཐུར་མ་ལིན་གྱིས་དུག་སེལ་བྱེད་དགོས།

(3) ནད་འགོས་རྗེས་དུས་ཐོག་ཏུ་ནད་ལྡན་ཤ་མོ་གཙང་སེལ་བྱེད་པའམ་ནད་བྱུང་ས་ཁོངས་སུ50%ཏུའོ་ཛུན་ལིང་བཞའ་ཚན་རང་བཞིན་གྱི་སྨན་ཕྱེ་པའི་ཡིས500~1000རྒྱག་

པའམ70%ཅ་ཅི་ཐུའོ་པུའུ་ཅིན་བཞའ་ཚན་རང་བཞིན་གྱི་སྨན་སྦྱེ་པའི་ཡིས500~800གཤེར་ཁུ་གཏོར་དགོས།

(4) འབྲུ་སྤྲིན་དང་ཤ་མོའི་སྦྲང་ནག་འབྱུང་བར་ནན་འགོག་བྱེད་དགོས།

(གསུམ) སྐྱི་ཏུལ་ནད།

སྐྱི་ཏུལ་ནད་ལ་སྟོང་བོའི་ཡལ་གའི་དབྱིབས་ཀྱི་འཕོར་ལོའི་རྣམ་ནད་ཀྱང་ཟེར། གཙོ་བོར་ཤ་མོ་སོགས་ལ་གནོད་པ་ཡིན། ནད་འབྱུང་དུས་སྤྱིར་བཏང་དུ་ས་བཀབ་པའི་ཕྱི་ངོས་དང་མཐའ་འཕོར་དུ་ནད་གདོང་ཕྲ་སྐྱུད་དཀར་པོ་འབྱུང་བ་དང་དེའི་འཕྲོར་དམར་སྐྱ་ཏུ་འགྱུར། ཤ་མོ་ནི་ས་བཀབ་པ་ནས་ནར་སོན་པའི་དུས་རིམ་དུ་ནད་འབྲུ་འདི་དག་འགོ་སླ་བ་དང་། འགོས་རྗེས་ཤ་མོའི་ཕྲ་ཕུང་རིམ་བཞིན་ཏུལ་བ་ཡིན། འོན་ཀྱང་ཡ་མ་གཟུགས་སུ་མི་འགྱུར་རོ།།

སྐྱི་ཏུལ་ནད་ཀྱི་འབྱུང་རྩ་ནི་སྟོང་བོའི་ཡལ་གའི་དབྱིབས་ཀྱི་འཕྲེད་ཁང་རྣམ་སྤྲིན་ཡིན། དེའི་གྱེས་སྐྱེས་ཐུམ་རྟུལ་གྱི་ཡལ་ག་ཕྲ་ཞིང་རིང་ལ། ཡལ་ག་ནི་ཡལ་ག་འཕོར་ལོའི་དབྱིབས་དང་འདྲ། གྱེས་སྐྱེས་ཐུམ་རྟུལ་ནི་ཁེར་སྐྱེས་སམ་ཡང་ན་ཚོམ་སྐྱེས་ཀྱི་ཐུམ་གྲུབ་ཕྲ་ཕུང་སྟེང་དུ་སྐྱེས་ཡོད་ཅིང་། མདོག་མེད། སྤྲིན་སྐྱུད་བལ་དབྱིབས་དཀར་མདོག་ཏུ་གྲུབ། ནད་གཞིའི་ཤ་མོའི་སྟེང་ནས་བྱུང་བའི་ཐུམ་རྟུལ་ནི་ཤ་མོའི་སྟེང་ངམ་ཕྱི་ངོས་སུ་སྐྱེས་ནས་ཤ་མོའི་ཕྲ་ཕུང་དུ་འགྱུར་བ་ཡིན། དུས་མཚུངས་སུ་དུས་ཡུན་ཐུང་ངུའི་ནང་དུ་ཐུམ་རྟུལ་ཙུང་མང་པོ་བྱུང་བ་དང་། ཐུམ་རྟུལ་འདི་དག་རླུང་རྒྱུན་དང་ཆུ་ལ་བརྟེན་ནས་མཆེད་ཅིང་། ཐ་ན་འབབ་བཙོག་གི་ས་འགེབས་པས་ཀྱང་ནད་འདིའི་རིགས་མཆེད་སྲིད། ས་བཀབ་པ་བརླན་གཤེར་ཆེ་བའམ་ཡང་ན་དྲོད་ཚད་དམའ་ཞིང་བརླན་གཤེར་ཆེ་བའི་ཁོར་ཡུག་འོག་ཏུ་ནད་གཞི་འདིའི་རིགས་འབྱུང་སླ་མོད། འོན་ཀྱང་གནོད་འཚེ་གཞི་ཁྱོན་ཙུང་ཆུང་།

འགོག་བཅོས་བྱེད་ཐབས།

(1) ས་བཀབ་པའི་ཕྱི་ངོས་ཆ་ཤས་ལ་ནད་འབྱུང་སྐབས། 2.5%ཅ་ཆོན་ཞུ་ཁུ་བཀོལ་ནས་ཤ་མོའི་ཁང་བར་རླུང་རྒྱུག་ཏུ་འཇུག་དགོས། འདེབས་འཛུགས་སྔོགས་བུའི་ངོས་སུ་ཆུ་གཏོར་གྲངས་ཇེ་ཉུང་དུ་གཏོང་བ་དང་། ས་ངོས་དང་མཁའ་དབུགས་ཀྱི་རླན་ཚད་ཇེ་

དམའ་རུ་གཏོང་དགོས།

(2) ནད་གཞི་ཚབས་ཆེན་བྱུང་བའི་སྐབས་སུ། ནད་ཕོག་པའི་ཆ་ཤས་ལ་རྫོ་ཐལ་ཕྱེ་མ་གཏོར་བའམ50%ཏོ་ཙུན་ལིང་བཞའ་ཚན་རང་བཞིན་གྱི་ཕྱེ་རྫས་པའི་ཡིས600~800གཤེར་ཁུ་གཏོར་ནས་འགོག་བཅོས་བྱེད་དགོས།

(བཞི) སྤྲོ་ བུར་དུ་འགྱེལ་བའི་ནད།

གཙོ་བོར་ཤ་མོའི་ཕྲ་ཕུང་གི་ཡུ་བ་ལ་གནོད་པ་དང་། དེ་ནས་ཤ་མོ་རིམ་བཞིན་ཐེ་ཚང་དུ་སོང་ནས་ཁམ་མདོག་ཏུ་འགྱུར་བ་ཡིན། སྔ་དུས་ནད་ལྡན་ཤ་མོ་ལ་འགྱུར་ལྡོག་མེད་ཀྱང་། ཤ་མོའི་གདུགས་མགོའི་ཁ་དོག་རིམ་བཞིན་ནག་པོར་འགྱུར་བ་དང་། ཤ་མོ་སྐྱེ་མཚམས་བཞག་རྗེས་རེངས་པོར་འགྱུར་བ་ཡིན། ནད་གཞིའི་ཕྲ་སྲིན་ཟོར་དབྱིབས་རྣམ་སྲིན་ཡིན། ནད་འདིའི་ཤ་མོའི་ཕྲ་སྲིན་ནི་ཕྱེད་ཤེས་ཕྲ་ཕུང་གི་ཁོངས་སུ་གཏོགས། ཐུམ་རྡུལ་ལ་ཆེ་ཆུང་གི་དབྱེ་བ་ཡོད་པ་དང་། ཐུམ་རྡུལ་ཆུང་བ་ནི་ཕྲ་ཕུང་རྐྱང་བ་དང་བར་གསེང་མེད། ཐུམ་རྡུལ་ཆེ་བ་ནི་ཕྲ་ཕུང་མང་པོས་གྲུབ་པ་ཡིན། ཕྲ་ཕུང་ལ་བར་གསེང(1~7)ཡོད། གཟུགས་དབྱིབས་འཁྱོག་པ་ཡིན་ཞིང་ཟོར་བའི་དབྱིབས་དང་འདྲ། ནད་འདི་གཙོ་བོར་ས་རྒྱུ་དང་མཐའ་འཁོར་གྱི་ཁོར་ཡུག་བརྒྱུད་ནས་མཆེད་པ་ཡིན།

འགོག་བཅོས་བྱེད་ཐབས། 50%ཧུའོ་ཙུན་ལིང་བཞའ་ཚན་རང་བཞིན་གྱི་སྨན་ཕྱེ་པའི་ཡིས500~1000དང་། 70%ཅ་ཅི་ཐུའོ་སུའུ་ཅིན་བཞའ་ཚན་རང་བཞིན་གྱི་སྨན་ཕྱེ་པའི་ཡིས500~800གཤེར་ཁུ་སྦྱིད་དེ་ས་རྒྱུ་དང་ཁོར་ཡུག་ལ་དུག་སེལ་བྱེད་དགོས། ནད་བྱུང་རྗེས་ཐུང་ཨན་ཞུ་ཁུ་བཀོལ་ནས་སྨུག་པ་གཏོར་ན་ཕན་འབྲས་ཅུང་བཟང་། ཐུང་ཨན་ཞུ་ཁུའི་སྡེབ་སྦྱོར་གྱི་བསྡུར་ཚད་ནི་ལིའུ་སོན་ཐུང1ཁར་ལིའུ་སོན་ཨན11སྣོན་པ་དང་། ད་དུང་ཆུ་ལྷབ300བསྲེ་དགོས།

(ལྔ) སོག་རོ་དམར་པོའི་ནད།

སོག་རོ་དམར་པོའི་ནད་ཀྱིས་གཙོ་བོར་སོག་རོའི་འདབ་མ་ལ་གནོད། ནད་འདི་ཕྱིར་བཏང་དུ་ཤ་མོ་སྐྱེ་བའི་དུས་སྐབས་སུ་འབྱུང་བ་ཡིན། སོག་ཤུལ་དང་པོའི་ཤ་མོའི་ཕྲ

ཕུང་བཙ་བསྒུ་བྱས་རྗེས། ཤ་མོའི་འདབ་མའི་སྟེང་དུ་ཕྲེ་རྡུལ་དབྱིབས་ཀྱི་ཤ་མོའི་སྙིགས་རོ་འབྱུང་བ་དང་། ཤ་མོའི་སྐྱེ་མཚམས་བཞག་ནས་རིམ་བཞིན་ཕྲེ་གསལ་ནང་གསལ་མ་ཡིན་པའི་ཤ་མོ་རིངས་པོར་འགྱུར་བ་ཡིན། ནད་ལྡན་ཤ་མོའི་འདབ་མར་སྨན་བཅོས་བྱས་ཀྱང་། ཐེངས་རྗེས་མའི་མོག་རོའི་འདབ་མའི་སྟེང་དུ་སྔར་བཞིན་ཕྲེ་མའི་དབྱིབས་ཀྱི་འབུ་སྲིན་དཀར་པོ་འབྱུང་བ་དང་། ཚབས་ཆེ་བའི་རིགས་ཀྱིས་མོག་རོའི་ཐོན་ཚད་དང་སྤུས་ཚད་ལ་ཤུགས་རྐྱེན་ཐེབས་པ་ཡིན།

ནད་འདི་འབྱུང་བའི་རྒྱུ་རྐྱེན་ནི་ཤ་མོའི་སྤྱིལ་བུ་ནང་གི་རླུང་རྒྱུག་ཁོར་ཡུག་ཆ་རྐྱེན་ཞན་པ་དང་། བརྣན་གཤེར་ཆེ་ན་ཕྲེ་དཀར་ནད་གཞི་འབྱུང་སླ།

འགོག་བཅོས་བྱེད་ཐབས། མོག་རོ་འདེབས་འཛུགས་བྱེད་མཁན་གྱི་ལག་ལེན་ཉམས་མྱོང་ལྟར་ན། ཤ་མོ་སྐྱེ་བའི་དུས་མགོའི་དུས་རིམ་དུ། ཤ་མོའི་ཕྲ་སྐྱུད་སྦོམ་པོ་གསོ་སྐྱོང་བྱེད་དགོས། ཤ་མོ་སྐྱེ་འཚར་བྱུང་རྗེས་ངེས་པར་དུ་འདེབས་འཛུགས་ཁང་བའི་ནང་དུ་རླུང་རྒྱུ་བར་ཤུགས་སྟོན་བྱེད་དགོས་ཤིང་། མྱུར་དུ་དྲོད་ཚད་ཇེ་དམའ་རུ་བཏང་ནས་ནད་འབུའི་གནོད་འཚེ་ཇེ་ཆུང་དུ་གཏོང་དགོས།

(དྲུག) ཤ་མོའི་ཉིང་ནད་ཆུང་བ།

ཤ་མོའི་ཉིང་ནད་ཆུང་དུས་གཙོ་བོར་སྤྱང་སྐྱེས་ཤ་མོ་ལ་གནོད་པ་ཡིན། ཤ་མོའི་སྙིགས་རོ་འདིས་སྤྱང་སྐྱེས་ཤ་མོ་དང་འཚོ་བཅུད་འཕྲོག་རྩོད་བྱེད་པར་མ་ཟད། ཐ་ན་དུག་རྒྱུ་ཞིག་ཟགས་ཐོན་བྱས་ཏེ་སྤྱང་སྐྱེས་ཤ་མོའི་སྐྱེ་འཚར་ལ་ཚོད་འཛིན་བྱེད་ཐུབ་པ་དང་། གནོད་འཚེ་ཚབས་ཆེན་འབྱུང་བའི་དུས་སུ་ཤ་མོའི་ཕྲ་ཕུང་གྲུབ་མི་ཐུབ།

ནད་གཞིའི་འབྱུང་ཁུངས་ནི་ལུའོ་ཧྲི་དར་དཀར་ཤ་མོའི་ཉིང་ནད་ཕྲ་སྲིན་ཆུང་བ་ཡིན། དྲོད་ཚད30~35℃ཡིན་པའི་སྐབས་སུ་ཉིང་ནད་ཕྲ་སྲིན་འབྱུང་སླ་བ་དང་། ཐོག་མའི་དུས་སུ་ཤ་མོའི་མདོག་དཀར་པོར་གྱུར་ཡོད། དེ་ནི་སྲིང་བལ་གྱི་སྤུ་དབྱིབས་དང་བྱ་སྒྲོའི་དབྱིབས་ཡིན་ལ། ནད་སྲིན་གྱི་ཕྲ་སྐྱུད་ནི་སྤྱང་སྐྱེས་ཤ་མོའི་སྲིན་སྐྱུད་ལས་སྦོམ་ཞིང་སྟོབས་ཆེ་བ་དང་། སྐྱ་མདོག་དང་དྭངས་གསལ་ཡིན། བར་རིམ་ནས་ཕྱོགས་བཞིར་འགྱེད་འཕྲོའི་

དབྱིབས་སུ་སྐྱེས་ཤིང་། སྲིན་སྐྱུད་ཀྱི་སྟེང་དུ་ཤ་མོའི་ཉིང་ནད་འབོར་ཆེན་འབྱུང་བ་དང་། ཤ་མོའི་ཉིང་ནད་ཐོག་མའི་དུས་སུ་འོ་མ་དཀར་པོའི་མདོག་ཡིན་ཞིང་། རྗེས་སུ་བོངས་ཚད་ཇེ་ཆེར་སོང་ནས་རིམ་བཞིན་སྨིག་སེར་དུ་འགྱུར་བ་ཡིན། མཇུག་མཐར་ཇེ་ཆུང་དུ་སོང་ནས་ཁམ་མདོག་ཏུ་འགྱུར་བ་དང་། རྣམ་པ་ནི་པད་ཁའི་ས་བོན་དང་འདྲ། ནད་སྲིན་འདིའི་རིགས་དུས་རྒྱུན་དུ་ས་རྒྱུའི་ནང་དང་ས་རྫས་ཀྱི་སྐྱེ་ལྡན་དངོས་པོའི་སྟེང་དུ་འཚོ་གནས་བྱེད་བཞིན་ཡོད་པ་དང་། སྤྱང་སྐྱེས་ཤ་མོ་འདེབས་འཛུགས་ཁྲོད་དུ་གཙོ་བོར་འབྲས་སོག་བརྒྱུད་ནས་མཆེད་པ་ཡིན།

འགོག་བཅོས་བྱེད་ཐབས། རྩ་ཕུང་མ་སྤུངས་གོང་རོལ་དུ1%རྫོ་ཐལ་ཆུ(pH=10)ཆུ་ཚོད24ལ་སྦང་དགོས། སྦང་བའི་འབྲས་སོག་ཚང་མ་རྫོ་ཐལ་ཆུའི་ནང་དུ་སྦང་བ་དང་། ཆུའི་ནང་དུ་དབྱང་དབུགས་མེད་པའི་གནས་ཚུལ་འོག་ཏུ་འབུ་ཕྲ་གསོད་དགོས། འདེབས་འཛུགས་སྟེགས་བུའི་རྫས་ཀྱི་ཤ་མོ་ཆ་ཤས་ལ་ནད་འབྱུང་དུས་ཀྱང1%རྫོ་ཐལ་ཆུས་ནད་འགོས་མངའ་ཁོངས་ཐག་གཅོད་བྱས་ཏེ་ནད་སྐྱོན་མཆེད་པར་སྔོན་འགོག་བྱེད་དགོས།

གཉིས། རུལ་སྐྱེས་རང་བཞིན་གྱི་ནད་སྐྱོན།

བཟའ་བྱའི་ཤ་མོའི་འདེབས་འཛུགས་རྒྱུ་ཆའི་ནང་ནས་རྒྱུན་དུ་ཤིང་རྣམ(ལྗང་མདོག)དང་། སྔོ་རྣམ(ལྗང་སྐྱ) ཆུ་རྣམ(ནག་པོའམ་སེར་པོ) ལིན་པའོ་རྣམ(ཚ་ལུ་མའི་སེར་མདོག) ཙ་རྣམ་དང་སྤུ་རྣམ(ནག་ཐིག་ཆུང་དུ)སོགས་འབུ་ཕྲ་སྣ་ཚོགས་ཀྱི་འབག་བཙོག་བཟོས་ནས། མོག་རོ་དང་སྤྱང་སྐྱེས་ཤ་མོ། དྲི་ཞིམ་ཤ་མོ་སོགས་བཟའ་བྱའི་ཤ་མོའི་རིགས་ལ་གནོད་འཚེ་ཐེབས་ཤིང་། ལྷག་པར་དུ་ལེབ་ཤྭའི་རིགས་དང་བྱ་སྒྲོའི་ཤ་མོ་སོགས་རྒྱུ་ཆའི་གསོ་འདེབས་ཀྱི་རིགས་ལ་གནོད་འཚེ་ལྷག་ཏུ་ཆེ། གཞན་དྲི་ཞིམ་ཤ་མོ་དང་མོག་རོ་ནག་པོ་སྤྱོས་འཁྱིག་ཁུག་མ་སྦྱད་དེ་འདེབས་འཛུགས་བྱས་ན་དེ་བས་ཀྱང་འབག་བཙོག་བཟོ་སླའོ། །

(གཅིག) ལྗང་རྣམ་འབུ་སྲིན།

ལྗང་རྣམ་འབུ་སྲིན་ལ་ལྗང་ཁུའི་ཤིང་རྣམ་དང་ཁང་ཧྥེ་ཤིང་རྣམ་ཡང་ཟེར། གཙོ་

 བོར་ཤ་མོ་དང་། ལེབ་ཤྭ། དྲི་ཞིམ་ཤ་མོ། མོག་རོ་ནག་པོ། མོག་རོ་དཀར་པོ་སོགས་ལ་གནོད་འཚེ་གཏོང་བ་ཡིན། འབུ་སྲིན་འདིའི་རིགས་ནི་རང་བྱུང་ཁམས་སུ་ཁྱབ་རྒྱ་ཆེན་པོ་ཡོད་དེ། ས་རྒྱུའི་ནང་དང་ལུད་རྫས། ཤིང་ཆ། དེ་བཞིན་སྐྱེ་ལྡན་དངོས་པོ་སྣ་ཚོགས་བཅས་ཀྱི་སྟེང་ནས་འབྱུང་ཐུབ་པར་མ་ཟད། དྲོད་ཚད་དངpHཚད་ཀྱི་མཐུན་འཕྲོད་རང་བཞིན་ཡང་ཁྱབ་རྒྱ་ཆེ་བ་ཞིག་ཡིན། འབུ་སྲིན་འདིའི་རིགས་ཚོད་ལྡའི་སྨུ་གུ་དང་ཡང་ན་ཤ་མོའི་རྩ་འདེབས་ཤེལ་དམ(ཁུག་མ)སྟེང་དུ་འགོས་ཤིང་། རྩ་འདེབས་བྱས་རྗེས་ད་དུང་གསར་སྐྱེས་ཤ་མོའི་སྟེང་དུ་ལྷུང་མདོག་གི་སྲིན་འབུ་འབྱུང་སྲིད་པས། གལ་ཏེ་དུས་ཐོག་ཏུ་ཐག་གཅོད་མ་བྱས་ན། ཤ་མོ་དང་ལེབ་ཤྭ་ཕྲ་སྐྱུད་དང་དེའི་ཕྲ་ཕུང་སྟེང་དུ་འགོས་ནས་འཚར་སྐྱེ་མི་ལེགས་པ་དང་། ཚབས་ཆེ་བའི་སྐབས་སུ་ཤ་མོའི་ཕྲ་ཕུང་ད་དུང་ཤི་འགྲོ་བའི་གནས་ཚུལ་ཡང་ཡོད། ཤིང་ཕྱེ་དང་སྲིང་བལ་གྱི་ཕྱི་ཤུན་བསྲེས་ནས་འདེབས་འཛུགས་བྱས་པའི་ཤ་མོ་ཡིན་ན། སྲིན་སྐྱུད་སོས་པའི་དུས་རིམ་དུ། གལ་ཏེ་དྲོད་ཚད་སྨོམ་འགྲིག་མ་ཡིན་པ་དང་དོ་དམ་ འོས་འཚམ་མིན་ན། གནོན་རྫོག་མནན་རྗེས་མྱུར་དུ་ལྷུང་ཐུལ་ནད་སྐྱོན་འགོས་པ་ཡིན། འབུ་སྲིན་འགོས་པའི་དྲི་ཞིམ་ཤ་མོའི་སྐྱེ་འཚར་ལ་ཚོད་འཛིན་ཐེབས་ནས་སོས་དཀའ་བ་དང་། ཤ་མོའི་སྐྱེ་མོ་ཆགས་མི་ཐུབ་པས། ཤ་མོའི་ཐོན་ཚད་ལ་ཤུགས་རྐྱེན་ཚབས་ཆེན་ཐེབས་པ་ཡིན། འགྲིག་ཁུག་ནང་དུ་དྲི་ཞིམ་ཤ་མོ་དང་མོག་རོ་ནག་པོ། མོག་རོ་དཀར་པོ་བཅས་འདེབས་འཛུགས་བྱེད་སྐབས། ཁུག་མ་བཤུས་པའམ་འགྲིག་ཁུག་ཁ་ཕྱེ་ནས་གསོ་སྐྱོང་དུས་རིམ་དུ་སླེབ་སྐབས། དྲོད་ཚད་མཐོ་ཞིང་བརླན་གཤེར་ཆེ་བའི་ཁོར་ཡུག་གམ་དོ་དམ་འོས་འཚམ་མིན་ན་འདེབས་འཛུགས་ཁུག་མའི་སྟེང་དུ་ལྷུང་ཐུལ་འགོས་སླ་བ་དང་། དུས་ཐོག་ཏུ་ཐག་གཅོད་བྱེད་མ་ཐུབ་ན་འདེབས་འཛུགས་བྱེད་མཁན་ལ་གྱོང་གུན་ཚབས་ཆེན་བཟོ་བ་དང་ཐ་ན་གཏན་ནས་བསྡུ་རྒྱུ་མེད་པར་འགྱུར་བ་ཡིན།

ལྷུང་ཐུལ་གྱི་ཐུམ་རྡུལ་ནི་མཁའ་དབུགས་ལ་བརྟེན་ནས་མཆེད་པ་དང་། དུག་སེལ་མཐའ་འཁྱོལ་མིན་པའི་ཐོན་སྐྱེད་ལག་ཆ་དང་གསོ་སྐྱོང་རྒྱུ་ཆ་བརྒྱུད་ནས་ཤ་མོའི་ཁང་བའི་ནང་གི་སྐྱེ་ལྡན་དངོས་པོའི་སྟེང་དུ་མཆེད་ཅིང་། ཐུམ་རྡུལ་རྒྱུར་གཤིས་ལྡན་པའི་འདེབས

འཛོགས་དུམ་བུ་སོགས་བརྟན་གཤེར་ཆེ་བའི་རྒྱུ་ཆ་དང་འཕྲད་ན། མྱུར་དུ་སྲིན་སྐྱུད་འབུས་ནས་སྲིན་འབུ་གྲུབ་པ་ཡིན།

འགོག་བཅོས་བྱེད་ཐབས།

(1) ཤ་མོའི་ཁང་བ་དང་ཡོ་བྱད། གསོ་སྐྱོང་རྒྱུ་ཆ་བཅས་ལ་ངེས་པར་དུ་དུག་སེལ་བྱས་ནས་འབུ་སྲིན་གསོད་དགོས། ཤ་མོའི་ཁང་བ་དང་ཡོ་བྱད་ཐག་གཙོད་བྱེད་དུས5%ཙ་ཚོན་ཆུའི་ཞུ་ཁུ(ཙ་ཚོན1ལ་ཆུ7བསྲེས་པ)དང་། ཡང་ན5%རྡོ་ཐལ་སྐྱུར(པིན་སྐྱུར)ཆུའི་ཞུ་ཁུ་གཏོར་ནས་འབུ་སྲིན་གསོད་དགོས། གསོ་སྐྱོང་རྒྱུ་ཆ་ཐག་གཙོད་བྱེད་དུས་རྒྱུ་ཆའི་ལྗིད་ཚད0.2%ཏུའོ་ཙུན་ཤིང་གི་རྒྱུ་ཆ་བསྲེས་ཆོག ཡང་ན་གསོ་སྐྱོང་རྒྱུ་ཆ2%~3%རྡོ་ཐལ་ཆུའི་ནང་དུ་བཞག་ནས་ཉིན་གཅིག་ལ་སྦངས་ནས་འབུ་སྲིན་གསོད་དགོས། འོས་འཚམ་གྱིས་ཆུ་འདུས་ཚད་ཚོད་འཛིན་ནན་མོར་བྱེད་པ་དང་། ཆུ་འདུས་ཚད་མཐོ་མི་རུང་།

(2) འདེབས་འཛུགས་གོ་རིམ་ཁྲོད་དུ་ལྗང་རྣམ་སྲིན་བྱུང་ན། དུས་ལྟར་རླུང་རྒྱུ་རུ་འཇུག་པ་དང་དྲོད་ཚད་ཇེ་དམའ་རུ་གཏོང་དགོས་པར་མ་ཟད། ཤ་མོའི་ཁང་བའི་དྲོད་ཚད25℃མན་དུ་ཚོད་འཛིན་བྱེད་དགོས།

(3) གལ་ཏེ་འདེབས་འཛུགས་དུམ་བེ་དང་ཁུག་མ(དམ་བེ)ཕྱི་ངོས་སུ་ལྗང་རྣམ་བྱུང་ན། རྡོ་ཐལ་གྱིས་ཆུ་དྭངས་མ(pH=10)བསྐུས་ན་ལྗང་རྣམ་སྐྱེ་བར་ཚོད་འཛིན་བྱེད་ཐུབ། གལ་ཏེ་ལྗང་རྣམ་རྒྱུ་ཆའི་ནང་དུ་འཛུལ་ན། རུལ་འགྱུར་གྱི་ཆ་ཤས་བཀོས་ནས་དུས་ཐོག་ཏུ་གསབ་འདེབས་བྱེད་དགོས།

(4) ཤ་མོའི་གསོ་སྐྱོང་རྒྱུ་ཆའི་སྟེང་དུ་ལྗང་རུལ་འབྱུང་བའི་སྐབས་སུ། དུས་ཐོག་ཏུ་ལྗང་རྣམ་དང་མཐའ་འཁོར་གྱི་གསོ་སྐྱོང་རྒྱུ་ཆ་མེད་པར་བཟོ་དགོས་པ་དང་། རྡོ་ཐལ་ཆུ་བསྲེས་མ་རིམ་པ་ཞིག་གཏོར་དགོས།

(གཉིས) ཆེང་མེའི་འབུ་སྲིན།

ནད་འདིས་ཟས་སྤྱོད་ཤ་མོའི་རིགས་མང་པོར་གནོད་པ་ཡོད་དེ། ཕྱིར་བཏང་དུ་རྫོག་བུ་ཆགས་པ་དང་ཡོངས་སུ་མ་སྨིན་པའི་གསོ་སྐྱོང་རྒྱུ་ཆའི་སྟེང་ངམ་ཡང་ན་དུག་སེལ་བྱས་

མེད་པའི་འདེབས་འཛུགས་སྐེགས་བུའི་སྐེང་དུ་བྱུང་བ་ཡིན། འགོས་མ་ཐག་པའི་དུས་སུ་སྤུ་མདོག་དཀར་པོའི་སྤུ་དབྱིབས་ཚུང་ངུ་ཡིན་ལ། དུས་ཡུན་ཐུང་ངུའི་ནང་དུ་ལྷང་མདོག་དང་སྔོན་པོ། མཐིང་མདོག་གི་ཕྱེ་རྡུལ་རང་བཞིན་གྱི་སྲིན་རྫོག་ཏུ་འགྱུར་བ་དང་། གལ་ཏེ་དུས་ལྟར་འགོག་བཅོས་བྱེད་ཐབས་མ་སྤྱད་ན། མགྱོགས་མྱུར་ངང་ཤ་མོའི་རྩ་བར་ཁྱབ་པ་ཡིན། འབུ་སྲིན་འདིའི་རིགས་ཀྱིས་ཀོ་ཤ་ལ་གནོད་པ་ཧ་ཅང་ཆེ་ཞིང་། གསེག་ངོས་ཀྱི་གསོ་སྐྱོང་རྒྱུ་ཆ་དང་། ཤེལ་དམ་གྱི་གསོ་སྐྱོང་རྒྱུ་ཆ། ཤ་མོའི་ཡུ་བའི་སྐྱེ་འཚར་དང་ཤ་མོའི་གདུགས་མགོ་སོགས་ཚང་མར་གནོད་འཚེ་ཐེབས་སྲིད།

ཆིང་མེའི་འབུ་སྲིན་ནི་སྐྱེ་ལྡན་དངོས་རྫས་དང་ལུད་རྫས། ས་རྒྱུ་བཅས་སྣ་ཚོགས་ཀྱི་ཁྲོད་དུ་གནས་པ་དང་། དེའི་ཐུམ་རྡུལ་ནི་མཁའ་རླུང་ཁྲོད་ནས་གང་སར་ཁྱབ་པ་ཡིན། གསོ་སྐྱོང་རྒྱུ་ཆའི་ནང་གི་འབུ་སྲིན་དུག་སེལ་དཔྱིས་ཕྱིན་པ་ཞིག་མ་བྱས་ན། འདེབས་འཛུགས་བྱེད་པའི་བརྒྱུད་རིམ་ཁྲོད་དུ་འབུ་སྲིན་མེད་པའི་ཁོར་ཡུག་འོག་ཏུ་སྔོ་འདེབས་བྱས་པས་ས་བོན་ལ་འབག་བཙོག་བཟོས་པ་ནི་རྒྱུ་རྐྱེན་གལ་ཆེན་ཞིག་ཡིན། འདེབས་འཛུགས་སྐེགས་བུའི་ངོས་ལ་འབག་བཙོག་ཐེབས་པ་ནི་ཤ་མོའི་ས་བོན་གྱི་སྐྱེ་འཚར་ནུས་པ་ཞན་པ་དང་། ཤ་མོའི་ཁང་བའི་དྲོད་ཚད་མཐོ་བ་དང་བརླན་གཤེར་ཆེ་བར་འབྲེལ་བ་ཡོད།

འགོག་བཅོས་བྱེད་ཐབས། རྒྱུ་ཆ་སྣ་ཚོགས་ལ་དུག་སེལ་ནན་མོ་བྱེད་པ་དང་སྐམ་ཤས་ཆེ་བའི་ཁོར་ཡུག་རྒྱུན་འཁྱོངས་བྱེད་དགོས། གསོ་སྐྱོང་ཁང་གི་ནང་དུ་རླུང་རྒྱུག་ཐུབ་པ་དང་། དྲོད་ཚད་དང་མཁའ་དབུགས་ལྷོད་བཅས་ཀྱི་རླན་ཚད་དམའ་དགོས། གལ་ཏེ་ཤ་མོའི་ཆ་ཤས་ལ་འབུ་སྲིན་བྱུང་བ་ཡིན་ན། 5%ཡས་མས་ཀྱི་རྡོ་ཐལ་ཆུ་དྭངས་མས་བཀྲུ་དགོས།

(གསུམ) རྩ་ཐུམ་རླམ་སྲིན།

རྩ་ཐུམ་རླམ་སྲིན་ལ་ཕྲེང་ཐུམ་རླམ་སྲིན་ཡང་ཟེར། རྩ་ཐུམ་རླམ་སྲིན་ཁྲོད་ནས་རྒྱུན་དུ་མཐོང་རྒྱུ་ཡོད་པ་ནི་རྩུབ་པོའི་རྩ་ཐུམ་རླམ་སྲིན་དང་བར་མའི་རྩ་ཐུམ་རླམ་སྲིན་སོགས་ཡིན། རྩ་ཐུམ་རླམ་སྲིན་གྱི་ཕྲ་སྐུད་སྐྱེ་འཚར་སོབ་སོབ་ཡིན་ཞིང་། ཐུམ་རྡུལ་གྱི་

ཕྱི་ངོས་ལ་རྩ་རིས་ཡོད་པ་དང་། གྲེས་སྐྱེས་ཐུམ་རྟུལ་རྒྱུན་དུ་སྲིན་སྐྱུད་ཀྱི་སྟེང་དུ་བཀལ་ཡོད། ཚ་ལུ་མའི་ཁ་དོག་ཇི་བཞིན་སེར་པོ་ཡིན། རྩ་ཐུམ་རྣམ་སྲིན་སྐྱི་ཚད་མགྱོགས་པ་དང་མཆེད་ཤུགས་ཤིན་ཏུ་ཆེ་ལ། བཟའ་བྱའི་ཤ་མོའི་རིགས་ཀྱི་སྐྱི་འཚར་དང་དམ་བེའམ་ཡང་ན་ཁྱུག་མའི་ནང་དུ་འདེབས་འཛུགས་བྱེད་པར་ཉེན་ཁ་ཧ་ཅང་ཆེན་པོ་ཡོད་པ་དང་། འབག་བཅོག་བཟོ་སླ་བའི་རྣམ་སྲིན་གྱི་གྲས་ཤིག་ཀྱང་ཡིན།

ནད་འདིའི་འབྱུང་ཁུངས་ནི་ཕྲ་ཕུང་ཁོངས་གཏོགས་ཀྱི་རིགས་ཤིག་ཡིན། མཚན་མེད་སྐྱེ་འཕེལ་ལས་བྱུང་བའི་གྲེས་སྐྱེས་ཐུམ་རྟུལ་འཁོར་ཆེན་མཁའ་རླུང་དང་བསྟུན་ནས་མཆེད་པ་དང་། སྐྱེ་ལྡན་དངོས་པོའི་སྟེང་དུ་ཐོན་པ་ཡིན་ཞིང་མཆེད་རྒྱ་ཆེ་ན་ཁོར་ཡུག་འབག་བཅོག་བཟོས་ནས་གནོད་འཚེ་ཐེབས་པ་ཡིན།

ཚ་བ་ཆེ་བ་དང་བརླན་གཤེར་ཆེ་བའི་སོས་ཀའམ་ཆར་བ་འབབ་པའི་དུས་སུ་ས་བོན་བཟོ་བའམ་ཡང་ན་དམ་བེར་བཙུགས་ནས་ཐོན་སྐྱེད་བྱེད་སྐབས། གལ་ཏེ་རླན་ཚད་ཆེ་བ་དང་ལྷག་པར་དུ་ཤ་མོའི་ས་བོན་གྱི་དམ་བེའི་སྲིང་བལ་ལ་བཞའ་ཚན་ཐོག་པའམ་ཡང་ན་དམ་བེ་དང་འཁྱིག་ཁུག་ནང་དུ་བཅུག་ནས་དུག་སེལ་བྱས་པ་གཙང་དག་མིན་པའི་གནས་ཚུལ་འོག་ཏུ་རྩ་ཐུམ་རྣམ་སྲིན་གྱི་ནད་འབྱུང་སླའོ། །

འགོག་བཅོས་བྱེད་ཐབས། ས་བོན་བཟོ་བཅོས་བྱེད་པ་དང་དམ་བེའམ་འཁྱིག་ཁུག་ནང་དུ་འདེབས་འཛུགས་དང་གསོ་སྐྱོང་བྱེད་པའི་དུས་སུ་ཚ་བ་ཆེ་བ་དང་བརླན་གཤེར་ཆེ་བའི་ཁོར་ཡུག་ལ་གཡོལ་ཐབས་བྱེད་དགོས། དུས་མཚུངས་སུ་དམ་བེ་དང་ཁུག་མ་སོགས་ཐོན་སྐྱེད་ཡོ་བྱད་ལ་དུག་སེལ་བྱས་ཏེ་ཁོར་ཡུག་གཙང་སྦྲའི་ལས་ཀ་ལེགས་པར་བསྒྲུབ་དགོས། དམ་བེའི་ཁ་གཅོད་བྱེད་ལ་བརླན་གཤེར་ཐེབས་པར་ནན་འགོག་བྱེད་པ་དང་གསོ་སྐྱོང་ཁང་བ་སྐམ་པོ་ཡིན་དགོས། ཁང་བའི་ཕྱི་ནང་དང་ཤ་མོའི་དམ་བེའི་སྲིང་བལ་གྱི་ཁ་གཅོད། དེ་བཞིན་འདེབས་འཛུགས་དམ་བེ་དང་ཁུག་མའི་མཐའ་འཁོར་དུ་རྡོ་ཐལ་ཕྱེ་མ་གཏོར་ནས་འབུ་སྲིན་སྔོན་འགོག་བྱེད་དགོས་པ་དང་རླུང་རྒྱུ་བར་ཤུགས་སྣོན་རྒྱག་དགོས་པར་མ་ཟད། རྒྱུན་དུ་ལྟ་ཞིབ་དང་ཞིབ་བཤེར་བྱེད་དགོས། གལ་ཏེ་རྩ་ཐུམ་རྣམ་སྲིན

ཡོད་པ་ཤེས་ཚེ་གང་འདོད་དུ་འབག་བཙོག་དངོས་པོ་ལ་ཐུག་འཕྲད་བྱུང་མི་ཆོག་ཅིང་། དུས་ཐོག་ཏུ་འབུ་སྲིན་བསད་རྫེས་ཡང་བསྐྱར་གཙང་སེལ་དང་མེར་སྲེག་གཏོང་དགོས་པར་མ་ཟད། 50%ཏུའོ་ཙུན་ལིང་བཞའ་ཚན་རང་བཞིན་གྱི་སྨན་ཐྱེ་པའི་ཡིས500གཤེར་ཁུ་སྤྲུད་དེ་མཐའ་འཁོར་གྱི་ཁོར་ཡུག་ལ་གཏོར་དགོས་ཤིང་། འབག་བཙོག་ཆེ་ཉུ་མི་འགྲོ་བར་བྱེད་དགོས།

(བཞི) སྤུ་རྣམ་འབུ་སྲིན།

སྤུ་རྣམ་འབུ་སྲིན་ལ་སྤུ་རིང་འབུ་སྲིན་ཡང་ཟེར། གཙོ་བོར་ཤ་མོ་དང་། ལིབ་ཤ། སྤང་སྐྱེས་ཤ་མོ། ཀོ་ཤ་སོགས་བཟའ་བྱའི་ཤ་མོ་ལ་གནོད་འཚེ་གཏོང་བ་ཡིན། མང་ཆེ་བ་གསོ་སྐྱོང་རྒྱུ་ཆའི་ཕྱི་ངོས་སམ་བརླན་གཤེར་ཆེ་བའི་ཁོར་ཡུག་ཏུ་བྱུང་བ་དང་། དེའི་སྲིན་སྐྱུད་དང་རྩ་བ་རྫུན་མ་གསོ་སྐྱོང་རྒྱུ་ཆའི་ནང་དུ་སྐྱེས་ནས་འཚོ་བཅུད་དང་བརླན་གཤེར་འཕྲོག་རྗོད་བྱེད་ཅིང་། དུག་རྒྱུ་ཟགས་ཐོན་བྱས་ཏེ་བཟའ་བྱའི་ཤ་མོའི་སྐྱེ་འཚར་ལ་གནོད་པ་ཡོད། སྤུ་རྣམ་འབུ་སྲིན་ནི་ཉུལ་སྐྱེ་དང་ཞན་གཤིས་གཞན་བརྟེན་སྲིན་འབུ་ཞིག་ཡིན། སྲིན་སྐྱུད་སྦོམ་པོ་ཡིན་པ་དང་ཁ་དོག་སྐྱ་བོ། མཉེན་པོ། སྲབ་མོ་བཅས་ཡིན། མགྱོགས་མྱུར་དང་ཐལ་མདོག་གི་ཐུམ་སྡོད་གྲུབ་པ་དང་། སྨིན་རྗེས་ཐུམ་རྡུལ་སྡོད་རལ་གས་ནས་ཐུམ་རྡུལ་འཁྲིམ་སྤེལ་བྱེད་པ་ཡིན། འབུ་སྲིན་འདིའི་ཐུམ་རྡུལ་ནི་མཁའ་དབུགས་ཁྲིད་ནས་མཆེད་པ་ཡིན།

འགོག་བཅོས་བྱེད་ཐབས། འབུ་སྲིན་གཞན་དག་དང་གཅིག་མཚུངས་ཡིན། འོན་ཀྱང་གསོ་སྐྱོང་རྒྱུ་ཆ་དང་རྫོ་འདེབས་ཡོ་བྱད་སོགས་ལ་དུག་སེལ་བྱེད་དགོས་ཤིང་། འབུ་སྲིན་གསོད་རྒྱུར་དམ་འཛིན་ཡག་པོ་བྱེད་དགོས་པ་དང་ཆབས་ཅིག་དྲོད་ཁང་ནང་གི་དྲོད་ཚད་མཐོ་ཞིང་བརླན་གཤེར་ཆེ་བར་ནན་འགོག་བྱེད་དགོས།

(ལྔ) རྩ་བའི་རྣམ་སྲིན།

རྩ་བའི་རྣམ་སྲིན་ནི་ཉུལ་སྐྱེ་རང་བཞིན་གྱི་སྨར་སྲིན་ཞིག་ཡིན་ལ། གཙོ་བོར་ཤ་མོ་དང་སྤང་སྐྱེས་ཤ་མོ་སོགས་བཟའ་བྱའི་ཤ་མོའི་རིགས་ལ་གནོད་པ་ཡིན། འཚོ་གནས་

གོམས་གཤིས་ནི་སྤུ་རྣམ་སྲིན་དང་འདྲ་མཚུངས་ཡིན། འོན་ཀྱང་འདིའི་སྲིན་སྐྱུད་ནི་སྐྱི་སྟོབས་མེད་པ་དང་སྤུ་རིང་པོ་མེད་པར་མ་ཟད། ཅུང་ཐུང་བའི་ཐུམ་སྟོད་རྩ་བ་སྐྱེས་པ་དང་། ཐུམ་སྟོད་ཀྱི་རྩེ་མོ་རེ་རེར་ཟླུམ་དབྱིབས་ཀྱི་ཐུམ་སྟོད་གྲུབ་ཅིང་། དང་ཐོག་མདོག་དཀར་པོ་ཡིན། དེའི་འཕྲོར་རིམ་བཞིན་མདོག་སྐྱ་པོ་ནས་མདོག་ནག་པོར་འགྱུར། ཕྲ་མཐོང་ཤེལ་མིག་བཀོལ་ནས་བལྟས་ན་དེའི་རྩ་བ་རྫུན་མ་མཐོང་ཐུབ།

འགོག་བཅོས་བྱེད་ཐབས་ནི་འབུ་སྲིན་གཞན་དང་འདྲའོ།།

(དྲུག) འཕྲིག་རྣམ།

འཕྲིག་རྣམ་གྱིས་བཟའ་བྱའི་ཤ་མོའི་རིགས་མང་པོ་ལ་གནོད་པ་ཡོད། སྤྱིར་བཏང་དུ་གསོ་སྐྱོང་རྒྱུ་ཆའི་སྟེང་དུ་འབྱུང་བ་དང་། བཟའ་བྱའི་ཤ་མོའི་ཕྲ་སྲིན་གྱི་སྐྱེ་འཕེལ་ལ་ཚོད་འཛིན་བྱེད་ཅིང་། ལྷག་པར་དུ་ས་བོན་བཟོ་སྐབས་དུག་སེལ་མ་བྱས་ཚེ་འབུ་སྲིན་འདི་རིགས་འགོ་སླ། དེའི་འབུ་སྲིན་གྱི་སྐྱུད་པ་གསོ་སྐྱོང་གི་རྨང་གཞིར་སྐྱེས་རྗེས། ཤིན་ཏུ་རིང་བའི་ཐུམ་རྟུལ་ཡུ་བ་འབྱུང་བ་དང་། ཐུམ་རྟུལ་གྱི་རྩ་འཛུགས་ནི་ཕྲ་མཐོང་ཆེ་ཤེལ་འོག་ཏུ་ལྟོས་ན་དབྱང་མེ་དང་འདྲ།

བཟའ་བྱའི་ཤ་མོའི་འབབ་བཙོག་བཟོ་བའི་འཕྲིག་རྣམ་ལ་རིགས་མང་པོ་ཡོད་དེ། རྒྱུན་དུ་མཐོང་བ་ནི་གཙོ་བོར་འཕྲིག་རྣམ་ནག་པོ་དང་འཕྲིག་རྣམ་སེར་པོ། འཕྲིག་རྣམ་དཀར་པོ། ས་མདོག་འཕྲིག་རྣམ་དཀར་པོ་བཅས་ཡོད་པ་དང་། འགོག་བཅོས་བྱེད་ཐབས་ནི་རྣམ་སྲིན་གཞན་དག་དང་མཚུངས་སོ།།

(བདུན) ཀུའི་སན།

ཀུའི་སན་གྱིས་གཙོ་བོར་ཤ་མོ་དང་སྤང་སྐྱེས་ཤ་མོ། ལེབ་ཤྭ་བཅས་ལ་གནོད་འཚེ་གཏོང་བ་ཡིན། ཤ་མོ་དང་སྤང་སྐྱེས་ཤ་མོ། ལེབ་ཤྭ་སོགས་འདེབས་འཛུགས་བྱེད་པའི་གོ་རིམ་ཁྲོད་དང་། ལྷག་པར་དུ་སྤང་སྐྱེས་ཤ་མོ་འདེབས་འཛུགས་བྱེད་སྐབས། རྒྱུ་ཆའི་ཕུང་པོ་དང་འདེབས་འཛུགས་སྟེགས་བུའི་སྟེང་ནས། རྒྱུན་དུ་ཀུའི་སན་གྱི་ཕྲ་ཕུང་སྐྱེས་པ་ཡིན། ཀུའི་སན་གྱི་ཕྲ་ཕུང་སྐྱེས་ན་ཏ་ཅང་མགྱོགས་ཤིང་ཚ་ཚད24~28ཙམ་ལས་མི་

དགོས། ཀུའི་སན་གྱིས་གཙོ་བོར་ཤ་མོའི་སྦྲ་ཤུང་དང་འཚོ་བཅུད་འཕྲོག་རྫོད་བྱེད་པ་དང་། ཤ་མོའི་ཐོན་ཚད་དང་རྒྱུ་སྤུས་ལ་ཤུགས་རྐྱེན་ཐེབས་བཞིན་ཡོད།

ཤ་མོ་འདེབས་འཛུགས་སྣེགས་བུའི་སྟེང་དུ་བྱུང་བའི་ཀུའི་སན་ལ་སྔག་ཚའི་ཀུའི་སན་དང་། སྤུ་མགོ་སྨིན་པོའི་ཀུའི་སན། ལུད་པའི་ཀུའི་སན་སོགས་ཡོད། མང་ཆེ་བ་ནི་ཐལ་མདོག་ཡིན་པ་དང་། གདུགས་མགོ་སྦྲབ་པ། མེ་ཏོག་གི་རི་མོ་དང་ཐིག་ཤར་ཡོད། དྲོད་ཚད་མཐོ་བ་དང་བརླན་གཤེར་ཆེ་བ། ཨན་དྲི་ཆེ་བ་བཅས་ཀྱི་རྒྱུ་ཆའི་སྟེང་དུ་ཀུའི་སན་སྐྱེ་བ་དང་། ཁང་བའི་ནང་དུ་འདེབས་འཛུགས་བྱེད་པའི་ལེབ་ཤུའི་སྣེགས་བུའི་སྟེང་དུའང་ཀུའི་སན་སྐྱེ་ཐུབ། ཀུའི་སན་ཐུམ་རྡུལ་ནི་མཁའ་དབུགས་ཀྱི་འགྲུལ་སྐྱོད་ལ་བརྟེན་ནས་མཆེད་པ་ཡིན།

འགོག་བཅོས་བྱེད་ཐབས།

(1) གསོ་སྐྱོང་རྒྱུ་ཆ་ཕུང་གསོག་བྱེད་དུས་རྒྱུ་ཆའི་དྲོད་ཚད་མཐོ་དགོས་པ་དང་རླན་ཚད་ཆེ་མི་ཉུང་། ཨན་རླངས་འདུས་ཚད་ཇེ་དམའ་རུ་གཏོང་དགོས།

(2) རྒྱུ་ཆ་སྤུངས་སར་ཀུའི་སན་བྱུང་ཚེ། ངེས་པར་དུ་རྒྱུ་ཆའི་དྲོད་ཚད་ཇེ་མཐོར་བཏང་སྟེ་དུས་ཐོག་ཏུ་སྤུང་དགོས། ཡང་ན་རྗེས་སུ་བསྐྱལ་ནས་ཉེ་གདུགས་ཀྱི་ཐུམ་རྡུལ་གསོད་དགོས།

(3) ཤ་མོའི་འདེབས་འཛུགས་སྣེགས་བུའི་སྟེང་དུ་ཀུའི་སན་བྱུང་ན། བྲིགས་ནས་ས་འོག་ཏུ་སྦས་ཏེ་དུས་ཐོག་ཏུ་ཁང་བའི་དྲོད་ཚད18℃མན་དུ་ཇེ་དམའ་རུ་གཏོང་དགོས། སྤ་མོ་ནས་ས་བཀབ་སྟེ་ཀུའི་སན་འབྱུང་བར་བཀག་འགོག་བྱེད་དགོས།

(བརྒྱད) རྣམ་སྨིན་རྫུན་མ།

རྣམ་སྨིན་རྫུན་མ་ལ་སྐར་ཀའི་དབྱིབས་ཀྱི་རྣམ་སྨིན་ཡང་ཟེར། ཕྱི་རྒྱལ་དུ་ནོར་གྱི་ལྤད་སྙིང་སྨིན་བུ་ཞེས་འབོད་པ་དང་། གཙོ་བོར་ཤ་མོ་ལ་གནོད་ཅིང་། སྤྱིར་བཏང་དུ་ས་མ་བཀབ་པའི་སྔོན་དུ་འབྱུང་བ་ཡིན། ས་མ་བཀབ་པའི་གོང་རོལ་དུ། རྒྱུ་ཆའི་ངོས་སུ་སྐྱིས་མ་མདོག་གི་སྨིང་བལ་དབྱིབས་ཀྱི་སྦྲ་སྨིན་འབྱུང་ཞིང་། དཀར་འདག་ཕྱེ་མའི་དྲི་མ

ལྷན་པས་ཤ་མོའི་སྲིན་སྐྲུད་སྐྱེ་འཚར་ལ་ཚོད་འཛིན་ཐེབས་པ་ཡིན། གལ་ཏེ་ས་བཀབ་རྗེས་འབུ་སྲིན་འདིའི་རིགས་བྱུང་ན། ཤ་མོའི་ཕྲ་སྐྲུད་དང་ཆ་འདྲ་བའི་དཀར་མདོག་གི་སྲིན་སྐྲུད་འབྱུང་བ་དང་། དེའི་འཁོར་ཆེ་ཆུང་གཅིག་འདྲའི་སྔར་ཀའི་དབྱིབས་ཀྱི་ཕྲ་ཕུང་གྲུབ་པ་ཡིན། ཕྲ་ཕུང་གི་འབྲས་བུ་གས་རྗེས་ཐུམ་རྡུལ་ལམ་མཚན་མེད་འཕེལ་ནུས་ཕྲ་ཕུང་མང་པོ་སྐྱེས་ཤིང་། ཐོག་མའི་དུས་སུ་མདོག་དཀར་པོ་དང་སྨིན་རྗེས་སེར་སྐྱ་རུ་འགྱུར། ཕྱི་ངོས་སུ་ལྷེབ་གཉེར་མངོན་གསལ་ཡོད་པ་ནི་ནོར་གྱི་ཀླད་པ་དང་སྔར་ཀའི་དབྱིབས་དང་འདྲ། ནྭམ་སྲིན་རྫུན་མ་དང་ཤ་མོ་གཉིས་ཀ་འཚོ་བཅུད་འཕྲོག་རེས་བྱེད་པ་དང་། ཤ་མོ་ལ་ཕྲ་ཕུང་གྲུབ་པར་བར་ཆད་བྱེད་པའམ་ཕྲ་ཕུང་གི་གྲངས་ཀ་ཇེ་ཉུང་དུ་གཏོང་བར་མ་ཟད། འབབ་བཙོག་ཚབས་ཆེན་བཟོས་ན་ད་དུང་གཞི་ཁྲོན་ཆེན་པོར་ཤ་མོ་མི་འབྱུང་ངོ་།།

ནྭམ་སྲིན་རྫུན་མ་ནི་དུས་རྒྱུན་དུ་ས་གཤིན་ཁྲོད་དུ་གནས་ཤིང་། ས་འགེབས་དུས་དུག་སེལ་ནན་མོ་མ་བྱས་པར་གཙང་དག་མ་ཡིན་པའི་ས་རྒྱུ་ཤ་མོའི་ཁང་བའི་ནང་དུ་ཁྱེར་ཡོང་ནས་མཆེད་པ་ཡིན། དྲོད་ཚད་མཐོ་བ་དང་ནྭན་ཆེ་བ། དབུགས་རྒྱུ་བའི་ཆ་རྐྱེན་ཞན་པའམ་ཡང་ན་གསོ་སྐྱོང་རྒྱུ་ཆ་སྐྱུར་གཤིས་ཡིན་པའི་གནས་ཚུལ་འོག་ཏུ། འབུ་སྲིན་འབྱུང་སླ་བར་མ་ཟད་མགྱོགས་མྱུར་ངང་མཆེད་ཐུབ།

འགོག་བཅོས་བྱེད་ཐབས།

(1) ཤ་མོའི་ས་བོན་གྱི་ཞིབ་བཤེར་ལ་ཤུགས་སྣོན་རྒྱག་དགོས། དཔེར་ན་ཤ་མོའི་ས་བོན་ལ་དཀར་འདག་ཕྱེ་མའི་དྲི་མ་ཡོད་པ་དང་ཡང་ན་ཐུང་ཞིང་སྟུག་པོའི་སྲིན་སྐྲུད་ཡོད་པ་མཐོང་ཚེ་ངེས་པར་དུ་མེད་པར་བཟོ་དགོས།

(2) ཤ་མོའི་འདེབས་འཛུགས་ཁང་བ་གསར་རྙིང་གང་ཡིན་རུང་དུག་སེལ་ནན་མོར་བྱེད་དགོས། སྤུང་སའི་ར་བ་གཙང་མ་ཡིན་དགོས། གསོ་སྐྱོང་རྒྱུ་ཆ་སྤུང་དུས50%ཏུའོ་རྩུབ་ལིང་བཞའ་ཚན་རང་བཞིན་གྱི་སྨན་ཕྱེ་པའི་ཡིས500~800གཤེར་ཁུ་བསྲེས་ནས་གཏོར་ཆོག

(3) འདེབས་འཛུགས་དོ་དམ་བྱེད་སྐབས་རྗེ་ཐལ་ཆུ་བཀོལ་ནས་གསོ་སྐྱོང་རྒྱུ་ཆའི་pHཚད8~9སྙོམ་སྒྲིག་བྱེད་དགོས། གསོ་སྐྱོང་རྒྱུ་ཆ་ནྭན་དྲགས་པ་དང་མཐུག་དྲགས་

པར་སྔོན་འགོག་བྱེད་དགོས་ཤིང་། ས་འགེབས་དུས་གཏིང་རིམ་གྱི་ས་དང་འབག་བཙོག་མེད་པའི་ས་གསར་བ་ལེན་དགོས།

(4) ཤ་མོའི་སྙིགས་རོ་སྣ་ཚོགས་བྱུང་ན། ཤ་མོ་ཁང་ལ་ཆུ་གཏོར་མཚམས་བཞག་ནས་ས་བཀབ་པའི་ཕྱི་ངོས་སྐམ་པོར་གྱུར་རྗེས། བཙྡད་དངོས་བླངས་ནས་ཁང་བའི་དྲོད་ཚད16℃མན་དུ་ཇེ་དམའ་རུ་བཏང་ནས། ནྲམ་སྲིན་རྫུན་མ་མཆེད་པར་ཚོད་འཛིན་བྱེད་དགོས།

གསུམ། ནད་དུག་རང་བཞིན་གྱི་ནད་སྐྱོན།

ནད་དུག་ནི་སྐྱེ་དངོས་ཁམས་ཀྱི་དངོས་པོའི་ཁྲོད་ཀྱི་ཆེས་ཆུང་བ་དང་། གྲུབ་ཚུལ་ཆེས་སླ་བའི་སྐྱེ་དངོས་ཤིག་ཡིན། འདི་ལ་ཕྲ་ཕུང་ལྟ་བུའི་གྲུབ་ཚུལ་མེད་ཅིང་། ཉིང་སྙུར་དང་སྤྲི་དཀར་རྫས་མ་གཏོགས་མེད། འདི་ལ་རང་ཚུགས་ཀྱི་བརྗེ་ཚབ་མ་ལག་ཀྱང་མེད། དེའི་ཕྱིར་འདི་ནི་སྐྱེ་དངོས་གཞན་དང་ཕྲ་ཕུང་གསོན་པོའི་ནང་དུ་འཚོ་ཞིང་སྐྱེ་འཕེལ་བྱེད་པ་ཙམ་ཡིན། བཟའ་བྱའི་ཤ་མོའི་ནད་དུག་ཏུ་འགྱུར་བར་ཐོག་མར་ཤ་མོ་ཐོག་ནས་གསར་རྙེད་བྱུང་བ་དང་། རྗེས་སུ་དྲི་ཞིམ་ཤ་མོ་དང་ལེབ་ཤའི་ཐོག་ནས་ཀྱང་གསར་རྙེད་བྱུང་སོང་།

བཟའ་བྱའི་ཤ་མོར་ནད་དུག་འགོས་པའི་ནད་རྟགས་ཧ་ཅང་མང་། ཤ་མོ་ལ་ནད་དུག་འགོས་པའི་ནད་རྟགས་ནི་ཡོངས་རྫོགས་སམ་ཆ་ཤས་སྙིང་གི་སྲིན་སྐྱུད་ཞན་འགྱུར་དང་འཚར་སྐྱེ་མི་ལེགས་པས་སྲིན་སྐྱུད་རིམ་བཞིན་རུལ་ནས་ཤ་མོ་མེད་པར་འགྱུར་བ་ཡིན། ཤ་མོ་སྐྱེ་འཚར་བྱུང་ཡང་སྐྱེ་འཕེལ་མི་ལེགས་པ་དང་ཤ་མོའི་ཕྲ་ཕུང་ཇེ་ཆུང་དུ་འགྲོ་བས། ཤ་མོ་ཐོན་ཚད་ཉུང་བའམ་ཡ་མ་གཟུགས་སུ་འགྱུར་བ་ཡིན། དཔེར་ན་ཤ་མོའི་ཡུ་བ་འཁྱོག་པ་དང་རིང་བ། ཤ་མོའི་གདུགས་མགོ་ཆུང་བའམ་ཡང་ན་གདུགས་མགོ་མཐུག་པ། ཡུ་བ་ཐུང་བ་སོགས་ཀྱི་སྣང་ཚུལ་འབྱུང་། ནད་ཕོག་པའི་ཤ་མོ་སྤྱིར་བཏང་དུ་སྐམ་པོར་འགྱུར་བ་དང་། ཚབས་ཆེ་བའི་དུས་སུ་ཤ་མོ་རུལ་ཏེ་མཇུག་མཐར་སྐམ་ནས་ཤི་བ་ཡིན། ལེབ་ཤར་ནད་དུག་འགོས་པའི་ནད་རྟགས་ནི་ཤ་མོའི་ཡུ་བ་སྐྲངས་ནས་ནྲུམ་དབྱིབས་

སམ་སྲིག་པའི་དམ་བེའི་དབྱིབས་སུ་མངོན་པ་དང་། ཡ་མ་གཟུགས་ཀྱི་ཤ་མོའི་གདུགས་མགོ་མ་གྲུབ་པའམ་ཡང་ན་ཤིན་ཏུ་ཆུང་བ་རྐྱང་རྐྱང་གྲུབ་པ། ཕྲ་སྲིན་ཡུ་བའི་ཕྱི་ངོས་སུ་ཀོང་འབུར་མི་སྙོམས་པའི་སྐྲན་འབུར་ཡོད་པ་དང་། གདུགས་མགོ་དང་ཕྲ་སྲིན་ཡུ་བའི་སྟེང་དུ་མངོན་གསལ་གྱི་ཆུ་དྲིག་དབྱིབས་ཀྱི་ཐིག་ཤར་དང་ཐིག་ལེ་ཡོད། དྲི་ཞིམ་ཤ་མོར་ནད་དུག་འགོས་པའི་ནད་རྟགས་ནི་སྲིན་སྐྱུད་སྐྱེ་འཕེལ་གྱི་དུས་རིམ་བྱུང་བ་དང་། ཤ་མོའི་ས་བོན་གྱི་དམ་བེའམ་ཁྱུག་མའི་ནང་དུ"སྐྱ་ཁྲ"འབྱུང་བ་ཡིན། ཤ་མོའི་ཕྲ་ཕུང་གི་འཚར་ལོངས་ཀྱི་དུས་རིམ་དུ་གཅིག་ནི་ཡ་མ་གཟུགས་ཀྱི་ཕྲ་ཕུང་འབྱུང་བ་ཡིན། གཉིས་ནི་ཕྲ་ཕུང་གི་གདུགས་མགོ་སྨིན་པའི་དུས་ཡུན་སྔ་དྲགས་པ་དང་། ཤ་མོའི་ཤ་སྲབ་པ། ཐོན་ཚད་དམའ་བ་བཅས་ཡིན།

ཤ་མོའི་འདེབས་འཛུགས་སྐྱོགས་བུའི་སྟེང་དུ་ནད་དུག་འགོས་པའི་རྒྱུ་རྐྱེན་གཙོ་བོ་ནི། གཅིག་ནི་ཤ་མོའི་ས་བོན་གྱི་སྟེང་དུ་ནད་དུག་འགོས་ཡོད། གཉིས་ནི་ནད་དུག་ཡོད་པའི་སྦྲོམ་པའི་ཐུམ་རྫུལ་ནི་ཤ་མོ་འདེབས་འཛུགས་སྐྱོགས་བུའི་སྟེང་དུ་བབས་པས་འགོས་པ་ཡིན།

འགོག་བཅོས་བྱེད་ཐབས། བཟའ་བྱའི་ཤ་མོའི་ནད་དུག་ལ་གཙོ་བོར་སྔོན་འགོག་བྱེད་ཐབས་འགའ་སྤྱོད་དགོས་ཏེ།

(1) ནད་དུག་འགོག་པའི་ཐུས་ལེགས་ཤ་མོའི་ས་བོན་ནང་འདྲེན་དང་འདེམ་གསོ་བྱེད་དགོས་ཤིང་། ཤ་མོའི་སྤོང་ཚང་སྟེང་དུ་ནད་དུག་མི་འགོས་པར་ཁག་ཐེག་བྱེད་དགོས།

(2) གསོ་སྐྱོང་རྒྱུ་ཆ་དང་འགེབས་བྱའི་སའི་དུག་སེལ་ལ་དོ་སྣང་བྱས་ཏེ། ནད་དུག་འགོ་བར་གཏན་འགོག་བྱེད་དགོས། ཤ་མོའི་འདེབས་འཛུགས་ཁང་དང་ཐོན་སྐྱེད་ཡོ་བྱད་སྟེང་དུ0.5‰~1‰སུའུ་ཏཱ་ཆུ(ཐླན་སོན་ནླ)དང་ཡང་ན2‰~4‰ཕུའུ་ལུའུ་ཐྲུན་ནླ་ཞུ་ཁུ་གཏོར་བའམ་བཀྲུས་རྗེས་ཉི་མའི་འོག་ཏུ་སྐམ་ན་ནད་དུག་གསོད་ཐུབ། ཐོ་འདེབས་བྱས་རྗེས། འདེབས་འཛུགས་སྐྱོགས་བུའི་ངོས་སུ་ཚགས་པར་ཉེང་བས་བཀབ་ན་ལེགས། ནད་དུག་ཡོད་པའི་ཐུམ་རྫུལ་ཤ་མོ་འདེབས་འཛུགས་སྐྱོགས་བུའི་སྟེང་དུ་ལྷུང་བར་སྔོན་འགོག་

བྱེད་དགོས།

(3) རྣམ་སྨིན་དང་སྐྱུད་འབུ་འགོག་པ། རྣམ་སྨིན་དང་སྐྱུད་འབུ་ཡིས་ནད་དུག་མཆེད་སྤེལ་བྱེད་པ་ཡིན་པས། གལ་ཏེ་ས་གནས་དེ་གར་ནད་དུག་ཚབས་ཆེན་འགོས་ན། གནས་སྐབས་སུ་སྔོང་རྐང་གཞན་པ་འདེབས་འཛུགས་བྱེད་པའི་བྱེད་ཐབས་སྤྱད་ཆོག རྒྱུ་མཚན་ནད་དུག་ནི་གནས་བདག་ལ་གཞན་བརྟེན་རང་བཞིན་ཚད་མཐོན་པོ་ཡོད་དོ།།

བཞི། དུག་སྨིན་ཕྲ་མོ་རང་བཞིན་གྱི་ནད་སྐྱོན།

དུག་སྨིན་ཕྲ་མོ་ནི་ཕྲ་ཕུང་རྐྱང་བའི་སྐྱེ་འཕེལ་སྐྱེ་དངོས་ཕྲ་རབ་ཅིག་ཡིན་ལ། ཁྱབ་ཀྱ་ཆེ་ཞིང་སྐྱེ་འཕེལ་གྱི་མྱུར་ཚད་མགྱོགས། སྤྱིར་བཏང་དུ་སྐར་མ20~30རེ་འགོར་རྗེས་ཁ་འཐོར་འགྲོ་བ་དང་། དེའི་ཁྱད་ཆོས་ནི་སྨིན་སྐྱུད་མེད་པ་དང་སྐྱུད་འབུ་ནི་སྐྱོ་མ་བཞིན་དུ་འགྱུར་བག་ལྡན་ཞིང་། ལ་ལར་ད་དུང་དྲི་ངན་བྲོ་བ་ཡིན། གསོ་སྐྱོང་གི་རྨང་གཞིའི་སྟེང་དུ་རྣམ་པ་ནི་སྤྱིར་བཏང་དུ་སྒོར་སྒོར་ཅུང་འབུར་བ་དང་ཕྱི་ངོས་འཇམ་ཞིང་གཉེར་མ་ཡོད་ལ། མཐའ་ཏུ་གྲལ་དག་པའམ་ཐ་རྣབས་ཀྱི་དབྱིབས་གཟུགས་ཡོད། ཁ་དོག་ནི་དཀར་པོའམ་སེར་པོ་ཡིན། དུག་སྨིན་ཕྲ་མོའི་ནད་སྐྱོན་གྱིས་བཟའ་བྱའི་ཤ་མོའི་ས་བོན་བཟོ་བར་ཉེན་ཁ་ཏ་ཅང་ཆེ། གསེག་ངོས་ས་བོན་གྱི་ཕྲ་སྨིན་མང་ཆེ་བ་མྱུག་ཐུམ་ནར་སྨིན་རིགས་ཀྱི་ཁོངས་སུ་གཏོགས། མིག་སྔར་རྒྱུན་མཐོང་གི་དུག་སྨིན་ཕྲ་མོའི་ནད་སྐྱོན་ལ་གཤམ་གསལ་གྱི་རིགས་འགའ་ཡོད་དེ།

(གཅིག) དུག་སྨིན་ཕྲ་མོའི་ཁྲ་ཐིག་གི་ནད།

དུག་སྨིན་ཕྲ་མོའི་ནད་ལ་སེར་ཐིག་གི་ནད་ཀྱང་ཟེར། གཙོ་བོར་ཤ་མོ་དང་ལེབ་ཤྭ། གསེར་ཁབ་ཤ་མོ་སོགས་ལ་གནོད་པ་ཡོད། ནད་འབུས་སྲུགས་རྗེས་ཤ་མོའི་གདུགས་མགོ་དང་ཤ་མོའི་ཡུ་བའི་སྟེང་དུ་དམར་སྨུག་ཅུང་མར་ལ་ཟགས་པའི་ཁྲ་ཐིག་ཚུང་ཚུང་ཞིག་འབྱུང་བ་དང་། ནད་ཁྲ་གཙོ་བོར་ཕྱི་པགས་རིམ་པའི་སྟེང་དུ་ཡོད། འོན་ཀྱང་ནད་སྐྱོན་ཚབས་ཆེན་ཡིན་དུས། ཤ་མོའི་གདུགས་མགོའི་སྟེང་དུ་ནད་ཁྲ་བརྒྱ་ལྷག་ཡོད། དུག་སྨིན་ཕྲ་མོའི་ཁྲ་ཐིག་གི་ནད་ཀྱི་འབྱུང་རྩ་ནི་རྩ་ཐུམ་གྱི་དབྱུག་སྨིན་ཪྫུན་མ་ཡིན། དེ་ནི་

མཁའ་རླུང་ལ་བརྟེན་ནས་གཡེང་བའམ་ས་བཀབ་པ་དང་ཤ་མོ་སྦྲང་ནག་དང་། ཁྱིལ་འབུ། ལས་བཟོ་པ་སོགས་བརྒྱུད་ནས་ཁྱབ་སྤེལ་བྱེད་པ་ཡིན། ལྷག་པར་དུ་བརླན་གཤེར་ཆེ་བ་དང་དྲོད་ཚད་མཐོ་བའི་ཆ་རྐྱེན་འོག་ཏུ་ཕྲ་སྲིན་མགྱོགས་མྱུར་ངང་ཤ་མོའི་སྟེང་དུ་འགོས་པ་དང་། དུས་ཡུན་ཐུང་ངུའི་ནང་དུ་ནད་ཐིག་འབྱུང་བ་ཡིན།

འགོག་བཅོས་བྱེད་ཐབས། གཙོ་བོར་ཤ་མོའི་ཁང་བའི་དྲོད་ཚད་དང་རླན་ཚད་ཚོད་འཛིན་བྱེད་པ་དང་། ཤ་མོའི་ཁང་བའི་ནང་དུ་རླུང་རྒྱུ་བར་མཉམ་འཛོག་བྱེད་དགོས། ལྷག་པར་དུ་ཆུ་གཏོར་སྐབས་ཆུ་གཏོར་ཚད་ཁེང་དུ་ཆུད་དགོས། ཤ་མོའི་གདུགས་མགོའི་སྟེང་དུ་ཆུ་གསོག་མི་དགོས་པ་དང་དུས་མཚུངས་སུ་ས་རིམ་གྱི་རླན་ཚད་འོས་འཚམ་སྒོས་ཐེ་དམའ་རུ་གཏོང་དགོས། ཤ་མོ་འདེབས་འཛུགས་ཁང་བའི་ནང་དུ་པའི་ཡིས500གཤེར་ཁུའི་ལུའི་སོན་ཀལ་ཕལ་བ(དཀར་བཟོ་ཕྱེ)ཆུའི་ཞུ་ཁུ་བཀོལ་ནས་རླངས་པར་གཏོར་བའམ་ཡང་ན་ཏའོ་ཁེ/སྟོང་ཁེ100ཡས་མས་ཀྱི་ཕྲིང་རླམ་རྒྱུ་དང་ཐུའུ་རླམ་རྒྱུ་གཏོར་ན། ཕྲ་སྲིན་ཁྲ་ཐིག་གི་ནད་འབྱུང་བར་སྔོན་འགོག་བྱེད་ཐུབ།

(གཉིས) རུལ་བའི་ནད།

རུལ་བའི་ནད་ཀྱིས་ཤ་མོ་དང་ལེབ་ཤྭ་ལ་གནོད་པ་ཡོད། གཙོ་བོར་ཤ་མོའི་གདུགས་མགོ་དང་ཤ་མོའི་ཡུ་བའི་སྟེང་དུ་བྱུང་ཞིང་རུལ་བའི་ནད་རྟགས་འབྱུང་བ་ཡིན། ཚབས་ཆེ་བའི་དུས་སུ་ནད་འབྱུང་བའི་ཤ་མོ་མང་ཆེ་བ་རུལ་བར་འགྱུར་བ་དང་། ཤ་མོ་འབྱར་བག་ཅན་དུ་འགྱུར་བར་མ་ཟད་དྲི་ངན་བྲོ་བ་ཡིན། རུལ་བའི་ནད་ཀྱི་ནད་གདོན་འབུ་སྲིན་ནི་ཆེམ་འོད་ཕུང་རྐྱང་ནར་སྲིན་ཡིན་ཞིང་། གཙོ་བོར་ལས་བཟོ་པའམ་འབུ་སྲིན་བརྒྱུད་ནས་མཆེད་པ་དང་། འབུ་སྲིན་དངོས་པོའི་སྟེང་དུ་ཐོར་ནས་སྐམ་པོར་གྱུར་རྗེས། མཁའ་རླུང་གི་བཞུར་རྒྱུན་དང་བསྟུན་ནས་མཆེད་པ་ཡིན། འགོག་བཅོས་བྱེད་ཐབས། ཕྲ་སྲིན་རང་བཞིན་གྱི་ཁྲ་ཐིག་ནད་ཀྱི་འགོག་བཅོས་བྱེད་ཐབས་ལ་ཟུར་ལྟ་བྱས་ཆོག

(གསུམ) སོག་རེ་རུལ་བ།

སོག་རེ་རུལ་ནད་བྱུང་ན་སྤྱིར་བཏང་དུ་སོག་རེ་དཀར་པོ་དང་སོག་རེ་ནག་པོ་ལ་

གནོད་པ་ཡིན། ནད་འདི་སྤྱིར་བཏང་དུ་ཤ་མོ་སྐྱེ་འཚར་བྱུང་རྗེས་འབྱུང་བ་ཡིན། ཤ་མོའི་འདབ་མ་དང་ཤ་མོའི་རྩ་བར་དུག་སྲིན་ཕྲ་མོ་འགོས་རྗེས་མྱུར་དུ་རང་ཞུའམ་རུལ་བར་འགྱུར་བ་ཡིན། མོག་རོ་རུལ་བའི་རྒྱུ་རྐྱེན་གཙོ་བོ་ནི་ཤ་མོའི་ཕྲ་ཕུང་སྨིན་དྲགས་པའམ་ཆར་ཆུ་མང་དྲགས་པས་ཕྲ་སྲིན་ནམ་ཕབས་རྩི་དམར་པོ་བརྒྱུད་ནས་ཕྲ་སྲིན་འགོས་པ་དང་། གནམ་གཤིས་ཚ་བ་ཆེ་ཞིང་བཞའ་ཚན་ཆེ་བ། མོག་རོའི་འདེབས་འཛུགས་ར་བའི་ནང་གི་རླུང་རྒྱུག་ཁོར་ཡུག་གི་ཆ་རྐྱེན་ཞན་པ། གསོ་སྐྱོང་རྒྱུ་ཆའམ་ཡང་ན་མོག་རོ་བརླན་གཤེར་ཆེ་བ། ཤ་མོའི་ཕྲ་སྐྱུད་ལ་གསོན་ཤུགས་མེད་པ། འབུ་སྲིན་དང་སླིགས་རོའི་སྒྲིགས་པའི་སྣང་ཚུལ་འབྱུང་བ་ཡིན། གཞན་ཞིང་སྨན་སྤྱོད་དུས་ཚོད་ལས་བརྒལ་བའམpHཚད་བརྟན་པོ་མིན་ན་ཡང་མོག་རོ་རུལ་བ་འབྱུང་བ་ཡིན།

འགོག་བཅོས་བྱེད་ཐབས། དུས་ཚན་ལྟར་ལྟ་ཞིབ་བྱེད་པ་དང་། དུས་ཐོག་ཏུ་བརྡ་བསྒྲ་བྱེད་པར་དོ་སྣང་བྱེད་ཅིང་ཡོ་བྱད་ལ་དུག་སེལ་ནན་མོར་བྱེད་དགོས། དེ་བཞིན་དུ་མོག་རོ་འདེབས་འཛུགས་ར་བའི་ཁོར་ཡུག་གཙང་སྤྲ་ལེགས་བཅོས་བྱས་ནས་རླུང་རྒྱུ་བར་ཤུགས་སྟོན་རྒྱག་དགོས། ཉི་འོད་འཕྲོ་ཡུན་ཇེ་རིང་དུ་གཏོང་བ་དང་དྲོད་ཚད་དམ་རླན་ཚད་ཇེ་དམའ་རུ་བཏང་ནས་མོག་རོ་རུལ་བ་འབྱུང་བར་སྔོན་འགོག་བྱེད་དགོས། གལ་ཏེ་འདབ་མ་མི་ཐོགས་པའམ་ཡང་ན་འདབ་མ་རུལ་བར་གྱུར་ཚེ། ཚྭ་ཁུའི་གཤེར་ཁུ་དང་ཡང་ན1%རྗེ་ཐལ་སྦྱར་དང3%ལའི་སྲུར་སོགས་གཏོར་ཆོག

ལྔ། སྐྱེ་ལུགས་རང་བཞིན་གྱི་ནད་སྐྱོན།

འོས་འཚམ་མིན་པའི་འཚོ་བའི་ཁོར་ཡུག་དང་འོས་འཚམ་མིན་པའི་འདེབས་འཛུགས་དོ་དམ་བྱེད་ཐབས་སམ་ཡང་ན་རིགས་གཞན་འགྱུར་བྱུང་བ་སོགས་ཀྱིས་བཟའ་བྱའི་ཤ་མོ་འཚར་སྐྱེ་འབྱུང་བ་དང་དེའི་སྐྱེ་ལུགས་རང་བཞིན་གྱི་འགལ་རྐྱེན་བཟོ་ཞིང་། རྒྱུན་ལྡན་མིན་པའི་སྣང་ཚུལ་སྣ་ཚོགས་འབྱུང་བར་མ་ཟད། ཐ་ན་ཤི་འགྲོ་བའི་སྣང་ཚུལ་ཡང་ཡོད།

(གཅིག) སྲིན་སྐྱུད་སྐྱེས་པ།

དྲི་ཞིམ་ཤ་མོ་དང་ཤ་མོ། ལེབ་ཤྭ་བཅས་ཚང་མར་སྲིན་སྐྱུད་སྐྱེས་པའི་སྣང་ཚུལ་

འབྱུང་བ་ཡིན། ལྷག་པར་དུ་ཤ་མོའི་སྙིང་དུ་ས་བཀབ་རྗེས་སྲིན་སྐྲུད་མང་དུ་སྐྱེས་ཤིང་། སྣང་ཚུལ་ཚབས་ཆེ་བའི་དུས་སུ་ཚགས་མཐུག་པོར་གྱུར་པ་དང་། སྲིན་སྐྲུད་རྫོག་བུ་གྲུབ་ནས་ཤ་མོའི་ཐོན་ཚད་ཇེ་དམའ་རུ་གཏོང་བ་ཡིན། ལེབ་ཤུར་དོ་དམ་གྱི་རྗེས་མ་ཆོད་ན་སྲིན་སྐྲུད་སྐྱེས་པ་དང་། ཕྱི་ངོས་སུ་སྲིན་སྐྲུད་ཀྱི་དྲ་བ་ཞིག་ཆགས་ནས་དུས་ཡུན་རིང་པོར་ཤ་མོ་སྐྱེ་འཚར་འབྱུང་དཀའ་བར་འགྱུར། དྲི་ཞིམ་ཤ་མོའི་འདེབས་འཛུགས་རྒྱ་ཁ་སོས་པའི་དུས་རིམ་དུ་དོ་དམ་འོས་འཚམ་མིན་ན། ཕྱི་ངོས་ནས་མདོག་དཀར་པོའི་པགས་པ(སྲིན་སྐྲུད་ཀྱི་སྤྲི་པགས)ཆགས་པ་དང་། མདོག་འགྱུར་མི་སྲིད་ལ་ཤ་མོའི་ཕྲ་ཕུང་ཡང་གྲུབ་མི་ཐུབ།

སྲིན་སྐྲུད་སྐྱེ་བའི་རྒྱུ་རྐྱེན།

(1) དོ་དམ་བྱས་པ་མི་འགྲིག་པ། ཤ་མོའི་ཁང་བར་རླུང་རྒྱུག་ཚད་ཞུང་བ་དང་། ལེབ་ཤུ་དང་ཤ་མོའི་སྙིང་དུ་འགེབས་བྱའི་སྲོས་འགྲིག་དུས་ཡུན་རིང་པོར་དབུགས་མི་རྒྱུ་བའི་རྐྱེན་གྱིས་དབྱང་གཉིས་ཐན་རྫས་ཀྱི་གར་ཚད་མཐོ་བ། ཤ་མོའི་ཞིབ་ས་དང་དྲི་ཞིམ་ཤ་མོའི་འདེབས་འཛུགས་རྫོག་བུའི་ཕྱི་ངོས་ཀྱི་རླན་ཚད་ཆེ་བ་དང་། ལེབ་ཤུའི་རྒྱུ་ཆའི་བང་རིམ་སྐམ་ཤས་ཆེ་བ་སོགས་ཡིན། ཆ་རྐྱེན་འདི་དག་ཚང་མས་སྲིན་སྐྲུད་རིང་པོས་སྐྱིད་སྲིང་བྱེད་ཐུབ་པ་དང་ཤ་མོའི་ཕྲ་ཕུང་གྲུབ་པར་གནོད་པ་ཡིན།

(2) ས་རྒྱུད་ཁ་གྱེས་སྐབས། རླུང་སྐྱེས་སྲིན་སྐྲུད་མང་དྲགས་པས་གདོད་མའི་ས་བོན་དང་འདེབས་འཛུགས་ཀྱི་རིགས་ལ་སྲིན་གོང་ཆགས་པའི་སྣང་ཚུལ་འབྱུང་བ་ཡིན།

འགོག་བཅོས་བྱེད་ཐབས། ཤ་མོའི་ནང་དུ་ཆུ་ལྷུག་པ་དང་། ལེབ་ཤུའི་སྲིན་སྐྲུད་ལ་རྒྱུ་ཆའི་བང་རིམ་དུ་བཀང་བ། ཡང་ན་དྲི་ཞིམ་ཤ་མོའི་སྲིན་སྐྲུད་སོས་འཕྱོར་གྱི་དུས་མཇུག་ཏུ། ངེས་པར་དུ་ཤ་མོའི་ཁང་བའི་རླུང་རྒྱུག་ཚད་ལ་ཤུགས་སྣོན་རྒྱག་པའམ་ཡང་ན་རྒྱུན་དུ་སྲོས་འགྲིག་གི་སྒྲབ་སྐྱི་བསླངས་ནས་དབུགས་རྒྱུ་ཚད་ཇེ་མང་དུ་བཏང་ནས། རླན་ཚད་ཇེ་དམའ་རུ་གཏོང་བ་དང་། ཤ་མོའི་ཁང་བའི་རླན་ཚད་ཀྱང་འོས་འཚམ་གྱིས་ཇེ་དམའ་རུ་བཏང་སྟེ་སྲིན་སྐྲུད་ཀྱི་འཚར་སྐྱེ་ཚོད་འཛིན་བྱེད་དགོས་ཤིང་། ཤ་མོའི་ཕྲ་ཕུང་གྲུབ་པར་སྐུལ་འདེད་བྱེད་དགོས། དཔེར་ན། ཤ་མོའི་ས་ངོས་སམ་ཡང་ན་ཤ་མོའི་འདེབས་

འཛུགས་སྐྱིགས་བྱ། དྲི་ཞིམ་ཤ་མོའི་འདེབས་འཛུགས་སྐྱིགས་བྱའི་ཕྱི་ངོས་སུ་སྲིན་རྫོག་དང་སྲིན་ཚོམ་དྲ་དབྱིབས་སུ་གྲུབ་ན་སྲིན་རྫོག་གྲིས་གཤགས་དགོས། སྲིན་ཚོམ་དྲ་བར་ཆུ་ཐེངས་གཅིག་གཏོར་ནས་རླུང་ཆེན་རྒྱུག་ཏུ་འཇུག་དགོས་པ་དང་། དྲོད་ཚད་ཇེ་དམའ་རུ་གཏོང་བར་སྐུལ་འདེད་བྱས་ཏེ་དྲོད་ཁྱད་ཀྱིས་ཚོར་རྐྱེན་བསྐུན་ན་སྔར་བཞིན་ཤ་མོའི་ཕྲ་ཕུང་གྲུབ་ཐུབ་བོ། །

(གཉིས) སྲིན་སྐྱུད་སྐྱེ་འཚར་དལ་བའམ་མི་སྐྱེ་བ།

སྤང་སྐྱེས་ཤ་མོ་དང་བྲེའུ་མགོ་ཤ་མོ་སོགས་སྐྱེ་བའི་དུས་རིམ་དུ། རྒྱུན་དུ་སྲིན་སྐྱུད་སྐྱེ་བ་དལ་བའམ་མི་སྐྱེ་བའི་སྣང་ཚུལ་འབྱུང་བ་ཡིན།

སྣང་ཚུལ་འདི་རིགས་འབྱུང་བའི་རྒྱུ་རྐྱེན།

(1) གསོ་སྐྱོང་རྒྱུ་ཆར་ཆུའི་འདུས་ཚད་མང་བའམ་ཉུང་བ། ལྷག་པར་དུ་ཆུའི་འདུས་ཚད་མཐོ་དུས་གནོད་པ་ཤིན་ཏུ་ཆེ།

(2) pHཚད་སྙོམས་པོ་མིན་པ། དཔེར་ན་སྤང་སྐྱེས་ཤ་མོ་འདེབས་འཛུགས་བྱེད་དུས་སྐྱུར་ཚད་མཐོ་དྲགས་ན་ཤ་མོའི་སྐྱེ་འཚར་མི་ལེགས་པ་དང་། དེ་ལས་ལྡོག་སྟེ། བྲེའུ་མགོ་ཤ་མོ་གསོ་སྐྱོང་བྱེད་དུས། ས་ཞིང་རང་བཞིན་ནམ་ཡང་ན་སྐྱུར་གཤིས་ཡོད་པའི་དུས་སུ་སྲིན་སྐྱུད་སྐྱེ་འཚར་མི་ལེགས་པའམ་ཡང་ན་མི་སྐྱེ་བ་ཡིན།

(3) རྒྱུ་ཆའི་དྲོད་ཚད་དང་མཁའ་རླུང་གི་དྲོད་ཚད་དམའ་དྲགས་པའམ་ཡང་ན་མཐོ་དྲགས་པ། ལྷག་པར་དུ་རྒྱུ་ཆའི་དྲོད་ཚད་མཐོ་དྲགས་ན་ཤ་མོའི་ཕྲ་སྐྱུད་ཀྱི་སྐྱེ་འཚར་དལ་བའམ་ཡང་ན་ཕྲ་སྐྱུད་སྲིག་པའི་སྣང་ཚུལ་འབྱུང་བ་ཡིན།

(4) དུག་ལྡན་འདྲེས་འགྱུར་རྫས་ཀྱི་ཤུགས་རྐྱེན་ནམ་ཞིང་སྨན་འོས་འཚམ་སྤྲོས་བཀོལ་སྤྱོད་མ་བྱས་པ་བཅས་སོ། །

འགོག་བཅོས་བྱེད་ཐབས། འདེབས་འཛུགས་གོ་རིམ་རྫིལ་པོའི་ཁྲོད་དུ་འོས་འཚམ་གྱི་ཁོར་ཡུག་ཆ་རྐྱེན་སྐྲུན་དགོས་ཏེ། དཔེར་ན། ཆུ་དང་དྲོད་ཚད། pHཚད་སོགས་མཐུན་སྒྲོར་བྱེད་པ་དང་། དུས་མཚུངས་སུ་ཞིང་སྨན་ལུགས་མཐུན་གྱིས་སྤྱོད་དགོས།

(གསུམ) ཤ་མོའི་ཕྲ་ཕུང་གི་ཡ་གཟུགས་སྐྱེ་འཕེལ།

ཤ་མོ་དང་ལེབ་ཤ། དྲི་ཞིམ་ཤ་མོ། ཀོ་ཤ་སོགས་ཀྱི་ཤ་མོའི་ཕྲ་ཕུང་ནི་རྒྱུན་དུ་ཡ་མ་གཟུགས་ཐོན་བཞིན་ཡོད། འདིའི་ནད་རྟགས་ནི་གདོང་རྨང་ཐུམ་གཟུགས་དང་ཕྱེད་ཐུམ་གཟུགས་སམ་ཤ་མོའི་ཕྲ་ཕུང་བཅས་ཀྱི་དབྱིབས་གཟུགས་ཚད་ལྡན་མིན་པ་དེ་ཡིན། དཔེར་ན་ཤ་མོའི་མགོ་གདུགས་ཆུང་ཞིང་། ཤ་མོའི་ཡུ་བ་ཆེ་བ། གསེག་པ། སོག་ཁའི་དབྱིབས་སུ་སྣང་བ། ཚོམ་བུར་སྐྱེས་པ་དང་ཤ་མོའི་མགོ་གདུགས་གྲུབ་མི་ཐུབ་པ་བཅས་ཡིན། ཁ་ཤས་ནི་ཀོ་ཕིའི་དབྱིབས་གཟུགས་དང་འདྲ་བའམ་ཡང་ན་ཤ་མོའི་ཡུ་བ་སྦོམ་ཞིང་འཁྱོག་པ། ཤ་མོའི་གདུགས་མགོའི་ཀོང་འབུར་མི་སློམས་པ། ཤ་མོའི་གདུགས་མགོའི་མཐའ་ཟུར་ཁྱུ་འཁྱོག་གི་དབྱིབས་སུ་འགྱུར་བ་སོགས་ཡིན།

གོང་གི་ཡ་མ་གཟུགས་འབྱུང་བའི་རྒྱུ་རྐྱེན། གཅིག་ནི་འཕྲུལ་ཆས་རང་བཞིན་གྱི་རྨས་སྐྱོན། དཔེར་ན་ཤ་མོའི་སྟེང་དུ་ས་འགེབས་དུས་ས་རྡོག་གི་ཆེ་ཆུང་མི་སྙོམས་པ་དང་འགེབས་བྱའི་སའི་རྒྱུད་ཕྱུས་མི་ལེགས་པ། གཉིས་ནི་ཤ་མོའི་ཁང་པའི་འདེབས་འཛུགས་སྡིགས་བུའི་མཁའ་རླུང་འཕོར་རྒྱུག་མི་བཟང་བ་དང་། དབྱང་གཉིས་ཐན་རྫས་ཀྱི་གར་ཚད་མཐོ་དྲགས་པའམ་ཡང་ན་ཤ་མོའི་འདེབས་འཛུགས་སྡིགས་བུའི་འོད་ཕོག་ཚད་མི་འདང་བ། གསུམ་ནི་ནད་དུག་གི་གནོད་འཚེ་དང་སྨན་རྫས་ཀྱི་ཤུགས་རྐྱེན་ཐེབས་པ། དངོས་ལུགས་རྫས་འགྱུར་འབྱིད་འགྱུར་བྱེད་རྫས་ཀྱི་ནུས་པ་དང་རྒྱུད་འདེད་གཞན་འགྱུར་སོགས་སོ།།

འགོག་བཅོས་བྱེད་ཐབས། འབྱུང་རྐྱེན་ལ་དམིགས་ནས་བབ་བསྟུན་གྱི་བྱེད་ཐབས་སྤྱོད་དེ། དཔེར་ན་ཤ་མོའི་ཁང་པའི་ནང་དུ་རླུང་རྒྱུག་པ་དང་འོད་གསལ་བ། ཤ་མོའི་ཁང་པའི་ནང་གི་དབྱང་གཉིས་ཐན་རྫས་ཀྱི་གར་ཚད་ཇི་དམའ་ཙམ་གཏོང་བ། མཁའ་དབུགས་གསར་བ་ཁ་སྣོན་བྱེད་པ། ཤ་མོ་ས་འགེབས་ཀྱི་ཕྱུས་ཚད་དང་ཞིང་སྨན་བེད་སྤྱོད་ལུགས་མཐུན་བྱ་རྒྱུར་དོ་སྣང་བྱས་ཏེ་འབྱིད་འགྱུར་བྱེད་རྫས་འདེམས་སྤྱོད་འོས་འཚམ་བྱེད་དགོས། དེའི་འཕྲོར་བཟའ་བྱའི་ཤ་མོའི་ས་བོན་ཕྱུས་ལེགས་ཅན་འདེམས་སྤྱོད་བྱེད་དགོས།

(བཞི) ཤ་མོ་ཆུང་བར་རྙིད་འཕྲུམ་འབྱུང་བ།

ཤ་མོ་ཆུང་བར་རྙིད་འཕྲུམ་འབྱུང་བའི་ནད་རྟགས་གཙོ་བོ་ནི། ཤ་མོ་ཆུང་ངུའི་དུས་སུ་ཚོམ་བུར་སྐྱེས་ནས་སྐམ་ཞིང་རིད་པར་འགྱུར་བ་དང་། ཤ་མོའི་ཕྲ་ཕུང་གི་ཁ་དོག་སེར་སྐྱ་ཡིན་ཞིང་། ཤ་མོ་ཇེ་ཆུང་དང་རྙིད་འཕྲུམ་དུ་འགྱུར་བ་ཡིན།

ཤ་མོ་ཇེ་ཆུང་དུ་འགྲོ་བའི་རྒྱུ་རྐྱེན་ནི། ཤ་མོ་དང་ལེབ་ཤྭ། དྲི་ཞིམ་ཤ་མོ། གསེར་ཁབ་ཤ་མོ་དང་མོག་རོ་ནག་པོ་སོགས་བཟའ་བྱའི་ཤ་མོ་རྣམས་ཤ་མོ་གང་བུ་དང་སྦུ་གུ་གྲུབ་པའི་ཐོག་མའི་དུས་སུ། གལ་ཏེ་དོ་དམ་བྱེད་ཐབས་ཀྱི་རྗེས་མ་ཆོད་ན་དེའི་འཚོ་བཅུད་མི་འདང་བས། རྒྱུན་ལྡན་ལྟར་འཚར་སྐྱེ་འབྱུང་མ་ཐུབ་པར་ཇེ་ཆུང་དུ་སོང་བ་ཡིན། གལ་ཏེ་ཆུ་གཏོར་བའི་ཚད་གཞིར་དོ་དམ་བྱས་པ་འོས་འཚམ་མིན་ན། གསོ་སྐྱོང་རྒྱུ་ཆའི་རླན་ཚད་དང་མཁའ་རླུང་རླན་ཚད་དམའ་དྲགས་པས་ཆུ་ཤོར་བའི་སྣང་ཚུལ་འབྱུང་བ་དང་། རླུང་རྒྱུད་ཆ་རྐྱེན་ཞན་པ་དང་མཁའ་རླུང་མི་འདང་ན་ཤ་མོ་ཇེ་ཆུང་དུ་གྱུར་ནས་ཤི་བ་སོགས་ཀྱི་སྣང་ཚུལ་འབྱུང་བ་ཡིན།

འགོག་བཅོས་བྱེད་ཐབས། གསོ་སྐྱོང་རྒྱུ་ཆའི་ཆུ་འདུས་ཚད་ཚོད་འཛིན་ཡག་པོ་བྱེད་དགོས་ཤིང་། ཤ་མོའི་ཁང་བར་དོ་དམ་བྱེད་དུས་རླུང་རྒྱུ་ཁ་བཙུག་ནས་མཁའ་རླུང་བརྗེ་བ། དུས་ཐོག་ཏུ་ཆུ་གཏོར་བ་བཅས་ལ་དོ་སྣང་བྱེད་དགོས་པར་མ་ཟད། ཤ་མོའི་ཁང་བའི་དྲོད་ཚད་དང་རླན་ཚད་ཚུལ་མཐུན་ཡོང་བར་བྱེད་དགོས།

(ལྔ) ཤ་མོའི་ཕྲ་ཕུང་གི་གདུགས་མགོ་ཕྱེ་སྔ་བ།

ཤ་མོའི་རིགས་ནི་སྔ་མོ་ནས་གདུགས་མགོ་ཕྱེ་བ་དང་། ཡང་ན་ཡུ་བ་ཕྲ་ཞིང་རིང་བ། པགས་སྲབ་ཅིང་སྔ་མོ་ནས་གདུགས་མགོ་ཕྱེ་བའི་ཤ་མོའི་ཕྲ་ཕུང་འབྱུང་བ་ཡིན།

འབྱུང་བའི་རྒྱུ་རྐྱེན།

(1) ཤ་མོའི་ས་བོན་མི་གཙང་བའམ་ནད་འགོས་པ། ཡང་ན་དྲོད་ཚད་སྨུར་དུ་མར་ཆག་ནས10℃དྲོད་ཁྱད་བྱུང་བ། དུས་མཚུངས་སུ་ཁང་བའི་ནང་གི་རླན་ཚད་ཅུང་དམའ་བས་གདུགས་མགོ་ཕྱེ་ནས་སྲ་མོར་གྱུར་པ་ཡིན།

(2) ཞ་མོའི་སྐྱེ་འཚར་ལེགས་པའི་དུས་སྐབས་སུ། ཞ་མོ་སྐྱེ་འཚར་བྱུང་བ་སྟུག་དྲགས་པ་དང་། དྲོད་ཚད་ཅུང་མཐོ(10℃ཡན)བ། ཁང་བའི་ནང་གི་དབྱང་གཉིས་ཐྣན་རྫས་ཀྱི་གར་ཚད་མཐོ་དྲགས་ན། ཡུ་བ་ཕྲ་ཞིང་རིང་བ་དང་པགས་པ་སྲབ་པའི་ཉེ་གདུགས་ཀྱི་ཞ་མོའི་ཕྲ་ཕུང་འབྱུང་བ་ཡིན། གོང་གསལ་ལྟར་དུ་ཞ་མོའི་ཕྲ་ཕུང་གི་གདུགས་མགོ་ཕྱེ་སྐྱ་དྲགས་ན། ཞ་མོའི་ཐོན་ཚད་དང་སྤུས་ཚད་ལ་ཤུགས་རྐྱེན་ཚབས་ཆེན་ཐེབས་ནས་ཚོང་ཟོག་གི་རིན་ཐང་ཇེ་དམའ་རུ་འགྲོའོ།

འགོག་བཅོས་བྱེད་ཐབས། ཞ་མོའི་སྐྱེ་འཚར་དུས་སྐབས་སུ། གནམ་གཤིས་སྔོན་དཔག་དང་སྔོན་བརྡ་གཏོང་རྒྱུར་དོ་སྣང་བྱེད་དགོས། དྲོད་ཚད་ཇེ་དམའ་རུ་འགྲོ་བའི་དུས་སྔོན་ཀྱི་དྲོད་སྲུང་བྱ་བ་ལེགས་པོར་བསྒྲུབས་ནས་དྲོད་ཚད་ཀྱི་ཁྱད་པར་ཇེ་ཆུང་དུ་གཏོང་བ་དང་། ཁང་བའི་ནང་གི་དྲོད་ཚད་ཚོད་འཛིན་ཡག་པོ་བྱ་རྒྱུར་དོ་སྣང་བྱས་ཏེ་ཞ་མོའི་ཁང་བའི་དྲོད་ཚད18℃ཡན་ལས་མཐོ་བར་བྱེད་དགོས། ཞ་མོའི་ཁང་བའི་ནང་གི་རླུང་རྒྱུ་ཚད་དང་དབུགས་བརྗེ་ཚད། མཁའ་རླུང་ལྟོས་བཅས་ཀྱི་རླན་ཚད་མཐོ་རུ་གཏོང་རྒྱུར་དོ་སྣང་བྱེད་དགོས། ཞ་མོ་སྐྱེ་འཚར་དུས་སྐབས་སུ་ཞ་མོ་སྟུག་པོར་སྐྱེ་རྒྱུར་སྔོན་འགོག་བྱེད་དགོས་པར་མ་ཟད། ཆུ་གཏོར་ཚད་ལ་ཚོད་འཛིན་ནན་མོར་བྱེད་དགོས།

(དྲུག) ཞ་མོ་ཤི་རོ།

ཞ་མོ་འདེབས་འཛུགས་བྱེད་པའི་དུས་རིམ་ཁྲིད་ནས་རྒྱུན་དུ་ཞ་མོ་ཤི་འགྲོ་བའི་སྣང་ཚུལ་འབྱུང་བ་དང་། སྤྱིར་བཏང་དུ་ནད་འབུའི་གནོད་པ་མེད་པའི་གནས་ཚུལ་འོག་ཏུའང་། ཞ་མོའི་གང་བུ་ཆུང་དུ་ནས་ཆེ་ཆུང་མི་འདྲ་བའི་ཞ་མོའི་ཕྲ་ཕུང་འབྱུང་བའི་དུས་སྐབས་གང་ཡིན་རུང་ཞ་མོ་ཤི་སྲིད་པ་ཡིན། འདིའི་གོ་རིམ་ཁྲིད་དུ་ཞ་མོའི་ཕྲ་ཕུང་སེར་པོ་དང་རེངས་པོར་གྱུར་ནས་ཤི་འགྲོ་བ་ཡིན།

ཞ་མོ་ཤི་རོ་འབྱུང་བའི་རྒྱུ་རྐྱེན། ཞ་མོ་སྐྱུད་པའི་དཔྱང་ཚད་ཏ་ཅང་མཐོ་བ་དང་། ཞ་མོའི་སྐྱེ་འཚར་སྟུག་དྲགས་ནས་འཚོ་བཅུད་རྫེས་མ་ཆོད་པ། གནམ་གཤིས་གློ་བུར་དུ་འགྱུར་བ་དང་དྲོད་ཚད་མི་འཚམ་པ། ཁང་བའི་ནང་དུ་རླུང་རྒྱུག་མི་ཐུབ་པ་དང་དེ་བཞིན་

སྨན་སྦྱོད་སྟངས་དོ་མི་མཉམ་པ་སོགས་ཡོད།

འགོག་བཅོས་བྱེད་ཐབས། གསོ་སྐྱོང་རྒྱུ་ཆའི་མཐུག་ཚད་འགན་ལེན་བྱེད་དགོས་པར་མ་ཟད། གསོ་སྐྱོང་རྒྱུ་ཆ་སྤུང་དུས་ངེས་པར་དུ་ཏུལ་བསླད་གཏོང་དགོས། དོ་དམ་བྱེད་དུས་ཤ་མོའི་ཁང་བའི་དྲོད་ཚད་སྙོམ་སྒྲིག་ཡག་པོ་བྱེད་དགོས་ལ། དྲོད་ཚད་གློ་བུར་དུ་འགྱུར་བའི་བྱེད་ཐབས་ཀུང་གྲ་སྒྲིག་བྱེད་དགོས། རླུང་རྒྱུག་རྒྱུར་ཤུགས་སྟོན་བརྒྱབ་ནས་ཁང་བའི་ནང་གི་མཁའ་རླུང་གཙང་མ་ཡོང་བར་བྱེད་དགོས། སྨན་སྦྱོད་དུས་ཚུལ་མཐུན་དང་བྱེད་ཐབས་འོས་འཚམ་ཡིན་དགོས།

ཚན་པ་གཉིས་པ། བཟའ་བྱའི་ཤ་མོའི་གནོད་འབུའི་གནོད་འཚེ།

མིག་སྔར། མིའི་ཐབས་ཀྱི་འདེབས་འཛུགས་བྱེད་པའི་ཤ་མོ་དང་དྲི་ཞིམ་ཤ་མོ། སྤང་སྐྱེས་ཤ་མོ། མོག་རོ་ནག་པོ་སོགས་བཟའ་བྱའི་ཤ་མོ་རྣམས་ལ་རྒྱུན་དུ་གནོད་འབུས་གནོད་འཚེ་སྣ་ཚོགས་ཐེབས་བཞིན་ཡོད། ལྷག་པར་དུ་གཡན་འབུའི་གནོད་འཚེ་མངོན་གསལ་དོད་ཤོས་ཡིན་པས། ཞིབ་ནས་གནོད་འབུ་གཙོ་བོ་དང་འགོག་བཅོས་བྱེད་ཐབས་ངོ་སྤྲོད་མདོར་བསྡུས་ཤིག་བྱེད་དེ།

གཅིག ཤ་མོ་འདེབས་འཛུགས་སྐྱེགས་བྱའི་གནོད་འབུ་དང་དེའི་འགོག་བཅོས།

(གཅིག) ཤ་མོའི་དུག་སྦྲང་།

ཤ་མོའི་དུག་སྦྲང་གིས་གཙོ་བོར་ཤ་མོ་དང་ལེབ་ཤ། སྤང་སྐྱེས་ཤ་མོ་བཅས་ལ་གནོད་འཚེ་གཏོང་བ་ཡིན། འབུ་དར་མ་ནི་མདོག་དམར་པོའི་དུག་སྦྲང་ཆུང་ཆུང་ཞིག་ཡིན་པ་དང་། དུས་རྒྱུན་དུ་ཤ་མོའི་སྙིགས་རོ་དང་ཏུལ་སྤུངས་ཀྱི་དངོས་རྫས་སྟེང་དུ་གནས་ལ། རིམ་བཞིན་ཤ་མོའི་ཁང་བའི་ནང་དུ་འཕུར་ནས་ཡོང་བ་ཡིན། འབུ་ཕྲན་འདི་དག་ལ་ཤ་མོའི་འབུ་ཡང་ཟེར། གནོད་འབུའི་ལུས་གཟུགས་ཧ་ཅང་ཆུང་། ཐོག་མར་འབྱུང་བའི་ཤ་མོའི་འབུ་ཕྲན་འདི་རིགས་ཀྱི་མདོག་དཀར་པོ་ཡིན་པ་དང་། དུས་ཡུན་འགོར་བ་དང་བསྟུན་

ནས་རིམ་བཞིན་ཚ་ལུ་མའི་མདོག་ཏུ་འགྱུར་བ་ཡིན། རིང་ཚད་ལ་ཧ་འོ་སྨི2~3ཡོད། ཤ་མོའི་འབུ་རྣམས་གསོ་སྐྱོང་རྒྱུ་ཆའི་ཁྲོད་དུ་གནས་ཤིང་ཤ་མོ་ཕྲ་སྐྱུད་བཟའ་བ་ཡིན། གནོད་འབུ་འཕོར་ཆེན་བྱུང་བའི་དུས་སུ་ཤ་མོའི་ཕྲ་སྐྱུད་ཀྱི་སྐྱེ་འཚར་ལ་གནོད་འཚེ་ཚབས་ཆེན་བཟོ་བ་དང་། འབུ་དར་མ་རྣམས་ཤ་མོའི་གདུགས་མགོ་དང་ཤ་མོའི་ཡུ་བའི་ནང་དུ་འཛུལ་ནས་གནོད་འཚེ་བཟོ་བས། འདེབས་འཛུགས་སྔེགས་བུའི་ངོས་སུ་ཤ་མོ་སྐྱེས་མི་ཐུབ་པ་དང་ཤ་མོའི་སྐྱེ་འཚར་ཞན་པའི་སྣང་ཚུལ་འབྱུང་བ་ཡིན།

འགོག་བཅོས་བྱེད་ཐབས།

(1) གསོ་སྐྱོང་རྒྱུ་ཆར་བསྐོལ་བཟོ་སྦྱད་ནས་འབུ་སྲོག་གསོད་དགོས།

(2) གལ་ཏེ་ཤ་མོ་སྐྱེ་འཚར་མ་བྱུང་བའི་སྔོན་དུ་ཤ་མོའི་དུག་སྦྲང་བྱུང་ན། 50%ཏའེ་ཏའེ་ཕེ་སྦྲིས་མ་པའི་ཡིས800~1000གཤེར་ཁུ་དང་ཡང་ན0.15%ལྔ་ལ་ལིའུ་ལིན་གྱི་གཤེར་ཁུ་གཏོར་ཆོག

(3) ཤ་མོ་སྐྱེ་འཚར་བྱུང་རྗེས་གནོད་འབུ་བྱུང་ན། 20%འབུ་གསོད་ཙུས་ཀྲི་སྦྲིས་མ་པའི་ཡིས1000གཤེར་ཁུ་གཏོར་ཆོག

(གཉིས) ཤ་མོའི་སྦྲང་ནག

གཙོ་བོར་ཤ་མོ་དང་ལིབ་ཤྭ་ལ་གནོད་པ་ཡིན། འབུ་དར་མ་ནི་ཁམ་སེར་གྱི་སྦྲང་ནག་ཆུང་ཆུང་དང་འབུ་ཕྲན་ནི་སྲིན་འབུ་ཡིན། སྐྱ་མདོག་དང་དཀར་སྐྱ། མགོ་ཙུང་རྣོ་བ་དང་རྗ་མ་ཆེ་བར་མ་ཟད། གཟུགས་དབྱིབས་ཧ་ཅང་ཆེ། ལུས་གཟུགས་ཀྱི་རིང་ཚད་ལ་ལི་སྨི1ཡས་མས་ཡོད། གོག་བགྲོད་བྱས་ན་ཙུང་མགྱོགས། དེའི་ནང་དུ་སྦྲང་ནག་གིས་ཤ་མོ་ལ་གནོད་པ་ཆེན་པོ་ཡོད། འབུ་སྲོག་ནི་སྤྱིར་བཏང་དུ་གསོ་སྐྱོང་རྒྱུ་ཆའི་རིམ་པའི་སྲིན་སྐྱུད་ཀྱི་སྟེང་དུ་གནས་པ་དང་། འབུ་ཕྲན་འཕོར་ཆེན་བྱུང་ཚེ་ཤ་མོར་གནོད་འཚེ་ཧ་ཅང་ཆེ། གཙོ་བོར་བཟའ་བྱའི་ཤ་མོའི་ཕྲ་སྲིན་ཕྲ་སྐྱུད་དང་ཤ་མོའི་ཕྲ་ཕུང་བཅས་བཟའ་བ་ཡིན། སྦྲང་ནག་གིས་གནོད་འཚེ་ཚབས་ཆེན་བཏང་བའི་ཤ་མོ་ནི་ཁུང་བུར་གྱུར་ནས་ཚོང་ཟོག་གི་རིན་ཐང་མེད་པར་འགྱུར་རོ།།

འགོག་བཅོས་བྱེད་ཐབས། བྱ་མོའི་དུག་སྦྲང་འགོག་བཅོས་བྱེད་པ་དང་གཅིག་མཚུངས་ཡིན། དེ་མིན། ད་དུང་ལུད་རྫས་ཕུང་པོའི་ནང་དུ་འབུ་གསོད་ཐུས་ཀྱི་དང་སན་ཅེན་ཞིང་སྨན་བསྲེས་ན་སྔོན་འགོག་གི་ཕན་འབྲས་ངེས་ཅན་ཞིག་ཡོད།

(གསུམ) བྱ་མོའི་ལྤ་སྦྲང་།

བྱ་མོའི་ལྤ་སྦྲང་གི་མིང་གཞན་ལ་འབུ་ཆུང་ཡང་ཟེར། བྱ་མོ་དང་ལེབ་བྱ་ལ་གནོད་པ་ཡིན། འབུ་དར་མ་ནི་སྦྲང་ནག་ཕྲ་མོ་ཞིག་ཡིན། འབུ་སྲིན་ཕྲ་མོ་ནི་ལི་མདོག་དང་དཀར་པོ། དེའི་སྐྱེ་འཕེལ་ཤུགས་མགྱོགས་ཤིང་། འབུ་ཕྲན་བྱུང་ནས་གཟའ་འཁོར་གཅིག་འགོར་རྗེས་འབུ་ཕྲན15~20སྐྱེ་འཕེལ་བྱེད་ཐུབ། འབུ་ཕྲན་གྱིས་མ་གཞིར་བྱ་མོ་ལ་གནོད་འཚེའམ་ཤུགས་རྐྱེན་ཆེན་པོ་མེད། གཙོ་བོར་ནད་འབུ་བྱ་མོ་ཁང་དང་བྱ་མོའི་རིགས་ལ་འགོས་ནས་ནད་ཕོག་པ་དང་། བྱ་མོའི་རིགས་ཀྱི་རིན་ཐང་ལ་ཤུགས་རྐྱེན་ཐེབས་ཀྱིན་ཡོད། བྱ་མོའི་ལྤ་སྦྲང་གི་ནད་འབུ་ཤུང་ཆུང་བ་དང་འགོས་སླའོ།།

འགོག་བཅོས་བྱེད་ཐབས།

(1) གསོ་སྐྱོང་རྒྱུ་ཆར་བསྐལ་བཟོ་སྤྱད་ནས་ཐག་གཙོད་བྱེད་དགོས།

(2) འདེབས་འཛུགས་ར་བའི་ཁོར་ཡུག་གཙང་སྦྲ་ལེགས་པོ་བྱེད་པ་དང་། ཡོ་བྱད་དུག་སེལ་བྱ་བ་ལེགས་པོར་སྒྲུབ་དགོས།

(3) ནད་འགོས་ཟིན་པའི་བྱ་མོའི་ཁང་བ་ངེས་པར་དུ་ཟུར་འཛོག་བྱེད་ཐབས་སྤྱོད་དགོས།

(བཞི) སྲིན་འབུའི་ནད།

སྲིན་འབུའི་ནད་ལ་སྲིན་ཤིག་ཀྱང་ཟེར། གཙོ་བོར་བྱ་མོ་དང་དྲི་ཞིམ་བྱ་མོ། སྤུང་སྐྱེས་བྱ་མོ། གསེར་ཁབ་བྱ་མོ། མོག་རོ་ནག་པོ་སོགས་ལ་གནོད་པ་ཡོད། བཟའ་བྱའི་བྱ་མོ་ལ་གནོད་པའི་བྱ་མོའི་མན་འབུ་ལ་ཕུའུ་མན་འབུ་དང་། ཕའོ་མན་འབུ། རྩ་བའི་མན་འབུ་སོགས་ཡོད། ཕའོ་མན་འབུ་ཡི་གཟུགས་དབྱིབས་ཏ་ཅང་ཆུང་བས་སྤྱིར་བཏང་དུ་མིག་གིས་བལྟས་པ་ཙམ་གྱིས་མཐོང་དཀའ། མང་ཆེ་བ་རྒྱུ་ཆའི་ངོས་སམ་ས་རྗོག་སྟེང་དུ་འཚོ་

ཞིང་། གཟུགས་མདོག་ཁམ་སྐྱ་ཡིན་པ་དང་། ཚོམ་བུར་འདུས་པ་ཡིན། ཕའོ་མན་འབུའི་དབྱིབས་ཙུང་ཆེ་ལ་མདོག་དཀར་པོ་འོད་མདངས་ལྡན་པ་ཞིག་ཡིན། གོག་བསྒྲོད་བྱས་ན་ཙུང་མགྱོགས་པ་དང་། ཚོམ་བུ་མི་འདུས་པ་ཡིན། གྲངས་འབོར་མང་བ་དང་ཕྱེ་མའི་དབྱིབས་སུ་སྣང་། མན་འབུ་དང་ཕའོ་མན་འབུ་རྒྱུད་ཀྱི་འཕེལ་ཚད་ཏ་ཅང་མགྱོགས། རྒྱུན་དུ་ཤ་མོའི་ས་བོན་གྱི་མཐའ་འཁོར་དུ་འདུས་ནས་བཟའ་བྱའི་ཤ་མོའི་སྦྲིན་སྐྱུད་བཟའ་བ་དང་། གནོད་འཚེ་ཐེབས་པའི་སྦྲིན་སྐྱུད་སྐྱེ་མི་ཐུབ་པའམ་ཡང་ན་ཤ་མོ་སྐྱེས་རྗེས་ཉམས་རྒུད་དུ་འགྲོ་བའི་སྣང་ཚུལ་འབྱུང་སྲིད། གལ་ཏེ་ཤ་མོའི་འདེབས་འཛུགས་སྡེགས་བུའི་སྟེང་དུ་སྲིན་འབུའི་ནད་འགོས་ན། ཤ་མོའི་སྦྲིན་སྐྱུད་གང་སར་མཆེད་མི་ཐུབ། ཚབས་ཆེ་བའི་དུས་སུ་ཤ་མོའི་ཕྲ་སྐྱུད་ཐམས་ཅད་ཟོས་ཚར་ནས་ཐོན་ཚད་ཇེ་ཉུང་དུ་འགྲོ་བ་དང་ཐ་ན་ཡོང་འབབ་ཀྱང་མེད་པར་འགྱུར་བ་ཡིན། གསེར་ཁབ་ཤ་མོའི་རིགས་ཀྱི་དམ་བེའི་ནང་དུ་ཡང་གཡན་འབུ་རིགས་ཀྱི་གནོད་འཚེ་ཡོད་ཅིང་། མོག་རོ་དཀར་པོ་དང་མོག་རོ་ནག་པོར་སྲིན་འབུའི་ནད་ཀྱི་གནོད་འཚེ་ཐེབས་ཚེ། མོག་རོའི་རྩ་བའི་འཚར་སྐྱེ་ལ་ཤུགས་རྐྱེན་ཐེབས་པ་དང་ཐ་ན་འདབ་མ་རུལ་བ་དང་ཡ་མ་གཟུགས་སུ་འགྱུར་སྲིད།

ཤ་མོའི་སྲིན་འབུའི་ནད་འདི་རིགས་ནམ་རྒྱུན་ལུད་རྫས་དང་སྡིགས་རོའམ་འབྲས་ཤུན་སོགས་ཀྱི་སྟེང་དུ་འཚོ་ཞིང་གནས་ཡོད་ཅིང་། ཡང་ན་བྱ་ཚང་དང་ཕག་ཚང་སོགས་ཀྱི་ནང་དུ་ཡོད་པ་དང་། ཤ་མོའི་ཁང་རྙིང་གི་འདེབས་འཛུགས་སྡེགས་བུ་དང་གྲང་བར། ཡོ་བྱད་ཀྱི་སྦྱུབས་ཀ་སོགས་ཀྱི་སྟེང་དུའང་ཡོད། དཔེར་ན་སྔོན་འགོག་བྱེད་ཐབས་དང་དུག་སེལ་བྱས་པ་གཟབ་ནན་མིན་པ་སོགས་ཀྱི་དབང་གིས་ཐབས་ལམ་མང་པོ་བརྒྱུད་ནས་ཤ་མོའི་ཁང་བའི་ནང་དུ་འགོས་པ་ཡིན། ཤ་མོའི་ཁང་བའི་ནང་དུ་ཤ་མོའི་མན་འབུ་ཡོད་མེད་ལ་ཞིབ་བཤེར་བྱེད་ན། ཤ་མོ་མ་སྐྱེ་བའི་གོང་རོལ་དུ་སྦྱོས་འཁྱིག་གཙང་མ་ཞིག་འདེབས་འཛུགས་སྡེགས་བུའི་སྟེང་དུ་བཀབ་རྗེས། སྒོག་སྒྲོན་དང་ཡང་ན་ཐབས་གཞན་པ་བཀོལ་ནས་དྲོད་ཚད་འཕར་དུ་བཅུག་སྟེ། རྒྱུ་ཆའི་ངོས་ཀྱི་དྲོད་ཚད25℃ཡས་མས་སུ་སླེབས་སུ་བཅུག་ན། གལ་ཏེ་རྒྱུ་ཆའི་ནང་དུ་སྲིན་འབུའི་ནད་ཡོད་ཚེ། མྱུར་དུ་སྦྱོས་འཁྱིག་སྤྲབ་སྐྱིའི་

སྟེང་དུ་འགོས་པ་དང་བརྟག་དཔྱད་བྱས་ན་སྲིན་འབུ་གོག་བསྒྲོད་བྱེད་པ་མཐོང་ཐུབ། ཤ་མོའི་ས་བོན་དམ་བེ་དང་སྲིང་བལ་གྱི་ཁ་གཅོད་བྱེད་སྟེང་དུ་སྲིན་འབུ་ཡོད་མེད་ལ་ཞིབ་བཤེར་བྱེད་དགོས། སྤོས་འཁྱིག་སྤྲབ་སྐྱི་ཡིས་སྲིང་བལ་གྱི་ཁ་ལེབ་བཏུམས་ཏེ། ཤ་མོའི་ས་བོན་གྱི་དམ་བེ་ཉི་མའི་འོག་ཏུ་བཞག་ནས་ཆུ་ཚོད1ཡས་མས་ལ་སྐེམ་དགོས། སྲིན་འབུ་དམ་བེ་དང་ཡང་ན་སྤོས་འཁྱིག་སྤྲབ་མོའི་སྟེང་དུ་འགོས་པ་ཡིན།

འགོག་བཅོས་བྱེད་ཐབས།

(1) ཤ་མོའི་ས་བོན་ལ་ཞིབ་བཤེར་བྱེད་པར་ཤུགས་བསྣན་ཏེ། འབུ་སྲིན་གྱི་གནོད་འཚེ་ཡོད་པའི་ཤ་མོའི་རིགས་ཕྱིར་འཚོང་དང་ཉོ་སྒྲུབ་བྱེད་མི་རུང་།

(2) ཤ་མོའི་འདེབས་འཛུགས་ཁང་བ་དང་མོག་རོ་འདེབས་འཛུགས་ར་བ། བཟོ་སྐྲུན་ཁང་། གསོ་སྐྱོང་ཁང་སོགས་བྱ་ཚང་དང་ཕག་ཚང་། གཡུལ་ཁ། གཟན་ཆག་མཛོད་ཁང་། ལུད་སྤུངས་ས་སོགས་ལ་རིང་དུ་ཁྱེས་དགོས།

(3) གསོ་སྐྱོང་རྒྱུ་ཆ་དྲོད་ཚད་མཐོན་པོའི་ཁོར་ཡུག་འོག་ཏུ་བསླལ་ནས་ཐག་གཅོད་བྱེད་པ་དང་། ཡིན་ནའང་སྲིན་འབུ་གསོད་བྱེད་ཀྱི་སྨན་མང་དྲགས་ན་གསེར་ཁབ་ཤ་མོ་ལ་གནོད་པ་ཡོད་པས། ཕྱིར་བཏང་དུ་བཀོལ་མི་རུང་།

(4) མོག་རོའི་འདབ་མ་དང་ཡུ་བ། རྒྱུ་ཆའི་ཁུག་མ་སོགས་ཀྱི་སྟེང་དུ་སྲིན་འབུ་མན་འབུ་བྱུང་ན། 0.5%ཏའེ་ཏའེ་ཝེ་སྦྲིས་མ་གཏོར་དགོས།

(5) ཐང་ཚྭའུ་གཤེར་ཁུ་སྦྱད་དེ་བསླུ་གསོད་བྱེད་པ། མངར་སྐྱུར་གཤེར་ཁུ་སྟོང་ཁེ5ནང་དུ་ཏའེ་ཏའེ་ཝེ་སྦྲིས་མ་ཧའོ་ཁེ50~60བསྣན་ནས། སེང་རས་གཅིག་སྨན་ཆུའི་ནང་དུ་སྦངས་རྗེས་འདེབས་འཛུགས་སྟེགས་བུའི་སྟེང་དུ་འགེབས་པ་དང་། སྲིན་འབུའམ་མན་འབུ་རྒྱུ་ཆའི་སྟེང་གི་སྨན་རེས་སྟེང་དུ་ཐོན་རྗེས་སྨན་ཁུའི་ནང་དུ་བཞག་ནས་ཚ་སྣོན་བྱས་ཏེ་གསོད་དགོས་ཤིང་། ཡང་ནས་བསྐྱར་དུ་ཐེངས་འགར་བྱས་ན། སྲིན་འབུ་མང་པོ་གསོད་ཐུབ་པ་དང་། ཉིན12རེའི་ནང་དུ་ཐེངས་གཅིག་བྱས་ན་ཕན་འབྲས་ཧ་ཅང་ཡག་པོར་ཐོབ་ཐུབ། འོན་ཀྱང་མོག་རོ་དཀར་པོ་ཕྱིར་བཏང་དུ་ཞིང་སྨན་གྱིས་འགོག་བཅོས་བྱེད་

མི་འོས། མོག་རོ་དཀར་པོའི་སྤྲིན་སྐྱུད་ནི་ཞིང་སྨན་ལ་ཚོར་བ་རྣོན་པོ་ཡོད་པས་སྨན་གྱི་གནོད་པ་འབྱུང་སླ་བོ།

གཉིས། ཞ་མོའི་འདེབས་འཛུགས་སྐབས་བྱུའི་སྟེང་གི་གནོད་ལྡན་སྲོག་ཆགས་དང་དེའི་འགོག་བཅོས།

(གཅིག) ཡ་ལི།

ཡ་ལིའི་མིང་གཞན་ལ་ཆུའི་ནང་གི་འབུ་རྣ་འཛུལ་ཟེར། དེ་ནི་བཟའ་བྱའི་ཞ་མོ་མང་པོར་གནོད་འཚེ་ཆེ་བའི་ལུས་པོ་མཉེན་པའི་སྲོག་ཆགས་ཤིག་ཡིན། ཉིན་མོར་གྲིབ་ནག་དང་བརླན་གཤེར་ཆེ་བའི་གུ་ཟུར་དུ་ཡིབ་ཅིང་། མཚན་མོར་ཕྱིར་ཡོང་ནས་འགུལ་སྐྱོད་བྱེད་པ་ཡིན། གལ་ཏེ་ཞ་མོའི་ཁང་བར་གྲིབ་སྐྱོན་ཐེག་ནས་རླུང་རྒྱུག་དཀའ་བ་ཡིན་ན་ཡ་ལིས་གནོད་པ་ཆེན་པོ་ཐེབས་སྲིད། ཡ་ལིས་ཞ་མོའི་ཕྲ་ཕུང་ཁོ་ན་བཟའ་བ་ཡིན་པས། ཐོན་ཚད་དང་སྤུས་ཀར་ཤུགས་རྐྱེན་ཐེབས་ནས་ཚོང་ཟོག་གི་རིན་ཐང་ཇེ་དམའ་རུ་གཏོང་བ་ཡིན།

འགོག་བཅོས་བྱེད་ཐབས། ཞ་མོའི་ཁང་བའི་རླུང་རྒྱུག་ཚད་ཇེ་བཟང་དང་བརླན་གཤེར་འགོག་བཅོས་བྱེད་ཤུགས་ཇེ་ཆེར་གཏོང་དགོས་པར་མ་ཟད། ཁོར་ཡུག་གཙང་སྦྲ་ཡག་པོ་བྱེད་དགོས། མཚན་མོར་མིའི་ཐབས་ཀྱིས་འཛིན་པ་དང་། ཡང་ན་ཡ་ལི་རྒྱུན་དུ་འགུལ་སྐྱོད་བྱེད་སར་གའོ་སྨན་སོན་ཙྪ་དང་ཚྭ་ཁུ་སླ་པོ་གཏོར་ནས་གསོད་དགོས་སོ།

(གཉིས) འབུ་སྐྱོགས།

འབུ་སྐྱོགས་ནི་ལུས་པོ་མཉེན་པོའི་སྲོག་ཆགས་ཤིག་ཡིན་པ་དང་། འདིས་གཙོ་བོར་ཕྱི་རོལ་དུ་འདེབས་འཛུགས་བྱས་པའི་ཞ་མོའི་རིགས་ལ་གནོད་འཚེ་གཏོང་བ་ཡིན། འབུ་སྐྱོགས་ཀྱིས་ཞ་མོའི་ཕྲ་ཕུང་ལ་གནོད་འཚེ་གཏོང་བའི་གནས་ཚུལ་ནི་ཡ་ལི་དང་གཅིག་མཚུངས་ཡིན་ལ། གནོད་སྐྱོན་ཐེབས་པའི་ཞ་མོའི་ཕྲ་ཕུང་གི་གདུགས་མགོ་དང་ཡུ་བའི་སྟེང་དུ་ཕྱི་ངོས་སློམ་པོ་མ་ཡིན་པའི་ཁྲ་ཐིག་འབྱུང་བ་ཡིན།

འགོག་བཅོས་བྱེད་ཐབས།

(1) མིའི་ཐབས་ཀྱིས་འཛིན་པ།

(2) རྩྭ་སྤུངས་ནས་བསྐྱ་གསོད་བྱེད་པ། ཤ་མོའི་འདེབས་འཛུགས་སྐྱིགས་བུའི་མཐའ་འཁོར་དུ་རྩྭ་སྔོན་སྤུངས་ནས་ཟས་བཟའ་རུ་ཡོང་བར་བསྐྱ་སྒྲིད་བྱེད་པ་དང་། དེ་ནས་གསོད་དགོས།

(3) ཤ་མོའི་འདེབས་འཛུགས་སྐྱིགས་བུའི་སྟེང་དུ་རྒྱུ་རྫས་མ་གཏོར་བའི་སྔོན་ལ1%ཞིའུ་སོན་ཐུང་གི་ཞུ་ཁུ་གཏོར་དགོས།

གསུམ། བཟའ་བྱའི་ཤ་མོའི་སྐམ་རྫས་གསོག་ཉར་ཁྲོད་ཀྱི་གནོད་འབུ་དང་དེའི་འགོག་བཅོས།

སྔོ་སྐམ་ཤ་མོ་ལས་སྣོན་བྱེད་དུས། གསོག་ཉར་དང་སྐྱེལ་འདྲེན་བྱེད་པའི་གོ་རིམ་ཁྲོད་ནས་རྒྱུན་དུ་གནོད་འབུ་སྣ་ཚོགས་འབྱུང་བ་དང་། གཙོ་བོ་ནི་འབུ་མེ་ལྕེབ་དང་། རྒྱ་གར་གྱི་འབུ་མེ་ལྕེབ། མེ་ལྕེབ་ཕྲུ་མ། མེ་ལྕེབ་ན་རིང་། སྐལ་རུས་ཀྱི་ཇ་འབུ་སོགས་ཡིན། དེ་མིན་ད་དུང་གཡན་འབུའི་གནོད་པའང་ཡོད། གནོད་འབུ་འདི་དག་གིས་ད་དུང་གསོག་ཉར་བྱས་པའི་འབྲུ་རིགས་དང་། སྨན་རྫས། སྲན་རིགས་སོགས་ལའང་གནོད་པ་ཡོད། དེར་བརྟེན་གོང་གསལ་གྱི་དངོས་རྫས་རྣམས་མཉམ་བསྲེས་བྱུང་བ་ནི་བཟའ་བྱའི་ཤ་མོའི་སྐམ་རྫས་ལ་གནོད་འཚེ་ཕོག་པའི་རྒྱུ་རྐྱེན་ཞིག་རེད། ཕྱོགས་གཞན་ཞིག་ནས། བཟའ་བྱའི་ཤ་མོའི་སྐམ་རྫས་རང་སྟེང་གི་ཆུ་འདུས་ཚད་ཅུང་མཐོ་བས། གནོད་འབུ་འབྱུང་བར་མཐུན་རྐྱེན་སྐྲུན་ཡོད་པ་ཡིན།

འགོག་བཅོས་བྱེད་ཐབས།

(1) བཟའ་བྱའི་ཤ་མོའི་སྐམ་རྫས་གསོག་ཉར་བྱེད་པའི་མཛོད་ཁང་ཕྱི་ནང་ངེས་པར་དུ་གཙང་སྦྲ་བྱེད་དགོས། སྐྱིགས་རྫས་དང་སྐྱིགས་རོ་གཙང་སེལ་བྱེད་དགོས་པར་མ་ཟད། ཧའེ་ཧའེ་ལེ་སྦྲིས་མ་བཀོལ་ནས་གནོད་འབུ་གསོད་དགོས།

(2) བཟའ་བྱའི་ཤ་མོའི་སྐམ་རྫས་ཀྱི་ཆུ་འདུས་ཚད12%~13%ཙམ་འཛིན་བྱས་ན་ད་གཟོད་མཛོད་ཁང་དུ་ཉར་ཚགས་བྱེད་ཐུབ། དུས་བཀག་ལྟར་དཔེ་འདེམ་ཞིབ་བཤེར་བྱེད་པར་ཤུགས་སྣོན་བྱེད་དགོས། གལ་ཏེ་ཆུ་འདུས་ཚད་གཏན་འབེབས་བྱས་པའི་དམིགས་

ཚད་ལས་བརྒལ་ཆེ་ངེས་པར་དུ་དུས་ཐོག་ཏུ་སྲོ་སྐམ་བྱེད་དགོས།

(3) བཟའ་བྱའི་ཤ་མོའི་སྐམ་རྫས་ལ་དམ་སྦྱར་ཐུམ་རྒྱག་བྱེད་དགོས་ཤིང་། རབ་ཡིན་ན3~5℃དྲོད་ཚད་དམའ་བའི་མཛོད་ཁང་དུ་བཞག་ནས་ཉར་ཚགས་བྱེད་དགོས།

(4) འབྲུ་སྐྱོན་ཡོད་པ་ཤེས་རྗེས། སྐམ་བཟོའི་ཐོན་རྫས55~60℃སྲོ་སྐམ་འཕྲུལ་ཆས་དང་ཡང་ན་སྲོ་ཁང་ནང་དུ་བཞག་ནས་འབྲུ་སྐྱོན་སྲེག་པའམ་ཡང་ན་ལིན་འགྱུར་ཏ་ཡང་ལེབ་མོ་སྤྱད་དེ་དམ་སྦྱར་ཚ་སྲེག་བཏང་ཆོག

ཚན་པ་གསུམ་པ། བཟའ་བྱའི་ཤ་མོའི་ནད་འབུའི་གནོད་པར་ཁྱོགས་བསྡུས་འགོག་བཅོས་བྱེད་ཐབས།

བཟའ་བྱའི་ཤ་མོ་སྐྱེ་འཚར་བྱུང་བའི་ཁོར་ཡུག་གི་ཆ་རྐྱེན་ཡང་ནད་འབུ་དང་ཤ་མོ་སྣ་ཚོགས་ཀྱི་སྐྱེ་འཕེལ་ལ་འཚམ་པོ་ཡོད་ཅིང་། དུས་མཚུངས་སུ་བཟའ་བྱའི་ཤ་མོའི་དམིགས་བསལ་ཅན་གྱི་འདེབས་འཛུགས་བྱེད་སྟངས་ནི། ནད་འབུའི་ཤ་མོ་སླིགས་རོ་སོགས་ལ་སྨན་རྫས་ཀྱིས་འགོག་བཅོས་བྱེད་མི་འོས་པས། བཟའ་བྱའི་ཤ་མོའི་ཐོན་སྐྱེད་ཐད་ནས"སྔོན་འགོག་གཙོ་བོར་འཛིན་པ་དང་ཁྱོགས་བསྡུས་འགོག་བཅོས"ཀྱི་བྱེད་ཐབས་སྤྱད་ན། དེར་དམིགས་བསལ་གྱི་ཕན་ནུས་ཡོད།

གཅིག ཁོར་ཡུག་གཙང་སྦྲ་ལེགས་བཅོས།

ཁོར་ཡུག་གི་གཙང་སྦྲ་བཟང་ན་ནད་འབུའི་གནོད་པ་མཆེད་ཚད་དང་གནོད་འཚེ་འབྱུང་ཚད་ཇི་ཉུང་དུ་གཏོང་ཐུབ། ཤ་མོའི་ཁང་བ་དང་ཤ་མོ་འདེབས་ས། ཐོ་འདེབས་བྱེད་ས། གསོ་སྐྱོང་ཁང་། གསོག་ཉར་ཁང་། དེ་བཞིན་ཐོན་སྐྱེད་ཡོ་བྱད་སོགས་ལ་རྒྱུན་ལྡན་ལྟར་གཙང་སྦྲ་ཡག་པོ་བྱེད་པ་ལས་གཞན། ད་དུང་དུས་ལྟར་ཕྱུར་མ་ལིན་དང་ཀའོ་མྷན་སོན་ཙྭ་སོགས་ཀྱི་སྨན་རྫས་བཀོལ་ནས་སྲིན་སེལ་དང་དུག་སེལ་བྱེད་དགོས། བཟའ་བྱའི་ཤ་མོ་འདེབས་འཛུགས་བྱེད་ས་ནི་བྱ་གསོ་ར་བ་དང་། ཕྱུགས་ར། གཟན་ཆག་ཕུང་ས་

བཅས་ཀྱི་ཞུང་པོ་དང་རིང་དུ་གྲེས་དགོས། སྐྱིགས་རོ་དང་འབབ་བཙོག་དངོས་རྫས་རྣམས་དུས་ཐོག་ཏུ་མེར་སྲེག་པའམ་སའི་འོག་རིམ་དུ་སྦས་དགོས། ཁོར་ཡུག་འབབ་བཙོག་སྔོན་འགོག་དང་གནོད་འབྱུ་མཆེད་པར་སྔོན་འགོག་བྱེད་དགོས། གལ་ཏེ་མཐུན་རྐྱེན་འགྲིག་ན། འདེབས་འཛུགས་ར་བའི་བགྲོད་ལམ་དང་ཐོན་སྐྱེད་ས་ངོས་ནི་ས་བརྒྱངས་ནས་ཁོད་སྙོམས་པོ་བཟོས་ཏེ་ཁོར་ཡུག་གཙང་སྦྲ་ཡོང་བར་བྱེད་དགོས།

གཉིས། ཞ་མོའི་འབྲུ་སྲིན་གསོད་པ་དང་དུག་སེལ་བྱེད་པར་ཐུགས་སྣོན་པ།

(གཅིག) གསོ་སྐྱོང་རྒྱུ་ཆ་དང་འགེབས་བྱའི་སའི་སྲིན་སེལ་དུག་སེལ།

1. གསོ་སྐྱོང་རྒྱུ་ཆ་མ་སྤུངས་པའི་སྔོན་དུ་གད་སྙིགས་གཙང་སེལ་བྱེད་དགོས། ཚུ་བཤལ་གཙང་མ་བྱས་རྗེས་འབྱུ་གསོད་པ་དང་། འབྱུ་སྲིན་གསོད་བྱེད་སྨན་རྫས་ཀྱིས་དུག་སེལ་བྱེད་དགོས། གསོ་སྐྱོང་རྒྱུ་ཆའི་ནང་དུ་ཙ་ཚོན་དང་ཏའོ་ཙུན་ལིང་སོགས་སྨན་རྫས་འགའ་སྣོན་དགོས།

2. ནད་འབྱུ་དང་ཞ་མོའི་སྙིགས་རོ་འབབ་བཙོག་ཐེབས་མེད་པའི་ས་རྒྱུ་འདེམ་སྒྲུབ་བྱེད་དགོས། གལ་ཏེ་འགེབས་བྱའི་སའི་རྒྱུ་ཆ་ལ་འབབ་བཙོག་ཐེབས་ཡོད་པ་ཤེས་ན། པ་སི་ཏེ་ཡིས་དུག་སེལ་བྱེད་པའི་ཐབས་ལམ་སྤྱད་ནས(60~70℃)སྐར་མ30~50ཐག་གཙོད་བྱེད་དགོས། ཡང་ན་ཙྪ་ཅིས་བདུག་བཙོས་བྱེད་དགོས། ས་སློག་མ་བྱས་པའི་སྔོན་དུ་ལས་དོན་མི་སྣ་ཚང་མས་གཙང་སྦྲ་ལ་དོ་སྣང་བྱས་ཏེ་ནད་འབྱུ་འགོ་བ་དང་འབབ་བཙོག་བཟོ་བའི་གོ་སྐབས་ཇེ་ཉུང་དུ་གཏོང་དགོས།

(གཉིས) ཞ་མོ་བསྲུས་རྗེས་ཀྱི་གཙང་སེལ་དང་དུག་སེལ་གྱི་ལས་ཀ

ཞ་མོའི་ཐོན་འབབ་ཐེངས་རེ་རེར་ཐུང་རྗེས། ཞ་མོའི་འདེབས་འཛུགས་སྟེགས་བུའི་སྟེང་གི་ཞ་མོའི་རྩ་བ་དང་ནད་རྩ་སོགས་ལྷག་རོ་ཟག་སྙིགས་རྣམས་ལ་གཙང་བཤེར་ཐེངས་གཅིག་བྱས་ཏེ། ཞ་མོའི་རྩ་བ་རྒྱུན་ལྡན་ལྟར་སྐྱེས་པར་ཁག་ཐེག་བྱེད་དགོས། ཞ་མོའི་བཟ་བསྟུའི་བྱ་བ་མཇུག་རྫོགས་རྗེས། རྒྱུ་ཆ་བསྲེས་པའི་སྔོན་ལ་ཚ་སྲེག་ཐེངས་གཅིག་གཏོང་དགོས། འཕྲེལ་ཡོད་དཔྱད་ཡིག་ལས་ངོ་སྤྲོད་བྱས་པ་ལྟར། སྨར་སྲིན་མང་ཆེ་བའི་སྲིན་སྐྱུད་

དང་ཐུམ་རྫུལ་ཏ་ལམ65℃ནང་དུ་གསོད་ཅིང་། འབུ་སྲིན་དང་སྒུད་འབུ། སྲིན་འབུ་སོགས་ནི་ཏ་ལམ55℃ནང་དུ་གསོད་པ་ཡིན། གལ་ཏེ་ཁང་བའི་ནང་གི་དྲོད་ཚད65~70℃འཕར་ནས་ཆུ་ཚོད1ཙམ་རྒྱུན་འཁྱོངས་བྱས་ཚེ་དུག་སེལ་བྱས་ཏེ་འབུ་སྲིན་གསོད་པའི་ཕན་འབྲས་ཐོན་ཐུབ། གསོ་སྐྱོང་རྒྱུ་ཆ་བསྐྱི་དུས་བེད་མེད་དུ་བསྐྱུར་བའི་རྒྱུ་ཆ་ཐག་རིང་དུ་སྐྱེལ་དགོས། ཤ་མོའི་ཁང་བའི་ནང་གི་འདེབས་འཛུགས་སྣེགས་བུ་དང་། ས་རྡོས། གྱང་། ཡོ་བྱད་སོགས་གཙང་འབྲུད་དུག་སེལ་བྱས་ཏེ་ཉི་མར་བསྲོས་རྗེས་ཉར་ཚགས་བྱེད་དགོས། གལ་ཏེ་ལེབ་ཤྭ་དང་དྲི་ཞིམ་ཤ་མོ། མོག་རོ་ནག་པོ། མོག་རོ་དཀར་པོ་སོགས་ཤ་མོ་ཁང་བའི་ཕྱི་རོལ་དུ་འདེབས་འཛུགས་བྱེད་དུས། ཡོ་བྱད་ལ་དུག་སེལ་བྱེད་དགོས་པར་མ་ཟད། འདེབས་འཛུགས་ར་བ་རྒྱུན་མཐུད་དུ་བཀོལ་སྤྱོད་བྱེད་མི་ རུང་ཞིང་། ནད་འབུ་དང་འབུ་སྲིན་སོགས་འགོག་པར་སྔོན་འགོག་བྱེད་དགོས།

གསུམ། ལུགས་མཐུན་གྱི་སྒོ་ནས་ཞིང་སྨན་སྤྱོད་པ།

བཟའ་བྱའི་ཤ་མོའི་ནད་འབུའམ་ཡང་ན་འབུ་སྲིན་སྣ་ཚོགས་ཁྲོད་ཀྱི་མང་ཆེ་བ་ནི་འབུ་སྲིན་ངོ་མ་ཡིན། སྨན་རྫས་སྤྱད་དེ་འགོག་བཅོས་བྱེད་སྐབས་བཟའ་བྱའི་ཤ་མོའི་རིགས་ལ་འཚང་གནོད་པ་ཡོད་པར་མ་ཟད། ད་དུང་ཞིང་སྨན་གྱི་དུག་ལྷག་གི་གནད་དོན་ཡང་ཡོད། དེར་བརྟེན། སྨན་རྫས་བཀོལ་ནས་འགོག་བཅོས་བྱེད་སྐབས་ཏ་ཅང་གཟབ་ནན་བྱེད་དགོས། དེང་སྐབས། རྒྱུན་པར50%ཏུའོ་ཙུན་ལིང་བཞའ་ཚན་རང་བཞིན་གྱི་སྨན་ཕྱེ་པའི་ཡིས500~1000གཤེར་སྦྱོར་རྒྱུ་ཆ་སྤྱད་ན་རྨམ་སྲིན་གྱི་སྐྱེ་འཚར་ལ་ཚོད་འཛིན་བྱེད་པའི་ནུས་པ་ཐོན་ཐུབ། 65%ཧེ་སེན་ལྷན་ཏི་ཚ་པའི་ཡིས600གཤེར་ཁུ་སོགས་སྤྱད་ནས་སྨར་སྲིན་རང་བཞིན་གྱི་ནད་འབུའམ་ཤ་མོ་སྙིགས་རོ་སྣ་ཚོགས་འགོག་བཅོས་བྱེད་དགོས། འབུ་སྲིན་ཕྲ་མོ་རང་བཞིན་གྱི་ནད་རིགས་འགོག་བཅོས་བྱེད་པར་སྤྱིར་བཏང་དུ་དཀར་བཟོ་ཕྱེ་མ(ཁིལ་སྐྱུར་ཀལ་ཕལ་བ)བཀོལ་དགོས། ཤ་མོའི་ཆ་ཤས་སུ་འབུ་སྲིན་འབྱུང་བའི་སྐབས་སུ་ཞིང་སྤྱོད་ཕྲེང་རླམ་རྒྱུ་དང་ཐུའུ་མེ་སུའུ་ཡི་རླངས་གཏོར་འགོག་བཅོས་བྱེད་དགོས། འབུ་སྐྱོན་དང་གཡན་འབུའི་གནོད་འཚེ་བྱུང་ཚེ། ཙུང་ལེགས་པའི་འགོག་བཅོས་བྱེད་ཐབས་ནི་

གསོ་སྐྱོང་རྒྱུ་ཆའི་ནང་དུ་འབུ་གསོད་སྨན་རྫས་འོས་འཚམ་ཞིག་སྣོན་པ་དང་། དཔེར་ན་ཨར་ཅིན་ནུང་དང་མེ་སོ་སུང་སོགས་ཕན་ནུས་ཆེ་བའི་དུག་ཤེད་དམའ་བའི་འབུ་གསོད་སྨན་རྫས་དང་། ཡང་ན་གར་ཚད་སྟོང་ཁ10ཡིན་པའི་སྲིན་གསོད་གཅིན་རྒྱུ(པགས་ཕྱིད་སྐྱུལ་རྩི་རིགས་ཤིག)བཀོལ་ནས་ཐག་གཅོད་བྱེད་དགོས། དུག་གཤིས་ཆེ་བའི་ལིན་འགྱུར་ཏ་ཡང་སོགས་སྨན་རྫས་བཀོལ་མི་རུང་།

བདེ་འཇགས་ཡོང་བའི་ཆེད་དུ། ཞིང་སྨན་ནི་གསོ་སྐྱོང་རྒྱུ་ཆ་དང་ཤ་མོའི་ཁང་བར་དུག་སེལ་བྱེད་སྐབས་སྤྱོད་དགོས་པ་དང་། ཤ་མོའི་ཁང་བའི་ནང་དུ་ས་བོན་མ་བཏབ་པའི་སྔོན་དུ་ཐ་ཆོན་དང་ཏའི་ཏའི་ལྷེ་སྒྲིས་མ། ལིའུ་ཧོང་ཕྱེ་མ་བཅས་བསྲེས་ནས་ཆུ་ཚོད24ལ་བདུག་ན། འབུ་སྲིན་རྩ་མེད་དུ་བཏང་ཆོག་ལ་དུས་མཚུངས་སུ་མན་འབུ་ཡང་གསོད་ཐུབ། བདུག་བཅོས་བྱེད་སྐབས་སྨི་གྲུ་བཞི་ལྷམ་པ་རེའི་ཅ་ཆོན་གྱི་ཚད་ནི་ཏའོ་རྫིང8~10ཡིན། ལིའུ་ཧོང་ཕྱེ་མ་ཁེ10~12ཡིན། ཏའི་ཏའི་ལྷེ་སྒྲིས་མ་ཏའོ་རྫིང1~2ཡིན། ཡིག་ཆའི་ནང་དུ་ངོ་སྤྲོད་བྱས་པ་ལྟར། ནན་ཅིང་འབྲུ་རིགས་ཞིབ་འཇུག་ཁང་གིས་ཤ་མོའི་ཁང་བའི་གྲུང་ལྡེབས་དང་། ས་ངོས། ཤ་མོའི་འདེབས་འཛུགས་སྡེགས་བུའི་མཐའ་འཁོར་དང་། ཡང་ན་ཤ་མོ་མ་ཐོན་པའི་སྔོན་དུ་འདེབས་འཛུགས་སྡེགས་བུའི་ངོས་སུ་འབུ་གསོད་ཐུས་ཀྱི་ཕྱེ་མ་བཏབ་ཆོ་འགོག་བཅོས་ཀྱི་ཕན་འབྲས་ལེགས་པོ་ཐོན་བཞིན་ཡོད།

བཞི། ཁོར་ཡུག་ཆ་རྐྱེན་གྱི་ཚོད་འཛིན་ལ་ཤུགས་སྣོན་བྱེད་དགོས།

མིག་སྔར་ཤ་མོའི་ཐོན་ཚད་མཐོ་བའི་ས་ཁུལ་དུ། གསོ་སྐྱོང་རྒྱུ་ཆ་ཡོངས་ཁྲབ་ཏུ་སྐྱུར་བསྐལ(ཐེངས་གཉིས་ལ་སྐྱུར་བསྐལ)ཐག་གཅོད་བྱས་ནས་སྤྱོད་བཞིན་ཡོད་ཅིང་། དེས་ཕན་ནུས་ལྡན་པའི་སྒོ་ནས་གསོ་སྐྱོང་རྒྱུ་ཆའི་ནང་གི་ནད་འབུ་དང་གནོད་འབུ་གསོད་ཐུབ་པ་དང་། ལྷག་པར་དུ་ནད་འབུའི་གནོད་སྐྱོན་འགོག་བཅོས་བྱེད་པའི་སྐབས་སུ། གལ་ཏེ་དུས་དང་བསྟུན་ནས་འདེབས་འཛུགས་བྱེད་ཐུབ་ན། དྲོད་ཚད་དང་རླན་ཚད། རླུང་རྒྱུ་བ་སོགས་ཀྱི་ཆ་རྐྱེན་སྙོམ་སྒྲིག་བྱས་ཏེ། ནད་འབུའི་གནོད་པ་དང་ཕྲ་སྲིན་གྱི་འབབ་བཅོག་སྔོན་འགོག་བྱེད་ཐུབ། ས་གནས་སོ་སོའི་ལོ་མང་པོའི་ལག་ལེན་ཁྲིད་ནས་ཉམས་

རྒྱུད་ལྟར་ན། དྲོད་ཚད་མཐོ་ཞིང་བརླན་གཤེར་ཆེ་བ་དང་རླུང་རྒྱུག་ཚད་མི་ལེགས་པའི་ཁོར་ཡུག་ཡིན་ན། ནད་སྐྱོན་ཐུང་ཚབས་ཆེན་ཡིན། ལྷག་པར་དུ་འབུ་སྲིན་ཕྲ་མོའི་རང་བཞིན་གྱི་ནད་འབུའི་གནོད་འཚེ་འབྱུང་བར་བརླན་གཤེར་ཆེན་པོ་དང་དྲོད་ཚད་མཐོན་པོ་ལ་འབྲེལ་བ་དམ་པོ་ཡོད། འགོས་གཤིས་མིན་པའི་སྐྱེ་ལུགས་རང་བཞིན་གྱི་ནད་སྐྱོན་སྣ་ཚོགས་ནི། མང་ཆེ་བ་དབྱངས་གཉིས་ཐུན་རྐྱེན་གྱི་གར་ཚད་མཐོ་དྲགས་པ་དང་རླུང་རྒྱུག་ཚད་དམ་འོད་འཕྲོའི་ཆ་རྐྱེན་ཐུང་ཞན་པ་ལས་བྱུང་བ་ཡིན། དེར་བརྟེན་ཕྱོགས་ཡོངས་དང་བརྒྱུད་རིམ་ཅན་ཕྱིལ་པོ། དུས་འཁོར་མང་པོ་བཅས་ཀྱི་ཕྱོགས་བསྡུས་འགོག་བཅོས་བྱེད་རྒྱུ་ནི་དགོས་ངེས་ཤིག་ཡིན།

ལེའུ་བཞི་པ། བཟའ་བྱའི་ཤ་མོའི་ཉར་ཚགས་སོ་ཉར་དང་ལས་སྒྲོན་ལག་རྩལ།

ཤ་མོའི་འདེབས་འཇུགས་མུ་མཐུད་དུ་རྒྱ་བསྐྱེད་པ་དང་བསྟུན་ནས་དེའི་ཐོན་ཚད་ཀྱང་མུ་མཐུད་དུ་ཇེ་མཐོར་འགྲོ་བཞིན་ཡོད། དེ་བས་ཐོན་རྫས་ཕུང་གསོག་ཐེབས་སླ་བ་དང་། ལྷག་པར་དུ་ཤ་མོ་ཐོན་སྐྱེད་བྱེད་ཚད་མཐོ་བའི་དུས་སྐབས་སུ་ཕུང་གསོག་ཐེབས་སླ་བ་ཡིན། གལ་ཏེ་འོས་ཤིང་འཚམ་པའི་ཉར་ཚགས་སོ་ཉར་བྱེད་ཐབས་མ་སྤྱད་ན། ཐོན་རྫས་འབོར་ཆེན་རུལ་སྨུགས་སུ་གྱུར་ནས་གཉིས་རྒྱུད་ཇེ་ཞན་དུ་སོང་སྟེ་དཔལ་འབྱོར་གྱི་གྱོང་གུན་ཆེན་པོ་བཟོ་སྲིད། དེར་བརྟེན། བཟའ་བྱའི་ཤ་མོའི་ཉར་ཚགས་སོ་ཉར་ལག་རྩལ་ནི་མིག་སྔར་གྱི་ཞིབ་འཇུག་བྱ་གཞི་གལ་ཆེན་ཞིག་ཡིན།

ཚན་པ་དང་པོ། བཟའ་བྱའི་ཤ་མོའི་ཉར་ཚགས་སོ་ཉར་བྱེད་ཐབས།

བཟའ་བྱའི་ཤ་མོའི་སོ་ཉར་བྱེད་ཐབས་ཧ་ཅང་མང་པོ་ཡོད་དེ། དྲོད་ཚད་དང་རིགས། བཏྫ་བསྒྱུ་མ་བྱས་པའི་སྔོན་གྱི་དོ་དམ། ཉར་ཚགས་བྱེད་སའི་ཁོར་ཡུག་གི་གཙང་སྤྲའི་གནས་ཚུལ་སོགས་ལ་གཞིགས་ནས་ཉར་ཚགས་སོ་ཉར་བྱེད་སྟངས་འོས་འཚམ་སྤྱད་ན། ད་གཟོད་སོ་ཉར་ཉར་ཚགས་ཀྱི་ཕན་འབྲས་བཟང་ཤོས་ཐོན་ཐུབ།

གཅིག ཏྲོད་ཚད་དམའ་བ།

ཏྲོད་ཚད་དམའ་བའི་ཉར་ཚགས་ནི་བཟའ་བྱའི་ཤ་མོའི་རྒྱུན་སྤྱོད་ཀྱི་ཉར་ཚགས་

སོ་ཉར་བྱེད་སྟངས་ཤིག་ཡིན་ཞིང་། འཁོར་འཚམ་ཆེ་བ་ནི་སྐྱང་སྐྱེས་ཤ་མོ་དང་ཤ་མོ་ཡིན། དྲོད་ཚད་དམའ་བའི་ཁོར་ཡུག་གིས་རྩབས་ཀྱི་གྲུང་གཤིས་ཚོད་འཛིན་བྱེད་ཐུབ་པ་དང་། ལུས་ཁམས་ཀྱི་རྒྱུན་ལྡན་གྱི་རྙིང་ཚབ་གསར་བྱེད་ཀྱི་འགྱུལ་སྐྱོད་ཇེ་དམའ་རུ་གཏོང་བ་དང་། དབུགས་འབྱིན་རྫབ་ཀྱི་ནུས་པ་ཇེ་ཆུང་དུ་གཏོང་བར་མ་ཟད། སྐྱེ་དངོས་ཐྲ་རབ་ཀྱི་འགྱུལ་སྐྱོད་ལ་ཚོད་འཛིན་ཐེབས་པ་ཡིན། གྲང་ངར་ཆེ་བའི་དུས་ཚིགས་དང་ས་ཁུལ་དུ་རང་བྱུང་དྲོད་ཚད་དམའ་མོ་བེད་སྤྱད་ནས་སོ་ཉར་བྱས་ཆོག་པ་དང་། དྲོད་འཇམ་གྱི་དུས་ཚིགས་དང་ས་ཁུལ་དུ་མིའི་ཐབས་ཀྱིས་གྲང་ཉར་བྱེད་དགོས། མིའི་ཐབས་ཀྱིས་གྲང་ཉར་བྱེད་པ་ལ་གཙོ་བོར་གཤམ་གྱི་བྱེད་ཐབས་འགའ་ཡོད།

(གཅིག) འཁྱག་ཉར།

འཁྱག་དོང་འཛུགས་སྐྲུན་བྱས་ནས་བཟའ་བྱའི་ཤ་མོའི་དྲོད་ཚད་དམའ་སར་ཉར་ཚགས་བྱེད་དགོས།

(གཉིས) འཕྲུལ་ཆས་ཀྱིས་འཁྱག་ཉར་བྱེད་པ།

འཕྲུལ་ཆས་ཀྱིས་འཁྱག་ཉར་བྱེད་པ་ནི་འཕྲུལ་ཆས་ལ་བརྟེན་ནས་འཁྱག་བཟོ་བྱེད་པ་ཡིན། འཁྱག་མཛོད་ནང་གི་དྲོད་ཚད་ཇེ་དམའ་རུ་བཏང་ནས་སོ་ཉར་གྱི་དམིགས་ཡུལ་འགྲུབ་པར་བྱེད་དགོས། བཟའ་བྱའི་ཤ་མོའི་འཁྱག་མཛོད་ཉར་ཚགས་ལག་རྩལ་ལ་གཙོ་བོར་གཤམ་གསལ་གྱི་རིགས་འགའ་ཡོད་དེ།

1. སྔོ་སྐམ།

ཤ་མོ་བཙ་བསྐུ་བྱས་རྗེས། ཉི་མར་བསྒོ་བའམ་ཡང་ན་སྒོ་ཁང་དུ་བཞག་ནས 30~35℃བསྒོ་དགོས། དེས་ཤ་མོའི་གཟུགས་དབྱིབས་ཇེ་ལེགས་སུ་འགྲོ་བར་རམ་འདེགས་བྱེད་ཐུབ།

2. སྔོན་ཚུད་འཁྱག་བཟོ།

སྔོན་ཚུད་འཁྱག་བཟོ་ནི་རྒྱུན་ལྡན་གྱི་གྲང་ཉར་བཀོལ་སྤྱོད་ཁྲིད་ཀྱི་དགོས་ངེས་ལས་རིམ་ཞིག་ཡིན། ཆུ་འཇིབ་མ་ཐག་པའི་ཤ་མོའི་སྙིང་གི་དྲོད་ཚད་ནི་འཁྱག་མཛོད་ལས་

མཐོ་བ་དང་། མཛོད་ཁང་ནང་དུ་མ་འཇུལ་བའི་གོང་རོལ་ལ་ཚ་ཚད་མེད་པར་བཟོས་ནས་འཁྱག་བཟོའི་མ་ལག་གི་ཐེག་ཚད་ཇེ་ཆུང་དུ་གཏོང་དགོས། མིག་སྔར། རྒྱལ་ནང་གི་བཟའ་བྱའི་ཤ་མོའི་གྲང་ཉར་ནི་གཙོ་བོར་མཛོད་ཁང་དུ་ཉར་བའི་གྲངས་ཀ་ཇེ་ཉུང་དུ་བཏང་ནས་གྲང་མཛོད་ཀྱི་དྲོད་ཚད་སྲུང་འཛིན་བྱེད་བཞིན་ཡོད། དེ་བས་སྔོན་ཚུད་འཁྱག་བཟོའི་ལས་རིམ་འདི་མེད་པར་བཟོས་པ་ཡིན།

3. གྲང་མཛོད་ཀྱི་དྲོད་ཚད་དང་རླན་ཚད་སྙོམ་སྒྲིག

(1) དྲོད་ཚད། བཟའ་བྱའི་ཤ་མོའི་རིགས་མི་འདྲ་བའི་དབང་གིས་གྲང་ཉར་བྱེད་པའི་དྲོད་ཚད་ཀྱང་མི་འདྲ། སྤྱིར་བཏང་དུ0~15℃ཁྱབ་ཁོངས་སུ(སོན་གཉིས་ཤ་མོ་ནི0~5℃དང་སྤང་སྐྱེས་ཤ་མོ་ནི10~15℃ཡིན) དྲོད་ཚད་འདིའི་འོག་ཏུ་ཆུ་ཚོད72ཉར་ཚགས་བྱས་ན། ཤ་མོའི་དབྱིབས་གཟུགས་ཅུང་ཇེ་ཆུང་དུ་འགྱུར་སོང་། འོན་ཀྱང་རྒྱུ་སྤུས་ད་དུང་ཅུང་མཁྲེགས་པོ་ཡིན། གདུགས་མགོ་མི་འཁྱེད་པར་མ་ཟད་དྲི་ངན་ཡང་མེད།

(2) རླན་ཚད། མཛོད་ཁང་གི་ས་ངོས་སུ་ཆུ་གཏོར་བའམ་ཡང་ན་གྲང་ཉར་གྱི་བཞའ་ཚན་འཕར་བའི་སྒྲིག་ཆས་སྤྱི་ནས་མཛོད་ཁང་གི་ཅུང་མཐོ་བའི་ལྷོས་བཅས་ཀྱི་རླན་ཚད་དང་གྲང་འཁྱག་རྒྱུན་འཁྱོངས་བྱེད་དགོས།(སྤྱིར་བཏང་དུ80%ཡས་མས་ཡིན) དེས་ཤ་མོའི་གཟུགས་དབྱིབས་ལེགས་པར་སྲུང་བ་དང་རྙིད་པ་ཉུ་མི་འགྱུར་བ་ཡིན།

4. རླུང་རྒྱུག

གྲང་མཛོད་ཁང་ནང་རྒྱུན་དུ་རླུང་སྤྱད་འཕྲུལ་འཁོར་དང་རླུང་གཡབ་སོགས་རླུང་རྒྱུ་བའི་སྒྲིག་ཆས་སྤྱད་དེ་མཁའ་རླུང་སྙོམས་པོ་ཡོང་བར་བྱེད་དགོས།

5. མཁའ་དབུགས་གཙང་བཟོ།

བཙ་བསྲུ་བྱས་རྗེས་ཤ་མོར་སྔར་བཞིན་གསོན་ཤུགས་ཡོད་པ་དང་། འབྱིན་རྔུབ་ཀྱི་ནུས་པར་བརྟེན་ནས་དབྱང་གཉིས་ཐན་རྫས་གཏོང་བ་དང་། ཆིང་དབྱང་ནྭ་རྫས་ཞུ་ཁུས་སྤྱད་ལེན་བྱས་ཆོག

6. ཟོག་སྒྲོམ་གྱི་དྲོད་ཚད་དམའ་མོ་རྒྱུན་འཁྱོངས་བྱེད་པ།

ཤ་མོ་སྲོས་འཁྱིག་གི་འཕོར་རྒྱུག་སྐབས་ནང་དུ་གླུགས་རྗེས་ཟློག་སྒྲོམ་སྣེང་དུ་འཛོག་དགོས་ཤིང་། གླུང་སྦྱུད་འཕྲུག་བཟོའི་ལག་རྩལ་ལ་བརྟེན་ནས། ཤ་མོ་སོས་པ་གྲང་མཛོད་བརྒྱུད་ནས་འཕྲུག་བཟོ་བྱས་ཟིན་པའི་དྲོད་ཚད་དམའ་མོ་དང་བརྟན་གཤེར་ཆེ་བའི་མཁའ་གླུང་ནང་ནས་ཐོག་མཐའ་བར་གསུམ་དུ་གནས་པ་དང་། ཕྲིན་ཚོང་བྱེད་པའི་བརྒྱུད་རིམ་ཧྲིལ་པོར་དམིགས་བསལ་གྱི་དྲོད་ཚད་དམའ་བའི་ཁོར་ཡུག་དང་རྣམ་པ་རྒྱུན་འཁྱོངས་བྱེད་བཞིན་ཡོད།

གཉིས། མཁའ་དབུགས་སྒོམ་སྒྲིག

དབྱང་གླུང་གི་གར་ཚད་ཅུང་དམའ་བ་དང་དབྱང་གཉིས་ཐན་རྫས་ཀྱི་གར་ཚད་ཅུང་མཐོ་བའི་ཆ་རྐྱེན་འོག་ཏུ། ཤ་མོ་རྙིང་ཚབ་གསར་བརྗེ་དང་སྐྱེ་དངོས་ཕྲ་རབ་ཀྱི་འགྲུལ་སྐྱོད་ཚང་མར་ཚོད་འཛིན་ཐེབས་པར་མ་ཟད། དབྱང་གཉིས་ཐན་རྫས་ཀྱིས་ད་དུང་ཤ་མོའི་ཕྲ་ཕུང་གི་གདུགས་མགོ་འབྱེད་པའི་དུས་ཡུན་ཇི་དལ་དུ་གཏོང་བ་དང་རྩུབ་དབྱང་རྩབས་ཀྱི་གྲུང་གཤིས་ཇི་དམའ་རུ་གཏོང་ཐུབ་པས། སོ་ཉར་དམིགས་ཡུལ་འགྲུབ་པར་བྱེད་པ་ཡིན། སྤང་སྐྱེས་ཤ་མོ་དང་ཤ་མོ་གཉིས་ཀ་འདེབས་འཛུགས་བྱེད་ན་རྒྱུན་དུ་ཉར་ཚགས་བྱེད་ཐབས་འདི་སྤྱོད་པ་དང་། མཁའ་དབུགས་སྒོམ་སྒྲིག་བྱེད་པ་གཙོ་བོར་གཤམ་གྱི་བྱེད་ཐབས་གཉིས་ཡོད།

(གཅིག) མཁའ་དབུགས་སྒོམ་སྒྲིག་གྲང་མཛོད།

1. སྦྱིར་བཏང་གི་མཁའ་དབུགས་སྒོམ་སྒྲིག

གླུང་རྒྱུ་འཕྲུལ་ཆས་དང་དབྱང་གཉིས་ཐན་རྫས་འཕྲུད་ཆས་སྤྱི་ན་མཁའ་གླུང་ཁྲོད་ཀྱི་དབྱང་གླུང་གི་ཚད་དང་དབྱང་གཉིས་ཐན་རྫས་ཀྱི་ཚད་སོ་སོར་ཚོད་འཛིན་བྱེད་ཐུབ། བྱེད་ཐབས་འདི་སྤྱད་ན་འགྲོ་སྒྲོན་ཅུང་དམའ་མོད། འོན་ཀྱང་དུས་ཡུན་ཅུང་རིང་བ་དང་གྲང་མཛོད་ཀྱི་དབུགས་དམ་རང་བཞིན་གྱི་བླང་བྱ་ཡང་ཅུང་མཐོ།

2. བསྐྱར་འཕོར་རྣམ་པའི་འཕྲུལ་ཆས་ཀྱི་མཁའ་དབུགས་སྒོམ་སྒྲིག

གྲང་མཛོད་ཁང་ནང་གི་མཁའ་གླུང་འབར་བྱེད་སྒྲིག་ཆས་ཀྱི་ནང་དུ་དྲངས་ནས

འབར་དུ་བཙུག་སྟེ་དབྱང་རླུང་དབྱང་གཉིས་ཐྭན་རྫས་སུ་འགྱུར་བར་བྱེད་པ་དང་། དབྱང་གཉིས་ཐྭན་རྫས་ཀྱི་གར་ཚད་ནི་གླང་བྱ་དང་མཐུན་པའི་སྐབས་སུ། དབྱང་རླུང་འཕྲུད་ཆས་ཀྱི་ཁ་ཕྱེ་བ་དང་། དབྱང་རླུང་གར་ཚད་ཀྱི་གླང་བྱ་དང་མཐུན་པའི་སྐབས་སུ་འབར་མཚམས་འཇོག་དགོས། དེ་མིན་ཕྱིར་བཏང་གི་སོལ་རླངས་ལ་གཞིགས་ནས་ཉར་ཚགས་བྱས་ཆོག

3. ཏན་སྔོན་རྣམ་པའི་འཕྲུལ་ཆས་ཀྱི་མཁའ་དབུགས་སློམ་སྒྲིག

ཏན་རླུང་འབྱུང་ཆས་ཀྱི་ནང་དུ། འབར་རྫས་ཁ་ཤས(དཔེར་ན་ཆང་བཙུད་ལྷ་བུ)དང་མཁའ་དབུགས་བསྲེས་ནས་འབར་རྗེས་མཁའ་དབུགས་གཙང་སྦྱར་བྱེད་པ་ཡིན། འཕྲོས་ལྷག་གཙོ་བོར་ཏན་རླུང་ཡིན་པ་དང་། གཞན་ད་དུང་དབྱང་རླུང་ཞུང་ཙམ་དང་འབར་ནས་བྱུང་བའི་དབྱང་གཉིས་ཐྭན་རྫས་ཀྱང་ཡོད་པས། དབྱང་གཉིས་ཐྭན་རྫས་ཀྱི་གར་ཚད་དམའ་བ་དང་དབྱང་གཉིས་ཐྭན་རྫས་ཀྱི་གར་ཚད་མཐོ་བའི་ཁོར་ཡུག་གི་ཆ་རྐྱེན་འབྱུང་བ་ཡིན། བྱེད་ཐབས་འདིའི་རིགས་ལ་མཚོན་ནས་བཤད་ན་ གྲང་མཛོད་ཀྱི་མཁའ་དབུགས་རང་བཞིན་གྱི་གླང་བྱ་ཙུང་དམའ་མོད། འོན་ཀྱང་འགྲོ་གྲོན་ཙུང་མཐོ་འོ།།

(གཉིས) སྐྱི་སྲབ་ཁ་བསུམས་ནས་མཁའ་དབུགས་སློམ་སྒྲིག

སྐྱི་སྲབ་ཁ་སུམ་པའི་སྣོད་ཆས་ཕྱིར་བཏང་དུ་འཕྲུལ་ཆས་འཁྲུག་མཛོད་ནང་དུ་བཞག་ཆོག་ཅིང་། མཁའ་དབུགས་སློམ་སྒྲིག་ཉར་ཚགས་མཛོད་ཁང་དང་བསྡུར་ན། བེད་སྤྱོད་བྱས་ན་སྟབས་བདེ་ལ་མ་གནས་དམའ་བར་མ་ཟད། སྐྱེལ་འདྲེན་ཁྲོད་དུ་བེད་སྤྱོད་བྱས་ཀྱང་ཆོག གཙོ་བོ་གཤམ་གྱི་བྱེད་ཐབས་འགའ་ཡོད་དེ།

1. ཕུང་གསོག་ཁ་སུམ་པའི་ཐབས།

ཤ་མོ་གསར་བ་ཕུང་གསོག་བརྒྱབ་ནས་དབུགས་རྒྱུ་བའི་སྤུས་འཁྱིག་གི་སྒྲོམ་བུའི་ནང་དུ་འཇོག་དགོས་ཤིང་། ཕྱོགས་བཞིར་བར་གསེང་ངེས་ཅན་ཞིག་འཇོག་པར་མཉམ་འཇོག་བྱེད་དགོས་པ་དང་། དེ་ནས་ཅེ་ཡེ་ཞིའམ་ཅེ་ལོ་ཡེ་ཞི་སྲབ་སྐྱིས་དམ་སྦྲུར་བྱས་ཏེ། རང་སྟེང་གི་དབུགས་རྔུབ་པའི་ནུས་པ་བཀོལ་ན་དབྱང་རླུང་གི་གར་ཚད་ཇེ་དམའ་རུ་གཏོང་ཐུབ

པས། དབྱང་གཉིས་ཐཱན་རྫས་ཀྱི་གར་ཚད་ཇེ་མཐོར་བཏང་ནས་ཉར་ཚགས་ཀྱི་དམིགས་ཡུལ་འགྲུབ་པར་བྱེད་དགོས། དབྱང་གཉིས་ཐཱན་རྫས་ཀྱི་དུག་ཕོག་པར་སྔོན་འགོག་བྱེད་ཆེད། འོས་འཚམ་སྣོས་རྗེ་ཐལ་གཏོར་ནས་དབྱང་གཉིས་ཐཱན་རྫས་འཇིབ་ཧྲུབ་བྱེད་དགོས།

2. ཁུག་མའི་ཁ་བཙུམ་པའི་ཐབས།

ཤ་མོ་གསར་བ་ཅེ་ཡེ་ཞི་སྤྲོས་འཁྱིག་གི་ཁུག་མའི་ནང་དུ་བཅུག་ནས། ཁུག་མའི་ཁ་དམ་པོར་བསྡམས་རྗེས་བཙིར་གནོན་དང་དབུགས་འཐེན་དགོས། ཁུག་མའི་ནང་གི་མཁའ་དབུགས་ཕུད་རྗེས་ཟོག་སྒྲོམ་སྟེང་དུ་འཇོག་པ་དང་། དུས་མཚུངས་སུ་གྲང་ཉར་ལ་གཞོགས་འདེགས་བྱས་ན་ཕན་འབྲས་དེ་བས་ལེགས་པོ་ཡོང་ངེས་ཡིན། ཡང་ན་དུས་བཀག་ལྟར་དབུགས་གཏོང་བའམ་ཁུག་མའི་ཁ་ཕྱེ་ནས་དབུགས་གཏོང་བ་དང་། དབུགས་བརྗེས་རྗེས་ད་གཟོད་ཁ་སྲུམ་པའི་ཐབས་སྤྱོད་དགོས། སྤྲོས་འཁྱིག་སྲབ་མོའི་ཁུག་མ་ཡིན་ན། མ་གཞི་ནས་དབུགས་རྒྱུ་བའི་རང་བཞིན་ངེས་ཅན་ཞིག་ཡོད་པ་དང་། ཁུག་མ་འདི་རིགས་སྤྱད་ནས་ཤ་མོ་སྤུད་གསོག་བྱས་ན་རང་བྱུང་མཁའ་རླུང་གི་ཚད་རིམ་དུ་སླེབས་ཐུབ། མིག་སྔར་རྒྱལ་ནང་ནས་རྒྱུན་དུ་བྱེད་ཐབས་འདི་སྤྱད་ནས་བཟའ་བྱའི་ཤ་མོ་ཉར་ཚགས་བྱེད་བཞིན་ཡོད།

3. སྤེལ་འཁྱིག་སྒེའུ་ཁུང་གི་རང་འགྲུལ་གྱི་མཁའ་དབུགས་སྙོམ་སྒྲིག

སྤེལ་འཁྱིག་ལ་རླུང་རྒྱུ་མཐོ་བའི་རང་བཞིན་ལྡན་ཞིང་། ཁུག་མའི་ནང་གི་དབྱང་གཉིས་ཐཱན་རྫས་མཐོ་བ་དང་དབྱང་རླུང་ཉུང་བའི་ཁོར་ཡུག་སྲུང་འཛིན་བྱས་ན་དབུགས་འཕྱིན་ཧྲུབ་ཀྱི་ནུས་པ་འགོག་ཐུབ། ཡིན་ནའང་དབྱང་གཉིས་ཐཱན་རྫས་ལ་དུག་ཕོག་མི་སྲིད། སྤེལ་འཁྱིག་གི་རིན་གོང་ཅུང་མཐོ་བས། ད་དུང་གཞི་ཁྱོན་ཆེན་པོར་བཀོལ་སྤྱོད་བྱེད་དཀའ།

གསུམ། རྫས་འགྱུར་སྙོམ་སྒྲིག

བཟའ་བྱའི་ཤ་མོའི་འཕྱིན་ཧྲུབ་ནུས་པ་ནི་དུག་མེད་གནོད་མེད་ཀྱི་རྫས་འགྱུར་སྨན་རྫས་ལ་བརྟེན་ནས་ཚོད་འཛིན་བྱེད་ཐུབ། དེ་ནས་ཤ་མོའི་ཕྲ་ཕུང་གི་གདུགས་མགོ་འཕྱེད

པར་དཔལ་འགོར་དང་རྣམ་འགྱུར་དུས་ཡུན་ཡང་ཕྱིར་འགྱངས་བྱེད་པ་དང་། དུས་མཚུངས་སུ་ཉུལ་སྲུངས་སུ་འགྱུར་བའི་སྐྱེ་དངོས་ཕྲ་རབ་ཀྱི་བསླད་སྐྱོན་སྔོན་འགོག་བྱས་ནས་ཉར་ཚགས་ཀྱི་དུས་ཚོད་རིང་དུ་གཏོང་བའི་དམིགས་ཡུལ་འགྲུབ་པར་བྱེད་དགོས། རྒྱུན་སྤྱོད་ཀྱི་རྫས་འགྱུར་ཉར་ཚགས་ལ་གཙོ་བོར་གཤམ་གྱི་ཐབ་གཅོད་བྱེད་ཐབས་འགའ་ཡོད་དེ།

(གཅིག) ཚྭ་ཆུའི་ཐབ་གཅོད།

ཤ་མོ་གསར་བ0.6%ཚྭ་ཆུའི་ནང་དུ་སྦྲང་དགོས་ཤིང་། སྐར་མ10འགོར་རྗེས་ཁུག་མའི་ནང་དུ་འཛུག་དགོས། དྲོད་ཚད10~25℃ཆ་རྐྱེན་འོག་ཏུ་ཆུ་ཚོད4~6རྒྱུན་འཁྱོངས་བྱེད་དགོས། ཤ་མོའི་ཁ་དོག་རིམ་བཞིན་དཀར་པོར་འགྱུར་བ་དང་། ཉིན3~5རྒྱུན་འཁྱོངས་བྱེད་ཐུབ།

(གཉིས) ཚྭ་སྐྱུར་ཐབ་གཅོད།

ཤ་མོ0.05%ཚྭ་སྐྱུར་དྭངས་མའི་ནང་དུ་སྦྲང་དགོས་ཤིང་། pHཚད6མན་ལ་མར་ཆག་ཏུ་བཅུག་ན་རྩབས་ཀྱི་གྲུང་གཤིས་ལ་ཚོད་འཛིན་ཐེབས་སྲིད། དུས་མཚུངས་སུ་ད་དུང་ཉུལ་སྲུངས་སུ་གྱུར་པའི་སྐྱེ་དངོས་ཕྲ་རབ་འཚར་ལོངས་ཡོང་བར་ཚོད་འཛིན་བྱས་ན་སོ་ཉར་གྱི་དམིགས་ཡུལ་འགྲུབ་ཐུབ།

(གསུམ) སྐྱུལ་རྒྱུ་ཐབ་གཅོད།

ཤ་མོ་གསར་བ0.01%6–ཕི་ཨེམ་རྣང་ཕུ་རོན་ནང་དུ་སྐར་མ10~15ལ་སྦྲང་དགོས། སྐམ་བསྐམས་བྱས་རྗེས་ཁུག་མའི་ནང་དུ་བཅུག་ན་ཤ་མོ་གསར་བ་སོ་ཉར་བྱེད་ཐུབ།

(བཞི) པེ་ཊུག་ཐབ་གཅོད།

ཤ་མོ་གསར་བ0.001%~0.1%པེ་ཊུག་ཆུའི་ཞུ་ཁུའི་ནང་དུ་སྐར་མ10སྦྲང་དགོས། སྐམ་བསྐམས་བྱས་རྗེས་ཁུག་མའི་ནང་དུ་འཛུག་པ་དང་། ལོས་འཚམ་གྱི་དྲོད་ཚད་འོག་ཏུ་ཤ་མོ་སོ་ཉར་ཉིན8བྱས་ཆོག

(ལྔ) ཅོ་ཡ་ཟེ་སྐྱུར་ནྲའི་ཐབ་གཅོད།

ཐོག་མར་ཤ་མོ0.01%ཅོ་ཡ་ལིའུ་སོན་ནྲ་ཆུའི་ཞུ་ཁུས་སྐར་མ3~5བཀྲུ་དགོས། དེའི་

འཕྲོར་ཡང་བསྐྱར0.1%~0.5%ཅོ་ཡ་ཞིའུ་སོན་ནྣའི་ཆུའི་ཞུ་ཁུའི་ནང་དུ་སྦང་དགོས། སྐར་མ30འགོར་རྗེས་ཕྱིར་བླངས་ནས་ཁུག་མའི་ནང་དུ་འཇུག་པ་དང་། 10~15℃དྲོད་ཚད་འོག་ཏུ། ཤ་མོའི་ཁ་དོག་དཀར་པོ་རྒྱུན་འཁྱོངས་བྱེད་པ་དང་སོ་ཉར་ཕན་འབྲས་ཀྱང་ཏ་ཅང་བཟང་།

བཞི། འགྱེད་འཕྲོ།

ཤ་མོ་གསར་བ་ཁོབ60(ཡང་ན་སེས137) γ འཕྲོ་ཐིག་བརྒྱུད་པ་དང་། ཡང་ན་འགྲོས་སྟོན་དང་ནུས་ཚད་ཀྲའོ10སློག་རྡུལ་ཕྲོལ་ཐི་ལས་དམའ་བའི་གློག་རྡུལ་རྒྱུན་གྱིས་ཐག་གཅོད་བྱས་རྗེས། ཕུང་པོའི་སྟེང་གི་ཆུའི་ཆ་རྡུལ་དང་སྐྱེ་དངོས་རྫས་འགྱུར་གྱི་གྲུང་གཤིས་དངོས་རྫས་ནི་གློག་གྱིས་སམ་སྐྱུལ་སྤེལ་གྱི་རྣམ་པར་གནས་པ་ཡིན་ལ། ཉིང་སྒྱུར་འདྲེས་གྲུབ་དང་རྡུལ་འགྱུར་རྩབས་ཆ་རྡུལ་ལ་ཚོད་འཛིན་བྱས་ཏེ། སྲིན་གཟུགས་ཀྱི་རྣམ་པར་འགྱུར་ལྡོག་འབྱུང་དུ་འཇུག་པ་དང་། དེ་ནས་ཤ་མོའི་ཕྲ་ཕུང་གི་གདུགས་མགོ་ཕྱེ་བ་དང་དེའི་སྐྱེ་ལུགས་རྙིང་ཚབ་གསར་བརྗེ་བྱེད་པར་མ་ཟད། ཁམ་ནག་གི་འགྱུར་ལྡོག་ལ་ཚོད་འཛིན་དང་ཆུ་འཛིན་ཚད་ཤུགས་ཆེ་ཏུ་གཏོང་ལ། དུས་མཚུངས་ད་དུང་ཏུལ་སྲུངས་ཀྱི་སྐྱེ་དངོས་ཕྲ་རབ་དང་ནད་གཞིའི་འབུ་སྲིན་གསོད་ཐུབ།

རྫས་འགྱུར་ཉར་ཚགས་དང་བསྡུར་ན་རྫས་འགྱུར་གྱི་ལྷག་རོ་མེད་ཅིང་། དྲོད་ཚད་དམའ་བའི་ཉར་ཚགས་དང་བསྡུར་ན་ནུས་ཁུངས་གྲོན་ཆུང་བྱེད་ཐུབ། འགྱེད་འཕྲོ་ཉར་ཚགས་ཀྱི་སོ་ཉར་ཕན་འབྲས་ནི་འོད་འཕྲོའི་སྤྱོར་ཚད་དང་དྲོད་ཚད་ལ་འབྲེལ་བ་ཡོད། དེ་བས་སྤྱོར་ཚད་འོས་འཚམ་ཞིག་སྤྱོད་དགོས་པ་དང་། དུས་མཚུངས་སུ་གྲང་ཉར་དང་ཟུང་འབྲེལ་བྱས་ན་ཕན་འབྲས་སྔར་ལས་ལེགས་པར་ཐོན་ཐུབ། འགྱེད་འཕྲོ་ཉར་ཚགས་ཀྱིས་ད་དུང་མུ་མཐུད་དུ་ལས་སྒྲུབ་བྱེད་ཐུབ་པས། རང་འགུལ་ཅན་གྱི་ཐོན་སྐྱེད་མངོན་འགྱུར་བྱེད་སྲི།

སྤང་སྐྱེས་ཤ་མོ་དང་ཤ་མོ། སྤང་སྐྱེས་ཤ་མོ་ནི γ འཕྲོ་ཐིག་ཁྲི10ལུང་ཆེན་ཐག་གཅོད་བྱས་རྗེས། 13~14℃འོག་ཏུ་ཉིན4ལ་ཉར་ཚགས་བྱས་ཆོག ཤ་མོ་ནི γ འཕྲོ་ཐིག་ཁྲི5~7ལུང་

ཆེན་ཐག་གཅོད་བྱས་རྗེས། རྒྱུན་དྲོད་འོག་ཏུ་ཉིན6(གཞིབ་བསྟུར་ཚོགས་ཆུང་ནི་ཉིན1~2) ཉར་འཛོག་བྱེད་ཐུབ་པ་དང་། དྲོད་དམན་ཁོར་ཡུག་འོག་ཏུ་ཉིན30སོ་ཉར་བྱེད་ཐུབ།

༣། གྲེས་རྟུལ་མོ།

མཁའ་དབུགས་ཁྲོད་ཀྱི་གྲེས་རྟུལ་མོས་ཤ་མོའི་རྒྱུན་ལྡན་གྱི་རྙིང་ཚབ་གསར་བརྗེ་ལ་ཚོད་འཛིན་བྱེད་ཐུབ་པར་མ་ཟད། ད་དུང་མཁའ་དབུགས་གཙང་མ་བཟོ་བའི་ནུས་པ་ཐོན་ཐུབ། གྲེས་རྟུལ་མོ་འབྱུང་ཆས་ཀྱིས་གྲེས་རྟུལ་མོ་བསྐྱེད་པར་མ་ཟད། ད་དུང་དཀུ་དབྱང་ཡང་བསྐྱེད་ཐུབ་པ་དང་། དཀུ་དབྱང་ལ་དབྱང་འགྱུར་གྱི་ནུས་པ་ཆེན་པོ་ལྡན་པས། འབུ་ སྲིན་གསོད་ཐུབ་པར་མ་ཟད་ལུས་ཁམས་ཀྱི་གྲུང་གཞིས་ཀྱང་ཚོད་འཛིན་བྱེད་ཐུབ། གྲེས་རྟུལ་མོ་མཁའ་རླུང་ཁྲོད་ཀྱི་གྲེས་རྟུལ་ཕོ་དང་འཕྲད་དུས། ཕན་ཚུན་ཟུང་འབྲེལ་བྱས་ནས་མེད་པར་འགྱུར་ཞིང་གནོད་ལྡན་དངོས་རྫས་ཅི་ཡང་བསྐྱེད་མི་སྲིད། དེ་བས་གྲེས་རྟུལ་མོ་སོ་ཉར་བྱེད་སྟངས་ལེགས་པོ་ཞིག་ཡིན་ཞིང་། བཀོལ་སྤྱོད་བྱེད་དུས་སྟབས་བདེ་ལ་མ་གནས་ཀྱང་ཅུང་དམའོ།།

ཤ་མོ་གསར་བ་ཁྱུག་མའི་ནང་ བླུགས་རྗེས། ཉིན་རེར་གར་ཚད་སྨི་གྲུ་བཞི་ལྷམ་པ1×10⁵གྲེས་རྟུལ་མོས་ཐེངས1~2དང་། ཐེངས་རེར་སྐར་མ20~30ཐག་གཅོད་བྱེད་དགོས། འདིས་ཤ་མོ་གསར་བའི་ཟོག་སྒྲིམ་དུས་ཡུན་ཇེ་རིང་དུ་གཏོང་ཐུབ།

༤ བཟའ་བྱའི་ཤ་མོའི་སོ་ཉར་དཔེ་མཚོན།

(གཅིག) གསེར་ཁབ་ཤ་མོའི་སོ་ཉར་ལག་རྩལ།

གསེར་ཁབ་ཤ་མོ་བསྡུས་རྗེས་ཐག་གཅོད་འོས་འཚམ་མ་བྱས་ན། རྗེས་སྨིན་དང་སེར་ནག་འབྱུང་སྲིད། འོན་ཀྱང་གསེར་ཁབ་ཤ་མོ་སོས་པ་ལས་སྔོན་བྱས་རྗེས། སྤྲོ་བ་དང་འཚོ་བཅུད་ཀྱི་རིན་ཐང་ཇེ་ཆུང་དུ་འགྲོ་སྲིད་ཅིང་། དེའི་ཚོང་ཟོག་གི་རིན་ཐང་ཡང་ཇེ་ཆུང་དུ་འགྲོ་བ་ཡིན། དེ་བས། གསེར་ཁབ་ཤ་མོ་གསར་བར་དུས་ཡུན་ཐུང་ངུའི་ནང་དུ་ཉར་ཚགས་སོ་ཉར་བྱེད་པ་ནི་ཏ་ཅང་དགོས་ངེས་ཤིག་ཡིན་པ་དང་། དེའི་སོ་ཉར་གྱི་རྩ་བའི་རིགས་པ་ནི་ཆུ་ཤོར་སྔོན་འགོག་དང་མཁའ་དབུགས་འཕྱིན་རྟབ་ཚོད་འཛིན། ཁམས་

འགྱུར་སྟོན་འགོག་བཅས་བྱ་རྒྱུ་དེ་ཡིན། རྒྱུན་དུ་སྤྱོད་པའི་ལག་རྩལ་ལ་གཙོ་བོ་འཁྱག་ཉར་དང་སྔོང་སངས་སོ་ཉར་རིགས་གཉིས་ཡོད།

1. འཁྱག་ཉར།

གསེར་ཁབ་ཤ་མོའི་ཡུ་བའི་རིང་ཚད་ལ་ལི་སྨི10ཡོད་པ་དང་། ཤ་མོའི་གདུགས་མགོ་འབྱེད་མེད་པ་དང་ཤ་མོའི་སོས་ཚད་བཟང་བའི་སྐབས་སུ་བཏ་བསྡུ་བྱས་ན་ཆེས་བཟང་། བཏ་བསྡུ་མ་བྱས་པའི་ཉིན་གཅིག་གི་སྔོན་དུ། ཆུ་གཏོར་མཚམས་འཇོག་པ་དང་ཤ་མོའི་ཚོམ་བུ་འཐུ་བ། སྙིགས་རོ་དང་ཡ་གཟུགས་ཤ་མོའམ་ནད་ལྡན་ཤ་མོ་རྣམས་གཙང་སེལ་བྱེད་དགོས། དེ་ནས་རིམ་པའི་སྣང་བྱ་ལྟར་གསེར་ཁབ་ཤ་མོའི་ཕྲ་ཕུང་གི་རིམ་པ་དབྱེ་དགོས་པར་མ་ཟད། མཐུག་ཚད་ལི་སྨི0.004~0.008དང་། རིང་ཚད་ལི་སྨི23 ཞེང་ཚད་ལི་སྨི35ཡོད་པའི་ཅེ་ཡེ་ཞིའི་སྡོས་འཁྱིག་ཁུག་མ་སྤྱད་དེ་ཁུག་མ་རེར་ཁེ200~300སྤུད་ཉར་བྱེད་དགོས། འོད་ཙུང་ཞན་པ་དང་རླན་ཚད་ཅུང་ཆེ་བའི་དུས་སུ། དྲོད་ཚད4~5℃ཡིན་པའི་ཁོར་ཡུག་ཁྲོད་དུ་ཉིན5ཡས་མས་ཉར་ཚགས་བྱས་ཆོག་པ་དང་། སྤུས་ཀ་རྩ་བའི་ཆ་ནས་མི་འགྱུར་རོ།།

2. སྔོང་སངས་སོ་ཉར།

བཏ་བསྡུ་དང་རིམ་དབྱེ། ཁུག་མར་འཇུག་པ་བཅས་ཀྱི་ལག་རྩལ་ནི་འཁྱག་ཉར་དང་གཅིག་འདྲ་ཡིན། ཁུག་མའི་ནང་བཅུག་རྗེས། སྔོང་སངས་ཁ་སྦྱར་འཕྲུལ་འཁོར་གྱིས་ཁུག་མའི་ནང་གི་དབུགས་རླུང་ཇེ་ཉུང་དུ་གཏོང་དགོས། དྲོད་ཚད1~5℃ཁོར་ཡུག་ཁྲོད་དུ་ཉིན15ཡས་མས་སུ་ཉར་ཚགས་བྱས་ཆོག་པ་དང་། སྤུས་ཀ་རྩ་བའི་ཆ་ནས་མི་འགྱུར་རོ།།

(གཉིས) ཞིང་པའོ་ཤ་མོའི་སོ་ཉར་ལག་རྩལ།

ཞིང་པའོ་ཤ་མོའི་རྒྱུན་དུ་སྤྱོད་པའི་སོ་ཉར་ལག་རྩལ་ནི་སྔོང་སངས་སོ་ཉར་ཡིན། ཤ་མོའི་གདུགས་མགོ་ད་དུང་འབྱེད་མེད་པ་དང་། ཐུམ་རྟུལ་ད་དུང་མ་མཆེད་སྔོན་དུ་བཏ་བསྡུ་བྱེད་པ་ཡིན། དེ་ནས་ཤ་མོའི་རྩ་བར་བཙའ་མི་རྒྱག་པའི་ལྕགས་གྲིས་གཞོགས་ནས་སྤུས་ཀའི་ཚད་གཞི་ལྟར་རིམ་པ་དབྱེ་དགོས། དེའི་འཕྲོར་མཐུག་ཚད་ལི་སྨི0.004~0.008ཡོད་

པའི་ཅེ་ཡེ་ཞིའི་སྦྱོས་འཁྲིག་ཁུག་མ་བདམས་ནས་ཁུག་མ་རེར་སྟོང་ཁེ5ཡས་མས་འཇུག་དགོས། དེ་རྗེས་སྟོང་སངས་ཁ་སྦྱར་འཕྲུལ་འཁོར་སྤྱད་ནས་ཁུག་མའི་ནང་གི་དབྱང་རླུང་ཇེ་ཉུང་དུ་གཏོང་དགོས། དྲོད་ཚད1~5℃ཁོར་ཡུག་ཁྲོད་དུ། ཉིན15ཡས་མས་སུ་ཉར་ཚགས་བྱས་ཆོག་པ་དང་། སྒུས་ཀ་རྩ་བའི་ཆ་ནས་མི་འགྱུར་རོ།།

ཚན་པ་གཉིས་པ། བཟའ་བྱའི་ཤ་མོའི་ལས་སྣོན་ལག་རྩལ།

བཟའ་བྱའི་ཤ་མོའི་ནང་དུ་སྤྲི་དཀར་རྫས་དང་འཚོ་བཅུད་སོགས་འཚོ་བཅུད་དངོས་རྫས་མང་པོ་དང་ཆུ་འཁོར་ཆེན་ཡོད་པས། སྐྱེ་དངོས་ཕྲ་རབ་སྐྱེ་འཕེལ་ཡོང་བར་ཕན་པ་ཧ་ཅང་ཆེན་པོ་ཡོད་པ་དང་། རྩུལ་སྨུགས་ངོ་བོ་འགྱུར་ནས་ཡུན་རིང་ཉར་ཚགས་བྱེད་མི་འོས་པ་ཡིན། གཞན་ཡང་ཐུམ་སྒྲིལ་དང་སྐྱེལ་འདྲེན་བྱེད་པའི་གོ་རིམ་ཁྲོད་དུ། བཟའ་བྱའི་ཤ་མོའི་རིགས་ལ་སྐྱོན་ཤོར་ནས་ཐོན་རྫས་ཀྱི་ཚོང་ཟོག་རིན་ཐང་ཇེ་དམའ་རུ་འགྲོ་བ་ཡིན། དེ་བས་འདིའི་རིགས་ལ་ལས་སྣོན་བྱས་ཏེ། ཉར་ཚགས་བྱེད་པའི་དུས་ཚོད་ཇེ་རིང་དུ་གཏོང་བ་དང་། ཤ་མོའི་ངོ་བོ་འགྱུར་བའི་ཟད་གྲོན་ཇེ་ཆུང་དུ་བཏང་སྟེ་ཐག་རིང་དུ་སྐྱེལ་འདྲེན་བྱས་ཆོག་པས། ཞིང་པ་རྣམས་ཀྱི་དཔལ་འབྱོར་གྱི་ཁེ་ཕན་འགག་ལེན་བྱེད་ཐུབ་པར་མ་ཟད། ཚོང་རའི་དགོས་མཁོ་ཡང་སྐོང་ཐུབ།

བཟའ་བྱའི་ཤ་མོའི་ལས་སྣོན་ཉར་ཚགས་ནི་དངོས་ལུགས་དང་རྫས་འགྱུར། སྐྱེ་དངོས་རིག་པ་བཅས་ཀྱི་བྱེད་ཐབས་སྤྱད་དེ་རྩུལ་སུངས་རང་བཞིན་གྱི་སྐྱེ་དངོས་ཕྲ་རབ་སྣ་ཚོགས་ཀྱི་འགྲུལ་སྐྱོད་བཀག་འགོག་བྱེད་པ་ཡིན། བཟའ་བྱའི་ཤ་མོའི་ཐོན་རྫས་བཟོས་ཏེ་དུས་ཡུན་རིང་པོར་ཉར་ཚགས་བྱེད་པའི་དམིགས་ཡུལ་འགྲུབ་ཏུ་འཇུག་པ་དང་། བཟའ་བྱའི་ཤ་མོའི་རྒྱུན་སྤྱོད་ཀྱི་ལས་སྣོན་ལག་རྩལ་ལ་གཙོ་བོར་སྐམ་བཟོ་དང་། ལྕོ་རླན། མངར་ཆའི་ཉར་ཚགས། འཁྱག་ཉར་དང་ལྷུགས་ཀྲིན་ཉར་ཚགས་བཅས་ཡོད།

གཅིག སྐམ་བཟོ།

བཟའ་བྱའི་ཤ་མོའི་སྐམ་བཟོའི་ལག་རྩལ་ལ་སྒྲོ་སྐམ་དང་ཆུ་འདོར་ལས་སྟོན་སོགས་ཡོད་ལ། དེ་རྣམས་ནི་བཟའ་བྱའི་ཤ་མོའི་ལས་སྟོན་ཉར་ཚགས་བྱེད་པའི་རྒྱུན་སྤྱོད་ཀྱི་བྱེད་ཐབས་ཤིག་ཡིན། རང་བྱུང་ཆ་རྐྱེན་དང་མིའི་ཐབས་ཀྱིས་ཚོད་འཛིན་བྱེད་པའི་ཆ་རྐྱེན་འོག་ཏུ། ཐོན་རྫས་ཀྱི་ སྤུས་ཚད་ལ་ཁག་ཐེག་བྱེད་པའི་དུས་མཚུངས་སུ། ཕྱི་ཁུངས་ཚ་བ་བེད་སྤྱད་ནས་བཟའ་བྱའི་ཤ་མོའི་ཕྲ་ཕུང་ནང་གི་ཆུ་ཆ་གསར་རྐྱེན་གྱི་འགྱུར་བཟོ་རྩལ་བརྒྱུད་རིམ་ལ་སྐྱེལ་འདེད་བྱེད་དགོས། སྐམ་བཟོས་བྱས་པའི་བཟའ་བྱའི་ཤ་མོའི་རིགས་ལ་སྐམ་རྫས་ཟེར་བ་དང་། སྐམ་བཟོས་ཐོན་རྫས་ཏུལ་དཀའ་བས་དུས་ཡུན་རིང་པོར་ཉར་ཚགས་བྱས་ཆོག

བཟའ་བྱའི་ཤ་མོ་ཁ་ཤས་སྒྲོ་སྐམ་བྱས་རྗེས་བྲོ་བ་ཇེ་མང་དུ་གཏོང་ཐུབ་པར་མ་ཟད། ཚོན་མདོག་ཀྱང་ཇེ་ལེགས་སུ་བཏང་ནས་ཚོང་ཟོག་རིན་ཐང་ཇེ་མཐོར་བཏང་ཆོག དཔེར་ན། དྲི་ཞིམ་ཤ་མོ་དང་མོག་རོ་ནག་པོ། ཀྲུ་སོན། ཀོ་ཤ མོག་དཀར་སོགས་ལྟ་བུ་ཡིན། ཡིན་ནའང་། བཟའ་བྱའི་ཤ་མོ་ཚང་མ་སྐམ་ལུགས་ཐག་གཅོད་བྱེད་པར་འཚམ་པ་མིན། དཔེར་ན་སོན་གཉིས་ཤ་མོ་སྐམ་པོ་བཟོས་རྗེས་བྲོ་བ་དང་མངར་ཆ་ཚང་མ་ཇེ་ཞན་དུ་འགྲོ་བ་དང་། ལེབ་ཤྭ་དང་སྤྲིལ་མགོ་ཤ་མོ་སོགས་ནི་གསར་བ་ལོངས་སྤྱོད་བྱེད་པར་འཚམ་པ་ཡིན།

སྐམ་བཟོས་ཐོན་རྫས་ཀྱི་སྤུས་ཚད་ཇེ་མཐོར་གཏོང་ཆེད། ཤ་མོའི་རིགས་མི་འདྲ་བར་ཐག་གཅོད་བྱེད་ཐབས་མི་འདྲ་བ་སྤྱོད་དགོས་པར་མ་ཟད། སྐམ་བཟོ་མ་བྱས་པའི་སྔོན་དུ་ཤ་མོའི་རྩ་བའི་ས་འདམ་དང་སླིགས་རོ། ད་དུང་དེའི་ནང་གི་ཡ་མ་གཟུགས་ཀྱི་ཤ་མོ་དང་ནད་འབུ་སོགས་མེད་པར་བཟོ་དགོས། དེ་ནས་ཤ་མོ་གསར་བའི་ཚད་གཞི་ལྟར་རིམ་པ་མི་འདྲ་བར་བགོས་ཏེ། རིམ་པ་མི་འདྲ་བར་གཞིགས་ནས་སོ་སོའི་སྐམ་ལུགས་ལྟར་ཐག་གཅོད་བྱེད་དགོས།

(གཅིག) སྐམ་བཟོ་བྱེད་ཐབས།

སྐམ་བཟོའི་ལམ་ལུགས་ལ་གཙོ་བོར་རང་བྱུང་སྐམ་བཟོའི་ལམ་ལུགས་དང་། མིའི་བཟོས་སྐམ་བཟོ། འཕྲུག་བཟོའི་སྐམ་བཟོའི་ལམ་ལུགས་བཅས་ཡོད།

1. རང་བྱུང་སྐམ་ལུགས།

རང་བྱུང་སྐམ་བཟོའི་ལམ་ལུགས་ནི་གཙོ་བོར་རླུང་སྐམ་དང་ཉི་སྐམ་སོགས་རང་བྱུང་ཆ་རྐྱེན་ལ་བརྟེན་ནས་སྐམ་བཟོ་བྱེད་པ་ཡིན། རྒྱུན་བཀོལ་གྱི་རང་བྱུང་སྐམ་བཟོའི་བྱེད་སྟངས་ནི་ཉི་མར་སྐམ་པ་དང་ཡང་ན་བསིལ་སྐམ་བྱེད་པ་ཡིན། ཉི་མར་སྐམ་པའི་གོ་རིམ་ནི་སྤྱིར་བཏང་དུ་ཉིན2~3ཡིན་པ་དང་། རྗེས་སུ་སླེབ་པའི་ནུས་པ་ཆེ་བའི་རྩྭ་མའི་རིགས་ནི་ངེས་པར་དུ་བརྡ་བསྒྱུ་བྱེད་པའི་ཉིན་དེར་ཐག་གཅོད་བྱེད་དགོས།(སྤྱིར་བཏང་དུ་རླངས་བཙོས་བྱེད་ཐབས་སྤྱོད་པ་ཡིན) དེའི་འཕྲོར་ཉི་མར་སྐམ་དགོས།

ཐག་གཅོད་བྱས་རྗེས་ཀྱི་རྒྱུ་ཆ་རྣམས་ཆ་སྙོམས་སྒོས་ཚགས་བཀྲབ་ནས་ཉི་མར་བསྐྲོ་དགོས། ཉི་མར་སྐམ་པའི་དུས་སུ་མཐུག་མི་རུང་ཞིང་། ད་དུང་རྒྱུན་དུ་སྟེང་འོག་བརྗེས་ནས་དཀྲུག་དགོས་ལ། འགྲུལ་སྐྱོད་བྱེད་སྐབས་སེམས་ཆུང་བྱེད་དགོས། ཉི་མར་བསྐམས་རྗེས་ཉར་ཚགས་བྱེད་པར་ཕན་པར་མ་ཟད། ད་དུང་ཤ་མོའི་རིགས་ཀྱི་རྒྱུ་ སྤུས་དང་འཚོ་བཅུད་ཀྱི་རིན་ཐང་ཇེ་མཐོར་གཏོང་ཐུབ།

རང་བྱུང་སྐམ་ལུགས་དལ་བ་དང་། ལས་སྟོན་དུས་ཚོད་ཙུང་རིང་པོ་དགོས་པར་མ་ཟད། ད་དུང་གནམ་གཤིས་ཀྱི་ཤུགས་རྐྱེན་ཡང་ཐེབས་པ་ཡིན། ཉི་མར་སྐམ་པའི་གོ་རིམ་ཁྲོད་དུ། གལ་ཏེ་གནམ་ངོ་འཐིབས་པའི་གནམ་གཤིས་ལ་འཕྲད་ན། སྐམ་ཤས་ཆེ་བའི་དུས་ཚོད་ཇེ་རིང་དུ་གཏོང་བར་མ་ཟད། ད་དུང་ཐོན་རྫས་ཀྱི་སྤུས་ཀའང་ཇེ་དམའ་རུ་གཏོང་སྲིད་པ་དང་། ཚབས་ཆེ་བའི་སྐབས་སུ་རུལ་བ་མང་པོ་འབྱུང་བ་ཡིན། ཉར་ཚགས་བྱེད་པའི་གོ་རིམ་ཁྲོད་དུ་བཞའ་ཚན་ཡོག་སླ་བ་དང་འབུ་རུལ་འབྱུང་སླ་བས་ཡུན་རིང་ཉར་ཚགས་བྱེད་པར་ཕན་པ་མེད།

2. མིའི་བཟོས་སྐམ་ལུགས།

མིའི་ཐབས་ཀྱིས་སྐམ་བཟོ་བྱེད་དུས་གནམ་གཤིས་ཆ་རྐྱེན་གྱི་ཤུགས་རྐྱེན་མི་ཐེབས་པ་དང་། རང་བྱུང་སྐམ་ལུགས་དང་བསྡུར་ན་སྐམ་ཡུན་མགྱོགས་པ་དང་ལས་རིམ་ཐུང་ལ། དུས་ཚོད་གྲོན་ཆུང་བྱེད་ཐུབ་པར་མ་ཟད། མི་བཟོའི་སྐམ་བཟོའི་ཐོན་རྫས་ཀྱི་ཚོས་

གཞི་ཡག་པ་དང་། དྲི་མ་ཞིམ་པ། ཕྱི་དབྱིབས་ལེགས་པ། ཚོང་ཟོག་རིན་ཐང་ཡང་མཐོན་པོ་ཡིན། མེར་སྲོ་བའི་གོ་རིམ་ཁྲིད་དུ། རླམ་སྲིན་ཐུམ་རྫུལ་དང་གནོད་འབུ་གསོད་ཐུབ་པ་དང་། ཚོང་ཟོག་ཡུན་རིང་ཉར་ཚགས་བྱེད་པར་ཕན་ཐོག་དེ་བས་ཆེན་པོ་ཡོད། མིའི་ཐབས་ཀྱིས་སྐམ་པའི་རྒྱུན་སྤྱོད་ཀྱི་བྱེད་ཐབས་ནི་སྲོ་སྐམ་བྱེད་པ་སྟེ། སྲོ་ཁང་ནང་དུ་སོལ་བ་དང་གློག་ཏྲོད་སོགས་ཀྱིས་ཤ་མོའི་རིགས་ལ་སྲོ་སྐམ་བྱེད་པ་ཡིན། སྲོ་སྐམ་བྱེད་པར་གཙོ་བོར་གནམ་གྱི་གོ་རིམ་འགའ་ཡོད་དེ།

(1) གྲ་སྒྲིག ཤ་མོ་མང་ཆེ་བར་བཙ་བསྒྱུ་བྱས་རྗེས། སླིགས་རོ་སྣ་ཚོགས་དང་ཡ་གཟུགས་ཤ་མོ། ནད་ལྡན་ཤ་མོ་སོགས་མེད་པར་བཟོ་བ་དང་། དེ་ནས་རིམ་པ་དབྱེ་དགོས་ཤིང་དེའི་འཐེར་སྲོ་སྐམ་བྱེད་དགོས།

ཡིན་ནའང་སྤང་སྐྱེས་ཤ་མོ་དང་གསེར་ཁབ་ཤ་མོ། ཤ་མོ་སོགས་བསྐམས་རྗེས་བྲོ་བ་ཅུང་ཟེ་ཞན་དུ་འགྲོ་སྲིད་པས། དེར་དམིགས་ནས་ཆུ་མ་ཤོར་བའི་སྔོན་དུ་ཐག་གཅོད་ལེགས་པོར་བྱེད་དགོས། སྤང་སྐྱེས་ཤ་མོ་མེར་སྲོ་བའི་སྔོན་ལ། སྤྱིར་བཏང་དུ་རྣོ་དངར་ཆེ་ཞིང་བཙའ་མི་ཆག་པའི་ལྕགས་གྲིའམ་སྨྱུག་ལེབ་དུམ་བུ་གཉིས་སུ་གཤགས་རྗེས་གཏུབ་ཁ་ཡར་ལ་སྐོར་ནས་སྲོ་སྐམ་བྱེད་དགོས། ཤ་མོ་ནི་ཏའོ་སྨི2~3ཚད་གཞི་ལྟར་དུ་གཏུབ་དགོས་ཤིང་། མེར་སྲིག་ཡོ་ཆས་སྟེང་བཞག་ནས་མེར་བསྲོ་བ་ལས་རིམ་བརྩེགས་བྱེད་མི་རུང་། གསེར་ཁབ་ཤ་མོ་སྔོན་ལ་གཙང་མར་བཀྲུ་བ་དང་། དེ་ནས་རླངས་པའི་ནང་དུ་སྐར་མ10ཡས་མས་སུ་བཙོ་དགོས།

(2) ཚགས་རྒྱག་པ། ཤ་མོའི་སྲབ་མཐུག་དང་ཆེ་ཆུང་། སྐམ་རློན་བཅས་ཀྱི་དབྱེ་སྣ་འབྱེད་ནས་སྲོ་སྟེགས་ཀྱི་སྟེང་དུ་འཇོག་དགོས། ཐོག་མར་ཅུང་སྲབ་དགོས་ཤིང་སྲོ་བའི་དུས་མཉམ་དུ་འོས་འཚམ་གྱིས་ཇེ་མཐུག་ཏུ་གཏོང་དགོས།

(3) ཚ་རྒྱས་གྲ་སྒྲིག སྲོ་ཁང་བཀོལ་སྤྱོད་མ་བྱས་པའི་གོང་རོལ་དུ་ཚ་རྒྱས་གྲ་སྒྲིག་བྱེད་དགོས། སྤྱིར་བཏང་གི་དྲོད་ཚད40~45℃ཡིན་ན་ཆོག དེ་ལྟར་བྱས་ན་སྲོ་སྐམ་གྱི་དུས་ཚོད་ཇེ་ཐུང་དུ་གཏོང་ཐུབ།

(4) དྲོད་ཚད་འཕར་བ། སྲོ་སྐམ་བྱེད་པའི་ཐོག་མའི་དུས་རིམ་དུ། སྤྱིར་བཏང་དུ་དྲོད་ཚད35℃ཡས་མས་ཡིན། དེའི་འཁོར་ཆུ་ཚོད་རེར1~2℃ལ་ཇེ་མཐོར་བཏང་ནས་མཇུག་མཐར་དྲོད་ཚད60~70℃ལ་སླེབས་ཐུབ། དྲོད་ཚད60~65℃ལ་སླེབ་དུས། རླན་ཚད70%ཡས་མས་སུ་ཁྱབ་ཡོད་པས། སྐབས་དེར་དྲོད་ཚད50~55℃ལ་མར་ཆག་རྗེས་མུ་མཐུད་དུ་དུས་ཚོད2~3སྲོ་སྐམ་བྱེད་དགོས།

(5) ཚགས་སྒྲིག་པ། སྲོ་སྐམ་བྱེད་པའི་གོ་རིམ་ཁྲོད་དུ། ཆེས་འོག་རིམ་གྱི་རིམ་པ་དང་པོ་དང་གཉིས་པའི་སྲོ་ཚགས་དང་དཀྱིལ་རིམ་གྱི་སྲོ་ཚགས་ཕན་ཚུན་བརྗེ་དགོས། དེ་ལྟར་བྱས་ན་སྐམ་ཤས་ཆེ་བའི་ཚད་གཞི་དང་མཐུན་པ་ཡིན། དྲོད་སྐྱེད་སྐམ་བཟོའི་གོ་རིམ་ཁྲོད་དུ། གལ་ཏེ་དྲོད་ཚད་མཐོ་དྲགས་ན། ཤ་མོའི་གདུགས་མགོ་ཇེ་ནག་ཏུ་འགྲོ་བ་དང་། ཤ་མོའི་ལྟེབ་མ་འཁྱོག་དབྱིབས་ཡིན། རྒྱུ་ཆ་དངོས་མ་སྐམ་ནས་བཅུ་ཆའི་བརྒྱད་ཟིན་པའི་དུས་སུ་ཚ་བ་སྟོན་མཚམས་འཇོག་དགོས། སྲོ་ཁང་གི་དྲོད་ཚད35℃ཡས་མས་སུ་ཆག་རྗེས་ཡང་བསྐྱར་ཚ་སྟོན་བྱས་ན། སྐམ་ཤས་ཆེ་བའི་དུས་ཚོད་ཇེ་ཐུང་དུ་གཏོང་ཐུབ།

(གཉིས) ཐུམ་སྒྲིལ།

སྐམ་བཟོ་ལེགས་འགྲུབ་བྱུང་བའི་ཐོན་རྫས་ལ་ཡང་བསྐྱར་རིམ་པ་དབྱེ་དགོས་ཤིང་། དེ་ནས་འཁྲིག་ཁུག་དང་། འདྲེས་སྦྱར་འཁྲིག་ཁུག་སྲབ་མོ། ལྕགས་ཀྱི་འཁྲིག་དམ་བཅས་ཀྱི་ནང་དུ་ཁ་དམ་པོར་སྦྱར་ཏེ་རླན་ལོག་མི་ཡོང་བར་བྱེད་དགོས།

(གསུམ) ཉར་ཚགས།

དངོས་རྫས་སྐམ་པོ་ཉར་ཚགས་བྱེད་སའི་མཛོད་ཁང་ནི་གཙང་མ་དང་སྐམ་པོ། དྲོད་ཚད་དམའ་མོ་ཡིན་དགོས་པར་མ་ཟད། དུས་མཚུངས་སུ་ད་དུང་འབུ་དང་བྱི་བ་འགོག་པའི་བྱེད་ཐབས་སྤྱོད་དགོས། དཔེར་ན་འཁྲིག་ཁུག་ནང་དུ་ཨེར་ཞིའུ་ཧྭ་སྣན་དམ་བེ་ཆུང་ངུའི་ནང་དུ་བླུགས་ནས་འབུས་རྒྱུགས་པར་སྔོན་འགོག་བྱེད་དགོས། ཉར་ཚགས་བྱེད་པའི་གོ་རིམ་ཁྲོད་དུ། ད་དུང་དུས་བཀག་ལྟར་སྐམ་རྫས་ཉར་ཚགས་བྱེད་པའི་གནས་ཚུལ་ལ་ཞིབ་བཤེར་བྱེད་དགོས། རླན་འཛིབ་རླམ་འགྱུར་སྔོན་འགོག་བྱེད་ཆེད། འཁྲིག་ཁུག་ནང་

དུ་སྲིང་བལ་གྱིས་ཁེམ་པའི་ཆུ་མེད་ལུའི་ཧྲ་ཀལ་དམ་པོའི་ནང་དུ་གང་བླུགས་ཆོག

གཉིས། ཚྭ་འདམ།

ཚྭ་འདམ་ལས་སྣོན་བྱེད་སྐབས་སྤྱིར་བཏང་དུ་བཙའ་མི་ཆག་པའི་ངར་ལྡུགས་ཐོན་རྫས་འདེམ་དགོས། གལ་ཏེ་ལྡུགས་དང་ཟངས། གཤའ་དཀར་སོགས་ལྡུགས་རིགས་ཀྱི་ཐོན་རྫས་བེད་སྤྱོད་བྱས་ན། ལས་སྣོན་ཐོན་རྫས་ཀྱི་མདོག་འགྱུར་ནས་ཚོང་ཟོག་གི་སྤུས་ཚད་ཇེ་དམའ་རུ་འགྲོ་སྲིད། འདེམ་སྤྱོད་བྱས་པའི་ཚྭ་ནི་ངེས་པར་དུ་སྤུས་ཚད་མཐོ་བའི་ཚྭ་སྤུས་ལེགས་ཅན་ཡིན་དགོས་ཤིང་། བཟའ་ཚྭའི་ནང་དུ་འདུས་པའི་ལྷད་རྫས་ཁ་ཤས་ཀྱིས་ཐོན་རྫས་ཀྱི་སྤུས་ཀ་ཇེ་སྨོམ་ཇེ་མཁྲེགས་སུ་འགྱུར་བ་དང་། ཤ་མོའི་ཕྱི་ངོས་སུ་ཁྲ་ཐིག་བྱུང་ནས་ཐོན་རྫས་ཀྱི་དྲི་མ་དང་ཕྱི་རྣམ་ལ་ཤུགས་རྐྱེན་ཚབས་ཆེན་ཐེབས་པར་སྔོན་འགོག་བྱེད་དགོས།

ཚྭ་འདམ་ལས་སྣོན་བྱས་རྗེས་ཀྱི་ཐོན་རྫས་ཀྱི་ཚྭ་འདུས་ཚད་སྤྱིར་བཏང་དུ25%ཡིན། ཐོན་སྐྱེད་ཀྱི་གནོན་ཤུགས་ནི་སྤྱིར་བཏང་གི་སྐྱེ་དངོས་ཕྲ་རབ་ཀྱི་ཕྲ་ཕུང་གི་སེམ་ཤུགས་ལས་ཤིན་ཏུ་མཐོ་བས། སྐྱེ་དངོས་ཕྲ་རབ་ཀྱི་སྐྱེ་འཕེལ་ལ་ཚོད་འཛིན་བྱེད་པ་དང་། ཐ་ན་སྐྱེ་དངོས་ཕྲ་རབ་ཀྱི་ཕྲ་ཕུང་ནང་གི་ཆུ་ཕྱིར་སིམ་དུ་བཅུག་ནས་སྐྱེ་དངོས་ཕྲ་རབ་དེའི་སྐྱེ་འཚར་མཚམས་འཇོག་པ་དང་འཆི་བར་འགྱུར་བ་ཡིན།

ཚྭ་འདམ་གྱི་ལས་སྣོན་བཟོ་རྩལ་གཤམ་གསལ་ལྟར།

(གཅིག) བཟ་བསྡུ།

ཤ་མོའི་གང་བུ་བྱུང་བའི་དུས་སྐབས་ནི་བཟ་བསྡུ་བྱེད་པར་ཆེས་འཚམ་པའི་དུས་ཡིན་ལ། གདམ་གསེས་བྱས་པའི་ཤ་མོ་ཉིན་དེར་བཟ་བསྡུ་བྱེད་པ་དང་ཉིན་དེར་ལས་སྣོན་བྱེད་དགོས། གལ་ཏེ་དུས་ཐོག་ཏུ་བཟ་བསྡུ་བྱེད་མ་ཐུབ་ན། ཤ་མོའི་སྤུས་ཚད་ལ་ཤུགས་རྐྱེན་ཐེབས་སྲིད་པ་ཡིན།

(གཉིས) གཙང་བཀྲུ།

ཚྭ་འདམ་ནི་སྐམ་བཟོའི་ལམ་ལུགས་དང་འདྲ་བར་ངེས་པར་དུ་མ་བཅོས་རྒྱུ་ཆའི་

རིམ་པ་དབྱེ་ནས་ལེགས་སྒྲིག་བྱེད་དགོས། སྦུས་ཚད་གར་ཚད་ཧྲེང་རེར་ཁྲི6ཡིན་པའི་ཚ་ཆུ་སྦྱུད་དེ་ཤ་མོའི་སྙིང་གི་ཕྱི་ངོས་ཀྱི་ཐལ་རྡུལ་དང་བྱེ་འདམ་སོགས་ལྷད་རྫས་བཀྲུས་ནས་ཤ་མོ་ཆ་ཚང་བ་དང་སྐྱོན་མི་ཤོར་བར་འགན་ལེན་བྱེད་དགོས། དེ་ནས0.05མོར/ཧྲིན་གྱི་ཉིང་སེང་གཤེར་ཁུ(pHཚད4.5)ཡིས་བཀྲུ་དགོས། མདོག་སྨུང་གི་ནུས་པ་ཐོན་ཐུབ་པར་མ་ཟད། བཟའ་བྱའི་ཤ་མོའི་ཕྱི་ངོས་སུ་འབྱར་བའི་སྐྱི་དངོས་ཕྲ་རབ་ཀྱི་འཚར་སྐྱེ་ཡང་ཆོད་འཛིན་བྱེད་ཐུབ།

(གསུམ) སྦོ་གཟན་གསོད་པ།

སྦོ་གཟན་གསོད་པ་ཞེས་པ་ནི་ཚ་ཆུའི་ནང་དུ་བཙོས་ནས་ཤ་མོའི་སྙིང་གི་ཕྲ་ཕུང་གསོད་པའི་བརྒྱུད་རིམ་ལ་ཟེར། ཧ་ཡང་སླ་ངའམ་བཙའ་མི་ཆག་པའི་ངར་ལྩགས་སླ་ངའི་ནང་དུ། ཚ་ཆུ་ཁུང་དུ་བསྐོལ་ཏེ། ལེགས་སྒྲིག་དང་བཀྲུས་ཟིན་པའི་ཤ་མོའི་རྒྱུ་ཆ་སླ་ངའི་ནང་དུ་བཙོས་ནས་བཟོ་དགོས། བཙོ་ཞོར་དུ་དལ་གྱིས་དཀྲུག་པ་དང་། སླ་ངའི་ནང་གི་ཤ་མོའི་ལྦུ་བ་འཚག་དགོས། སྤྱིར་བཏང་དུ་སྐར་མ5~7བཙོས་ན་ཆོག

སྦོ་གཟན་བསད་ན་རྩབས་ཀྱི་གྲུང་གཤིས་འགོག་ཐུབ། ཤ་མོའི་ཕྲ་ཕུང་གི་གདུགས་མགོའི་ཁ་དོག་འགྱུར་བར་སྔོན་འགོག་བྱེད་པ་དང་། ད་དུང་ཕྲ་ཕུང་གི་སྐྱི་མོའི་གྲུབ་ཚུལ་ལ་གཏོར་བརླག་ཐེབས་པར་སྔོན་འགོག་བྱེད་ཐུབ་ལ། ཕྲ་ཕུང་གི་དབུགས་རྒྱུ་བའི་རང་བཞིན་ཇེ་མཐོར་གཏོང་ཐུབ་པས་ཤ་མོའི་ནང་གི་ཆུ་ཕྱིར་གཏོང་བ་དང་ཚ་ཆུ་ཇོ་བར་ཕན་པ་ཡོད་དོ། །

(བཞི) འཁྱག་གྲང་།

སྦོ་གསོད་བྱས་རྗེས་ཀྱི་ཤ་མོ་རྣམས་སླ་ངའི་ནང་ནས་སེམས་ཆུང་གིས་ལེན་དགོས་ཤིང་། མྱུར་དུ་ཆུ་འཁྱག་གཙང་མའི་ནང་དུ་བཞག་ནས་གྲང་མོར་བཟོ་དགོས། གྲང་མོར་བཟོ་སྐབས་ངེས་པར་དུ་ཤ་མོའི་ནང་སྙིང་འཁྱག་པར་བྱས་ན་ད་གཟོད་ཚ་ཚན་བཟོ་ཐུབ། དེ་ལྟར་མ་བྱས་ན་ཚ་དྲིག་རྗེས་ནག་པོར་འགྱུར་བ་དང་རུལ་སླ་བ་ཡིན། འཁྱག་བཟོ་བྱས་ནས་སྐར་མ30འགོར་རྗེས་ཆུ་བཙགས་ནས་སྐར་མ5~10འགོར་རྗེས་ཕྱིར་ལེན་དགོས།

(ལྔ) རྩ་འདམ།

རྫ་མའི་ནང་གི་གར་ཚད་ནི15~16པའོ་མེ་ཏུའུ་ཡི་ཚད་ལོངས་རྩ་ཆུ་ཡིན་དགོས་པ་དང་། སྦྱོར་བཟོ་བྱེད་སྐབས་རྩ་ནི་ཆུ་ཁོལ་བསྲེས་ནས་ཞུ་དགོས། རྩ་ཞུ་མ་ཐུབ་པའི་སྐབས་སུ་གྲང་མོར་བཟོས་ནས་དེའི་སྟེང་གི་དྭངས་ཁུ་བླངས་ཏེ་སེང་རས་ཀྱིས་འཚག་རྒྱག་དགོས། རྩ་ཆུ་དྭངས་ཤིང་གཙང་མར་གྱུར་ན་ཆོག

འབྲུག་གྲང་དུ་གྱུར་པའི་ཆུ་བཙགས་ཟིན་པའི་ཤ་མོ་སྟོང་ཁ100རེའི་ནང་དུ་རྩ་སྟོང་ཁ40~60བསྡུར་ཚད་ལྟར་ཁ་སྣོན་དགོས། སྔོན་ལ་རྫ་མའི་ཞབས་སུ་ཤ་མོ་རིམ་པ་ཞིག་འདིང་དགོས། དེའི་འཁོར་རྩ་རིམ་པ་གཅིག་བཏིང་ཆོག རྩ་ཡི་མཐུག་ཚད་ནི་ཤ་མོ་མཐོང་མི་ཐུབ་པའི་ཚད་ཡིན་དགོས། དེ་ནས་ཤ་མོ་རིམ་པ་རེ་དང་རྩ་རིམ་པ་རེ་བཏིང་ནས་རྫ་མའི་ཁ་གང་བར་བྱེད་དགོས་ཤིང་། རྫ་མའི་ནང་དུ་བསྐོལ་ཟིན་པའི་འབྲུག་བཟོས་རྩ་ཆུ་བླུགས་ན་རྩ་འདམ་གྱི་ཕན་འབྲས་ཇེ་མཐོར་གཏོང་ཐུབ། ཕྱི་ངོས་སུ་སྦྱུག་ཡོལ་རྒྱག་པ་དང་། དེ་ནས་རྡོ་རྡུག་སོགས་དངོས་པོ་ལྗིད་མོས་བསྣན་ནས་ཤ་མོ་རྩ་ཆུའི་ནང་དུ་སྦང་དུ་བཙུག་སྟེ། ཤ་མོ་རྩ་ཆུའི་ངོས་སུ་མངོན་མི་ཉུང་། དེ་ལྟར་མ་བྱས་ན་ཤ་མོའི་ཁ་དོག་ནག་པོར་འགྱུར་སྲི། རྩ་དྲིག་ནས་ཉིན3འགོར་རྗེས། ཤ་མོ་ཕྱིར་བླངས་ཏེ་པའོ་མེ་ཏུའུ23རྩ་ཆུ་རྫ་མའི་ནང་དུ་སླུ་མཐུད་དུ་རྩ་ རྣན་བྱེད་དགོས། དུས་སྐབས་འདིར་ཉིན་རེར་རྫ་མ་ཐེངས1ལ་སྟེང་འོག་བརྗེ་དགོས་པར་མ་ཟད། ད་དུང་རྒྱུན་དུ་པའོ་མེ་བསྡུར་ཚད་སྤྱད་དེ་རྩ་ཆུའི་གར་ཚད་ཚོད་རྩིས་བྱས་ཏེ། རྩ་ཆུའི་གར་ཚད་པའོ་མེ23ཡས་མས་སུ་སྲུང་འཛིན་བྱེད་དགོས། གལ་ཏེ་རྩ་ཆུའི་གར་ཚད་དམའ་དྲགས་ན། རྩ་ཆུ་བླུགས་ནས་ལེགས་སྒྲིག་བྱེད་པའམ་རྫ་མ་འགྱེལ་འཛོག་བྱས་ཆོག ཉིན་བདུན་འགོར་རྗེས་རྫ་ཁོག་ནང་གི་རྩ་ཆུའི་གར་ཚད་པའོ་མེ23མར་ཆག་ནས་གཏན་འཇགས་སུ་འགྱུར་དུས་ཕྱིར་བཏོན་ཆོག

(དྲུག) ཟོ་བའི་ནང་དུ་བསྡུ་བ།

རྩ་འདམ་གྱིས་སྦགས་པའི་ཤ་མོའི་སྟེང་གི་རྩ་ཆུ་བཙགས་ཚར་རྗེས་འཁྱིག་ཟོ་སོ་སོའི་ནང་དུ་བཙུག་ནས། ཟོ་བའི་ནང་དུ་པའོ་མེ་ཏུའུ20རྩ་ཆུ་གང་ལྷུག་པ་དང་། 0.2%ཉིང་མེང་

སོན་གྱིས་ཚྭ་ཆུpHཚད3~3.5ལེགས་སྒྲིག་བྱེད་དགོས། དེ་ནས་ཚྭ་སྦྱུས་ལེགས་ཀྱིས་ཁ་སྲུམ་ནས་ཟོ་བའི་ནང་གི་མཁའ་རླུང་ཕྱིར་གཏོང་བ་དང་། ཕྱི་ནང་གི་ཁ་ལེབ་དམ་པོར་བཀབ་ན་ལེགས་འགྲུབ་འབྱུང་བ་ཡིན།

གསུམ། མངར་ཆ།

མངར་ཆའི་གར་ཚད་ཅུང་མཐོ་བའི་དུས་སུ་སིམ་ཤུགས་ཆེ་བ་དང་། སྐྱི་དངོས་ཕྲ་རབ་ཀྱི་ཚེ་སྲོག་འགུལ་སྐྱོད་ལ་ཚོད་འཛིན་བྱེད་པར་མ་ཟད། ཐ་ན་དེའི་ཕྲ་ཕུང་གི་གདོད་སྐྱེས་རྒྱུ་རྫས་ཀྱི་ཆུ་ཤོར་ནས་འཁུམ་འཆི་རུ་འགྲོ་བ་ཡིན། དུས་མཚུངས་སུ་དབྱང་རླུང་གར་ཚད་མཐོ་བའི་རྟགས་གཤེར་ཁྲོད་ཀྱི་ཞུ་འབྱེད་བྱེད་ཚད་ཧ་ཅང་ཆུང་བས། དབྱང་འགྱུར་འགོག་པའི་ནུས་པ་ངེས་ཅན་ལྡན། དེའི་ཕྱིར་མངར་ཆ་བཀོལ་སྤྱོད་བྱས་ན་ཉར་ཚགས་ཀྱི་དམིགས་ཡུལ་འགྲུབ་ཐུབ།

མངར་ཆ་ལས་སྣོན་བཟོ་རྩལ་གྱི་བརྒྱུད་རིམ་གཤམ་གསལ་ལྟར།

(གཅིག) གཅོད་བགོ

རིམ་པ་བགོས་རྗེས་ལས་སྣོན་གྱི་དགོས་མཁོ་མི་འདྲ་བར་གཞིགས་ནས། མ་བཙོས་རྒྱུ་ཆ་ལེབ་མོར་གཏུབ་དགོས། འདི་ལྟར་མངར་ཆ་བཙོ་སྐབས་སུ། མངར་ཆའི་རིགས་ཅུང་ཐིམ་སླ།

(གཉིས) སྲ་འགྱུར།

གལ་ཏེ་བཟའ་བྱའི་ཤ་མོའི་ཤ་རྒྱུ་ཅུང་སླི་མོ་ཡིན་ན། རྡོ་ཐལ་དང་ལྕུའི་ཧྭ་ཀལ། ཡ་ལིའུ་སོན་ཆིང་ཀལ་སོགས་ཞུ་ཁུ་སྦང་བའི་རྒྱུ་ཆ་བཀོལ་ནས་ཕུང་གྲུབ་སྲ་སྒྱུར་བྱེད་དགོས། དོ་སྣང་བྱེད་དགོས་རྒྱུ་ནི། སྲ་འགྱུར་བྱེད་རྫས་ཀྱི་སྤྱོད་ཚད་འོས་འཚམ་ཡིན་དགོས། གལ་ཏེ་བཀོལ་ཚད་མང་དྲགས་ན། རྒྱུ་ཆ་ཡིས་མངར་ཆ་སྡུད་ལེན་བྱེད་པའི་ནུས་པ་ཇེ་དམའ་རུ་འགྲོ་བ་དང་། ཐོན་རྫས་ཀྱི་སྦྱུས་ཚད་སྲོམ་པར་འགྱུར་བ་ཡིན།

(གསུམ) གཙང་བཀྲུ་སྔོན་བཙོ།

སྲ་སྒྱུར་ཐག་གཅོད་བྱས་རྗེས་ཀྱི་བཟའ་བྱའི་ཤ་མོའི་རིགས་ལ་ཐིངས་མང་པོར་

བཤལ་ནས་བཀྲུ་དགོས། ཆུས་བཀྲུས་རྗེས་རྒྱུ་ཆ་སྔོན་བཙོ་བྱེད་དགོས། དེ་ལྟར་བྱས་ན་མ་རྒྱུ་མཉེན་མོ་དང་དྭངས་མོར་འགྱུར་བ་དང་། མངར་ཆ་བཟོ་སྐབས་མངར་ཆའི་རིགས་སིམ་སླ་བ་ཡིན།

(བཞི) བཙོས་བཟོ།

བཙོས་པའི་དུས་སུ། ཤིང་ཚད་ཅུང་ཆུང་ཞིང་བཙའ་མི་ཆགས་པའི་ངར་ལྷུགས་ཉིས་བརྩེགས་ཀྱི་སླ་ངའམ་སྟོང་སངས་གར་བཟོ་སླ་ང་སྤྱོད་པ་ལས། ལྕགས་དང་ཟངས་སོགས་ལྕགས་རིགས་སླ་ང་སྤྱོད་མི་རུང་། མདོག་འགྱུར་བའམ་ལྕགས་རིགས་ཀྱི་བརྫིད་སྐྱོན་ལས་གཡོལ་ཐུབ་ལ། ཤུང་གྲུབ་མཉེན་པོ་དང་ཆུ་ཤོར་སྐམ་འཁྱུམ་སོགས་སྣང་ཚུལ་མི་ལེགས་པ་འབྱུང་བའི་གནད་དོན་ཡང་སྔོན་འགོག་བྱེད་ཐུབ། དེའི་བཙོ་སྟངས་ལ་གཙོ་བོ་རིགས་གསུམ་ཡོད་དེ།

1. ཐེངས་གཅིག་བཙོ་བ།

གར་ཚད་ནི45%~60%མངར་ཆའི་གཤེར་ཁུ་ཚ་སྔོན་དང་བསྐོལ་བཙོས་རྒྱུ་ཆ་ཡིན། ཐོག་མའི་དུས་རིམ་དུ། བཟའ་བྱའི་ཤ་མོའི་ཁུ་བ་ཕྱིར་བཏོན་ཏེ་མངར་ཆའི་གར་ཚད་ཇེ་ཅུང་དུ་གཏོང་བ་དང་། སྐབས་དེར་སླ་ངའི་ནང་དུ་མངར་ཆ་གར་པོའི་གཤེར་ཁུ་དང་བྱེ་མ་ཀ་ར་གཏོར་དགོས། ཆུ་ཚོད1~1.5བཙོས་རྗེས། མངར་ཆའི་གཤེར་ཁུའི་གར་ཚད75%ཡས་མས་སུ་སླེབས་ཚེ་སླ་ང་ནང་ནས་ཕྱིར་བཏོན་ཆོག་པ་དང་། དེ་ནས་ཐོན་རྫས་ཐོག་གི་མངར་ཆའི་གཤེར་ཁུ་བཙགས་སྐམ་བྱས་ན་ཐོན་རྫས་ལེགས་འགྲུབ་བྱུང་བ་ཡིན།

2. ཐེངས་མང་བཙོ་བ།

ཐེངས་མང་པོར་བཙོ་བའི་ཐབས་ནི་མཉེན་པོ་དང་རུལ་སླ་བ། ཆུ་འདུས་ཚད་ཅུང་མཐོ་བའི་རྒྱུ་ཆ་ལ་སྤྱད་ན་འཚམ། གར་ཚད30%~40%མངར་ཆའི་གཤེར་ཁུ་གདུ་དགོས། དེ་ནས་ཐག་གཅོད་བྱས་ཟིན་པའི་རྒྱུ་ཆ་བཞག་སྟེ་སྐར་མ2~3བཙོས་རྗེས། མངར་ཆའི་ཁུ་བ་དང་མཉམ་དུ་སྣོད་ཆས་ནང་དུ་ལྷུག་པ་དང་། འབྲུགས་རྗེས་ཞག་གཅིག་ལ་སྦྲངས་ན་མངར་ཆ་ནི་རྒྱུ་ཆའི་ནང་དུ་སིམ་པ་ཡིན། དེའི་འཕྲོར་མངར་ཆའི་གཤེར་ཁུ་

གར་ཚད10%~20%ཛེ་མཐོ་རུ་བཏང་རྗེས་བསྐོལ་དགོས་ཤིང་། སྐར་མ2~3འགོར་རྗེས་སྣོད་ཆས་ཀྱི་ནང་དུ་བླུགས་ནས་ཆུ་ཚོད8~24སྦང་དགོས། སྤྱོད་སྟངས་འདི་སྤྱིར་བཏང་དུ་ཐེངས2~4བཀོལ་སྤྱོད་བྱེད་དགོས། མཇུག་མཐར་མངར་ཆའི་གར་ཚད50%ཡས་མས་སུ་སླེབས་རྗེས་བསྐོལ་ནས་སྦང་བའི་རྒྱུ་ཆ་དེའི་ནང་དུ་ལྷུག་དགོས། བཙོ་བའི་གོ་རིམ་ཁྲིད་དུ་སླ་ངའི་ནང་དུ་མངར་ཆ་ཐེངས2~3སྣོན་དགོས། མ་བཙོས་རྒྱུ་ཆ་དྭངས་གསལ་དུ་གྱུར་རྗེས། མངར་ཆའི་གཤེར་ཁུའི་གར་ཚད65%ཡན་ལ་སླེབས་ཚེ་སླ་ང་ནང་ནས་ཕྱིར་བཏོན་ཚོག་པ་དང་། དེ་ནས་ཕྱི་ངོས་ཀྱི་མངར་ཆའི་གཤེར་ཁུའང་བཙགས་ཚོག སྐམ་པོར་གྱུར་རྗེས་ཐོན་ཟས་ལེགས་འགྲུབ་འབྱུང་བ་ཡིན།

3. སྐྱུར་བཙོ།

ཐག་གཅོད་བྱས་ཟིན་པའི་རྒྱུ་ཆ་སླ་ངོའི་ནང་དུ་བཙུག་རྗེས། དེ་ནས་མངར་ཆའི་ཁུ་བའི་ནང་དུ་སྐར་མ4~8བཙོས་རྗེས་སྐྱུར་དུ་ཕྱིར་འདོན་དགོས། དྲོད་ཚད15℃མངར་ཆའི་གཤེར་ཁུའི་ནང་དུ་སྦངས་ནས་སྐར་མ5~8འཁྱག་ཏུ་བཙུག་སྟེ་མངར་ཆའི་གཤེར་ཁུའི་གར་ཚད་ཇེ་མཐོར་གཏོང་དགོས། སྐར་མ4~8བཙོས་རྗེས་ཡང་བསྐྱར15℃མངར་ཆའི་གཤེར་ཁུའི་ནང་དུ་བཞག་ནས་འཁྱག་བཟོ་བྱེད་དགོས། ཡང་ནས་བསྐྱར་དུ་ཐེངས4~6བྱས་པས་ཚོག

(ལྔ) སྲོ་སྐམ།

བཙོས་ནས་སྐམ་པོར་གྱུར་རྗེས། ཐོན་ཟས་ཀྱིས་རང་ཉིད་ཀྱི་ཆ་ཚང་རང་བཞིན་དང་ལྡན་སྲུམ་ཚོགས་པའི་རྣམ་པ་སྲུང་འཛིན་བྱེད་དགོས་པ་དང་། སྦུས་ཀ་ཚགས་དམ་ལ་རྩིང་པོ་མིན་པ་དང་ཞུན་ཐིགས་མི་ཆགས་པར་བྱེད་དགོས། མངར་ཆའི་འདུས་ཚད་ནི72%ཡས་མས་ཡིན་པ་དང་ཆུའི་འདུས་ཚད་ནི18%~20%མན་ཡིན། སྲོ་སྐམ་བྱེད་དུས་དྲོད་ཚད50~60℃རྒྱུན་འཁྱོངས་བྱེད་དགོས། གལ་ཏེ་དྲོད་ཚད་མཐོ་དྲགས་ན་མངར་ཆ་ཛོག་བུར་ཆགས་པ་དང་འཚིག་པར་འགྱུར་སླའོ།།

(དྲུག) ལེགས་སྒྲིག

སྐམ་ཤས་ཆེ་བའི་གོ་རིམ་ཁྲིད་དུ། ཐོན་ཟས་ནི་རྒྱུན་དུ་འཕྲུམ་འདུ་བྱས་ཏེ་དབྱེབས་

གཟུགས་འགྱུར་བ་དང་། ཚབས་ཆེ་བའི་སྐབས་སུ་གས་ཆག་ཤོར་བ་ཡིན། སྐམ་པོར་གྱུར་རྗེས་ཐོན་ཐུབ་ལ་ལས་སྒྲོན་དང་ལེགས་སྒྲིག་བྱེད་དགོས། དེའི་ཕྱི་ཚུལ་གྲལ་འཁྲིག་པོ་དང་གཅིག་མཐུན་ཡོང་བར་བྱས་ན་ཐུམ་སྒྲིལ་བྱེད་བདེ་བ་དང་། ཐུམ་སྒྲིལ་བྱེད་སྐབས་ནྲན་འགོག་ལ་དོ་སྣང་བྱེད་དགོས།

བཞི། འཁྱག་ཉར།

བཟའ་བྱའི་ཤ་མོའི་འཁྱག་ཉར་ལག་རྩལ་ནི་ཤ་མོ་དྲོད་ཚད་དམའ་བའི་ཁོར་ཡུག་ཏུ་བཞག་ནས། ཤ་མོ་ནང་གི་ནྲན་ཚད་མགྱོགས་མྱུར་དང་འཁྱག་ཟིལ་ཆགས་པ་དང་། དེ་ནས་དྲོད་ཚད་དམའ་བའི་གྲང་མཛོད་དུ་ཉར་ཚགས་བྱེད་དགོས།

ཆུ་གཙང་མའི་དར་ཚད་ནི0℃ཡིན། ཤ་མོའི་ཕུང་གྲུབ་ཀྱི་ནང་དུ་སྐྱེ་མེད་ཚྭ་དང་། མངར་བའི་ཆ། སྐྱུར། སྤྲི་དཀར་སོགས་འདུས་པས་དར་ཚད་ཅུང་དམའ་དགོས། ཁོར་ཡུག་གི་དྲོད་ཚད་འཁྱགས་རྫོམ་གྱི་ཚད་ལ་སླེབ་དུས། ཤ་མོའི་ཕུང་གྲུབ་ནང་གི་ཆུ་ནི་གཤེར་གཟུགས་ནས་སྲ་གཟུགས་སུ་འགྱུར་མགོ་ཚུགས་པ་དང་། ཆགས་པའི་འཁྱག་ཟིལ་མང་ཞིང་པོངས་ཚད་ཆུང་བས། ཕྲ་ཕུང་གི་ཕུང་གྲུབ་ལ་གནོད་སྐྱོན་བཟོ་མི་སྲིད། དེའི་སྟར་ཡོད་ཀྱི་རྣམ་པ་དང་རྒྱུ་ཕྱུས། བྲོ་བ་བཅས་སྲུང་འཛིན་བྱེད་ཐུབ་པར་མ་ཟད། སྐྱེ་དངོས་ཕྲ་རབ་ཀྱི་འགུལ་སྐྱོད་ཀྱང་བཀག་འགོག་བྱེད་ཐུབ། དེ་བཞིན་དུ་དུས་ཡུན་ཅུང་རིང་པོར་ཉར་ཚགས་ཀྱང་བྱེད་ཐུབ་བོ། །

ཤ་མོ་འཁྱག་ཉར་ཐོན་སྐྱེད་ཀྱི་བཟོ་རྩལ་གཤམ་གསལ་ལྟར་ཡིན།

(1) ཤ་མོའི་གདུགས་མགོ་ཆ་ཚང་བ་དང་ཁ་དོག་རྒྱུན་ལྡན་ཡིན་པའི་ཤ་མོ་གདམ་གསེས་བྱས་ནས་ལས་སྒྲོན་རྒྱུ་ཆ་བྱེད་དགོས།

(2) བཏང་བསྒྱུ་བྱས་རྗེས། སྔོན་ལ0.03%ཅོ་ཡ་ལིའུ་སོན་ནྭ་ཞུ་ཁུའི་ནང་དུ་བཞག་ནས་བཀྲུས་ཏེ་བྱེ་འདམ་དང་ལྷད་རྫས་གཙང་སེལ་བྱེད་དགོས། དེ་རྗེས0.06%ཅོ་ཡ་ལིའུ་སོན་ནྭ་ཞུ་ཁུའི་ནང་དུ་སྐར་མ2~3ལ་སྦངས་ནས་ཁ་དོག་སྲུང་འཛིན་བྱེད་དགོས།

(3) ཤ་མོ100℃ཅན་གྱི0.15%~0.3%ཉིང་མེད་སྐྱུར་ཁུའི་ནང་དུ་བཞག་ནས་སྐར་

མ1.5~2.5ལ་བཙོ་དགོས། དེ་ནས3~5℃འཁྱག་བཟོའི་ཆུའི་ནང་དུ་བཞག་ནས་འཁྱག་བཟོ་བྱེད་དགོས།

(4) སྲུས་ཚད་ཀྱི་ཚད་གཞི་དང་མི་མཐུན་པའི་ཤ་མོའི་རིགས་མེད་པར་བཟོ་བ་དང་། ཚད་ལྡན་གྱི་ཤ་མོའི་གཟུགས་ལ་བཟོ་བཅོས་དང་བཀྲུ་བར་གྲ་སྒྲིག་བྱེད་དགོས།

(5) ཤ་མོའི་ཕྱི་ངོས་ཀྱི་ཆུ་འཚག་སྐམ་བྱེད་པ་དང་། རེ་རེ་བཞིན་འཁྱག་སྡེར་ནང་དུ་འཇོག་དགོས་ཤིང་། དེའི་འཕྲོར་དུང་འཁྱིལ་འཁྱག་བཟོ་འཕྲུལ་འཁོར་ནང་དུ་བཞག་ནས། 40~37℃ཧྲོད་ཚད་འོག་ཏུ་སྐར་མ30~45འཁྱག་བཟོ་བྱེད་དགོས།

(6) འཁྱག་བཟོ་བྱས་ཟིན་པའི་ཤ་མོ་ཕྱིར་བླངས་རྗེས། ཧྲོད་ཚད་དམའ་བའི་ཁང་བའི་ནང་དུ་རེ་རེ་བཞིན་བདམས་ནས་སྨུག་མའི་སྣོ་མའི་ནང་དུ་འཇོག་པ་དང་། སྣོ་མ་རེར་ཕལ་ཆེར་སྟོང་ཁི2ཙམ་ཡོད། དེ་ནས2~5℃ཆུ་དྭངས་མོའི་ནང་དུ་སྦྲངས་ནས་སྐར་ཆ2~3འགོར་རྗེས་སྨུག་མའི་སྣོ་མ་ཡར་བཀུགས་ནས་ཤ་མོ་ཕྱིར་འཛོ་བ་ཡིན། ཤ་མོའི་ཕྱི་ངོས་སུ་མགྱོགས་མྱུར་ངང་དྭངས་གསལ་གྱི་དར་སྲབ་པོ་ཞིག་ཆགས་པ་དང་། ཤ་མོ་སྐམ་པོ་དང་མདོག་འགྱུར་བར་སྔོན་འགོག་བྱེད་ཐུབ་པས། ཉར་ཚགས་དུས་ཡུན་ཇེ་རིང་དུ་གཏོང་བའི་དམིགས་ཡུལ་འགྲུབ་པ་ཡིན།

(7) འཁྱག་བཟོ་བྱས་ཟིན་པའི་ཤ་མོ་རྣམས་འབུ་སྲིན་མེད་པའི་འཁྲིག་ཁུག་ནང་དུ་བསྡུ་དགོས།

(8) འཁྲིག་ཁུག་ནང་དུ་ལེགས་པར་བསྡུས་ཟིན་པའི་ཐོན་རྫས་རྣམས་གྲང་མཛོད་ནང་དུ་ཉར་ཚགས་བྱེད་དགོས་ཤིང་། གྲང་མཛོད་ཁང་བའི་ཧྲོད་ཚད–18℃ཡས་མས་སུ་རྒྱུན་འཁྱོངས་བྱེད་པ་དང་། ལྟོས་བཅས་ཀྱི་རླན་ཚད95%~100%རྒྱུན་འཁྱོངས་བྱས་ན། ཟླ12~18ཉར་ཚགས་བྱེད་ཐུབ།

༤། རྫ་ཆས་གསོག་ཉར།

བཟའ་བྱའི་ཤ་མོའི་རྫ་སྣོད་ནི་བཟའ་བྱའི་ཤ་མོ་གསར་བ་ཐག་གཅོད་རབ་དང་རིམ་པ་བྱས་རྗེས། དམིགས་བསལ་གྱི་སྣོད་ཆས་ནང་དུ་བཅུག་ནས་དབུགས་ཕུད་དམ་སྦྱར་བྱས་

པ་བརྒྱད་དེ། ཕྱི་རོལ་གྱི་མཁའ་རླུང་དང་སྐྱེ་དངོས་ཕྲ་རབ་གཏན་འགོག་བྱས་ནས་ཡང་བསྐྱར་ཚ་བ་ཇེ་ཆེར་བཏང་སྟེ་ཐ་ཆས་ནང་ཁུལ་གྱི་སྐྱེ་དངོས་ཕྲ་རབ་གསོད་པ་དང་ཡང་ན་དེའི་གསོན་ཤུགས་མེད་པར་བཟོ་བར་མ་ཟད། བཟའ་བྱའི་ཤ་མོའི་སྤྲིན་རྩབས་ཀྱི་གྲུང་གཤིས་ལ་གཏོར་བརླག་བྱེད་པ་དང་། དེའི་དབྱང་འགྱུར་ནུས་པ་ཚོད་འཛིན་བྱས་ཏེ། ཟ་མའི་ནང་གི་ཟས་རིགས་རྣམས་དུས་ཡུན་ཅུང་རིང་པོའི་ཉར་ཚགས་བྱེད་ཐུབ། ཟ་སྣོད་ཀྱི་བཟོ་རྩལ་ལ་གཙོ་བོར་མ་བཙོས་རྒྱུ་ཆ་ཐག་གཅོད་དང་། སྣོད་ནང་དུ་འཇུག་པ། ཆུ་ལྡུག་པ། རླངས་འབུད་པ། དམ་སྦྱར་བྱེད་པ། འབུ་སྲིན་གསོད་པ། འཁྱག་བཟོ་བྱེད་པ་སོགས་ཀྱི་ལྷུ་ཚིགས་འདུས་ཡོད།

(གཅིག) མ་བཙོས་རྒྱུ་ཆའི་ཐག་གཅོད།

(1) ནན་ཏན་གྱིས་མ་བཙོས་རྒྱུ་ཆའི་ཤ་མོ་བདམས་ནས། སྨིན་དྲགས་པ་དང་མདོག་འགྱུར་བ། ཡ་གཟུགས་སུ་འགྱུར་བ། རུལ་བ། ནད་དང་འབུའི་གནོད་པ་སོགས་ཚད་ལྡན་མིན་པའི་རྒྱུ་ཆ་ཕུད་དེ། ཆེ་ཆུང་དང་སྨིན་ཚད། ཚོས་གཞི་སོགས་ཀྱི་རིམ་པ་དབྱེ་བའི་ཚད་གཞི་ལྟར་རིམ་པ་དབྱེ་བ་དང་དུས་ཐོག་ཏུ་ལས་སྒྲོན་བྱས་ནས་ཐག་གཅོད་བྱེད་དགོས།

(2) སྲུས་ཚད་གར་ཚད་ཁེ0.3/ཧྲིན་ཡིན་པའི་ཙོ་ཡ་ལིའུ་སོན་ནྭ་ཞུ་ཁུའི་ནང་དུ་སྐར་མ2~3ལ་སྦང་བ་དང་། དེ་ནས་དེའི་སྲུས་ཚད་ལ་གར་ཚད་ཁེ1/ཧྲིན་གྱི་ཙོ་ཡ་ལིའུ་སོན་ནྭ་ཞུ་ཁུའི་ནང་དུ་དཀར་འདག་བྱེད་དགོས། དེའི་འཕྲོར་ཆུ་གཙང་མས་དཀྲུ་དགོས།

(3) 2%ཚྭ་ཆུ་བསྐོལ་ནས་ཤ་མོ་ཚྭ་ཆུའི་ནང་དུ་བཙོས་ན་དེའི་རྩབས་ཀྱི་གྲུང་གཤིས་ཚོད་འཛིན་བྱེད་ཐུབ་ཅིང་། རྩབས་ཀྱིས་བསླངས་པའི་རྫས་འགྱུར་འགྱུར་ལྡོག་ཇེ་ཉུང་དུ་གཏོང་ཐུབ་པར་མ་ཟད། ཤ་མོའི་སྲུང་གྲུབ་ནང་དུ་ལུས་པའི་རླུང་དབུགས་ཕུད་ནས་སྲུང་གྲུབ་འཁྲུམ་འདུ་དང་མཉེན་འགྱུར་བྱེད་དུ་འཇུག་ཐུབ་པ་དང་། ད་དུང་ལྕགས་རྫས་ཀྱི་རུལ་འགྱུར་གྱི་གནས་ཚུལ་ཡང་ཇེ་ཉུང་དུ་གཏོང་ཐུབ།

(4) བཙོས་ཟིན་པའི་ཤ་མོ་མྱུར་དུ་དྭངས་གཙང་གི་བཞུར་རྒྱུན་ཆུ་མོའི་ནང་དུ་བཞག་ནས་འཁྱག་བཟོ་བྱེད་དགོས།

(5) འཁྲུག་བཟོ་བྱས་རྗེས་ཀྱི་རྒྱུ་ཆ་ལ་རིམ་པ་དབྱེ་དགོས་ཏེ། སྤྱིར་བཏང་དུ་རྒྱུག་མཐུད་ཅན་གྱི་རིམ་འབྱེད་འཕྲུལ་འཁོར་དང་། འཕྲུལ་ཆས་འདར་ཡོམ་ཅན་གྱི་རིམ་འབྱེད་འཕྲུལ་འཁོར་སྤྱོད་དགོས།

(གཉིས) རྫ་སྣོད་ནང་དུ་འཇུག་པ།

ཐོན་སྐྱེད་ཁྲོད་ཀྱི་རྒྱུན་བཀོལ་རྫ་སྣོད་གཙོ་བོ་ནི་ཧ་ཁའི་ལྕགས་ཀྱི་སྣོད་ཆས་ཡིན་པ་དང་། སྤྱིར་བཏང་དུ་ལག་ཤེས་སམ་ལྕགས་ཀྲིན་འཕྲུལ་ཆས་སྤྱད་དེ་སྣོད་དུ་འཇུག་པ་ཡིན།

སྣོད་ཆས་ཁོག་སྟོང་བེད་སྤྱོད་མ་བྱས་པའི་སྔོན་ལ་ཞིབ་བཤེར་ནན་མོ་བྱས་ནས་ཚད་ལྡན་མ་ཡིན་པའི་སྣོད་ཆས་ཁོག་སྟོང་གདམ་གསེས་དོར་ལེན་བྱེད་དགོས། སྣོད་ཆས་ནང་དུ་མ་བླུག་པའི་སྔོན་ལ། ཆུ་ཚ80℃སྤྱད་དེ་ཁོག་སྟོང་སྣོད་ཆས་གཙང་འབྲུད་དུག་སེལ་བྱེད་དགོས། སྣོད་ཆས་ནང་དུ་ལྡུག་པའི་སྐབས་སུ། རྫ་མ་རེ་རེའི་སྲུས་ཚད་དོ་སྙོམས་ཡོང་བར་ཁག་ཐེག་བྱེད་དགོས་ཤིང་། རྫ་སྣོད་ནང་དུ་བསྡུས་རྗེས་དངོས་ཟོག་ཇེ་ཉུང་དུ་འགྲོ་སྲིད་པས། སྤྱིར་བཏང་དུ་རྫ་སྣོད་དུ་འཇུག་སྐབས་གྲངས་ཚད10%~15%ཁ་སྣོན་བྱེད་དགོས།

རྫ་སྣོད་ནང་དུ་འཇུག་སྐབས། ད་དུང་ནང་བཅུག་ཤ་མོའི་ཕྱི་ངོས་དང་རྫ་སྣོད་ཀྱི་ཁ་ལེབ་བར་ལ་རྩི་སྲུབས་ངེས་ཅན་ཞིག་འཇོག་དགོས། རྩི་སྲུབས་ཆུང་དྲགས་ན་འབུ་སྲིན་གསོད་སྐབས་ཟས་སྣོད་ཀྱི་གནོན་ཤུགས་ཇེ་ཆེར་སོང་ནས་ལྕགས་ཀྲིན་གྱི་ཁ་ལེབ་ཕྱི་རུ་འབུར་བ་དང་། ཚབས་ཆེ་བའི་སྐབས་སུ་གས་སྲུབས་འབྱུང་སྲིད་པ་ཡིན། རྩི་སྲུབས་ཆེ་དྲགས་ན་སྲིན་གསོད་འཁྲུག་བཟོ་བྱས་རྗེས། རྫ་སྣོད་ནང་གི་གནོན་ཤུགས་ཇེ་ཆུང་དུ་སོང་ནས་རྫ་མའི་ནང་གི་ཤ་མོ་མར་ཇེབ་པ་ཡིན། གཞན་ཡང་གལ་ཏེ་རྩི་སྲུབས་ཆེ་དྲགས་ན། རྫ་སྣོད་ནང་དུ་མཁའ་དབུགས་ཅུང་མང་པོ་གསོག་ཉར་བྱེད་པས། ཟས་རིགས་དབྱང་འགྱུར་མདོག་འགྱུར་འབྱུང་སླའོ།།

(གསུམ) ཆུ་སྣོན་པ།

རྒྱུ་ཆ་བསྒྲིགས་ཚར་རྗེས། 0.12%ཉིང་མེང་སོན་དང་ཚྭ་འདུས་ཚད1%~2%ཚྭ་ཁུ་བླུགས་ན་ཐོན་རྫས་ཀྱི་བྲོ་བ་ཇེ་བཟང་དུ་གཏོང་ཐུབ། གཞན་ད་དུང་བཟའ་བྱའི་ཤ་མོ་ཕན་

ཚུན་བར་གྱི་བར་གསེང་ཁ་གསབ་བྱེད་ཐུབ། དེ་བས། མཁའ་རླུང་མེད་པར་བཟོ་བར་མ་ཟད། འབྲུ་སྲིན་གསོད་པ་དང་འཁྱག་བཟོ་བྱེད་པའི་སྐབས་སུ་ཚ་བ་བརྒྱུད་སྤྲོད་བྱེད་ཐུབ།

(བཞི) རླུང་འབུད།

མཁའ་དབུགས་ཁྲིད་དུ་དབྱང་རླུང་གིས་ལྷུགས་ཀྲིན་གྱི་ཕྱི་ངོས་ཀྱི་རྡུལ་བསླད་ཟེ་མགྱོགས་སུ་བཏང་བ་དང་། དེའི་རྐྱེན་གྱིས་དབུགས་ཕུད་ནས་ཟ་སྣོད་ནང་གི་མཁའ་དབུགས་མེད་པར་བཟོ་དགོས། རླུང་འབུད་བྱེད་ཐབས་གཙོ་བོ་གཉིས་ཡོད་དེ། རིགས་གཅིག་ནི་རྒྱ་ཚའི་ཟ་སྣོད་ནང་དུ་གཤེར་ཁུ་བླུགས་རྗེས། སྟོན་ལ་ཚ་བསྣུན་ནས་རླུང་འབུད་བྱེད་པ་དང་། དེ་ནས་ཁ་ལེབ་རྒྱག་དགོས། གཉིས་པ་ནི་དབུགས་འཐེན་འཕྲུལ་འཁོར་གྱིས་དབུགས་འཐེན་རྗེས་སླར་ཡང་ཁ་ལེབ་རྒྱག་དགོས།

སྟོང་སངས་ཕུམ་སྒྲུད་ནས་དབུགས་རླུང་འཐེན་སྐབས། དབུགས་འཐེན་ཡོ་ཆས་དང་དམ་བེས་ངེས་པར་དུ་གཞོགས་འདེགས་ལེགས་པོ་བྱེད་དགོས་པ་དང་། བར་སྣང་བཀག་སྡོམ་འཕྲུལ་ཆས་སྒྲུད་ཚོག་ཅིང་། སྟོང་སངས་ཕུམ་དབུགས་འཐེན་འཕྲུལ་འཁོར་སྟེང་དུ་འཇོག་དགོས།

(ལྔ) ཁ་དམ་པོ་སྒྱུར་བ།

རླུང་ཕུད་རྗེས་ངེས་པར་དུ་ཁ་དམ་པོར་སྒྱུར་ཏེ་ཕྱི་རོལ་གྱི་མཁའ་རླུང་དང་རྡུལ་སྲུངས་རང་བཞིན་གྱི་འབྲུ་སྲིན་ནམ་འབབ་བཙོག་ཐེབས་པར་སྔོན་འགོག་བྱེད་དགོས། སྔོན་ཆད་རྒྱུན་དུ་ཁ་ལེབ་ལག་པས་ཚ་ལ་རྒྱག་བཞིན་ཡོད། ད་ལྟ་དུང་འཁྱིལ་ཅན་དང་འཁྱིལ་འཁོར་ཅན་གྱི་ཤེལ་གྱི་ལྷུགས་ཀྲིན་ནི་ལག་པས་བཟོ་བ་ལས་གཞན། གཞན་པ་རྣམས་ངེས་པར་དུ་གློག་གནོན་གཉིས་ལྡན་གྱི་འཚེམ་ཆས་བཀོལ་ནས་ལེགས་འགྲུབ་ཡོང་བར་བྱེད་པ་ཡིན། བརྒྱུད་རིམ་འདི་ངེས་པར་དུ་ཚོད་འཛིན་ནན་མོ་བྱེད་དགོས་ཤིང་། དེ་ལྟར་བྱས་ན་ད་གཟོད་སྣོད་ཆས་ཀྱི་དམ་སྒྱུར་ཁག་ཐེག་བྱེད་ཐུབ།

(དྲུག) འབྲུ་སྲིན་གསོད་པ།

འབྲུ་སྲིན་གསོད་པའི་དམིགས་ཡུལ་ནི་ལྷུགས་ཀྲིན་གྱི་ནང་དུ་བཙུག་པའི་ཤ་སོར་

སྐྱེ་དངོས་ཐྲ་རབ་ཀྱིས་གནོད་པ་མི་ཐེབས་པའི་ཆེད་དུ་ཡིན། དྲོད་ཚད་མཐོན་པོས་ཁོར་ཡུག་བསྐུན་ནས་དུས་ཚོད་ཐུང་ངུའི་ནང་དུ་འབུ་སྲིན་བསད་ན་ཐོན་རྫས་ཀྱི་ཕྱུས་ཚད་སྲུང་འཛིན་བྱེད་པར་ཕན་པ་ཡོད། སྐྱར་འདུས་ཚད་ཅུང་མང་བའི་ཐོན་རྫས་ལ་མཐོ་གནོན་རླངས་པས་སྲིན་སེལ་བྱས་ཆོག་ལ། རྒྱུན་གནོན་སྲིན་སེལ་ཐབས་ལམ་སྤྱོད་ཀྱང་ཆོག བཟའ་བྱའི་ཤ་མོའི་ལུགས་ཀྱིན་མང་ཆེ་བ་སྐྱར་འདུས་ཚད་ཅུང་དམའ་བས་ཕྱིར་བཏང་དུ115~121℃སྲིན་གསོད་དྲོད་ཚད་དང་ཅུང་རིང་བའི་སྲིན་གསོད་དུས་ཚོད་བཀོལ་ན་ད་གཟོད་འབུ་སྲིན་གསོད་ཐུབ།

(བདུན) འཁྱག་གྲང་བཟོ་བ།

འབུ་སྲིན་བསད་ཚར་རྗེས་ལུགས་ཀྱིན་རིམ་པར་དུ་མགྱོགས་མྱུར་དང་ཆུ་གྲང་མོའི་ནང་དུ་འཇོག་དགོས། དེ་ལྟར་མ་བྱས་ན་ཐོན་རྫས་ཀྱི་ཁ་དོག་དང་རོ་མངར་ལ་འགྱུར་ལྡོག་བྱུང་ནས་རོ་བཅུད་ཀྱི་གྲུབ་ཚུལ་ལ་གཏོར་བརླག་ཐེབས་སྲིད་པ་ཡིན། ཤེལ་ཕོར་རྫ་སྣོད་ཡིན་ན་ཐད་ཀར་ཆུ་འཁྱག་ནང་དུ་འཇོག་མི་རུང་། ཆུའི་དྲོད་ཚད་རིམ་བཞིན་ཇེ་དམའ་རུ་སོང་ནས་ཤེལ་ཕོར་གས་ཆག་ཏུ་འགྲོ་བར་སྔོན་འགོག་བྱེད་དགོས། རྡ་ཁའི་ལུགས་ཀྱིན་ཐད་ཀར་ཆུ་འཁྱག་ནང་དུ་བཞག་ཆོག རྫ་སྣོད་ཀྱི་དྲོད་ཚད38~40℃ལ་སླེབ་དུས་ཕྱིར་བླངས་ནས་རྫ་སྣོད་ནང་གི་ཚ་ནུས་ལྷག་མ་སྤྱུད་དེ་རྫ་སྣོད་ཀྱི་ཕྱི་རོལ་དུ་འཕྱུར་བའི་ཆུ་རླངས་འགྱུར་བྱེད་དགོས།

ཐོན་སྐྱེད་བྱས་ཟིན་པའི་ལུགས་ཀྱིན་ལ་དུས་ཐོག་ཏུ་དཔེ་འཐེན་ཞིབ་བཤེར་བྱེད་དགོས་ཤིང་། ཕྱིར་བཏང་དུ་སྔོན་ལ་དྲོད་སྲུང་(55℃འོག་ཏུ་དྲོད་སྲུང་ཉིན5)བྱེད་པ་དང་། དེ་ནས་སྐྱར་ཉུལ་སྲིན་གསོ་སྐྱོང་ཞིབ་དཔྱད་དང་ཚ་བཟོད་ཟློག་ཐུམ་གྲངས་ཀྱི་ཞིབ་བཤེར་བྱས་ནས། ཐོན་སྐྱེད་ལ་མཚུབ་སྟོན་བྱེད་པ་དང་རྒྱུ་ཕྱུས་ལ་ཁག་ཐེག་བྱེད་པ་ཡིན། དེ་ནས་རྟགས་དཔར་ནས་ཐུམ་སྒྲིལ་ཉར་ཚགས་བྱེད་པ་དང་། ཉར་ཚགས་བྱེད་པའི་དུས་སྐབས་སུ། ཉར་ཚགས་དྲོད་ཚད(10~15℃)དང་མཁའ་རླུང་གི་ལྡོས་བཅས་ཀྱི་རླན་ཚད(15%~70%)བར་དུ་ཚོད་འཛིན་ནན་མོར་བྱེད་དགོས།

ལེའུ་ལྔ་པ། བཟའ་བྱའི་ཤ་མོའི་ཐོན་རྫས་ཀྱི་ཚོང་རའི་ཚོང་གཉེར།

བཟའ་བྱའི་ཤ་མོའི་རིགས་ནི་གནའ་སྔ་མོ་ནས“ཟས་རིགས་རྩ་ཆེན”དུ་བརྩིས་ཏེ་རྒྱལ་ཁབ་ཕྱི་ནང་ནས་ཁྱིན་འཚོང་ཚོང་ར་རྒྱ་ཆེན་པོ་ཡོད། ཚོང་རའི་ཆོས་ཉིད་དུས་ཐོག་ཏུ་ཁོང་དུ་ཆུད་པ་དང་ཕན་ནུས་ལྡན་པའི་ཚོང་གཉེར་ཐབས་ཇུས་བཟོས་ན། དཔལ་འབྱོར་ཕན་འབྲས་དང་སྤྱི་ཚོགས་ཕན་འབྲས་ཡག་པོ་ཞིག་བསྐྲུན་ཐུབ། “ཚོང་ར་ཡོད་ན་འཕེལ་རྒྱས་འབྱུང་བ་དང་། ཤ་མོ་ཆུང་དུ་ལའང་ཚོང་ར་ཆེན་པོ་ཡོད”པས། རང་ཉིད་ཀྱི་བཟའ་བྱའི་ཤ་མོའི་ཐོན་རྫས་ཀྱི་སྤུས་རྟགས་བསྐྲུན་ནས་ཁྱད་ལྡན་ཤ་མོའི་ཐོན་ལས་ཆགས་པར་བྱ་རྒྱུ་ནི་གལ་འགངས་ཤིན་ཏུ་ཆེ་བ་ཞིག་ཡིན་ནོ། །

ཚན་པ་དང་པོ། བཟའ་བྱའི་ཤ་མོའི་ཐོན་རྫས་ཀྱི་ཚོང་རའི་དབྱེ་ཞིབ།

གཅིག བཟའ་བྱའི་ཤ་མོའི་ཐོན་རྫས་ལ་རྒྱལ་ཁབ་ཕྱི་ནང་གི་ཕྱིར་འཚོང་ཚོང་ར་རྒྱ་ཆེན་པོ་ཡོད།

(གཅིག) བཟའ་བྱའི་ཤ་མོའི་ཐོན་རྫས་རྒྱལ་ཁབ་ཕྱི་ནང་གི་ཚོང་རར་ཁྱིན་ཁ་རྒྱུག་པ།

རང་རྒྱལ་གྱི་རྒྱལ་དམངས་དཔལ་འབྱོར་མགྱོགས་མྱུར་སྒྲོས་འཕེལ་རྒྱས་སུ་སོང་བ་དང་བསྟུན་ནས། སྤྱོད་དམངས་ཀྱི་ཡོང་འབབ་ཆུ་ཚད་ཀྱང་ཇེ་མཐོར་འགྲོ་བཞིན་ཡོད་པ་དང་། དེ་བཞིན་དུ་ཟས་རིགས་ཀྱི་དགོས་མཁོའང་ཉིན་རེ་བཞིན་ཇེ་ཆེར་འགྲོ་བཞིན་

ཡོད། མི་རྣམས་ཀྱིས་ལྷང་མདོག་ཟས་རིགས་ཏེ། དཔེར་ན་མངར་ཚ་ཉུང་བ་དང་། ཆི་ལུ་ཉུང་བ། སྤྲི་དཀར་མཐོ་བ་བཅས་ཀྱི་ཟས་རིགས་འཛད་སྤྱོད་ཀྱི་དགོས་མཁོ་ཉིན་རེ་བཞིན་ཇེ་ཆེར་འགྲོ་བཞིན་ཡོད་པ་དང་། ཟས་རིགས་དེ་རྣམས་ཀྱི་ཚོང་གཉེར་ཡོང་འབབ་ཀྱང་གོང་ནས་གོང་དུ་འཕར་བའི་རྣམ་པ་བཟང་པོ་ཞིག་རྒྱུན་འཁྱོངས་བྱེད་ཐུབ་ཀྱིན་འདུག བཟའ་བྱའི་ཤ་མོའི་རིགས་ནི་འཚོ་བཅུད་ཕུན་སུམ་ཚོགས་པ་དང་། བྲོ་བ་ཞིམ་པ། ལུས་སྟོབས་རྒྱས་པའི་ཟས་རིགས་ཤིག་ཡིན་པས། དུས་མཚུངས་སུ་འདི་ཉིད་ལ་ད་དུང་སྨན་རྫས་རིན་ཐང་ཡང་ཆེན་པོ་ལྡན་པས། མི་རྣམས་ཀྱིས་ཁས་ལེན་པའི་འཚོ་བཅུད་མཐོ་བའི་ལུས་ཁམས་བདེ་སྲུང་གི་ཟས་རིགས་ཤིག་ཀྱང་ཡིན། བཟའ་བྱའི་ཤ་མོ་ཐོན་སྐྱེད་བྱས་ན་ནོར་བུ་རྙེད་པ་ཇི་བཞིན། ཕྱོགས་བསྡུས་ཀྱིས་གསར་སྤེལ་དང་བེད་སྤྱོད་བྱས་ན་དཔལ་འབྱོར་ཕན་འབྲས་དང་སྤྱི་ཚོགས་ཕན་འབྲས་ནི་ཏ་ཙང་མངོན་གསལ་ཡོད། མི་དམངས་ཀྱི་འཚོ་བའི་ཆུ་ཚད་རྒྱུན་ཆད་མེད་པར་ཇེ་མཐོར་འགྲོ་བཞིན་པ་དང་ཚོང་ཟོག་དཔལ་འབྱོར་སྟར་ལས་གོང་འཕེལ་དུ་སོང་བའི་གནས་བབ་ལ་བསྟུན་ན། བཟའ་བྱའི་ཤ་མོའི་ཐོན་རྫས་ནི་རྒྱལ་ནང་གི་ཚོང་ར་ཆེ་གྲས་ཁག་ཏུ་བྲིན་ཁ་རྒྱུག་པར་མ་ཟད། ད་དུང་རྒྱལ་སྤྱིའི་ཚོང་རའི་སྟེང་དུའང་བྲིན་ཁ་རྒྱུག་བཞིན་ཡོད།

(གཉིས) རང་རྒྱལ་གྱི་བཟའ་བྱའི་ཤ་མོའི་ལས་རིགས་འཕེལ་རྒྱས་ཀྱི་རྣམ་པ་མངོན་གསལ་ཡིན།

རང་རྒྱལ་གྱི་ཤ་མོའི་ལས་རིགས་འཕེལ་རྒྱས་ཀྱི་རྣམ་པ་མངོན་གསལ་ཡིན་ཞིང་། གཙོ་བོར་མུ་འབྲེལ་ཚོང་གཉེར་དང་ཕྲུས་རྟགས་གསོ་སྐྱོང་། ལག་རྩལ་གསར་གཏོད། ཚན་རིག་དོ་དམ་བཅས་མཚོན་བྱེད་དུ་གྱུར་པའི་དེང་རབས་ཀྱི་ཟས་རིགས་ཁེ་ལས་བཅས་ཀྱི་སྟེང་དུ་མཚོན་པ་དང་། དེང་རབས་ཀྱི་བཟའ་བྱའི་ཤ་མོའི་ལས་རིགས་ཀྱིས་རིམ་བཞིན་སྲོལ་རྒྱུན་གྱི་བཟའ་བྱའི་ཤ་མོའི་ལས་རིགས་ཀྱི་ཚབ་བྱེད་བཞིན་ཡོད་ཅིང་། རང་འདོད་རང་བཞིན་གྱི་ཐོན་སྐྱེད་དང་ཚོང་ཁང་རྐྱང་པའི་བཟོ་ཁང་། མིའི་ཉམས་མྱོང་ཐོབ་པའི་ཐོན་སྐྱེད་རྣམ་པའི་བཟའ་བྱའི་ཤ་མོའི་ལས་རིགས་སོགས་ནི་ཐོན་ལས་ཅན་དང་ཚོགས་པ་

ཅན། ས་འབྲེལ་ཅན། དེང་རབས་ཅན་བཅས་སུ་མགྱོགས་མྱུར་སྨོས་སྐྱོད་བཞིན་ཡོད། དེ་བཞིན་དུ་དེང་རབས་ཀྱི་ཚན་རིག་ལག་རྩལ་དང་། ཚན་རིག་དང་མཐུན་པའི་གཉེར་སྐྱོང་ངོ་དམ། དེང་རབས་ཀྱི་འཚོ་བཅུད་འདུ་ཤེས་བཅས་བཟའ་བྱའི་ཤ་མོའི་ལས་རིགས་སུ་སྤྱོད་རྒྱ་ཇེ་ཆེར་འགྲོ་བཞིན་ཡོད།

(གསུམ) བཟའ་བྱའི་ཤ་མོའི་ཐོན་ལས་འཕེལ་རྒྱས་ཀྱི་དུས་སྐབས་ཡག་ཤོས་སུ་སླེབས་ཡོད།

རྒྱལ་ཁབ་ཀྱི་སྲིད་ཇུས་དང་སྤྱི་ཚོགས་ཀྱི་ཁོར་ཡུག་ཆེན་པོའི་ཐད་ནས་བལྟས་ན། བཟའ་བྱའི་ཤ་མོ་ནི་འཕེལ་རྒྱས་ཀྱི་དུས་སྐབས་ཡག་ཤོས་སུ་སླེབས་ཡོད་ཅིང་། གཞི་ཁྱོན་ཅན་གྱི་ཤ་མོའི་འདེབས་འཛུགས་ནི་ངལ་རྩོལ་འདུས་ཚད་ཆེ་བའི་ཐོན་ལས་ཤིག་ཏུ་གྱུར་ཡོད་ལ། ངལ་རྩོལ་ལས་ཞུགས་ཐག་གཅོད་བྱེད་པའི་ཐད་ནས་ནུས་པ་ཧ་ཅང་གལ་ཆེན་ཐོན་བཞིན་ཡོད། མིག་སྔར་ངལ་རྩོལ་ལས་ཞུགས་ཀྱི་གནད་དོན་ཐག་གཅོད་བྱ་རྒྱུ་ནི་སྲིད་གཞུང་རིམ་པ་ཁག་གིས་དམངས་ཀྱི་དོན་དུ་ཁེ་ཕན་གཉེར་བའི་མཚོན་རྟགས་དང་སྲིད་ཇུས་ཀྱི་གཉེར་ཕྱོགས་གཙོ་བོ་ཡིན།

(བཞི) བཟའ་བྱའི་ཤ་མོའི་ལས་རིགས་ཀྱིས་འབྲེལ་ཡོད་ཐོན་ལས་ཀྱི་འཕེལ་རྒྱས་ལ་སྐུལ་ཁྲིད་བྱེད་ཐུབ།

བཟའ་བྱའི་ཤ་མོའི་ལས་རིགས་ཀྱིས་ད་དུང་འདེབས་འཛུགས་ལས་རིགས་ཀྱི་འཕེལ་རྒྱས་ལ་སྐུལ་ཁྲིད་བྱེད་ཐུབ། འདི་ནི"ཞིང་གསུམ"གྱི་གནད་དོན་ཐག་གཅོད་དང་ཞིང་པའི་ཡོང་འབབ་འཕར་སྣོན་གཏོང་བའི་ལས་རིགས་གལ་ཆེན་ཞིག་ཡིན་པས། རང་རྒྱལ་གྱི་བཟོ་ལས་ཅན་དང་། གྲོང་ཁྱེར་དང་གྲོང་རྡལ་ཅན། ཞིང་ལས་དེང་རབས་ཅན་བཅས་སུ་འགྱུར་བའི་ཐད་ནས་ནུས་པ་གལ་ཆེན་འདོན་བཞིན་ཡོད། དེར་བརྟེན་རྒྱལ་ཁབ་ཀྱིས་ཁྲལ་བསྡུའི་སྲིད་ཇུས་དང་ཐོན་ལས་སྲིད་ཇུས་སོགས་ཀྱི་ཐད་ནས་རོགས་སྐྱོར་ཤུགས་ཆེན་བྱས་ཡོད།

(ལྔ) རང་རྒྱལ་ནི་འཛམ་གླིང་ཐོག་གི་བཟའ་བྱའི་ཤ་མོའི་འཛད་སྤྱོད་ཚོང་ར་ཆེ་ཤོས་ཡིན།

རང་རྒྱལ་གྱི་གྲོང་ཁྱེར་ཅན་དུ་འགྱུར་བའི་གོམ་སྟབས་ཇེ་མགྱོགས་སུ་སོང་བ་དང་བསྟུན་ནས། གྲོང་སྡེའི་མི་མང་པོ་ཞིག་རིམ་བཞིན་གྲོང་ཁྱེར་ཅན་དུ་འགྱུར་བ་དང་། སྡར་ཡོད་གྲོང་ཁྱེར་གྱི་མི་འབོར་གྱི་འཇོད་སྤྱོད་ནུས་པ་རིམ་བཞིན་ཇེ་མཐོར་འགྲོ་བཞིན་ཡོད་ཅིང་། མི་གྲངས་མང་བ་དང་རང་རྒྱལ་གྱི་དཔལ་འབྱོར་རྒྱུན་མཐུད་ངང་འཕེལ་རྒྱས་སུ་འགྲོ་བའི་གོམ་སྟབས་ཇེ་མགྱོགས་སུ་འགྲོ་བཞིན་ཡོད་པས། "མི་རྣམས་ཟས་ལ་བརྟེན་པ"དང"ལྟོང་མདོག་བདེ་ཐང་བཟའ་བཅའི"རིག་གནས་ཀྱི་རྒྱབ་ལྗོངས་འོག་ཏུ། རང་རྒྱལ་ནི་འཛམ་གླིང་སྟེང་གི་བཟའ་བྱའི་ཤ་མོ་ཐོན་སྐྱེད་འཇོད་སྤྱོད་ཚོང་ར་ཆེ་ཤོས་སུ་གྱུར་ཡོད།

གཉིས། རང་རྒྱལ་གྱི་བཟའ་བྱའི་ཤ་མོ་ཐོན་སྐྱེད་དང་ཕྱིར་འཚོང་གི་ད་ལྟའི་གནས་ཚུལ་དང་འཕེལ་རྒྱས་ཀྱི་གནས་ཚུལ།

རང་རྒྱལ་གྱི་ཤ་མོའི་ཐོན་ལས་ཀྱི་ད་ལྟའི་གནས་ཚུལ་དང་ཁྱད་ཆོས་ལ་དབྱེ་ཞིབ་བྱས་ན། བཟའ་བྱའི་ཤ་མོའི་ཐོན་ལས་འཕེལ་རྒྱས་ལ་ཆོད་འཛིན་ཐེབས་པའི་བཀག་རྐྱེན་སེལ་བ་དང་། ཚན་རིག་དང་མཐུན་ཞིང་ལུགས་དང་མཐུན་པའི་གསར་གཏོད་འཕེལ་རྒྱས་ཀྱི་བསམ་བཀོད་འདོན་དགོས། བཟའ་བྱའི་ཤ་མོའི་ཐོན་ལས་ཀྱི་རྒྱ་ཁྱོན་ཇེ་ཆེར་གཏོང་བ་དང་། ཐོན་ལས་ཀྱི་ཚན་རྩལ་འདུས་ཚད་ཇེ་མཐོར་གཏོང་བ། ཐོན་ལས་འཕེལ་རྒྱས་ཀྱི་སྒྱུལ་ཤུགས་སྤོག་འདོན་བྱེད་པ། ཐོན་ལས་ཀྱི་དཔལ་འབྱོར་ཕན་འབྲས་ཇེ་མཐོར་གཏོང་བ། ཐོན་ལས་རྒྱུན་མཐུད་སྐྱོན་བྲལ་ངང་འཕེལ་རྒྱས་འགྲོ་རྒྱུར་སྐུལ་འདེད་གཏོང་བ་བཅས་ཀྱི་ཐད་ལ་དགེ་མཚན་ལྡན་ནོ།།

(གཅིག) མིག་སྔའི་བཟའ་བྱའི་ཤ་མོའི་ཐོན་ལས་ཀྱི་ཐོན་སྐྱེད་བྱེད་སྟངས་དང་བཟང་ངན་གྱི་གནས་ཚུལ།

1. ཐོན་སྐྱེད་ཚོང་གཉེར་ཁ་ཐོར་ཡིན་པ་དང་། ཐོན་ལས་ལེགས་བསྡུས་ཞིབ་གཉེར་ཅན་དུ་འགྱུར་ཚད་མཐོན་པོ་མིན་པ།

ཧྲའུ་པེ་ཞིང་ཆེན་སུའེ་ཀྲོའུ་གྲོང་ཁྱེར་གྱི་དྲི་ཞིམ་ཤ་མོ་ཐོན་སྐྱེད་རྟེན་གཞིར་བརྟག་དཔྱད་བྱས་པར་གཞིགས་ན། ཁྱིམ་ཚང་རེར་དྲི་ཞིམ་ཤ་མོ་དུམ་བུ4000དང་དྲི་ཞིམ་ཤ་

ཟོ་སྒྲི་ཟོ30000འདེབས་འཛུགས་བྱེད་བཞིན་ཡོད། སོན་གཉིས་ཤ་མོ་ཐོན་སྐྱེད་བྱེད་དུས་མང་ཆེ་བ་ནི་གཞི་ཁྱོན་ཆུང་བ་གཙོ་བོར་འཛིན་པ་དང་། ཞིན་ཀྲུའུ་ཁུལ་གྱི་ཐོན་སྐྱེད་བྱེད་མཁན་ཁྲིད་ནས། ཁྱིམ་ཚང་རེར་ཆ་སྙོམས་འདེབས་འཛུགས་གཞི་ཁྱོན་སྨི་གྲུ་བཞི་མ280ཟིན་ཡོད། ཕལ་ཆེར་བཟོ་ཁང་རྣམ་པའི་ཞིང་ཁྱིམ་གྱི་ཐོན་སྐྱེད་ལ་གཏོགས། ཁ་ཐོར་ཅན་གྱི་ཐོན་སྐྱེད་བྱེད་སྟངས་འདིའི་རིགས་ཀྱིས་ཐོན་ཟས་ཀྱི་སྤུས་ཚད་ཚོད་འཛིན་དང་། ཚོང་རའི་ཉེན་ཁ་འགོག་སྲུང་། ཐོན་ལས་བརྟན་པོའི་ངང་འཕེལ་རྒྱས་འགྲོ་བ་སོགས་ལ་དཀའ་ངལ་ཚུང་ཆེན་པོ་བཟོས་ཡོད་པས། ཞིང་ཁྱིམ་གྱི་ཕན་འབྲས་ཀྱང་འགག་སྲུང་ནུས་ལྡན་བྱེད་དཀའ་བ་དང་། ཐོན་ལས་ལེགས་བསྒྱུས་ཞིབ་གཉེར་གྱི་ཕན་འབྲས་མངོན་འགྱུར་བྱེད་ཐབས་ཀྱང་བྲལ་བ་ཡིན།

2. ཐོན་སྐྱེད་བྱེད་སྟངས་ཚུང་རགས་ལས་ཡིན་པ་དང་། ཐོན་ཁུངས་ཟད་གྲོན་དང་ཁོར་ཡུག་འབབ་བཙོག་གི་སྣང་ཚུལ་ཚུང་ཚབས་ཆེ་བ།

མིག་སྔར་ཤ་མོ་འདེབས་འཛུགས་བྱེད་པའི་གོ་རིམ་ཁྲོད་དུ། ནགས་ཤིང་དང་ཞིང་ལས་ལོ་ཏོག་གི་སོག་མ་སོགས་མ་བཅོས་རྒྱུ་ཆ་བེད་སྤྱོད་བྱས་པའི་ཕན་འབྲས་དམའ་བ་དང་། ད་ཡོད་ཀྱི་ནགས་ཚལ་ཐོན་ཁུངས་ཀྱི་རྒྱུ་ཆ་ཟད་གྲོན་ཚབས་ཆེ་བ། བཟའ་བྱའི་ཤ་མོ་འདེབས་འཛུགས་བྱས་རྗེས་བྱུང་བའི་སླིགས་རོ་ཡང་བསྐྱར་དབྱེ་ཕྲལ་དང་བེད་སྤྱོད་ཀྱི་ཕན་འབྲས་དམའ་བ་ཡིན། ཤ་མོའི་ཐོན་ལས་ཀྱི"གཙང་དག་ཐོན་སྐྱེད"ཡོངས་སུ་མངོན་འགྱུར་བྱུང་མེད་ཅིང་། བཟའ་བྱའི་ཤ་མོའི་སྐྱེ་དངོས་སྒྱུར་ཚད་ཇེ་མཐོར་བཏང་ནས་ཁོར་ཡུག་འབབ་བཙོག་ཇེ་ཉུང་དུ་གཏོང་བར་སྔར་བཞིན་མཐོང་ཆེན་བྱེད་དགོས། ད་ཡོད་ཀྱི་ནགས་ཚལ་ཐོན་ཁུངས་སྲུང་སྐྱོང་ནུས་ཤུགས་ཇེ་ཆེར་བཏང་སྟེ"བཟོ་སྤྱོད་ཟུང་འབྲེལ། འགྲུལ་རྣམ་དོ་མཉམ"ཟ་དོན་དུ་བཟུང་སྟེ། ནགས་བཟོ་དང་ནགས་སྤྱོད་ཟུང་འབྲེལ་ངོ་མ་བྱེད་པ་དང་། ནགས་ཚལ་གྱི་སྡོད་བཅུད་སྲུང་སྐྱོང་བྱས་ནས་ཤིང་རྩལ་བཟའ་བྱའི་ཤ་མོ་རྒྱུན་མཐུད་དང་འཕེལ་རྒྱས་འགྲོ་རྒྱུར་མ་བཅོས་རྒྱུ་ཆ་འདང་ངེས་དང་སྡོད་བཅུད་ཁོར་ཡུག་ལེགས་པོ་མགོ་འདོན་བྱེད་དགོས།

3. བཟའ་བྱའི་ཤ་མོའི་ཚོང་རའི་འཁོར་རྒྱུག་མ་ལག་འཕྲུལ་ཚང་མིན་པ།

སྤེལ་འཚོང་ཚོང་ར་དང་ཚོང་འདུས་ཚོང་ར་གཞི་རྟེན་དུ་འཛིན་པའི་རྣམ་པ་ཆགས་ཡོད་པ་དང་། ཞིང་ལས་ཁེ་པ་དང་སྐྱེལ་འཚོང་ཚོང་པ། མཚམས་སྦྱོར་རྩ་འཛུགས། ལས་སྒྲོན་ཁེ་ལས་བཅས་གཙོ་བོར་འཛིན་པ། ཐོན་ཟས་བསྡུ་འགྲིམ་དང་ལག་ཡོད་ཚོང་ཟོག་ཉོ་འཚོང་སོགས་ནི་བཟའ་བྱའི་ཤ་མོའི་ཐོན་ཟས་ཡིན་པའི་གཞི་རྩའི་འགྲོ་རྒྱུག་གི་རྣམ་པ་གྲུབ་ནས། ཐོག་མའི་ཐོན་ཟས་དང་ཐོག་མའི་ལས་སྒྲོན་ཐོན་ཟས་ཚོང་གཉེར་བྱ་ཡུལ་དུ་བྱེད་པའི་འཁོར་རྒྱུག་རྣམ་པ་ཆགས་ཡོད་མོད། འོན་ཀྱང་བཟའ་བྱའི་ཤ་མོའི་ཚོང་རའི་འཁོར་རྒྱུག་སྒྲིག་སྲོལ་ད་དུང་བཙུགས་མེད་པ་དང་འཕྲུལ་ཚང་དུ་བཏང་མེད། ཚོང་རའི་སྒྲིག་གཞིའི་བྱ་སྤྱོད་ཟང་ཟིང་ཆེ་ཞིང་གོ་རིམ་མེད་པར་མ་ཟད། རྒྱལ་ཡོངས་ཀྱི་ཚོང་རའི་ཆ་འཕྲིན་དྲ་བ་དང་དེ་བཞིན་འབྲེལ་ཡོད་ཚོང་རའི་ཉེན་བརྡའི་མ་ལག་མི་འདང་བ་དང་། ཚོང་རའི་ཉེན་ཁའང་སྲས་སྐྱུང་བྱས་ཡོད།

4. བཟའ་བྱའི་ཤ་མོའི་ལས་སྒྲོན་ཆུ་ཚད་ཅུང་དམའ་བ་དང་། ཐོན་ཟས་ཀྱི་ཟུར་སྒྲོན་རིན་ཐང་མི་མཐོ་བ།

མིག་སྔར་རང་རྒྱལ་གྱི་བཟའ་བྱའི་ཤ་མོའི་ཐོག་མའི་ལས་སྒྲོན་ཐོན་ཟས་ཀྱི་བསྡུར་ཚད85%ལས་མཐོ་བ་དང་། གཙོ་བོ་གསར་བ་ཕྱིར་འཚོང(དཔེར་ན་ཤ་མོ་དང་སྤང་སྐྱེས་ཤ་མོ། གསེར་ཁབ་ཤ་མོ། ཤ་མོ་དཀར་པོ། ཞིམ་པའོ་ཤ་མོ་སོགས)དང་སྐམ་བཟོ།(དཔེར་ན་དྲི་ཞིམ་ཤ་མོ་དང་མོག་རོ་དང་། སྤྲེལ་མགོ་ཤ་མོ་སོགས)ཚྭ་དྲིག(དཔེར་ན་སོན་གཉིས་ཤ་མོ་དང་སྤང་སྐྱེས་ཤ་མོ། བྱ་སུག་ཤ་མོ་སོགས)དང་མྱུར་འཁྱག་སོགས་ཀྱི་བྱེད་སྟངས་སྤྱོད་བཞིན་ཡོད། རང་རྒྱལ་ནས་ཤ་མོའི་ལས་སྒྲོན་ཞིབ་ཚགས་བྱས་པའི་ཐོན་ཟས་ཏ་ཅང་ཉུང་བ་དང་། ལྷག་པར་དུ་ལུས་ཁམས་བདེ་སྲུང་གི་ནུས་པ་གལ་ཆེན་ལྡན་པའི་བཟའ་བྱའི་ཤ་མོའི་ལས་སྒྲོན་ཐོན་ཟས་མང་པོ་གསར་སྤེལ་བྱེད་རྒྱུ་ནི་དེ་བས་ཀྱང་རྗེས་ལུས་ཚབས་ཆེན་ཡིན་ལ། ལས་སྒྲོན་གྱི་རིན་ཐང་འཕར་མས་བཟའ་བྱའི་ཤ་མོའི་ཐོན་ཟས་རིན་ཐང་བསྡོམས་འབོར་གྱི10%ཡང་ཟིན་མེད། འཛར་པན་དང་ཧྲན་གོ་སོགས་དར་རྒྱས་ཆེ་བའི་རྒྱལ་ཁབ་

ནས་སྤྱིར་བཏང་དུ30%~40%ཟིན་ཡོད།

5. ཐོན་སྐྱེད་ས་གནས་མགྱོགས་མྱུར་སྨོས་འཕར་བ་དང་ཁེ་སྤོགས་ཀྱི་བར་སྟོང་དམའ་བ།

དངོས་ཟོག་རིན་གོང་དང་ངལ་ཤུགས་གླ་ཕོགས་རྗེ་མཐོར་སོང་བ་དང་བསྟུན་ནས། ཉེ་བའི་ལོ་ཤས་རིང་ལ་བཟའ་བཅའི་ཤ་མོར་ཐོན་སྐྱེད་ཀྱི་རྒྱུ་རྐྱེན་གཙོ་བོའི་ས་གནས་མགྱོགས་མྱུར་འཕར་བཞིན་ཡོད་ཅིང་། ཞིང་སྐྱིགས་རིལ་བུ་དང་། ཕྱུས་ལེགས་སྒྲོ་ཕྱུག མ་རྫས་ལོ་ཏོག སྲིང་བལ་གྱི་ཕྱི་ཤུན་སོགས་ཀྱི་རིན་གོང་ཆེས་ཆེར་འཕར་བ་དང་། དེའི་སྟེང་དུ་རྒྱལ་ནང་གི་འགྲོ་རྒྱུག་རང་བཞིན་ཆེ་དྲགས་པའི(དངུལ་ལོར་གཏོང་གྲངས་མང་དྲགས) དབང་གིས་ངལ་རྩོལ་ནུས་ཤུགས་དང་། ཤ་མོའི་རིགས་ཀྱི་རིན་གོང་འཕར་བ་དང་། བཟའ་བཅའི་ཤ་མོ་ཐོན་སྐྱེད་ཀྱི་ས་གནས་འཕར་སྟོན་བྱུང་བ། ཞིང་པའི་ཁེ་སྤོགས་ཀྱི་བར་སྟོང་རྗེ་ཆུང་དུ་སོང་བ་དང་བསྟུན་ནས་ཐོན་སྐྱེད་ཀྱི་ཧུར་སེམས་རྗེ་དམའ་རུ་འགྲོ་བཞིན་ཡོད།

(གཉིས) སྐབས་ཐོག་གི་ཐོན་སྐྱེད་དང་ཚོང་གཉེར་རྣམ་པ།

1. ཞིང་ཁྲིམ་ཁ་ཐོར་རྣམ་པའི་ཐོན་སྐྱེད།

རང་ཐོན་རང་འཚོང་གི་དགེ་མཚན་ནི་ཐོག་མའི་རྒྱུ་ཆ་རང་ས་ནས་ལེན་ཐུབ་པ་དེ་ཡིན། སྒྲིག་ཆས་ལ་མ་དངུལ་འཛུགས་གྲངས་ཉུང་བ་དང་ས་གནས་དམའ་བ། ཐོན་རྫས་ཁག་ཅིག་རང་སར་བཙོང་ཐུབ་པ། ཚོང་ར་དང་སྒྲིལ་མཐུད་མགྱོགས་པ་དང་བར་མཚམས་ཀྱི་ལྷུ་ལག་ཉུང་བ། ཁེ་སྤོགས་ཀྱི་བར་སྟོང་ཆེ་བར་མ་ཟད། ཐོན་རྫས་ཁག་ཅིག་ཚོང་པས་སྡེབ་འཚོང་བྱེད་བཞིན་ཡོད། ཞན་ཆ་ནི་ཐོན་རྫས་ཀྱི་ཐོན་ཚད་དང་སྤུས་ཚད་གཏན་འཇགས་རང་བཞིན་ཞན་པ་དང་། ཐོན་སྐྱེད་གཞི་ཁྲོན་ཆུང་ཞིང་ཐར་ཐོར་དུ་གནས་པ། ཐོན་རྫས་ཕྱིར་འཚོང་བྱེད་པར་ཚོང་པས་ཚོད་འཛིན་བྱེད་སླ་བས་ཕྱིར་འཚོང་གི་རང་དབང་མེད་པ། རིན་གོང་ཐད་ནས་ཚོང་རའི་ཤུགས་རྐྱེན་ཐེབས་ཚད་ལྷོས་བཅས་ཀྱི་ཆེ་བ་ཡིན། རང་རྒྱལ་གྱི་བཟའ་བཅའི་ཤ་མོ་ཐོན་སྐྱེད་བྱེད་པའི70%ཡན་གྱི་ཐོན་རྫས་ནི་བྱེད་ཐབས་འདི་སྤྱད་ནས་ཚོང་རར་བཀྲམས་པ་ཡིན། བཟོ་གྲྭ་ཅན་གྱི་འདེབས་འཛུགས་དང་སྒྲིག་བཀོད་

འདི་བས་འཇུགས་ཐོན་སྐྱེད་ཀྱི་ཐོན་ཟུས་ཀྱང་དེ་བཞིན་ནོ།།

2. སྔེ་འདྲེན་ཁེ་ལས་ཀྱིས་རྟེན་གཞི་བཙུགས་ནས་ཞིང་ཁྱིམ་ལ་སྐྱུལ་ཁྲིད་བྱེད་པའི་རྣམ་པ།

འདིའི་དགེ་མཚན་ནི་རྩ་འཇུགས་ཅན་དུ་འགྱུར་ཚད་ཅུང་མཐོ་བ་དེ་ཡིན། སྔེ་འདྲེན་ཁེ་ལས་ཀྱིས་ཞིང་ཁྱིམ་ཁ་ཐོར་གྱི་རྣམ་པ་མཉམ་ལས་བྱེད་སྟངས་ལ་བརྟེན་ནས་ལག་རྩལ་དོ་དམ་དང་ཚོང་རའི་ཉེན་ཁ་འགོག་ནུས་གཉིས་ཀ་ཇེ་མཐོར་སོང་ཡོད་ཅིང་། ཞན་ཆ་ནི་བཟའ་བྱའི་ཤ་མོ་ནི"ཁེ་ལས་ཆུང་འབྲིང"གི་རིགས་ལ་གཏོགས་པ་དང་། ཚོང་རའི་ཁ་ལོ་སྒྱུར་བའི་ནུས་པ་ཅུང་ཞན་པས། ཚད་ལྡན་ཅན་གྱི་ཐོན་སྐྱེད་དང་ཚོང་རའི་ལོ་འཁོར་གྱི་དགོས་མཁོ་སྐོང་བའི་ཐད་ནས་དངོས་ཤུགས་མི་འདང་བ་ཡིན།

3. ཞིང་པའི་མཉམ་ལས་ཁང་གི་རྣམ་པ།

ཉེ་བའི་ལོ་ཤས་རིང་ལ། གསར་དུ་དར་བའི་ཞིང་པའི་མཉམ་ལས་ཁང་ནི་རྒྱལ་ཁབ་ཀྱིས་ཞིང་པ་རྣམས་ཀྱི"ཁྱིམ་ཚང་རེ་རེ་བཞིན་དང་རང་ཐག་རང་གཅོད"བྱེད་པའི་གནད་དོན་ཐག་གཅོད་བྱེད་ཆེད། ཞིང་པ་རྣམས་རང་ཉིད་འཕེལ་རྒྱས་སུ་འགྲོ་བར་རོགས་འདེགས་བྱེད་པའི་ས་ཁོངས་ཀྱི་ཁྱད་ཆོས་ལྡན་པའི་མཉམ་ལས་རྩ་འཇུགས་ཤིག་ཡིན་པ་དང་། ཞིང་པའི་ཁྲོད་དུ"བར་ཁེ་པའི"དོ་དམ་བྱེད་མཁན་བྱུང་བ་ཡིན་ལ། ཞིང་ཆེན་ས་སོའི་ཞིང་པ་མང་པོ་ཞིག་གིས་རྩ་འཇུགས་ཀྱི་རྣམ་པ་འདི་རིགས་ཚོང་རར་ཞུགས་རྒྱུའི་ཚོད་ལྟ་བྱས་པར་མ་ཟད། ཉམས་མྱོང་ངེས་ཅན་ཞིག་ཀྱང་བསགས་ཡོད།

4. གཞི་ཁྱོན་ཅན་གྱི་ཐོན་སྐྱེད་ཚོང་གཉེར།

འདིའི་རིགས་ཀྱི་ལག་རྩལ་སྟོན་ཐོན་ཡིན་པ་དང་མ་དངུལ་འཛོག་གྲངས་མང་བ། བཟོ་གྲྭའི་རྒྱུས་འགོད་ཚད་ལྡན་ཡིན་པ། ཐོན་སྐྱེད་ཁོར་ཡུག་གི་ཚོད་འཛིན་རང་བཞིན་ལེགས་པ་དང་ཐོན་ཟུས་ཀྱི་སྤུས་ཚད་ལྷོས་བཅས་ཀྱིས་བརྟན་པོ་ཡོད་པས་ཚོང་རའི་ལོ་འཁོར་གྱི་མཁོ་སྤྲོད་དགོས་མཁོ་སྐོང་ཐུབ་པ་ཡིན། འོན་ཀྱང་ནུས་ཁུངས་ཟད་གྲོན་ཆེ་བ་དང་། སྐྱེ་དངོས་འགྱུར་སྤྱོད་ཅུང་དམའ་བ(རིགས་མང་ཆེ་ཤོས་ནི་བཞ་བསྒྱུ་སོག་ཤུལ་དང་

པོ་བྱས་པ་ཡིན)བཟོ་གྲྭ་ཅན་དུ་འགྱུར་བའི་འཕོར་སྐྱོད་རྣམ་པ་ལྟར་བྱེད་དགོས་པས། དོ་དམ་གྱི་རི་བ་ཅུང་མཐོ་ཞིང་། འགན་འཁུར་པའི་ལག་རྩལ་དང་སྒྲིག་ཆས། ཐོན་སྐྱེད་དང་ཚོང་ར་སོགས་ཀྱི་ཉེན་ཁ་ཅུང་ཆེ། ཉེ་བའི་ལོ་ཤས་རིང་ལ། རང་རྒྱལ་གྱི་དར་རྒྱས་ཆེ་བའི་གྲོང་ཁྱེར་གྱི་བཟའ་བྱའི་ཤ་མོའི་བཟོ་གྲྭ་ཅན་གྱི་འཕེལ་རྒྱས་རྣམ་པ་ཇེ་ལེགས་སུ་སོང་སྟེ། ཐོན་སྐྱེད་བྱེད་ནུས་ཉིན་རེར་ཆ་སློམས་སྨོས་ཏུན10~20ཟིན་པའི་བཟའ་བྱའི་ཤ་མོའི་བཟོ་གྲྭ་བཅུ་ལྷག་བསྐྲུན་ཟིན་པ་དང་། མང་ཆེ་བ་ནི་དམའ་རིམ་ཐོན་ཟས་ཡིན་པས་རང་བདག་གི་ཚོང་རྟགས་མེད། བསྡོམས་རྩིས་རགས་ཙམ་བྱས་པར་གཞིགས་ན། མཚོ་སྔོན་ཞིང་ཆེན་གྱི་བཟའ་བྱའི་ཤ་མོའི་ཁེ་ལས100ལས་མེད་པ་དང་། དེའི་ནང་དུ་ཟི་ལིང་གྲོང་ཁྱེར་ནས30ཡང་མེད། ཤ་མོའི་ཐོན་ནུས་ཀྱང་དེ་དང་བསྟུན་ནས་ཇེ་མང་དུ་འགྲོ་བཞིན་ཡོད་ཅིང་། འགྲན་རྩོད་ཀྱི་མཇུག་འབྲས་ཀྱིས་ཐོན་ཟས་ཀྱི་རིན་གོང་མར་ཆག་པ་དང་། བཟོ་གྲྭ་ཅན་གྱི་ཁེ་ལས་མང་པོ་ཞིག་གིས་གོམ་པ་སྤོ་དཀའ་བར་གྱུར་ཡོད།

(གསུམ) བཟའ་བྱའི་ཤ་མོའི་ཕྱིར་འཚོང་ཚོང་རའི་འཕེལ་རྒྱས་ཀྱི་གནས་ཚུལ།

ཉེ་བའི་ལོ་ཤས་རིང་ལ། བཟའ་བྱའི་ཤ་མོའི་ཐོན་ལས་ཀྱང་ཕྱོགས་མང་པོའི་འགྲན་སློང་དང་འཕྲད་ཡོད་པ་དང་། འཕེལ་རྒྱས་ཀྱི་གནས་ཚུལ་ལ་དོ་སྣང་བྱས་ཏེ་དཀའ་ངལ་ལ་མི་འཇེམ་པར་མདུན་དུ་སྐྱོད་པ། རང་གཞན་གཉིས་ཀྱི་གནས་ཚུལ་ལ་རྒྱུས་ལོན་བྱས་ཏེ། གོ་སྐབས་དམ་འཛིན་བྱས་ནས་དཔའ་ངར་ཆེན་པོས་འགྲན་སློང་བསུ་དགོས་འདུག

1. ཕྱིར་གཏོང་ཉོ་ཚོང་གི“ལག་རྩལ་འགག་རྫོང”དང་ཀུག་འཁྱོའི་ཐོན་ཟས་ཀྱི་ སྲུས་ཚད་ལྟ་བ།

ཉེ་བའི་ལོ་ཤས་རིང་ལ། ཕྱིར་གཏོང་ཚོང་དོན་གྱི“ལག་རྩལ་འགག་རྫོང”ནི་བཟའ་བྱའི་ཤ་མོའི་ཐོན་ལས་འཕེལ་རྒྱས་དང་ཕྱིར་གཏོང་ལ་ཚོད་འཛིན་ཐེབས་པའི་འགོག་རྐྱེན་གལ་ཆེན་ཞིག་ཏུ་གྱུར་ཡོད། རང་རྒྱལ་གྱི་བཟའ་བྱའི་ཤ་མོའི་ཐོན་སྐྱེད་ནི་གཙོ་བོར་རང་བྱུང་གནམ་གཤིས་ཀྱི་ཆ་རྐྱེན་ལ་བརྟེན་པ་ཡིན། ཁ་ཐོར་ཞིང་ཁྱིམ་གྱི་ཐོན་སྐྱེད་དང་། ཐོན་སྐྱེད་བྱེད་སྟངས་དེའི་རིགས་ཀྱིས་དུས་སྐབས་ངེས་ཅན་ཞིག་གི་ནང་དུ་ཞིང་པའི་ཡོང་འབབ

འཕར་བ་དང་བཟའ་བཅའི་ཤ་མོའི་འཕེལ་རྒྱས་ལ་ནུས་པ་གལ་ཆེན་ཐོན་ཡོད། འོན་ཀྱང་གནས་བབ་གསར་བའི་འོག་ཏུ་སྐྱོན་ཆ་མང་པོ་ཕྱིར་མངོན་ཡོད་དེ། དཔེར་ན། ཞིང་ཁྱིམ་གྱི་འདེབས་འཛུགས་དོ་དམ་ནན་མོ་མིན་པ་དང་ལག་རྩལ་དོ་མཉམ་མིན་པ། ཁོར་ཡུག་སྲུང་སྐྱོབ་ལ་དོ་སྣང་མི་བྱེད་པ་སོགས་ལྟ་བུ། བཟའ་བཅའི་ཤ་མོ་འདེབས་འཛུགས་ལག་རྩལ་དང་སོན་གསོར་ཞིབ་འཇུག་བྱེད་དུས་ཐོན་ཚད་ཁོ་ན་བརྩོན་ལེན་བྱེད་པ་ལས་ཐོན་རྫས་ཀྱི་སྤུས་ཚད་ལ་སྣང་ཆུང་བྱེད་པ་དང་། ཐོན་འབབ་ཆེན་པོ་འཐོབ་པའི་ཆེད་དུ་སྐབས་འགར་ཐོན་སྤེལ་རྒྱུ་རྫས་བཀོལ་སྤྱོད་མང་དྲགས་པ། འབུ་སྐྱོན་འགོག་བཅོས་བྱེད་ཆེད་འབུ་སྲིན་གསོད་བྱེད་ཀྱི་སྨན་རྫས་དང་དུག་ལྡན་སྨན་རྫས་བཀོལ་སྤྱོད་བྱེད་ཚད་མང་དྲགས་པ་དང་། ཐ་ན་ཐོན་རྫས་ཇེ་ཡག་ཏུ་གཏོང་ཆེད་ལྦུ་ཧྲོང་ལ་བརྟེན་པ། སོ་ཉར་བྱེད་ཆེད་ཙ་ཆེན་སོགས་ཚུལ་མིན་གྱི་བྱེད་ཐབས་སྤྱད་དེ། བཟའ་བཅའི་ཤ་མོའི་འབབ་བཅོག་བཟོས་ནས་སྨན་རོ་ཚད་ལས་བརྒལ་ཏེ་ཕྱིར་གཏོང་བྱེད་པར་ཚོད་འཛིན་བྱས་ཡོད། བཟའ་བཅའི་ཤ་མོའི་སྐྱི་གནོད་མེད་པའི་འདེབས་འཛུགས་ལག་རྩལ་ཞིབ་འཇུག་དང་དེ་མཚུངས་ཀྱི་ཐོན་སྐྱེད་ཚད་གཞི་དང་ལས་སྟོན་མ་ལག་འཛུགས་སྐྲུན་མཐོང་ཆེན་འདང་ངེས་བྱས་མེད་པས། རང་རྒྱལ་གྱི་བཟའ་བཅའི་ཤ་མོ་སྔར་ལས་འཕེལ་རྒྱས་འགྲོ་བར་ཚོད་འཛིན་ཐེབས་ཡོད་དོ།།

བཟའ་བཅའི་ཤ་མོའི་ཐོན་རྫས་ཀྱི་སྤུས་ཚད་བདེ་འཇགས་མ་ལག་འཛུགས་སྐྲུན་ཤུགས་སྣོན་བྱས་ཏེ། ཐོན་རྫས་ཚོང་རའི་འགྲན་རྩོད་ནུས་པ་ཇེ་ཆེར་གཏོང་རྒྱུ་ནི་དེ་བས་ཀྱང་གལ་འགངས་ཆེ་བ་ཞིག་ཡིན་པ་དང་། བཟའ་བཅའི་ཤ་མོའི་ཐོན་རྫས་ཀྱི་སྤུས་ཚད་ནི་ཚོང་རའི་འགྲན་རྩོད་ནུས་པའི་རྒྱུ་རྐྱེན་གལ་ཆེན་ཞིག་ཡིན་ལ་ཐོན་ལས་རྒྱ་ཁྱོན་ཇེ་ཆེར་གཏོང་བའི་ཆ་རྐྱེན་གལ་ཆེན་ཞིག་ཀྱང་ཡིན། བཟའ་བཅའི་ཤ་མོའི་ཐོན་ལས་ཀྱི་སྐྱེ་ཁམས་བདེ་འཇགས་མ་ལག་དང་ཐོན་རྫས་ཀྱི་སྤུས་ཀའི་བདེ་འཇགས་མ་ལག་འཐུས་ཚང་ཞིག་བཙུགས་ན། རང་རྒྱལ་གྱི་བཟའ་བཅའི་ཤ་མོའི་ཐོན་ལས་ཐོན་རྫས་ཀྱི་སྤུས་ཚད་དང་། བདེ་འཇགས་ཆུ་ཚད། ཚོང་རའི་འགྲན་རྩོད་ནུས་པ་བཅས་ཇེ་མཐོར་གཏོང་རྒྱུ་དང་། ཐོན་ལས་ཀྱི་ཡོང་འབབ་དང་འཕར་སྣོན། རྒྱུན་མཐུད་འཕེལ་རྒྱས་ལ་སྐུལ་འདེད་གཏོང་བ་སོགས་

ཀྱི་ཐད་ལ་ནུས་པ་གལ་ཆེན་ལྡན་ཡོད།

བཟའ་བྱའི་ཤ་མོའི་ཐོན་སྐྱེད་ལ་ལག་རྩལ་འདུས་ཚད་མཐོ་བ་དང་ལག་ལེན་རང་བཞིན་ཆེ་བ་སོགས་ཀྱི་ཁྱད་ཆོས་ལྡན་ཞིང་། "ལག་རྩལ་འགག་རྫོང"གི་གནད་དོན་ཐག་གཅོད་བྱེད་ཆེད། བཟའ་བྱའི་ཤ་མོ་ཚད་ལྡན་ཅན་གྱི་ཐོན་སྐྱེད་མ་ལག་གང་མགྱོགས་སྒྲོས་འཛུགས་སྐྲུན་བྱེད་དགོས། དེའི་ནང་དུ་རྒྱུ་ཆ་འདེམ་པ་དང་བཙོས་སྒྲིག ཤ་མོའི་ས་བོན་ཐོན་སྐྱེད། སྲི་གནོད་མེད་པའི་བཟའ་བྱའི་ཤ་མོ་འདེབས་འཛུགས་ལག་རྩལ། བཟའ་བྱའི་ཤ་མོ་ལས་སྣོན་སོགས་ཀྱི་ལག་རྩལ་མ་ལག་སོགས་ཚུད་ཡོད། ཞིང་པ་རྣམས་མྱུར་དུ"ཐོན་སྐྱེད་ཚད་ལྡན་ཅན་དུ་འགྱུར་བ་དང་ཚོང་གཉེར་རྒྱལ་སྲི་ཅན་དུ་འགྱུར་བའི" གླང་བྱའི་ཚད་དུ་སླེབས་ཐུབ་པར་བྱེད་དགོས།

2. ཕྱི་ནས་ཡོང་བའི་རྗེབ་ཤུགས་ནི་གྲི་སོ་གཉིས་མ་དང་འདྲ་བས་ཚོང་རར་གསོན་ཤུགས་སྤེལ་བ།

འཛར་པན་དང་ཏན་གོ་སོགས་རྒྱལ་ཁབ་ཀྱི་བཟོ་གྲྭ་ཅན་གྱི་འདེབས་འཛུགས་འཕེལ་རྒྱས་མགྱོགས་ཤིང་བཟང་བ་ནི། སྲིད་གཞུང་གིས་ཤུགས་ཆེན་པོས་རོགས་སྐྱོར་བྱས་པ་དང་། ཞིང་པས་བཟོ་གྲྭ་འཛུགས་སྐབས་རེ་འདུན་ཞུས་ན་སྲིད་གཞུང་གིས40%~50%གཏན་འཇགས་རྒྱུ་ནོར་ལ་མ་དངུལ་གཏོང་བའི་ཁ་གསབ་ཐོབ་ཐུབ། ཏན་གོ་རྒྱལ་ཁབ་ཀྱི་ལས་ཁུངས་མང་པོ་ཞིག་གིས་ཤ་མོའི་ཐོན་ལས་ལ་རོགས་སྐྱོར་ཁ་གསབ་བྱེད་པར་མ་ཟད། སྲིད་གཞུང་གིས་ཕྱིར་གཏོང་ལ་ཁ་གསབ་བྱས་པས་ཏན་གོའི་ཐོན་རྫས་ཀྱི་རྒྱལ་སྤྱིའི་འགྲན་རྩོད་ནུས་པ་ཏ་ཅང་ཆེ།

རང་རྒྱལ་གྱི་བཟའ་བྱའི་ཤ་མོའི་ཐོན་ལས་ནི་རིགས་གཅིག་འཛོན་ལྡན་མི་སྣ་མང་པོ་དང་ལྷག་པར་དུ་མི་རབས་རྒན་གྲས་ཚོའི་དགའ་སྤྱད་འབད་བརྩོན་འོག་དབྱར་མཚོ་རྒྱས་པ་ལྟར་འཕེལ་རྒྱས་སུ་འགྲོ་བཞིན་ཡོད་ཅིང་། འོད་སྟོང་འབར་བའི་གྲུབ་འབྲས་བླངས་ཡོད། འོན་ཀྱང་འགྲན་སློང་གསར་བའང་མིག་མདུན་དུ་ལྷགས་ཡོད་དེ། ཚོང་རའི་དཔལ་འབྱོར་གྱི་ཁོར་ཡུག་གསར་བའི་འོག་ཏུ། ཚོང་རའི་འགྱུར་ལྡོག་གི་མྱུར་ཚད་ཇེ་མགྱོགས་སུ་

འགྲོ་བཞིན་ཡོད་པས། ང་ཚོས་ཚན་རིག་ཞིབ་འཇུག་བྱེད་དགོས་པར་མ་ཟད། དུས་མཚུངས་སུ་ཚོང་རའི་འགྱུར་ལྡོག་ལ་དེ་བས་ཀྱང་བསྟུན་དགོས་ཤིང་། ཚན་རིག་ཞིབ་འཇུག་གི་དགོས་མཁོ་ཐད་ཀར་ཚོང་རར་ཁ་ཕྱོགས་པ་དང་ཚོང་རའི་འགྲན་རྩོད་ནང་དུ་ཞུགས་དགོས།

འཛར་པན་དང་ཀྲན་གོའི་སྒྲིག་ཆས་བཟོ་གྲྭ་དང་འདེབས་འཛུགས་བཟོ་གྲྭ་རང་རྒྱལ་ལ་ཁ་གཏད་ཡོད་ཅིང་། འཛམ་གླིང་རྩལ་པོ་ཅན་དུ་འགྱུར་བའི་ད་ལྟའི་རྒྱལ་སྤྱིའི་ཚོང་རའི་འགྲན་རྩོད་ཀྱི་ལྡོག་མེད་རང་བཞིན་མཚོན་ཡོད། འོན་ཀྱང་རང་རྒྱལ་གྱི་བཟོ་གྲྭ་ཅན་གྱི་ཐོན་ལས་མགོ་བརྩམས་མ་ཐག་རྒྱལ་སྤྱིའི་འགྲན་རྩོད་ཁ་གཏད་པའི་གནོན་ཤུགས་བསྲུས་ཡོད། རང་རྒྱལ་གྱི་ཤ་མོའི་ཚན་རིག་ཞིབ་འཇུག་ཁེ་ལས་དང་རང་འགུལ་ཅན་གྱི་སྒྲིག་ཆས་བཟོ་སྐྲུན་ཁེ་ལས་ཀྱི་མདུན་དུ་ལྷགས་པའི་ཚོང་ར་ནི་འཛམ་གླིང་ཡོངས་ཀྱི་རང་བཞིན་ལྡན་པའི་ཚོང་ར་ཞིག་ཡིན་ལ། འགྲན་རྩོད་ཀྱང་འཛམ་གླིང་རང་བཞིན་ཡིན།

མིག་སྔར་རྒྱལ་ནང་དང་རྒྱལ་སྤྱིའི་ཚོང་རར་དགོས་མཁོ་ཆེ་བའི་ སྤུས་ལེགས་ཐོན་མཐོའི་བཟའ་བྱའི་ཤ་མོའི་རིགས་ལ་དམིགས་ནས། ཐོག་མར་བཟའ་བྱའི་ཤ་མོའི་རི་སྐྱེས་སོན་རྒྱུའི་ཐོན་ཁུངས་རྒྱ་ཁྱབ་ཏུ་འཚོལ་སྡུད་བྱེད་དགོས་པ་དང་། འདུས་རྫལ་སྐྱེ་དངོས་རིག་པའི་ལག་རྩལ་སྤྱད་དེ་འཚོལ་སྡུད་བྱས་པའི་རི་སྐྱེས་ཐོན་ཁུངས་དང་མངོན་ཚུལ་བཟང་བའི་འདེབས་འཛུགས་རིགས་ལ་རྒྱུད་འཛིན་ཁྱད་པར་གྱི་དབྱེ་ཞིབ་བྱས་ནས། ལུགས་མཐུན་གྱིས་ས་བོན་དང་རིགས་འདེམ་སྒྱུར་བྱེད་པར་གཞི་འཛིན་ས་འདོན་སྤྲོད་བྱེད་དགོས། ཕྱིས་སུ་ཐུམ་རྫལ་དང་ཉིང་རྒྱུ་རྒྱང་མའི་གདོད་སྐྱེས་རྫས་གཟུགས་རྒྱུད་གཉིས་སྡེབ་སྦྱོར་ལག་རྩལ་ཞིབ་འཇུག་བྱེད་ཐབས་སྤྱོད་པ་དང་། མཇུག་མཐར་སྤུས་ཀ་ལེགས་པ་དང་ཐོན་ཚད་མཐོ་བ། ནད་དང་འབུའི་གནོད་པ་འགོག་པ། འགོག་ནུས་ཆེ་བ། གསོག་འཇོག་བྱེད་ཐུབ་པ། རང་བདག་ཤེས་བྱའི་ཐོན་དངོས་བདག་དབང་ཡོད་པ་བཅས་ཀྱི་ཐོན་རྫས་གསར་བ་གསོ་སྐྱེལ་བྱེད་དགོས།

3. རྒྱལ་ནང་གི་འཛད་སྤྱོད་ནི་གཙོ་ཤུགས་དང་ཕྱི་རྒྱལ་གྱི་ཚོང་ར་གསར་འབྱེད་བྱེད་དགོས།

བཟའ་བྱའི་ཤ་མོའི་རིགས་ནི་ལྷོང་མདོག་གི་ཟས་རིགས་ཤིག་ཡིན་ཞིང་། དེང་རབས་ཀྱི་མི་རྣམས་ཀྱིས་བཟའ་བཅའི་གྲུབ་ཆ་ལེགས་སྒྲིག་གི་དགོས་མཁོ་དང་འཚམ་པས་རྒྱལ་ནང་གི་ཚོང་རའི་མདུན་ལམ་ལ་ལྷ་སྣང་ཡག་པོ་འཛིན་བཞིན་ཡོད། ཉེ་བའི་ལོ20རིང་ལ། རྒྱལ་ནང་གི་བཟའ་བྱའི་ཤ་མོའི་ཚོང་རའི་དགོས་མཁོ་ཐད་ཀར་ཆེ་རུ་ཕྱིན་པ་དང་ལྷག་པར་དུ་འབྲི་ཆུའི་ཟུར་གསུམ་གླིང་དང་། གྲུའུ་ཅང་གཙང་པོའི་ཟུར་གསུམ་གླིང་། པོ་ཧའི་མཚོ་ཁུག་མཐའ་འཁོར་སོགས་དར་རྒྱས་ཆེ་བའི་ས་ཁུལ་དུ་ཁྲིན་ཁ་རྒྱུག་ཚད་དེ་བས་ཆེ་བ་ཡིན། ཧྲང་ཧའི་ས་ཁུལ་ཁོ་ནར་མཚོན་ན། དུས་རབས20པའི་ལོ་རབས90པའི་དུས་མགོར། བཟའ་བྱའི་ཤ་མོའི་ཉིན་རེའི་འཛད་སྤྱོད་བྱེད་ཚད་ཏུན20ཡང་ཟིན་མི་ཐུབ་པ་དང་། ད་ལྟ་ཧྲང་ཧའི་གྲོང་ཁྱེར་གྱི་ཉིན་རེར་ཆ་སྙོམས་བཟའ་བྱའི་ཤ་མོ་སྣ་ཚོགས་ཏུན200ཙམ་འཛད་སྤྱོད་བྱེད་བཞིན་ཡོད། འདིས་གྲོང་མིའི་ཤ་ཚལ་སྒྲོང་གསུམ་སོགས་སྤྱི་ཚལ་ཕུན་ཚོགས་སུ་བཏང་ཡོད་པར་མ་ཟད། བཟའ་ཆས་བདེ་འཇགས་དང་གཙང་དག བདེ་ཐང་སོགས་ཀྱི་ཐད་ནས་མི་རྣམས་ཀྱི་དགོས་མཁོ་སྐོང་ཐུབ་ཡོད་ལ། རང་རྒྱལ་གྱི་བཟའ་བྱའི་ཤ་མོའི་ཐོན་ལས་འཕེལ་རྒྱས་ཇེ་མགྱོགས་སུ་འགྲོ་བར་ཡང་སྐུལ་འདེད་ཤུགས་ཆེན་བཏང་ཡོད་པས། རང་རྒྱལ་ནི་འཛམ་གླིང་སྟེང་གི་བཟའ་བྱའི་ཤ་མོའི་ཐོན་འདོན་མཐོ་ཤོས་ཀྱི་རྒྱལ་ཁབ་ཅིག་ཏུ་འགྱུར་བ་དང་། ལོ་རེའི་ཐོན་ཚད་ཀྱིས་འཛམ་གླིང་གི་ཐོན་འདོན་བསྡོམས་འབོར་གྱི65%ཟིན་ཡོད། མིག་སྔར་རང་རྒྱལ་ནི་གོ་ལ་ཧྲིལ་པོའི་བཟའ་བྱའི་ཤ་མོའི་ཐོན་སྐྱེད་རྒྱལ་ཁབ་ཆེ་ཤོས་ཤིག་ཡིན་ཞིང་། ཉེ་བའི་ལོ་ཤས་རིང་ལ། ལག་རྩལ་ཐད་ནས་འཕེལ་རྒྱས་མགྱོགས་ལ་ལེགས་བཅོས་ཀྱང་མགྱོགས་པོ་བྱུང་ཡོད། དུས་མཚུངས་སུ་གྲུང་གོའི་ཤ་མོའི་ཐོན་ལས་ཀྱི་མི་མངོན་པའི་སྟོབས་ཤུགས་ཧ་ཅང་ཆེན་པོ་ཡོད། གལ་ཏེ་གྲུང་གོ་པ་ཚང་མས་ཉིན་རེར་ཤ་མོ་གསུམ་ཟོས་ན་ཚོང་ར་འདི་ལ་ཚོད་དཔག་བྱེད་ཐབས་བྲལ་བ་ཡིན།

ཡོ་རོབ་དང་ཨ་རིའི་བཟའ་བྱའི་ཤ་མོའི་ཚོང་རས་ལོ་མང་པོར་ཁྱབ་གདལ་དང་འཚོལ་ཞིབ། ཁྲིད་སྟོན་སོགས་བྱས་པ་བརྒྱུད་ནས། འཛད་སྤྱོད་པས་སྟོན་ཆད་ཀྱི་ཤ་མོ་

དཀར་པོ(དཔེར་ན་སོན་གཉིས་ཤ་མོ་དང་ལེབ་ཤྭ་སོགས)ཁོ་ནར་དགའ་བ་ནས་མདོག་ལྡན་ཤ་མོ(དཔེར་ན་དྲི་ཞིམ་ཤ་མོ་དང་མོག་རོ་སོགས་ལྷ་བུ)ལའང་དགའ་བསུ་བྱེད་བཞིན་ཡོད། ཕྱིར་འཚོང་བྱེད་ཚད་ལོ་རེ་བཞིན་འཕར་བ་དང་སྣ་ཁ་ཡང་རིམ་བཞིན་ཕུན་སུམ་ཚོགས་སུ་ཕྱིན་ཡོད། 2013ལོར། རང་རྒྱལ་གྱི་བཟའ་བྱའི་ཤ་མོ་ཕྱིར་གཏོང་བྱེད་ཚད་ཀྱིས་འཛམ་གླིང་གི་བཟའ་བྱའི་ཤ་མོ་ཉོ་ཚོང་བྱེད་ཚད་ཀྱི48%ཟིན་པ་དང་། དེས་ཨེ་ཤ་ཡའི་སྤྱིའི་ཕྱིར་གཏོང་བྱེད་ཚད་ཀྱི80%ཟིན་ཡོད་པས། རང་རྒྱལ་ནི་མིང་དོན་དངོས་མཚུངས་ཀྱི་ཤ་མོ་ཕྱིར་གཏོང་རྒྱལ་ཁབ་ཆེན་པོ་ཞིག་ཏུ་གྱུར་ཡོད།

ཚན་པ་གཉིས་པ། རྒྱལ་ཁབ་ཕྱི་ནང་གི་བཟའ་བྱའི་ཤ་མོའི་ཚོང་རའི་ཚོང་གཉེར་རྣམ་འགོད།

གཅིག ཁྲིན་ཁ་རྒྱུག་པའི་ཐོན་རྫས་གསར་བའི་མིང་དང་ཁྱད་ཆོས། སྤུས་ཚད་ལ་དོ་སྣང་བྱེད་དགོས།

ཚོང་རའི་དགོས་མཁོ་ལ་རྒྱུས་ལོན་བྱས་ཏེ་སོན་རིགས་ཀྱི་གྲུབ་ཆ་ཇེ་ལེགས་སུ་གཏོང་བ་དང་། ངེས་པར་དུ་ཁྲིན་ཁ་རྒྱུག་པའི་སོན་རིགས་འདེམ་དགོས། ཤ་མོའི་སྤོང་རྐང་འདེམ་པའི་གོ་རིམ་ཁྲོད་དུ། ཞིང་པས་ས་གནས་དེ་གའི་ཐོན་ཁུངས་དང་གནམ་གཤིས་སོགས་ཀྱི་ཆ་རྐྱེན་ལ་གཞིགས་ནས་འཕྲོད་མཐུན་རང་བཞིན་གྱི་ཚོད་ལྡའི་དཔེ་སྟོན་ཡག་པོ་བྱེད་དགོས། ཡུལ་བབ་དང་བསྟུན་ནས་ས་ཁོངས་ཀྱི་ཁྱད་ཆོས་ལྡན་པའི་སོན་རིགས་གོང་འཕེལ་དུ་གཏོང་དགོས་པ་དང་ལྷག་པར་དུ་ཁྲིན་ཁ་རྒྱུག་པའི་སོན་རིགས་གསར་བ་དང་། ཁྱད་ཆོས། སྤུས་ལེགས་བཅས་གོང་འཕེལ་གཏོང་རྒྱུར་དོ་སྣང་བྱེད་དགོས།

གཉིས། ཚད་ལྡན་ཅན་གྱི་འདེབས་འཛུགས་དང་ཚད་ལྡན་ཅན་གྱི་ཐོན་སྐྱེད་དཔེ་སྟོན་རྟེན་གཞི་འཛུགས་སྐྲུན་ལེགས་པོ་བྱེད་དགོས།

ཞ་མོའི་འདེབས་འཛུགས་ལག་རྩལ་གསར་བ་ཁྱབ་གདལ་གཏོང་བའི་མ་དཔུལ་གྱི་རྒྱབ་སྐྱོར་བྱེད་ཤུགས་ཇེ་ཆེར་གཏོང་དགོས། གཙོ་བོར་ཆ་སྒྲིག་ལག་རྩལ་ཚོད་ལྟ་དང་། དཔེ་སྟོན། ཁྱབ་སྤེལ་བེད་སྤྱོད། དེ་བཞིན་ཞིང་པར་ཚན་རྩལ་གསོ་སྐྱོང་སྦྱོང་བརྡར་བཅས་བྱེད་པར་སྤྱོད་དགོས། སོན་བཟང་དང་ཐབས་བཟང་ཆ་འགྲིག་ཡོང་བར་སྐུལ་འདེད་གཏོང་བ་དང་། ཆ་འགྲིག་ལག་རྩལ་ཁྱིམ་ཚང་དུ་ཁྱབ་ཚད་དང་དམིགས་སར་འཁྱོར་ཚད་སྔར་ལས་ཇེ་མཐོར་གཏོང་དགོས། ཚོང་རའི་དགོས་མཁོ་དང་མཐུན་པའི་ལག་རྩལ་གསར་བར་ཞིབ་འཇུག་དང་མ་ལག་རྒྱ་སྐྱེད་གཏོང་བ། བཟའ་བྱའི་ཞ་མོའི་ཚན་རིག་ཞིབ་འཇུག་ལས་ཁུངས་དང་། རིམ་པ་སོ་སོའི་ཞ་མོ་བཟོ་གྲྭ་དང་ས་ཚིགས། བཟའ་བྱའི་ཞ་མོ་ཁྱབ་སྤེལ་སྡེ་ཁག་རྣམས་ཀྱིས་བཟའ་བྱའི་ཞ་མོའི་སོན་བཟང་བདམས་གསོ་དང་ནད་འབུའི་གནོད་འཚེ་འགོག་བཅོས། ཐོན་རྫས་སོ་ཉར། ལས་སྟོན། གསོག་ཉར་དང་སྐྱེལ་འདྲེན་སོགས་ཀྱི་ཐད་ལ་ཞིབ་འཇུག་དང་ལག་རྩལ་ཁྱབ་གདལ་དུ་གཏོང་དགོས། ཚན་རིག་ཞིབ་འཇུག་གི་གྲུབ་འབྲས་དུས་ཐོག་ཏུ་ཐོན་སྐྱེད་ནུས་ཤུགས་སུ་བསྒྱུར་དགོས་ཤིང་། མགྱོགས་མྱུར་ངང་བཟའ་བྱའི་ཞ་མོ་འདེབས་འཛུགས་ཁྱིམ་ཚང་གི་ཚན་རྩལ་བྱང་ཚད་ཇེ་མཐོར་བཏང་ནས་ཚད་ལྡན་ཅན་གྱི་འདེབས་འཛུགས་དང་ཚད་ལྡན་ཅན་གྱི་ཐོན་སྐྱེད་དཔེ་སྟོན་རྟེན་གཞི་འཛུགས་སྐྲུན་ལེགས་པོ་བྱེད་དགོས། ལག་རྩལ་གསར་བ་དང་སྣ་ཁ་གསར་བ་འདུས་གྲུབ་གསར་གཏོད་བྱེད་ཤུགས་ཇེ་ཆེར་གཏོང་དགོས།

གསུམ། བཟའ་བྱའི་ཞ་མོའི་ཐོན་རྫས་ཀྱི་སྤུས་ཚད་ཇེ་མཐོར་གཏོང་དགོས།

བཟའ་བྱའི་ཞ་མོའི་ཐོན་རྫས་ཀྱི་སྤུས་ཚད་ནི་ཚོང་རའི་འགྲན་རྩོད་ནུས་པའི་རྒྱུ་རྐྱེན་གལ་ཆེན་ཞིག་ཡིན་ལ། བཟའ་བྱའི་ཞ་མོའི་ཐོན་ལས་རྒྱ་ཁྱོན་ཇེ་ཆེར་གཏོང་བའི་ཆ་རྐྱེན་གལ་ཆེན་ཞིག་ཀྱང་ཡིན། བཟའ་བྱའི་ཞ་མོའི་ཐོན་ལས་ཀྱི་སྐྱེ་ཁམས་བདེ་འཇགས་མ་ལག་དང་ཐོན་རྫས་ཀྱི་སྤུས་ཀའི་བདེ་འཇགས་མ་ལག་འཐུས་ཚང་དུ་བཏང་ནས། རང་རྒྱལ་གྱི་བཟའ་བྱའི་ཞ་མོའི་ཐོན་ལས་ཐོན་རྫས་ཀྱི་སྤུས་ཚད་དང་། བདེ་འཇགས་ཆུ་ཚད། ཚོང་རའི་འགྲན་རྩོད་ནུས་པ་བཅས་ཇེ་མཐོར་གཏོང་རྒྱུ་དང་དེ་བཞིན་བཟའ་བྱའི་ཞ་མོའི་ཐོན་ལས་

ཀྱི་ཐོན་འབབ་འཕར་སྣོན་དང་རྒྱུན་མཐུད་འཕེལ་རྒྱས་ལ་སྐུལ་འདེད་གཏོང་བར་ད་ཅང་གལ་འགངས་ཆེ་བའི་ནུས་པ་ལྡན་ཡོད།

(གཅིག) ཚད་གཞིའི་མ་ལག་རྒྱུན་ཆད་མེད་པར་འཕྲུས་ཚང་ཡོང་བར་སྐུལ་འདེད་གཏོང་དགོས།

ལྟང་མདོག་ཐོན་རྫས་ཀྱི་ཕྱུས་ཚད་ཚད་གཞི་དང་ཐོན་སྐྱེད་ལག་རྩལ་བཀོལ་སྤྱོད་སྒྲིག་སྲོལ་གཞིར་བཟུང་ནས་བཟའ་བྱའི་ཤ་མོའི་ཐོན་རྫས་ཀྱི་འབྲེལ་ཡོད་ཐོན་སྐྱེད་གོ་རིམ་འཛུགས་དགོས། ས་གནས་སོ་སོའི་དམིགས་བསལ་གྱི་གནས་ཚུལ་ལ་གཞིགས་ནས་ས་གནས་རང་བཞིན་ལྡན་པའི་ཐོན་སྐྱེད་དང་ཕྱུས་ཀའི་ཚད་གཞི་ཁྲབ་བསྒྲགས་བྱས་ཆོག་ལ། ལྷག་པར་དུ་མ་བཅོས་རྒྱུ་ཆ་དང་ནུར་སྦྱོར་རྒྱུ་ཆ་གཙོ་བོ། ཐོན་སྐྱེད་ཁོར་ཡུག་གི་ཚད་གཞིའི་སྟེང་དུ་ཕྱུས་ཚད་ཚད་གཞི་བཟོ་བ་དང་ལག་བསྟར་བྱེད་ཤུགས་ཇེ་ཆེར་གཏོང་དགོས།

(གཉིས) ཁྲིམས་སྲོལ་དྲིལ་བསྒྲགས་བྱས་ནས་བཟའ་བྱའི་ཤ་མོའི་ཐོན་རྫས་ཀྱི་ཕྱུས་ཚད་བདེ་འཇགས་འདུ་ཤེས་མི་སེམས་ལ་གཏིང་ཟབ་སྙོམས་ཟུག་ཏུ་འཛུག་པ།

"ཞིང་ལས་སྡེ་བར་སྐྱོད་པ"དང"ཚན་རྩལ་སྡེ་བར་སྐྱོད་པ" དཔྱིད་དུས་ཞིང་ལས་ལག་རྩལ་གསོ་སྦྱོང་། ཞིང་ལས་ཁྲིམས་ལུགས་དྲིལ་བསྒྲགས་ཟླ་བ། གསོ་སྦྱོང་འཛིན་གྲྭ་གཉེར་བ་དང་བརྙན་འཕྲིན་ཆེད་དོན་པར་གཞི་བཟོ་བ། རླུང་འཕྲིན་ལས་ཁུངས་ཀྱི་ཐད་སྒྲིལ་སྐད་ལམ། ལས་ཡུལ་དངོས་ཀྱི་བློ་འདྲིའི་ཚོགས་འདུ་སྤེལ་བ་སོགས་ཀྱི་ཐབས་ལམ་བརྒྱུད་ནས། 《ཀྲུང་ཧྭ་མི་དམངས་སྤྱི་མཐུན་རྒྱལ་ཁབ་ཀྱི་ཞིང་ལས་ཐོན་རྫས་ཀྱི་ཕྱུས་ཚད་བདེ་འཇགས་བཅའ་ཁྲིམས》སོགས་འབྲེལ་ཡོད་བཅའ་ཁྲིམས་དང་ཁྲིམས་སྲོལ་དྲིལ་བསྒྲགས་རྒྱ་ཁྱབ་དང་གཏིང་ཟབ་ཏུ་སྤེལ་བར་མ་ཟད། བཟའ་བྱའི་ཤ་མོའི་ཐོན་རྫས་ཀྱི་ཕྱུས་ཚད་བདེ་འཇགས་བཅའ་ཁྲིམས་དང་ཁྲིམས་སྲོལ་སྡེ་བ་རིམ་པ་ནས་བསྒྲགས་ཏེ་ཁྱིམ་ཚང་ཀུན་གྱིས་ཤེས་པར་བྱེད་དགོས།

(གསུམ) ལས་རིམ་ཡོངས་སུ་ཚད་ལྡན་ཅན་གྱི་ཐོན་སྐྱེད་ལག་བསྟར་བྱེད་དགོས།

བཟའ་བྱའི་ཤ་མོའི་ཐོན་རྫས་ཀྱི་ཕྱུགས་ཀ་ཛེ་སྟུག་ཏུ་མི་འགྲོ་བར་འགན་སྲུང་བྱ་རྒྱུ་དང་། ཚད་ལྡན་ཅན་གྱི་ཐོན་སྐྱེད་བྱ་རྒྱུ་ནི་གནད་འགག་ཡིན་པས། མི་རྣམས་ཀྱིས་ངོས་འཛིན་བྱེད་ཚད་ཇེ་མཐོར་གཏོང་བ་དང་ཆབས་ཅིག ཕྱུགས་ལེགས་བཟའ་བྱའི་ཤ་མོའི་ཐོན་རྫས་ཐོན་སྐྱེད་རྟེན་གཞི་འཛུགས་སྐྲུན་ལ་དམ་འཛིན་ནན་མོ་བྱས་ནས། ཐོན་རྫས་ཚད་ལྡན་ཅན་དུ་འགྱུར་བའི་ཐོན་སྐྱེད་ལག་རྩལ་ཁྱབ་སྤེལ་བྱེད་ཤུགས་ཇེ་མཐོར་གཏོང་བ་དང་། དེང་རབས་ཞིང་ལས་འགྲེམས་སྟོན་ལྟེ་གནས་ལ་བརྟེན་ཏེ་ས་གནས་སོ་སོ་ནས་བཟའ་བྱའི་ཤ་མོ་ཚད་ལྡན་ཅན་གྱི་ཐོན་སྐྱེད་ལག་རྩལ་དཔེ་སྟོན་ཁུལ་བསྐྲུན་པའི་རྨང་གཞིའི་སྟེང་དུ། ཤ་མོ་ཚད་ལྡན་ཅན་དུ་ཐོན་སྐྱེད་བྱེད་པར་སྐུལ་འདེད་གཏོང་དགོས།

(བཞི) གཏོང་བྱའི་ཐོན་རྫས་ཀྱི་ཆེད་དམིགས་བཙོས་སྐྲུན་སྤེལ་བ།

བཟའ་བྱའི་ཤ་མོའི་ཐོན་སྐྱེད་ལ་ལྟ་སྐུལ་དོ་དམ་བྱེད་ཤུགས་ཇེ་ཆེར་གཏོང་རྒྱུ་ནི་བཟའ་བྱའི་ཤ་མོའི་ཐོན་རྫས་ཀྱི་ཕྱུགས་ཚད་ཉེན་མེད་ཡོང་བའི་འགན་སྲུང་ཡིན། ཞིང་སྨན་དང་ཤ་མོའི་ས་བོན། ལུད་རྫས་སོགས་ཞིང་ལས་ཐད་དུ་སྤྱོད་པའི་གཏོང་བྱའི་ཐོན་རྫས་བེད་སྤྱོད་བྱས་ན། བཟའ་བྱའི་ཤ་མོའི་ཐོན་རྫས་ཀྱི་ཕྱུགས་ཚད་དང་ཐད་ཀར་འབྲེལ་བ་ཡོད་པས། བཟའ་བྱའི་ཤ་མོ་ཐོན་སྐྱེད་བྱེད་པའི་དུས་ཚིགས་ཀྱི་ཁྱད་ཆོས་ལ་གཞིགས་ནས། ཡོ་རྟེན་པོར་ལྟ་སྐུལ་དོ་དམ་དང་ཆེད་དོན་བཙོས་སྒྲིག་ཟུང་འབྲེལ་དམ་ཚགས་བྱེད་དགོས་ཤིང་། ལས་གཉེར་མི་སྣ་སྒྲིག་འཛུགས་བྱས་ནས་བཅའ་ཁྲིམས་སྒྲིག་སྲོལ་དང་ལག་རྩལ་གསོ་སྐྱོང་སྦྱོང་བརྡར་བྱས་ཏེ་ཚོང་གཉེར་བྱེད་མཁན་གྱི་བདེ་འཇགས་འགན་འཁྲིའི་འདུ་ཤེས་འཛིན་ཤུགས་ཇེ་ཆེར་གཏོང་དགོས། ཞིང་ལས་ཐོན་རྫས་རྫུན་མར་རྫུང་རྫེག་གཏོང་བ་དང་ཚོང་རར་བཙོས་སྒྲིག་བྱས་ནས་ཐོན་སྐྱེད་དང་ཁྲིན་ཚོང་གི་སྐབས་སུ་དུག་ཤེད་ཆེ་བའི་ཞིང་སྨན་བེད་སྤྱོད་བྱེད་པའི་བྱ་སྤྱོད་ལ་ཞིབ་བཤེར་དང་ཐག་གཅོད་ནན་མོ་བྱེད་དགོས། ཞིང་སྤྱོད་དངོས་རྫས་ཁྲིན་འཚོང་བྱེད་པར་ཆོག་འཐུས་ལག་ཁྱེར་ལམ་ལུགས་ལག་བསྟར་བྱེད་པ་དང་། ཚོང་གཉེར་ཁྲིམ་ཚང་ལ་ཚོང་ཟོག་ཉོ་འདྲེན་གྱི་ཞིབ་བཤེར་རྩིས་ཐོ་ལམ་ལུགས་ལག་ལེན་བསྟར་རྒྱུར་ཁྲིད་སྟོན་བྱས་ཏེ་ཉོ་ཚོང་རྩིས་ཁྲ་བཟོ་དགོས།

བཞི། བཟའ་བཅའི་ཤ་མོའི་ཐོན་རྫས་ལས་སྒྱུར་ཁེ་ལས་ལ་ངོ་དམ་བྱེད་པར་ཤུགས་སྣོན་པ།

བཟའ་བཅའི་ཤ་མོའི་ཐོན་རྫས་ལས་སྒྱུར་ཁེ་ལས་ཀྱི་གཞི་ཁྱོན་ཆུང་བ་དང་ལས་སྒྱུར་ཞིབ་ཚགས་བྱེད་པའི་ཆུ་ཚད་དམའ་བ། དེ་བཞིན་ལས་སྒྱུར་གཞན་སྒྱུར་བྱེད་ཚད་མཐོན་པོ་མིན་པ་ནི་མིག་སྔར་བཟའ་བཅའི་ཤ་མོའི་ཐོན་རྫས་ཀྱི་འགྲན་ཤུགས་ཉུས་པར་ཤུགས་རྐྱེན་ཐེབས་པའི་རྒྱུ་རྐྱེན་གལ་ཆེན་ཞིག་ཡིན། དེ་བས་ནུས་ལྡན་གྱི་བྱེད་ཐབས་བརྒྱུད་ནས་ལེགས་བཅོས་བྱེད་དགོས།

(གཅིག) བཟའ་བཅའི་ཤ་མོའི་ལས་དོན་གྱི་མགོ་ཁྲིད་དང་ངོ་དམ་བྱ་བར་ཤུགས་སྣོན་བྱེད་དགོས།

བཟའ་བཅའི་ཤ་མོའི་ཐོན་ལས་ནི་རྒྱལ་ཡོངས་ཀྱི་རིས་སྐོར་གསར་བའི་ཞིང་ལས་གྲུབ་ཚུལ་ལེགས་སྒྲིག་ཁྲིད་གཙོ་གནད་དུ་བཟུང་ནས་དམ་འཛིན་བྱེད་བཞིན་ཡོད་ཅིང་། རང་རྒྱལ་གྱི་ཕན་ནུས་ཆེ་བའི་སྐྱེ་ཁམས་ཞིང་ལས་དང་ཁྱད་ཆོས་ལྡན་པའི་ཞིང་ལས་བཅས་ཀྱི་གྲུབ་ཆ་གལ་ཆེན་ཞིག་ཏུ་བརྩི་བཞིན་ཡོད། ཕྱིན་ཆད་ཀྱང་སྲིད་ཇུས་སྟེང་ནས་རོགས་སྐྱོར་དང་། མ་དངུལ་འཛོག་པ། ཆ་འཕྲིན་ཁྲིད་སྟོན། ལག་རྩལ་ཁྲབ་གདལ་སོགས་ཀྱི་ཐད་ནས་རྒྱབ་སྐྱོར་བྱས་ཏེ་བཟའ་བཅའི་ཤ་མོའི་ཐོན་ལས་འཕེལ་རྒྱས་ཇེ་མགྱོགས་སུ་གཏོང་དགོས། གཞན་ཡང་བཟའ་བཅའི་ཤ་མོའི་ལས་རིགས་ཀྱི་ངོ་དམ་ལ་ཤུགས་སྣོན་བྱས་ནས། སྤུས་ཞན་ཤ་མོའི་རིགས་ཐོན་སྐྱེད་དང་ཕྱིར་འཚོང་བྱེད་པར་གཏན་འགོག་བྱས་ཏེ་ཞིང་པར་སྤུས་ལེགས་ཐོན་མཐོའི་བཟའ་བཅའི་ཤ་མོའི་ས་བོན་མཁོ་འདོན་བྱེད་དགོས། ཐོན་ཁུངས་སྡེབ་སྒྲིག་བྱེད་ཤུགས་ཇེ་ཆེར་བཏང་སྟེ་རྒྱུ་ནོར་བསྒྱུར་སྒྲིག་དང་གྲུབ་ཚུལ་ལེགས་སྒྲིག་བྱས་པར་བརྟེན་ནས། ཚོང་རའི་མདུན་ལམ་ཡངས་པ་དང་ཚན་རྩལ་འདུས་ཚད་མཐོ་བ། འགྲེད་འཕྲོའི་སྐུལ་ཁྲིད་ནུས་པ་ཆེ་བ་བཅས་ཀྱི་བཟའ་བཅའི་ཤ་མོའི་ཐོན་རྫས་ལས་སྒྱུར་ཁེ་ལས་གཙོ་བོར་བཟུང་སྟེ། ཁ་ཐོར་དང་ཆུང་ཞན་བཅས་ཀྱི་ཁེ་ལས་རྣམས་ཁེ་ལས་ཆེ་གྲས(ཚོགས་པ)སུ་སྡེབ་སྒྲིག་བྱེད་དགོས། ལས་རིགས་དང་ས་ཁུལ། དབང་བའི་ལམ་

ལུགས་བཅས་ལས་བཀྲལ་ཏེ་གཉེར་སྐྱོང་བྱེད་པ་དང་། ཁེ་ལས་ཀྱི་ཉེན་ཁ་འགོག་པ་དང་རྒྱལ་སྤྱིའི་འཕྲན་རྩོད་ནང་ཞུགས་པའི་ནུས་པ་རྒྱུན་ཆད་མེད་པར་ཆེ་རུ་གཏོང་དགོས།

(གཉིས) ཁེ་ལས་ཀྱི་ཚན་རྩལ་ཞིབ་འཇུག་གསར་སྤེལ་ལས་ཀར་རྒྱབ་སྐྱོར་དང་། མ་དངུལ་ཐོག་ནས་རྒྱབ་སྐྱོར་བྱེད་ཤུགས་ཇེ་ཆེར་གཏོང་དགོས།

སྲིད་གཞུང་རིམ་པ་ཁག་གིས་བཟའ་བྱའི་ཤ་མོའི་ཐོན་རྫས་ལས་སྣོན་ཞིབ་ཚགས་བྱ་རྒྱུ་ནི་ཞིང་ལས་སྟོབས་ལྡན་ཞིང་ཆེན་དང་དམངས་ཕྱུག་འཐབ་རྩུས་འཆར་འགོད་ཁྲོད་དུ་བཞག་ནས། བཟའ་བྱའི་ཤ་མོའི་ཐོན་རྫས་ལས་སྣོན་ཞིབ་ཚགས་བྱེད་པའི་ཁེ་ལས་ལ་རོགས་སྐྱོར་བྱེད་ཤུགས་ཇེ་ཆེར་གཏོང་དགོས། བཟའ་བྱའི་ཤ་མོ་སོ་ཉར་ལག་རྩལ་དང་ལས་སྣོན་ཞིབ་ཚགས་བྱེད་པའི་ལག་རྩལ་ཞིབ་འཇུག་བྱེད་ཤུགས་ཇེ་ཆེར་གཏོང་དགོས། བཟའ་བྱའི་ཤ་མོའི་ཟས་རིགས་སོས་པའི་ཟོག་སྒྲོམ་གྱི་ཚོ་ཚད་ཇེ་རིང་དུ་གཏོང་ཆེད། བཟའ་བྱའི་ཤ་མོའི་སོ་ཉར་ལག་རྩལ་ལ་ཞིབ་འཇུག་བྱེད་པར་ཤུགས་སྣོན་བྱེད་དགོས་པ་དང་། སོ་ཉར་ཕན་འབྲས་ལེགས་ཤིང་དུག་མེད་ཀྱི་རྫས་འགྱུར་སྨན་སྦྱོར་དང་། སྐྱེ་དངོས་སྨན་སྦྱོར། དངོས་ལུགས་ཐབས་ཤེས་སོགས་ལ་ཞིབ་འཇུག་བྱེད་དགོས། གཞན་ཡང་བཟའ་བྱའི་ཤ་མོའི་ནང་དུ་ཕུན་སུམ་ཚོགས་པའི་ཨན་ཅི་སོན་དང་མངར་ཆ་མང་པོ། སྐྱེ་དངོས་གྲུང་གཤིས་རྐྱེན་གྲངས་བཅས་འདུས་ཡོད། དེ་བས་བཟའ་བྱའི་ཤ་མོའི་རིགས་ཀྱི་ལུས་ཁམས་བདེ་སྲུང་གི་བཟའ་བྱའི་ཞིབ་འཇུག་དང་གསར་སྤེལ་བྱེད་རྒྱུར་མཐོང་ཆེན་བྱེད་དགོས་པ་དང་། བཟའ་བཅའ་དང་སྨན་རྫས་གཉིས་ཀར་སྤྱོད་པའི་སྨན་རིགས་གསར་སྤེལ་བྱེད་དགོས།

(གསུམ) ཚན་རྩལ་གྲུབ་འབྲས་གསར་བ་དང་བཟོ་ལས་ཅན་གྱི་སྒྲིག་ཆས་སྤྱད་དེ་སྣེ་འཛིན་ཁེ་ལས་ལ་དྲག་ཆས་སྤྲས་དགོས།

“ཀུང་སི་དང་རྟེན་གཞི། ཞིང་ཁྱིམ་བཅས་ཟུང་དུ་འབྲེལ་བའི”ཞིང་ལས་ཐོན་ལས་ཅན་དུ་འགྱུར་བའི་ཚོང་གཉེར་བྱེད་སྟངས་ལྟར། བཟའ་བྱའི་ཤ་མོའི་དགེ་མཚན་ལྡན་པའི་ཞིང་ལས་ཐོན་ལས་ལ་དམིགས་ནས་སྟོབས་ཤུགས་སྡེབ་སྒྲིག་དང་གཙོ་གནད་འབུར་ཐོན། ཁེ་ལས་དང་རྟེན་གཞི་འབྲེལ་མཐུད་ལེགས་པོ་བྱས་ཏེ་སྣེ་འཛིན་ཁེ་ལས་ཟམ་མི་ཆད་

པར་ནུས་སྟོབས་ཇེ་ཆེར་གཏོང་དགོས། ཚན་རྩལ་གྲུབ་འབྲས་གསར་བ་དང་བཟོ་ལས་ཅན་གྱི་སྒྲིག་ཆས་སྤྱད་དེ་སྔེ་འདྲེན་ཁེ་ལས་ལ་དྲག་ཆས་སྤྲས་ནས། བཟའ་བྱའི་ཤ་མོའི་ཐོན་རྫས་ལས་སྣོན་ཞིབ་ཚགས་བྱེད་པའི་ལྷུ་ཚིགས་ཀྱི་ལག་རྩལ་དང་བཟོ་རྩལ་ཞན་པའི་ད་ཡོད་གནས་ཚུལ་རིམ་བཞིན་ལེགས་སྒྱུར་བྱས་ཏེ། བཟའ་བྱའི་ཤ་མོའི་ཐོན་རྫས་ལས་སྣོན་གཞན་སྒྱུར་བྱེད་ཚད་ཟམ་མི་ཆད་པར་ཇེ་མཐོར་གཏོང་དགོས།

ལྔ། བཟའ་བྱའི་ཤ་མོའི་ཐོན་རྫས་ཀྱི་ཚོང་ར་ཆེན་པོའི་འཁོར་རྒྱུག་མ་ལག་འཛུགས་ཚང་དུ་གཏོང་དགོས།

བཟའ་བྱའི་ཤ་མོའི་ཐོན་རྫས་ཚོང་རའི་མ་ལག་འཛུགས་པར་སྐུལ་འདེད་བཏང་ནས། བཟའ་བྱའི་ཤ་མོའི་ཐོན་རྫས་ལུགས་དང་མཐུན་ཞིང་ཕན་ནུས་ལྡན་པའི་ངང་འཁོར་རྒྱུག་དང་གསོ་སྐྱོང་བྱེད་པར་སྐུལ་འདེད་གཏོང་བ་དང་། བཟའ་བྱའི་ཤ་མོའི་ཐོན་རྫས་ཚོང་རའི་མ་ལག་འཛུགས་ཚང་དུ་གཏོང་དགོས། རང་རྒྱལ་གྱི་བཟའ་བྱའི་ཤ་མོ་ཐོན་ལས་ཅན་དུ་ཚོང་གཉེར་བྱེད་པར་སྐུལ་འདེད་གཏོང་བ་དང་དེང་རབས་ཀྱི་ཤ་མོའི་ལས་རིགས་རྒྱ་ཁྱོན་ཆེ་རུ་གཏོང་བའི་ལྷུ་ཚིགས་གལ་ཆེན་ཞིག་ཡིན། སྲིད་གཞུང་དང་ཐུན་མོང་། ཞིང་ཁྲིམ་སོགས་ཟུང་འབྲེལ་བྱས་ཏེ་ཐབས་ལམ་མང་པོ་དང་རྣམ་པ་མང་པོའི་སྒོ་ནས་ཚོང་ར་འཛུགས་སྐྲུན་བྱེད་དགོས། བཟའ་བྱའི་ཤ་མོའི་ཐོན་རྫས་ཟོག་འགྲིམ་བྱེད་པོ་གསོ་སྐྱོང་དང་འཕྲུས་ཚང་དུ་བཏང་ནས། བཟའ་བྱའི་ཤ་མོའི་ཐོན་རྫས་ཟོག་འགྲིམ་གྱི་རྨང་གཞིའི་སྒྲིག་བཀོད་འཛུགས་སྐྲུན་ལ་ཤུགས་སྣོན་བྱེད་པ་དང་། བཟའ་བྱའི་ཤ་མོའི་གཙོ་གནད་སྤེལ་འཚོང་ཚོང་ར་འཛུགས་སྐྲུན་དང་རིམ་སྤོར་སྒྱུར་བཀོད་ལ་རྒྱབ་སྐྱོར་བྱེད་དགོས། བཟའ་བྱའི་ཤ་མོ་སྤེལ་འཚོང་ཚོང་རར་མཁོ་བའི་ས་ཆ་སོགས་ཀྱི་རོགས་སྐྱོར་སྲིད་ཇུས་དོན་འཁྱོལ་བྱེད་དགོས་ཤིང་། བཟའ་བྱའི་ཤ་མོའི་ཐོན་རྫས་ཀྱི་ཟོག་འགྲིམ་ཆ་འཕྲིན་ལས་སྟེགས་བསྐྲུན་ནས་བཟའ་བྱའི་ཤ་མོའི་ཐོན་རྫས་ཚོང་ར་ཆེན་པོ་དང་འཁོར་རྒྱུག་ཆེན་པོ་འཕེལ་རྒྱས་སུ་གཏོང་དགོས།

(གཅིག) བཟའ་བྱའི་ཤ་མོའི་ཐོན་རྫས་སྤེལ་འཚོང་ཚོང་རའི་མ་ལག་འཛུགས་དགོས།

བཟའ་བྱའི་ཤ་མོའི་ཐོན་ཁུལ་གཙོ་བོ་དང་བསྟུ་འགྲིམ་བྱེད་སར། རིམ་པ་དབྱེ་ནས་ས་གནས་རང་བཞིན་དང་ས་ཁོངས་རང་བཞིན་གྱི་བཟའ་བྱའི་ཤ་མོའི་སྡེབ་འཚོང་ཚོང་ར་སྐོར་ཞིག་བསྐྲུན་རྒྱུར་དམ་འཛིན་ཡག་པོ་བྱས་ཏེ། ཁྱབ་འགྱེད་ནུས་པ་བཟང་པའི་ཆེད་ལས་རང་བཞིན་གྱི་སྡེབ་འཚོང་ཚོང་ར་གསར་འཛུགས་བྱེད་དགོས། སྲོལ་རྒྱུན་གྱི་སྡེབ་འཚོང་ཚོང་ར་བསྒྱུར་བཀོད་རིམ་སྤར་དང་། ཕྱོགས་བསྡུས་རང་བཞིན་གྱི་ཐོན་ཟས་ཉོ་འཚོང་ཚོང་ར་ཁག་ཅིག་གཙོ་གནད་དུ་བཟུང་ནས་སྐྱིད་སྲིང་བྱས་ཏེ། ཞིང་ལས་ཐོན་ཟས་སྡེབ་འཚོང་ཚོང་རའི་དྲ་རྒྱའི་བཀོད་པ་ལེགས་བསྒྱུར་བྱེད་དགོས། ཞིང་ལས་སྤུས2007ལོར་མ་དངུལ་བཏང་ནས་བཟའ་བྱའི་ཤ་མོའི་སྡེབ་འཚོང་ཚོང་ར4བསྐྲུན་པ་དང་། ཅི་ལིན་ཅའོ་ཧོ་ཧོང་ཤུང་ཏན་བཟའ་བྱའི་ཤ་མོའི་སྡེབ་འཚོང་ཚོང་ར་དང་། ཧེ་ལུང་ཅང་ཞིང་ཆེན་ཤུའི་དབྱང་མོག་རོ་ནག་པོའི་རི་སྐྱེས་སྔོ་ཚལ་སྡེབ་འཚོང་ཚོང་ར། ཧོ་པེ་ཕིང་ཆོན་ཀྲུང་གོའི་བྱང་ཕྱོགས་བཟའ་བྱའི་ཤ་མོའི་ཉོ་འཚོང་ཚོང་ར། ཧྲུའུ་ཅན་ཞིང་ཆེན་ཀུའུ་ཐན་བཟའ་བྱའི་ཤ་མོའི་སྡེབ་འཚོང་ཚོང་ར་སོགས་ཡིན། ས་གནས་སོ་སོས་ཀྱང་ཐོན་ལས་འཕེལ་རྒྱས་གཏོང་བའི་དགོས་མཁོ་དང་བསྟུན་ནས་སྡེབ་འཚོང་ཚོང་ར་ཁ་ཤས་བཙུགས་ཡོད་དེ། དཔེར། ནན་དབྱང་ཞིས་ཞ་ཧྲོང་ལུང་གྲོང་རྡལ་གྱི་བཟའ་བྱའི་ཤ་མོའི་ཉོ་འཚོང་ཚོང་ར་དང་ཧྲུའུ་པེའི་ཤུའི་ཀྲོའུ་ཅའོ་ཏིན་གྲོང་རྡལ་གྱི་བཟའ་བྱའི་ཤ་མོའི་ཉོ་འཚོང་ཚོང་ར་སོགས་ཀྱིས་བཟའ་བྱའི་ཤ་མོའི་ཐོན་ཟས་ཁྲིན་ཚོང་ལ་ནུས་པ་གལ་ཆེན་ཐོན་ཡོད།

(གཉིས) བཟའ་བྱའི་ཤ་མོའི་ཐོན་ཟས་འཕོར་རྒྱུག་བྱེད་ཚད་ཇེ་མགྱོགས་སུ་གཏོང་དགོས།

ཞིང་ལས་ཐོན་ཟས་འཕོར་རྒྱུག་རྣམ་གྲངས་ཀྱི་ཚོང་དང་མ་རྩ་འདྲེན་འགུགས་བྱེད་ཤུགས་ཇེ་ཆེར་གཏོང་དགོས། རྒྱལ་ཁོངས་ལས་བརྒལ་བའི་ཐོག་འགྲིམ་ཀྲུང་སི་དང་། འཛམ་གླིང་སྟེང་དུ་སྐད་གྲགས་ཡོད་པའི་བཟའ་བྱའི་ཤ་མོའི་ཐོན་ཟས་ལས་སྣོན་ཁེ་ལས། རྒྱལ་ནང་གི་བཟའ་བྱའི་ཤ་མོའི་ཐོན་ཟས་ཆེ་གྲས་ཚོང་གཉེར་ཁེ་ལས་སོགས་གཙོ་གནད་དུ་བཟུང་ནས་ནང་འདྲེན་བྱས་ཏེ་ཐོན་སྐྱེད་ཀྱི་རྒྱུ་རྐྱེན་གཙོ་བོར་མགྱོགས་མྱུར་སྐོས་

གཅིག་བསྡུས་ཡོང་བར་སྐུལ་འདེད་གཏོང་བ་དང་། མ་དངུལ་བཏང་ནས་ཤ་མོའི་ཐོན་ཟས་ཐོག་འགྲེམ་སྤྲིང་ཁུལ་འཛུགས་སྐྲུན་བྱེད་དགོས། ཡང་ན་ཐད་ཀར་བཟའ་བྱའི་ཤ་མོའི་ཐོན་ཟས་འཕོར་རྒྱུག་བྱེད་པ་དང་། ཐོན་ཟས་ཉོ་འཚོང་དང་ཆ་འཕྲིན་ཞབས་ཞུའི་མ་ལག་ལེགས་བཅོས་བྱེད་པ། ཐོན་ཟས་འཕོར་རྒྱུག་གི་ནུས་པ་ཇེ་ཆེར་བཏང་ནས་རང་རྒྱལ་གྱི་བཟའ་བྱའི་ཤ་མོའི་ཐོན་ལས་ཀྱི་རྒྱལ་སྤྱིའི་འགྲན་རྩོད་ནུས་པ་སྤར་བས་ཇེ་ཆེར་གཏོང་དགོས།

(གསུམ) བཟའ་བྱའི་ཤ་མོའི་ཐོན་ཟས་འཕོར་རྒྱུག་དཔུང་ཁག་འཛུགས་སྐྲུན་བྱེད་ཡུན་ཇེ་མགྱོགས་སུ་གཏོང་དགོས།

དཔལ་འབྱོར་རྩ་འཛུགས་སྣ་མང་ཅན་དང་ཆེད་ལས་ཁྱིམ་ཚང་རྣམས་བཟའ་བྱའི་ཤ་མོའི་ཐོན་ཟས་ཀྱི་འཕོར་རྒྱུག་ནང་དུ་ཞུགས་པར་ཁྲིད་སྟོན་བྱེད་དགོས། བཟའ་བྱའི་ཤ་མོའི་ཐོན་ཟས་ཉོ་འཚོང་ཁྱིམ་ཚང་དང་བར་ཁེ་པའི་དཔུང་ཁག་འཕེལ་རྒྱས་སུ་གཏོང་བ་དང་། ལས་ཚབ་སྡེབ་འཚོང་པ་དང་བར་ཁེ་པའི་ལས་གཉེར་ཁང་འཕེལ་རྒྱས་གཏོང་དགོས་ལ། ཞིང་པ་ཁག་ཅིག་ཐོན་སྐྱེད་ཀྱི་ལྷུ་ཚིགས་ནས་ཁ་བྲལ་བར་སྐུལ་མ་བྱས་ནས། ཆེད་འགན་འཁུར་མཁན་གྱི་བཟའ་བྱའི་ཤ་མོའི་ཐོན་ཟས་ཚོང་རར་འཚོང་འགྲེམ་བྱས་ཏེ་ཞིང་པ་རྣམས་ཚོང་རར་ཞུགས་པར་སྐུལ་ཁྲིད་བྱེད་དགོས།

(བཞི) བཟའ་བྱའི་ཤ་མོའི་ཐོན་ཟས་ཀྱི་དེང་རབས་འཕོར་རྒྱུག་ལས་སྒྲོ་གོང་འཕེལ་དུ་གཏོང་དགོས།

བཟའ་བྱའི་ཤ་མོའི་ཐོན་ཟས་ཉོ་འཚོང་བྱེད་སྟངས་གསར་གཏོད་བྱེད་པར་སྐུལ་མ་བྱེད་དགོས་ཤིང་། ཧུར་ཐག་གིས་བཟའ་བྱའི་ཤ་མོའི་ཐོན་ཟས་ཀྱི“འབྲེལ་མཐུད་རྟེན་གཞི་དང་དྲ་འབྲེལ་མངག་སྐྱེལ། བརྒྱུད་རིམ་ཐིལ་པོར་ཚོད་འཛིན”བྱེད་སྟངས་ཁྱབ་སྤེལ་དུ་གཏོང་བ་དང་། ཐོན་ཟས་དྲ་འབྲེལ་ཚོང་གཉེར་དང་ཐད་འཚོང་མངག་སྐྱེལ། གློག་རྡུལ་ཚོང་དོན། རིན་གོང་གང་མཐོར་འཚོང་བའི་ཉོ་འཚོང་སོགས་དེང་རབས་ཀྱི་འགྲོ་རྒྱུག་ལས་སྒྲོ་འཕེལ་རྒྱས་མགྱོགས་སུ་གཏོང་དགོས། དྲ་འབྲེལ་ཚོང་གཉེར་ཁེ་ལས་ཀྱིས་ཐད་ཀར་ཐོག་མའི་ཐོན་ཡུལ་ནས་ཉོ་སྒྲུབ་བྱེད་པར་ཁྲིད་སྟོན་དང་སྐུལ་མ་བྱེད་དགོས་པ་དང་།

བཟའ་བཅའི་ཤ་མོའི་ཐོན་རྫས་ཐོན་སྐྱེད་རྟེན་གཞི་དང་ཡུན་རིང་གི་ཐོན་ཚོང་མནའ་འབྲེལ་བཙུགས་ནས་ཞིང་ལས་ཐོན་རྫས་འཕོར་རྒྱུག་འཕེལ་རྒྱས་ལ་བརྟེན་ནས་བཟའ་བཅའི་ཤ་མོའི་ཐོན་ལས་ཆེད་ལས་ཅན་དང་ཐོན་ལས་ཅན། གཞི་ཁྱོན་ཅན་བཅས་སུ་འགྱུར་བར་སྐུལ་ཁྲིད་བྱེད་པ་དང་། ཐོན་ལས་ཀྱི་འགྲན་རྩོད་ནུས་པ་ཇེ་ཆེར་གཏོང་དགོས།

(ལྔ) བཟའ་བཅའི་ཤ་མོའི་ཐོན་རྫས་འཕོར་རྒྱུག་ཚ་འཛིན་ཞབས་ཞུའི་མ་ལག་འཛུགས་ཚང་དུ་གཏོང་དགོས།

བཟའ་བཅའི་ཤ་མོའི་ཐོན་རྫས་སྡེབ་འཚོང་ཚོང་རའི་ཉོ་འཚོང་སྡེགས་བུ་དང་ཚོང་དོན་དྲ་རྒྱའི་ལས་སྡེགས་ལ་བརྟེན་ནས། འཛམ་གླིང་གི་རྒྱལ་ཁབ་ཁག་དང་རང་རྒྱལ་གྱི་བཟའ་བཅའི་ཤ་མོའི་ཐོན་རྫས་གཙོ་བོར་ཐོན་སྐྱེད་དང་མཁོ་འདོན་བྱེད་པའི་ཚ་འཛིན་དང་། ཚན་རྩལ་གྲུབ་འབྲས་ཀྱི་ཚ་འཛིན། བཟའ་བཅའི་ཤ་མོའི་ཐོན་རྫས་ཐོན་ཁུལ་གཙོ་བོའི་གནམ་གཤིས་ཚ་འཛིན། ཐིན་ཚོང་བྱེད་མཁན་གཙོ་བོའི་ཚ་འཛིན། བཟའ་བཅའི་ཤ་མོའི་ཐོན་རྫས་གཙོ་བོའི་ཐོན་འབོར་ཚ་འཛིན། རིན་གོང་གི་ཚ་འཛིན་བཅས་དང་དེ་བཞིན་སྔོན་དཔག་འཕེལ་ཕྱོགས་སོགས་ཁྱབ་བསྒྲགས་བྱས་ཏེ། ཚ་འཛིན་གྱིས་ཐོན་སྐྱེད་ལ་ཁྲིད་སྟོན་བྱེད་པའི་ནུས་པ་དང་ཐོན་འཚོང་འབྲེལ་མཐུད་ཀྱི་ནུས་པ་ཇེ་ཆེར་བཏང་ནས་ཞིང་པའི་ཐོན་འབབ་འཕར་སྣོན་ཡོང་བར་བྱེད་དགོས།